AERODYNAMICS

항공역학

저자 조용욱

서 욱

도서출판 **청연**

머리말

사실 항공기술은 선진국의 독점 기술과 다름없는 것으로 우리 실정으로 이를 따라 잡기란 어쩌면 불가능한 것처럼 보인다. 하지만 천리 길도 한걸음부터란 속담처럼 비록 늦긴 했지만 이제부터 차근차근 시작하면 끝이 그렇게 멀리 보이는 것만도 아닐 것이란 희망을 갖는다. 저자는 평소 다년간 항공 분야에 근무하면서 얻은 경험을 바탕으로 항공 분야에 근무하는 실무자 및 관심 있는 초심자를 위해 적합한 책을 꾸며보고 싶다는 생각을 해왔다. 지금까지 시중에 나와 있는 항공 역학 관련 서적은 초심자 혹은 어느 정도 실무 경험이 있더라도 전문 교육 과정을 마치지 않으면 쉽게 이해할 수 없을 만큼 지나치게 이론적인 면이 많아서 의욕만 갖고는 결국 포기할 수밖에 없는 점을 안타깝게 느껴왔다.

저자는 이런 점을 고려해서 간단하고 기본적인 몇 가지 수식을 바탕으로 항공기에 관련된 문제점을 집중적으로 설명하려고 노력했다. 1장과 2장에서는 아음속 범위에 속하는 역학과 항공기 성능을 주로 설명했다. 그리고 3장에서는 최근에 가장 관심 있는 분야인 초음속에 관련된 역학과 이와 관련된 문제점을 다루었다. 초음속 여객기가 대중화될 것을 예상하면 이와 관련된 역학과 문제점을 집중적으로 생각해보는 것은 참으로 흥미 있는 일이 아닐 수 없다. 4장과 5장은 안정성과 조종, 항공기 운용에 관한 것으로 특히 항공기 및 정비 업무에 종사하는 모든 사람에게 충분한 도움이 되리라 본다. 마지막 6장은 비행에 관련된 특수한 문제점으로 일상적인 비행 중에 흔히 부딪히는 문제점들이다. 각 장이 끝날 때마다 단답형과 서술형, 선택형 문제를 두어서 앞에서 설명한 내용을 문제를 통해서 충분히 이해가 되도록 했다. 특히, 다소 길다고 생각될 수 있는 서술형(연습문제 II)에서는 폭넓게 여러 가지 문제점을 심도 있게 다루어서 필요한 내용을 확실히 이해할 수 있게 함으로써 항공 관련 업무에 자신감을 갖도록 했다. 그리고 이와 함께 종합 예상 문제편을 두어서 항공 종사자 시험 및 그 밖의 시험에도 충분한 대비가 되도록 했다.

많은 시간을 원고와 싸우면서 과연 훌륭한 책이 될 수 있을지 스스로 의심을 가져보았다. 아직은 만족스럽지 못하다고 생각되지만, 시간을 두고 점차적으로 수정 보완하고 노력해서 필요한 내용이 담긴 좋은 책이 되도록 노력할 것을 다짐한다. 미흡한 내용이나 개선해야 할 내용, 기타 항공 역학에 관련된 조언은 겸허하게 받아들여서 다음 번 개정 때에는 꼭 참고가 될 것을 약속한다.

이 책이 나오기까지 도움을 주신 분들이 참으로 많다. 자료 수집에 많은 시간을 할애해 준 동료 최태원, 편집 작업과 교정에 바쁘신 시간을 할애해 주신 대한항공에 근무하는 최휴, 한석태, 민병국, 황헌룡 동문, 한국 항공에 근무하는 한병희 동문, 그리고 컴퓨터 편집 작업에 많은 시간을 할애하신 박경자 씨에게도 진심으로 감사드린다.

저자 일동

목차

제3장 고속 공기 역학 ──────── 299

제1장 기초 공기 역학

제1장. 기초 공기 역학(Aerodynamic)

1-1. 날개와 에어포일에 작용하는 힘

1) 대기의 성질

항공기 표면에 작용하는 공기력이나 모멘트는 표면에 작용하는 공기의 특성에 크게 좌우된다. 체적(volume)으로 구별했을 때 지구 대기를 구성하고 있는 것은 질소가 78%, 산소가 21% 기타 수분, 아르곤, 이산화탄소 등이 1%이다. 공기 역학에서 고려하는 공기는 이들 구성 요소들이 일정하게 섞인 상태를 말한다.

A. 정압(static pressure)

공기의 절대 정압이 가장 중요한 성질 중의 하나이다. 어느 고도에서든지 공기의 정압은 그 고도 이상의 공기를 떠받치고 있는 결과로 얻어지는 것이다.

표면 해면 상태에서 공기의 정압은 2,116psf(혹은 14.7psi, 29.92 inHg 등)이고 40,000ft 고도에서는 정압이 해면상 수치의 대략 19%로 감소한다. 주변 정압을 짧게 표기해서 "P"라고 하고 표준 해면상 정압은 "P_0"라고 표기한다.

공기 역학과 항공기 성능에서 더 보편적인 기준으로 주변 정압과 표준 해면상 정압의 비율을 사용한다.

이 정압비(static pressure ratio)는 간단히 δ(delta)로 표시한다.

$$\delta(\text{고도 압력비}) = \frac{P(\text{주변 정압})}{P_0(\text{표준 해면상 정압})}$$

가스 터빈 엔진 성능을 나타내는 많은 항목이 고도 압력비(altitude pressure ratio)가 포함된 매개 변수와 직접 관련이 있다. 압력을 나타내는 단위로 N/m^2(newton/meter^2), dyn/cm^2(dyne/cm^2), lbs/ft^2(pound/foot^2) 등이 있다.

B. 온도

공기의 절대 온도 또한 중요한 성질이다. 섭씨에 의한 일상적인 온도 측정은 물의 어는 점을 기준으로 하지만 절대 영도는 −273℃에서 얻어진다.

표준 해면상의 온도는 15℃이고, 이것은 절대 온도로 288°K이다. 절대 온도는 kelvin scale(°K)로 표시하고, 주변 공기 온도를 간단히 "T"로 표시한다. 표준 해면상의 공기 온도는 288°K이고 T_0로 표시한다. 더 흔한 기준으로 주변 공기 온도와 표준 해면상 공기 온도의 비율을 표시한다.

이 온도비(temperature ratio)는 간단히 θ(theta)로 표시한다.

$$\theta(온도비) = \frac{T(주변 공기 온도)}{T_0(표준 해면상 공기 온도)}$$

$$\theta = \frac{C^\circ + 273}{288}$$

압축성 효과와 제트 엔진 성능의 많은 항목들이 온도비와 관련된다.

온도를 나타내는 단위로는 kelvin(°K), Celsius(°C), Ranline(°R) 그리고 Fahrenheit(°F) 등이 있다.

C. 밀도(density)

공기의 밀도는 공기 역학에서 가장 중요한 성질이다. 공기의 밀도는 단순히 질량으로 나타내는데 세제곱 퍼트당 공기의 질량으로 표기되며 공기의 표준 해면상에서 무게는 0.0765 lbs/ft^{3}이고, 밀도는 0.002378 slug/ft^{3}이다.

고도 40,000ft에서의 공기 밀도는 해면상의 대략 25% 정도밖에 안 된다. 밀도는 간단히 ρ(rho)로 표시하고 표준 해면상 공기 밀도는 ρ_0로 표시한다.

밀도 비(density ratio)는 σ(sigma)로 표시한다.

$$\sigma(밀도비) = \frac{\rho(주변 공기 밀도)}{\rho_0(표준 해면상 공기 밀도)}$$

일반적인 가스 법칙은 상태 변화나 열 전달이 없을 때 압력 온도(pressure temperature)와 압력 밀도(pressure density)의 관계로 정의한다.

즉, 밀도는 압력에 비례하고 온도와는 반비례한다.

$$\sigma(밀도비) = \frac{\delta(압력비)}{\theta(온도비)}$$

$$\left(\frac{\sigma}{\sigma_0}\right) = \left(\frac{P}{P_0}\right)\left(\frac{T_0}{T}\right)$$

이 관계는 공기 역학에 많이 사용되고 항공기의 성능을 나타낼 때 필요하다.

D. 점도(viscosity)

공기의 점도는 스케일 효과와 마찰 영향에 가장 중요하다. 절대 점도 계수는 유체 흐름을 위해서 전단 응력(shearing stress)과 속도 구배(velocity gradient) 사이의 비례를 나타낸다.

가스의 점도는 일반적인 점도가 온도와의 함수관계와는 다르게 온도가 증가하면 점도도 증가한다. 절대 점도 계수는 μ(mu)로 표시한다. 공기 역학의 많은 부분이 점도와 밀도의 관계를 고려하기 때문에 점도 측정은 절대 점도 계수와 밀도의 비례를 측정한다. 이 복합된 용어를 키네메틱(kinematic viscosity)이라고 하며 ν(nu)로 표시한다.

$$\nu(\text{키네메틱 점도}) = \frac{\mu(\text{절대 점도 계수})}{\rho(\text{밀도})}$$

공기의 키네메틱 점도는 표준해면상에서 0.0001576 ft²/sec이다. 고도 4,000 ft에서 키네메틱 점도는 증가되어 0.0005059 ft²/sec이다.

E. 표준 대기

여러 가지 항공기의 비교를 위한 공통 분모를 표준 대기로 채택한다. 표준 대기는 대기의 평균 상태나 보통의 특성을 나타낸다.

표준 대기의 여러 가지 중요한 특성을 나타내고 있다. 기온 감률이 대류권(troposphere)에서는 일정하고 성층권(stratosphere)에서는 등온선 지역(isothermal region)이 시작된다.

항공기의 모든 성능은 표준 대기 환경에서 비교 평가하고 항공기의 모든 계기는 표준 대기를 기준으로 하여 눈금을 매긴다. 만약 작동 조건이 표준 대기 상태에 맞지 않으면 항공기 계기뿐만 아니라 항공기 성능에도 특정한 수정이 필요하다.

비표준 대기를 적절히 계산하기 위해서 일정한 용어를 사용한다. 압력 고도(pressure altitude)는 표준 대기에서 정해진 압력 상태에서의 고도이다. 항공기의 고도계는 근본적으로 예민한 기압을 이용해서 표준 대기의 고도를 지시한다. 만약 고도계가 29.92 inHg에 맞게 설정되었고 고도 지시는 압력 고도라면 표준 대기에서의 고도는 감지하는 압력에 좌우되게 된다. 물론 이 지시된 압력 고도는 해면상 실제 고도가 될 수 없는데 온도의 변화, 기온 감률, 대기 압력, 감지한 압력의 오차 가능성 등 때문이다.

비표준 대기에서 공기 역학적 성능의 상호 관계를 나타내는 더욱 적절한 용어가 밀도 고도(density altitude)이다. 이것은 표준 대기 고도의 공기 밀도 특성과 수치에 일치하는 것이다. 밀도 고도의 계산은 압력 고도와 온도를 고려해야 한다.

압력 고도와 온도를 결합해서 밀도 고도를 찾는 방법을 보여주고 있다. 밀도 고도와 온도는 공기 역학과 항공기 성능에 관한 많은 분야에서 중요한 요소로 고려된다.

2) 베르누이의 원리와 아음속 흐름

　물체 표면의 모든 외부의 공기 역학적인 힘은 공기 압력이나 공기 마찰의 결과이다. 마찰 영향은 일반적으로 표면과 바로 인접한 곳의 얇은 공기층에 한정되고, 마찰력은 그다지 크게 중요한 공기 역학적인 힘은 아니다. 그러므로 공기 역학적인 표면에서 만들어진 압력은 단순한 형태로 설명될 수 있는데, 이때는 공기 흐름의 마찰과 점도 영향을 무시한다. 가장 적절한 공기 흐름 영향과 공기 역학적 압력의 결과를 가시화하는 수단이 튜브 내부에서 유체 흐름을 관찰하는 것이다.

　그림 1-2는 튜브를 통하는 공기의 흐름을 가정한 것이다. 튜브의 ①의 위치에서 공기 흐름은 일정한 속도, 정압, 밀도를 갖고 있다. 공기 흐름이 ② 지역에 접근하면 압축되어 일부 변화가 발생해야 한다.

　공기 흐름이 튜브 속에 밀폐되어 있기 때문에 튜브를 따라서 어떤 지점에서의 흐름 량은 같아야 하고 속도, 압력, 밀도는 이 연속 흐름을 계속하기 위해서 변해야 한다.

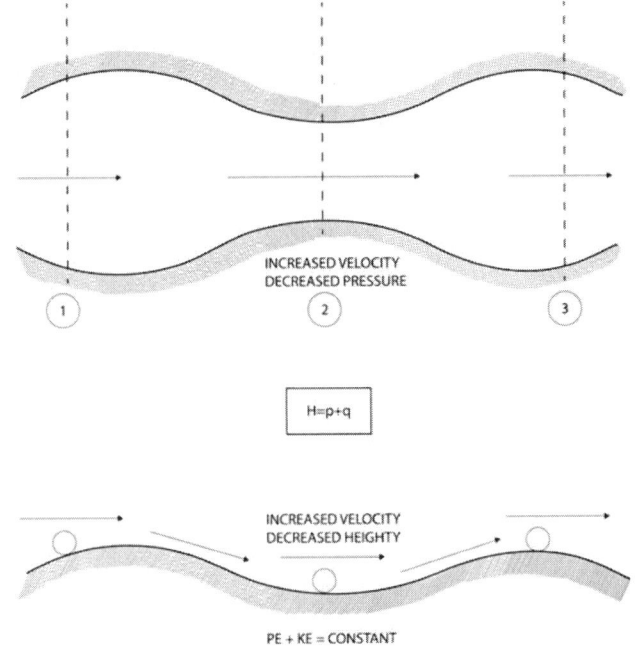

그림 1-2 튜브 속의 공기 흐름

A. 베르누이 방정식 (Bernoulli's equation)

　아음속 흐름의 특징은 압력과 속도의 변화가 발생하며 밀도는 변화가 생기지만 무실할 정도이기 때문에 아음속 흐름에서 밀도의 변화는 무시해서 단순화되고 흐름은 비압축성 (incompressible)으로 가정한다.

　물론 높은 흐름 속도에서는 음속 (speed of sound)에 접근하고 흐름은 압축성으로 간주하며 압축성 효과를 고려한다. 그렇지만 그림. 1-2와 같이 튜브를 통해 흐르면 이것은 아음속으로 간주하고 공기 흐름의 밀도는 전 구간에 걸쳐서 일정하다.

　또한 밀도는 정압과 속도에 따라 변한다. ② 지점에 흐름이 접근하면서 속도는 증가하지만 흐르는 양은 같다. 속도가 증가하면 정압은 감소되고 정압이 감소되면 속도는 증가하는데, 2가지 방법으로 입증할 수 있다.

　ⓐ 뉴턴의 운동 법칙은 불균형 상태의 힘의 요구가 가속을 만든다고 말한다. 만약 좁아지는 곳에 접근하면서 공기 흐름이 증가되면 불균형 상태의 힘이 가속을 만든다. 튜브 속에는 오직 공기밖에 없기 때문에 이 불균형 상태의 힘이 정압에 의해 만들어지고 ① 지점에서의

정압은 ② 지점의 제한된 곳보다 크다.

ⓑ 튜브 속의 공기 흐름의 전체 에너지는 불변이다. 그렇지만 공기 흐름 에너지는 두 가지 형태이다. 공기 흐름은 위치 에너지(potential energy)를 갖고 있으며 이것은 정압에 의해 관계되고, 운동 에너지(kinetic energy)는 질량(mass)과 운동에 의해서 관계된다.

전체 에너지는 불변이며 운동 에너지가 증가하면 위치 에너지의 감소를 동반한다. 이 상황은 매끈한 표면을 구르는 볼과 유추해서 생각할 수 있다. 볼이 언덕 아래로 구르면 위치(position)에 따른 위치 에너지는 운동(motion)으로 인해 운동 에너지로 변한다. 만약 마찰을 무시하면 위치 에너지의 변화는 운동 에너지의 변화와 똑같아야 한다. 이것은 또한 튜브 안의 공기 흐름에서도 마찬가지로 비교할 수 있다.

정압과 속도의 관계는 튜브의 전구간에서 유지된다. 좁은 곳을 통과하여 ③을 향해서 흐름이 움직이면서 속도는 감소하고 정압은 증가한다. 비압축성 흐름을 위한 베르누이의 방정식은 튜브 속의 공기 흐름의 에너지로 대부분 설명된다. 공기 흐름이 어느 지점에서든지 에너지의 변동이 없으므로 위치 에너지와 운동 에너지의 합은 일정해야 한다. 운동 에너지는 다음과 같이 나타낸다.

$$K.E = 1/2 \, MV^2$$

여기서 K.E: 운동 에너지(ft-lbs)
　　　M: 질량(slug)
　　　V: 속도(ft/sec)

공기 세제곱 피트당 운동 에너지는

$$\frac{K.E}{ft^3} = 1/2 \, \rho V^2$$

여기서 $\frac{K.E}{ft^3}$: 세제곱 피트당 운동 에너지(psf)
　　　ρ: 공기 밀도(slug/ft³)
　　　V: 공기 속도(ft/sec)

만약 위치 에너지를 정압(P)이라 하면, 위치 에너지와 운동 에너지의 합은 공기 흐름의 전압(total pressure)이다.

$$H=P+1/2 \; \rho V^2$$

여기서 H: 전압(psf: 가끔 "head pressure"라고도 한다)
　　　 P: 정압(psf: pound per square feet)
　　　 ρ: 밀도(slug/ft^3)
　　　 V: 속도(ft/sec)

이 방정식은 비압축성 흐름을 위한 베르누이 방정식이다. 여기서 중요한 것은 $1/2 \; \rho V^2$이 압력의 단위(psf)를 갖고 있는 것이다. 이것은 모든 공기 역학에서 가장 중요한 것 중의 하나이며 동압(dynamic pressure)이라고 부르고 간단히 "q"로 나타낸다.

$$q=1/2 \; \rho V^2$$

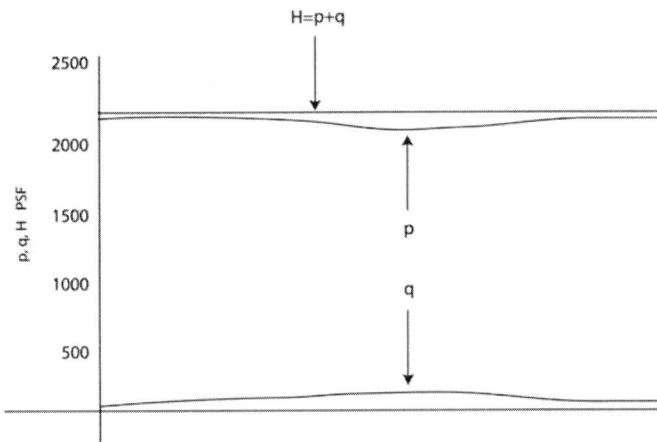

이 정의로부터 튜브의 흐름에서 "정압과 동압의 합은 항상 일정하다"고 말할 수 있다.

그림 1-3은 밀폐된 튜브를 지나는 공기 흐름의 정압, 동압, 전압의 변화를 설명하고 있다. 전압은 전체 길이를 통해서 일정하고 동압에서의 어느 변화라도 정압에서 같은 크기로 변한다.

자유 흐름에서의 동압은 모든 공기 역학적 힘과 모멘트에 있어서 공통 분모이다. 동압은 자유 흐름의 운동 에너지를 나타내고 이것은 표면에서 정압의 변화를 만들어내는 능력과 관계된 요소이다.

정의한대로 동압은 밀도에 좌우되며 속도의 제곱과 같다. 동압의 수치는 table 1-1에서 볼 수 있고 이것은 표준 대기에서

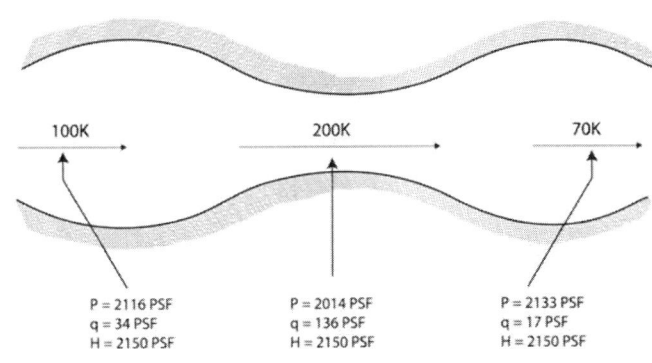

그림 1-3 튜브 속의 압력 변화

변하는 진대기 속도(true airspeed)를 보여준다.

속도 (knot)	진대기속도 (ft/sec)	동압(q, psf)				
		해면	10,000ft	20,000ft	30,000ft	40,000ft
	σ =	1,000	0.7385	0.5328	0.3741	0.2462
100	169	33.9	25.0	18.1	12.7	8.4
200	338	135.6	100.2	72.3	50.7	33.4
300	507	305	225	163	114	75.0
400	676	542	400	289	203	133
500	845	847	625	451	317	208
600	1,013	1,221	902	651	457	300

Table 1-1 동압에서 속도와 고도의 영향

일부의 정해진 속도에서 동압은 어느 고도에서든지 밀도비와 함께 직접 변한다. 또한 고도 40,000 ft 〔밀도비(σ)는 0.2462〕에서 같은 동압을 만들기 위해서는 해면상에서보다 진대기 속도가 2배는 되어야 한다.

B. 대기 속도 측정

만약 움직이는 공기 흐름 속에 대칭형 모양의 물체를 놓으면 그림 1-4와 같은 모양의 흐름 형태를 얻는다.

물체의 전방 부분에서 공기 흐름은 정체되고 이 지점에서 상대 흐름 속도는 "0"이다. 물체 앞부분의 공기 흐름은 일부의 동압과 주변 정압을 갖고 있다. 물체의 바로 앞부분에서 부분적인 속도는 "0"으로 떨어지고 공기 흐름 동압은 정체 지점에서 정압의 증가로 전환된다. 다시 말하면 정체 지점에서 정압이 존재하고 이것은 공기 흐름 전압과 같은데 주변 정압과 동압을 합한 것과 같다.

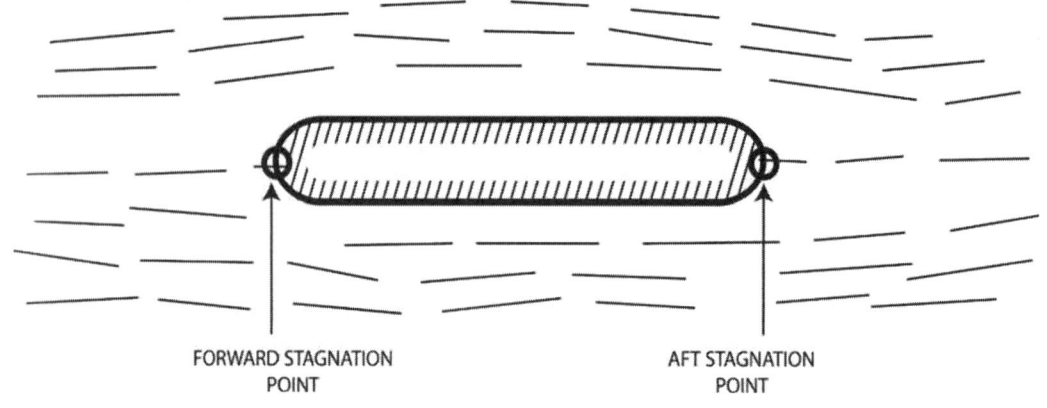

FORWARD STAGNATION
POINT

AFT STAGNATION
POINT

그림 1-4 대칭형 물체의 흐름 형태

물체 표면 주위의 흐름은 분리되고 지역(부분) 속도(local velocity)는 정체 지점 "09물체의 옆"에서 최대가 된다. 만약 마찰과 점도 효과가 무시되면 표면 공기 흐름은 뒤쪽 정체 지점까지 계속되고 여기서 부분적인 속도는 다시 "0"이 된다.

공기 역학적인 흐름에서 가장 중요한 점은 정체 지점의 존재이다. 정체 지점에서 정압 변화의 발생은 자유 흐름 동압(q)과 같다. 자유 흐름에서 동압의 측정은 대기 속도의 지시에 기본이 된다. 사실 대기 속도 지시계는 단순한 압력 게이지로써 이것은 여러 가지 속도에 대한 동압을 측정하는 것이다.

일반적인 대기 속도 측정은 그림 1-5에서 설명하고 있다.

피토 헤드(pitot head)는 내부 흐름 속도가 없고 피토 튜브 안의 압력은 공기 흐름의 전압과 같다. 정압 포트(static port)의 목적은 자유 공기 흐름의 실제 정압을 감지하기 위한 것이다. 전압과 정압 튜브는 차압 게이지

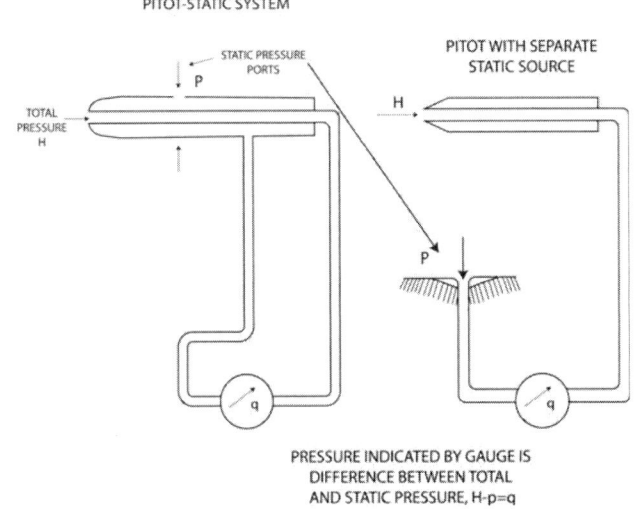

그림 1-5 대기 속도 측정

(differential pressure gauge)에 연결되어 지시되는 순수 압력은 동압이다. 압력 게이지는 표준 해면상 공기량에서 비행 속도를 지시하도록 등급이 매겨져 있다.

예를 들어서 305 psf의 동압은 해면상 비행 속도 300 knot로 나타낸다. 사실 비행 중에 속도 지시계가 공기흐름을 지나는 실제의 속도를 정확하게 지시하지 못하며 다음 순서와 같은 수정작업에 의해서 항공기 실제 속도를 지시하게 된다.

ⓐ 지시 대기 속도(IAS: Indicated Air Speed)는 주어진 비행 조건에서 실제 계기의 지시이다. 표준 해면보다 높은 고도에서는 계기 오차(Instrument error), 장착 오차(Installation error), 압축성 효과(Compressibility) 등에 기인한 오차 때문에 계기 지시와 실제 비행 속도 사이에 큰 차이를 만들 수 있다.

ⓑ 수정 대기 속도(CAS: Calibrated Air Speed)는 지시 대기 속도를 계기 오차와 위치 오차 (혹은 장착 오차)로 수정한 것이다.

계기 오차는 설계에 의해서 줄일 수 있으며 적절히 정비하고 관리되는 장비에서는 무시할 수 있다. 장착시 위치 오차는 가장 중요한 성능 상태와 관련된 속도 범위에서 최소여야 한다.

위치 오차는 주로 정압원(static source)에 한정되는데 실제의 정압 포트에서 감지하는 정압은 자유 공기 흐름 정압과 다르기 때문이다. 항공기가 큰 받음각의 범위에서 운용되면 정압의 분포는 크게 다르기 때문에 정압원 오차(static source error)를 최소화하는 것을 어렵

게 만든다. 대부분의 경우에 정압원의 보상은 위치 오차를 감소시키는 것과 조합된다.

이 문제의 중요성은 다음의 예에서 알 수 있는데, 100 knot의 비행속도에서 0.05 psi 위치 오차는 10 knot의 대기 속도 오차가 된다. 대기 속도에서 위치 오차의 변화 등을 설명한다.

ⓒ 상당 대기 속도(EAS: Equivalent Air Speed)는 수정 대기 속도를 압축성 효과로 수정한 것이다. 빠른 비행 속도에서 정체 압력이 피토 튜브에서 회복되는데 압축성에 의한 확대 때문에 공기 흐름의 동압은 나타나지 않는다.

공기 흐름의 압축성은 피토 튜브에서 정체 압력을 만들고, 이것이 만약 비압축성 흐름이면 더 크다. 결과적으로 대기 속도 지시는 잘못된 상태를 지시한다.

표준 대기 속도 지시계는 표준 해면상 상태에 맞게 압축성 효과를 수정한 것을 읽도록 등급되어 있다. 그렇지만 항공기가 표준 해면 고도 이상에서 운용되면 고유의 보상이 부적절하고 추가의 수정을 해야 한다. 빼내는 수정이 CAS에 가해져야 하는데 이것은 압력 고도와 CAS에 좌우되고 아음속 비행을 위한 것이다. 상당 대기 속도는 표준 해면상 공기에서 비행 속도를 나타내는데 이것은 실제 비행 상태에서와 같은 자유 흐름 동압을 나타낸다.

ⓓ 진대기 속도(TAS: True Air Speed)는 EAS를 밀도 고도로 수정한 것이다. 대기 속도 지시계는 표준 해면상 상태에서 동압이 대기 속도와 같게 등급을 매긴 것으로서 공기 밀도의 변화가 반영되어야 한다.

EAS와 관계되는 TAS는, TAS가 실제 비행 상태에서의 공기 밀도에 관계되는 것처럼 EAS가 표준 해면상 밀도에서 같은 동압에 관계되는 것을 고려해야 한다.

이런 이유로 아래와 같이 나타낸다.

$$(\text{TAS})^2 \rho = (\text{EAS})^2 \rho_0$$

혹은 $\text{TAS} = \text{EAS} \sqrt{\dfrac{\rho_0}{\rho}}$

$\text{TAS} = \text{EAS} \dfrac{1}{\sqrt{\sigma}}$

여기서 TAS: 진대기 속도

EAS: 상당 대기 속도

ρ: 실제 공기 밀도

ρ_0: 표준 해면상 공기 밀도

σ: 고도 밀도비(ρ / ρ_0)

위 결과에서 TAS는 EAS와 밀도와 고도의 함수 관계이다. 밀도 고도의 차트는 압력 고도와 온도의 함수 관계이다. 각 특별한 밀도 고도는 TAS와 EAS 사이의 비례를 결정한다. 항법 컴퓨터의 사용은 적합한 수치의 압력 고도와 온도를 스케일에 설정하고, 이것은 다시 TAS와 EAS 스케일 사이의 비례 관계를 결정한다(혹은 압축성 수정을 가할 때는 TAS와 EAS이다).

그러므로 대기 속도 지시계 계통은 동압을 측정하고 계기, 위치, 압축성, 밀도 등의 수정을 하면 실제 비행 속도와 관계된다. 이 수정은 진대기 속도와 정확한 항법을 위해서 꼭 필요하다. 베르누이 원리, 정압, 동압, 전압의 개념은 공기 역학의 기본을 이룬다. 또한 표면의 지역적인 정압과 동압의 변화에 의해서 압력이 분포되는 것이 공기 역학적 힘과 모멘트의 기본 원리이다.

3) 공기 역학적 힘의 발달

일반적인 공기 흐름 형태는 베르누이에 의해서 정의된 정압과 속도의 관계로 입증한다. 공기 흐름 속에 놓인 물체의 리딩에이지 부근의 어느 지점에서는 공기가 충돌하거나 정체된다. 정체되는 이 지점의 압력은 절대 정압으로서 공기 흐름의 전압과 같다. 다른 말로는 정체 지점에서 정압은 공기 흐름의 동압의 크기에 의해서 대기압(atmospheric pressure)보다 커진다. 흐름이 분리되고 물체 주위를 지나면서 지역 속도가 증가되어 정압의 감소를 만든다. 이 흐름 과정이 그림 1-7의 흐름 형태와 압력 분포로 잘 설명된다.

A. 유선 형태와 압력 분포

그림 1-7의 원형 물체의 흐름 형태는 유선에 의해서 특정 지어지는데 이 유선은 지역 흐름 방향을 나타낸다. 속도 분포는 유선 형태에 의해서 나타난다. 왜냐하면 유선이 흐름의 경계에 영향을 주고 유선 사이의 공기 흐름은 밀폐된 튜브에서의 흐름과 비슷하기 때문이다. 유선이 수축되고 함께 합쳐지면 빠른 지역적인 속도가 존재하고, 유선이 팽창되고 멀리 떨어지면 아주 느린 지역 속도가 존재한다. 전방 정체 지점에서 지역 속도는 "0"이고 최대의 포지티브(＋) 압력이 생긴다.

흐름이 전방 정체 지점을 지나면서 속도는 유선의 변화에서 본 것과 같이 속도가 증가한다. 지역 속도는 위와 아래 끝에서 최대에 이르고 최고의 흡입 압력(suction pressure)이 원형물체의 이 지점에서 생긴다(여기서 말하는 포지티브(＋) 압력은 대기압보다 높은 압력을 나타내고 네가티브(－) 압력이나 흡입 압력은 대기압보다 낮은 상태를 말한다) 흐름이 최고의 흡입 압력으로부터 후미로 계속 흐르면서 확산 유선(diverging stream line)은 지역 속도 감소를 나타내고 지역 압력을 증가시킨다. 만약 마찰과 압축성 효과가 고려되지 않으면 속도는 후에 정체 지점에서 "0"으로 감소하고 전체 정체 압력을 회복시킨다.

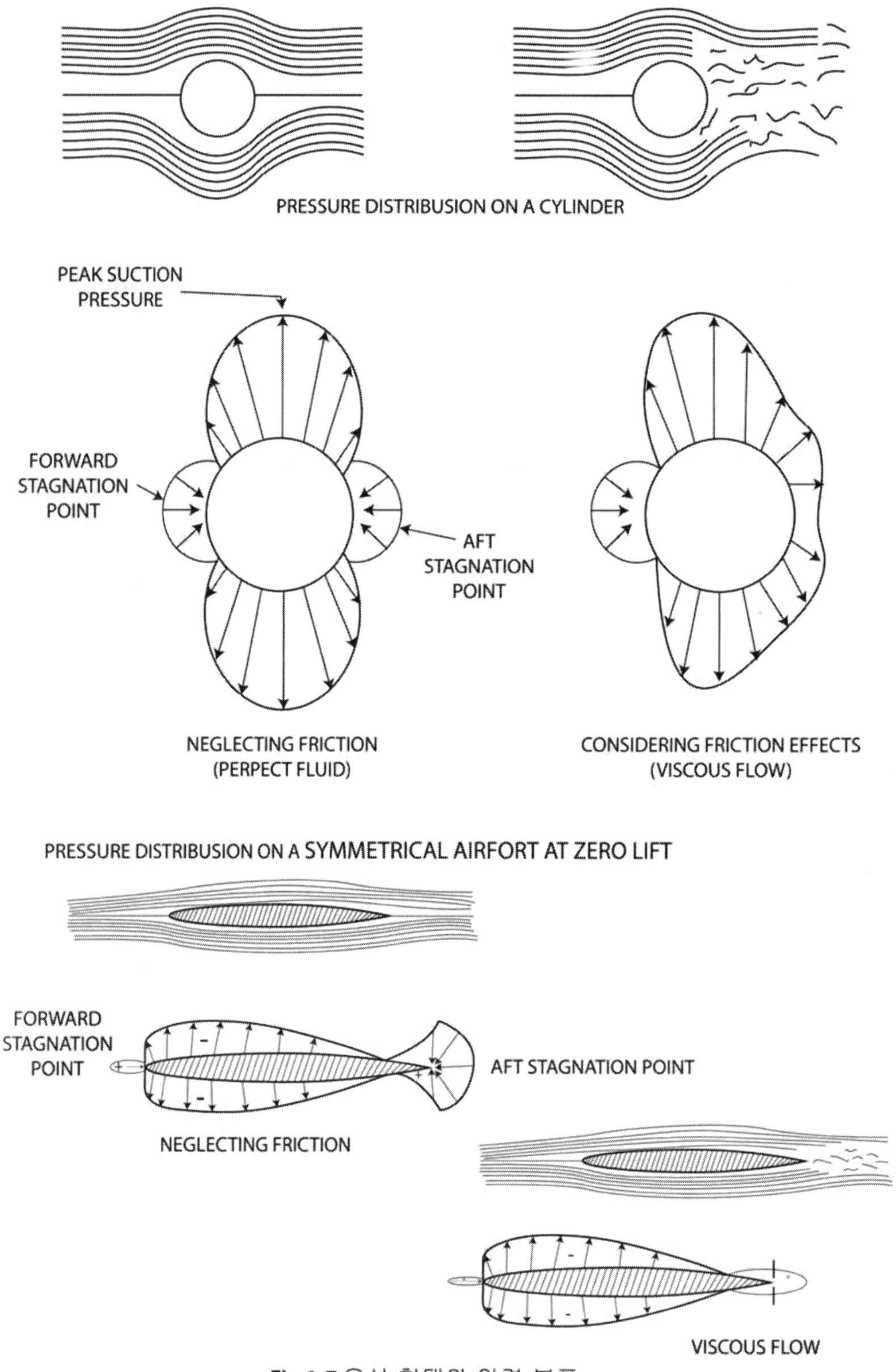

PRESSURE DISTRIBUSION ON A CYLINDER

PEAK SUCTION PRESSURE

FORWARD STAGNATION POINT

AFT STAGNATION POINT

NEGLECTING FRICTION
(PERPECT FLUID)

CONSIDERING FRICTION EFFECTS
(VISCOUS FLOW)

PRESSURE DISTRIBUSION ON A SYMMETRICAL AIRFORT AT ZERO LIFT

FORWARD STAGNATION POINT

AFT STAGNATION POINT

NEGLECTING FRICTION

VISCOUS FLOW

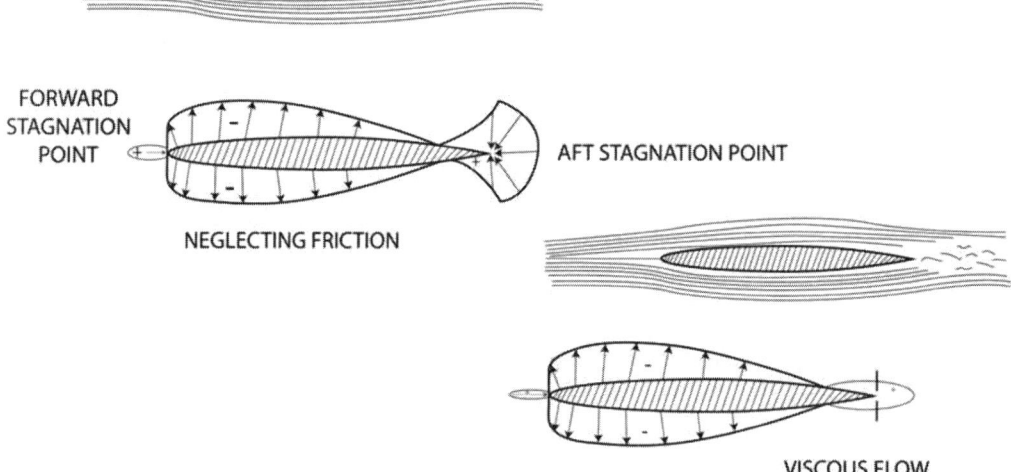

Fig 1-7 유선 형태와 압력 분포

완전한 유체 흐름에서 원형 물체의 압력 분포는 대칭적이고 순수한 힘(양력이나 항력)은 생기지 않는다. 물론 표면의 정압과 속도는 베르누이 방정식으로 정의한다. 실제 흐름에서 원형 물체의 흐름 형태는 마찰이나 점도의 효과를 보여준다. 공기의 점도는 표면에 인접한 곳에서 지연된 얇은 층을 만든다. 경계층에서의 에너지 팽창은 압력 분포를 변경시키고 대칭 형태를 파괴시킨다.

압력 분포의 변화에 의해서 생긴 힘의 불균형은 항력을 만들어내는데 이것은 표면 마찰(skin friction)에 기인한 항력이다. 그림 1-7은 대칭형 에어포일을 위한 유선 형태로 속도와 압력 분포를 위한 기초를 제공한다. 리딩에이지에서 유선은 포지티브(+) 압력의 인접 부근에서 넓게 확산된다.

최대의 지역 속도와 흡입(−) 압력이 유선으로 서로 가장 가까운 곳에서 존재한다.

원형 물체 위를 흐르는 것과 에어포일 사이의 하나의 큰 차이는 에어포일 위의 최대 속도와 최소 압력 지점 발생이 최대 두께 지점에서 반드시 일어나지 않는다는 것이다. 그렇지만 유사성이 최소 압력 지점에 존재하는데, 이 지점은 유선이 가장 가까운 지점과 일치하고 이 상태는 유선이 가장 큰 곡면 쪽으로 존재한다.

B. 양력의 발생

에어포일에 의한 양력의 발생에 동반되는 중요한 현상이 공기흐름에 주어지는 순환(circulation)이다. 이 현상은 공기 흐름에 있는 원형 물체에 존재하는 유선과 압력 분포에 의해서 생긴 것이다.

순환이 없는 원형 물체는 대칭 유선 형태를 갖고 있고 압력 분포는 순수한 양력을 만들지 못한다.

만약 원형 물체가 시계 방향 회전을 주며 회전이나 순환하는 흐름을 유도하면 유선 형태와 압력 분포에 분명한 변화가 생긴다.

속도는 순환적인 흐름(circulatory flow)의 볼텍스(vortex)에 의한 것으로 원형 물체 위쪽 표면에서 지역 속도를 증가시키고 원형 물체의 낮은 쪽 표면에서 지역 속도를 감소시킨다. 또한 순환적인 흐름은 원형 물체의 바로 앞에서 상승 흐름(upwash)을 만들고 원형 물체의 바로 뒤에서 하강 흐름(downwash)을 만들어 전방과 후방 정체 지점이 낮아진다. 순환적인 흐름의 추가 효과는 원형 물체 위의 압력 분포 변화에 의한 것이다.

위쪽 표면의 지역 속도가 증가되어 위쪽 표면의 흡입을 증가시키는 반면, 낮은 쪽 표면에서의 지역 속도는 감소되어 낮은 쪽 표면의 흡입을 감소시키게 된다. 결과적으로 원형 물체의 순환은 순수한 양력을 만든다.

기계적으로 이 순환을 유도하는 것을 마그너스 효과(magnus effect)라고 부르고 순환과 양력의 관계를 설명하는 것이다. 이것은 골프 치는 사람, 야구 선수, 테니스 선수뿐만 아니라 조종사와 공기 역학 연구자들에게 모두 중요한 것이다. 골프공이나 야구 볼이 휘어져서 날을 때 힘의 불균형이 볼의 회전을 만든다.

피처가 강력한 회전을 정확하게 조절할 수 있는 것을 흔히 "curve ball artist"라고 부르고, 횡방향 운동을 조절할 수 없는 골퍼가 골프공을 치면 조절할 수 없는 스핀(spin)을 주어서 "hook"이나 "slice"라는 문제점을 갖는다.

회전 원형 물체는 순환적인 흐름으로부터 순수 양력을 만들어낼 수 있지만 이 방법은 상당히 비효율적이고 오직 양력과 순환의 관계를 지적하는 것으로 족하다. 에어포일은 상당히 높은 효율로 양력을 만들어 낼 수 있다.

만약 대칭형이 공기 흐름에 "0" 받음각으로 놓이면 유선 형태와 압력 분포는 "0" 양력의 증거를 준다. 그렇지만 만약 에어포일이 (+)받음각으로 주어지면 유선 형태의 변화가 발생하고 압력 분포는 추가의 순환이 원형 물체에 생기는 것에 의해서 생기는 변화와 비슷하다.

(+)받음각은 위쪽 표면에서 속도를 증가시키면서 흡입도 증가시키고 한편 아래쪽 표면에서는 속도가 감소되어 아래쪽 표면 흡입을 감소시킨다. 또한 상승흐름이 에어포일의 전면(ahead)에서 발생하고 전방 정체 지점은 리딩에이지의 아래로 움직이고 에어포일의 뒤에 있다.

에어포일의 압력 분포가 공기 흐름에 수직하는 순수 힘을 제공하는데 이것이 양력(lift)이다. 에어포일에 의한 양력의 발생은 공기 흐름에서 순환을 만들 수 있는 에어포일에 좌우되고 표면의 압력 분포는 상승을 만드는 것에 좌우된다.

모든 경우에 발생된 양력은 에어포일의 위 표면과 아래 표면에서 압력 분포에 의해 생긴 순수한 힘이다. 작은 받음각에서 흡입 압력은 위와 아래 표면 모두에 존재하지만 위 표면 흡입은 포지티브 양력을 위해서 더 커야 한다. 최대 양력을 위한 큰 받음각 부근에서 포지티브 압력이 아래 표면에 존재하지만 이것은 순수 양력의 대략 1/3 정도이다.

자유 흐름의 밀도와 속도의 효과는 여러 가지 공기 역학적 힘의 발달을 공부할 때 반드시 고려해 볼 사항이다. 에어포일의 특별한 모양이 공기 흐름에 대해 특정 각도로 고정되었다고 가정해 보자. 상대 속도와 압력 분포는 에어포일의 모양과 공기 흐름에 대한 각도에 의해 결정된다. 에어포일의 크기, 공기 밀도, 공기 속도의 변화에 대한 효과가 그림 1-9에 나타난다.

만약 같은 에어포일 모양이 같은 각도로 2배의 동압이 있는 공기 흐름에 놓이면 압력 분포의 크기는 2배로 커지지만 압력 분포의 상대적인 모양은 똑같다.

표면에 2배의 큰 압력이 존재하면 모든 공기 역학적 힘과 모멘트는 2배로 된다. 만약 1/2 크기의 에어포일이 같은 각도로 본래의 공기 흐름에 놓이면 압력 분포의 크기는 본래 에어포일과 같고 다시 압력 분포의 상대적인 크기가 동일하다. 1/2 크기의 표면에 같은 압력이 작용하면 모든 공기 역학적인 힘은 본래의 1/2로 된다. 이 흐름 형태의 유사성이 뜻하는 것은 정체 지점이 같은 곳에서 발생하고 최고 흡입 압력도 같은 곳에서 발생하므로 공기 역학적 힘의 크기와 모멘트는 공기 흐름 동압과 표면 면적에 좌우된다.

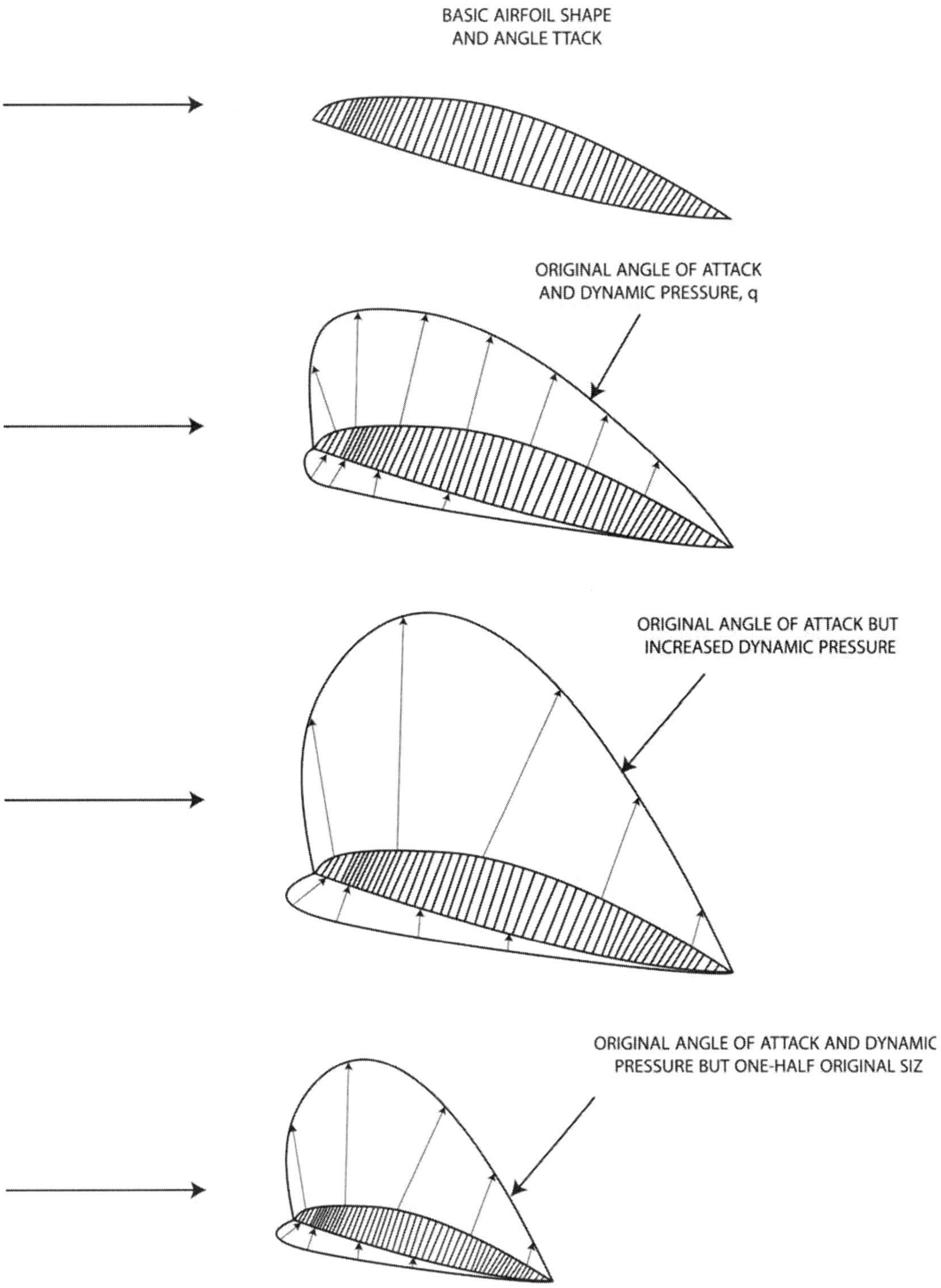

BASIC AIRFOIL SHAPE
AND ANGLE TTACK

ORIGINAL ANGLE OF ATTACK
AND DYNAMIC PRESSURE, q

ORIGINAL ANGLE OF ATTACK BUT
INCREASED DYNAMIC PRESSURE

ORIGINAL ANGLE OF ATTACK AND DYNAMIC
PRESSURE BUT ONE-HALF ORIGINAL SIZ

AIRFOIL SHAPE AND ANGLE OF ATTACK DEFINE RELATIVE PRESSURE DISTRIBUTION

그림 1-9 에어포일(airfoil)의 압력 분포

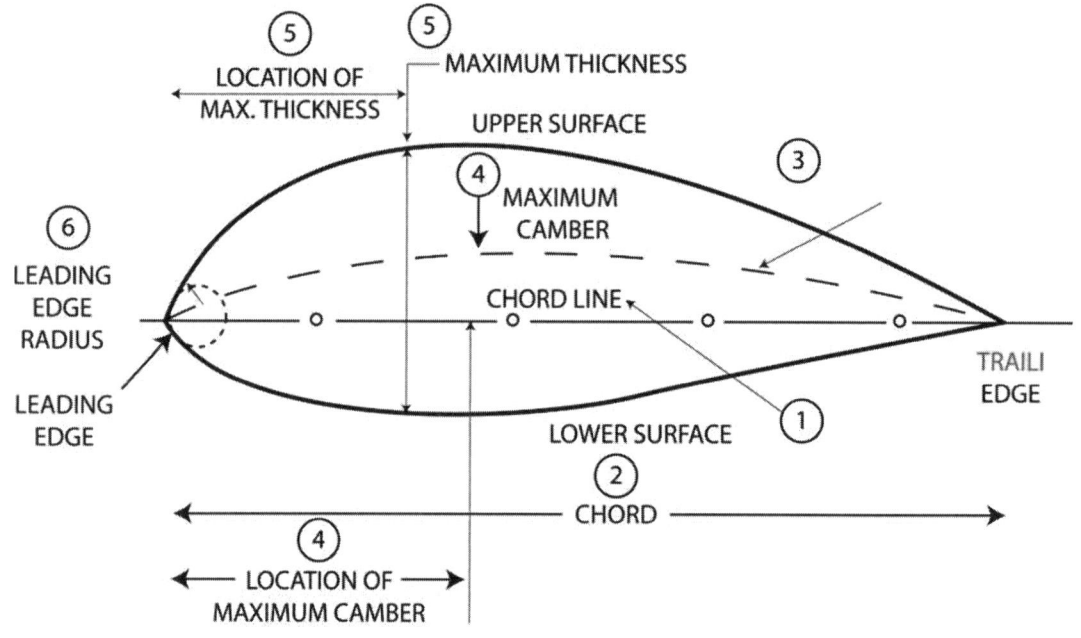

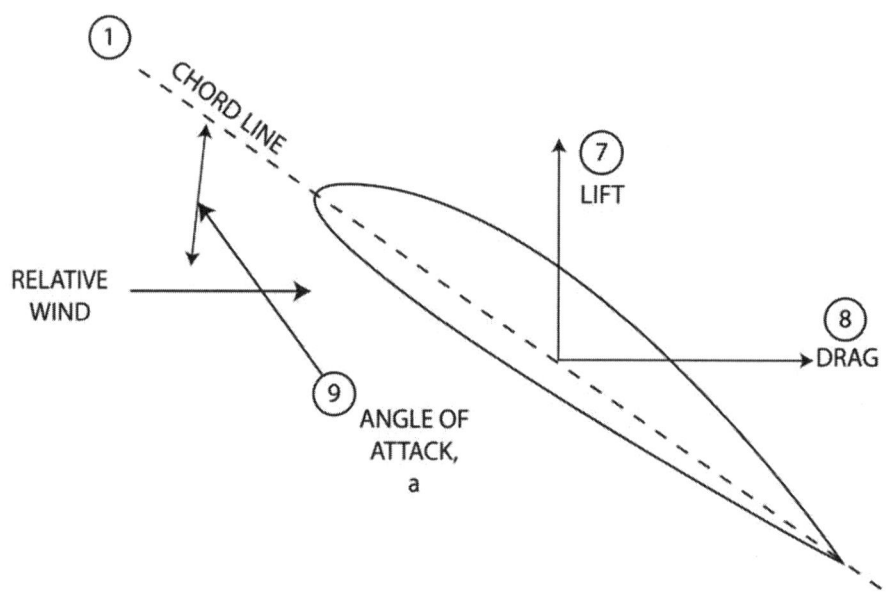

그림 1-10 에어포일에 사용하는 용어

이 개념은 특히 공기 역학적 힘의 발달에 영향을 미치는 가장 중요한 요소들을 분리하거나 분석할 때에 극히 중요하다.

C. 에어포일의 용어

에어포일의 모양과 공기 흐름 각도가 압력 분포 결정에 가장 중요하므로 용어를 적절히 정의하는 것이 필요하다. 그림 1-10은 일반적인 에어포일이고, 에어포일 용어의 여러 가지 항목을 설명한다.

① 코드선(chord line)은 에어포일의 리딩에이지와 트레일링 에이지(trailing)를 잇는 직선이다.

② 코드(chord)는 에어포일의 특징적인 치수이다.

③ 평균 캠버라인(mean camber line)은 위와 아래 표면의 중심선을 지나는 선이다. 실제로 코드선은 이 평균 캠버 라인의 양쪽 끝을 연결한 것과 같다.

④ 평균 캠버 라인의 모양은 에어포일 단면의 공기 역학적 특성을 결정하는데 가장 중요하다. 최대 캠버(코드선으로부터의 평균선 중 최대가 되는 곳)와 최대 캠버(maximum camber)의 위치가 평균 캠버 라인의 모양 정의에 도움이 된다. 이 양은 분수나 기본적인 코드 치수의 %로 나타낸다. 일반적인 저속형 에어포일(low speed airfoil)은 최대 캠버가 4%이고 위치는 리딩에이지의 뒤쪽 40%에 있다.

⑤ 형상(profile)의 두께와 두께 분포는 단면의 중요한 성질이다. 최대 두께와 최대 두께의 위치는 두께와 두께 분포를 정의하고 분수나 %로 표시한다.

일반적인 저속형 에어포일은 최대 두께 12%이고 위치는 리딩에이지의 뒤쪽 30%이다.

⑥ 에어포일의 리딩에이지 반경(leading edge radius)은 리딩에이지 모양에 주어진 곡면의 반경이다. 리딩에이지 캠버와 접촉하는 라인에 중심이 있는 원으로 리딩에이지의 위와 아래 표면 접촉점을 연결한 것이다. 일반적인 리딩에이지 반경은 "0"(knife edge)에서 1~2%이다.

⑦ 에어포일에 의해서 만들어지는 양력(lift)은 순수한 힘으로서 상대풍(relative wind)에 수직이다.

⑧ 에어포일에 의해서 생기는 항력(drag)으로서 상대풍과 평행해야 만들어지는 순수한 힘이다.

⑨ 받음각(angle of attack)은 코드선과 상대풍 사이의 각도이다. 받음각은 알파(α)로 표시한다. 피치 자세각과 받음각을 구별하는 것이 중요하다. 비행 상태에 관계없이 조종면의 순간적인 비행 방향은 불어오는 상대풍의 방향을 결정하고 받음각은 순간적인 상대풍과 코드선 사이의 각이다.

에어포일 형상(airfoil profile)의 설명은 치수로 하는데 이것은 분수나 기본 코드 치수의 %로 나타낸다. 에어포일 형상의 숫자 표시 체계는 NACA(National Advisory for Aeronautics)에 의해서 주도되었고, 이것은 주로 기하학적 특징과 특정 공기 역학적 성질을 나타낸다.

D. 공기 역학적인 힘의 계수

양력과 항력의 공기 역학적인 힘은 여러 가지 다른 조건들의 효과가 조합된 것에 좌우되는데 아래 사항은 이와 관련된 요소들이다.

ⓐ 공기 흐름 속도

ⓑ 공기 밀도

ⓒ 표면의 모양이나 형상

ⓓ 받음각

ⓔ 표면 면적

ⓕ 점도 효과

ⓖ 압축성 효과

점도와 압축성 효과는 중요한 것이 아니지만 나머지 항목은 서로 결합되는 요소들이다. 주요 공기 역학적 힘은 표면의 여러 가지 압력 분포의 결과이고 표면 면적이 중요한 요소이다. 공기 흐름의 동압은 공기 역학적 힘의 또다른 공통 분모이고 압력 분포 크기는 자유 흐름 에너지에 좌우된다.

나머지 중요 요소로는 표면에 존재하는 상대적인 압력 분포이다. 물론 속도 분포, 합성 압력 분포는 표면의 모양이나 형상과 받음각에 의해 결정된다.

그러므로 어떤 공기 역학적 힘의 3가지 중요 요소는 다음과 같다.

ⓐ 물체의 표면 면적

ⓑ 공기 흐름의 동압

ⓒ 상대 압력 분포에 의해서 결정되는 계수나 지수

이 관계는 아래와 같이 표시한다.

$$F = C_F \, q \, S$$

여기서　F: 공기 역학적인 힘(lbs)

　　　　C_F: 공기 역학적인 힘의 계수

　　　　q: 동압(psf)=$1/2 \rho V^2$

　　　　S: 표면 면적(ft²)

공기 역학적 힘의 계수 C_F는 다음과 같은 공식으로 나타낸다.

$$C_F = \frac{F}{qS}$$

$$= \frac{F/S}{q}$$

이 형태에서 공기 역학적인 힘의 계수는 표면 면적당 공기 역학적 힘과 동압으로 나타낸다. 다른 말로는 힘의 계수는 평균 공기 역학적 압력과 공기 흐름 동압 사이의 단위가 없는 비율이다. 양력과 항력의 모든 공기 역학적인 힘은 이것을 기초로 설명하는데, 어느 경우든지 공통 분모는 표면적과 동압이다.

양력 계수(lift coefficient)는 양력 압력과 동압 사이의 비이고 항력 계수(drag coefficient)는 항력 압력과 동압 사이의 비이다. 공기 역학적인 힘의 계수 형태 사용은 반드시 필요한데 힘의 계수는 다음과 같은 성질을 갖는다.

ⓐ 공기 역학적인 힘의 분류로 면적, 밀도, 속도와 독립적이다. 이것은 상대 압력과 속도 분포로부터 유래했다.

ⓑ 표면의 모양과 받음각에 의해서만 영향 받는데 이 요소들이 압력 분포를 결정한다.

ⓒ 압축성과 점도 효과의 평가는 지수로 가능하다.

면적, 밀도, 속도의 효과는 계수 형태, 압축성과 점도 효과에 의해서 제거되므로 따로 분리되어야 한다.

E. 기본적인 양력 공식

양력은 상대풍과 수직으로 발생하는 순수한 힘으로 정의했다. 항공기 양력의 공기 역학적인 힘은 날개에서 압력 분포의 발생으로부터 얻어진 것이다. 이 양력은 다음 공식으로 설명된다.

$$L = C_L \, q \, S = C_L \, 1/2 \, \rho V^2 \, S$$

여기서   L: 양력(lbs)
          C_L: 양력 계수
          q: 동압(psf)$=1/2 \, \rho V^2$
          S: 날개 표면적(ft^2)

이 공식에 사용되는 양력 계수는 양력 압력과 동압 사이의 비이고 날개 모양과 받음각의 함수 관계이다. 재래식 항공기 날개의 양력 계수를 받음각과 함께 설명할 수 있고 이 결과가 그림 1-11이다.

속도, 밀도, 면적, 중량, 고도 등은 실제 양력 능력의 지시를 하는 계수에 의해서 대체된다. 각 받음각은 특별한 양력 계수를 만드는데 왜냐하면 받음각이 압력 분포의 조절 요소이기 때문이다. 양력 계수는 받음각 증가에 따라 최대 양력 계수(C_{Lmax})로 증가하는데, 받음각이 최대 양력각 이상으로 증가하면 공기 흐름은 더 이상 위 표면에 달라붙을 수 없어서 공기 흐름이 위 표면으로부터 분리되고 실속을 일으킨다.

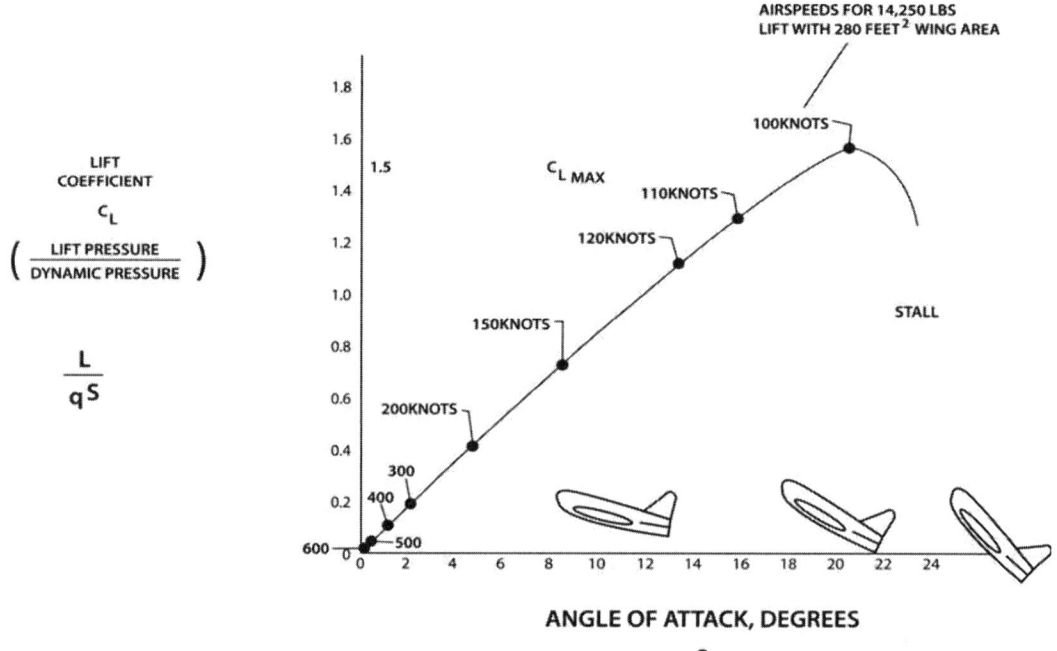

그림 1-11 일반적인 양력 특성

F. 양력공식의 이해

　몇 가지 중요한 관계가 기본 양력 공식과 일반적인 날개의 양력 곡선에서 유래했다. 그림. 1-11에서 항공기에서 가장 중요한 요소는 중량, 동압, 뱅크 각(bank angle)과 관계없이 같은 받음각에서 실속하는 성질이다. 물론 항공기의 실속 속도는 중량, 뱅크각 기타 요소에 영향을 받는데 동압(q), 날개 면적(S), 양력 계수(C_L)는 필요한 양력을 만든다.

　기본적인 양력 공식을 변형시키면 다음과 같다.

$L = C_L \; q \; S$

$q = \dfrac{\sigma V^2}{295}$　　　[V: TAS(knot)]

$C_L \dfrac{\sigma V^2}{295} S$

$$V = 17.2 \sqrt{\frac{L}{C_L \sigma S}}$$

실속 속도는 비행을 유지하는 최소 비행 속도로서 양력 계수는 C_{Lmax}이다.
그림. 1-11에서 다음과 같은 성질이 있다.

중량: 14,250
날개 면적: 280 ft²
C_{Lmax}: 1.5

만약 항공기가 해면상에서 일정한 수평 비행을 할 때(양력과 중량이 같을 때) 실속 속도
(stall speed)는 다음과 같다.

$$Vs = 17.2 \sqrt{\frac{W}{C_{Lmax} \sigma S}}$$

여기서 Vs: 실속 속도(knot-TAS)
        W: 중량(lbs) (L=W)

$$\therefore \ Vs = 17.2 \sqrt{\frac{14,250}{(1.5)(1.000)(280)}} = knot$$

여기서 해면상 속도(EAS)100 knot는 최대 양력에서 필요한 동압을 제공하고 14.250 lbs의
양력을 만든다. 만약 항공기가 높은 고도에서 운용되면 더 높은 동압이 더 큰 양력 발생에
필요하고 더 큰 실속 속도를 같게 한다.
   만약 항공기가 급선회 중일 때 더 큰 양력이 선회에 필요하고 이것은 실속 속도를 증가시
킨다. 만약 항공기가 높은 밀도 고도에서 비행할 때 실속 중의 TAS는 증가한다. 그렇지만
이런 상태에서 한 가지 공통점은 C_{Lmax}에서의 받음각은 같다. 이것은 상당히 중요하며 실속
경고 장치는 받음각(α)이나 압력 분포(C_L과 관계됨)를 감지해야 한다.
   기본적인 양력 공식과 양력 곡선에 관계된 또 다른 중요한 요소가 공기 속도에 따른 받음
각과 양력 계수의 변화이다. 예를 들어 항공기가 계속 여러 가지 속도로 수평 비행을 한다고
했을 때 양력과 중량은 똑같다. 여기서 분명한 것은 실속 속도보다 공기 속도를 증가시키면
이에 상응하는 만큼 양력 계수와 받음각을 줄여서 양력과 중량이 같은 비행을 계속하게 한
다. 양력 계수와 공기 속도와의 정확한 관계는 기본 양력 방정식에서 일정한 양력(=중량)과
상당 대기 속도(equivalent air speed)를 가정해볼 수 있다.

$$\frac{C_L}{C_{Lmax}} = \left(\frac{V_S}{V}\right)^2$$

W: 14,250 lbs

C_{Lmax}: 1.5

Vs: 100 knot(EAS)

안정된 비행 상태를 위해서 각 공기 속도는 정해진 받음각과 양력 계수가 필요하다. 이 사실은 비행 기술의 기본적인 개념을 제공하는데 받음각은 안정된 비행에서 공기 속도를 조절하는 1차적인 수단이기 때문이다.

물론 조종간(control stick) 또는 휠(wheel)은 조종사가 받음각을 조절하게 하고 그래서 공기 속도를 조절하여 안정된 비행이 되도록 한다. 같은 맥락으로 스로틀(throttle)은 동력 장치의 출력을 조절하고 조종사가 상승률과 강하율 등을 여러 가지 비행 속도에서 조종할 수 있게 한다.

G. 에어포일 양력 특성

에어포일 단면 특징은 날개나 항공기 특성과 다른데 이유는 윤곽(plan form)의 영향 때문이다. 사실 루트(root)에서 팁(tip)까지의 테이퍼, 비틀림, 후퇴(sweep back), 스팬 방향(spanwise direction)에서 지역 흐름 성분 등 날개는 여러 가지 에어포일 단면 특징을 갖고 있다.

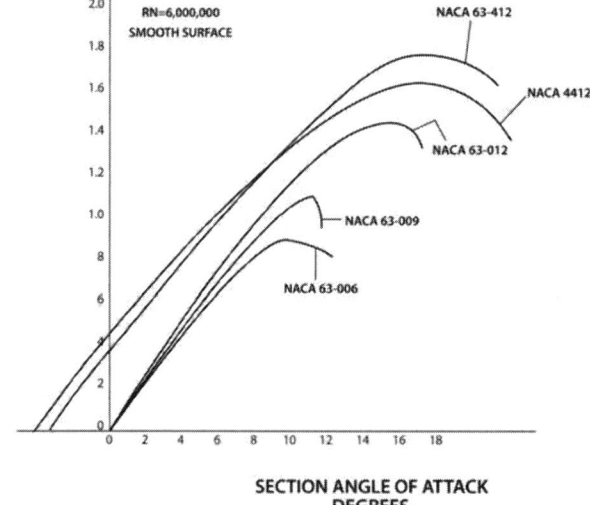

날개의 공기 역학적 성질의 결과는 단면의 스팬과 3차원 흐름(3 dimensional flow)의 작용에 의해서 결정된다. 에어포일 단면 성질인 형상과 힘의 계수는 기본 모양이나 2차원 흐름(2 dimensional flow)에서 작은 문자로 표시한다. 예를 들어 날개나 항공기의 양력 계수는 C_L이고 에어포일 단면 양력 계수는 c_l로 나타낸다. 또한 날개 받음

Fig 1-12 일반적인 에어포일 단면의 양력 특성

각은 α이고 단면 받음각은 α_0를 사용해서 구별한다. 단면 성질을 알기 위해서는 캠버의 영향, 두께 등을 고려해야 한다.

그림. 1-12는 5가지 에어포일 단면의 양력 특성이다. 단면 양력 계수 c_1은 단면 받음각 α_0과 맞게 꾸며진 것이고 5가지의 표준 NACA 에어포일 형상이 있다. 모든 에어포일 단면에서 하나의 특징은 여러 가지 양력 곡선의 기울기(slop)가 기본적으로 같다는 것이다.

작은 양력 계수에서 단면 양력 계수는 매 1°의 받음각이 증가할 때마다 대략 0.1이 증가한다. 그림. 1-12에서의 각 에어포일은 받음각 5°의 변화는 대략 0.5의 양력 계수를 만든다. 분명히 양력 곡선 기울기는 에어포일의 단면에 중요한 요소가 아니다. 에어포일 모양에 의해서 영향 받는 중요한 양력 특성은 단면 최대 양력 계수 c_{lmmax}이다.

c_{lmax}의 에어포일 모양의 영향은 그림. 1-12의 5가지 에어포일의 양력 곡선의 비교로 얻을 수 있다.

NACA 에어포일 63-006, 63-009, 63_1-012는 기본 두께 분포의 대칭 단면이지만 최대 두께는 6, 9, 12%이다. c_{lmax}두께의 영향은 이 곡선을 관찰해서 분명히 알 수 있다.

에어포일 단면	c_{lmax}	α_0
NACA 63-006	0.82	9.0°
NACA 63-009	1.10	10.5°
NACA 63_1-012	1.40	13.8°

12% 단면은 6% 두꺼운 단면보다 c_{lmax}가 대략 70% 더 크다. 게다가 두꺼운 에어포일은 여러 가지 고양력 장치(high lift device)의 사용으로 더 많은 이점이 있다. 캠버의 영향은 NACA 4412와 63_1-412 단면의 양력 곡선으로 설명된다.

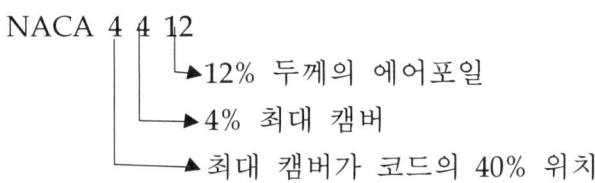

NACA 4 4 12

↳12% 두께의 에어포일

→4% 최대 캠버

→최대 캠버가 코드의 40% 위치

NACA 63_1-412 에어포일은 63_1-012처럼 같은 두께와 두께 분포를 갖고 있지만 캠버가 0.4의 설계 양력 계수를 더한다. 이 두 에어포일의 양력 곡선으로 캠버가 c_{lmax}에 바람직한 영향을 준다.

에어포일 단면	c_{lmax}	α_0
NACA 63_1-012(symmetrical)	1.40	13.8°
NACA 63_1-412(cambered)	1.73	15.2°

캠버의 또 다른 영향은 "0" 양력각을 변화시킨다. 반면 대칭 단면은 "0" 받음각에서 "0"

양력은 같고 포지티브(+) 캠버의 단면은 "0" 양력을 위해서 네가티브(−)각을 갖고 있다. 최대 양력 계수의 중요성은 분명하다. 만약 최대 양력 계수가 크면 실속 속도는 낮다. 그렇지만 큰 단면의 최대 양력 계수를 위해서 큰 두께와 캠버가 필요하고 이것은 낮은 임계 마하수와 고속에서 큰 비틀림 모멘트(twisting moment)를 만든다. 다시 말하면 높은 최대 양력 계수는 에어포일 단면의 많은 특징 중의 하나이다.

H. 항력 특성

항력은 상대풍(relative wind)과 평행한 순순한 공기 역학적 힘이고 항력의 원인은 표면의 압력 분포와 표면 마찰이다. 공기 흐름속의 크고 두꺼운 블러프 물체(bluff body)는 항력 형성이 뛰어나며 이것은 불균형 상태의 압력 분포에 기인한다. 그렇지만 유선형 몸체로 미끈한 곡면은 표면 마찰에 기인한 항력이 지배적이다. 다른 공기 역학적 힘과 비슷하게 항력은 계수의 형태로 고려되고 동압과 날개면적과는 독립적이다.

기본적인 항력 공식은 다음과 같다.

$$D = C_D \, q \, S$$

여기서 D: 항력(lbs)

C_D : 항력 계수

q: 동압(psf)

$$= \frac{\sigma V^2}{295}$$

S: 날개 면적(ft^2)

항력은 동압, 날개 면적, 항력 계수를 통해서 볼 수 있다. 이 공식에서 항력 계수는 기타 다른 공기 역학적인 힘의 계수와 비슷하고 이것은 항력 압력과 동압과의 비이다. 만약 재래식 항공기의 항력 계수가 받음각과 함께 비교되면 결과는 그림. 1-13에서 보는 그래프와 같다.

작은 받음각에서 항력 계수는 작고 받음각의 작은 변화는 단지 항력 계수에 약간의 변화를 만든다. 큰 받음각에서 항력 계수는 훨씬 크고 받음각의 사소한 변화도 항력에 중대한 변화를 일으킨다. 항공기 성능에서 고려하는 가장 중요한 요소가 양항비(lift-drag-ratio: L/D)이다.

양력과 항력 데이터가 항공기에 적용되고 C_L과 C_D의 비례는 각각의 특수한 받음각을 위해서 계산된다. 받음각과 함께 양항비의 비교는 큰 양력 계수와 받음각에서 양항비(L/D)가 최대로 증가하고 곧 감소된다. 최대 양항비[$(L/D)_{max}$]는 특정한 받음각과 양력 계수에서 발생한다. 만약 항공기가 $(L/D)_{max}$에서 안정된 비행 상태로 운용될 때 전체 항력은 최소이다.

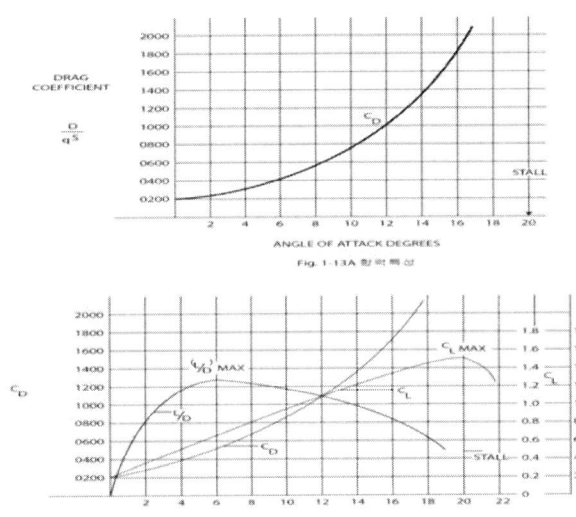

Fig. 1-13A 항력 특성

Fig. 1-13B 항력 특성

(L/D)max를 위한 크거나 작은 받음각은 양항비를 감소시키고 다시 주어진 항공기 양력에서 전체 항력이 증가한다.

항공기는 그림. 1-13B의 곡선에 의해서 상세히 나타나고 최대 양항비 12.5는 6°의 받음각에서 얻어진다. 이 항공기가 총 중량 12,500 lbs로 안정된 비행 상태에서 운용된다고 가정하자. 만약 공기 속도와 받음각이 (L/D)max에 맞게 비행하면 항력은 1,000 lbs가 된다.

이때 느리거나 빠른 공기 속도는 1,000 lbs보다 큰 항력을 만든다. 이와 같은 상태로 항공기를 크거나 작은 총중량으로 운용하면 같은 최대 양항비(12.5)로 같은 받음각(6°)을 얻는다. 그렇지만 총중량의 변화는 공기 속도를 바꾸는 것이 필요하므로 같은 양력 계수와 받음각에서 새로운 중량을 유지한다.

항공기 형태	(L/D)max
고성능 수상비행기	25-40
정찰기, 수송기	12-20
고성능 폭격기	20-25
프로펠러 훈련기	10-15
제트 훈련기	14-16
천음속 전투기, 공격기	10-13
초음속 전투기, 공격기	4-9

항공기의 형태가 양항비에 가장 큰 영향을 준다. 일반적인 (L/D)max의 수치는 여러 가지 항공기 형식에 맞게 된다. 고성능 항공기는 극히 큰 양항비를 갖고 있지만 이런 항공기는 실제적인 경제성이 없다.

초음속 전투기는 아음속 비행에서 양항비가 낮은 것처럼 보이지만 항공기의 형태는 초음속 비행(큰 마하수에서 큰 L/D)으로 이 상황에 맞게 된다. 항공기 성능의 중요한 항목인 제트 항공기의 최대 체공 시간, 프로펠러 항공기의 최대 항속 거리, 제트 항공기의 최대 상승각, 제트 항공기나 프로펠러 항공기의 최대 무동력(power-off) 활공 거리는 (L/D)max에서 발생한다.

이중 가장 흥미 있는 것이 항공기의 무동력 활공 거리이다. 활공중에 항공기에 작용하는 힘을 관찰하면 활공비(glide ratio)는 수적으로는 양항비(lift-drag ratio)와 똑같다. 예를 들어, 항공기 양항비(L/D)가 15로 활공하면 고도에서 매 마일은 수평 거리에서 15마일로 계산된다. 이것은 항공기 $(L/D)_{max}$에서 비행할 때 최대 활공 거리를 얻는다.

활공 성능의 믿을 수 없는 특징의 하나가 항공기 총중량의 영향이다.

주어진 항공기의 최대 양항비는 공기 역학적 형태, 총중량의 본래의 특성이 활공 성능(gliding performance)에 영향을 끼치지 못한다.

만약 일반적인 제트 훈련기의 $(L/D)_{max}$가 15이면 항공기는 고도의 매 마일당 최대 15마일의 수평 거리를 얻는다. 또한 항공기가 $(L/D)_{max}$가 되는 받음각으로 비행하면 이 항공기는 어떤 총중량에서든지 위 설명과 같다. 물론 총중량은 이 특정 받음각에 필요한 활공 속도에 영향을 미치지만 활공비는 영향을 미치지 않는다.

I. 에어포일 항력 특성

항공기의 전체 항력(total drag)은 각 구성품의 항력과 이 구성품 간의 간섭에 의해서 생긴 힘으로 구성된다.

항공기의 항력은 양력(lift), 형태(form), 마찰(friction), 간섭(interference), 누출(leakage) 등에 기인한 여러 가지 항력을 포함해야 한다. 항공기 형태가 항력에 영향을 미치는 요소를 알기 위해서 에어포일 단면이 항력에 영향을 미치는 요소를 고려하는 것이 가장 논리적이다.

두께, 캠버 등의 영향을 객관적으로 고려하기 위해서는 2차원 단면의 특성을 알아야 한다. 에어포일 단면 특성을 2차원 흐름의 기본 형상(profile)에서부터 유래했고, 날개나 항공기 특성, 즉 날개나 항공기 항력 계수 C_D와 구별하기 위해서 에어포일 단면 항력 계수는 c_d로 표시한다.

그림. 1-14에서 3개의 에어포일 단면의 항력 특성이다. 단면 항력 계수(c_d)는 단면 양력 계수(c_i)와 비교된다. 에어포일 단면에 항력은 압력 항력(pressure drag)과 표면 마찰(skin friction)로 구성된다. 에어포일이 작은 항력 계수를 가지면 표면 마찰에 의한 항력이 더 지배적이다.

재래식 에어포일의 항력 곡선은 이런 이유로 아주 낮은 경향이 있는데 이것은 받음각과 함께 표면 마찰의 변화가 거의 없기 때문이다. 에어포일이 큰 양력 계수를 가지면 형태 항력이나 압력 항력이 지배적이고 항력 계수는 양력 계수와 함께 빠르게 변한다. NACA0006은 얇은 대칭 형상이고 최대 두께 6%가 코드의 30% 위치에 있다. 이 단면은 c_d와 c_d의 변화를 보여준다.

NACA4412 단면은 12%의 두께의 에어포일에 4%의 최대 캠버가 코드의 40%에 있다. 이 단면은 NACA0006 단면과 비교해서 캠버의 효과가 있다. 낮은 양력 계수의 얇은 대칭면은 훨씬 작은 항력이 있다. 그렇지만 양력 계수가 0.5 이상에서 두껍고, 캠버가 있는 단면은 더 작은 항력을 갖는다. 그러므로 적절한 캠버와 두께는 단면의 양항비를 개선시킨다.

NACA 63₁-412
└─➤ 12% 두꺼운 에어포일로 층류 흐름 형태

이 에어포일은 설계 양력 계수 0.4를 나타내는 것으로 이 에어포일의 항력 곡선은 양력 계수 0.4 근처의 아주 작은 항력 계수로 일상적인 형태로 벗어나는 독특한 것이다.

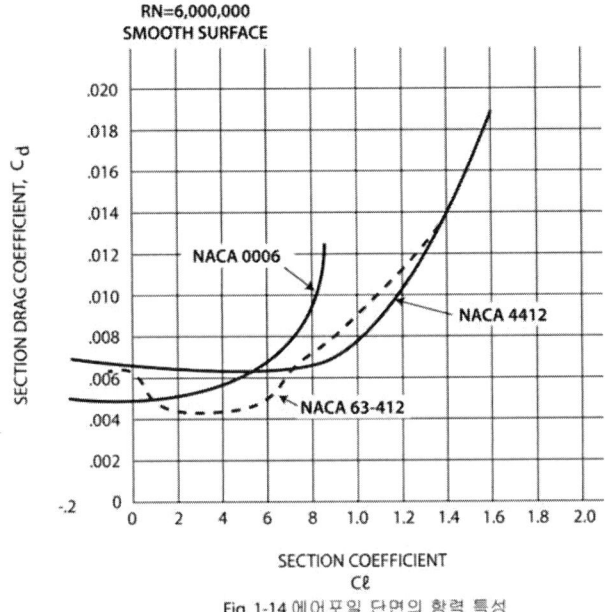

Fig. 1-14 에어포일 단면의 항력 특성

전방 표면에서 이 양력 계수는 아주 느린 일정한 속도를 만든다. 압력과 속도 분포의 결과는 폭넓은 층류 흐름이 경계층에 있고, 표면 마찰 저항을 크게 감소시킨다.

층류 흐름의 이점은 이 에어포일의 최소 항력을 최대 두께가 1/2인 에어포일(NACA0006)과 함께 비교해서 얻는다. 에어포일 단면의 선택은 많은 다른 요소의 고려에 좌우된다.

단면의 c_{lmax}는 중요한 요소이며 여러 가지 고양력 장치가 사용될 때 단면의 최대 양력 계수를 고려해서 확실히 알 수 있다. 트레일링 에이지 플랩(trailing edge flap)과 리딩에이지의 고양력 장치는 저속 성능을 위해, 즉 c_{lmax}를 증가시키기 위해 사용된다. 그러므로 비교를 위한 적당한 계수는 단면 항력 계수와 단면 최대 양력 계수와 플랩과의 비, c_d/c_{lmf}이다. 이 양(quantity)은 압축성을 수정한 것으로써 에어포일 단면의 사전 선택이 가능하다. 설계 비행 상태(체공, 거리, 빠른 속도)에서 에어포일이 갖는 가장 작은 c_d/c_{lmf}는 주어진 설계 실속 속도에서 최소의 단면 저항을 만든다.

4) 고양력 상태에서의 비행

항공기의 공기 역학적 양력 특성은 양력 계수와 받음각으로 설명될 수 있다. 이런 곡선은 그림. 1-15에 나타낸다. 특정 항공기가 보통 상태(clean: 플랩, 랜딩기어, 스포일러 등이 사용되지 않은 상태)와 플랩을 내린 형태를 설명한다. 주어진 공기 역학적인 형태는 최대 양력 계수가 얻어질 때까지 받음각을 증가시키면서 양력 계수 증가를 보인다. 받음각을 더 증가시키면 실속을 만들고 양력 계수를 감소시킨다. 비행 중에 최대 양력 계수는 이용 가능한 최소 속도에서 가능하게 하는데, 이것은 중요한 기준점이다. 수평 비행에서 항공기의 실속 속도는 공식과 관계된다.

$$V_S = 17.2 \sqrt{\frac{W}{C_{Lmax}\sigma S}}$$

여기서　V_S: 실속 속도(knot-TAS)

　　　　W: 총중량(lbs)

　　　　C_{Lmax}: 최대 양력 계수

　　　　σ: 고도 밀도비

　　　　S: 날개 면적(ft²)

이 공식은 중량과 날개 면적(혹은 날개 하중: W/S), 최대 양력 계수, 고도가 실속 속도에 미치는 영향을 설명한다. 만약 실속 속도를 EAS로 원하면 밀도비(density ratio)는 해면상(σ =1.000)이 된다.

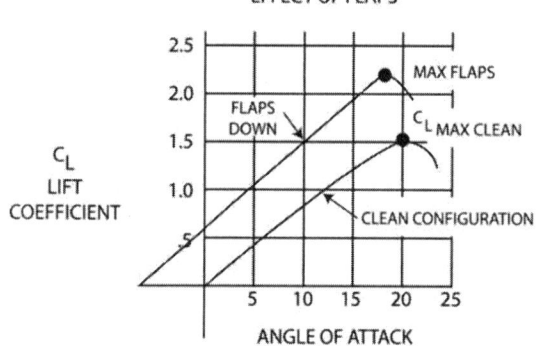

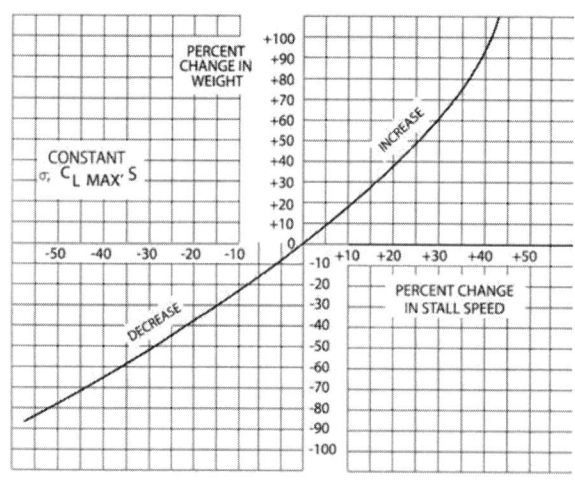

Fig 1-15 고양력(high lift) 상태에서 비행

A. 중량의 영향

현대 항공기의 형태는 최대 총중량 대 탑재 연료량의 %에 의해서 특정지어진다. 그런 까닭에 항공기의 총중량과 실속 속도는 비행 중에 상당히 변한다.

오로지 중량이 실속 속도에 영향을 미치는데 이것은 실속 속도 공식을 변형해서 나타낼 수 있고 밀도비, C_{Lmax} 날개 면적은 일정하다.

$$\frac{V_{S2}}{V_{S1}} = \sqrt{\frac{W_2}{W_1}}$$

여기서 V_{S1}: 총중량 W_1에 맞는 실속 속도

　　　　V_{S2}: 다른 총중량 W_2에 맞는 실속 속도

이 공식에서 특정 항공기가 총중량

10,000 lbs에서 실속 속도 100 knot를 갖고 있다고 가정한다. 이 같은 항공기의 다른 총중량에서 실속 속도는 아래와 같다.

총중량(lbs)	실속 속도(knot-EAS)
10,000	100
11,000	$100 \times \sqrt{\dfrac{11,000}{10,000}} = 105$
12,000	110
14,000	120
9,000	95
81,000	90

그림. 1-15에서 % 단위의 실속 속도에 중량의 영향은 어떤 항공기에서는 다르다. 많은 특정한 비행 조건에서 고정된 받음각과 양력 계수 상태로 얻어진다. 중량에서의 작은 변화는 대략 실속 속도에 대한 중량의 영향으로 표시하는데 2%의 중량의 변화는 1%의 실속 속도 변화와 같다고 말할 수 있다.

B. 방향 조종 비행(maneuvering flight)의 영향

선회 비행과 방향 조종은 실속 속도에 영향을 미치는데 이것은 중량이 영향을 미치는 것과 비슷하다. 그림. 1-16은 안정된 선회에서 항공기에 작용하는 힘을 보여주고 있다. 안정된 선회에서 양력의 수직 성분은 항공기의 중량과 똑같고 양력의 수평 성분은 원심력과 똑같다.

그러므로 안정된 선회에서 항공기는 양력이 중량보다 크므로 실속 속도가 증가한다. 실속 속도에서 뱅크각과 하중 계수의 영향 등은 3각 관계로 결정할 수 있다. 하중 계수(n)는 양력과 중력과의 비례이고 다음과 같이 구한다.

$$n = \frac{L}{W}$$

$$n = \frac{1}{\cos\phi}$$

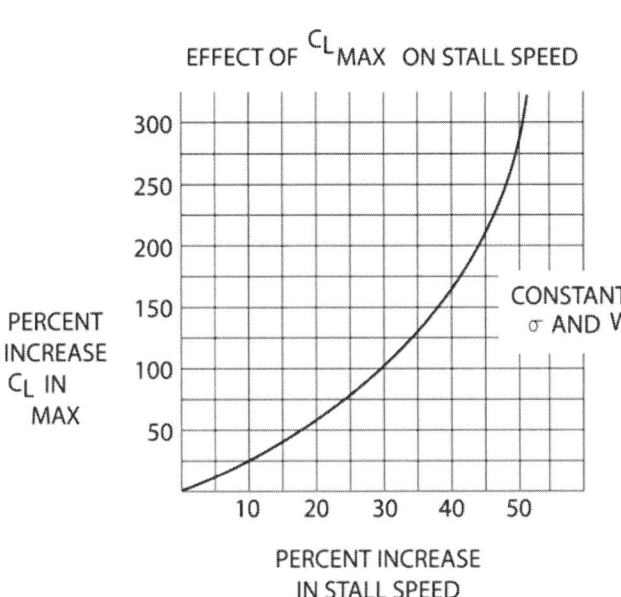

Fig.1-16 고양력(high lift) 상태에서 비행

여기서 n: 하중 계수(혹은 "G")

$\cos\phi$: 뱅크각

하중 계수의 일반적인 수치를 이 관계로 구하면

ϕ	0°	15°	30°	45°	60°	75.5°
n	1.00	1.035	1.154	1.414	2.00	4.000

선회에서 실속 속도는 다음과 같이 결정된다.

$$Vs\phi = Vs\sqrt{n}$$

여기서　Vsϕ: 어떤 뱅크각 ϕ에서 실속 속도
　　　　Vs: 양력과 중량이 똑같은 비행 날개 수평을 위한 실속 속도
　　　　n: 뱅크각과 일치하는 하중 계수

선회에서 실속 속도의 % 증가는 그림. 1-16에서 볼 수 있다. 이 그래프는 (안정된 선회와 일정한 C_{Lmax}) 어떠한 항공기에도 적용된다. 그래프에서 뱅크각이 30°보다 작은 경우에 하중 계수나 실속 속도는 크게 변화하지 않는다.

뱅크각이 45° 이상은 하중 계수와 실속 속도의 증가가 빠르다. 이 사실은 저속도에서 급격한 선회를 피해야 하는 것을 강조하고, 또한 이 상태에서 실속 스핀(stall spin) 사고가 흔한 것을 많이 볼 수 있다.

C. 고양력 장치(high lift device)의 영향

고양력 장치(flap, slot, slat)의 일차적인 목적은 항공기의 C_{Lmax}의 증가와 실속 속도(stall speed)의 감소이다. 일반적인 고양력 장치의 영향이 그림. 1-15의 항공기 양력 곡선에 있는데 이것을 요약하면 다음과 같다.

상태	C_{Lmax}	α
플랩 올림	1.5	20°
플랩 내림	2.0	18.5°

플랩 전개의 가장 기본적인 효과는 C_{Lmax}를 증가시키고, 주어진 양력 계수를 위한 받음각을 감소시키는 것이다.

플랩 전개에 따른 C_{Lmax}의 증가는 특정 비율로 실속 속도를 감소시키는데 공식에 의해서

영향을 설명하면 다음과 같다.

$$V_{sf} = V_s \sqrt{\frac{C_{Lm}}{C_{Lmf}}}$$

V_{sf}: 플랩을 내린 실속 속도

V_s: 플랩이 없을 때의 실속 속도

C_{Lm}: clean configuration(고양력 장치 및 스포일러, 랜딩기어가 접힌 상태) 최대 양력 계수

C_{Lmf}: 플랩을 내린 상태의 최대 양력 계수

예를 들어, 항공기가 그림. 1-15의 양력 곡선에 의해 설명된다고 가정하면 아무런 장치도 사용하지 않을 때(clean configuration)의 착륙 중에서 실속 속도가 100 knot이다. 만약 플랩을 내려서 실속 속도를 감소시키면 속도는 다음과 같다.

$$V_{sf} = 100 \sqrt{\frac{1.0}{2.0}}$$
$$= 86.5 \text{knot}$$

그러므로 더 큰 양력 계수를 이용할 수 있으면 필요한 양력을 제공하는데 최소의 동압력이 필요하다.

C_{Lmax}의 실속 속도의 변화에서 C_{Lmax}의 큰 차가 실속 속도의 중대한 변화를 만든다. 이 효과는 그림. 1-16의 그래프로 설명되고 아래와 같은 수치를 얻는다.

C_{Lmax}의 % 증가	2	10	50	100	300
실속 속도의 % 감소	1	5	18	29	50

고양력 장치의 기여는 크게 실속 속도를 감소시키는데 있다고 말할 수 있다.

플랩, 슬롯(slot), 슬랫(slat), 전체 날개 스팬의 경계층 제어의 가장 정교한 조합은 C_{Lmax}를 300%까지 증가시킨다. 프로펠러 항공기는 완전한 플랩 사용으로 C_{Lmax}를 70%까지 증가시킨다. 단일 엔진과 얇은 후퇴 날개의 전투기는 완전한 플랩의 사용으로 C_{Lmax}를 20%까지 증가시킨다. 얇은 에어포일의 후퇴 날개는 플랩의 효과에 상당한 제한을 가하고 대략 20%의 C_{Lmax}가 증가한다.

최대 양력 상태의 한 가지 공통 요소는 받음각과 압력 분포이다. 특별한 날개의 형태에서

최대 양력 계수는 한 가지 받음각과 한 가지 압력 분포로 얻어진다. 중량, 뱅크각, 하중 계수, 밀도 고도, 공기 속도는 실속 받음각(stall angle of attack)에 직접 영향을 미치지 않는다.

이 사실에서 받음각 지시계와 실속 경고 장치는 날개의 압력 분포를 감지하는 것으로 입증된다. 비행 조작, 착륙 접근, 이륙, 선회 등에서 항공기는 만약 임계 받음각을 넘으면 실속한다. 실속이 발생하는 곳의 공기 속도는 중량, 하중 계수, 고도 등에 의해서 결정되지만 실속 받음각은 영향을 주지 않는다.

어떤 특정한 고도에서 표시된 실속 속도는 중량과 하중 계수와의 함수 관계이다. 고도가 증가하면 밀도가 감소하므로 실속에서 진대기 속도를 증가시킨다. 또한 고도의 증가는 압축성, 점도 효과를 변화시키고, 일반적으로 말해서 지시 실속 속도(indicated stall speed)를 증가시킨다.

특히 이 사실은 고도 20,000 ft 이상에서는 더욱 중요하다. 실속으로부터 회복은 아주 쉬운 개념이다. 실속은 과도한 받음각에 의해 예견될 수 있으므로 받음각을 줄여야 한다. 이것은 어느 항공기든지 가장 기본적인 원리이다.

항공기는 설계 시에 실속방지(stall proof)로 되어 있고 단순히 엘리베이터의 효과를 감소시킨 것이다. 만약 엘리베이터(elevator)가 항공기를 큰 받음각에서 머물기에 충분하도록 힘이 되지 못하면 항공기는 어느 비행 상태에서도 실속할 수 있다. 이런 요구 조건은 전략적 군용 항공기의 성능을 심각하게 감소시킨다. 최대에 가까운 높은 양력 계수가 큰 방향 조종성, 낮은 착륙 속도와 이륙 속도에 필요하다.

5) 고양력 장치

많은 다른 형태의 고양력 장치가 저속 비행을 위한 최대 양력 계수를 증가시키는데 사용된다. 고양력 장치로 트레일링 에이지에 사용하는 플랩이 있으며 흔히 코드의 15~25% 위치이다. 플랩의 전개는 더 큰 캠버 효과를 코드의 뒤쪽에서 더한다. 플랩의 기본적인 형태는 에어포일의 일부로 사용되는 것이다.

그림. 1-17에서 플랩 코드의 25%의 30° 전개 효과가 양항 곡선상에 나타난다.

플레인 플랩(plain flap)은 단순히 트레일링 에이지의 힌지 부분이다. 캠버의 효과가 코드의 뒤쪽에 더해질 뿐만 아니라, c_{lmax}를 크게 증가시킨다. 게다가 "0" 양력각이 더 많이 (−) 수치로 바뀌고 항력이 크게 증가한다.

스플릿 플랩(split flap)은 단면의 아래 면에서 퍼지는 판으로 구성되고 플레인 플랩(plain flap)보다 약간 큰 c_{lmax}의 변화를 만든다. 그렇지만 항력의 더 큰 변화는 이 형태의 플랩에 의해서 만들어진 큰 난류 뒤에서 생기는 것이다. 큰 항력은 단점일 수 만은 없는데, 장애물 위로 가파르게 착륙 접근할 때나 혹은 접근 중에 엔진의 큰 힘이 요구될 때 등에는 장점으로 작용한다.

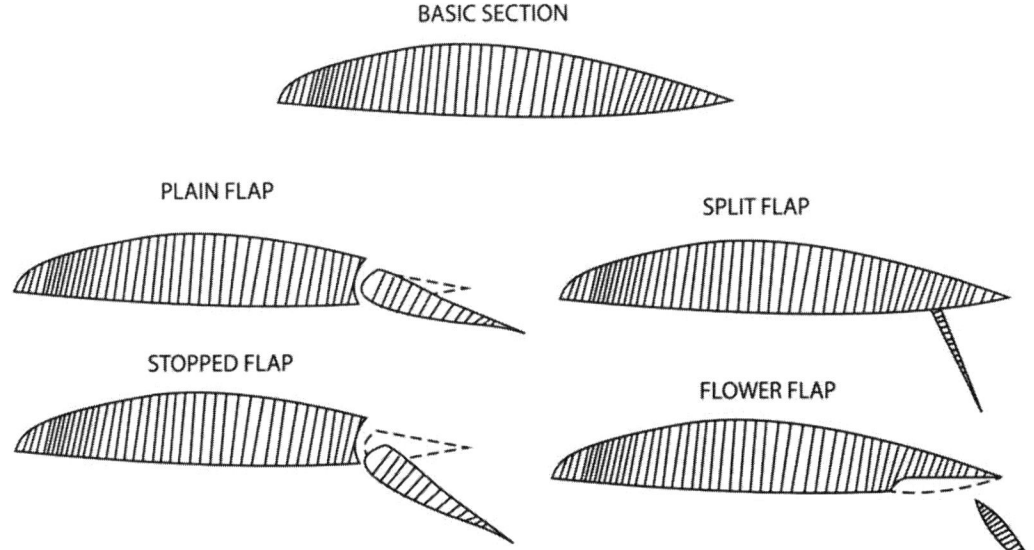

BASIC SECTION

PLAIN FLAP

SPLIT FLAP

STOPPED FLAP

FLOWER FLAP

EFFECT ON SECTION LIFT AND DRAG
CHARACTERISTICS OF A 25% CHORD
FLAP DEFLECTED 30°

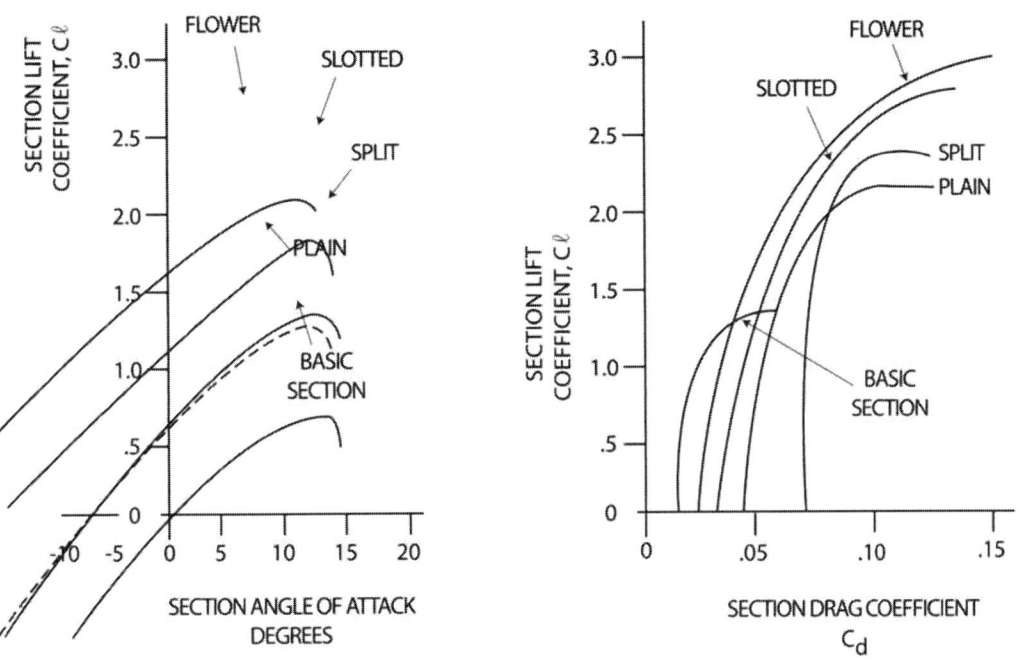

Fig. 1-17 플랩(flap)의 형태

슬롯 플랩(slotted flap)은 플레인 플랩과 비슷하지만 주단면과 플랩 리딩에이지(flap leading edge) 사이에 주어진 특정한 곡면이 있다. 낮은 표면으로부터 높은 에너지 공기가 플랩 위쪽 표면으로 가게 한다. 슬롯으로부터 높은 에너지 공기는 위쪽 표면 경계층을 가속시키고 높은 양력 계수의 공기 흐름 분리를 지연시킨다. 슬롯 플랩은 플레인 플랩이나 스플릿 플랩보다 훨씬 큰 c_{lmax}를 증가시키고 단면 항력은 훨씬 낮다.

파울러 플랩(fowler flap)은 슬롯 플랩과 비슷하다. 차이는 전개되는 플랩이 트랙(track)을 따라서 뒤로 빠져서 코드를 증가시키고 날개 면적을 증가시키는 효과가 있다. 파울러 플랩은 아주 큰 c_{lmax}와 항력의 최소 변화로 특정지울 수 있다.

플랩 형태의 비교에서 또 하나의 필요한 고려 사항이 플랩에 의해서 만들어지는 공기 역학적 비틀림 모멘트(twisting moment)이다.

포지티브 캠버는 기수 하향 비틀림 모멘트(twisting moment)를 만드는데 특히 클 때는 큰 캠버가 코드의 뒤쪽에서 사용될 때이다. 플랩의 전개는 큰 기수 하향 모멘트를 만들고, 이것이 구조에 중요한 비틀림 하중을 만들고, 피칭 모멘트(pitching moment)는 수평 꼬리로 조절되어야 한다.

불행하게도 가장 큰 c_{lmax}를 증가시키는 플랩의 형식은 가장 큰 비틀림 모멘트를 일으킨다. 파울러 플랩은 비틀림 모멘트에 가장 큰 변화를 일으키지만 반면 스플릿 플랩은 최소의 변화를 만든다. 이러한 요소들 즉, 장착상의 기계적인 복잡성 등이 플랩 형태의 선택을 어렵게 만든다.

날개에서 플랩 효과는 많은 다른 요소에 좌우된다. 중요한 한 가지 요소는 플랩에 의해 영향 받는 날개 면적이다. 스팬이 에어러론으로 사용되므로 실제 날개의 최대 양력 특성은 플랩이 있는 상태의 2차원 단면의 것보다 작다. 만약 기본 날개가 얇은 두께이면 어느 형태의 플랩이든 간에 두꺼운 날개에서보다 효과가 떨어진다. 날개의 후퇴는 추가로 플랩의 효과를 크게 감소시킨다.

고양력 장치로 리딩에이지의 단면에 사용하는 것으로는 슬롯(slot), 슬랫(slat), 작은 크기의 부분적인 캠버가 있다. 날개의 고정된 슬롯은 높은 에너지 공기의 흐름 통로로서 공기를 위쪽 표면의 경계층에 보내서 공기 흐름 분리를 지연시켜서 큰 받음각과 양력 계수를 작게 한다. 슬롯 하나만으로는 캠버 효과에 아무런 변화가 없고, 최대 양력 계수일 때 슬롯은 단순히 실속을 지연시켜서 큰 받음각에 되게 한다.

자동 슬롯(automatic slot)은 리딩에이지 부분으로 구성되는데 이것은 트랙 위를 자유롭게 움직인다.

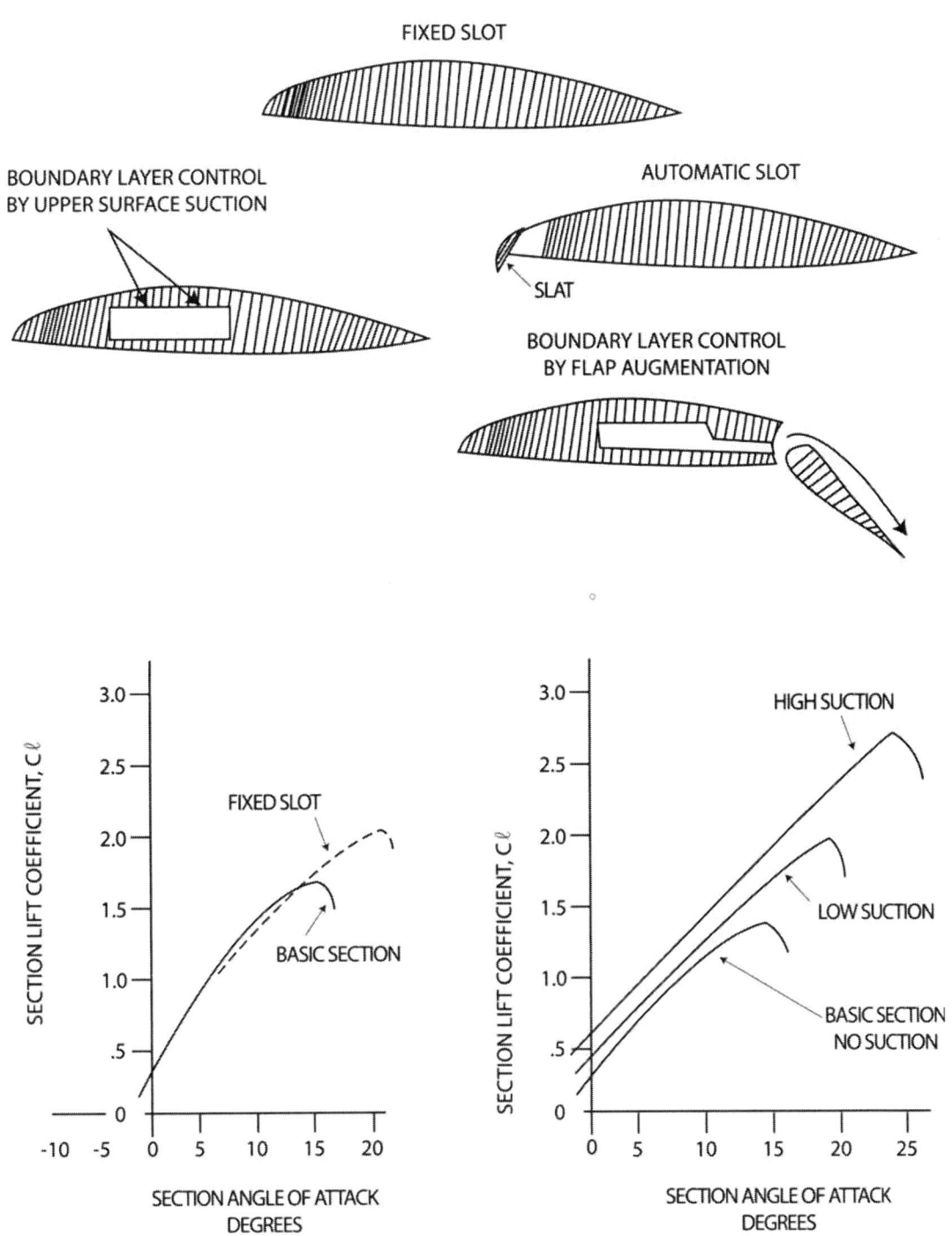

Fig. 1-18 슬롯(SLOT)과 경계층 제어의 영향

작은 받음각에서 슬랫은 높은 포지티브 지역 압력(positive local pressure)에 의해서 리딩에이지와 평면을 이룬다. 단면이 큰 받음각에 있을 때, 리딩에이지에서 높은 흡입 압력은 전방으로 코드 방향 힘(chordwise force)을 만들어 슬랫을 작동시킨다. 여기서 슬롯이 형성되고 흡입(suction)을 허용해서 계속 큰 받음각이 되게 하고 기본 단면보다 큰 c_{lmax}를 만든다.

그림. 1-18은 양력 특성에서 고정 슬롯(fixed slot)의 영향을 나타낸다.

슬롯(slot)과 슬랫(slat)은 크게 c_{lmax}를 증가시키지만 최대 양력을 위해 증가된 받음각은 이롭지 못하다. 만약 슬롯이 날개의 유일한 고양력 장치이면 큰 이륙과 착륙 받음각은 랜딩기어의 설계를 복잡하게 한다. 이런 이유로 슬롯이나 슬랫은 흔히 플랩과 연결해서 사용하는데, 왜냐하면 플랩이 최대 양력 받음각을 감소시키기 때문이다.

슬롯의 사용은 두 가지 중요한 장점이 있는데 슬롯에 의해서 생기는 피칭 모멘트의 변화는 거의 무시되고 작은 받음각에서 단면 항력의 변화는 크지 않다. 사실, 슬롯 단면은 기본 단면의 최대 양력 각 근처에서보다 항력이 적다.

슬롯-슬랫(slot-slat) 장치는 현대 항공기 형태에서 가장 흔히 볼 수 있는 것이다. 꼬리가 없는 항공기 형태에서 고양력 장치를 사용하는데, 이것은 피칭 모멘트에 무시할 수 있는 효과를 준다. 슬롯과 슬랫은 압축성 효과가 고려될 때 고속 비행에서 c_{lmax}를 크게 하는데 사용한다.

비틀림 모멘트의 작은 변화는 고양력 장치를 고속에서 사용할 때 가장 바람직스런 특징이다. 리딩에이지 고양력 장치는 트레일링에이지 플랩보다 큰 후퇴 날개에서 더 효과가 큰데, 왜냐하면 슬랫은 흐름 형태의 조종에 가장 강하기 때문이다. 작은 크기의 부분 캠버(local camber)가 고양력 장치처럼 리딩에이지에 더해져서 가장 낮은 얇은 두께의 날개와 뾰족한 리딩에이지에 가장 효과가 크다. 대부분 리딩에이지의 경사(slope)에 고양력 장치가 사용되어 날개의 스팬 방향 양력 분포를 조절한다.

경계층 제어(boundary layer control) 장치는 추가적인 방법으로 단면의 최대 양력 계수를 크게 한다. 에어포일 단면에 인접한 얇은 공기 흐름층은 표면 마찰의 효과로 지역 속도가 감소된다.

큰 받음각에서 위쪽 표면에서 이 경계층은 정체되고 정지하려는 경향이 있다. 만약 이것이 발생하면 공기 흐름은 표면에서 분리되고 실속이 발생한다. 고양력을 위한 경계층 제어는 여러 가지 장치를 적용해서 경계층에 높은 속도를 유지시키고 공기 흐름 분리를 완화시킨다. 이 경계층 제어에 따른 운동 에너지는 두 가지 방법으로 얻는다. 하나는 포트(port)를 통한 흡입인데, 이 포트를 통해서 낮은 에너지 경계층을 빼내고 이것을 바깥쪽 경계층으로부터의 높은 에너지를 갖는 빠른 공기로 채운다.

그림. 1-18은 표면 흡입의 효과로 경계층 제어를 할 때 양력 특성을 보여주고 있다. 표면 흡입을 증가시키면 더 큰 최대 양력 계수를 만드는데, 이것은 큰 받음각에서 발생한다.

표면 흡입의 효과는 필수적인 경계층 제어 장치로 높은 에너지 공기를 위쪽 표면으로 보내는 통로를 제공하는 것으로 슬롯과 비슷하다. 또 다른 경계층 제어 방법은 빠른 속도의 제트 에어(jet air)를 경계층으로 쏘는 것이다. 이는 근본적으로 흡입 효과와 같은 결과를 만들지만, 이 방법이 더 쉽고 효과적이다.

흡입 형식의 BLC(boundary layer control)는 분리된 펌프의 장착이 필요한 반면 분사 방식 BLC는 제트 엔진 압축기의 고압 공기를 사용한다. 어느 경계층 제어라도 최대 양력을 위해서 받음각을 증가시키는 경향이 있기 때문에 여기서 중요한 것은 경계층 제어와 플랩을 조합하는 것인데 최대 양력을 위한 플랩의 전개는 받음각을 감소시키는 경향이 있기 때문이다.

A. 고양력 장치의 사용

항공기에서 고양력 장치의 운용은 비행 조작 중에서 중요한 요소이다. 자동 슬랫과 슬롯처럼 자동적으로 작동되는 장치는 그렇게 복잡하지 않은데 왜냐하면 항력과 피칭 모멘트에 발생하는 변화가 상당히 적기 때문이다. 그렇지만 플랩은 조종사에 의해 적절히 운용되어 이런 장치의 목적을 최대한 활용한다.

플랩 운용의 몇 가지 원리를 설명하기 위해서 이 플랩을 전개했을 때와 사용하지 않았을 때(clean)의 양항곡선을 나타낸다(그림. 1-19). 플랩 운용에 관계된 요소를 바르게 이해하기 위해서 항공기가 이륙 직후이고 플랩이 퍼진 상태라고 가정한다.

조종사는 항공기가 충분한 속도에 이를 때까지 완전히 플랩을 접어서(retract)는 안 된다. 만약 플랩을 불충분한 속도에서 미리 접으면 접은 상태(clean)의 최대 양력 계수는 항공기를 지지할 수 없고 항공기는 침하(sink)하거나, 실속(stall)하게 된다. 물론 이 같은 요소는 완전히 접힌 상태와 완전히 퍼진 상태 사이의 중간으로 간주해야 한다.

항공기는 속도를 얻고, 비행 양력 계수가 감소되어 그림. 1-19에서와 같이 플랩의 접히는 점이라고 가정한다. 형태의 모든 것이 원 위치로 돌아오면 3가지 중요한 변화가 발생한다.

ⓐ 플랩 접힘(flap retraction)으로 인한 캠버의 감소는 날개의 피칭 모멘트를 변화시키고 대부분의 항공기에서 기수 상승 모멘트 변화를 균형 있게 재트림(retrim)한다. 일부 항공기는 자동 재트림(automatic retrimming) 특징이 있어서 플랩 전개와 함께 프로그램 되어 있다.

ⓑ 그림. 1-19에서 보는 플랩의 접힘은 항력 계수의 감소를 일으킨다. 이 항력 감소는 항공기의 가속을 개선한다.

ⓒ 플랩의 접힘은 받음각을 증가시켜서 같은 양력 계수를 유지시킨다. 그러므로 항공기 가속이 플랩 접힘 속도 범위에서 느리면 받음각을 크게 해서 항공기의 침하를 막는다. 이 상황은 총중량, 밀도 고도, 온도가 높을 때의 이륙 후에 일반적인 현상이다. 그렇지만 일부 항공기는 플랩 접힘 속도 중에 아주 큰 가속을 갖고 있어서 빠르게 속도를 얻는데 그다지 많은 고도가 필요하지 않다. 착륙을 위해서 플랩을 내릴 때는 반드시 같은 항목을 고려해야 한다.

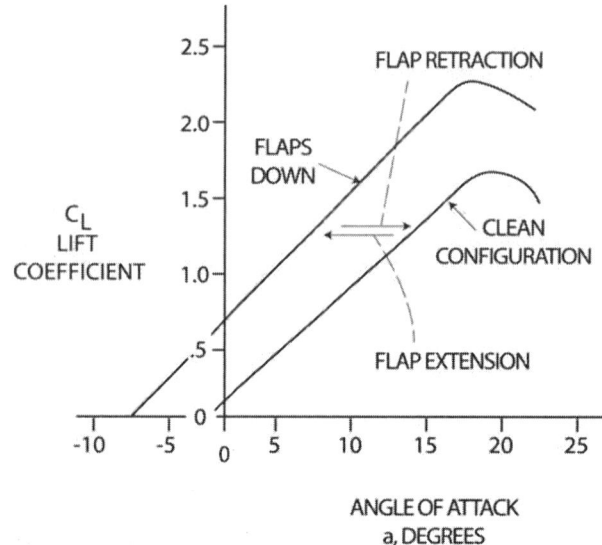

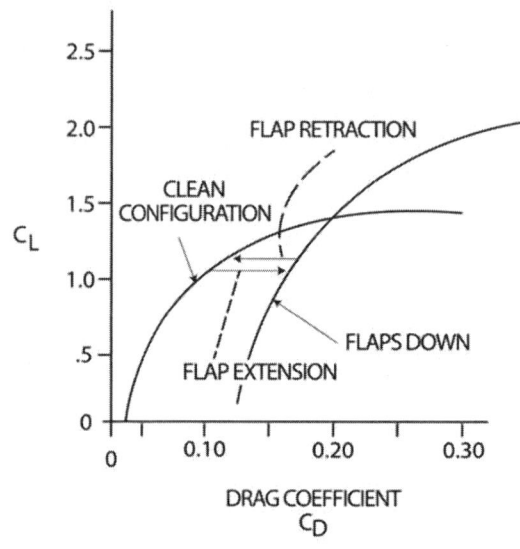

Fig. 1-19 항공기 특성에서 플랩의 영향

ⓐ 플랩을 낮추면 기수 하향 모멘트가 균형을 잡도록 재트림 한다.

ⓑ 항력이 증가하므로 높은 출력을 설정하여 속도와 고도를 유지해야 한다.

ⓒ 받음각은 최소로 같은 양력 계수를 만들어야 하므로 플랩의 펴짐은 항공기를 "bolloon"이 되게 하는 경향이 있다.

추가로 고려해야 될 요소가 이륙 후 급격히 가속할 때 혹은 착륙을 위해서 플랩을 내릴 때, 플랩이 퍼지는 제한 속도가 있다. 플랩 다운 형태에서 과도한 공기 속도는 구조적인 손상을 일으킨다.

대부분 항공기에서 중간 플랩의 영향은 임계 운용 상태에서 가장 중요하다. 플랩의 초기 움직임에서 항력 계수의 큰 변화 없이 괄목할만한 C_{Lmax}의 변화를 일으킨다. 이 특징은 특히 슬롯이나 파울러 플랩을 장착한 항공기에서는 사실이다(그림. 1-17 참조).

30~35°를 지난 각도의 플랩 전개는 같은 비율의 C_{Lmax} 변화를 만들지 않지만 C_D의 큰 변화를 일으킨다. 대부분의 항공기에서 처음 50%의 플랩 전개는 C_{Lmax}의 반 이상의 전체 변화를 일으키고 나머지 50%의 플랩 전개는 C_D의 반 이상이 변화를 일으킨다. 항공기 실속 속도의 파워 효과는 같은 요소에 의해서 결정된다. 가장 중요하게 영향을 미치는 것이 동력 장치 형태, 추력 대 무게비(thrust-to-weight ratio) 그리고 최대 양력에서 추력 벡터의 하강 등이다. 프로펠러의 효과를 그림. 1-20에서 설명하고 있다.

프로펠러의 후류 속도(slip stream velocity)는 만들어진 추력에 의존하는 자유 흐름 속도와는 다르다. 그러므로 프로펠러 항공기는 저속의 큰 출력이고 그림. 1-20에서 줄친 부분의 동압은 자유 흐름보다 훨씬 커서 이것이 "0" 추력에서 양력보다 훨씬 큰 양력을 만든다.

높은 출력 상태에서 유도된 흐름 또한 경계층 제어와 비슷한 효과를 일으키고 최대 양력 받음각을 증가시킨다. 일반적인 4발 엔진 프로펠러 항공기는 60~80% 날개 면적이 유도 흐름에 영향을 받고 실속 속도에서 출력을 고려해야 한다.

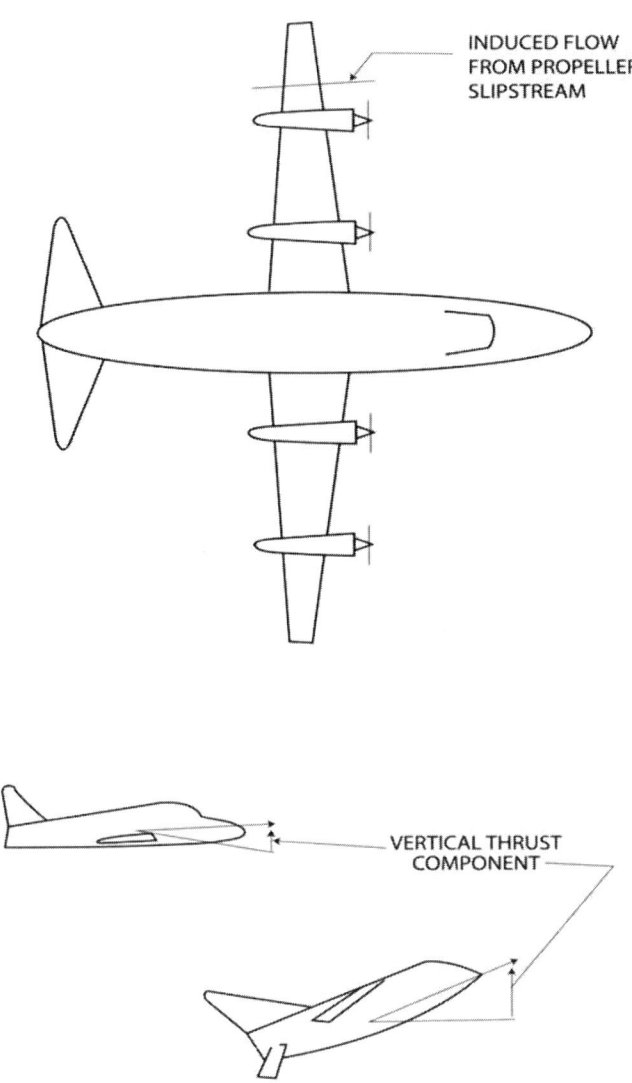

주어진 받음각과 공기 속도에서 항공기의 양력은 크게 영향 받는다. 항공기가 동력(power on) 접근으로 부터 착륙 플레어(landing flare)에 있다고 가정한다. 만약 급격하고 갑작스런 출력의 감속이 있으면 항공기는 갑자기 하강하는데, 이는 양력의 감소로 인한 것이다.

제트 항공기는 프로펠러 항공기가 마주치는 유도 흐름을 경험하지 못하므로 유일한 요소는 추력과 수직을 이루는 성분이다. 이 수직 힘이 항공기를 지지하게 해서 더 작은 공기 역학적 양력이 항공기가 비행 상태를 계속할 수 있게 한다. 만약 최대 양력각에서 추력이 작고 추력의 경사가 아주 작은 경우에는, 거의 무시할 정도의 실속 속도 변화가 있다. 반면, 만약 추력이 아주 크고 최대 양력각에서 큰 경사가 있으면 실속에 끼치는 영향은 아주 크다. 또 하나의 중요한 점은, 제트 항공기에는 아주 작은 유도 흐름이 있으므로 동력(power on)이나 무동력(power-off)의 실속에서 받음각은 반드시 같아야 한다는 것이다.

Fig. 1-20 출력 효과(power effect)

6) 공기 역학적인 피칭 모멘트의 발달

표면 압력의 분포는 공기 역학적인 모멘트뿐만 아니라 공기 역학적인 힘이다. 이 사실의 일반적인 예가 그림. 1-21의 캠버진 에어포일에 작용하는 압력 분포이다. 위 표면은 압력 분포를 갖고 있고 이것은 위쪽 표면 양력을 만든다. 아래쪽 표면도 압력 분포가 있고 이것은 아래쪽 표면 양력을 만든다.

물론, 에어포일에 의해서 만들어지는 순수 양력은 에어포일의 위, 아래의 표면 사이에서 만들어지는 양력과는 다르다. 코드(chord)를 지나는 점에서 분포된 양력은 효과적으로 집중되는데, 이것을 압력 중심(center of pressure: c.p)이라고 말한다. 압력 중심은 반드시 분포된 양력 압력의 중력 중심(center of gravity)이고, c.p의 위치는 캠버와 단면 양력 계수와 함수 관계이다. 또 다른 공기 역학적 기준점이 공기 역학적 중심(a.c)이다.

이 공기 역학적 중심은 코드 위의 지나는 점으로 정의되고 여기서 양력의 모든 변화가 효과적으로 발생한다. 이런 점의 존재를 가시화하기 위해서 그림. 1-21과 같이 대칭 날개를 위한 받음각과 함께 압력 분포 변화를 나타낸다.

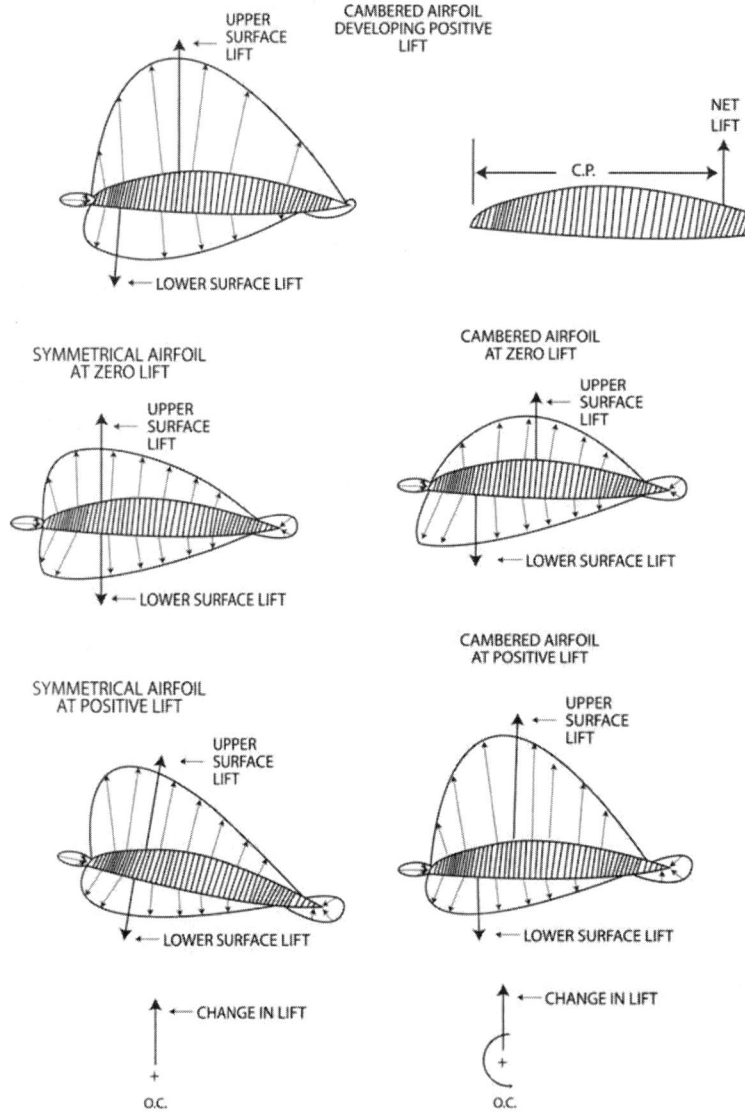

무양력("0" lift)일 때 위, 아래 표면 양력은 똑같고 같은 점에 위치한다. 받음각이 증가하면서 위쪽 표면 양력은 증가하는 반면 아래쪽 양력은 감소한다. 양력의 변화는 압력 중심의 변화 없이 발생하는 것이 대칭형 날개의 특성이다.

다음으로 그림. 1-21의 캠버진 에어포일의 무양력에서의 고려이다. 무양력을 만들기 위해서 위, 아래 표면 양력은 똑같아야 한다.

대칭날개로부터 하나의 차이점은 위, 아래 표면 양력은 서로 반대가 아닌 점이다. 에어포일에 순수 양력이 없는 반면에 위, 아래 표면 양력에 의해서 기수 하향 모멘트(nose down

Fig. 1-21 피칭 모멘트(pitching moment)의 발달

moment)를 만든다. 받음각이 증가하면서 위 표면 양력은 증가하는 반면 아래쪽 양력은 감소한다. 양력 변화가 발생하지만, 양력 변화가 발생하는 지점에 대해서는 모멘트의 변화가 발생하지 않는다.

공기 역학적 중심(a.c)에 대한 모멘트는 힘(c.p에서의 양력)과 레버 암(c.p에서 a.c까지의 거리)의 결과이고 양력의 증가는 압력 중심을 공기 역학적 중심 쪽으로 움직이기 때문이다. 무양력에서 대칭날개는 공기 역학적 중심에 대한 피칭 모멘트가 없는데 위, 아래 표면의 양력은 같은 수직축을 따라 작용하기 때문이다.

대칭날개에서 양력의 증가는 이 상황에서는 아무런 변화도 만들지 않고 압력 중심(c.p)은 공기 역학적 중심에 고정되어 있다. 에어포일의 공기 역학적 중심의 위치는 캠버, 두께, 받음각에 의해 영향을 받지 않는다. 사실 2차원 비압축성 에어포일 이론은 어느 에어포일이든지 캠버, 두께, 받음각에 관계없이 25% 코드선 지점에 공기 역학적 중심이 있다고 생각할 수 있다. 실제 에어포일에서 이것은 실제 유체 흐름에 관계되지만 정확이 25% 코드 지점에서 받음각의 집중으로 인한 양력은 갖고 있지 않다.

그렇지만 여러 가지 단면의 공기 역학적 중심의 실제 위치는 코드지점으로부터 23% 전방이거나 27% 뒤에 있는 것은 상당히 드문 예이다.

공기 역학적 중심에 대한 모멘트는 상대적인 압력 분포에 근원이 있고 적절한 수치를 위한 계수 형태의 표현이 필요하다. 공기 역학적 중심에 대한 모멘트는 다음 공식에 의해 표시된다.

$$M_{a.c} = C_{Ma.c} \, qSc$$

$$C_{Ma.c} = \frac{M_{a.c}}{qSc}$$

여기서　$M_{a.c}$: 공기 역학적 중심에 대한 모멘트(ft-lbs)
　　　　$C_{Ma.c}$: a.c에 대한 모멘트의 계수
　　　　q: 동압(psf)
　　　　S: 날개 면적(ft²)
　　　　c: 코드(ft)

이 공식에서 사용한 모멘트 계수는 무차원이며 모멘트 압력과 동압 모멘트의 비로, 에어포일의 평균 캠버 라인의 모양과 함수 관계를 이룬다. 그림. 1-22는 모멘트 계수, $c_{m_{a.c}}$ 와 양력 계수로 몇 가지 대표적인 단면을 위한 것이다.

모멘트 계수에 적용하는 일반적인 표시방법으로 기수 상향 모멘트는 포지티브(+)로 나타낸다.

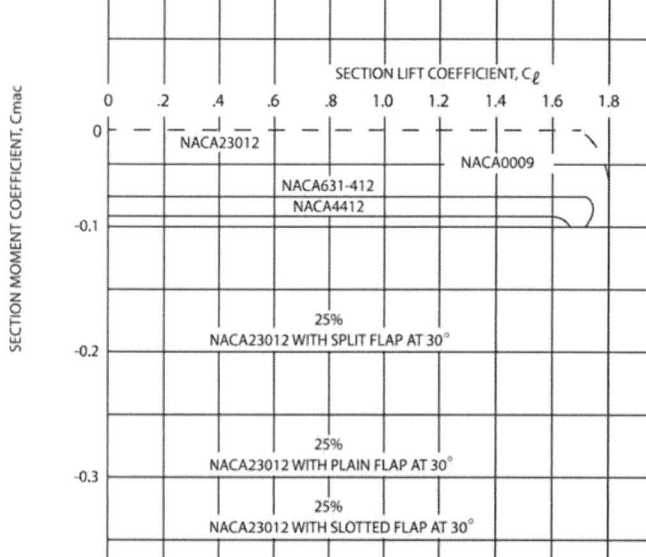

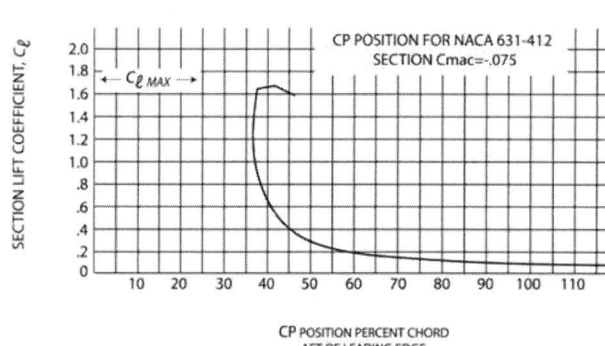

Fig.1-22 단면 모멘트(section moment) 특성

NACA 0009 에어포일은 9% 최대 두께의 대칭 단면이다. 이 에어포일의 평균선은 캠버가 없기 때문에 공기 역학적 중심에 대한 모멘트의 계수는 "0" 즉, c.p는 a.c에 있다.

NACA 4412와 63_1~412 단면은 상당한 포지티브 캠버를 갖고 있어서 공기 역학적 중심에 대해 상당히 큰 모멘트를 일으킨다. 그림. 1-22는 각 단면에서 $c_{m_{a.c}}$는 모든 양력 계수에 일정하고 $c_{l\max}$보다 작음을 보여준다.

NACA 23012 에어포일은 아주 효율 좋은 재래식 단면으로 이것은 많은 항공기에 사용된다. 단면의 하나의 특징은 상당히 큰 $c_{l\max}$가 오직 작은 $c_{m_{a.c}}$에서 멀어진다. 이 단면의 피칭 모멘트 계수가 그림. 1-22에 나타나고, 이와 함께 여러 가지 형식의 플랩 효과가 기본 단면에 더해졌다. 큰 캠버가 코드의 뒤에 적용되어 큰 네가티브 모멘트 계수를 일으킨다. 이 사실은 코드의 25%에 위치한 플랩의 30° 전개에 의해서 만들어진 큰 네가티브 모멘트 계수에 의해 설명된다.

$c_{m_{a.c}}$는 평균 캠버 라인의 모양에 의해 결정되는 양(quantity)이다. 대칭 날개는 "0" $c_{m_{a.c}}$를 갖고 있고 압력 중심(c.p)은 실속 없는 비행에서 공기 역학적 중심(a.c)에 남아 있다. 포지티브 캠버의 에어포일은 네가티브 $c_{m_{a.c}}$를 갖고 있는데 이 말은 c.p는 a.c의 뒤에 있다는 것이다. $c_{m_{a.c}}$는 실속 없는 비행에서 일정하고 양력 계수와 압력 중심 사이의 특정 관계를 갖는다.

이 관계가 예가 그림. 1-22로 NACA 63_1 - 412 에어포일을 위한 것이 그 c.p와 c_l로 구성된다. 작은 양력 계수에서 압력 중심은 뒤이고 혹은 트레일링 에이지를 지나고 c_l의 증가는 c.p를 a.c쪽의 전방으로 움직인다.

c.p가 a.c의 한계로 접근하지만 실속이 발생하면서 리딩에이지 근처의 흡입(suction)이 떨어지고 c.p가 뒤로 움직이게 한다. 만약 에어포일이 네가티브 캠버를 갖고 있거나 강한 리플렉스 트레일링 에이지(reflexed trailing edge)를 갖고 있으면, 공기 역학적 중심에 대한 모멘트는 포지티브이다.

이런 경우에 공기 역학적 중심의 위치는 불변이고 코드의 1/4 위치에 남는다. 공기 역학적 중심은 코드 위의 지점이고 여기서 모멘트의 계수는 일정하다. 즉, 이 지점에서 모든 양력의 변화가 발생한다.

공기 역학적 중심은 극히 중요한 공기 역학적 기준점이고 항공기의 종방향 안정에 가장 직접적으로 연관되는 것이다. 항공기가 종안정을 갖기 위해서는 중력 중심은 공기 역학적 중심의 앞이어야 한다. 이것은 반드시 필요한 특징으로 그림. 1-23의 설명으로 가시화한다.

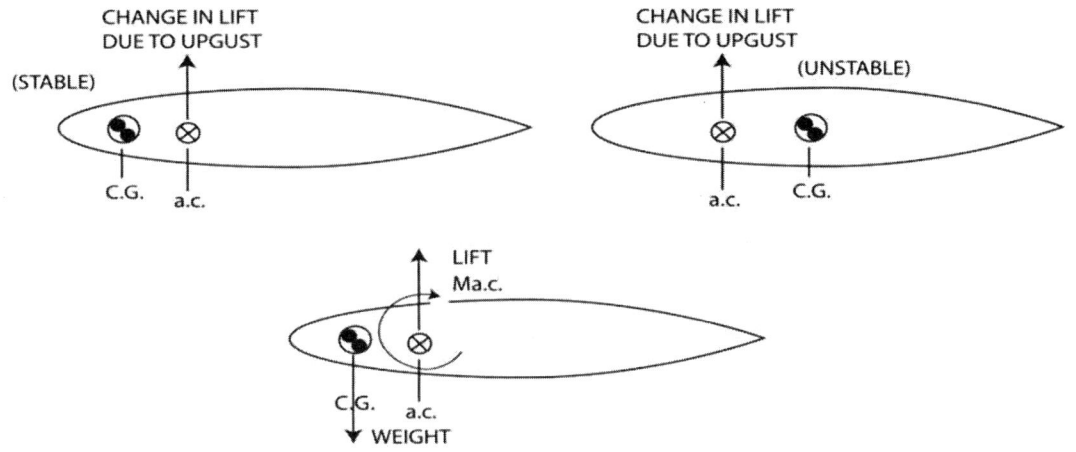

Fig.1-23 안정성(stability)의 예

만약 두 개의 대칭형 에어포일이 상승 돌풍(upgust)을 받으면 양력 증가가 a.c에서 발생한다. 만약 c.g가 a.c의 앞이면 양력의 변화는 c.g에 대한 기수 하향 모멘트를 만들고 이것은 에어포일을 평형 받음각으로 회복시키려고 한다. 이 안정된 바람개비(weather cocking) 경향은 평형으로 돌아가려는 성질이 있고 어느 항공기든 꼭 필요한 특징이다.

만약 c.g가 a.c의 뒤이면 상승 돌풍에 의한 양력의 변화는 c.g에 대한 기수 상향 모멘트를 만든다. 이 기수 상향 모멘트는 항공기를 평형점으로부터 더 멀리 위치시키는 경향이 있다. 안정된 항공기를 갖기 위해서 c.g는 항공기 a.c보다 앞에 위치해야 한다.

안정성의 추가적인 요구 사항으로 항공기는 안정되어야 하고 포지티브 양력에서 비행을 위해서 트림해야 한다. c.g는 a.c 앞에 위치하고 c.g에 작용하는 중량은 단면에 의해서 발달된 양력에 의해서 지지된다.

네가티브 캠버는 공기 역학적 중심에 대해서 포지티브 모멘트를 만드는 것이 요구되는데 이것은 평형을 가져오거나 포지티브 양력에서 균형을 이룬다. 초음속 흐름은 단면의 공기 역학적 특성에 중요한 변화를 만든다. 아음속 흐름에서 에어포일의 공기 역학적 중심은 코드의 25% 지점에 위치한다.

에어포일이 초음속 흐름을 받게 되면 공기 역학적 중심은 50% 코드 지점으로 변한다. 그러므로 천음속 비행에서 항공기는 종안정(longitudinal stability)에서 큰 변화가 생기는데 이는 공기 역학적 중심의 위치가 크게 변하기 때문이다.

7) 마찰 영향(friction effect)

공기는 점도가 있기 때문에 표면에서 흐름에 대한 저항을 받는다. 공기 흐름의 점도 성질은 표면의 지역 속도를 감소시키고 표면 마찰의 항력을 만든다. 공기 분자의 지연은 점도에 의한 것이고 표면에 가장 바로 인접한 것이다.

물체의 표면에서 공기 분자는 거의 "0"의 상대 속도로 느려진다. 이 지역 바로 위의 다른 입자들은 계속해서 작은 지연이 있고 표면 위의 어느 지점에서 지역 속도는 표면 위 공기 흐름의 전체 수치에 이른다. 표면 위의 이 공기층은 점도 때문에 공기 흐름의 부분적인 지연을 보이는데 이것을 경계층(boundary layer)이라고 부른다.

이 경계층의 특성은 미끈한 평면 위의 공기 흐름으로 설명한다. 미끈한 표면에서 흐름은 아주 얇은 경계층이 나타나기 시작하는데 이 경계층은 완만한 여러 겹을 이룬다.

리딩에이지 근처의 경계층 흐름은 서로 층을 이루어 무리 없이 미끄러지는 공기층이나 층판과 비슷한데 이런 종류의 흐름을 층류 경계층이라고 한다.

이 미끈한 층류 흐름은 주어진 상승된 위치에서 공기 입자의 움직임 없이 존재해야 한다.

흐름이 리딩에이지로부터 계속 뒤로 가면서 경계층의 마찰력은 공기 흐름의 에너지를 계속 분산시켜서 층류 경계층의 두께가 두꺼워지고 리딩에이지로부터 멀어진다. 리딩에이지로부터 어느 정도 떨어진 뒤에서 층류 경계층은 요동하는 식의 방해가 오는데 이것이 불안정한 상태이다.

층류 경계층에 흔들림이 발생하고 이것은 크게 성장하고 더 심해지면 미끈한 층류 흐름을 파괴한다. 그러므로 천이(transition)가 층류 경계층에서 발생하고 이 층류 경계층은 점차 붕괴되어 난류경계층으로 된다.

이와 같은 천이 현상은 정지된 공기에서 담배를 피울 때 담배 연기의 모양을 보고 알 수 있다. 우선 연기는 미끈하고 층류를 이루고 좀 더 위에는 흔들림이 생기고 그리고 여러 방향의 난류 연기 형태로 바뀐다.

난류 경계층에 천이가 발생하자마자 경계층은 두꺼워지고 더 빠른 비율로 성장한다(작은 크기로 경계층 안의 난류 흐름은 공기 흐름 분리와 함께 하는 큰 크기의 난류와 혼돈해서는 안 된다).

난류 경계층에서 흐름은 공기 분자가 한 층에서 다른 층으로 움직여서 에너지 교환을 만든다. 그렇지만 일부 작은 층류 흐름이 아주 낮은 수준의 난류 경계층에 존재하고 이것은 층류 아래층(laminar sub-layer)이라고 한다. 난류는 난류 경계층에 존재해서 몇 가지 수단으로 천이점을 결정하게 한다.

난류 경계층(turbulent boundary layer)이 층류 경계층보다 더 쉽게 열을 전달하므로 천이점 후방의 서리, 물, 유막(oil film) 등을 더 빠르게 제거한다. 또한 소형 탐침(small probe)을 청진기에 부착해서 표면을 따라 여러 지점에 놓는다. 탐침이 층류 지역에 있으면 낮은 "hiss" 소리를 듣게 되고 탐침이 난류 지역에 있으면 날카로운 "crackling" 소리를 듣는다. 층류와 난류 경계층의 특성을 비교하기 위해서 속도 형상(velocity profile: 표면의 높이에 따른 경계층의 변화)은 층류와 난류 흐름을 만들어내는 상태에서 비교되어야 한다.

전형적인 층류와 난류 현상이 있다.

ⓐ 난류 경계층은 더 큰 속도 현상을 갖고 있고 표면에 바로 인접한 곳에서 가장 큰 지역 속도를 갖고 있다. 난류 경계층은 표면 바로 다음의 흐름에서 큰 운동 에너지를 갖고 있다.

ⓑ 표면에서 층류 경계층은 판에서 떨어져서 덜 빠른 속도의 변화가 있다. 전단 응력이 속도 변화와 비례해서 층류 경계층의 낮은 속도 변화는 표면의 낮은 마찰 저항의 증거이다. 만약 흐름의 상태가 난류나 층류 경계층으로 존재하면 층류 표면 마찰은 난류 흐름의 1/3이다. 층류 경계층의 낮은 마찰 저항이 상당히 바람직스러운 것이다. 그러나 천이(transition)는 자연스럽게 발생하는 경향이 층류 경계층의 폭넓은 발달을 제한한다.

A. 레이놀즈 수(Reynolds number)

층류 경계층이나 난류 경계층은 속도, 점도, 리딩에이지로부터의 거리, 밀도의 복합된 형태에 좌우되어 존재한다.

가장 중요한 요소의 영향이 무차원 매개 변수로 레이놀즈 수(RN)라고 부른다. 레이놀즈 수는 흐름에서 점성과 동압을 비교한 무차원 비(ratio)이다.

$$RN = \frac{V\chi}{\nu}$$

여기서 RN: 레이놀즈 수(무차원)

V: 속도(ft/sec)

χ: 리딩에이지로부터의 거리(ft)

ν: 점도(ft²/sec)

레이놀즈 수의 실제 크기가 물리적인 중요성이 없으므로 양은 점성 유체 흐름의 관계된 여러 가지 현상과 지수로 사용하거나 예견하는 데에 사용한다.

RN이 낮으면 점도나 마찰력은 크고, RN이 크면 동적 힘이나 관성력이 지배적이다. 레이놀즈 방정식에서 변수의 효과를 반드시 이해해야 한다.

RN은 리딩에이지로부터 거리와 속도에 비례하고 점성과는 반비례한다. 높은 RN은 큰 코드 표면, 빠른 속도, 낮은 고도와 함께 얻어지며 낮은 RN은 작은 코드 표면, 느린 속도, 높은 고도에서 얻어지고 높은 고도는 큰 점도 수치를 갖는다. RN의 가장 직접적인 사용은 표면의 표면 마찰 항력의 지수와 관계된 것이다.

매끈한 평면의 마찰 항력의 변화 RN은 판(plate)의 코드나 길이에 기초를 둔다. 그래프에서 흐름이 전체적인 층류거나 전체적인 난류 항력 계수의 라인으로 분리된다.

층류나 난류 마찰항력을 2개의 곡선으로 만약 두 가지 중 어느 형태의 경계층이 존재하면 마찰 항력 계수의 상대적인 크기를 설명한다. 층류나 난류 흐름의 항력 계수는 RN의 증가로 감소하는데, 왜냐하면 속도 변화는 경계층이 두꺼워지면서 감소하기 때문이다.

만약 판의 표면이 매끈하고 원래 공기 흐름에 난류가 없으면 낮은 레이놀즈 수에서 판은 순수한 층류 흐름으로 존재한다.

RN이 대략 530,000으로 증가할 때 판에서 천이가 발생하고 흐름은 부분적으로 난류가 된다. 일단 천이가 발생하면 판의 항력 계수는 층류 곡선에서 난류 곡선으로 증가된다. RN이 아주 높은 수치(20~50 million)에 접근하면서 판의 항력 곡선은 거의 난류 곡선의 수치와 거의 같다.

이렇게 높은 RN에서 경계층은 지배적으로 난류이며 아주 적게 층류 흐름이 있고 천이점은 리딩에이지와 아주 가깝다. RN이 1/2 million보다 작으면 경계층은 전체가 층류이다. RN이 1~5 million 사이이면 경계층 흐름을 만들고 이것은 부분적으로 층류와 부분적으로 난류이다. RN이 10 million 이상이면 경계층 특성은 난류가 지배적이다.

낮은 항력 단면을 얻기 위해서 층류에서 난류로의 천이는 지연되어 아주 큰 부분은 층류 경계층에 의해 영향을 받는다. 재래식의 저속 에어포일 모양은 리딩에이지에 아주 가까운 최소 압력점에 의해 특징지어진다.

높은 지역 속도는 초기의 천이를 빠르게 하기 때문에 최소 표면이 층류 경계층으로 덮인다. 두께가 9%인 대칭형 에어포일이 비교 설명된다. 한쪽 단면은 재래식 NACA 0009 단면으로 최소 압력 지점은 무양력 지점에서 대략 코드의 10%이다. 다른 단면은 NACA 66-009로 최소 압력 지점은 무양력 지점에서 대략 코드 60%가 되는 점이다. 리딩에이지에서 지역 속도를 낮추면 NACA 66-0009의 가장 양호한 압력 변화는 천이를 코드의 훨씬 뒤쪽으로 지연시킨다.

작은 받음각에서 마찰 항력의 계속적인 감소는 이 단면에 맞는 c_d와 c_l의 그래프 나타나는 "drag bucket"를 설명한다. 물론, 층류형 에어포일의 장점으로 말할 수 있는 것은 매끈한 에어포일로 표면의 거칠기나 굴곡이 층류 경계층(laminar boundary layer)의 발달을 배제시키기 때문이다.

B. 공기 흐름 분리(separation)

공기 역학적 표면에서 경계층의 특성은 압력 변화에 크게 영향을 받는 것이다. 이 결과를 알기 위해서 완전한 유체에서 원형 물체의 압력 분포를 나타낸다.

공기 흐름은 "0"의 지역 속도를 전방 정체지점과 극한 표면에서 최대 지역 속도를 상세히 보여준다. 공기 흐름은 높은 포지티브 압력에서 최소 압력점으로 움직이는데 가장 바람직한 압력 변화(high→low)이다. 공기가 극한 표면 후미에서 움직여서 지역 속도는 후미 정체 지점에서는 "0"이 된다.

정압은 최소에서 혹은 최대 흡입 후에 정체 지점의 높은 포지티브 압력으로 증가하는데, 즉, 역압력 변화(low→high)가 생긴다. 압력 구배의 작용은 양호한 압력 변화로 경계층을 돕고 반면 역압력 구배는 경계층 흐름을 방해한다. 역압력 구배의 효과가 설명된다.

표면에 마찰 저항의 당연한 결과는 표면의 뒤로 계속 흐르면서 경계층에 넓이가 계속 감소하는 것이다. 경계층의 속도 형상을 보여준다. 역압력 구배의 부근에서 경계층 흐름은 방해되고 표면의 다음 층에서 속도 감소를 보여준다. 만약 경계층이 역압력 변화가 존재할 때 충분한 운동 에너지를 갖고 있지 않으면 경계층 정도가 낮아져서 정체가 조기에 발생한다.

경계층의 조기 정체는 모든 다음의 연속되는 흐름이 이 지점을 뛰어넘고 경계층은 표면으로부터 분리된다. 표면 흐름은 분리 지점(separation point)의 뒤쪽이고 이것은 지역 흐름 방향이 분리 지점 쪽의 전방으로 역류를 갖게 한다. 만약 분리가 발생하면 포지티브 압력은 회복되지 않고 항력을 형성하는 결과를 낳는다.

공기 역학적 표면의 분리점은 역류 지역에 의해서 알 수 있다. 천이나 실의 타래를 표면에 드문드문 붙이는 것은 분리되지 않는 흐름 지역에서 유선에 있게 되지만 분리 지점 뒤의 지역에서 전방으로 역류하게 된다. 공기 흐름의 기본 특징은 경계층의 낮은 수준에서의 정체이다.

낮은 수준의 경계층이 역압력 변화가 있을 때 충분한 운동 에너지를 갖지 못하면 공기 흐름은 분리된다. 가장 뛰어난 공기 흐름의 경우 큰 받음각에서 에어포일은 위쪽 표면에서의 압력 변화를 만드는데 너무 심해서 경계층이 표면에 달라붙지 못한다.

공기 흐름이 리딩에이지 근처의 표면에 붙지 않으면 높은 흡입 압력을 잃고 실속이 발생한다. 높은 아음속 속도에서 날개의 위쪽 표면에 충격파(shock wave)를 형성한면 충격파를 통해서 정압이 증가되어 경계층을 위한 가장 강한 장애물을 만든다. 만약 충격파가 충분히 강하고 분리가 이루어지면 압축성 부펫(compressibility buffet)이 난류파 분리 흐름으로부터 얻어진다.

역압력 변화가 존재할 때 경계층의 분리를 막기 위해서 경계층은 가능한 최고의 운동 에너지를 가져야 한다.

만약 선택이 가능하면 난류 경계층을 층류 경계층보다 선호하는데 난류 속도 형상은 표면 바로 다음에 높은 지역 속도를 보여주기 때문이다.

가장 효과적인 고양력 장치(slot, slotted flap, BLC)는 여러 가지 기술을 사용해서 위쪽 표면의 경계층의 운동 에너지를 증가시켜서 고양력 계수에 흔한 심한 압력 변화에 견디게 한다.

전체 항공기에 극한 표면 거칠기(이것은 표면 손상, 심한 서리 등에 의한 것)는 높은 표면 마찰을 일으키고 경계층에서 큰 에너지 손실을 일으킨다. 경계층의 에너지를 낮게 하면 C_{Lmax}의 큰 변화를 일으키고 실속 속도에도 변화를 일으킨다.

어느 경우든 고속 항공기의 표면에 볼텍스 제너레이터(vortex generator)를 사용해서 압축성 부펫을 어느 정도 방해한다. 볼텍스 제너레이터의 기능은 강한 볼텍스를 만들어 이것이 빠른 속도, 높은 에너지 공기를 표면 다음에 유도해서 충격으로 인한 분리를 감소시키거나 지연시킨다.

C. 스케일 효과(scale effect)

경계층 마찰과 운동 에너지는 경계층의 특성에 좌우되고 RN은 공기 역학적 특성과 중요한 관계가 있다. RN과 함께 공기 역학적 특성의 변형을 스케일 효과라고 부르는데 이것은 윈드 터널(wind tunnel)과 연관된 가장 중요한 것으로 완전한 크기의 항공기의 실제 비행 특성이 스케일 모델의 시험 자료와 관련된 것이다.

가장 중요한 두 가지 단면 특성이 스케일 효과에 의해 영향 받는데 이것은 항력과 최대 양력으로 흔히 무시할 수 있는 피칭 모멘트에 영향을 준다.

경계층과 RN의 알려진 변형으로부터 특정한 일반적인 효과를 기대할 수 있다. RN을 증가시키면 단면 최대 양력 계수의 증가를 기대할 수 있고(높은 에너지의 난류 경계층으로부터) 반면 단면 항력 계수는 감소한다.

NACA 4412 에어포일(4% 캠버가 40%의 코드에 있고 12% 두께가 30% 코드에 있다)의 특징을 상세히 한 것으로 상당히 일반적인 재래식 에어포일 단면이다. 양력 곡선은 c_{lmax}인 상태에서 꾸준한 상승으로 RN이 증가한다. 그렇지만 c_{lmax}에서 작은 변화는 0.1과 0.3 million 사이에서 발생하기 보다는 6.0과 9.0 million RN 사이에서 발생한다. 다른 말로 c_{lmax}의 큰 변화는 층류(낮은 에너지) 경계층이 지배적인 곳의 RN의 범위에서 발생한다. 단면의 항력 곡선은 근본적으로 같은 특징으로 아주 낮은 RN에서 가장 큰 변화가 발생한다.

항공기가 비행중일 때 완전한 크기의 RN은 3~500million이고 이것은 난류가 지배적인 경계층에서이다. 스케일 모델 시험은 RN0.1~5million에서 경계층이 층류보다 지배적인 곳에서 발생한다. "scale"의 수정은 아주 필수적인데 공기 역학 특성 원리와 관련이 있기 때문이다. 낮은 RN에서 공기 역학적인 특성의 아주 큰 변화는 상당 부분이 전형적인 낮은 RN의 낮은 에너지 층류 경계층 때문이다. 낮은 RN은 느린 속도, 작은 크기, 높은 점도의 조합의 결과이다.

$$RN = \frac{V\chi}{\nu}$$

그러므로 작은 표면, 느린 비행 속도 혹은 아주 높은 고도는 낮은 RN을 제공한다. 낮은 RN에 따르는 흥미로운 현상은 낮은 에너지 경계층의 분리에 기인한 높은 형태 항력(form drag)이다.

일반적인 골프공은 아주 낮은 RN에서 사용되는데 딤플링(dimpling) 없이 아주 높은 형태 항력(form drag)을 가져야 한다. 딤플링으로 인한 표면의 거칠기는 층류 경계층을 방해해서 조기에 난류로 천이되게 한다.

경계층에서의 세어진 난류는 분리를 방해해서 높은 에너지 경계층을 제공해서 형태 항력을 감소시킨다. 근본적으로 똑같은 효과가 모델 항공기 날개에서 만들어지는데 이것은 리딩에이지를 거칠게 하여 난류 경계층을 얻어서 분리(separation)에 의해 생긴 형태 항력을 감소시킨다.

어느 경우든지 강요된 천이는 만약 형태 항력의 감소가 표면 마찰 증가보다 크면 이롭다. 비슷한 경우로 윈드터널 모델(wind tunnel model)에서 작은 표면 돌출은 경계층을 강제로 천이시켜서 높은 RN의 효과를 가장한다.

1-2. 윤곽 영향과 항공기 항력

1) 날개 윤곽의 영향

A. 용어의 정의

2차원 흐름에서 에어포일 단면의 성질과 관계된 공기 역학적 힘을 말할 때는 항공기 윤곽(planform)의 영향을 고려하지 않는다. 날개 윤곽의 영향이 소개되면 날개 스팬(spanwise)에서 다른 흐름의 종류가 있는 것을 고려해야 한다. 다시 말해 에어포일 단면 성질은 2차원 흐름을 다루지만 윤곽 성질은 3차원 흐름을 고려해야 한다.

날개의 윤곽을 완전히 설명하기 위해서 몇 가지 용어가 필요하다. 공기 역학적 특성에 크게 영향을 미치는 용어를 보여주고 있다.

ⓐ 날개 면적(wing area: S)은 단순히 날개의 윤곽 표면 면적으로 나타낸다. 면적의 일부는 동체, 나셀 등에 덮이지만 이 표면에서 압력은 전체 윤곽 면적의 대부분으로 간주한다.

ⓑ 날개 스팬(wing span: b)은 팁에서 팁까지 측정한다.

ⓒ 평균 코드(average chord: c)는 기하학적 평균이다. 스팬과 평균 코드와의 곱이 날개 면적($b \times c = S$)이다.

ⓓ 종횡비(aspect ratio: AR)는 스팬과 평균 코드와의 비이다.

$$AR = b/c$$

만약 윤곽이 곡면과 평균 코드에 쉽게 결정되지 않으면 또 다른 방법은 다음과 같다.

$$AR = b^2/S$$

이 종횡비는 고성능 글라이더의 35에서부터 전투기의 3.5까지 다양하다.

ⓔ 루트 코드(root chord: c_R)는 날개 중심선에서 코드이고 팁코드(tip chord: c_t)는 팁에서 측정한 것이다.

ⓕ 날개의 윤곽을 고려해서 리딩에이지와 트레일링에이지가 직선을 갖기 위해서 고려하는 것이 테이퍼 비 λ(lambda)는 팁코드에서 루트 코드까지이다.

$$\lambda = c_t/c_R$$

테이퍼 비는 양력 분포와 날개의 구조적 하중에 영향을 미친다. 4각형 날개는 테이퍼 비 1.0이고 뾰족한 델타 날개의 테이퍼 비는 0.0이다.

ⓖ 후퇴각(sweep angle) Λ(cap lambda)은 코드 25%와 루트에 수직한 사이를 측정한 각도이다. 날개의 후퇴는 압축성, 최대 양력, 실속 특성과 같이 결정적인 변화가 있다.

ⓗ 평균 공력 코드(mean aerodynamic chord: MAC)는 판위 중심을 지나도록 그은 선이다. 이 코드의 4각형 날개와 같은 스팬(span)은 동일한 피칭 모멘트 특성을 갖는다.

MAC는 항공기의 기준축 위에 위치하고 종안정 고려를 위한 1차적인 기준이다. MAC는 평균 코드가 아니지만 부분의 중심을 지나는 코드이다. 예를 들어 뾰족한 델타 날개로 테이퍼 비가 "0"이고 평균 코드가 루트 코드의 1/2과 같지만 MAC는 2/3의 루트 코드와 같다. 종횡비, 테이퍼 비, 후퇴 윤곽은 날개의 공기 역학적 특성 결정에 가장 기본적인 요소이다.

B. 날개에 의한 양력의 발생

공기 역학적 특성에서 윤곽의 영향을 이해하기 위해서 날개가 만드는 양력의 이해가 필요하다.

3차원 흐름 형태로 이것은 4각형 날개에 의한 양력이다. 만약 날개가 양력을 만들면 위, 아래 표면 사이에 압력 차이가 존재한다. 즉, 포지티브 양력에서 위쪽 표면의 정압은 아래쪽 표면보다 작다.

날개의 팁에서 이 압력 차이는 날개 끝 쪽으로 흐름(spanwise flow)을 만든다. 4각형 날개에서 횡방향 흐름(lateral flow)은 날개 끝에서 발달되어 무척 강한 볼텍스가 날개 끝에서 만들어진다.

횡방향 흐름과 결과적인 소용돌이 강도는 날개 끝에서 안쪽으로 갈수록 줄어들고 중심선에서는 "0"이다.

회전 압력 흐름(rotational pressure flow)은 지역 공기 흐름과 결합되어 뒤에 따르는 소용돌이의 합성 흐름을 만든다. 또한 델타 날개 뒤의 하강 흐름으로 설명된다.

터프그리드(thut-grid)는 날개 뒤에 장착되고 터프 가닥의 움직임에 의해서 지역 흐름 방향을 가시화한다. 이 터프그리드는 팁 볼텍스의 존재를 설명하고 날개의 뒤쪽 흐름을 볼 수 있게 한다.

받음각이 증가하면 압력이 증가하고 흐름 반사와 볼텍스의 세기기 증가한다. 날개 볼텍스 계통의 기본적인 효과를 설명한다. 날개가 만드는 양력은 연속적인 볼텍스 필라멘트로 나타낼 수 있고 이 볼텍스 필라멘트는 팁(tip)이나 뒤따르는 볼텍스로 구성되고 바운드(bound)나 라인 볼텍스(line vortex)와 연결된다.

팁 볼텍스 순환이 양력과 함께 유도될 때 바운드 볼텍스와 연결된다. 이 볼텍스 계통의 효과는 날개의 근처에서 특정한 수직 속도 성분을 만들어낸다. 이 수직 속도의 성분은 날개의 앞에서 바운드 볼텍스의 상승 흐름을 유도한다. 날개의 뒤에는 바운드 볼텍스와 팁 볼텍스의 결합된 작용이 하강 흐름을 유도한다.

팁 볼텍스와 바운드 볼텍스의 결합인 최종 수직 속도(2w)의 작용이 날개가 만드는 양력에 의해서 공기흐름으로 가게 된다. 이런 결과는 유한 날개가 양력을 만들 때 피할 수 없는 것이다. 날개가 만드는 양력은 공기 흐름에 대해서 똑같고 반대 힘으로 작용하며 이것은 아래 방향으로 휘게 된다.

이 계통에서 가장 중요한 요소 중의 하나는 하향 속도가 공기 역학적 중심(w)에서 만들어지고 이것은 공기 흐름(2w)에 주는 최종 하향 속도의 1/2이다. 날개 근처에서 수직 속도의 효과는 이것이 공기 흐름 속도에 벡터로 더해질 때 가장 잘 이해할 수 있다.

날개의 앞에 있는 자유 흐름은 항공기의 비행 경로에 영향을 받지 않고 방향은 반대이다. 날개의 뒤에서 수직 속도(2w)가 공기 흐름 속도에 더해져서 하강 흐름 각(epsilon)을 만든다. 날개의 공기 역학적 중심에서 수직 속도(w)는 공기 흐름 속도에 더해져서 하강 흐름 각도의 1/2 정도의 공기 흐름의 하강 흐름 변화를 만든다. 다시 말하면 날개가 만드는 양력은 공기 흐름의 전개에 의한 것이고 날개의 바로 인접한 곳의 바람에 하강 흐름 경사를 준다.

그런 까닭에 평균 상대풍에 작용하는 날개의 단면은 최종 하강 흐름 각도의 1/2로 아래쪽으로 기울어진다. 이것은 가장 중요한 특징으로 날개의 공기 역학적 성질과 에어포일 단면의 공기 역학적 성질을 구별한다. 유도된 볼텍스가 유한 날개의 공기 역학적 중심에 존재해서 평균 상대풍을 만들지만 자유 흐름과 다르다.

날개의 에어포일 단면에 의해서 만들어지는 공기 역학적 힘은 이 힘이 작용하는 주변 공기 흐름에 좌우되고 기울어진 평균 상대풍의 영향을 고려해야 한다.

에어포일 단면의 특정 양력 계수를 만들기 위해서는 어떤 각도가 에어포일 코드선과 평균 상대풍 사이에 존재해야 한다. 이 받음각은 α_0이고 단면 받음각이다. 그렇지만 날개에 발달되면서 하강 흐름이 초래되고 평균 상대풍은 기울게 된다.

그러므로 날개는 필요한 단면 받음각보다 더 큰 받음각을 주어서 평균 상대풍의 경사에 맞게 한다. 날개는 이 추가의 받음각을 주어야 하는데 왜냐하면 유도 흐름 때문이고 평균 상대풍과 떨어진 자유 흐름 사이의 각도가 이루는 것을 유도 받음각 α_i이라고 한다. 이 영향으로부터 날개 받음각은 단면 받음각과 유도된 받음각의 합이다.

$$\alpha = \alpha_0 + \alpha_i$$

여기서 α: 날개 받음각
         α_0: 단면 받음각
         α_i: 유도 받음각

2) 유도 항력(induced drag)

유도된 흐름의 또 하나 중요한 영향이 날개의 실제 양력의 방향이다. 날개 단면에 의해서 만들어진 양력이 평균 상대풍에 수직이다. 평균 상대풍이 아래쪽으로 기울어져 있기 때문에 단면 양력은 어느 정도 뒤로 기울어진다. 이것이 유도 받음각 α_i이다.

날개의 양력과 항력은 날개 앞의 자유 흐름에 각각 수직하고 평행하다. 이렇게 볼 때 날개의 항력은 자유 흐름에 평행한 힘이다. 항력 방향에서의 이 양력 성분은 원하지 않는 것이지만 피할 수 없고 유한 날개에 발생하는 양력의 결과인데 이것을 유도 항력 D_i로 부른다. 유도 항력은 형태(form)와 마찰, 그리고 단순히 양력의 발달에 기인한 항력과는 다른 것이다.

유도 항력, 양력 그리고 유도 받음각의 관계가 분명하다. 유도 항력 계수 D_i는 날개 양력 계수 D_L과 직접 관계되어 변하고 유도 받음각 α_i과도 마찬가지이다. 유효 양력은 실제 양력의 수직 성분이고 만약 유도 받음각이 작으면 반드시 실제 양력과 같다. 항력의 수평과 수직 성분은 같은 조건에서 덜 중요하다. 다음의 관계는 타원형(elliptical) 양력 분포의 날개를 위한 것이다.

ⓐ 유도 항력 공식은 다른 어떤 공기 역학적 힘과 같이 같은 공식을 적용한다.

$$D_i = C_{Di} \; q \; S$$

여기서 D_i: 유도 항력(lbs)

　　　q: 동압(psf)

$$= \frac{\sigma V^2}{295}$$

　　　C_{Di}: 유도 항력 계수

　　　S: 날개 면적(ft²)

ⓑ 유도 항력 계수는

$$C_{Di} : C_L \; \sin \; \alpha_i$$

혹은 $C_{Di} = \dfrac{C_L^2}{\pi AR}$

$$= 0.318 \left(\frac{C_L^2}{AR} \right)$$

여기서 C_L: 양력 계수

　　　$\sin \alpha_i$: 유도 받음각의 sine

　　　π: 3.1416

　　　AR: 종횡비

ⓒ 유도 받음각은

$$\alpha_i = 18.24 \left(\frac{C_L}{AR} \right)$$

유도 받음각은 양력 계수와 종횡비에 좌우된다. 저속 비행 혹은 방향 조종 비행과 같은 고양력 상태에서 비행은 큰 유도 받음각을 만들어내는 반면, 고속이고 저양력 비행은 아주 작은 유도 받음각을 만든다. 여기서 큰 양력 계수는 큰 하강 흐름이 필요하고 큰 유도 받음각을 낳는다고 추론할 수 있다. 종횡비의 영향은 중요한데, 왜냐하면 아주 큰 종횡비는 거의 무시할 수 있는 받음각을 만들기 때문이다. 만약 종횡비가 무한대로라면 유도 받음각은 "0"이 되고 날개의 공기 역학적 특성은 에어포일 단면 성질과 동일하다.

반면 만약 종횡비가 작으면 유도 받음각이 클 것이고 작은 종횡비의 항공기는 최대 양력으로 큰 받음각에서 운용해야 한다. 반드시 작은 종횡비 날개는 상당히 작은 양의 공기에 영향을 미치고 결과적으로 양력을 만들기 위해서 큰 하강 흐름이 제공되어야 한다.

A. 양력의 영향

유도 항력 계수는 어떤 면에서 양력 계수와 종횡비의 영향을 받는다. 유도 항력 계수에서 양력 계수는 자승 관계로 변하므로 큰 양력 계수는 더 큰 유도 항력을 주게 되고 작은 양력 계수는 작은 유도 항력을 주게 된다.

C_L의 직접적인 효과는 항공기가 주어진 중량, 고도, 속도에서 비행한다고 가정할 때 가장 잘 이해할 수 있다. 항공기가 안정된 수평 비행에서 하중 계수가 2인 비행 상태로 바뀌면 양력 계수는 2배로 되고 유도 항력은 4배가 된다. 또한 비행 하중 계수가 1에서 5로 바뀌면 유도 항력은 25배 커진다.

그러므로 모든 다른 요소들이 불변이라고 가정하면 다음과 같이 말할 수 있다. "유도 항력은 양력의 자승으로 변한다"

$$\frac{D_{i2}}{D_{i1}} = \left(\frac{L_2}{L_1} \right)^2$$

여기서　D_{i1}: 본래 양력 L_1에 해당하는 유도 항력

D_{i2}: 새로운 양력 L_2에 해당하는 유도 항력

[q(혹은 EAS), S, AR은 일정]

위 식의 유도 항력에서 총중량, 방향 조종 비행, 급선회 등을 정의하면, 10%의 큰 총중량은 유도 항력을 21% 크게 하고 4G의 방향 조종은 16배의 유도 항력을 갖게 하고 45° 경사로 선회는 하중 계수 1.41로 되어 이것이 유도 항력을 2배로 만든다.

B. 고도의 영향

유도 항력에서의 고도의 영향은 모든 다른 요소를 일정하게 묶어 놓고 생각해 볼 수 있다. 고도의 일반적인 영향은 다음과 같이 표시한다.

$$\frac{D_{i2}}{D_{i1}} = \left(\frac{\sigma_1}{\sigma_2}\right)^2$$

여기서　D_{i1}: 본래의 고도 밀도비(σ_1)에 상응하는 유도 항력

　　　　D_{i2}: 새로운 고도 밀도비(σ_2)에 상응하는 유도 항력

　　　　(L, S, AR, V는 일정)

이 관계에서 추측할 수 있는 것은 유도 항력은 고도와 함께 증가한다는 사실이다. 즉, 주어진 항공기가 주어진 속도(TAS)로 수평 비행 중이고 이때 고도 40,000 ft(σ=0.25)이면 해면상(σ=1.00)에서보다 유도 항력은 4배가 된다.

공기 밀도가 낮아질 때 같은 양력을 만들기 위해서 더 큰 공기 흐름의 편향이 필요하다. 그렇지만 만약 항공기가 같은 EAS에서 비행하고 동압이 같으면 유도 항력은 변하지 않는다. 이 경우에 TAS는 고도에서 더 커서 같은 EAS를 제공한다.

C. 속도의 영향

유도 항력에서 일반적인 속도의 영향은 다소 다르다. 왜냐하면 낮은 공기 속도는 큰 양력 계수와 관련되고 큰 양력 계수는 큰 유도 항력 계수를 만들기 때문이다. 직접적인 내포의 의미는 유도 항력이 증가하면서 공기 속도가 감소되는 것이다. 만약 모든 다른 요소들이 불변이고 속도 영향만 고려할 때 공식을 다시 고치면 유도 항력은 속도 자승과 반비례한다는 것을 알 수 있다.

$$\frac{D_{i2}}{D_{i1}} = \left(\frac{V_1}{V_2}\right)^2$$

여기서　D_{i1}: 본래 속도 V_1에 해당하는 유도 항력

　　　　D_{i2}: 새로운 속도 V_2에 해당하는 유도 항력

　　　　(L, S, AR, σ는 일정)

이런 영향으로 추측할 수 있는 것이 안정된 비행 상태의 항공기에서 2배의 속도 증가는 1/4의 유도 항력(induced drag)이 증가하고 1/2배의 본래 속도에서 4배의 유도 항력이 증가한다.

이 변화는 항공기가 안정된 수평 비행 상태의 300 knot로 속도를 낮춘다고 가정하자. 150 knot에서 동압은 300 knot에서의 1/4 동압이 되고, 날개는 같은 양력을 얻기 위해서 4배 크게 공기 흐름을 편향시켜야 한다. 같은 양력 힘은 4배 크게 뒤로 기울고 유도 항력은 4배 커진다. 속도와 함께 유도 항력의 변화 설명에서 지적할 수 있는 것은 유도 항력은 저속에서 가장 중요하고 실제적으로 높은 동압에서 비행할 때는 중요하지 않다.

예를 들어 단발 제트 엔진 항공기는 저고도에서의 최대 수평 비행 속도는 전체 항력의 1%보다 작은 유도 항력을 갖고 있다. 그렇지만 같은 항공기가 실속 속도 바로 위에서 안정된 비행에서는 전체 항력의 대략 75%의 유도 항력을 갖고 있다.

D. 종횡비의 영향

유도 항력에서 종횡비 영향은 날개 윤곽의 기본적인 영향이다. 유도 항력 계수의 관계는 항공기가 큰 양력 계수에서 운용될 때 큰 종횡비를 강조한다. 다른 말로 바꾸면 항공기 형태는 주요 비행 중에 높은 양력 계수에서 운용할 수 있게 큰 종횡비 날개를 만들어 유도 항력이 최소가 되도록 설계한다. 큰 종횡비 날개는 유도 항력을 최소화하는 반면 길고 얇은 날개는 구조적 중량을 증가시키고 상당히 견고하지 못한 불량한 특성을 갖게 한다.

이 사실은 큰 종횡비의 선호를 감소시킨다. 항공기 형태가 상당히 작은 양력 계수로 고속 비행에서 운용되도록 한 것은 공기 역학적으로 상당히 깨끗한(clean) 면을 필요로 한다. 항공기의 이러한 형태는 큰 양력 계수에서 연속으로 운용되는 항공기처럼 큰 종횡비를 가질 필요는 없다.

이것은 흔히 작은 종횡비 윤곽에 맞는 항공기 형태로 제작한다. 양항 특성(lift & drag chorocteristics)의 종횡비 효과가 보여준다. 여기서는 9%의 대칭형 에어포일을 예로 든다. 기본적인 에어포일 단면 성질을 곡선에서 볼 수 있고 이 특성은 예외적으로 큰(무한대) 종횡비의 날개 윤곽에 한한다. 일부의 유한 종횡비의 날개가 이 기본 단면으로 제작될 때 가장 근본적인 차이점은 양력과 항력 특성으로 모멘트 특성은 근본적으로 같다.

양력 곡선에서 종횡비 감소의 효과는 날개 받음각을 증가시켜서 필요한 주어진 양력 계수를 만든다. 날개 받음각과 단면 받음각의 차이가 유도 받음각으로, 이것은 종횡비의 감소로 증가한다.

작은 종횡비의 날개는 받음각 변화에 덜 민감하고 최대 양력을 위한 큰 받음각이 필요하다. 종횡비가 아주 작을 때(5나 6보다 낮을 때) 유도 받음각 αI를 위한 기본 공식에서 정확히 예측할 수 없고 C_L과 α의 그래프는 독특한 곡면을 만든다.

이 효과는 특히 큰 양력 계수에서 사실이고 아주 작은 종횡비를 위한 양력 곡선은 아주 낮고, C_{Lmax}와 실속 받음각은 덜 가파르게 결정된다. 날개 항력 특성에서 종횡비의 효과는 관찰로 알 수 있다.

기본적인 단면 성질은 무한 종횡비 날개의 항력 특성으로 나타난다. 한정된 종횡비의 윤곽(planform)이 확정되면 날개 항력 계수는 유도 항력 계수와 단면 항력 계수의 합이다.

종횡비의 감소는 양력 계수에서보다 날개 항력 계수를 증가시키는데, 왜냐하면 유도 항력 계수는 종횡비와 반비례하기 때문이다. 종횡비가 아주 작을 때 유도 항력은 양력과 함께 크게 변하고 유도 항력은 아주 크다. 그리고 양력 계수와 함께 아주 빠르게 증가한다.

양력 곡선 경사와 양력에 기인한 항력에서 종횡비의 영향은 중요한 관계로, 고속 비행을 위한 설계에서는 큰 종횡비 윤곽을 사용할 수 없음을 알아야 한다.

작은 종횡비 윤곽은 구조적 장점이 있고 얇고 작은 항력 단면을 고속 비행에 사용할 수 있다. 천음속과 초음속 비행의 공기 역학은 짧은 스팬, 작은 종횡비 표면을 선호한다. 그러므로 고속 비행을 위한 최근의 항공기 설계는 작은 종횡비 윤곽에 2~4의 종횡비 특성을 갖도록 한다. 가장 중요한 것으로 최근의 일반적인 형태는 최대 양력을 위해서 큰 받음각을 갖고 저속 비행에서 양력에 기인한 아주 거대한 항력을 갖는다.

고속 항공기의 최근 형태는 큰 날개 하중과 작은 종횡비 윤곽을 갖는다. 날개 후퇴가 작은 종횡비와 함께 연결될 때 날개 양력 곡선은 특징적인 곡면을 갖고 있고 아주 큰 받음각에서 아주 평편하다. 즉, 큰 양력 계수에서 C_L은 α의 증가와 함께 아주 느리게 증가한다.

게다가 항력 곡선은 큰 양력 계수에서 극히 빠른 상승을 하는데 왜냐하면 항력은 양력에 기인하는데 양력이 아주 크기 때문이다. 이 영향은 비행의 성능을 만드는데, 큰 종횡비의 재래식 항공기 형태와는 아주 다르다. 최근 고속 형태의 가장 중요한 결과의 몇 가지는 다음과 같다.

ⓐ 이륙 중에 항공기는 과도한 받음각 쪽으로 더 회전해서는 안 된다. 어느 항공기든지 고정된 받음각(C_L)이 있어서 가장 좋은 이륙 성능을 만들고 이 받음각은 중량, 밀도 고도, 온도 등과 변하지 않는다. 과도한 받음각은 추가의 유도 항력을 만들고 이륙 성능에 바람직하지 못한 영향을 준다.

이륙 가속은 심하게 감소되어 아주 긴 이륙 거리가 늘어나는 현상이 있게 된다. 또한 초기 상승 성능은 과도하게 낮은 속도 한계에 있게 된다. 최근 항공기의 형태는 아주 작은 종횡비(후퇴)를 갖고 있어서 만약 높은 고도에서 지나치게 회전(over rotate)하면 큰 총중량 상태에서 이륙은 지면 효과로부터 비행할 수 없다. 재래식의 항공기 형태에서 과도한 받음각의 증가는 실속을 갖게 한다. 과도한 받음각에서 최근 항공기 형태는 실속을 하지 않지만 과도한 유도 항력을 만든다. 이륙시 아주 작은 받음각은 과도한 이륙 속도와 거리, 심각한 타이어 하중 등의 문제점을 만든다.

ⓑ 접근 중에 조종사는 비행로를 적절하게 조종해서 "고도＋출력＝성능"이 되도록 한다.

저속에서 최근의 고속 형태는 낮은 양항비를 갖는데 큰 유도 항력에 기인한 것이고 출력 접근(power approach) 중에 상당히 큰 출력 설정이 요구된다. 만약 조종사가 자기 항공기가 원하는 활공로보다 낮다고 판단하면 그의 첫 번째 반응은 기수 상향을 바로 잡기 위해서 조치를 취해서는 안 된다. 출력 증가 없이 받음각의 증가는 속도를 낮추고 유도 항력을 크게 증가시키기 때문이다.

이런 반작용은 큰 강하율(rate of descent)을 만들고 원하지 않는 결과를 만든다. 받음각 지시계는 보조착륙 계통과 연결되어 조종사에게 참고를 제공하고 안정된 접근 중에 받음각이 공기 속도의 1차 조종이 되고 출력은 상승이나 강하율의 1차 조종 역할을 한다.

저속 접근 중의 급선회는 어느 형태의 항공기든지 바람직하지 못한데 실속 속도를 증가시키고 유도 항력을 증가시키기 때문이다. 작은 종횡비 항공기에서 저속 급선회는 극히 큰 유도 항력을 만들고 위험스런 침하율(sink rate)을 나타나게 한다.

ⓒ 착륙 과정 중에 과도한 받음각(혹은 과도한 저속도)은 큰 유도 항력을 만들기 때문에 높은 출력을 설정해서 강하율을 조종한다. 최근 형태의 착륙 기술 중의 가장 흔한 실수가 급격히 낮은 출력으로 착륙 접근을 시도하는 것이다.

비행로는 항공기의 플레어(flare)에 맞게 조작해서 항공기가 접지할 수 있게 하고 받음각의 결정적인 증가를 가능하게 한다.

플레어 비행 조작은 일시적인 상태로 양력과 항력의 변화가 받음각과 함께 뒤따르는 것이 고려되어야 한다. 큰 종횡비 날개의 양력과 항력 곡선은 계속해서 α와 함께 C_L의 계속되는 증가는 실속 속도까지 이르고 C_D의 큰 변화는 오직 실속점에서 변한다.

이 특성이 뜻하는 것은 큰 종횡비 항공기는 흔히 큰 변화 없이 플레어(flare) 능력이 있다. 플레어에서의 받음각의 증가는 양력을 증가시키고 항공기를 감속시키는 항력의 큰 변화 없이 비행로 방향을 바꾼다.

작은 종횡비 날개를 위한 양력과 항력 곡선에서 큰 받음각에서의 양력 곡선은 낮다. 즉, 증가된 α와 함께 C_L의 변화가 크지 않다. 이것이 뜻하는 것은 큰 회전은 급격한 접근으로부터 항공기가 플레어할 수 있게 양력을 제공해야 한다는 사실이다. 작은 종횡비 날개를 위한 항력 곡선은 실속보다 훨씬 아래인 C_D와 C_L의 큰 증가를 보인다. 작은 종횡비 날개의 이런 양력과 항력 특성은 플레어 특성에 분명한 변화를 만든다.

만약 플레어가 저속에서 급경사로 접근을 시도하면 증가된 받음각은 증가된 유도 항력을 제공하고 빠르게 공기 속도를 잃어서 항공기는 실제로 플레어(flare)되지 않는다. 가능한 결과는 높은 침하율까지 나타낼 수 있다. "no-flare"나 "minimum flare"를 사용하는 것이 특정 최신 형태의 착륙 기술이다.

이와 같이 공기 역학적 성질은 작은 종횡비 항공기의 활공 속도를 $(L/D)_{max}$속도보다 훨씬 위에 설정하게 한다. 추가의 속도를 제공해서 급경사 활공〔작은 종횡비, 작은 $(L/D)_{max}$ 작은 활공비〕으로부터 연소 정지 착륙(flame out landing)을 위한 더 많은 플레어 능력의 여유를 제공한다. 착륙 기술은 적절한 받음각의 조종, 적절한 강하율은 높은 침하율과 하드랜딩(hard landing)을 막는다.

착륙에서의 과도한 속도는 자체의 문제점을 일으키는데 타이어와 브레이크의 과도한 마모와 찢어짐, 과도한 착륙 거리 등이 이에 속한다. 최신 항공기의 작은 종횡비윤곽의 영향은 저속에서 적절한 비행 기술의 필요성을 강조한다.

과도한 받음각은 거대한 유도 항력을 만들어서 이것은 이륙 성능을 해치고 착륙에서 높은 침하율을 일으킨다. 이런 항공기에는 본래의 높은 최소 비행 속도를 갖고 있어서 이륙이나 착륙에서 과도하게 작은 받음각은 자체의 문제점을 만든다.

3) 테이퍼와 후퇴의 영향

날개의 종횡비는 일상적인 날개의 3차원 특성과 양력에 기인한 항력을 결정하는 1차원적인 요소이다. 그렇지만 특정 부분적인 영향이 날개의 스팬을 통해서 발생하고 이 영향은 스팬을 통하는 면적 분포에 기인한다. 날개의 스팬을 따른 양력의 분포는 불연속은 가질 수 없다. 양력 분포는 타원 형태를 이룬다. 날개 스팬(span)을 따라 스팬의 피트당 양력의 분포를 보인다.

날개의 스팬을 따라서 양력 분포는 면적 분포와 스팬을 따른 테이퍼의 효과를 이해하는 토대가 된다. 만약 타원형 양력 분포에서 코드가 타원 형태인 윤곽에 일치하면 스팬을 따른 ft²의 면적은 정확히 같은 양력 압력을 만든다.

타원형 날개 윤곽은 각 날개의 단면을 갖고 있고 정확히 같은 지역 양력 계수로 작용하고 날개의 유도 하강 흐름은 스팬 전체에서 일정하다. 공기 역학적인 면에서 타원형은 가장 효과적인 윤곽인데, 왜냐하면 양력 계수의 동일성과 하강 흐름은 주어진 종횡비에 최소의 유도 항력을 초래하기 때문이다.

날개 윤곽의 장점은 양력 계수의 분포와 타원형 윤곽에 접근하는 하강흐름과의 밀접성에 의해 측정된다. 타원형 윤곽의 효과는 지역 양력 계수와 날개 양력 계수 c_l/C_L 대 세미스팬 거리(semispan distance) 등에 의해서 구성된다. 타원형 날개는 $c_l/C_L=1.0$의 수치가 스팬의 루트(root)에서 팁(tip)까지 일정하다. 그러므로 지역 단면 받음각 α_0와 지역 유도 받음각 αI는 스팬을 통해서 일정하다.

만약 윤곽 면적(planform area) 분포가 타원형 이외에 어느 것이면 지역 단면과 유도 받음각은 스팬을 따라서 일정하기 않다고 예측할 수 있다.

윤곽에서 분명히 고려하는 것은 단순한 4각형 날개로 이것의 테이퍼 비는 1.0이다. 4각형 날개의 특성은 팁에서 강한 볼텍스인데 이것은 날개 뒤의 지역 하강 흐름과 함께 하는데 이 지역 하강흐름은 팁에서 크고 루트에서 작다.

이러한 크고 동일하지 않은 하강 흐름은 스팬을 따라서 지역 유도 받음각이 변하는 것과 비슷하다. 팁에서 큰 하강 흐름이 존재하고 지역 유도 받음각은 날개의 평균보다 크다. 날개 받음각이 αI와 α_0로 구성되기 때문에 큰 지역 αI는 지역 α_0를 감소시켜서 팁에서 낮은 지역 양력 계수를 만든다.

4각형 날개의 루트에서 위와 역현상이 나타나는데 여기에 낮은 지역 하강 흐름이 존재한다. 이 상황은 루트에서 유도 받음각을 만들고 이것은 날개의 평균보다 적고 지역 단면 받음각은 날개의 평균보다 크다.

이것은 루트에서 지역 양력 계수를 상세히 나타나는데 거의 20%가 날개 양력 계수보다 크다. 4각형 윤곽의 효과는 타원형 양력 분포를 일정한 코드의 윤곽과 함께 비교해서 이해할 수 있다. 팁 근처의 코드는 루트보다 적은 양력 압력을 만들고 결과적으로 작은 단면 양력 계수를 갖는다.

스팬을 따라서 지역 양력 계수의 큰 불일치가 뜻하는 것은 어느 단면은 할당된 하중보다 큰 하중을 담당하고 어느 단면은 할당된 하중보다 적게 담당한다. 그런 까닭에 주어진 종횡비로 4각형 윤곽은 타원형 날개보다 덜 효과적이다.

예를 들어 4각형 날개의 AR이 6이면 날개에 16%의 큰 유도 받음각을 갖고 같은 종횡비의 타원형 날개보다 5% 큰 유도 항력을 갖는다. 테이퍼에서 뾰족한 날개의 테이퍼 비는 "0"이다.

뾰족한 팁에서 극히 작은 일부분은 팁에서 메인 팁 볼텍스를 유지시킬 수 있는 능력이 없고 하강 흐름 분포에 심한 변화를 낳게 한다. 뾰족한 날개는 루트에서 아주 큰 하강 흐름을 갖고 있고 이 하강 흐름은 팁에서 감소한다. 뾰족한 팁의 바로 근처에서 상승 흐름을 만나는데 이것은 이 부근에 네가티브 유도 받음각이 있다는 지시이다. 지역 양력 계수 변화의 결과로 루트에서 적은 c_l을 보여주고 팁에서 아주 큰 c_l을 보여준다.

이 영향은 루트에서 넓은 코드가 만드는 작은 양력 압력의 존재로 이해할 수 있고 반면 팁쪽으로의 아주 좁은 코드는 아주 큰 양력 압력에 관계된다. 테이퍼 비 "0"인 날개의 스팬을 통해서 c_l/C_L의 변화가 그래프에 나타난다.

4각형 날개에서 하강 흐름과 양력 분포가 일정하지 않은 것은 윤곽의 비효율을 낳는다. 예를 들어 AR=6의 뾰족한 날개는 날개에 17% 큰 유도 받음각이 있고 같은 종횡비의 타원형 날개보다 13% 큰 유도 항력을 갖는다. 테이퍼의 두 끝단 사이에는 더 허용할 수 있는 효율의 윤곽이 존재한다. 테이퍼 비 0.5의 날개에서 c_l/C_L의 변화는 타원형 날개의 양력 분포와 근접하게 접근하고 양력 특성에 기인한 항력은 거의 동일하다.

스팬 방향(spanwise) 양력 분포에서 분리 효과는 날개 후퇴에 의해서 이루어진다. 윤곽의 후퇴는 양력 분포를 변경시키려는 경향이 있는데 테이퍼 비를 감소시키는 것과 비슷하다. 또한 큰 후퇴는 유도 항력을 증가시키려 한다.

타원형 날개(elliptical wing)는 아음속 공기 역학적 형태에 이상적인데, 왜냐하면 주어진 종횡비로 최소의 유도 항력을 제공하기 때문이다. 그렇지만 타원형 윤곽의 가장 큰 문제점은 기계적인 움직임과 제작의 어려움이다. 크게 테이퍼 진 윤곽은 구조적 중량(structural weight), 단단함(stiffness) 등의 관점에서 바람직하고 일반적인 날개 윤곽의 테이퍼 비는 0.45~0.20이다.

항공기 형태의 제작에 구조적 고려가 상당히 중요하므로 테이퍼진 윤곽이 효율적인 형태에 반드시 필요하다. 공기 역학적 효율을 확보하기 위해서 결과적인 윤곽은 날개의 비틀림과 단면 변화 등을 적용시켜서 가능하면 타원형 양력 분포에 가장 가까운 것을 얻는다.

4) 실속 형태(stall pattern)

윤곽 면적 분포의 추가적인 영향이 날개의 실속 형태이다. 어느 날개든지 바람직한 실속 형태는 루트 단면에서 먼저 실속이 시작되는 것이다.

루트에서 먼저 실속이 발생하는 것의 장점은 에일러론(aileron)은 큰 받음각의 효율적인 상태로 남아 있고 미부 동체와 동체의 후미 부분에서 부펫(buffet)으로 인한 양호한 실속 경고가 되고 루트 뒤에서의 하강 흐름의 손실은 흔히 항공기에 안정된 기수 하향 모멘트를 제공하기 때문이다.

이런 실속 형태는 바람직하지만 어떤 날개 형태에서는 얻기 힘들다. 여러 가지 윤곽의 고유한 실속 형태의 종류가 있다.

여러 가지 윤곽 영향은 아래와 같이 나눌 수 있다.

ⓐ 타원형 윤곽(elliptical planform)은 스팬의 루트에서 윙 팁까지 일정한 지역 양력 계수를 찾는다. 이런 양력 분포로 인해 모든 단면은 근본적으로 같은 날개 받음각에서 실속에 이르고, 실속이 시작되어 스팬 전체에서 일정하게 진행된다. 반면 타원형 날개는 초기 실속 전에 큰 양력 계수에 이르고, 여기서는 완전한 실속의 사전 경고가 거의 없다. 또한 에이러론은 날개가 실속 근처에서 작용될 때 효과가 없고, 횡방향 조종은 어렵게 된다.

ⓑ 4각형 날개(rectangular wing)의 양력 분포는 팁에서 낮은 지역 양력 계수를 보여주고 루트에서 높은 지역 양력 계수를 보여준다. 날개는 가장 높은 지역 양력 계수의 지역에서 신속히 시작되기 때문에 4각형 날개는 강한 루트 실속 경향에 의해 특징된다. 물론 이 실속 형태는 바람직한데, 왜냐하면 적절한 실속 경고 부펫(buffet)이 있고 적절한 에일러론 효과, 그리고 흔히 항공기에 강한 안정 모멘트가 있기 때문이다. 이 윤곽의 큰 공기 역학적 및 구조적 비효율 때문에 4각형 날개는 저렴하고, 저속 경향 항공기에만 제한적으로 사용한다.

제작의 단순함과 양호한 실속 특성은 항공기의 지배적인 요구 조건이다. 4각형 날개의 실속 순서가 tuft-grid로 보여준다. 계속적인 흐름 분리는 강한 루트 실속 경향을 설명한다.

ⓒ 적당한 테이퍼 날개(테이퍼비=0.5)는 타원형 날개의 양력 분포와 거의 일치한다. 이런 까닭에 실속 형태는 타원형 날개와 거의 같다.

ⓓ 테이퍼비(0.25)가 큰 날개는 높은 테이퍼가 갖는 고유한 실속 경향을 보여준다. 이런 날개의 양력 분포는 팁으로부터 바로 안쪽에서 분명히 최대가 된다.

날개 실속은 가장 높은 지역 양력 계수(local lift coefficient)의 근처에서 시작되므로 이 윤곽은 강한 "tip stall" 경향을 갖는다. 초기의 실속은 정확히 팁에서 시작되지 않지만, 팁으로부터 안쪽 스테이션으로 가장 높은 지역 양력 계수가 퍼져 있는 곳이다. 만약 실제 날개가 실속에 빠지게 허용하면, 실속 발생은 에일러론 부펫(aileren buffet)과 날개의 강하(wing drop)를 볼 수 있다.

미부 동체(empannage)나 후미 동체(art fuselage)에는 부펫이 없어서, 강한 기수 하향 모멘트가 없고, 만약 있다면 아주 적게 에일러론 효율에 영향을 미친다. 이런 바람직스럽지 못한 것의 발생을 막기 위해서 날개는 양호한 실속 형태로 적용시킨다. 날개에 기하학적 비틀림을 주거나 "washout"을 주어서 팁에서 지역 받음각을 감소시킨다. 또한 에어포일 단면은 스팬 전체에서 변하는데, 두께와 캠버가 최대인 단면을 가장 큰 지역 양력 계수의 부근에 있게 한다. 이 전 단면의 높은 $c_{l\,max}$는 높은 지역 c_l을 만들고, 실속이 거의 일어나지 않는다.

리딩에이지 슬롯이나 팁쪽으로 슬랫(slat)의 추가는 지역 $c_{l\,max}$와 실속 받음각을 증가시키고 이것은 팁 실속과 에이러론 효과 상실을 감소시키는데 사용한다. 실속 형태를 개선시키는 또 다른 장치는 실속을 원하는 위치에서 발생하게 하는데, 이것은 이 근처에서 단면 $c_{l\,max}$를 감소시켜서 이루어진다. 예리한 리딩에이지나 실속 스트립(stall strip)의 사용은 실속 형태를 조절하는 강력한 장치이다.

ⓔ 뾰족한 팁 날개의 테이퍼비는 팁에서 극히 높은 지역 양력 계수를 "0"으로 만든 것과 같다. 모든 실제적인 목적으로 뾰족한 팁은 날개에 폭넓은 적용이 가해지지 않으면 어느 상태에서든지 실속이 일어난다. 이런 윤곽은 아음속 항공기에 실제로 적용되지 않는다.

ⓕ 후퇴(sweepback)가 날개 윤곽에 적용되어 양력 분포를 변화시키는데 이것은 테이퍼비를 감소시키는 것과 비슷하다. 또한, 윤곽의 가장 지배적인 영향은 높은 양력 계수에서 경계층의 강한 흐름 경향이다.

날개의 바깥쪽 단면(outboard section)은 안쪽 단면(inboard section)을 따르기 때문에 바깥쪽 단면 압력은 경계층을 팁쪽으로 끌려고 한다.

결과는 팁에서 낮은 에너지 경계층을 두껍게 하는데 이것은 쉽게 분리된다. 경계층에서 스팬 방향 흐름의 발달은 설명한다. 후퇴 날개 위 표면의 색깔이 섞인 흐름(dye streamer)은 끝 받음각에서 강한 스팬 방향 횡단 흐름(cross flow)을 만든다. 슬롯, 슬랫, 팬스(flow fence)는 스팬 방향 흐름을 위한 강한 경향을 덜게 한다. 후퇴와 테이퍼가 윤곽에 조합되면, 고유의 윙 팁 실속 경향을 고려해야 한다. 만약 어느 정도의 윙 팁 실속이 허용되어 후퇴 날개에서 발생하면, 즉 날개 압력 중심이 전방으로 움직여서 불안정한 기수 상향 피칭 모멘트를 만든다. 후퇴 날개, 테이퍼 날개 실속 순서는 지시된다. 후퇴의 또다른 효과는 양력 곡선과 최대 양력 계수의 경사가 감소되는 것이다. 후퇴가 크고, 작은 종횡비와 결합되면 양력 곡선은 아주 낮고, 최대 양력 계수가 상당한 받음각에서 발생한다. 일반적인 작은 종횡비의 후퇴 날개 항공기 양력 곡선은 대략 45° 받음각에서 최대 양력 계수를 상세히 설명한다. 이런 심한 받음각은 여러 면에서 비현실적이다. 만약 항공기가 큰 받음각으로 운용되면 아주 강한 랜딩기어가 필요하다. 이때 유도 항력은 극히 높고 항공기의 안정성은 심히 나빠진다. 그러므로 항공기의 최신 형태는 최소 조종 속도가 C_{Lmax}에 기초한 단순한 실속 속도보다 위에서 설정된다.

주어진 윤곽의 날개는 여러 가지의 고양력 장치가 장착되고 양력 분포와 실속 형태는 크게 영향받는다.

슬랫의 확장은 슬랫 지역이 큰 양력 계수와 큰 받음각이 되고 일반적으로 근처에서 실속을 감소시킨다. 또한 출력 효과는 프로펠러 항공기의 실속 형태에 영향을 미친다.

프로펠러 항공기가 큰 출력과 낮은 속도에 있을 때 프로펠러 후류에 의해 날개 루트(wing root)에서 흐름이 유도되어 루트 단면의 실속이 상당히 지연된다. 그런 까닭에 프로펠러 항공기는 무동력(power off) 실속보다 동력(power on) 실속 중에 바람직스럽지 못한 실속 특성을 갖는다.

5) 유해 항력(parasite drag)

양력(유도 항력)의 발달에 의해서 생긴 항력 이외에 분명한 항력이 있는데 이는 양력의 발달에 기인한 것이 아니다. 무양력에서 날개 표면조차도 표면 마찰과 형태에 기인한 형상 항력을 갖는다.

동체, 테일, 나셀 등과 같이 항공기의 다른 구성품도 항력을 갖는데, 왜냐하면 자체의 형태와 표면 마찰 때문이다. 공기 흐름의 모멘텀의 상실은 동력 장치 냉각, 에어 컨디션 계통, 제작이나 기타 갭으로 인한 누출이 효과적으로 추가의 항력을 만든다.

항공기의 여러 가지 구성품이 모두 조립되면 전체 항력은 각각의 구성품의 합보다 큰데, 왜냐하면 서로의 표면 사이의 간섭 때문이다. 가장 흔한 간섭은 날개 몸체가 교차되는 부분에서 발생하는데 동체에서 경계층의 성장은 날개 루트 표면에서 경계층 속도를 감소시킨다.

에너지의 이런 감소는 날개 루트 경계층이 역압력 구배의 상태에서 더 쉽게 분리된다. 위쪽 날개 표면은 더 많은 임계 압력 구배를 갖고 있고, 원형 동체에서 낮은 날개 위치는 높은 날개 위치보다 큰 간섭 항력을 만든다.

적절한 필렛(fillet) 작업과 지역 압력 구배의 조절이 간섭으로 인한 추가의 항력을 최소화하는데 필요하다. 형태(form), 마찰(friction), 누출(leakage), 모멘텀 손실(momentum loss), 간섭 저항(interference drag)의 모든 합은 유해항력이라고 부른다. 왜냐하면 이것이 직접 양력의 발생과 관련이 없기 때문이다. 이 유해 항력이 직접 양력의 발생과 관련이 없지만 항력과 함께 변한다. 유해 항력 계수 C_{Dp}의 변화는 양력 계수 C_L와 함께 변하고 나타난다.

최소 유해 항력 계수 C_{Dpmin}은 흔히 무양력 혹은 무양력 근처에서 발생하고 유해 항력 계수가 이 지점을 지나면 미끈한 모양으로 증가한다. 유도 항력 계수는 같은 그래프상에서 비교되는데 항공기의 전체 항력은 유해 항력과 유도 항력의 합이다.

항공기 성능의 많은 부분에서 양력으로 기인한 항력과 양력으로 기인하지 않은 항력을 완전히 구별하는 것이 필요하다. 항공기의 전체 항력은 유해 항력과 유도 항력의 합이다.

$$C_D = C_{DP} + C_{DI}$$

여기서 C_D: 항공기 항력 계수

C_{Dp}: 유해 항력 계수

C_{Di}: 유도 항력 계수

$$= 0.318 \frac{C_L^2}{ARe}$$

C_{Dp}와 C_{Di} 모두 양력 계수에 따라 변한다. 그렇지만 유해 항력의 흔한 변화는 유해 항력 용어에 서로 상관 관계가 있다.

사실 무양력에서 최소 이상의 유해 항력의 일부는 유도 항력 계수와 합해져서 항공기의 효율 계수 e를 정의한다. 항공기 항력 계수 계산 방식이 아래와 같다.

$$C_D = C_{DPmin} +_{in} + \frac{C_{Di}}{e}$$

$$C_D = C_{DPmin} + 0.318 \left(\frac{C_L^2}{ARe} \right)$$

여기서 C_{Dpmin}: 최소 유해 항력 계수

C_{Di}: 유도 항력 계수

e: 항공기 효율 계수

위 공식에서 항공기 항력 계수는 양력(C_{DPmin})에 의해 기인되지 않은 항력과 양력에 기인한 항력(C_{Di}/e)의 합으로 표시된다. 항공기 효율 계수는 일정하고 이것은 양력에 의해 유도된 항력과 함께 양력에 기인된 유해 항력을 포함한다.

C_{DPmin}은 양력과 함께 상수로 무양력에서 유해 항력을 표시한다. C_{Dpmin}의 일반적인 수치는 0.020이고 이것은 날개 50%, 동체와 나셀 40%, 테일이 10%이다.

유도 항력 공식의 용어는 양력에 기인한 모든 항력을 나타내고 이것은 양력에 의해 유도된 항력, 양력에 기인한 예외적인 유해 항력이다.

항공기 효율 계수의 수치는 0.6~0.9까지로 항공기 형태와 특성에 좌우된다. 양력에 기인된 항력의 용어가 일부의 유해 항력(parasite drag)을 포함하지만 이것은 아직까지 유도 항력처럼 말한다.

C_{Dpmin}와 C_{Di}/e의 합은 큰 범위의 양력 계수에서 대략 실제 항공기 C_{Di}와 같다. 중간 정도의 종횡비를 갖는 항공기에서 항공기의 전체 항력의 표시는 일상 범위의 양력 계수 C_{Lmax}의 거의 70%까지에서 상당히 정확하다.

C_{Lmax} 근처의 높은 양력 계수에서 절차는 그렇게 중요하지 않다. 왜냐하면 큰 받음각에서 유해 항력의 급격한 변화 때문이다. 어느 면에서 항공기 효율 계수는 일정한 수치로부터 감소한다. 대략적인 곡선으로부터 실제 항공기 항력의 차이는 작은 종횡비와 후퇴날개 항공기에서 상당히 주목할 만하다.

고려해야 할 또 다른 요소가 압축성 효과이다. 압축성 효과가 이 관계를 파괴하기 때문에 가장 많이 사용하는 곳은 아음속 성능 분석을 위해서이다. 전체 항공기 항력은 유해 항력과 유도 항력의 합이다.

$$D = D_p + D_i$$

여기서 D_i: 유도 항력

$$= \left(0.318 \frac{C_L{}^2}{ARe} \right) qS$$

D_p: 유해 항력

$$C_{Dpmin}qS$$

이 공식을 설명할 때 유도 항력은 양력에 의한 모든 항력을 포함하고 유해 항력은 양력과는 완전히 독립적인 것이다. 유해 항력의 또 다른 표현이 다음과 같다.

$$D_p = fq$$

여기서 f: 상당 유해 면적(ft^2)

$$= C_{Dpmin} \, S$$

q: 동압(psf)

$$= \sigma \, V^2/295$$

혹은 $D_p = f\sigma \, V^2/295$

이 공식에서 상당 유해 면적 f는 C_{Dpmin}과 S의 결과이기 때문에 유해 항력은 동압력 q의 결과로 이해하고 상당 유해 면적 f에 적용한다. 상당(equivalent) 유해 면적은 C_D=1.0의 가설적인 표면과 같은 관계로 정의되는데 표면은 항공기처럼 같은 유해 항력을 만든다. 이 상당 유해 면적 범위는 전투기의 4 ft²에서부터 대형 수송 항공기의 40 ft²까지이다. 물론 어떤 항공기든지 "clean configuration(플랩이나 강착 장치 등이 원 위치에 있는 상태)에서 착륙 형태로 변할 때 상당 유해 면적은 증가한다.

6) 형태의 영향

유해 항력 D_p는 양력에 영향 받지 않지만 동압과 상당 유해 면적과 함께 변한다. 이 원리는 여러 가지 비행 조건과 함께 유해 항력의 설명에 기초를 제공한다. 만약 모든 다른 요소들이 일정하다면 유해 항력은 상당 유해 면적과 직접적으로 같이 변한다.

$$\frac{D_{p2}}{D_{p1}} = \left(\frac{f_2}{f_1} \right)$$

여기서 D_{p1}: 유해 항력으로 본래의 유해 면적(f_1)에 해당하는 것
D_{p2}: 유해 항력으로 새로운 유해 면적(f_2)에 해당하는 것
(V와 σ는 일정)

예로서 랜딩기어와 플랩을 내리면 유해 면적이 80% 증가한다. 어느 주어진 속도와 고도에서 이 항공기는 80% 유해 항력 증가를 경험한다.

7) 고도의 영향

같은 방법으로 유해 항력에서 고도의 영향을 이해할 수 있다. 일반적으로 고도의 영향은 다음과 같이 표시한다.

$$\frac{D_{p2}}{D_{p1}} = \left(\frac{\sigma_2}{\sigma_1} \right)$$

여기서 D_{p1}: 유해 항력으로 본래 고도 밀도비 σ_1에 해당하는 것
D_{p2}: 유해 항력으로 새로운 고도 밀도비 σ_2에 해당하는 것
(f, V는 일정)

이 관계에서 내포하는 유해 항력은 고도에 따라 감소한다. 즉 고도 40,000 ft(σ=0.25)에서

주어진 TAS 비행 중에 항공기는 해면상(σ=1.00)에서의 유해 항력의 1/4이다.

이 효과는 공기 밀도가 낮아져서 더 작은 동압을 만들 때 생긴다. 그렇지만 만약 항공기가 일정한 EAS와 동압으로 비행하면 유해 항력은 변하지 않는다. 이런 경우에 TAS는 고도에서 높아서 같은 EAS를 제공한다.

8) 속도의 영향

유해 항력에서 속도 영향이 가장 중요하다. 만약 다른 요소들이 일정하면 유해 항력(parasite drag)의 속도 영향을 다음과 같이 표시한다.

$$\frac{D_{p2}}{D_{p1}} = \left(\frac{V_2}{V_1}\right)^2$$

여기서 D_{p1}: 유해 항력으로 본래 속도 V_1에 해당하는 것
D_{p2}: 유해 항력으로 새로운 속도 V_2에 해당하는 것
(f, σ는 일정)

이 관계는 유해 항력에 미치는 큰 속도 영향을 나타낸다. 예를 들어 비행 중엣 항공기는 속도가 2배 빨라지면 유해 항력은 4배 커지고, 원래 속도의 1/2에서는 유해 항력은 1/4이 된다. 이 사실은 속도와 동압의 관계로 이해할 수 있는데 V가 2배로 늘어나면 q는 4배로 D_p는 4배가 된다.

속도와 함께 유해 항력이 변화한다는 사실은 고속에서 가장 중요한 것이 유해 항력이라는 것을 지적하는데 실제로 낮은 동압에서 비행할 때는 덜 중요하다. 실속 속도 이상으로 비행 중인 항공기는 전체 항력의 25% 정도 유해 항력을 갖지만 저고도 최대 수평 비행 속도에서 이 같은 항공기는 전체 항력의 100% 유해 항력을 갖는다. 빠른 비행 속도에서 지배적인 유해 항력은 고속 성능을 얻기 위해서 큰 공기 역학적 형태(낮은 f)가 필요한 것을 강조한다.

아음속 비행에서 항공기의 흔한 형태는 아주 큰 부분의 상당 유해 면적을 갖는데 이것은 표면 마찰 항력에 의해서 결정된다. 날개가 전체 유해 항력의 거의 1/2을 만들기 때문에 날개의 형상 항력(profile drag)은 폭넓은 층류 흐름을 만드는 에어포일 단면을 사용해서 최소화한다. 유해 항력의 미묘한 효과가 날개 면적의 영향으로부터 온다.

날개 면적은 유해 항력 공식에 직접 사용되기 때문에 날개 면적의 감소는 만약 다른 요소들이 일정하며 유해 항력을 감소시킨다. 한편 여러 가지 많은 요소의 고려 사항에 포함되는 정확한 관계에서 가장 최적의 항공기 형태는 가장 큰 실제적인 날개 하중과 최소의 날개 표면 면적을 갖는 것이다. 항공기의 비행 속도가 음속에 접근하면서 압축성 효과의 지연과 경감에 가장 큰 주의를 해야 한다.

압축성 효과와 병행하는 항력 상승을 지연시키거나 감소시키기 위해서 항공기의 구성품은 항공기에 충격파의 초기 형성을 감소시키도록 배열시켜야 한다. 이것은 일반적으로 동체와 나셀의 높은 정밀비(fineness ratio), 얇은 날개 단면이 요구되고 이것은 아주 매끈하고 일정한 압력 분포를 갖게 한다. 작은 종횡비와 후퇴는 압축성 항력 상승을 지연시키거나 감소시키는데 양호하다. 게다가 간섭 효과는 천음속과 초음속에서 아주 중요하고 항공기 단면 면적 분포는 조절되어 지역 속도 최고치를 최소화해야 되는데 이 지역 속도 최고치는 조기에 강한 충격파(shock wave)를 형성한다.

항공기의 최근 형태는 효과적인 아주 빠른 속도 성능에 요구되는 특징을 설명하는데 작은 종횡비, 후퇴, 얇은 항력 단면 등이 설명된다. 이 똑같은 특징은 적절한 비행 기술을 필요로 하는 저속에서 비행 특성을 만든다.

9) 항공기 전체 항력

비행 중에 항공기의 전체 항력은 유도 항력과 유해 항력의 합이다.

특별한 중량, 형태, 고도에서 항공기가 수평 비행을 위한 속도에 따르는 전체 항력의 변화를 설명한다.

유해 항력은 속도 자승으로 증가하는 반면, 유도 항력은 속도 자승에 반비례한다. 항공기의 전체 항력은 저속에서는 유도 항력이, 고속에서는 유해 항력이 지배적이다.

항력 곡선에서 가장 흥미 있는 점은 다음과 같다.

ⓐ 이 항공기의 실속은 100 knot에서 발생하고 이것은 실제 항력의 급격한 상승으로 지시된다. 유도와 유해 항력을 위해 일반화된 방정식은 실속 상태를 설명할 수 없고 항공기의 실제 항력은 점선의 "hook"에 의해 상세히 설명된다.

ⓑ 124 knot 속도에서 항공기는 무동력(power off) 비행에서 최소의 강하율을 만든다. 이 속도에서 유도 항력은 전체 항력의 75%를 차지한다. 만약 이 항공기가 왕복 엔진 프로펠러 형식의 동력 장치에서 힘을 받으면 최대 체공은 이 속도에서 발생한다.

ⓒ 최소 전체 항력점은 163 knot의 속도에서이다. 이 속도는 양력과 중력이 같은 상태의 비행에서 최소의 전체 항력을 발생시키고, 항공기는 $(L/D)_{max}$가 되는 점에서 운동한다. 유해와 유도 항력은 속도와 함께 변해서(유해 항력은 속도 자승에 비례, 유도 항력은 속도 자승에 반비례) 유도 저항과 유해 저항이 같을 때 최소의 전체 항력이 발생한다.

최소 항력을 위한 속도는 항공기 성능의 여러 가지 항목에 중요한 기준이 되는데 활공 성능과 양항비이다.

163 knot의 속도에서 이 항공기는 778 lbs의 전체 항력과 12,000 lbs의 양력을 만든다. 이 숫자는 최대 양항비가 15.4이고 활공비는 15.4이다.

게다가 만약 이 항공기가 제트 추진 항공기이면 항공기는 이 특정 고도의 공기 속도에서 최대 체공을 얻는다. 만약 이 항공기가 프로펠러 파워를 받으면 항공기는 특정 고도의 이 속도에서 최대 거리를 얻는다.

ⓓ 포인트(D)에서 공기 속도는 $(L/D)_{max}$속도보다 약 32% 크다. 유해 항력은 215 knot에서 전체 항력의 75%를 구성한다. 항력 곡선에서 이 점은 속도와 항력과의 가장 높은 비율을 만들고, 만약 항공기가 제트 파워를 받으면 최대 거리가 되는 점이다. 이 지점에서 유해 항력의 큰 비율 때문에 장거리 제트 항공기는 큰 공기 역학적 표면(clean)과 장거리 프로펠러 항공기보다 덜 큰 종횡비를 요구한다.

ⓔ 400 knot의 속도에서 유도 항력은 전체 항력의 극히 작은 일부분이고 유해 항력이 지배적이다.

ⓕ 항공기가 아주 빠른 속도에 도달하면서 항력 상승은 아주 빨라지는데, 이것은 압축성 때문이다.

유해 항력을 위한 일반적인 방정식은 압축성 효과를 설명할 수 없고 실제 항력 상승은 점선에 의해서 나타난다.

항공기 항력 곡선은 수평 비행의 중량, 형태, 고도 등을 보여준다. 이 변수 중의 어느 하나의 변화는 특정 속도에서 특정 항력에 영향을 미친다. 항공기 항력 곡선은 항공기 성능의 많은 항목에서 아주 중요한 요소이다.

거리, 제공, 상승, 조작, 착륙, 이륙 등 성능은 항공기 항력 곡선이 포함된 관계를 기준으로 한다.

연습 문제(Ⅰ)

1. 형상 항력(profile drag)에 속하는 것은?
답) 마찰 항력, 압력, 항력, 에어포일 항력

2. 난류 경계층을 층류 경계층과 비교하면?
답) 층류 경계층보다 3배 정도 마찰이 크다.

3. 레이놀즈 수가 크다는 말은 무엇을 뜻하는가?
답) 압력이 크다.

4. 난류 흐름의 성질은?
답) 층류에서 보다 전단 응력이 더 크다.

5. 공기의 질량은?
답) 온도에 반비례한다.

6. 항공기 날개에 작용하는 양력은?
답) 공기 흐름 속도의 자승에 비례한다.

7. 플랩을 내리면 어떤 현상이 발생하는가?
답) C_L, C_D 모두 커진다.

8. 받음각이 커지면 압력 중심은?
답) 리딩에이지 쪽으로 이동한다.

9. 항공기의 종횡비가 커지면?
답) 유도 항력이 작아진다.

10. 정상 충격파 뒤의 흐름 속도는?
답) 아음속이다.

11. 날개 스팬(span)을 길게 하는 이유는?

답) 유도 항력을 작게 한다.

12. 날개에 발생하는 항력의 종류는?
답) 유도 항력, 압력 항력, 마찰 항력.

13. 날개의 상반각은?
답) 가로 안정성을 좋게 해서 옆미끄럼(side slip)을 막는다.

14. 고양력 장치의 영향은?
답) 최저 수평 속도를 저하시키고 활공각을 감소시킨다.

15. 날개의 코드(chord)란 무엇을 말하는가?
답) 리딩에이지에서 트레일링에이지까지 직선 거리

16. C_{Lmax}가 크면 어떤 영향이 있는가?
답) 이륙 속도가 커지고 착륙 속도가 적어진다.

17. 플랩을 사용하는 이유는?
답) C_{Lmax}를 크게 하기 위해서

18. 스포일러의 역할은?
답) 공기 흐름을 방해해서 양력을 감소시키는 것

19. 항공기의 최대 양력 계수가 크면 어떤 영향을 주는가?
답) 이륙 거리 단축, 선회 반경 최소, 활공각 최소

20. 이륙시에 가장 많이 사용하는 플랩의 종류는?
답) 파울러 플랩

21. 슬랫(slat)과 슬롯(slot)의 사용 목적은?
답) C_{Lmax}를 크게 한다.

22. 취부각(붙임각)이란?
답) 동체 기준선과 날개 코드 라인이 이루는 각. 흔히 $1° \sim 2°$를 갖는다.

23. 현재 사용 중인 에어포일의 캠버는 대략 얼마 정도인가?
답) 0~3% 정도

24. 양항비가 크면 어떤 영향이 있을 수 있는가?
답) 활공각은 작아진다.

25. 수평 비행 중 하중 계수는?
답) 1G

26. 점성을 표시하는 방법은?
답) saybolt/sec

27. 제트 기류는 어디서 형성되는 것인가?
답) 권계면(tropopause)

28. 연속의 법칙이란?
답) 단위 시간에 통과하는 유량은 같다.

29. 양항 곡선이란?
답) C_L과 C_D의 함수 관계를 나타낸 것

30. 파울러 플랩의 기능은?
답) 날개 면적의 증가와 캠버의 증가

31. 베르누이 정의의 조건은?
답) 유체 흐름 중간에서 에너지의 공급을 받지 않았을 때

32. 절대 상승 한도는?
답) 0 m/sec가 되는 고도

33. 실용 상승 한도는?
답) 0.5 m/sec가 되는 고도

34. 레이놀즈 수는?

답) $\dfrac{속도 \times 길이}{동점성\ 계수}$

35. 날개의 유도 항력 계수는?

답) $C_{Di} = \dfrac{C_L{}^2}{\pi AR}$

36. 항공기의 진대기 속도(TAS) 표시는?

답) $V \times \sqrt{\dfrac{\rho_0}{\rho}}$

37. 공기 역학적 중심(ac)의 위치는?
답) 리딩에이지로부터 코드의 25% 위치

38. 천이(transition)란?
답) 날개 표면의 공기 흐름이 층류에서 난류로 옮겨가는 현상

39. 날개의 경계층 팬스의 목적은?
답) 윙 팁(wing tip) 실속을 방지한다.

40. 후퇴 날개에서 가장 위험한 것은?
답) 상반각

41. NACA 23015 에어포일에서 최대 캠버의 위치는?
답) 15%

42. 경계층과 관계되는 것은
답) 레이놀즈 수의 크기

43. Drag Bucket이란?
답) 받음각이 작은 곳에서 항력이 급격히 감소하는 상태

44. 최대 양력 계수가 큰 항공기는?
답) 상승 속도가 크고 착륙 속도가 적어진다.

45. NACA 2412 에어포일에서 4가 뜻하는 것은?
답) 최대 캠버 위치가 코드 라인의 40%

46. 공력 평균 코드 라인(MAC)은?
답) 날개의 공기력 중심을 지나는 코드 라인

47. 코드 라인의 공기 역학적 중심은?
답) 날개의 모멘트가 받음각에 관계없이 대략 일정해지는 힘

48. NACA 0009 날개는?
답) 대칭형 에어포일

49. Reflexed airfoil란?
답) 압력 중심의 이동을 적게 하기 위해 설계된 에어포일

50. 여객기의 하중 계수는?
답) 2

51. 레이놀즈 수가 대단히 크다는 것은?
답) 압력 저항이 마찰 저항보다 훨씬 크다.

52. 날개의 받음각이란?
답) 날개 코드 라인과 상대풍 진행 방향이 이루는 각

53. 경계층 제어와 관계있는 것은?
답) Slat wing

54. Kutta-Joukowsky의 원리란?
답) 비행중인 날개 둘레에 일어나는 순환 흐름에 따르는 마그너스 효과와 같은 양력 이론

55. 순항 비행 중 외부 온도가 상승할 때 본래의 마하수를 유지하면서 비행하면?
답) TAS는 증가한다.

56. 속도계 지시에서 위치 오차 수정과 관계되는 것은?
답) IAS에서 CAS로 수정할 때

57. 밀도 고도란?
답) 어떤 고도에서 공기 밀도가 표준 대기 상태와 같을 때 이 고도를 밀도 고도라고 한다.

58. 날개 특성을 설명하면?
답) 최대 양력 계수가 클수록 날개 특성은 좋다.
    유해 항력 계수가 적을수록 날개 특성은 좋다.
    압력 중심 위치 변화가 적을수록 날개 특성은 좋다.

59. 수평 비행시의 특성에 관계되는 것은?
답) 순항 속도, 최대 속도, 최소 속도

60. 어떤 에어포일의 저속 실속 특성과 관계되는 것은?
답) 레이놀즈 수로 이 수치가 클수록 실속 받음각이 커진다.

61. 층류형 에어포일(laminar airfoil)이란?
답) 에어포일의 최소 압력 지점을 뒷부분으로 유지하고, 날개 윗 표면의 경계층 천이 지점을 가능한 뒷부분에 유지시켜서 마찰 항력을 최소로 유지시킨다.

62. 대칭형 에어포일의 압력 중심은?
답) 코드의 1/4 지점이다.

63. 날개에서 워시아웃(wash-out)을 두는 이유는?
답) 실속이 윙 팁에서 시작하지 못하게 한다.

64. 비행 중 날개에 발생하는 항력의 종류는?
답) 압력 항력과 유도 항력

65. 슬랫(slat)의 기능은?
답) 큰 받음각인 경우에 날개 위 표면의 흐름 분리를 지연시킨다.

66. 날개 윙렛(winglet)의 기능은?
답) 유도 항력을 감소시켜서 양력 곡선 기울기를 증가시킨다. 날개 길이를 증가시키는 효과와 같아서 종횡비를 크게 한 것과 같다.
날개의 공기 흐름을 2차원 흐름이 되도록 한다(날개 스팬 방향 흐름을 막는다).

67. 초임계 에어포일(Supercritical airfoil)의 특성은?
답) 날개 윗면이 평편하다.
　　최대 두께비가 앞부분에 있다.
　　아랫면 트레일링에이지 부분에 캠버기 있다.

68. 스포일러의 기능은?
답) 날개 위 표면에 장착해서 간섭 항력을 유도함으로써 양력을 감소시킨다.

69. NACA 6 4̲ ₃ - 2̲ 1̲5̲
답)　　　④③　②　①
①은 최대 두께비: 코드의 15%
②은 설계 양력 계수: c_l=0.2
③은 최소 항력을 갖는 양력 계수의 범위: ±1/10
④는 최소 압력 지점: 코드의 4/10에 있다.

70. 공기 역학에 관련된 공식들이다.
양력(L)=C_L 1/2 ρ V^2S
항력(D)=C_D 1/2 ρ V^2S

종횡비(AR)=$\dfrac{b^2}{S}$

실속 속도(Vs)=$\sqrt{\dfrac{2W}{\rho S C_{Lmax}}}$

레이놀즈 수(RN)=$\dfrac{V\chi}{\nu}$

양력 계수(C_L)=$\dfrac{4\alpha}{\sqrt{M^2-1}}$　(초음속 흐름)

조파 항력 계수(C_D)= $\dfrac{4\,(t/c)^2}{\sqrt{M^2-1}}$ (초음속 흐름)

양력에 기인한 항력(C_D)= $\dfrac{4\alpha^2}{\sqrt{M^2-1}}$ (초음속 흐름)

양력 곡선 기울기$(C_L\ \alpha)$= $\dfrac{4}{\sqrt{M^2-1}}$ (초음속 흐름)

(t/c): 에어포일 두께비
α: 받음각
M: 마하수
양항비: $1/\alpha$ (초음속 흐름)

71. 양항비가 큰 항공기의 특징은?
답) 활공 성능이 우수하다.
　　이륙 성능이 우수하다.
　　항속 성능이 우수하다.

72. 날개의 종횡비가 커지면?
답) 유도 항력이 작아진다.
　　활공 성능이 우수하다.
　　순항 성능이 우수하다.

73. NACA 계열의 에어포일을 설명하면?
NACA 2　4　12
　　　③ ② ①
① 최대 두께. 코드의 12%
② 최대 캠버의 위치. 코드의 4/10
③ 최대 캠버의 크기. 코드의 2%

NACA 2　3　0　12
　　　④ ③ ② ①
① 최대 두께. 코드의 12%

② 0: 직선. 1: 곡선

③ 최대 캠버의 위치. 코드의 30/2(15%)

④ 최대 캠버의 크기. 코드의 2%

NACA <u>1</u> <u>6</u> - <u>2</u> <u>12</u>
  ④ ③ ② ①

① 최대 두께. 코드의 12%

② 설계 양력 계수. c_{ld}: 0.2

③ 최대 압력의 위치. 코드의 6/10

④ 1 계열

NACA 6 계열

NACA <u>1</u> <u>5</u> ₁- <u>2</u> <u>12</u>
  ⑤④③ ② ①

① 최대 두께. 코드의 12%

② 설계 양력 계수. 0.2

③ 최소 항력을 갖는 양력 계수의 범위가 ±1/10이다.

  c_l: 0.3~0.1

④ 최소 압력의 위치. 코드의 5/10

⑤ 6 계열

74. 날개 실속을 방지하는 방법은?

답) 날개에 비틀림(twist)을 준다.

  날개의 리딩에이지에 슬롯(slot)을 설치한다.

  경계층을 제어한다.

  볼텍스 제너레타를 설치한다.

  실속 팬스(fence)를 설치한다.

  날개 윤곽을 변경시킨다.

75. 지시 속도란?

답) 속도계가 지시하는 속도

76. 난류는 어떤 상태에서 발생하는가?

답) 점성이 높은 유체 흐름에서

77. 유체 흐름선(유선)의 정의는
답) 유체 내의 어떤 곡선의 접선 방향이 운동 방향과 일치될 때 이 곡선을 유선이라고 한다.

78. 항공기가 비행 중일때 항공기에서 지면까지의 고도는?
답) 절대 고도

79. 항공기의 공기 역학적 중심과 관계되는 것은?
답) 받음각

80. 윙 팁 실속의 한 가지 이유는?
답) 윙 팁 부분의 하강 흐름(down wash)이 크기 때문에

81. 항공기의 최고 속도와 관계되는 것은?
답) 날개 면적, 추력, 밀도

82. 경계층(boundary layer)과 관계되는 것은?
답) 레이놀즈 수

83. 테이퍼비(taper ratio)란?
답) 날개 루트 코드대 팁 코드의 비

84. 날개에 하중이 커지면 실속 속도는?
답) 커진다.

연습 문제(Ⅱ)

1. 비점성 흐름과 점성 흐름이란?

분자가 움직이면 분명하게 유체 한 곳에서 다른 곳으로 자체의 질량(mass), 모멘텀(momentum), 에너지의 이동이 있다. 분자 크기에서 이런 이동은 질량 발산(mass diffusion), 점도 혹은 마찰, 열의 대류 현상을 주게 된다.

모든 실체 흐름에서 이런 이동 현상의 영향, 즉 흐름을 점성 흐름(viscous flow)이라고 부른다. 대조적으로 어떤 흐름이 마찰, 열의 대류 혹은 확산 등이 없으면 이때를 비점성 흐름(inviscid flow)이라고 부른다.

비점성 흐름은 실제로 자연에 존재하지 않지만 여러 가지 실제적인 공기 역학적 흐름 중에서 위에서 설명한 이동 현상의 영향이 아주 사소한 경우가 있어서 이를 비점성 상태의 모델로 삼는다.

이론적으로 비점성 흐름은 레이놀주 수가 무한대로 가는 것을 제한한다. 그러나 실제적인 문제점은 아주 놓은 레이놀즈 수(Re)를 가져도, 유한의 레이놀즈 수는 비점성으로 가정한다.

이런 흐름에서 마찰, 열의 대류, 확산의 영향은 물체 표면 위에 인접한 아주 얇은 지역으로 제한하고, 아주 얇은 지역 밖의 나머지 흐름은 근본적으로 비점성이다.

에어포일과 같은 얇은 몸체를 지나는 흐름을 나타내는 것으로 비점성 이론은 물체의 흐름 형태를 나타내준다. 그렇지만 마찰(전단 응력)은 공기 역학적 항력의 주요한 원인이기 때문에 비점성 이론은 전체 항력을 적절히 예측할 수 없다.

대조적으로 어떤 흐름은 점성 효과가 지배적이다. 예를 들어 에어포일에서 공기 흐름에 대해서 큰 각으로 기울어지면(큰 받음각) 경계층은 위 표면으로부터 분리되려고 하고 큰 웨이크(wake)가 뒤쪽 흐름을 형성한다.

분리된 흐름은 좌측에서 표시되고, 실속된 에어포일 위의 흐름 영역의 특성이다. 또한 뭉뚝한 몸체의 공기 역학에 지배적인 것으로 원형 물체와 같은 몸체이다.

원형 물체의 전면에서 흐름이 팽창하지만 후방 표면으로부터의 분리(separation)는 더 큰 웨이크 하강 흐름을 형성한다. 흐름은 점성 효과가 지배적인 곳으로 비점성 이론으로 이런 흐름의 공기 역학을 예측할 수는 없다.

2. 피토 튜브에서 공기 속도 측정을 설명하라.

1732년 프랑스인 헨리 피토(Henri Pitot)는 파리의 세느강의 흐름 속도를 측정했는데, 측정에 사용한 계기는 그가 발명한 것으로 L자 모양의 계기이다.

그는 튜브 안쪽의 압력을 물의 흐름 속도를 측정하는 데에 사용했다. 이것이 유체 속도를 적절하게 측정한 역사적인 시도였으며 그가 발명한 것을 요즘은 피토 튜브 (Pitot tube)라고 부르고, 공기 역학적 실험에서 가장 빈번히 사용하는 계기이다.

피토 튜브는 항공기의 비행 속도를 측정하는 가장 흔한 장치이다. 흐름이 압력 P_1 상태로 V_1으로 움직인다.

압력 P_1의 중요성을 좀 더 상세히 알아보자. 압력은 분자 운동과 관계가 있다. 이 운동은 아주 무차별한 것으로(random) 모든 방향으로 움직이고 여러 가지 속도로 움직인다.

만약 어떤 사람이 흐름 속으로 뛰어든다고 가정하면 일정한 속도 V_1과 함께 움직이게 된다. 가스 분자는 가스의 무차별 운동 때문에 흐름 속에 있는 사람에게 마주치게 되고 어떤 가스 압력 P_1을 느끼게 된다.

이 압력에 특정한 이름을 붙이는데, 이를 정압(static pressure)이라고 한다. 정압은 가스에서 분자의 순수한 무차별 운동(random motion)을 측정한 것으로 만약 어떤 사람이 지역(부분) 흐름 속도로 가스를 타고 있을 때 느끼는 압력이다. 모든 방정식에서 정압을 P로 표시한다. 벽(wall)과 같은 흐름의 경계를 고려할 때 표면에 수직으로 작은 구멍을 뚫는다.

구멍의 끝은 흐름과 평행하다. 흐름은 구멍이 뚫린 바로 위로 지나기 때문에, A 지점에서 느껴지는 압력은 분자의 무차별 운동에 의한 것, 즉 A 지점에서 정압을 측정한다.

표면에 이런 작은 구멍을 정압 오리피스(static pressure orifice) 혹은 정압 탭 (static pressure tap)이라고 부른다. 이와는 대조적으로 피토 튜브가 흐름 속으로 끼어들게(뚫린 구멍이 직접 흐름을 향하도록) 한다. 즉 튜브의 구멍 끝이 흐름과 수직으로 B 지점이다.

피토 튜브의 다른 끝은 압력 게이지(pressure gage)에 연결되는데 C 지점, 즉 피토 튜브는 C 지점에서 닫혀있다.

피토 튜브가 흐름 속으로 넣어진 후 불과 몇 십 분의 1초 후에 가스는 뚫린 구멍으로 들어가서 튜브를 채우게 된다. 그렇지만 튜브는 C 지점에서 닫혀있어서 밖으로 나갈 곳이 없으므로 가스는 곧 튜브 안에서 정체되어 튜브 안의 가스 속도는 "0"으로 간다.

가스는 마침내 튜브 내에서 꽉차게 되고 모든 지점에서 정체되어 B 지점도 마찬가지 현상을 갖는다. 결과적으로 흐름은 튜브의 뚫린 정면에 직접 부딪히게 되고 (DB 유선) 흐름의 장애가 된다.

흐름선 DB를 따르는 유체는 튜브에 가까워질수록 속도가 느려지고 B 지점에서는 "0"가 된다. 흐름 속도 V=0가 되는 지점을 정체 지점(stagnation pressure) 혹은 전압(total pressure)이라고 부르고 P_0로 표시한다.

B 지점에서 $P_B=P_0$이다. 위의 설명에서 알 수 있는 것은 주어진 흐름에서 2가지의 압력을 정할 수 있는데, 하나는 정압(static pressure)으로 이것은 흐름의 지역 속도 V_1으로 함께 움직이면서 느끼는 압력이고 나머지 하나는 전압으로 이것은 속도가 "0"으로 감소되는 곳에서 흐름이 갖는 압력이다.

피토 튜브(Pitot tube)가 흐름 속도를 측정하는 데에 어떻게 사용될까?

이 질문에 답하기 위해서 첫째로 튜브 입구(B 지점)에서 흐름에 의해서 가해지는 전압 P_0은 튜브 전체에서 같다. 그러므로 C 지점에서 압력 게이지는 P_0를 나타낸다. 이 측정에서 A 지점에서 정압 P_1의 측정과 연결시키면, 전압과 정압 사이의 차이 P_0-P_1을 얻고, 이 압력 차이가 베르누이 방정식을 통해서 V_1을 계산할 수 있게 한다. 특히 A 지점 사이에 베르누이 방정식을 적용하면 여기서 압력과 속도는 P_1, V_1이고 B 지점에서는 압력과 속도는 P_0과 V=0이다.

$$P_A+1/2\ \rho V_A{}^2=P_B+1/2\ \rho V_B{}^2 \quad \text{①}$$

혹은

$$P_1+1/2\ \rho V_1{}^2=P_0+0 \quad \text{②}$$

$$V_1=\sqrt{\frac{2(P_0-P_1)}{\rho}} \quad \text{③}$$

공식 ③에서 측정한 전압과 정압 사이의 차이로부터 속도를 계산할 수 있다. 전압 P_0는 피토 튜브로부터 얻고, 정압 P_1은 적합하게 위치시켜 압력 탭(pressure tap)으로부터 얻는다.

한 계기 내에 전압과 정압의 측정치를 조합시키는 것이 가능한데 이것이 피토-스테틱 프롭(pitot-static probe)이다.

피토-스테틱 프롭은 전방에서 P_0를 측정하고 프롭 표면에 적절히 위치시킨 정압 탭에서 P_1을 측정한다. 공식 ②에서 $1/2\rho\ V_1{}^2$을 동압(dynamic pressure)이라고 부르고 q로 나타낸다(비압축성에서 극초음속까지의 흐름).

$$q=1/2\rho\ V^2 \quad \text{④}$$

그렇지만 비압축성 흐름을 위해서 동압은 특별한 의미를 갖고 있는데 이것은 전체 압력과 동압 사이의 정밀한 차이이다.

공식 ②에서 보면

$$P_1 + 1/2\rho\ V_1{}^2 = P_0$$

혹은　　　$P_1 + q_1 = P_0$

혹은　　　$q_1 = P_0 - P_1$ ....⑤

공식 ⑤는 베르누이 방정식으로부터 얻은 것으로 꼭 기억해야 하고, 비압축성 흐름에만 적용시킨다. 압축성 흐름에서는 베르누이 방정식을 적용시킬 수 없고, 압력 차이 은 과 같지 않다. 공식 ③은 비압축성 흐름에만 유용하다. 압축성 흐름의 속도는 피토 튜브를 통해서 측정할 수 있지만 방정식은 공식 ③과 다르다.

$$V_1 = \sqrt{\frac{2(P_1 - P_2)}{\rho[(A_{1/A_2})^2 - 1]}}$$

$$V_2 = \sqrt{\frac{2(P_1 - P_2)}{\rho[1 - (A_2/A_1)^2]}}$$

$$V_1 = \sqrt{\frac{2(P_0 - P_1)}{\rho}}$$

위의 3가지 공식은 모두 베르누이 방정식으로부터 유래한 것으로 비압축성 흐름에만 해당된다.

예1) 항공기가 표준 해면상을 비행하고 있다. 윙 팁(wing tip)에 장착된 피토 튜브로부터 측정한 수치는 2190 lbs/ft² 였다. 이 항공기의 속도를 구하면(표준 해면상의 압력은 2116 lbs/ft²)?

$$V_1 = \sqrt{\frac{2(P_0 - P_1)}{\rho}} = \sqrt{\frac{2(2190 - 2116)}{0.002377}} = 250\text{ft/s}$$

3. 에어포일(airfoil)의 특성을 설명하면?

낮거나 중간 정도의 받음각에서 c_l은 α와 거의 직선으로 변하고, 이 직선의 기울기는 α_0으로 나타내고 이것을 양력 기울기(lift slope)라고 부른다.

이 지역에서 흐름은 에어포일 위를 유연하게 움직이고 대부분 표면에 붙어서 움직이는데 위 그림에서 좌측에 보인다. 그렇지만 α가 차츰 커지면서 흐름은 에어포일의 맨 위 표면으로부터 분리되기 시작해서 상당한 웨이크(wake)를 만든다. 이 분리된 지역 안에서 흐름은 재순환되고, 흐름의 일부는 자유 흐름의 반대 방향으로 실제로 움직여서 소위 역류한다고 한다. 이 분리된 흐름은 점성 효과에 기인한 것이다.

큰 받음각(α)에서 이 분리된 흐름 때문에 양력의 감소와 항력이 크게 증가되어 이런 상태가 발생하는데 이를 실속(stall)이라고 말한다.

c_l의 최대 수치는 실속 바로 전에 발생하는데 $c_{l\max}$로 표시하고, 이것은 에어포일 성능의 가장 중요한 면을 나타낸다. 왜냐하면 항공기의 실속 속도(stall speed)를 결정하기 때문이다.

$c_{l\max}$가 더 커지면 실속 속도는 더 낮아진다. 최근 에어포일 연구의 대부분은 $c_{l\max}$의 증가에 기울여지고 있다.

위 그림을 자세히 보면 c_l의 증가는 α와 함께 직선으로 증가하고 흐름 분리가 바로 시작하기 전까지이다. 이후부터는 곡선은 비선형으로 되어 c_l은 최대 수치가 되고, 마침내 에어포일은 실속한다.

$\alpha=0$가 될 때 양력은 유한대를 갖고 양력 "0"는 에어포일이 (−) 받음각을 가질 때이다. 양력이 "0"가 되는 α 수치를 무양력 받음각이라고 부르고 $\alpha_{L=0}$로 표시한다. 대칭 에어포일에서 $\alpha_{L=0}=0$를 갖고 반면 (+) 캠버를 갖는 모든 에어포일($\alpha_{L=0}$)은 어떤 (−) 수치를 갖는데 흔히 −2°나 −3°이다. 비점성 흐름 에어포일 이론에서는 주어진 에어포일에서 양력 기울기 α_0와 $\alpha_{l=0}$의 예측을 할 수 있다. $c_{l\max}$의 계산은 할 수 없는데 이것은 점성 흐름 때문이다.

NACA 2412 에어포일의 양력과 모멘트 계수의 실험 결과를 나타내는 것으로 여기서 모멘트 계수는 코드의 1/4 지점에서 얻은 것이다. 또한, 실험적인 데이터로 2개의 다른 레이놀즈 수이다.

양력 기울기 α_0는 레이놀즈 수 Re에 의해서 영향을 받지 않지만 $c_{l\max}$는 Re에 좌우된다. 왜냐하면 $c_{l\max}$는 점성 효과에 의해서 지배를 받고, Re는 흐름에서 점성에 관계된 관성의 세기에 의해서 지배를 받기 때문이다.

모멘트 계수는 큰 받음각 α를 제외하고는 레이놀즈 수에는 덜 민감하다. NACA 2412 에어포일은 흔히 사용되는 에어포일로써 에어포일 양력계수와 모멘트 계수의 관계를 나타내며 아주 일반적인 에어포일 특성이다. 예를 들어 $\alpha_{L=o}=-2.1°$, c_l

$_{max}$=1.6일 때 실속은 α=16°에서 발생한다.

받음각의 함수 관계로 NACA 2412의 항력 계수 c_l의 실험적인 데이터를 보여준다. 이 항력 계수의 물리적인 소스는 표면 마찰 항력과 흐름 분리에 기인한 압력 항력이다. 이 두 가지 영향으로 생긴 것의 합은 에어포일의 형상 항력 계수(profile drag coefficient:c_d)이다.

c_d는 Re에 민감하고 이것은 표피 마찰과 흐름 분리가 점성 효과 때문이다. 또한 구성하는 것이 공기 역학적 중심(c_{mac})에 대한 모멘트 계수이다.

일반적으로 에어포일의 모멘트는 α와 함수 관계이다. 그렇지만 에어포일의 어떤 한 지점의 모멘트가 받음각과 독립적인 곳을 공기 역학적 중심이라고 한다.

넓은 범위의 α에서 거의 일정한 c_{mac}를 나타낸다.

예) NACA 2412 에어포일로 코드가 0.64m이고 표준 해면 상태의 공기 중에 있다. 자유 흐름 속도는 70m/sec, 단위 스팬당 양력은 1254N/m이다. 받음각과 단위 스팬당 항력을 계산하면(표준 해면상에서 ρ =1.23kg/m^3)?

$$q_\infty =1/2\rho_\infty V_\infty^2 =1/2(1.23)(70)^2 =3013.5\text{N/m}^2$$

$$c_l =\frac{L'}{q_\infty S}=\frac{L'}{q_\infty c(1)}=\frac{1254}{3013.5(0.64)}=0.65$$

c_l =0.65에서 α =4°를 얻는다. 단위 스팬당 항력을 얻으려 데이터를 이용한다. 그렇지만 c_d=f(Re)이므로 Re를 먼저 계산해 보면,

표준 해면상에서 μ =1.789×10^{-5}kg/m · s

$$\text{Re}=\frac{\rho_\infty V_\infty c}{\mu_\infty}$$

$$=\frac{1.23(70)(0.64)}{1.789\times10^{-5}}$$

$$=3.08\times10^6$$

그러므로 Re=3.1×10^{6}의 데이터를 이용하면 c_d=0.0068을 얻는다.

그래서　　$D'=q_\infty S\, c_l$

　　　　　$=q_\infty c(1)c_d$

　　　　　$=3013.5(0.64)\,(0.0068)$

　　　　　$=13.1\text{N/m}$

4. 최근의 저속 에어포일에는 어떤 것이 있는가?

1970년대에 NASA는 초기의 NACA 에어포일보다 우수한 성능의 저속 에어포일을 설계하였다. 표준 NACA 에어포일은 1930년대와 1940년대에 실험으로부터 얻은 데이터를 기초로 한 것이고 새로운 NASA 에어포일은 컴퓨터로 설계되었다.
윈드 터널 시험을 통해서 컴퓨터로 설계된 현상은 양호한 에어포일 특성을 갖는 것을 입증했다. 이런 실험을 토대로 처음 나온 것이 GA(W) -1 에어포일로 이것은 나중에 다시 LS(1) -0.417 에어포일로 고쳐서 부르게 되었다. 이 에어포일의 모양이 보인다.
이것은 아주 큰 리딩에이지 반경(0.08로 표준은 0.02C)을 가져, 전방(nose) 근처에서 압력 계수의 최고치를 낮춘다. 또한 트레일링에이지 근처 바닥 표면은 캠버를 증가시키도록 약간 움푹하다. 이런 설계 특징은 큰 받음각에서 위쪽 표면의 흐름 분리를 줄여서 더 큰 수치의 최대 양력 계수를 만들게 한다.
실험적으로 측정한 양력과 모멘트 특성이 나타나고 이것은 NACA 2412와 비교했다. NASA LS(1) -0417의 c_{lmax}는 NACA 2412보다 훨씬 더 크다.
NASA LS(1) -0417 에어포일 형상 초기에는 GA(W)-1 에어포일로 불려졌다.

NASA LS(1) -0417 에어포일과 NACA 2412 에어포일의 비교

NASA LS(1) -0417 에어포일은 17%의 최대 두께를 갖고 설계 양력 계수는 0.4이다. 같은 캠버 라인(camber line)을 사용해서 NASA는 이 에어포일을 다른 두께의 저속 에어포일으로 확대시키는데, NASA LS(1) -0409와 LS(1) -0413 등이 있다. 같은 두께를 갖는 NACA 에어포일과 비교해서 새로운 LS(1) -04×× 에어포일은 다음의 특징을 갖는다.
ⓐ 약 30% 더 큰 c_{lmax}를 갖는다.
ⓑ 양력 계수 1.0에서 약 50%의 양항비가 증가한다. c_l =1.0은 소형 항공기의 상승 양력 계수로 더 큰 수치의 L/D는 상승 성능을 크게 개선시킨다.
흥미 있는 것은 에어포일의 모양으로 초임계 에어포일과 비슷하다. NASA에 의해 개발된 초임계 에어포일은 거의 마하1에 가까운 아주 빠른 아음속 속도에서 에어포일의 항력 성질을 크게 개선시켰다. 고속 공기 역학에도 관계가 된다. LS(1) -0417은 초임계 에어포일 연구에서 얻은 것이다.
NASA LS(1) -0417 에어포일을 사용한 첫 번째 항공기는 Piper PA-38로 1970년대에 제작되었다.

5. 유한 날개(finite wing)의 공기 역학적 특성이 에어포일(airfoil)의 특성과 다른 점은 무엇인가?

에어포일은 단순히 날개의 단면으로 우선 생각되지만 날개는 에어포일과 똑같이 작용된 것으로 생각한다. 에어포일 위의 흐름을 2차원이다. 반면에 유한 날개는 3차원 물체이고 이 위를 지나는 흐름은 3차원으로, 스팬 방향(spanwise)의 흐름 성분이 있게 된다.

이것을 좀 더 확실히 이해하기 위해 유한 날개를 위쪽 전방에서 살펴본다. 날개의 양력 발생의 물리적인 구조는 아래쪽 표면의 고압과 위쪽 표면에 저압이 존재하는 것이다. 압력 분포의 순수 불균형은 양력을 만든다. 그렇지만 이 압력 불균형의 부산물로 윙 팁(wing tip) 근처의 흐름은 팁 주변으로 꼬여지게 되는데 팁의 바로 밑의 고압 지역에서 위의 저압 지역으로 가게 한다. 날개를 전방에서 본 것으로 윙 팁 주변의 흐름을 볼 수 있다. 결과적으로 날개의 위쪽 표면에서 팁으로부터 윙 루트(wing root)를 향한 스팬 방향의 흐름 성분이 있어서 위쪽 표면의 흐름이 루트 쪽으로 굽혀지게 된다. 비슷하게 날개의 아래쪽 표면에서는 루트에서 팁 쪽으로 스팬 방향의 흐름 성분이 있어서 아래쪽 표면을 지나는 흐름이 팁 쪽으로 굽혀지게 된다. 분명한 것은 유한 날개 위의 흐름은 3차원이므로 날개의 전체적인 공기 역학적 특성은 에어포일 단면의 공기 역학적 특성과는 다르다.

윙 팁 주변에서 흐름이 새는 것(leak)도 날개의 공기 역학에 또 다른 중요한 영향을 미치는 것이다. 이 흐름은 순환적인 운동을 만들고 이것은 날개의 끝 흐름에 뒤따라, 윙 팁에서 트레일링 볼텍스(vortex)를 만든다.

팁 볼텍스는 약한 터네이도(tornadoe)로 유한 날개의 끝 흐름을 뒤따른다. 보잉 747과 같은 대형 항공기에서 이 팁 볼텍스는 바로 뒤따르는 소형 항공기의 조종을 상실케 할 만큼 강력하다. 이런 사고는 실제 발생해서 공항에서 이·착륙하는 항공기 사이에 상당한 거리를 둔다. 날개 끝 흐름인 윙 팁 볼텍스는 날개 자체의 근처에 공기 속도의 작은 하향 성분을 유도한다.

두 개의 볼텍스가 볼텍스를 둘러싸고 있는 주변 공기를 끌리게 하고 이런 2차적인 움직임은 날개에서 아래 방향으로 작은 속도 성분을 갖게 한다. 이 하향 성분을 "downwash"라고 부르고 w로 표시한다.

이 하강 흐름(downwash)은 자유 흐름 속도 V_∞에 결합되어 지역(혹은 부분적인) 상대 속도를 만들어 각 날개의 에어포일 단면 근처에 경사진 하향을 갖고 코드 라인과 V_∞의 방향 사이의 각은 받음각(α)이다. 여기서 정해진 α를 좀 더 기하학적인 받음각으로 정의해 보자. 지역 상대풍(local relative wind)은 유도 받음각(α_i)에 의해서 V_∞의 방향 아래로 기울어져서 이것을 유도 받음각이라고 부른다.

하강 흐름이 존재하고 이것이 아래 방향으로 지역 상대풍이 기울어지게 영향을 미쳐서 다음과 같은 2가지 중요한 영향이 지역(부분) 에어포일 단면에 미친다.

ⓐ 지역 에어포일 위 단면에서 보는 받음각은 코드 라인(chord line)과 지역 상대풍 사이의 각이다.

이 각은 유효 받음각(α_{eff})에 의해서 주어진 각도이고, 유효 받음각이라고 정의한다. 날개는 기하학적인 받음각 α에서 지역 에어포일 단면은 더 작은 각으로 보이고 유효 받음각은 다음과 같이 나타낸다.

$$유효\ 받음각(\alpha_{eff}) = \alpha - \alpha I \dotfill ①$$

ⓑ 지역 양력 벡터는 지역 상대풍과 수직이어서 α_i각에 의해서 수직으로 뒤쪽에서 기울여져 있다. 계속해서 V_∞의 방향에서 지역 양력 벡터 성분이 있어서 하강 흐름이 있기 때문에 항력이 발생된다. 이 항력을 유도 항력(induced drag)이라하고 D_i로 나타낸다.

유한 날개 위에 하강 흐름이 존재하면 받음각을 감소시키고 항력 성분인 유도 항력을 만든다. 여기서 취급하는 것은 비점성 비압축성 흐름으로 표면 마찰과 흐름 분리가 없다. 이런 흐름에는 유한의 항력, 즉 유도 항력이 유한 날개에 있게 된다. 양력 벡터를 뒤로 경사지게 한 것은 유도 항력의 물리적입 발생을 가시화시키는 한 가지 방법이다. 두 가지의 대안이 있는데 이것은 다음과 같다.

ⓐ 윙 팁 볼텍스에 의해 유도된 3차원 흐름과 단순히 유한 날개의 압력 분포를 V_∞의 방향에서 순수 압력 불균형이 존재하므로 이때 항력이 발생된다. 이런 면에서 유도 항력은 일종의 압력 항력이다.

ⓑ 윙 팁 볼텍스는 아주 큰 크기의 이동 운동 에너지와 회전 운동 에너지를 갖고 있다. 이 에너지는 항공기의 엔진에 의해서 제공된 것이다.

볼텍스의 에너지는 유용한 목적으로 사용되지 못하므로 근본적으로 손실된다. 사실, 엔진에 의해서 제공되는 추가적인 출력은 볼텍스로 가는데 이것은 유도 항력을 극복하기 위해서 엔진으로부터 추가의 필요 출력이다.

위에서 설명한 것처럼 유한 날개의 특성은 에어포일 단면의 특성과 동일하지 않다. 마지막으로 아음속 유한 날개의 전체 항력은 유도 항력 D_i, 표면 마찰 항력 D_f, 흐름 분리에 기인한 압력 항력 D_p의 합이다. 마지막 두 가지는 점성 효과에 의한 것이다.

이런 두 가지 점성이 지배적인 항력에 기인한 합을 형상 항력(profile drag)이라고 부른다.

NACA 2412 에어포일의 형상 항력 계수 c_d이다.

중간 정도의 받음각에서 유한 날개의 형상 항력 계수는 근본적으로 에어포일 단면과 거의 같다. 그래서 형상 항력 계수는 다음과 같이 정의한다.

$$c_d = \frac{D_f + D_p}{q_\infty S}$$ ················· ②

유도 항력 계수 $C_{Di} = \dfrac{D_i}{q_\infty S}$ ················· ③

유한 날개의 전체 항력 계수 C_D는

$$C_D = c_{d_\infty} + C_{Di}$$ ················· ④

공식 ④에서 c_d의 수치는 에어포일 데이터로부터 얻는다.

6. 종횡비의 영향을 설명하면?

$$C_{Di} = \frac{C_L^2 (1 + \delta)}{\pi AR}$$ ················· ①

$$C_{Di} = \frac{C_L^2}{\pi e AR}$$ ················· ②

①, ②식에서 일반적인 양력 분포를 갖는 유한 날개의 유도 향력 계수는 종횡비와 반비례한다. 종횡비(AR)는 표준 아음속 항공기에서 6~22까지 각각 다르므로 δ의 수치보다 C_{Di}에 훨씬 강한 효과를 갖는다. 실제적인 테이퍼비와 약 10% 정도의 차이가 있다. C_{Di}는 AR에 반비례한다는 것은 Prandtl의 양력 이론에서 얻어졌다. 1914년 Prandtl은 이 결과를 7개의 4각형 날개로 서로 다른 종횡비를 갖는 날개에서 양력과 항력의 실험으로 측정하여 입증하였다. 이런 데이터를 나타낸다.

$$C_D = c_d + C_{Di}$$ ················· ③

서로 다른 종횡비를 갖는 4각형 날개의 데이터로 양력 계수 대 항력 계수의 변화를 나타낸다.

그래프에서 C_a는 양력 계수를, C_w는 항력 계수를 나타낸다. 숫자는 실제 수치에 100을 곱한 것이다.

공식 ③에서 유한 날개의 전체 항력은 다음과 같이 나타낸다.

$$C_D = c_d + \frac{C_L^2}{\pi e AR} \quad\text{...} ④$$

공식 ④에서 C_D와 C_L은 포물선형으로 변한다. 만약 두 개의 다른 종횡비 AR_1과 AR_2를 갖는 두 개의 날개를 고려하면 공식 ④에서 두 개의 날개를 위한 항력 계수 C_{D1}과 C_{D2}를 준다.

$$C_{D1} = c_d + \frac{C_L^2}{\pi e AR_1} \quad\text{...} ⑤$$

$$C_{D2} = c_d + \frac{C_L^2}{\pi e AR_2} \quad\text{...} ⑥$$

날개는 같은 C_L이라고 가정한다. 또한 에어포일 단면은 두 날개에서 똑같아서 c_d는 근본적으로 같다. 두 날개에서 e의 변화는 불과 몇 %이므로 무시한다.
공식 ⑤에서 ⑥을 빼면

$$C_{D1} = C_{D2} + \frac{C_L^2}{\pi e}\left(\frac{1}{AR_1} - \frac{1}{AR_2}\right) \quad\text{......................................} ⑦$$

날개의 종횡비가 5이면

$$C_{D1} = C_{D2} + \frac{C_L^2}{\pi e}\left(\frac{1}{5} - \frac{1}{AR_2}\right) \quad\text{...} ⑧$$

C_{D2}와 AR_2를 공식 ⑧에 대입해서 Prandtl은 C_{D1}과 C_L의 결과를 얻었는데, 곡선이다. C_{Di}와 AR이 반비례 관계인 것은 1915년에 입증되었다. 에어포일과 유한 날개 특성 사이에는 두 가지 기본적인 차이가 있다. 한 가지 차이점은 유한 날개는 유도 항력을 발생시키는 것이고, 두 번째 차이는 양력 기울기(lift slope)이다.
에어포일의 양력 기울기는 $\alpha_0 = dc_l/d_a$로 정의한다. 유한 날개의 양력 기울기 α

$=dC_L/d_\alpha$로 표시한다. 유한 날개의 양력 기울기는 에어포일 단면의 양력 기울기와 비교해서 $\alpha < \alpha_0$를 발견한다. 이것을 더욱 상세히 보기 위해서 유한 날개의 지역 에어포일 단면 위에 흐르는 하강 흐름의 영향을 설명한다.

비록 유한 날개의 기하학적 받음각은 α로 표시하지만, 에어포일 단면은 효과적으로 더 작은 받음각을 감지하므로, 유효 받음각(α_{eff})으로 나타내고, 여기서 유효 받음각(α_{eff})$=\alpha - \alpha_i$이다.

비틀림이 없는 타원형 날개를 고려하면 유도 받음각(α_i)과 유도 받음각(α_{eff})은 스팬을 따라서 모두 일정하다. c_l은 스팬을 따라서 일정하므로 $C_L = c_l$이 된다.

유한 날개의 C_L과 유효 받음각을 가정하면 위 모양을 나타낸다.

양력 기울기에서 유효 받음각을 사용하기 때문에 유한 날개는 α_0를 갖는다. 그렇지만 실제로 유효 받음각은 눈으로 볼 수 없어서 유한 날개에서 실제로 관찰하는 것으로 코드라인과 상대풍 사이의 어떤 각, 즉 실제로 기하학적인 받음각(α)을 볼 수 있다.

유한 날개의 C_L은 일반적으로 받음각과 함수 관계이다. $\alpha > \alpha_{eff}$가 아래 가로 좌표에 표시되므로 아래 그림의 양력 곡선은 덜 경사지게 되고 α와 같은 경사이고 $\alpha < \alpha_0$를 분명히 보여준다. 유한 날개의 영향은 양력 기울기를 감소시킨다. 또한 "0" 양력에서는 어떤 유도된 영향이 없다. 즉, $\alpha_i = C_{Di} = 0$이다. 그러므로 $C_L = 0$, $\alpha = \alpha_{eff}$일 때, $\alpha_{L=0}$는 무한 날개와 유한 날개 모두에서 같다.

α_0와 α의 수치는 아래와 같은 관계이다.

$$\frac{dC_L}{d(\alpha - \alpha_i)} = \alpha_0 \quad\text{⑨}$$

$$C_L = \alpha_0(\alpha - \alpha_i) + \text{const} \quad\text{⑩}$$

$$\alpha_i = \frac{C_L}{\pi AR} \quad\text{⑪}$$

공식 ⑪을 ⑩에 대입하면

$$C_L = \alpha_0\left(\alpha - \frac{C_L}{\pi AR}\right) + \text{const} \quad\text{⑫}$$

공식 ⑫를 α에 대해서 풀면

$$\frac{dC_L}{d\alpha} = \alpha = \frac{\alpha_0}{1 + \alpha_0/\pi AR} \cdots\cdots\cdots\cdots\cdots\cdots\cdots\cdots\cdots\cdots ⑬$$

공식 ⑬은 타원형 유한 날개에서 α_0와 α의 관계를 보여준다. 일반적인 윤곽의 유한 날개에서 ⑬을 변형시키면 아래 공식을 얻는다.

$$\alpha = \frac{\alpha_0}{1 + (\alpha_0/\pi AR)(1+\tau)} \cdots\cdots\cdots\cdots\cdots\cdots\cdots\cdots ⑭$$

공식 ⑭에서 τ는 퓨리에 기수(Fourier coefficient: An)와 함수 관계이다. τ의 수치는 1920년 처음으로 계산되었고, 일반적으로 0.05～0.25 사이의 수치이다. 공식 ⑬과 ⑭에서 가장 중요한 것은 종횡비의 변화이다. 낮은 종횡비 날개에서 α_0와 α 사이에 실제적인 차이가 존재한다. 그렇지만 AR→∞, α→α_0로 간다. 양력 곡선에서 종횡비의 영향이 나타난다. Prandtl이 4각형 날개에서 얻은 데이터이다. $dC_L/d\alpha$가 감소되어 AR이 감소된다. 위에서 얻는 공식과 데이터에서 종횡비가 5에 해당하는 것은 곡선과 겹친다.

7. 면적 법칙(area rule)이란?

최초의 실제적인 제트 항공기는 2차대전 말기에 독일이 Me 262이다. 이것은 아음속 전투기로 최고 속도가 550mile/h였다. 이후로 제작된 많은 형태의 제트 항공기 속도 역시 아음속으로 제한되는데 마하 1 근처에서의 큰 항력 때문이다.
1950년대 미공군의 초음속 능력이 있는 Convair F102 델타윙 항공기도 수평 비행에서 음속 장벽을 돌파하는데 많은 어려움에 부딪혔다. 이 시기에 제트 엔진의 추력은 마하 1 근처에서 아주 큰 최고치의 항력을 극복할 수 없었다.
여기서 A는 어떤 주어진 스테이션에서 전체 단면적을 나타낸다.
단면적의 분포는 축을 따라서 급격한 변화를 경험하고 날개 부분에서 A와 $dA/d\chi$에 불연속이다. 이와는 대조적으로 거의 1세기 동안 탄두 공학자들에게는 초음속 탄환이나 대포 탄두 등은 단면적의 변화가 아주 유연해서 급격하거나 불연속적인 면적 분포는 거의 없었다.
1950년대 NACA Langley Aeronautical Laboratory의 항공역학 기술자들이 이런 지식을 천음속 항공기에 적용시켰다. 항공기의 단면적인 변화는 유연해야 하고, 불연속이 없어야 한다. 이 말은 날개와 꼬리, 동체의 단면적은 감소되어 날개와 꼬리 단면적의 추가를 보상해야 한다. 이것이 콜라 병 모양의 동체이며 항공기의 면적 분포는 $A(\chi)$의 변화와 함께 상당히 완만하다. 이 설계 철학을 "면적 법칙"이라고 부르고 실제 항공기에서 M=1 근처서 최고 항력을 성공적으로 감소시켜서 1950년대 중반 초음속 비행을 가능하게 했다.

면적 법칙을 따른 것과 그렇지 않은 항공기의 M_{∞}(자유 흐름 마하수)와 함께 항력 계수의 변화를 비교한 것이다. 면적 법칙의 발전은 고속 비행을 크게 진전시켰다.

8. 점성 흐름(viscous flow)의 질적인 면을 설명하면?

점성 흐름이란 점도(viscosity), 열대류, 확산 등이 중요한 영향을 미치는 흐름이다. 여기서는 점성 흐름을 점도와 열대류 상태에 영향을 받는 중요한 경우만을 고려한다.

첫째로, 점도의 영향을 고려한다. 두 개의 딱딱한 표면을 서로 문질러 보자. 예를 들어, 책 한권을 책상 위에서 밀어보자. 분명히 물체 사이에 마찰력이 있어서 상대 운동을 지연시키려 한다.

고체 표면을 지나는 유체 흐름의 경우도 마찬가지이다. 표면과 유체 사이의 마찰의 영향은 인접 표면에 작용해서 마찰력을 만들어서 이것이 상대 운동을 지연시키려 한다. 이것은 표면과 유체 모두에 영향을 미친다. 표면의 느낌은 흐름 방향으로 끄는 느낌이고 표면에 접촉한 것 같다. 이런 단위 면적당 접선 힘을 전단 응력 τ라 한다. 표면에 인접한 작용은 지연시키는 힘으로 이것은 지역 흐름 속도를 감소시킨다. 실제로 마찰의 영향은 물체 표면에서 V=0를 만들기 위한 것으로 이것을 "no-slip" 상태라고 부르고, 이것은 점성 흐름에서 지배적이다.

고체 표면의 실제 연속 유체 흐름에서 흐름 속도는 표면에서 "0"이다. 표면 바로 위에서 흐름 속도는 유한이고 지연된다(a). 만약 n이 표면에 정상적으로 있는 것이라면 표면 근처의 지역에서 V=V(n)이 되고 여기서 V=0(n=0에서)이고, n이 증가하면서 V가 증가한다.

(a)에서 V와 n으로 구성된 것을 속도 형상(velocity profile)이라 부른다. 분명히 표면 근처의 흐름 지역은 속도 구배$(\partial V/\partial n)$를 갖고, 이것은 표면과 유체 사이의 마찰력에 기인한 것이다.

전단 응력의 발생 외에도 마찰은 물체 위의 흐름을 지시하는 역할도 한다. 표면 근처에서 점성 흐름의 유체 운동을 고려한 것이다.

S_1 위치에서 유체의 속도는 V_1이다. 표면 위의 흐름은 흐름 상태에서 압력 분포의 증가를 만든다고 가정한다. 즉, $P_3 > P_2 > {}_1$이다. 압력이 증가되는 이런 지역을 역압

력 구배(adverse pressure gradient)라고 부른다. 유체는 끝 쪽으로 움직인다. 이 운동은 마찰 효과에 의해서 이미 지연되고, 게다가 압력 증가에 대항해서 계속 흘러야 하는데 이것은 더욱 속도를 감소시키게 된다.

표면의 S_2 위치에서 속도는 V_2이고 V_1보다는 적다. 유체가 계속해서 끝 쪽으로 흐르면서 흐름은 점차 느려져서 어느 지점에서는 완전히 정지가 되고 역압력 구배의 작용 상태에서는 실제로 방향이 거꾸로 되어 앞쪽으로 흐르게 된다.

이 역흐름에서 유체는 속도 V_3에서 앞쪽으로 흐른다. 이런 역류 현상은 흐름을 표면으로부터 분리되게 하고, 표면의 끝 쪽에서 순환 흐름의 큰 후류를 일으키게 한다.

표면에서 분리 지점은 $\partial V/\partial n=0$가 되는 곳에서 발생한다. (b)지점 이후에서는 역류가 발생한다. 그러므로 전단 응력의 발생 외에도 마찰력의 영향은 물체의 흐름을 표면으로부터 분리시킨다. 이런 분리된 흐름이 발생하면 표면의 압력 분포는 크게 변경된다. 물체 위의 1차 흐름은 전체 몸체에서 더 이상 볼 수 없고, 분리지점의 앞쪽 흐름 모양을 볼 수 있으며 분리 지점의 아래쪽 흐름은 크게 변형되는데 아주 큰 흐름 지역에 기인한 것이다.

순수 효과는 실제 몸체 표면에 압력 분포를 만들기 위한 것이지만 결국은 흐름 방향에서 항력을 갖게 한다. 더 명확히 보기 위해서 물체 위쪽 표면의 압력 분포를 고려해보자.

만약 흐름이 붙어 있으면 물체의 아래 흐름 부분의 압력은 점선으로 나타낸다. 그렇지만 분리된 흐름에서 물체의 아래 흐름 부분의 압력은 더 작아진다.

후방 표면의 압력은 (−) 항력 방향에 기여한다. 즉, P가 표면에 작용한다. 만약 흐름이 비점성 아음속이고, 표면에 붙어있고 물체가 2차원이면 압력 분포의 전방에 작용하는 성분은 물체의 다른 부분의 압력 분포에 기인한 후방으로 작용하는 성분을 상쇄시켜서 종합적인 압력 분포는 "0" 항력을 주게 된다. 이것을 d' Alembert's paradex라고 한다. 그렇지만 점성의 분리된 흐름에서 P는 분리된 지역에서 감소되고 이것은 더 이상 물체의 나머지에 분포한 압력 분포를 완전히 상쇄시키지 못한다.

순수한 결과는 항력이 발생되는 것으로 이것을 흐름 분리에 기인한 압력 항력이라고 부르고 D_p로 나타낸다.

요약하면 점도 효과는 두 가지 형태의 항력을 만든다.

ⓐ D_f는 표면 마찰 항력으로 물체의 전단 응력 τ의 전체적인 항력 방향에서의 성분이다.

ⓑ D_p는 분리에 의한 압력 항력으로 물체 위의 압력 분포가 합해지는 항력 방향에서의 성분이다. D_p는 가끔 형태 항력(form drag)이라고도 부른다.

$D_f + D_p$를 흔히 유해 항력(parasite drag)이라고 부른다. 공기 역학적 물체 위의 흐름 분리 발생은 항력을 증가시킬 뿐만 아니라 양력의 실질적인 손실을 가져온다. 이런 분리된 흐름은 에어포일 실속을 일으킨다. 이런 이유로, 분리된 흐름은 점성 흐름의 중요한 면이다.

열대류의 영향을 고려해 보기로 하자. 이것은 점성 흐름의 전체적인 물리적 특징으로 마찰 이외의 것이다. 만약 두 개의 단단한 물체를 서로 문지르면 앞의 설명에서처럼 책을 책상 위에 심하게 문지르면 책의 표지뿐만 아니라 책상 표면은 쉽게 열을 받는다. 책을 책상 위에 문질러서 생기는 에너지의 일부가 마찰에 의해서 사라지게 되고, 이것이 물체의 가열을 형성하는 것처럼 보인다. 이와 같은 현상이 물체 위를 흐르는 유체의 흐름에서 발생한다.

움직이는 유체는 표면 위를 흐르는 과정에서 어떤 크기의 운동 에너지를 갖고 있고 흐름 속도는 마찰의 영향에 의해서 감소됨으로써 에너지가 감소한다. 이렇게 손실된 운동 에너지는 유체의 종합적인 형태에서 다시 나타나는데 이때 온도를 상승시킨다. 이 현상을 유체 속으로의 점성 소산(viscous dissipation)이라고 하고, 유체 온도가 증가되면 더 따뜻한 유체와 더 찬 물체 사이에는 전체적인 온도 차이가 있게 된다.

경험으로 알 수 있듯, 열은 따뜻한 물체에서 찬 물체로 전달되는 것처럼 열은 따뜻한 유체에서 찬 표면으로 전달된다. 이것이 물체의 공기 역학적 가열의 구조이다. 공기 역학적 가열은 흐름 속도가 증가되면서 더 심해지고, 많은 운동 에너지가 마찰에 의해서 소산되어 따뜻한 유체와 찬 표면 사이의 전체적인 온도 차이는 증가된다. 위에서 설명한 전단 응력(shear stress), 흐름 분리, 공기 역학적 가열 등은 점성 흐름에서 더욱 지배적이다.

표면을 흐르는 통로는 매끈하고 규칙적인 것(a)이고, 이것을 층류 흐름(laminar flow)이라고 부른다.

대조적으로 만약 유체의 운동이 (b)와 같이 불규칙하면 난류 흐름(turbulent flow)이라고 부른다. 난류 흐름에서 동요된 운동은 흐름의 바깥 지역으로부터 큰 에너지를 갖고 있는데 이것이 표면에 붙어있다.

고체 표면 근처의 평균 흐름 속도는 층류 흐름에 비교해서 난류 흐름이 더 크다. 이것은 층류와 난류 흐름을 위한 속도 형상을 준다. 표면 바로 위는 난류 흐름 속도가 층류 수치보다 훨씬 빠르다. 만약$(\partial V / \partial n)_{n=0}$은 표면에서 속도 구배를 나타내고

$$\left[\left(\frac{\partial V}{\partial n} \right)_{n=0} \right]_{\text{난류}} \quad > \quad \left[\left(\frac{\partial V}{\partial n} \right)_{n=0} \right]_{\text{층류}}$$

이 차이 때문에 마찰 효과는 난류에 더욱 심하고, 전단 응력과 공기 역학적 가열이 층류 흐름보다 더 크다. 그렇지만 난류 흐름은 큰 보상할 수 있는 수치를 갖는데, 왜냐하면 유체의 에너지는 표면에 가까울수록 난류 흐름에서 더 크고, 난류는 층류 흐름처럼 쉽게 표면으로부터 분리되지 않기 때문이다.

만약 물체 위의 흐름이 난류이면 물체 표면으로 덜 분리되고 만약 흐름 분리가 발생하면 분리 지역은 더 작다. 결과적으로 흐름 분리에 기인한 D_p는 난류 흐름에서 더 작다. 물체 위의 흐름은 층류가 좋은가 난류가 좋은가? 이것은 분명히 물체의 모양에 좌우된다.

일반적으로 물체가 가늘면, D_f는 D_p보다 훨씬 크다. 이런 경우에 D_f는 난류 흐름보다 층류 흐름에서 더 작기 때문에 층류 흐름은 가느다란 물체에 바람직하다. 이와는 대조적으로 만약 물체가 뭉툭하면, D_p는 D_f보다 훨씬 크다. 이 경우에 D_p가 층류보다 난류에서 더 작기 때문에 난류 흐름은 뭉툭한 물체에서 바람직스럽다.

편평한 물체 위를 흐르는 점성 흐름을 보면, 리딩에이지의 전방 흐름은 자유 흐름 속도가 일정하다. 그렇지만 리딩에이지의 아래(끝) 흐름은 마찰의 영향을 받아서, 표면에 인접한 흐름을 지연시키기 시작하고, 이 지연된 흐름의 크기는 더 크게 성장해서 아래쪽 흐름으로 이동한다.

리딩에이지의 끝 흐름은 층류이다. 그렇지만 어떤 특정 거리 후에는 불안정성이 층류 흐름에 나타나게 되고, 이 불안정성은 아주 빠르게 성장해서 난류 흐름으로의 이동을 일으킨다.

층류에서 난류 흐름으로의 이동이 유한 지역에서 발생한다. 그렇지만 분석을 목적으로 한 지점으로서 이동 지역(transition region)을 모델로 하는데 천이점(transition point)이라고 부르고, 이 지점의 앞쪽 흐름은 층류이고 아래쪽 흐름은 난류이다.

리딩에이지에서 이동 지점까지의 거리 χ_{cr}의 수치는 전체 현상에 의해 좌우된다. 예를 들어 층류에서 난류 흐름으로 이동을 크게 해서 χ_{cr}을 감소시키는 것은 다음과 같다.

ⓐ 증가된 표면 거칠기: 물체 위의 난류 흐름을 크게 하기 위해서 거친 입자를 리딩에이지 근처 표면에 위치시키는데 이것이 층류 흐름을 난류 흐름으로 전환시킨다. 이것은 윈드 터널 시험에서 자우 사용하는 기술이다. 예를 들어 골프공의 표면에 있는 작은 홈은 난류 흐름을 크게 해서 D_p를 감소시키기 위한 것이다. 이와는 대조적으로 NACA 6 계열 층류 흐름 에어포일과 같이 큰 층류 흐름을 원하는 상황에서는 표면은 가능한 한 매끈해야 한다.

ⓑ 자유 흐름에서의 증가된 난류: 윈드 터널 시험에서 겪는 문제로 만약 두 개의

윈드 터널이 다른 정도의 자유 흐름 난류를 가지면 한 터널에서 발생되는 데이터는 다른 것과는 절대 같을 수 없다.

ⓒ 역압력 구배: 흐름 영역의 분리를 일으킬 뿐만 아니라 역압력 구배는 상당히 강하게 난류 흐름으로 전환되게 한다. 이와는 대조적으로 강한 바람직스러운 압력 구배는(여기서 P는 끝 흐름 방향에서 감소한다) 초기의 층류 흐름을 갖게 하는 성질이 있다.

ⓓ 표면에 의한 유체의 가열: 표면 온도는 인접 유체보다 더 따뜻하고 이런 열은 표면으로부터 유체로 전달되어 층류 흐름의 불안정성은 증폭되고 초기에 이동이 바람직스럽다. 이와는 대조적으로 찬 벽은 층류 흐름을 크게 한다.

천이(transition)에 영향을 미치는 것으로는 마하수, 레이놀즈 수이다. M_∞의 높은 수치와 Re의 낮은 수치는 층류 흐름을 크게 하고, 이때는 고고도 극 초음속 비행에서이고, 층류 흐름은 상당히 넓어진다.

레이놀즈 수 자체는 난류 흐름으로 천이에 지배적인 계수이다. 임계 레이놀즈 수(Re_{cr})는 다음과 같다.

$$Re_{cr} = \frac{\rho_\infty V_\infty \chi_{cr}}{\mu_\infty}$$

Re_{cr}의 수치는 물체가 어떤 정해진 상태에서는 예측하기가 무척 힘든데, 변이의 분석은 현재 공기 역학적 연구의 지목되는 대상이다. 실제 적용에서 대략적인 법칙은 Re_{cr}=500,000으로 사용하는데 만약 주어진 거리 χ 흐름에서 Re=$\rho_\infty V_\infty \chi / \mu_\infty$는 500,000 이하이고, 이 위치에서 흐름은 층류이며, 만약 Re의 수치가 500,000보다 훨씬 크면 흐름은 난류이다.

Re_{cr}의 더 양호한 상태를 얻기 위해서 편평한 판이 윈드 터널에 있다고 가정하자. 이때 실험을 해면상이라고 가정하면 ρ_∞=1.23kg/㎥이고, μ_∞=1.79×10⁻⁵kg/(m.s)이므로 어떤 자유 흐름 속도의 χ_{cr} 측정은(예를 들어 χ_{cr}=0.05일 때) V_∞=120㎧이다. 다시 이 측정된 χ_{cr}의 수치는 측정된 Re_{cr}을 결정한다.

$$Re_{cr} = \frac{\rho_\infty V_\infty \chi_{cr}}{\mu_\infty} = \frac{1.23(120)(0.05)}{1.79 \times 10^{-5}} = 412,000$$

주어진 흐름 상태에서 편평한 판의 표면 특성인 변이는 지역 레이놀즈 수(Re)가 412,000를 초과할 때면 언제든지 발생한다. 만약 속도 V_∞를 두 배로 즉, V_∞=240㎧로 하면 변이는 χ_{cr}=0.05/2=0.025m에서 관찰되는데 Re_{cr}은 412,000의 같은 수치로 남는다.

9. 모멘텀(momentum)이란?

질량×속도를 모멘텀이라고 한다. 질량이 10인 어떤 물체가 속도 2로 움직이면 모멘텀은 20이다. 또한 어떤 물체의 질량이 5이고 속도가 4라면 첫째는 질량이 더 큰 경우고 두 번째는 속도가 더 빠른 경우지만 같은 모멘텀을 갖는다.
예를 들어 항공기 중량이 2,000kg이다. 이륙 중에 2㎧의 가속에 필요한 힘은?

$$힘(F)=질량(m)×가속도(a)$$
$$=2,000×2$$
$$=4,000N$$

10. 형태 항력(form drag)이란?

항력의 일부로 점성 유체의 흐름이 고체 물체를 지날 때 볼텍스(vortice)가 형성되는 것으로 더 이상 매끈한 흐름선을 유지하지 못한다. 이 형태의 극한 예가 풍향(바람)에 90°로 서있는 편평한 판의 예이다.
이 저항(항력)은 아주 크고 대부분은 볼텍스의 형성에 기인한 것으로 표면 마찰은 거의 무시할 수 있다.
실험에서 보면 판 앞의 압력은 대기압보다 더 크지만 판 뒤의 압력은 대기보다 더 적어서 일종의 판에서 빨아들이는(sucking) 효과를 일으킨다. 공기에 노출되는 항공기의 모든 부분에서 형태 항력은 최소로 감소되어야 한다. 공기 흐름이 지나는 부분은 가능한 한 매끈하게 해야 한다. 실험에서 보는 것처럼 모든 노출된 부분의 흐름에서 얻은 몇 가지 장점이 보이는데 이런 특징은 실제적인 현상을 직접 보기 전에는 믿기 힘들 정도이다.
둥근 튜브는 납작한 판의 1/2도 안 되는 저항을 갖고, 반면 튜브를 가능한 유선형으로 하면 저항은 둥근 튜브의 1/10로, 납작한 판의 1/20로 줄어든다.
유선형 모양은 아음속 흐름에서 최소의 저항을 주는 정밀비(fineness ratio), 즉 a/b는 3~4 정도이고 b의 최대 수치는 전방(nose)으로부터 1/3 부분 뒤쪽에 위치해야 한다.

11. 표면 마찰(skin friction)이란?

이것은 저항으로 얇은 판의 풍향을 받도록 위치시켰을 때 존재하는 것이다.

사실, 표면 마찰(skin friction)의 한 가지 경우가 풍향 구배(wind gradient)이다. 편평한 판이나 항공기 날개의 표면은 확실히 활주로 표면보다는 매끄럽지만 그래도 공기가 느려진다.

비행 전에 항공기 날개 위에 먼지가 있으면 나중에 비행 후에도 그대로 있다. 표면 근처 공기층은 더 멀리 지연되는데 이것은 마찰, 즉 점도 때문으로 표면으로부터 거리가 증가하면서 속도가 점차 증가된다.

판 위의 어떤 거리에서 속도는 자유 흐름(날개 위의 불과 몇 밀리미터) 속도에 근접한다. 공기층이나 층 사이에서 전단(shearing)이 발생하고, 이것은 물체 표면과 공기 흐름의 완전한 속도 사이에서 발생하는데, 흔히 경계층이라고 부른다. 표면 마찰의 중요성 때문에 이것은 어떤 합리적인 한계 내에 유지하는 것이 필요하고, 특별히 고속에서 많은 경계층 연구가 행해졌다. 이것은 그리 쉬운 문제가 아닌데 층의 두께가 불과 몇 밀리미터 밖에 안 되기 때문에 어렵다.

경계층은 주 흐름(main flow)과 마찬가지로 층류와 난류 흐름의 차이가 전체 표면 마찰을 만드는 것이다. 전체 날개 표면에 층류 경계층이 있으면 표면 마찰은 1/10로 줄어든다.

난류층은 표면으로부터의 각 거리에서 평균 속도에서의 빈번한 와류로 특징지어지고, 반면 층류는 공기 흐름층이 매끈하다.

난류층은 다른 계수가 일정할 때 표면에서 아주 큰 전단은 같고 층류 경계층에서보다 훨씬 큰 표면 마찰을 일으킨다. 매끈한 표면은 층류를 갖게 하지만 점도, 흐름 속도 또한 중요하다. 매끈한 표면도 중요한데 경계층이 난류로 표면 마찰이 표면의 끝 마무리의 양호한 상태에 의해서 감소되는 것과 같은 난류이다.

경계층의 흔한 경향은 물체의 리딩에이지 근처에서 층류가 시작되는 것으로 이 지점을 천이점(transition point)이라고 부르고, 이 지점은 층이 점차 난류로 되고, 두꺼워진다.

속도가 증가하면서 천이점은 전방으로 이동하고 경계층의 더 많은 부분에 난류가 발생하고, 표면 마찰이 더욱 커진다. 경계층의 특징 중의 하나로 스케일 효과에 좌우되고 이것은 두께, 층류 혹은 난류 실속(일상적인 실속과 충격 실속)에서 얼마나 쉽게 분리되는가 등에서 영향을 받는다.

12. 가로×세로가 15cm×10cm인 판에 속도 90km/h의 공기 흐름이 90°로 부딪힐 때 판의 항력을 구하면?

이때 C_D: 1.2

ρ: 1.225kg/m^3

V: 90km/h(25m/s)

S=15×10

=150cm^2

=0.015m^2

$\therefore$ D=$C_D\frac{1}{2}\rho V^2 S$

=1.2×$\frac{1}{2}$×1.225×5×25×0.015

=6.89N

13. 무양력(zero lift)이란?

에어포일은 공기 흐름에 약간 (−)각을 가져도 양력을 만든다. 어떻게 에어포일이 (−)각도에서 양력을 만들 수 있을까? 실제로는 에어포일이 (−)각에서도 경사지지 않았기 때문이다.

코드선은 (−)각도이지만 에어포일의 곡선 표면은 여러 가지 각도에서 경사는 (+)와 (−)를 갖고, 순수한 영향은 약간의 (+)각도에서이고, 이것이 양력을 만든다. 에어포일의 앞면을 아래로 경사지게 해서 "0" 양력을 만들 때까지 계속하면 이때는 평판이 공기 흐름과 정확히 일치되는 것과 비슷하고, 이때 무양력을 만들고, 에어포일에서 공기 흐름에 수평선을 그을 수 있다.

이런 선을 무양력 곡선 혹은 중립 양력 곡선이라고 부르고 어떤 면에서는 코드선 (chord line)의 가장 좋은 결정이지만 각 에어포일을 윈드 터널 시험을 통해서 찾을 수 있다. 대칭 에어포일의 무양력은 "0" 받음각과 같다.

14. 압력 중심의 이동을 설명하면?

실험에서 보면 에어포일 윗면의 압력 분포는 받음각에 크게 좌우되어 변하고, 따라서 압력 중심이 이동한다. 압력 중심의 위치는 리딩에이지로부터 코드의 어떤 비율로 정의한다.

여러 가지 받음각에서 에어포일 윗면에 존재하는 일반적인 압력 분포이다. 이 그림은 전체 압력의 양력 성분만 표시한 것이고, 항력 성분은 거의 압력 중심에 영향을 미치지 않는다. (−)각에서 (혹은 0) 리딩에이지 근처의 위 표면은 정상보다 높게 증가하고, 아래 표면은 감소되어 이것이 압력 분포 곡선을 만들고 에어포일의 이 부분은 아래로 늘려지는 반면 뒷부분의 위로 돌려서, 전체 에어포일은 기수가 먼저 기울어지게 된다. 무양력 각에서 윗 방향과 아래 방향 힘이 똑같을 때는 에어포일에 기수 하향(nose-down) 피칭 모멘트가 있게 된다.

받음각이 16°까지 증가하면서 압력 중심은 점차로 전방으로 움직이고 이는 리딩에 이지로부터 코드의 1/3보다 적을 때까지 계속되는데, 이 각도 이상에서는 다시 뒤로 움직이기 시작한다.

비행 중에 받음각은 흔히 2°~8°이고, 드물게는 0° 혹은 16° 이상도 있다.

일반적으로 에어포일의 받음각이 증가하면서 압력 중심은 전방으로 움직인다.

15. 에어포일의 실속(stalling)을 설명하면?

에어포일에 부딪히는 공기는 각도가 증가하면 양력의 증가를 가져오게 되고, 이 각도 증가가 어떤 각도에 이르게 되면 양력을 잃게 된다. 이 각도를 에어포일의 실속각도라고 부른다. 무엇이 갑작스런 양력의 감소를 초래했을까? 가장 좋은 예는 윈드 터널을 통한 실험으로 가장 명확히 알 수 있다. 에어포일이 유체를 지나서 움직이는 상대 속도는 실속을 일으키는 각에는 큰 변화를 만들지 못한다. 즉, 에어포일 실속은 각도에 따라 변화는 것이지 속도에 따라 변하는 것은 아니다.

에어포일이 유체를 부딪치는 각도가 상당히 적을 때 에어포일에 의해서 휘어지는 유체는 유선형이고 안정되지만, 갑자기 약 15°의 임계 각도에 이르면 흐름 성질에 완전한 변화가 있게 된다.

맨 위 표면으로부터의 공기 흐름은 떨어져 나가거나 분리되어 윈드 터널에서 평면에 90°로 위치한 뒤에서 생기는 것과 비슷한 볼텍스를 형성한다. 그러므로 이곳에는 양력이 거의 없다. 다시 말하면 유선형 흐름은 흩어지게 되는데 이것을 분리혹은 실속이라고 하고, 양력의 손실이 따른다.

실속각은 에어포일의 양력 계수가 최대가 되는 받음각이고, 이 이상에서는 감소되기 시작하는데 공기 흐름이 분리되기 때문이다.

16. 층류 흐름 에어포일(laminar flow airfoil)이란?

속도가 800km/h(430knot) 이상은 음속 장벽이라 하고, 500-800km/h 범위는 흔히 층류 흐름 에어포일 단면이 가장 적합한 성능을 갖는 것으로 입증되었다.

층류 흐름 에어포일이나 낮은 저항 에어포일의 사용으로 가능한 층류 흐름을 유지하도록 설계하는 것이 중요하다.

날개 위에 특수한 처리를 해서 경계층에서 난류 흐름의 영향을 유지되도록 하고, 천이점은 층류 흐름에서 난류 흐름으로 변하는 점이다.

천이점에서 공기 흐름이 느려지기 시작하는데, 이 지점 혹은 약간 뒤에서는 최대의 흡입(suction)이 있게 된다.

표면 위의 공기 흐름 속도가 증가되면서 경계층의 흐름은 층류로 남아서 가능한 한 층류를 크게 유지시키는 것이 필요하다.

이런 연구 결과를 토대로 한 에어포일은 얇고(thin), 리딩에이지는 재래식에 비해서 더욱 뾰족하고, 단면은 거의 대칭이며, 가장 중요한 것은 최대 캠버인데, 보통 것보다 훨씬 뒤까지 있어서 코드의 50% 뒤에 있다.

이 에어포일의 압력 분포는 고르고, 공기 흐름은 리딩에이지부터 최대 캠버지점까지 점차로 가속된다.

에어포일 단면의 설계에서 한 가지 바람직한 요소는 작은 받음각에서인데, 받음각이 증가되면 어떤 현상이 발생하는가. 한 가지 기대할 수 있는 것은 천이점이 빠르게 앞으로 이동하는 것이다. 그래서 가능한 바람직한 설계는 일부 단면에서 항력이 상당히 낮은 수준으로 유지되는 것이다.

이런 에어포일의 단점은 재래식 에어포일보다 실속에 의한 약한 점이고 C_{Lmax}의 수치가 낮아서 실속 속도가 높다. 또한 얇은 날개는 이상적인 에어포일의 특성과 반대이다.

표면 굴곡이나 먼지, 빗방울 등이 표면, 특히 리딩에이지 근처에 있으면, (가장 심한 상태는 얼음의 형성으로) 천이점을 앞의 불규칙이 맨 먼저 발생한 곳까지 이동되어 모든 경계층은 난류로 되고, 표면 마찰에 기인한 항력은 일반적인 에어포일보다 더 크다.

경계층을 조절하는 또 다른 방법은 트레일링에이지 근처에 **흡입(suction)**을 제공해서 경계층을 빨아들이게 하는 것이다. 이것은 더 두꺼운 위 단면을 사용할 수 있는 장점이 있다.

실제적인 문제점은 석션을 제공하는데 필요한 파워와 무게의 문제점이다. 좀 더 쉬운 방법은 비슷한 위치에서 공기를 뒤 방향으로 방출시켜서, 경계층을 불어내는 형식이다. 제트 항공기는 이러한 목적으로 제트 흐름을 이용한다.

17. 유도 항력(induced drag) 이란?

실험에서 날개 표면 위를 지나는 공기 흐름은 앞쪽으로 흐르는 경향이 있음을 보여준다. 이것은 맨 위 표면 위의 압력 감소가 윙 팁 바깥쪽 압력보다 작기 때문이다. 아래 표면에서는 공기 흐름은 바깥쪽으로 가는데, 날개 밑의 압력이 윙 팁 바깥보다 더 크기 때문이다. 그러므로 아래 표면에서 위 표면으로 윙 팁의 주변에 공기의 흐름이 있게 된다.

왜 큰 종횡비가 낮은 종횡비보다 더 필요한 지의 이유를 설명하는 가장 간단한 방법은 종횡비가 더 커지면, 위에서 말한 팁에서 흐름비율이 적어져서, 이것이 양력 생산에 덜 영향을 미치고 이것을 팁 효과(tip effect) 혹은 엔드 효과(end effect)라고 부른다.

맨 위와 아래 표면의 두 개의 공기 흐름이 트레일링에이지에서 만나서 서로 어떤 각을 이루고 흐르게 되고 좌측 날개로부터는 (뒤에서 보아서) 시계 방향의 볼텍스를, 우측 날개에서는 반시계 방향의 볼텍스를 일으킨다.

한쪽 면의 모든 볼텍스는 하나로 모여서 하나의 콘 볼텍스가 형성되어 되는 것처럼 각 윙 팁에서부터 떨어져 나가게 된다. 이것을 윙 팁 볼텍스(wing tip vortex)라고 부르는데 항공기가 비행할 때면 항상 발생한다. 가장 흔히 보는 것은 볼텍스의 중심 코어로 이것은 볼텍스에서 압력의 감소에 의한 습기의 응축으로 눈으로 볼 수 있게 되는 것이다.

윙 팁으로부터 볼 수 있는(혹은 들을 수도 있는) 이런 흔적은 고고도에서 엔진의 배기 가스에서 응축 발생에 의한 수증기의 흔적과 혼동해서는 안 된다.

위에서 설명한 것처럼 이 볼텍스는 날개 스팬의 바깥쪽 공기의 흐름에서 알 수 있고, 날개 자체의 트레일링에이지 뒤의 공기 흐름이 아래로 흐르는 것으로 알 수 있다. 이 말은 날개를 지나는 순수 흐름 방향은 아래로 눌린다는 말이다. 그러므로 양력은 공기 흐름에 직각을 이루고, 약간 뒤쪽 방향으로, 발생하는 항력에도 기여한다. 이 항력의 일부를 유도 항력이라고 한다.

어떤 면에서는 유도 항력은 양력의 일보로 양력을 갖는 동안은 반드시 유도 항력을 갖게 되고 날개의 설계로는 완전히 제거할 수 없다. 그렇지만 종횡비를 더 크게 하면, 윙 팁 볼텍스가 약해지고, 유도 항력이 적게 된다.

만약 무한대의 종횡비를 날개를 가정하면, 이 날개 위의 공기는 어떠한 안쪽이나 바깥쪽으로 흐름이 없어서 윙 팁 볼텍스가 발생하지 않으므로 유도 저항이 없게 된다. 그러나 이런 것은 실제적으로 불가능하다. 실제 설계에서 할 수 있는 것은 가능한 한 종횡비를 크게 하는 것이다.

스팬(span)이 더 커지면, 날개의 강도가 더 커져야 하고, 구조는 더 무거워져서 더 큰 중량을 갖게 된다. 아음속 속도에서 비행을 위한 실제적인 종횡비는 6:1에서 10:1까지이다. 양력 곡선에 어떻게 종횡비가 영향을 미치는가를 보여주고 있다. 최대 수치의 C_L과 곡선의 경사도 보이고, 실속각은 실제로 낮은 종횡비의 수치에서 상당히 크다. 여기서 알 수 있는 것은 무양력각은 종횡비에 의해 영향 받지 않는다는 사실이다.

유도 항력 이론은 수학적으로 산출할 수 있고, 실험으로 이론적인 수치를 입증한다.

유도 항력 계수=$C_L^2/\pi A$(타원형 날개)

여기서 A: 종횡비

   C_L: 양력 계수(테이퍼 날개의 수치는 10%∼20% 더 크고, 이것은 테이퍼 정도에 좌우된다).

이 뜻은 볼텍스에 의한 실질적인 항력은 C_L^2/π A1/2ρV^2S이지만, 1/2ρ V^2S는 모든 공기 역학적 힘에 적용되므로, 계수($C_L^2/\pi A$)의 중요성을 고려하는 것이 중요하다. 우선, A는 분수의 분모이므로 이것이 커지면, 유도 항력은 더 작아지고, 종횡비가 그 배로 되면 유도 항력은 반으로 된다.
C_L^2의 중요성은 일반적인 경우에는 이해하기 어렵다. C_L은 받음각과 비례해서 커지므로, 유도 항력은 항공기의 속도가 낮을 때(고속에서는 전체 항력의 10% 이하)와 상승할 때 중요한데(전체 저항의 20%거나 더 커진다.), 가장 중요할 때는 이륙(전체 저항의 70%까지 된다.) 할 때이다. 사실, 유도 항력은 속도 자승에 반비례하는 반면, 모든 나머지의 항력은 속도 자승에 비례한다.

예) 날개 면적이 36m²이고, 스팬이 15m, 코드가 2.4m이고, 양력 계수가 1.2일 때 유도 항력 계수는?

   종횡비(A)=15/2.4=6.25
   유도 항력 계수=$C_L^2/\pi A$
            =$1.2^2/6.25\pi$
            =0.073

위의 예로는 잘 이해되지 않으므로 유도 항력을 예로 들어보자.

   C_L: 1.2
   V: 52knot(96km/h), (26.5m/s)
   ρ: 1.225kg/m³

   유도 항력=($C_L^2/\pi A$)1/2ρV^2S
        =0.073×1/2×1.225×26.5²×36

=1,13.0N

여기서 유도 항력을 극복하는 필요 출력을 계산해 보자.

출력=DV
=1130×26.5
=30kw(약 40hp)

18. 플랩과 슬롯(flap and slot)을 설명하면?

고양력 장치	최대 양력의 증가	최대 양력에서 기본 에어포일 각	비고
Basic aerofoil	—	15	고양력 장치의 영향은 기본 에어포일의 형태에 따라 다르다.
Plain or camber flap	50%	12	캠버의 증가 항력 증가 노스 다운 피칭 모멘트 증가
Split flap	60%	14	캠버의 증가 플레인 플랩보다 항력 증가 노스 다운 피칭 모멘트 증가
Zap flap	90%	13	캠버와 날개 면적의 증가 항력 증가 노스 다운 피칭 모멘트 증가
Slotted flap	65%	16	경계층 제어 캠버의 증가 실속 지연 항력은 감소
Double-slotted flap	70%	18	단일 슬롯형 플랩과 동일 treble slot이 사용
Fowler flap	90%	15	캠버와 날개 면적 증가 양력 최대 복잡한 구조 노스다운 피칭 모멘트 증가

[표]

고양력 장치	최대 양력의 증가	최대 양력에서 기본 에어포일 각	비고
Double slotted Fowler flap	100%	20	파울러 플랩과 동일 treble slot 사용
Krueger flap	50%	25	노스 플랩이 리딩에이지 장착 초기 움직임에서 양력 감소 노스업 피칭 모멘트 증가

Slotted wing	40%	20	경계층 제어 고속에서 약간의 항력 증가
Fixed slat	50%	20	경계층 제어 고속에서 약간의 항력 증가 노스업 피칭 모멘트 증가
Movable slat	60%	22	경계층 제어 캠버와 면적 증가 받음각 증가 노스업 피칭 모멘트 증가
Slat and slotted flap	75%	25	경계층 제어 용이 캠버와 면적 증가 피칭 멘트 중립
Slat and double-slotted Fowler flap	120%	28	복잡한 구조 양력을 위한 최상의 장치 trebl slot 사용 가능 피칭 모멘트 중립
Blown flap	80%	16	영향은 배열에 따라 아주 달라진다.
Jet flap	60%	?	제트의 각도와 속도에 따라 변화

슬롯은 다음과 같이 분류한다.

ⓐ Fixed slot

ⓑ Controlled slot

ⓒ Automatic slot

ⓓ Blown slot

플랩은 다음과 같이 분류한다.

ⓐ Camber flap

ⓑ Split flap

ⓒ Slotted flap

ⓓ Lift flap

ⓔ Blown flap

ⓕ Jet flap

ⓖ Nose flap

ⓗ Spoiler

ⓘ Lift damper

ⓙ Air brake

또한 슬롯이나 플랩을 에어포일의 특성에 맞게 사용해서 아래의 사항에 관계되는 것으로도 분류한다.

ⓐ 양력의 증가

ⓑ 항력의 증가

ⓒ 실속각의 변화

ⓓ 양력 감소

ⓔ 트림의 변화

8. 슬롯(slot)

만약 작은 보조 에어포일 [흔히 슬랫(slat)이라고 부른다] 이 메인 에어포일의 전방에 놓이면 이들 둘 사이에는 적당한 갭(gap)이나 슬롯이 있게 되고, 에어포일의 최대 양력 계수는 60%까지 증가시킨다. 이것은 실속각을 15°~22°까지 증가시킨다.

슬랫 분리의 대체 방법은 간단하지만, 큰 효과가 없어서 슬롯이 있는 날개를 만들기 위해서 기본적인 에어포일 자체의 슬롯의 숫자를 하나 이상으로 해서 이것이 슬롯형 날개(slotted wing)를 형성하게 한다. 이 결과가 나타난다. 실속은 안정된 공기 흐름선이 떨어져 나가면서 발생되는 것이다.

슬롯형 날개(slotted wing)에서 공기 흐름을 유연하게 하기 위한 갭을 지나는 공기 흐름은 에어포일의 표면 윤곽을 따라 더 큰 각도에 이를 때까지 계속해서 양력을 제공한다.

여러 가지 실험이 이런 결론을 뒷받침한다. 이것은 사실, 경계층 제어(boundary control)의 형태이다. 추가의 양력이 더 낮은 착륙 속도와 실속 속도에서 얻을 수 있다는 것이 본래의 생각이었다.

만약 슬롯이 영구적으로 열려있으면, 즉 고정된 슬롯이면 고속에서 추가의 항력은 단점이 되어 대부분의 상업용 슬롯은 "controlled slot"으로 슬랫(slat)은 조절 장치에 의해서 뒤나 앞으로 움직여야 하고, 고속 비행에서는 닫히고 저속도에서는 열린다.

Automatic slot은 공기 압력의 작용에 의해서 움직인다. 즉, 리딩에이지 근처에서 전방과 위쪽 방향으로의 섹션을 만들어 사용한다.

실속 속도에 접근하면서 슬랫에 힘이 작용해서 슬랫이 전방으로 경사지게 되는 것을 보여준다.

슬롯의 열린 구멍은 슬랫의 트레일링 혹은 리딩에이지에서 벤트(vent)에 의해서 조절되고 어떤 스프링이나 기타 장치가 있어서 진동을 막는다.

또한 슬롯의 이론을 항공기의 다른 부분에도 적용시킬 수 있는데, 이런 것으로는 특수한 모양의 카울링으로 엔진을 지나는 공기 흐름을 미끈하게 하는 데 사용한다.

필렛(fillet)은 노출된 연결 부분에 사용해서 공기 흐름이 난류로 되는 것을 막는다.

b. 플랩(flap)

플레인 플랩(plain flap)이나 캠버 플랩(camber flap)은 에어포일이나 조종면과 같은 원리로 작용하고 실제로 "가변 캠버"와 같다.

이런 플랩은 1914~1918년에 사용되었고, 처음의 생각은 슬롯과 마찬가지로 플랩 다운 상태에서 착륙 속도를 감소시키고, 플랩을 원 위치한 상태에서 최대 속도를 유지하기 위한 것이다.

플랩은 슬롯과 마찬가지로 양력을 증가시킨다. 이 플랩은 또한 항력도 증가시키지만 슬롯과는 다르게 고속에서이고, 저속에서는 원하는 항력을 얻는다.

플랩과 슬롯 효과의 차이를 보여주며 이것으로부터 슬롯은 단순히 양력 곡선에서 최대 양력 계수의 수치로 가게하고, 에어포일의 주요 부분의 받음각이 정상 실속 각을 넘을 때 플랩의 고양력 형태는 모든 범위의 받음각에서 이용 가능한 양력 계수를 증가시킨다. 그렇지만 최신 항공기는 슬롯과 플랩의 장점만을 이용한다.

최대 양력 계수의 영향, 최대 양력을 얻을 때의 메인 에어포일의 각도, 양력이 증가되는 이유, 항력이 미치는 영향, 어떻게 피칭 모멘트에 영향을 미치는가 등을 보여준다.

또한 캠버 플랩, 스플릿 플랩, 단일 슬롯 플랩 등과 같이 단순한 플랩은 메인 에어포일의 적당한 받음각에서 최대 양력 계수 증가를 가져온다. 그러므로 착륙을 위한 항공기의 자세를 갖게 되고, 또한 항력도 증가되어 이것이 접근과 착륙에 장점으로 작용한다.

잽(zap) 플랩, 화울러 플랩, 2중과 3중 슬롯 플랩 등과 같이 더 복잡한 형태는 더 큰 최대 양력 계수의 증가를 가져오지만, 이보다 더 복잡하게 슬롯과 플랩의 복잡한 조합으로 더 큰 최대 양력 계수를 준다.

블로운(blown) 플랩과 제트 플랩은 출력 손실의 큰 단점을 갖고 있다. 순수한 제트 플랩은 실제로는 플랩이 아니지만, 공기나 제트 흐름을 공기판의 형태로 에어포일의 트레일링 근처에 일정한 압력 상태로 분사시킨다.

이것이 경계층 조종에 도움을 주고 만약 공기판이 반사되면, 제트의 반작용은 양력에 직접 기여하게 된다.

크루거와 노스 플랩은 주로 착륙과 이륙에서 양력 증가를 위해서 사용한다. 스포일러, 공기 브레이크, 다이브 브레이크(dive brake), 양력 댐퍼는 특수한 범주로 이것의 중요한 목적은 항력 증가 또는 항력을 파괴하거나 혹은 두 가지 목적에서 사용한다.

19. 공기 속도와 받음각의 관계를 설명하면?

공기 속도 지시계에 나타나는 공기 속도는 수평 비행이 유지될 때의 받음각에 해당되는 것이다. 이 관계는 아주 중요하므로 좀 더 자세히 살펴보자.

이것은 크게 $L=C_L 1/2 \rho V^2 S$에 좌우된다. 수평 비행을 유지하기 위해서는 양력은 중량과 일치해야 한다. 날개 면적 S는 변경시킬 수 없는 것이다.

$1/2 \rho V^2$는 피토 정압 튜브(static tube)의 압력 차이를 나타내는 것이다. 이는 공기 속도계에서 얻는 수치로 다른 말로는 지시 대기 속도(indicated air speed)라고 말한다. 공식에서 C_L(양력 계수)만이 다른 항목이다. 그러므로 만약 $1/2 \rho V^2$ 혹은 지시 대기 속도가 상승하면 C_L은 감소되어야 하고, 그렇지 않으면 양력은 중량보다 크게 된다. 또한, $1/2 \rho V^2$이 내려가면 C_L은 상승해야 하고 그렇지 않으면 양력은 중량보다 적게 된다.

C_L은 날개의 받음각에 좌우되기 때문에 받음각이 더 커지면(실속 속도까지) C_L이 더 커진다. 그러므로 모든 받음각에는 이에 맞는 지시 대기 속도를 갖는다.

이런 이유로 조종사는 받음각의 수치를 주시하기 보다는 속도계를 주시해서 항상 속도를 중시한다. 즉, 조종사는 항상 속도를 중요시하는데 예를 들어 착륙 속도, 실속 속도, 최적 활공 속도, 상승 속도 등이다.

항공기 중량이 5100kg 이것은 대략 50,000N이고, 날개 면적이 26.05m²여서 날개 하중은 1920N/m²이다. 에어포일 단면의 양력 특성에서 양력 곡선을 보자. 이때 밀도는 1.225kg/m²이다.

공기 속도		V^2	$C_L=3134/V^2$	받음각
Knot	m/s			
60	30.8	949	3.31	-
80	41.2	1697	1.85	-
100	51.5	2653	1.18	15
120	61.8	3819	0.82	6
140	72.0	5184	0.60	6
160	82.4	6790	0.46	4
180	92.6	8580	0.37	2.6
200	103.0	10600	0.30	1.8
220	113.2	12800	0.24	1
240	123.7	15400	0.20	0.5
260	134.0	18000	0.17	0.2
280	144.0	20740	0.15	0
300	154.0	23700	0.13	-0.4

[표]

속도가 어떤 속도이든 양력은 중량과 일치되어야 하지만 양력은 $C_L \frac{1}{2} \rho V^2 S$와 같아야 한다.

$$50,000 = C_L \times \frac{1}{2} \times 1.225 \times V^2 \times 26.05$$

$$\therefore C_L = 3134 / V^2$$

위 식에 각각 V=60, 80, 100에서부터 300knot까지 대입시켜서 이에 해당하는 C_L의 수치를 얻고, 속도의 받음각을 얻는다. 이 결과는 볼 수 있다.

100knot 이하의 속도에서는 수평 비행을 위한 양력 계수는 최대 양력 계수(1.18)보다 커서 이 속도 이하에서는 수평 비행이 불가능하다.

두 번째로 속도가 120, 140, 160knot로 증가하면서 받음각이 15°, 9°, 4° 등으로 감소하고 각 속도에 맞는 받음각이 있게 된다. 여기서 주의할 것은 상당히 낮은 속도에서 받음각의 변화가 훨씬 큰데 120knot에서의 받음각은 100knot에서보다 6° 적고, 반면 280knot에서는 260knot에서보다 0.2° 적다. 이 변화 비율은 저속도에서 중요한데 받음각 지시계는 낮은 속도에서 민감하고 이곳에서는 공기 속도 지시계가 가장 불만족스러운 곳이다.

20. 날개 하중(wing loading)이란?

$W = C_L \frac{1}{2} \rho V^2 S$이므로 이것은 S로 나누면 $W/S = C_L \frac{1}{2} \rho V^2$이다. W/S는 날개 면적으로 중량을 나눈 것으로 항공기의 날개 하중이라고 부른다. 날개 면적의 증가는 W/S의 수치를 줄이게 되고, 또한 수평 비행이 가능한 곳에서 최소 속도를 감소시킨다. $W/S = C_L \frac{1}{2} \rho V^2$에서 다른 것이 같다면 항공기의 낮은 날개 하중은 더 큰 날개 하중에서보다 더 낮은 최소 속도를 갖게 한다. 최근의 경향은 날개 면적을 축소시킴으로써 날개 하중을 줄여서 최대 속도를 크게 하고 플랩을 사용해서 착륙 속도를 유지한다.

21. 스케일 효과(scale effect)와 레이놀즈 수를 설명하면?

모형, 기관차, 모형 선박, 모형 항공기 등을 정확하게 만드는 것은 무척 힘들다. 모델이 작을수록 정교하게 만들기가 더욱 어렵다. 그래서 아무리 기술이 훌륭하다고 해도, 모델 크기가 커질수록 정확해지는 것은 사실이어서 되도록이면 모델을 크게 만든다.

항공기 모델의 중요한 실험은 대부분은 윈드 터널에서 이루어진다. 윈드 터널의 공기는 대기중을 비행할 때의 자유로운 공기와는 다른 습성을 갖는데, 이것은 윈드 터널벽에 의해서 제한되기 때문이다.

이런 제한은 공기 흐름에 영향을 미치고, 공기 흐름은 모델에 작용하는 힘에 영향을 미쳐서 결국에는 잘못된 결론을 주게 된다. 분명한 것은 모델과 비교해서 큰 터널을 만드는 것이다. 또한 이란 큰 윈드 터널의 문제이다.

모델이 커지면 더 큰 윈드 터널이 필요하다. 그래서 결국은 계속 더 큰 윈드 터널 제작이 필요하다. 이렇게 큰 터널은 엄청난 파워가 필요하고 엄청난 비용이 문제가 된다. 아무리 모델이 크고, 윈드 터널이 크다고 해도 모델은 실제 비행기보다는 작아서 큰 윈드 터널에서 실제 비행 속도를 얻는 것은 부적절하다. 이보다 더 중요한 문제가 스케일 효과이다.

사진 혹은 축소 제도를 통해서 큰 물체를 작은 종이에 나타낼 수 있다. 지도가 좋은 예이다. 사진 기술로 작은 물체를 크게 보이게 하거나 혹은 큰 물체를 작게 보이게 할 수 있다. 이 예로, 영화에서는 모델을 사용해서 영화를 제작해도 청중은 거의 눈치체지 못한다. 그렇지만 모델의 사용에는 중요한 문제점이 있다.

실물 1/10 크기의 모델을 고려해 보자. 모든 선의 수치는 실물의 1/10이지만 면적은 1/100이다. 만약 이것을 실제 재료로 제작하면 이것의 질량은 실물의 1/1000이다. 이것이 항공기의 비행 모델에서 가장 어려운 문제점인데 만약 중량을 주의 깊게 조절하지 않으면 비행 조작, 스핀, 충동 등에서 전혀 다른 결과를 얻는다. 여기서 기억할 것은 모델 비행기로 실제 공기중을 비행할 때나 모델 보트로 물을 지날 때는 주변 공기나 물을 모델에 밀도록 조절하지 않는다는 것이다. 이것은 새로운 문제점이 아니다.

수백 년 전에 레이놀즈는 파이프에서 유체 흐름을 실험해서 중요한 발견을 했는데 속도가 어떤 수치에 이를 때 유선형으로부터 난류로 흐름이 변화하고, 파이프의 직경과 반비례하는 것을 발견하였다.

파이프가 더 커지면 난류로 되는 속도가 더 느려진다. 즉, 만약 10m/s가 20mm 직경의 파이프에서 임계 속도이면, 40mm 직경의 파이프에서 임계 속도는 5m/s가 된다. 만약 속도가 물체의 어떤 크기에 곱해지면 즉, 구의 경우는 직경이고, 같은 수치를 얻게 되고 흐름 형태는 같다. 흐름 형태의 중요성을 강조해야 한다.

레이놀즈는 전적으로 자기 실험을 믿었는데 만약 모델 위의 흐름 형태가 실제 물체의 흐름 형태와 같으면 공기 역학적 법칙은 사실이고 자신을 갖고 적용시킬 수 있다. 이것은 다른 말로 스케일 효과에 기인한 오차가 없다는 말이다. 스케일 효과는 스케일(축소 혹은 확대와 같은 비율)의 효과를 뜻하는 것이 아니다.

공기 역학에서 속도 자승의 법칙은 면적과 밀도에 좌우되고 모든 법칙은 기본 공식 $L=C_L\frac{1}{2}\rho V^2S$, $D=C_D\frac{1}{2}\rho V^2S$로 요약되고, 이 모두는 스케일 효과(scale of effect)이다.

스케일 효과는 어떤 조건이 적용되지 않으면 실제로 옳지 않다는 뜻으로 조건은 레이놀즈의 실험에서 보는 것들이다. 만약 이 조건대로 적용되지 않으면 2차적인 스케일의 효과, 즉 오차가 있게 되는데 불행하게도 이런 오차는 예측하기에 매우 힘들다. 이 스케일 효과(scale effect)를 피하기 위해서 레이놀즈(Reynolds)가 발견한 원리를 살펴본다.

가장 간단한 것은 실제 비행을 위한 모델 실험으로 속도×크기의 수치가 같아야 한다. 이것은 VL 법칙으로 나타내는데, L은 물체의 크기를 나타내고 날개 단면의 경우는 코드를 측정하고, 구형, 유선형 물체의 경우는 직경을 측정한다.

이 법칙은 만약 실제 크기의 항공기가 200knot에서 비행할 때 어떤 현상이 발생하는지를 예측하기 위해서 1/10 모델을 실험할 때 이 모델을 2000knot 속도로 실험에서 VL의 수치를 갖게 유지한다.

이것으로 알 수 있는 것은 아주 큰 윈드 터널에서 실험할 때 2000knot를 절대로 얻을 수 없다는 사실이다. 게다가 만약 이런 속도를 얻는다고 해도, 음속을 초과하기 때문에 심각한 문제점에 부딪친다.

이런 이유로 흐름 형태는 완전히 변한다. 또한 1/10 크기이기 때문에 면적은 1/100, 힘은 실제 크기에 비해서 100으로 나누어야 하고, 힘은 100으로 곱해져서 모델에 작용하는 힘은 실제 크기 항공기에 작용하는 것과 똑같아야 한다. 이런 작은 모델의 날개가 실제 항공기에서와 같은 양력을 유지해야 한다고 가정해보자. 아마도 충분한 강도를 유지하게 제작하는 것이 힘들 것이다. 이런 경우에 어떻게 할 것인가?

가능한 한 VL이 크지 않으면 크게 희망이 없고, 추력의 오차는 작거나 혹은 오차의 측정이 가능해서 허용 한계를 정할 수 있어야 한다. 이것이 실제로 추구하는 것이지만 완전한 만족을 주지는 못한다. 예를 들어보자. 200knot에서 대형 항공기의 전체 항력을 평가한다고 가정해보자.

1/10 크기의 모델을 만들고 이것은 상당히 큰 크기의 모델로서 큰 윈드 터널이 필요하다. 50, 100, 150, 200knot에서 항력 계수를 얻는다. 만약 스케일 효과가 없으면 항력 계수는 여러 곳에서 똑같지만 사실은 0.050, 0.051, 0.052, 0.053 등으로 커지는 것을 발견한다.

그래프를 그려서 항력 계수와 VL의 수치를 그려보자. 거의 직선이다. 50knot에서 200knot까지 매 50knot마다 항력 계수는 0.001씩 증가해서 2,000knot에서는 아마도 0.089가 된다.

1/10 크기 모델로 2,000knot에서 실제 크기 항공기의 200knot에서와 같은 VL이면

2,000knot에서 항력 계수가 0.089이므로 실제 크기 항공기는 0.89여야 하고, 이 때 항공기의 전체 항력을 계산할 수 있다. 그러나 실제로 실제 크기 항공기의 항력 계수는 0.056보다 적다. 이것을 해결할 수 있는 방법은 없을까? 최소한 부분적인 해결책이 있지만 레이놀즈의 실험을 좀 더 깊게 관찰해야 한다.

VL 법칙은 실제 비행기와 같은 유체를 사용해야 한다. 그러나 레이놀즈는 만약 다른 유체를 사용하면 유체의 다른 특성(밀도, 점도 등)이 흐름에 영향을 미친다. 이를 종합해서 아래와 같은 공식을 얻는다.

$$\frac{밀도 \times 속도 \times 크기}{점도} = 레이놀즈 \ 수$$

그러나 스케일 효과에 기인한 오차가 없다면 흐름 형태는 비슷하다. 보통 이는 간단히 다음과 같이 표시한다.

$$\frac{\rho \times V \times L}{\mu} = 레이놀즈 \ 수(Re)$$

여기서 ρ: kg/m³ 단위의 유체 밀도(해면상에서 1.225)
      V: m/s 단위의 속도
      L: mm 단위의 물체 크기
      μ: 유체의 동점성 계수

레이놀즈 수 자체는 무차원으로 단위가 없다. 모델 실험에서 다른 유체를 사용할 때, 즉 물을 사용한다고 가정해보자. 물은 지면의 공기보다 815배 더 밀도가 크고, 64배 점도가 더 크다.

그래서 12.8이라는 계수를 갖는데 2,000knot에서 1/10 크기 모델로 실험하는 대신에 같은 레이놀즈 수 2,000knot/12.8=156knot를 얻는다. 그렇지만 큰 터널에서 물의 속도가 156knot라는 것은 공기에서 2,000knot의 속도보다 더 빠른 것과 같은 엄청난 것이다. 그래서 이런 시험은 압축된 공기 터널에서 행하는데 25의 계수를 갖는다. 이를 ρ로 간주하고, 점도 μ에는 큰 변화가 없다. 그러므로 1/10 크기 모델은 2,000knot/25=80knot로 시험한다.

최근의 경향은 윈드 터널의 압축비를 감소시키고 속도를 크게 한다. 여기서 꼭 기억할 것은 공기의 점도는 밀도에 영향을 끼치지 않지만 온도는 상당히 심한 영향을 미친다.

공기의 점도는 액체점도와 다르게 온도 증가와 함께 점도가 떨어져서 공기는 점성

이 크다. 즉, 0℃에서 공기의 점도는 $17.89 \times 10^{-6} \text{kg/m/s}$이다. 점도의 증가는 밀도 증가에 나쁜 영향을 미친다.

공기의 압축은 공기 온도를 크게 하는 경향이 있다. 시험에서 레이놀즈 수를 알면 대기 윈드 터널에서 적절한 크기의 모델을 시험할 수 있고 여기서 대기압이란 말은 압축된 공기 터널과 구별되는 말이다. 레이놀즈 수는 저속도 터널의 대략 100,000에서 대형 고속 터널에서의 약 1,000,000 혹은 1,500,000까지 다르다. 비슷하게 실제 비행에서 레이놀즈 수는 약 2,000,000(소형 저속 항공기)~20,000,000(대형 고속 항공기)이다. 레이놀즈 수는 압축 공기 터널에서 7,000,000~12,000,000 혹은 이보다 크다. 이 수치는 분명히 압축 공기 터널의 수치를 나타내는 것이고 실제 비행 범위의 레이놀즈 수를 준다.

모든 대기압 터널에서 어떤 위험성은 스케일 효과에 기인한 것이다. 압축된 공기 터널에서 사용하는 모델에서 어떤 종류의 힘을 기대할 수 있는지 알아보자. 1/10 크기 모델(실제 속도 200knot)을 터널에서 80Knot, 압축이 대기의 25배일 때 힘은

$$1/100 \times \frac{80^2}{200^2} \times 25$$

즉, 실제 힘의 1/25을 얻는다. 이것은 아직도 위험성이 있는데 모델을 강하게 만들지 않으면 모델을 심하게 파괴할 수 있을 만큼 충분히 큰 힘이다.

레이놀즈 수는 경계층의 습성에 큰 영향을 미치고, 특히 흐르는 표면으로부터의 두께, 분리에 영향을 미친다. 이런 이유로 윈드 터널 모델 위에 난류 경계층이 있게 배열하는데(층류는 난류보다 쉽게 분리하기 때문), 이 난류층은 모델의 더 낮은 레이놀즈 수 때문에 더 두껍다. 이 두꺼운 층은 실제 항공기에서보다 먼저 분리되지만 층류보다는 오래 견딘다. 이것은 충격 실속과 연결된 아주 중요한 요소로 충격파를 통해서 압력이 상승하는 것은 경계층을 분리하도록 밀어내는 것이 되고 이런 정도는 충격의 강도와 경계층의 두께에 좌우된다.

경계층 습성에서 이런 스케일 효과의 결과로 낮은 레이놀즈 수에서의 윈드 터널에서 표면 마찰 항력과 형태 항력의 측정은 만약 이 수치가 신형 항공기 성능 예측에 사용되는 것이면 주의해서 수정을 해야 하지만 조파 항력(wave drag)의 측정 예측을 가능하게 한다. 왜냐하면 스케일 효과에 그렇게 민감하지 않기 때문이다.

22. 전단 응력(shear stress)을 설명하면?

전단 응력을 가장 잘 이해할 수 있는데 이것은 표면 위의 점성 흐름인 층류 경계

층에서 속도 형상을 상세히 나타낸다. 고체 표면에 인접한 유체 분자층은 표면에 붙어있어서 속도는 "0"이다. 다음 유체층은 아주 느린 속도를 갖고, 그 다음의 층은 속도가 더 커져서 경계층으로 정의되는 바깥 끝의 속도가 방해받지 않는 자유 흐름의 속도가 된다. 전단 응력의 수치는 다음과 같이 주어진다.

$$\tau = \mu \left(\frac{dv}{dy} \right)$$

여기서 τ: dv/dy를 측정하는 지점 y_1에서의 유체의 전단 응력

경계층의 속도 형상(velocity profile)

μ: 점도 계수

$\dfrac{dv}{dy}$: 속도 구배

점도 계수는 마찰 현상에 관계된 어떤 유체의 성질을 결정하는 물리적인 상수이다. 오일과 같은 끈적한 유체에서는 크고, 물이나 공기는 적다.

23. 상당 대기 속도(equivalent airspeed)란?

동압은 속도 측정에 아주 중요하고 q로 나타낸다. 동압을 측정하는 장치는 오로지 압력 차이만을 측정하는 게이지와는 다르다. 공기 속도를 수정하기 위해서는 공기 밀도를 알아야 하는데 이 밀도는 고도와 온도에 따라 변한다. 이런 문제점은 모든 속도 지시계의 수정으로 해결하는데 밀도는 해면상 표준 날씨의 수치로 가정한다. 완전한 속도 지시계는 "0" 계기 오차를 갖는 정압원(static source)을 이용해서 주변 압력을 기록하는 것을 Vcal(calibrated airspeed)라고 부르고

$$\text{Vcal(수정 속도)} = \sqrt{\frac{2(P_T - P_0)}{\rho_s}} \quad\dots\dots\dots\dots\text{①}$$

여기서 ρ_s는 해면상 표준 밀도, 압축성을 무시할 때 이 수정 속도는 상당 속도와 동일하다. 즉, V_E는

$$\text{Vcal}_{(incompressible)} = V_E = V_0 \sqrt{\frac{\rho}{\rho_s}} = V_0 \sqrt{\sigma} \quad\dots\dots\dots\dots\text{②}$$

여기서 σ는 밀도비($=\rho/\rho_s$)이다. V_0는 진대기 속도이고 가끔 V_{true}라고 부른다. 상당 속도는 해면상에서 속도거나 혹은 좀더 정확히는 해면상 표준 밀도에서이고 이것은 실제 속도와 밀도 상태에서 동압력과 같다.

$$\frac{\rho_s V_E{}^2}{2}=\frac{\rho V_0{}^2}{2} \quad\text{-----------}③$$

$$V_E{}^2=V_0{}^2\frac{\rho}{\rho_s} \quad\text{-----------}④$$

$$V_E=V_0\sqrt{\frac{\rho}{\rho_s}} \quad\text{-----------}⑤$$

$$V_0=V_E\sqrt{\frac{\rho_s}{\rho}} \quad\text{-----------}⑥$$

고속 비행에서는 V_{cal}과 V_E가 다른데 이는 압축성 효과 때문이다.

24. 윙렛(winglet)을 설명하면?

항공기 설계 역사에는 유도 항력의 감소를 위한 중요한 연구들이 많다. 불행하게도 유도 항력(혹은 볼텍스 저항)은 떨어질 수 없는 문제이다. 타원형 양력 분포를 위한 프랜틀 방정식(Prandtle equation)에서 최소 유도 항력을 정의한다.

$$C_{Di}=\frac{C_L{}^2}{\pi AR} \quad\text{-----------}①$$

유도 항력을 줄이는 방법은 날개에 팁에서 수직인 면을 갖고 있는 앤드플레이트(endplate)가 있는 것으로 이것은 유효 종횡비를 증가시키도록 작용한다.
팁까지 중요한 양력을 증가시키도록 해서 유도 항력을 감소시킨다. 단순한 앤드플레이트는 유해 항력(parasite drag)과 중량을 모두 증가시키고 순수 항력 증가는 절대로 상쇄될 수 없다.
수직 꼬리면을 수평 테일의 팁에 위치시켜서 수평 테일의 유효 종횡비를 증가시킨다. 윙렛은 지난 10년 동안 개발한 것으로 특수한 형태의 엔드플레이트다. 최신의 이론적인 방법으로 설계된 것으로 윙렛은 일반적으로 단순한 엔드플레이트보다 우수하다.

윙렛의 상세한 설계는 정해진 날개 무게에 최적의 유도 항력을 갖게 한다. 윙렛과

날개 사이의 공기 역학적 간섭, 윙렛 자체의 유도 항력 바깥쪽 날개 판넬의 더 큰 양력과 윙렛 자체의 적접적인 굽힘 모멘트에 의해서 날개에 주어지는 굽힘 모멘트 등은 윙렛 모양, 크기, 취부각 등에 좌우된다.

일반적인 윙렛 사용의 결론은 다음과 같이 말할 수 있다.

ⓐ 윙렛은 유도 항력을 감소시킨다.

ⓑ 양호하게 설계된 윙렛으로부터의 유도 항력 감소 크기는 본래 윙스팬을 윙렛 높이의 대략 절반 정도와 같은 크기로 확장한 것과 거의 같다.

ⓒ 윙렛의 기대되는 장점은 유도 항력의 감소가 더 적은 날개 굽힘 모멘트로 얻어지고, 전체적인 날개 중량 증가는 스팬을 증가시키지 않고 얻어진다. 윙렛에 의한 유도 항력의 감소는 더 큰 날개 중량으로 더 큰 스팬의 "planar wing"에 비해 약 -1% ~ 2% 정도이다. 윙렛을 사용할 것인가의 결정은 특수한 환경에 좌우된다. 윙렛을 자주 사용한 예이다.

25. 경계층(boundary layer)이란?

경계층 이론의 시작됨은 유체의 층이 흐르는 유체에서 표면에 인접해서 층과 표면 사이에 어떤 미끄럼(slip)이 없이 표면에 붙어있는 것을 가정하는 것이다. 이것을 "미끄럼이 없는 상태"라고 부른다. 이것은 가정과는 반대되는 것으로 고체 표면 다음에는 유체의 어떠한 지연도 없음을 가정한다.

유체의 다음 층은 약간의 속도를 갖고, 그 다음은 약간 더 큰 속도를 갖는다. 두 개의 속도 형상을 갖는다. 또한 얇고 편평한 판이 흐름과 평행해서 판 자체는 유체 흐름이나 흐름 방향에 아무런 방해도 만들지 않는다. 경계층 속도 형상은 판과 평행한 속도 v의 그래프로 판을 따라서 어떤 지점에서 취한 것이고, y는 표면에 수직한 거리이다.

이 지점에서 방해받지 않은 속도가 V이다. 완전한 유체 흐름이고, 속도 V는 표면 위의 전체 유체 지역에 존재한다.

실체 유체 형상으로 속도 v는 표면에서 "0"이고, 천천히 증가해서 표면으로부터 어떤 거리에서는 속도는 방해받지 않은 속도이다. 표면으로부터 $v=V$가 되는 지점까지의 거리는 경계층 두께 δ이다. 만약 점도가 더 커지면 유체의 축은 표면으로부터 멀어지고, 판의 끌림 작용에 의해서 더 느려지고 경계층은 더 두꺼워지는 것

을 볼 수 있다.

물체의 리딩에이지 근처에서 경계층은 아주 얇고, 유체 입자는 주로 평행면으로 혹은 층류로 움직이는데 이것은 무차별한 분자 에너지 교환으로 인한 것이다. 경계층은 이때를 층류(laminar)라고 부른다.

표면 뒤로 훨씬 떨어진 점에서 이 안정된 전단 흐름은 불안정이 된다. 흐름이 천이되는 것은 작은 볼텍스나 와류의 존재에 따른 동요 운동 특성을 갖게 된다. 이런 와류는 점차 증가되어 층 사이에 에너지의 교환이 증가되고 벽 근처에서는 속도가 증가하고, 벽으로 멀어질수록 감소된다.

표면 위의 점으로 흐름이 난류로 되는 경계층을 천이점(transition point)이라고 한다. 경계층 이론은 아주 복잡하다. 층류 경계층의 해결은 오래 전에 이루어졌지만 난류 경계층의 이해는 아직 완전하지 못하다.

그럼에도 불구하고, 흐름 영역에서 경계층의 효과와 날개와 몸체에 작용하는 힘은 잘 알려져 있고, 대부분의 지식은 경험적인 것이다. 벽에서 전단 응력은 다음과 같이 나타낸다.

$$\mu \left(\frac{dv}{dy} \right)_W$$

점도가 계속 감소하면서($\mu \to 0$) 경계층은 더 얇아지고, dv/dy증가된다($dv/dy \to \infty$). 그러므로 $=0$일 때 한계는 $0 \cdot \infty$. 이것은 중간 단계이지만 층류 경계층 $1/RN$에 비례한다. 점도가 얼마나 적어지든 간에 μ는 실제로 "0"으로 가고, 어떤 유한 전단 응력이 남는다. 또한 경계층의 두께 δ도 $1/RN$과 함께 변한다.

$$\frac{\delta}{\iota} = \frac{1}{\sqrt{RN}}$$

여기서 물체의 리딩에이지로부터 아래쪽 흐름까지의 거리이다. 위의 두 가지 개념으로부터 다음의 결론을 얻을 수 있는데, 즉 아주 큰 수치의 레이놀즈 수에서는 경계층이 아주 얇아지고 주변의 흐름은 레이놀즈 수의 존재에 의해 거의 변하지 않지만 표면 마찰에 의한 항력은 존재한다.

편평한 판이나 혹은 양호한 유선형 물체에서 경계층의 효과는 주로 표면 마찰에 따른 것이다. 그렇지만 추가의 항력이 있는데 이것은 압력 항력으로 알려져 있고 경계층의 존재로부터 얻어진 것이다.

경계층에서 더 느리게 움직이는 공기는 흐름선을 경계층 밖으로 밀어내어 표면으로부터 멀어져서 경계층을 위한 공간을 만든다. "0" 속도의 경계층의 속도로 흐름을 대신하는 곳으로 실제 경계층과 같은 크기의 같은 곳을 "displacement thickness"라고 부른다.

층류 경계층에서 이 두께는 층 밖의 속도에 이르기에 필요한 두께의 약 $\frac{1}{3}$ 이다. 경계층의 두께는 리딩에이지에서 트레일링에이지로 가면서 증가하기 때문에 외부 흐름은 트레일링에이지에서 완전히 인접하지 못한다. 그러므로 흐름은 트레일링에이지에서 정체 지점을 만들지 못하고, 뒤쪽 지역의 모은 압력은 경계층이 없을 때 (−)여야 되는 것보다 덜 (+)가 된다.

이 낮은 압력이 뒤쪽 면의 표면에 작용해서 압력 항력이라고 부르는 항력을 일으킨다. 압력 항력의 크기는 몸체 두께, 레이놀즈 수에 좌우되고 이 두 가지 모두는 경계층 두께에 영향을 받는다.

26. 양력에 기인한 항력을 설명하면?

많은 경험적인 연구에서 보면 에어포일 압력 항력은 C_L의 증가와 함께 하지만 거의 포물선 형으로 증가된다.

$$\triangle C_{DP}=kC_L{}^2$$

여기서 k는 경험적인 상수이다.
전체 항력 계수 C_D는

$$C_b=C_{DP}+kC_L{}^2+\frac{C_L{}^2}{\pi ARus} \quad\cdots\cdots\cdots\cdots\cdots\cdots\cdots\cdots① $$

C_{DP}: 유해 항력으로 C_L과는 독립적이다.
$kC_L{}^2$: 유해 항력 C_L과 함께 변한다.
$\dfrac{C_L{}^2}{\pi ARus}$: 유도 항력

여기서 s는 동체 간섭을 수정한 것이다.

$$C_D=C_{DP}+\left(k+\frac{1}{\pi ARus}\right)C_L{}^2 \quad\cdots\cdots\cdots\cdots\cdots\cdots② $$

양력과 함께 항력의 전체 변화는 다음과 같이 편리하게 정리한다.

$$C_{Di} = \frac{C_L{}^2}{\pi ARe}$$

$$= C_L{}^2\left(k + \frac{1}{\pi ARus}\right) \quad\cdots\cdots\cdots\cdots\cdots\cdots\cdots\cdots\cdots\cdots\cdots\cdots\cdots\cdots\cdots\cdots\cdots\cdots \text{③}$$

이것은 다시

$$\frac{1}{\pi ARe} = k + \frac{1}{\pi ARus} \quad\cdots\cdots\cdots\cdots\cdots\cdots\cdots\cdots\cdots\cdots\cdots\cdots\cdots\cdots\cdots\cdots\cdots \text{④}$$

e를 얻을 수 있게 다시 정리하면

$$e = \frac{1}{(\pi ARk) + 1/us} \quad\cdots\cdots\cdots\cdots\cdots\cdots\cdots\cdots\cdots\cdots\cdots\cdots\cdots\cdots\cdots\cdots\cdots \text{⑤}$$

위에서 유도 항력에서 $C_L{}^2$과 함께 유해 항력의 변화를 포함시키지 않았다. 이것을 상수 e를 고려해서 C_{Di}는 양력에 기인한 전체 항력이 되었다. e는 양력에 기인한 이상적인 타원 항력을 위한 전체 수정 계수이다.

이것은 타원형 양력 분포로부터 벗어나는 것과 C_L과 함께 유해 항력 변화를 고려한 것으로 이것을 항공기의 효율 계수라고 부른다. 이것은 또한 오스왈드 효율 계수(oswald efficiency factor)라고 부르는데 그가 처음 발견했기 때문이다. 맥도널더글라스 항공사의 시험 비행에서 얻은 결과를 보면 k의 평균 수치는 다음과 같다.

후퇴가 없는 날개는 0.38 C_{Dp},
20° 후퇴 날개는 0.40 C_{Dp}
35° 후퇴 날개는 0.45 C_{Dp}이다.

이 기본 차트는 공식 ⑤를 바탕으로 하고,
u=0.99
s=0.975

그리고 "0" 후퇴를 가정한 것이다. 날개 후퇴각을 수정한 것이 안에 보인다. 실제 항공기에서 e는 흔히 0.75~0.90 사이이다. 프로펠러가 날개의 전방에 장착된 항공기는 e가 더욱 감소되는데 경사진 프로펠러 뒤의 하강 흐름 때문이다. 정확한 효과는 계산하기 힘들지만, 대략 4%의 감소가 있다.

그러므로 전체 비압축성 항력 계수는

$$C_D = C_{DP} + \frac{C_L{}^2}{\pi ARe} \quad\text{⑥}$$

비압축성 압력 $D = C_D \, q \, s$ 이므로

$$D = C_{DP}qS + \frac{C_L{}^2}{\pi ARe}qS \quad\text{⑦}$$

C_{DP}는 양력과는 독립적으로 항력 계수 일부로 유해 항력이 양력과 함께 변하지만 유해 항력이라고 부르고, 이것은 특히 항공기 효율 계수 e를 고려한 것이다.

$$D_i = \frac{C_L{}^2 qS}{\pi AR} \frac{qS}{qS} = \frac{L^2}{\pi ab^2} \quad\text{⑧}$$

$$D_P = fq = f\left(\frac{\rho}{2}\right)V^2 \quad\text{⑨}$$

공식 ⑧, ⑨로부터 다음을 얻는다.

$$D = fq + \frac{L^2}{\pi qb^2 e} \quad\text{⑩}$$

비압축성 항력을 결정하는 방법은 2가지 수치 C_{DP}와 e 혹은 f와 e를 기준으로 한다. 공식 ⑥은 무양력에서 최소 항력 계수를 보여준다.

항공기는 가끔 어떤 (+) 양력 계수에서 최소 항력 계수를 갖는데 즉, 0.1이나 0.2의 C_L을 갖는다. 더 낮은 C_L에서 항력 계수는 증가한다. 이 결과는 날개 단면이나 몸체 모양으로부터 얻은 것으로 (+) 받음각에서 최소 유해 항력을 갖는다.

큰 캠버의 에어포일이나 동체로 후방 쪽이 위로 후퇴된 것이 예이다. 상당히 큰 플랩 전개로 "0" 바로 위의 양력 계수에서 최소 항력이 발생한다. 플랩을 접은 상태로 순항 비행할 때 항공기는 최소 C_D 수치 이하에서 혹은 C=0.7 이상에서는 양력 계수로 계속 비행할 수 있다.

27. 에어포일 특성을 설명하면?

에어포일 특성은 시험과 계산으로 결정된다. 에어포일 시험은 윈드터널에서 행해지고 2차원 흐름을 사용한다. 결과는 힘의 계수인 c_l, c_d와 모멘트 계수 c_m로 받음각 α로 나타낸다.

레이놀즈 수의 영향이 c_d, $c_{l max}$에 크기 때문에 여러 개의 레이놀즈 수로부터 데이터를 얻는다. 항력 곡선은 레이놀즈 수가 3×106에서 9×106으로 증가되면서 c_d와 $c_{l max}$의 증가 비율의 감소를 나타낸다.

이 항력의 증가는 증가된 지역 속도와 압력 항력에 기인한 것이다. 이것은 트레일링 볼텍스로부터 하강 흐름에 관계되지 않는데, 왜냐하면 2차원 에어포일은 볼텍스가 없기 때문이다.

더 큰 레이놀즈 수는 경계층을 더 얇게 하고, 압력 저항을 감소시킨다. 결과는

$$C_D = C_{DP} + kC_L^2 + \frac{C_L^2}{\pi A Rus} \quad \cdots\cdots\cdots\cdots\cdots\cdots\cdots\cdots\cdots\cdots\cdots\cdots\cdots\cdots\cdots ①$$

공식 ①에서 k의 수치를 더 작게 한다. 게다가 최소 항력 정도는 더 큰 레이놀즈 수와 함께 감소된다. 이것은 표면 마찰 계수에서 레이놀즈 수의 영향 때문이다.

여기에는 반작용(역효과)이 있지만 이것은 항력을 증가시킨다. 에어포일 레이놀즈 수가 증가하면서 천이 임계 레이놀즈 수가 날개의 훨씬 전방에서 발생한다. 층류 흐름 지역은 감소되고, 평균 항력은 증가한다.

윈드 터널 모델이 아주 유연(smooth)하고 시험 전에는 항상 깨끗한 상태인데 에어포일은 상당한 층류 흐름이 존재한다. 실제 항공기에서 더 큰 레이놀즈 수와 함께 정상적으로 제작되고 정비되면 천이는 항상 리딩에이지에 근접하게 발생한다.

윈드 터널 시험에서 이 현상을 만들기 위해서 리딩에이지의 전방에 거친 조각을 붙여서 날개의 리딩에이지 근처에 천이가 있게 한다. 이 거칠기는 최소로 유지하여 천이가 생기도록 해서 이 거친 조각이 저항을 일으키지 않게 해야 한다.

표준 거칠기의 항력 곡선은 유연한 에어포일 데이터보다 훨씬 더 크다. 시험에 거친 표면을 사용한 것이 지나친 결과를 가져왔다.

또 다른 중요한 레이놀즈 수의 영향이 나타나는데 레이놀즈 수가 증가하면서 $c_{l max}$도 증가이다. $c_{l max}$이 경계층의 분리에 의해서 결정되기 때문에

얇고 에너지가 큰 경계층은 트레일링에이지가 더 큰 역압력 구배에 대항하도록 한다(즉, 더 큰 양력 계수를 갖는다).

더 큰 레이놀즈 수는 경계층을 얇게 하고 얻을 수 있는 최대 양력을 상승시킨다.

9×10^6 이상으로 증가된 레이놀즈 수에 기인한 $c_{l\,max}$의 증가는 상당히 작다.

28. 에어포일의 종류를 설명하면?

초기의 에어포일 연구는 대칭의 에어포일의 두께 분포를 수학적으로 설명하는 방법을 사용했다. 또한 수학적인 방법으로 에어포일의 위·아래 표면의 곡면을 나타내기도 했는데 이 곡면을 캠버(camber)라고 부르고 코드의 %로서 최대 평균선을 나타낸다.
캠버의 목적은 에어포일의 최대 양력 계수 $c_{l\,max}$를 증가시키고 최소 유해 항력(minimum parasite drag)을 위해 양력 계수를 상승시킨다. 이런 효과는 레이놀즈 수 5백만보다 적은 낮은 상태에서 유효하다.
NACA(National Advisory Committee for Aeronautics: NASA의 모체) 에어포일 계열은 가장 널리 사용되었다. 아래는 4자리와 5자리 에어포일의 정의를 설명한다.

NACA 2 4 12

       최대 두께비 t/c
       코드의 1/10로 표시되는 최대 캠버의 위치 xc
       코드의 %로 표시되는 최대 캠버 yc

NACA 2 30 15

       최대 두께비 t/c
       코드의 1/100로 표시되는 최대 캠버의 위치 xc
       1/10 단위로 표시되는 c_{li}의 2/3(코드의 %로 표시되는 대략적인

최대 캠버)

위의 c_{li}는 5자리 에어포일의 캠버에 사용되는 것으로 설계 혹은 이상적인 양력 계수를 나타내며, 아래의 흐름 방향은 평균선이 리딩에이지의 바로 앞이며 리딩에이지에서 평균선과 접선이다.
1940년 초에 새로운 계열의 에어포일이 개발되었는데 65-212와 같은 수로 주어지는 6자리 계열을 나타내며 이런 표시에서 숫자는 각각의 의미를 갖는다. 6자리 계열 에어포일은 코드의 많은 부분에서 층류를 유지하도록 설계된 것이다.

NACA 6 5 2 – 2 15   a=0.5
             평균선의 특성

최대 두께비 t/c

c_{l_i}(1/10 단위)

c_{l_i} 수치의 이하나 이상에서의 c_l 범위(1/10)로 양호한 압력 구배와 낮은 저항이 존재한다.

무양력에서 기본 대칭 날개 단면의 코드의 1/10 단위로 표시되는 최소 압력의 코드 방향 위치

계열 지시

이런 장점은 에어포일의 대부분에서 양호한 압력 분포를 얻어서 이루어지고, 즉, 압력은 주변에 비해서 점차 (−)로 커지고, 이것은 리딩에이지에서 가장 크고 코드 뒤쪽으로 갈수록 점차 작아진다.

양호한 압력 구배(pressure gradient: 단계적인 압력 차이)는 천이 레이놀즈 수를 증가시키고 층류 흐름이 존재하게 한다. 이 에어포일은 윈드 터널 시험에서 아주 양호한 결과를 주었지만 실제 사용에서는 표면의 거칠기, 먼지, 기타 등으로 인해서 중요한 층류 흐름을 거의 얻지 못한다.

한 가지 예외는 아주 낮은 레이놀즈 수 항공기의 경우로 아주 잘 정비된 날개에서이다. 현재와 미래의 새로운 재료, 즉 그라파이트-에폭시 혹은 이와 비슷한 아주 매끈한 날개 표면은 실제적인 흐름을 얻는 가능성을 개선시킨다.

29. 최근의 에어포일을 설명하면?

제트엔진이 발명되었을 때 항공기는 **빠른** 아음속 속도 범위여서 이 부근에서 지역 음속 속도(local sonic velocity)는 문제점을 갖게 되었다. 그 당시는 에어포일의 어느 곳에서든지 음속은 피하는 것이 더 필요하다고 생각되었다.

6자리 계열은 상당히 평평한 위쪽 압력 분포를 유지하려고 해서 에어포일의 어디에서든지 주어진 최대(−) 압력 계수로 가장 가능한 양력을 얻는데 필요한 압력 분포의 형태와 똑같은 것이다. 그러므로 거의 모든 초기 제트 항공기는 모두 6자리 계열 에어포일을 사용했다.

1950년대 초에 6자리 계열이 가장 적합한 고속 에어포일이 아님이 분명해졌는데 에어포일의 전방에서 상당한 초음속 속도를 갖는 것이 바람직스럽기 때문이다. 그러므로 설계 기준은 에어포일의 어느 곳에서든지 초음속 속도를 피하는 것에서부터 바뀌게 되었다.

에어포일의 앞쪽에서는 최고 수치의 (−)를 가져서 압력 계수대 코드 방향 위치의 경사가 최고 높은 지점으로부터 앞쪽의 어떤 거리까지 완만해야 한다. 이것은 에

어포일이 앞부분에서 최고 수치를 갖는다는 점에서 NACA 4자리 에어포일과 아주 유사하지만, 더 큰 수치의 최고치라는 점에서 다르다. 이런 에어포일은 "peaky airfoil"이라고 부르고 요즘의 수송용 항공기에서 많이 볼 수 있다.

층류 흐름 6자리 계열의 구형 압력 분포와 현재의 피키(peaky) 에어포일과의 차이를 보여준다. 여기서는 오직 윗면 압력만을 보여준다. 요즘은 실제로 모든 에어포일을 특별한 설계 요구에 맞게 제작한다.

구형의 NACA 4자리, 5자리, 6자리 계열 에어포일은 좀처럼 사용되지 않는데 일반 소형 항공기 제작에서는 예외이다. 최근에 NACA는 소형 항공기 에어포일 개념을 소개하고 있으며, 가까운 장래에 개선된 에어포일을 사용할 수 있을 것으로 보인다. 미래의 가장 가능한 고속 에어포일은 초임계 에어포일(supercritical airfoil)이라고 부르는 것이다.

어떤 주어진 두께비에서 이 에어포일은 일반 에어포일보다 더 큰 활산 마하수(M_{DIV})를 만든다.

M_{DIV}의 장점은 가장 적합한 peaty 에어포일보다는 0.06 더 크고, 6자리 계열보다는 0.09 더 크다. 이 초임계 에어포일은 NACA의 랭글리 연구소에서 Richard whitcomb에 의해서 주도적으로 개발되었다.

"초임계(supercritical)란 말은 잘못 붙여진 이름인데, 왜냐하면 현재의 피키에어포일이 순항 상태로 사동될 때 많은 지역이 수퍼크리티컬 흐름 상태로 적은 저항의 손실만을 주기 때문이다.

초임계 에어포일은 이런 효과를 크게 하는데 위쪽 면의 많은 부분에서 적은 곡면만을 같게 해서 뒤쪽을 향하는 면은 수직으로 뻗치는 면이 최소로 되게 해서 가장 높은 지점으로부터 후방까지가 상당한 거리가 되도록 한다.

게다가 에어포일의 후방 부분을 캠버를 갖게 해서 후방에서 더 큰 하중을 담당하게 해서 가장 높은 지역에서의 cp가 어떤 주어진 C_L보다 낮게 할 수 있게 하므로, Mcc를 높인다.

또 다른 특징이 위쪽 표면과 아래 면이 트레일링에이지에서 만나는 점이다.

이것이 후방에서 높은 역압력 구배를 감소시키고, 초과되는 압력 항력 없이 후방 캠버를 허용하게 한다.

초임계 에어포일의 특성과 M_{DIV} 장점을 설명한다. 다른 많은 기술의 진보에서와 마찬가지로 초임계 에어포일에서도 어떤 부정적인 면이 있다.

아주 얇은 트레일링에이지는 구조적인 문제점을 갖는데 이는 허니컴 제작으로 중량을 초과시키지 않고도 필요 강도와 견고성을 얻을 수 있다.

후방 캠버는 큰 네가티브 피칭 모멘트를 일으키게 해서 이것은 반드시 꼬리 날개(tail)에 의해서 균형을 유지해야 하는데 그렇지 않으면 트림 항력(trim drag)을 일으킨다.

날개 루트(wing root)에서 큰 역압력 구배는 에어포일 경계층뿐만 아니라 동체 경계층에도 영향을 미친다. 그러므로 날개 루트 흐름 분리는 더 큰 받음각에서 문제점이다.

후퇴 날개에서는 덜 심각한데, 왜냐하면 후퇴에 기인한 동체-날개 간섭은 루트 에어포일(root airfoil)에 더 작은 캠버를 필요로 하기 때문이다. 이런 문제점에도 불구하고, 초임계 에어포일은 정해진 날개 후퇴와 두께로 더 큰 속도를 낼 수 있고, 혹은 주어진 M_{DIV}를 위해서 더 적은 후퇴와 혹은 더 큰 두께를 사용할 수 있다. 더 적은 후퇴와 더 큰 두께는 날개 하중을 감소시킨다. 더 작은 구조적 중량은 더 작은 날개 면적을 갖게 해서 필요 연료를 감소시키고 운용비용을 더 작게 한다.

초임계 에어포일의 연구에 좀 더 확대해서 NASA는 저속 소형 항공기를 위한 특수한 에어포일을 개발했다. 여기서의 가장 큰 목적은 더 큰 양력 계수에서 항력을 감소시키는 것으로 상승 비행 중에 $c_{\ell \max}$를 증가시킨다. 이것이 GAW-2 에어포일이다.

항력 곡선은 6자리 계열 에어포일에 비교해서 큰 C_L에서 크게 개선되었지만 한 번도 소형 항공기에 적용된 적이 없고 NACA 2415, NACA 23015보다 크게 우수하지 못하다. 그렇지만 $c_{\ell \max}$은 GAW-2가 우수하다.

GAW-2는 이런 더 큰 $c_{\ell \max}$를 더 큰 리딩에이지 반경과 에어포일의 후방 부분에서 더 큰 양력을 갖게 해서 얻는다. 이런 것은 결국 심한 역압력 구배를 만들어서 에어포일은 유지되지만 이 역압력 구배는 동체와 연결 부분에서 심한 흐름 분리를 일으킨다.

루트(root)에서 동체 경계층은 날개 경계층과 섞여서 흐름이 트레일링에이지로 분리 없이 흐르는 능력을 감소시킨다. 이런 예는 전체 항공기를 고려해야 할 좋은 예로 어느 하나만을 고려할 수 없음을 보여준다.

그렇지만 수정 작업한 GAW-2는 훌륭한 에어포일 설계로 인정받게 될 것이다. 일반 소형 항공기 에어포일의 좀더 자세한 연구로 새로운 에어포일을 만드는데, GAW-2와 같은 것으로 LS-0413이라고 부른다. "04"는 특정 양력 계수에 의한 캠버를 나타내는데 이 경우 0.4이다. 이 수치는 코드선의 "0" 받음각에서 얻은 것이다. 마지막 두 자리는 두께비이다.

30. 에어포일 단면과 날개 설계를 설명하면?

날개의 에어포일 단면은 비행 요구에 의해서 설명될 수 있다. 예를 들어 순항 마하수가 0.82이면, 압축성 효과는 중요하다. 제트 항공기의 순항 마하수는 M_{DIV}에 근접해야 하지만 약간 적어야 하고, 에어포일은 주어진 두께와 양력 계수에서 가능한 M_{DIV}만큼 높아야 한다.

이것은 최적의 두께비(thickness ratio)를 허용하게 해서 가능한 큰 연료량을 갖게 하고, 구조적 중량, 후퇴각 등을 갖게 해서 M_{DIV} 요구 조건에 충분히 맞게 해야 하거나 그렇지 않으면 중량과 $c_{l\max}$에 맞게 가능한 한 낮게 한다.

높은 M_{DIV}의 에어포일은 최적의 $c_{l\max}$를 갖는 에어포일이 아니지만, 그러나 만약 리딩에이지 장치를 사용하면 기본적인 에어포일에서 너무 낮은 리딩에이지 변경을 보상할 수 있다.

$c_{l\max}$는 이·착륙 중에 가장 중요한 것으로 고양력 장치를 사용해서 얻는다. 여러 가지 다른 에어포일은 날개 루트에 선택되는데 여기서 에어포일은 큰 구조적 굽힘 하중 때문에 두꺼워야 한다. 윙팁에서는 구조적으로 얇게 해서 $c_{l\max}$를 상승시키고 추가로 두께에 의해서 생기는 압력 항력을 감소시킨다.

후퇴를 갖고 있는 상태로 루트 에어포일은 후퇴 날개의 흐름과 함께 동체 간섭을 조절해야 한다. 팁 에어포일에서 후퇴 압력선(swept isobar)에 미치는 팁 흐름을 고려해야 한다. 후퇴 날개의 중간 스팬 스테이션에 최소 하나의 추가적인 에어포일은(흔히 루트로부터 1/3 스팬) 보상되는 루트 에어포일의 영향을 제한하도록 해서 팁 실속(tip stall)을 피하는데 필요한 스팬에서 $c_{l\max}$의 변화를 돕는다. 후퇴가 없는 날개는 이런 3번째 에어포일이 필요하지 않다. $c_{l\max}$의 적절한 변화와 날개 스팬에서 지역 양력 계수는 팁 실속을 피하는데 아주 중요하다.

날개가 초기 실속 받음각에 이르면 실속은 날개의 안쪽(inboard)에서부터 먼저 발생한다. 바깥쪽 판넬 에어포일의 각도는 지역 실속각보다 2~3° 적어야 한다. 에일러론 위의 미끈한 공기 흐름으로 조종사는 양호한 롤 조종(roll control)을 한다. 만약 바깥 판넬 실속이 먼저 발생하면 큰 롤링 모멘트가 만들어져서 이 모멘트를 상쇄시키는 롤 콘트롤을 적게 한다.

롤의 발생은 항공기가 완전히 대칭이 아니거나 혹은 작은 요(yaw) 각도 때문이다. 게다가 안쪽 실속으로부터 결과된 양력 분포의 변화는 테일(tail) 위의 하강 흐름을 감소시킨다.

테일 로드의 하양 마중(down load)이 감소되면 항공기는 기수 하향이나 네가티브 피칭 모멘트를 만든다. 항공기는 큰 받음각 지역으로부터 피치 다운(pitch down) 성질이 있어서 실속을 일으키게 된다. 조종을 완전히 잃으면 테일 스핀(tail spin)으로 들어가게 된다. 후퇴 날개에서 팁 실속을 더욱 심각하다.

만약 후퇴 날개 바깥쪽 부분이 실속되면 날개의 공기 역학적 중심 뒤에서 양력 손실이 있다. 공기 역학적 중심의 앞쪽 날개의 안쪽 부분은 양력을 유지하고, 강한 피치업(pitchup) 모멘트를 만들어 항공기가 더 깊게 실속으로 가게 한다. 테일에서 발생한 피칭 모멘트에 팁 실속의 영향이 복합되면 이 영향은 아주 위험스러운 것으로 에어포일 단면과 날개를 비틀어서 피한다.

테이퍼 비(taper ratio)는 팁 코드(tip chord)와 루트 코드(root chord)의 비로 중요한 기준치이다. 낮은 테이퍼 비를 갖는 날개(즉 콘테이너 날개)는 바깥부분에서 더 큰 양력 계수를 갖게 해서 하강 흐름 패턴 변화는 양력 분포를 타원이 되게 하는 쪽으로 움직인다. 이것이 팁 실속을 크게 한다. 반면 낮은 테이퍼 비는 더 큰 코드를 갖게 하고 물리적인 날개 두께를 갖게 해서 안쪽에서 굽힘 모멘트가 최고가 된다. 이것은 또한 양력을 안쪽으로 움직여서 공기 역학적 굽힘 모멘트를 감소시킨다. 이 두 가지 영향은 날개의 구조적 중량을 위해 바람직스럽다.

가장 효율적인 날개는 흔히 낮는 테이퍼 비를 갖고, 특히 날개가 후퇴일 때는 더욱 그렇다. 팁 쪽으로 실속이 되는 성질이 있을 때는 앞의 설명처럼 날개를 비틀고, 스팬에 따라서 에어포일을 다르게 한다. 0.2보다 적은 테이퍼 비는 일반적으로 사용하지 않는데 왜냐하면 팁 실속 경향이 더 확대되기 때문이다. 이와 예외적인 것으로는 델타 날개, 혹은 4각 날개이다. 이런 날개는 아주 낮은 종횡비여서 흐름은 위의 설명과 아주 다르다. 저속 항공기 설계는 M_{DIV}와 관련이 없는데 저속 항력, 날개 하중, $c_{l max}$가 지배적이다. 어떤 에어포일은 다른 것보다(같은 두께 비에서) 더 많은 연료량을 갖게 한다.

모든 에어포일에서 공기 역학적 중심에 대한 피칭 모멘트 계수는 중요한데 왜냐하면 테일이 모멘트를 균형되게 하는 하중 때문이다. 날개의 구조적 비틀림 하중(torsional load)과 또 다른 에어포일 특성은 실속 받음각에서와 이 각도 이상에서의 양력 곡선의 모양이다.

실속 후에 양력이 완만하게 강하되는 에어포일은 안전한 실속을 갖게 해서 조종사는 더 쉽게 회복할 수 있다. 일반적으로 큰 두께 혹은 캠버진 날개의 분리는 앞의 압력이 최고치인 부분보다 후방에서 역구배(adverse gradient)가 있어서 양력의 점차적인 손실이 있다. 불행하게도 이런 에어포일은 더 낮은 최대 양력 계수와 낮은 M_{DIV}를 갖는다. 날개 루트에서 초기 실속은 팁 쪽으로 천천히 진행되어 같은 비행 특성을 만들고, 더 큰 양력의 에어포일을 만든다.

에어포일의 선택은 전체적인 날개 설계의 일부분이다. 에어포일 선택뿐만 아니라 날개는 비틀림과 와쉬아웃(washout)을 두어서 팁 실속을 피하고 이상적인 타원형 하중에 근접하는 양력 분포를 만든다. 문제는 엔진 나셀과 파일론 때문에 더 복잡해지는데 이것들은 흐름 영역을 방해하므로 주의 깊게 설계가 요구된다. 분명히 전체적인 절차는 아주 복잡해서 물리적인 과정과 양호한 윈드 터널 결과를 얻어서 설계를 뒷받침해야 한다. 최근의 디지털 컴퓨터의 발달로 전체 항공기의 흐름 영역을 계산한다.

컴퓨터를 통해 양력과 항력을 계산할 수 있고, 이때는 점도와 충격파 영향을 포함시킨 것이다. 날개는 훨씬 빠르게 설계할 수 있고 첫 번째 윈드 터널 모델 제작을 정밀하게 해서 최종 형태와 거의 비슷하다. 윈드 터널 시험은 설계의 최종적인 유효성을 입증하는 것이다.

날개 취부각(wing incidence angle)의 선택은 날개 전체에서 중요한 점이다. 날개 취부각은 일반적으로 날개 루트 코드 코드선과 동체 기준선 사이의 각도이다. 동체 기준선은 대칭면에 놓이고, 흔히 객실 바닥(cabin floor)에 평행하다. 날개 취부 선택의 기본 기준은 캐빈 바닥 높이로 순항 비행에 적합한 정도이다. 게다가 동체는 흔히 도체 받음각이 0으로 되는 곳에서 최소의 항력을 갖는다.

설계 절차에는 순항 비행 중에 기대되는 평균 양력 계수를 평가한다. 무양력인 날개의 날개 루트 코드선의 각을 알면(일반적으로 에어포일 캠버와 날개 비틀림) 다음 공식으로부터 양력 곡선 경사를 계산할 수 있다.

$$\frac{dC_L}{d\alpha} = \alpha = \frac{\alpha_0}{1 + 57.3\alpha_0/(\pi AR)} \quad \cdots\cdots\cdots\cdots\cdots\cdots \text{①}$$

후퇴 날개는 더욱 복잡한데 날개 루트 코드 받음각이 원하는 양력 계수를 얻도록 결정되어야 한다.

$$\frac{dC_L}{d\alpha} = \frac{2\pi AR}{2 + \sqrt{(AR^2/\eta^2)(1 + \tan\wedge^2 - M_0^2) + 4}} \quad \cdots\cdots\cdots\cdots \text{②}$$

이렇게 해서 날개를 동체에 고정시켜서 동체 받음각이 0일 때 각도를 얻게 한다. 후방 부분이 앞쪽으로 후퇴된 날개는 후방 카고 도어를 갖게 해서 작은 받음각에서 최소 항력을 갖게 한다. 이런 경우에 날개 취부는 크게 감소한다. 또 한 가지 고려할 것이 착륙이나 이륙 포기 중에 정지 성능으로 적은 날개 양력으로 개선시킨다. 이 경우에 가능한 한 제동 휠에 가능한 큰 중량을 갖게 한다(기수가 약간 내려간다). 그러므로 날개의 각이 약간 변하지만 캐빈에서는 심하게 느끼지 못한다. 노스기어 길이를 짧게 해서 돕기도 한다. 이런 기술은 제한되는데 왜냐하면 캐빈 바닥의 수평 상태가 지상에서도 바람직스럽게 때문이다.

전투기의 경우는 바닥의 수평 정도는 고려하지 않는다. 또 다른 에어포일과 날개 특성으로 고속 항공기 설계에서 반드시 고려할 것이 있다. 이것이 최대 양력 계수에 마하수 영향이다. 최대 양력 계수는 대략 0.25 이상으로 마하수가 증가를 감소시킨다.

큰 받음각에서 에어포일의 앞부분에서 지역 속도가 크게 증가하기 때문에 음속 속도는 자유 흐름 속도가 느린 때에도 이 흐름을 통해서 음속 속도가 초과된다. 이것으로 충격파가 얻어져서 초기의 분리와 실속을 일으킨다.

실속 속도가 이·착륙 중에 중요하므로 비행 중에 실속 속도의 결정은 예상되는 가장 높은 공항의 고도에서 적합해야 한다. 저속 운용에서 이 영향뿐만 아니라 높은 마하수에서 최대 양력 계수의 감소에서 순항은 아주 중요하다.

양력 계수가 실속보다 낮을 때 일부 분리와 부펫(buffet)이 발생한다. 부펫은 날개에서 불안정한 분리된 흐름에 기인한 항공기의 흔들림이다. 최대 허용 순항 양력 계수를 선택해서 적절한 방향 조종이 되게 하고, 양력을 수평비행 수치보다 30% 더 높게 하는데 이때는 초기의 부펫을 마주치지 않는다. 부펫의 양력 계수 곡선과 마하수를 부펫 경계(buffet boundary)라고 부른다.

조종사의 비행 교범에는 수평 비행의 부펫 경계에 해당하는 항공기 중량, 고도, 마하수의 조합을 볼 수 있고, 여러 가지 하중 계수를 볼 수 있다. 날개 설계는 팁 실속을 피할 수 있게 그리고 저속에서 높은 마하수 실속에 맞는 피치업(pitchup)이 되도록 설계한다.

31. 초음속 에어포일을 설명하면?

초음속 에어포일은 아주 얇은데 왜냐하면 조파 항력 계수(C_{Dwave})가 $(t/c)^2$ 관계로 변하기 때문이다. 아음속 리딩에이지의 상당한 후퇴 초음속 날개는 아주 복잡한 캠버를 갖고 비틀린 표면을 갖고 있는데 정밀한 수학적 분석에 의한 것이다.

32. 어떤 항공기가 압력 고도 35,000 ft로 비행중이다. 피토 튜브는 799 lbs/ft2를 지시한다. 이때의 마하수를 계산하려고 한다. 만약 주변 공기 온도가 표준 공기 온도보다 10°F 높을 때 표준 진대기 속도와 상당 속도(equivalent airspeed)를 결정하면?

표준 대기 차트에서, 압력 고도가 35,000ft일 때

$$P=499.34 \ lbs/ft^2$$
$$T_{standard}=394°R$$
$$T_{ambient}=394+10$$
$$=404°R$$

$$M_1 = \sqrt{\frac{2}{\gamma-1}\left[\left(\frac{P_t}{P_1}\right)^{(\gamma-1)/(\gamma-1)} - 1\right]}$$

$$= \sqrt{\frac{2}{1.4-1}\left[\left(\frac{799}{499.34}\right)^{(1.4-1)/(1.4-1)} - 1\right]}$$

$$=0.85$$

$$a = \sqrt{\gamma RT}$$

$$= \sqrt{(1.4)(1718)(404)}$$

$$=985.7\text{ft}$$

$$V_{true} = M \times a$$

$$= 0.85 \times 985.7$$

$$= 837.9\text{ft/s}$$

$$= 570.8\text{mph}(\because V_{mph} = V_{ft/s} \times 60/80)$$

$$V_E = V_{true}\sqrt{\sigma}$$

$$= V_{true}\sqrt{\frac{\rho}{\rho_0}}$$

$$\rho = \frac{P}{RT}$$

$$= \frac{499.34}{(1718)(404)}$$

$$= 0.600718\text{slug}$$

$$\rho_s = 0.002377\text{slug}$$

$$V_E = 570.8\sqrt{\frac{0.000718}{0.002378}}$$

$$= 570.8\sqrt{0.302}$$

$$= 313.7\text{mph}$$

여기서 날개 위쪽 표면에의 압력이 440 lbs/ft²이라고 가정해보자. 지역 마하수는 즉 날개 위의 어떤 지점에서의 마하수는? 공식 ⑦과 피토튜브의 전체 압력 PT가 바뀌지 않은 상태이고 정압이 440 lbs/ft²이면

$$M_1 = \sqrt{\frac{2}{1.4-1}\left[\frac{799^{(1.4-1)/(1.4)}}{440}-1\right]}$$
$$=0.964$$

지역 마하수는 공기를 지나는 항공기의 마하수보다 상당히 높다. 지역온도를 얻기 위해서 전체 온도를 알아야 한다.
위에서 $M_1=0.85$, $T_1=404°R$

$$\frac{T_T}{T_1}=1+\frac{\gamma-1}{2}M_1{}^2$$

$$=T_1\left[1+\left(\frac{\gamma-1}{2}\right)M_1{}^2\right]$$

$$=404\left[1+\frac{1.4-1}{2}(0.85)^2\right]$$

$$=462.4°R$$

날개 위의 어느 지점에서 $M_1=0.964$, 이 지점에서의 온도

$$T_1=\frac{T_T}{\left[1+\left(\frac{\gamma-1}{2}\right)M_1{}^2\right]}$$

$$=\frac{462.4}{\left[1+\left(\frac{1.4-1}{2}\right)(0.964)^2\right]}$$

$$=389.9$$

그러므로 공기는 가속될수록 차가워진다. 이것은 경계층 밖의 온도이다.

연습 문제(Ⅲ)

1. 항공기의 양력과 항력은?
1. 스칼라(scalar)이고 공기 역학적 힘의 합성이다.
2. 벡터(vactor)이고 공기 역학적 힘의 합성이다.
3. 스칼라이고 공기 역학적 힘의 성분이다.
4. 벡터이고 공기 역학적 힘의 성분이다. (4)

2. 항공기에 작용하는 양력은?
1. 비행로(flight path)와 평행이다.
2. 중량과 반대이다.
3. 비행로에 수직이다.
4. 수평면과 수직이다. (3)

3. 다음 중 모두 벡터량을 갖는 것은?
1. 속도, 시간, 움직임(displacement)
2. 움직임, 가속, 힘(force)
3. 힘, 움직임, 체적(volume)
4. 속도, 질량(mass), 힘 (2)

4. 항공기가 남쪽 방향, 200 knot로 비행할 때, 북쪽으로부터 20knot의 풍향을 만났다. 항공기의 지면 속도(ground speed)는?
1. 180knot로 표류(drift)가 없다.
2. 200knot로 동쪽으로 표류한다.
3. 220knot로 표류가 없다.
4. 200knot로 서쪽으로 표류한다. (3)

5. 항공기가 일정한 속도로 수평 선회를 하고 있다. 이때의 속도는?
1. 증가된다.
2. 감소된다.
3. 일정하다.
4. 변한다. (4)

6. 항공기가 이륙 활주 중일때 옳은 것은?
1. 평행 상태이다.
2. 뉴톤의 제3법칙애 의해 가속된다.
3. 평행 상태가 아니다.
4. F=ma를 받으므로 지면에 충돌한다.   (3)

7. 일(work)이 뜻하는 것은?
1. 균형 있는 힘의 결과에 의해서 물체가 움직이는 것
2. 일정한 속도로 물체가 마찰 없이 움직이는 것
3. 물체에 주어지는 힘
4. 불균형된 힘의 결과로 물체가 움직이는 것   (4)

8. 제트엔진이 생산하는 10,000 lbs 추력은 몇 마력과 같은가?
1. 10,000 HP
2. 30.77 HP
3. 0 HP
4. 속도를 모르면 계산할 수 없다.   (4)

9. 항공기 날개 상부에서의 공기 흐름이 층류 경계층에서 난류 경계층으로 바뀌면?
1. 실속한다.
2. 감속된다.
3. 하강한다.
4. 양력이 감소된다.   (4)

10. 정압의 증가는 공기 밀도에 어떤 영향을 미치는가?
1. 밀도를 감소시킨다.
2. 밀도에 영향을 미치지 않는다.
3. 밀도를 증가시킨다.
4. 밀도와는 관계없다.   (3)

11. 온도의 감소는 공기 밀도에 어떤 영향을 미치는가?
1. 밀도를 감소시킨다.
2. 밀도에 영향을 미치지 않는다.

3. 밀도를 증가시킨다.

4. 밀도와는 관계없다. (3)

12. 압력비(pressure ratio)란?

1. 주변 압력(ambient pressure)을 표준 해면상 압력으로 나눈 것

2. 주변 압력(millivar)을 29.92로 나눈 것

3. 주변 압력을 2116으로 나눈 것

4. 표준 해면상 압력을 29.92로 나눈 것 (1)

13. 밀도비(density ratio: sigma)는?

1. 압력비를 온도비로 나눈 것과 같다.

2. slug/ft³으로 측정한다.

3. 주변 밀도를 표준 해면상 압력으로 나눈 것과 같다.

4. 위 모두 틀리다. (4)

14. 아음속 흐름(subsonic flow)의 베르누이 방정식을 설명하면?

1. 만약 튜브속 공기 흐름 속도가 증가하면, 공기의 정압은 증가한다.

2. 만약 튜브의 면적이 감소하면 공기의 정압은 증가한다.

3. 만약 튜브속 공기 흐름 속도가 증가되면 공기의 정압은 감소한다. 그러나 정압과 속도의 합은 일정하다.

4. 위 모두 틀리다. (4)

15. 공기 흐름의 동압(dynamic pressure)은?

1. 속도의 자승에 비례한다.

2. 공기 밀도에 비례한다.

3. 위 1.2 모두 아니다.

4. 위 1.2 모두 맞다. (4)

16. 동압을 나타내는 공식 q=1/2ρV² 대신에 q=$\frac{\rho V k^2}{295}$를 사용하는 이유는?

1. V를 knot로 측정했기 때문에

2. 밀도비가 실제 밀도보다 다루기 쉽기 때문에

3. 위 1.2 모두 맞다.

4. 위 1.2 모두 틀리다. (3)

17. CAS(calibrated airspeed)를 얻기 위해서 LAS(indicated airspeed)에 수정이 필요하다. 어떤 수정이 필요한가?

1. 위치 오차(position error)와 압축성 효과
2. 계기 오차와 위치 오차
3. 계기 오차와 밀도 오차
4. 위치 오차와 밀도 오차 (2)

18. EAS(equivalent airspeed)를 얻기 위해서 CAS를 할 때 압축성 효과를 참고한다. 이 압축성 오차는?

1. 항상 (−) 수치이다.
2. 고고도에서는 무시된다.
3. 고속에서는 무시된다.
4. (+)이거나 (−)이다. (1)

19. EAS에서 TAS(true airspeed)로의 수정은 다음에 좌우된다. 다음 중 옳은 것은?

1. 온도비
2. 밀도비
3. 압력비
4. 위 모두 아니다.

20. 최소 속도 $V_{min} = \sqrt{\dfrac{2W}{\rho S C_{Lmax}}}$ 에 대한 설명 중 틀린 것은?

1. 받음각을 증가하면 C_{Lmax}도 증가하여 V_{min}이 된다.
2. 받음각을 증가시켜도 C_{Lmax}만큼은 커지지 않는다.
3. 받음각이 실속각이 되면 V_{min}이 된다.
4. C_{Lmax}가 큰 에어포일을 가진 비행기일수록 V_{min}이 적게 되어 불리하다. (4)

21. 어떤 날개의 종횡비가 7이다. 코드의 길이가 1m라면 스팬의 길이는 얼마이겠는가?

1. 2m
2. 6m
3. 7m
4. 14m (3)

22. 리딩에이지 플랩형에 관한 설명이다. 틀리는 것은?

1. 고속에서 받음각이 커지면 리딩에이지 부분에 심한 백압(back pressure)이 생기기 때문에 흐름의 분리가 일어나 실속이 빨리 일어난다.

2. 공기의 흐름을 조절하여 양력 계수를 증가시키는 고양력 장치의 일종이다.

3. 초음속 영역에서는 뾰족한 리딩에이지 에어포일이다.

4. 고아음속 영역에서는 리딩에이지 반경이 작은 층류형이 좋다.　　　　　(1)

23. 풍압 중심의 위치는 다음 중 어느 것에 영향을 받는가?

1. 날개 두께

2. 캠버

3. 받음각

4. 정답 없다.　　　　　(3)

24. 받음각(angle of attack)이 커지면 풍압 중심은 일반적으로 어떻게 되는가?

1. 리딩에이지 쪽으로 이동한다.

2. 트레일링에이지 쪽으로 이동한다.

3. 이동하지 않는다.

4. 기류 상태에 따라 전진 또는 후퇴한다.　　　　　(1)

25. 마그너스 효과(magnus effect)를 나타내는 예는?

1. 볼링 볼이 만드는 곡선

2. 피치 상태의 야구공이 만드는 곡선

3. 골프공의 슬라이스(slice)

4. 위 2. 3 모두 맞다.　　　　　(4)

26. 다음 중 (+) 양력을 만드는 것은?

1. "0" 받음각에서의 대칭형 에어포일

2. 윈드터널에서의 원통형 물체

3. "0" 받음각에서의 캠버가 있는 에어포일

4. 위 모두 틀리다.　　　　　(3)

27. 다음 설명 중에서 피칭 모멘트(pitching moment)를 만들지 못하는 것은?

1. (+) AOA에서 대칭형 에어포일

2. 무양력(zero lift)을 만드는 캠버진 에어포일

3. (+) AOA를 갖는 캠버진 에어포일

4. "0" AOA에서의 대칭형 에어포일

5. 위 1.4 모두 맞다. (5)

28. 공기 역학적 중심(aerodynamic center: a.c)은 다음에 위치한다. 맞는 것은?

1. 아음속에서는 코드(chord)의 50%, 초음속에서는 코드의 25%

2. 모든 속도에서 코드의 25%

3. 모든 속도에서 코드의 20%

4. 아음속에서는 코드의 25%, 초음속에서는 코드의 50% (4)

29. 캠버진 에어포일에서 압력 중심(center of pressure: c.p)은?

1. 작은 AOA에서 날개의 후방으로 움직인다.

2. AOA가 증가하면서 뒤쪽으로 움직인다.

3. AOA가 증가하면서 전방으로 움직인다.

4. 위 1.3 모두 맞다. (4)

30. 캠버진 에어포일의 설명 중 틀린 설명은?

1. 공기 역학적 중심(a. c)은 양력 발생에 따라 변한다.

2. a. c에서는 파칭 모멘트가 없다.

3. 아음속에서 a. c는 코드의 후방 25%에 위치한다.

4. a. c에서 피칭 모멘트는 AOA(일정한 속도)의 변화에도 일정하다. (2)

31. 대칭형 에어포일에서 압력 중심은?

1. AOA가 증가하면서 전방으로 움직인다.

2. AOA가 증가하면서 같은 곳에 머문다.

3. c. p에 대한 피칭 모멘트가 없다.

4. 위 2. 3 모두 맞다. (4)

32. 에어포일의 두께가 증가하면서 실속 받음각은?

1. 더 커진다.

2. 더 작아진다.

3. 변하지 않는다.

4. 관계없다. (1)

33. 에어포일의 캠버가 증가하면, AOA에서 C_L은 어떻게 변하는가?
1. 더 작아진다.
2. 변하지 않는다.
3. 더 커진다.
4. 관계없다. (3)

34. 경계층(boundary layer)의 공기는?
1. 날개 표면에서 "0" 속도를 갖는다.
2. 리딩에이지 근처에서 난류이다.
3. 만약 난류이면 더욱 실속하려 한다.
4. 위 모두 틀리다. (1)

35. 경계층의 공기는?
1. 낮은 레이놀즈 수에서는 층류에서 난류로 변한다.
2. 속도가 최대일 때 날개로부터 분리된다.
3. 실속이 발생할 때 흐름 방향이 역으로 된다.
4. 위 모두 아니다. (3)

36. C_{Lmax}를 증가시키기 위해서 설계 시에 2가지를 변경시킬 수 있다. 다음 중 맞는 것은?
1. 두께와 날개 면적
2. 코드 길이와 종횡비
3. 캠버와 날개 스팬(wing span)
4. 두께와 캠버 (4)

37. 레이놀즈 수가 크다는 것은?
1. 에어포일의 리딩에이지 근처에서 발생한다.
2. 층류 흐름(laminar flow)을 나타낸다.
3. 더 낮은 속도에서 발생한다.
4. 난류 흐름을 나타낸다. (4)

38. 에어포일의 역압력 구배(adverse pressure gradient)는 어디서 볼 수 있는가?
1. 최대 두께 지점에서 트레일링에이지까지

2. 리딩에이지의 전체 지점 근처에서
3. 최소 압력 지점에서 트레일링에이지까지
4. 위 1. 3 모두 맞다.   (4)

39. 큰 받음각 실속에서 공기 흐름은?
1. 정지된다.
2. 흐름 방향이 반대로 된다.
3. 속도가 더 커진다.
4. 위 팁쪽으로 움직인다.   (2)

40. 공기 흐름 분리를 지연시키는 방법은?
1. 날개 표면을 거칠게 만든다.
2. 볼텍스 제너레터를 사용한다.
3. 고압력 공기를 날개 위 표면으로 가게 하거나 플랩이나 슬롯(slot)을 지나게 한다.
4. 위 모두 맞다.   (4)

41. 다음 중 경계층 제어와 관계있는 것은?
1. Slat wing
2. Delta wing
3. Low wing
4. High wing   (1)

42. 받음각(Angle of attack)이란?
1. 동체 중심선과 코드와 이루는 각
2. 항공기 진행 방향(프롭의 방향)
3. 날개 중심선과 동체와 이루는 각
4. 후퇴각과 취부각의 차   (1)

43. 초임계 에어포일()을 층류 에어포일과 비교 설명했을 때 틀린 것은?
1. 초임계 에어포일의 아랫면의 뒤 부분은 굽혀져 있다.
2. 초임계 에어포일은 최대 두꺼비가 약간 앞부분에 있다.
3. 초임계 에어포일은 날개 윗면이 약간 평편하다.
4. 초임계 에어포일은 다소 뾰족한 리딩에이지를 갖는다.   (4)

44. NACA 6 4 ₃ - 2 1 5 에어포일에 대한 다음의 설명에서 틀린 것은?

1. 15: 최대 두께비=15%C
2. 2: 설계 항력 계수 C_L=0.2
3. 3: 설계 항력 계수 c_d=0.03
4. 4: 최소 압력점이 0.4C에 있다. (3)

45. 항력 계수는 다음과 같이 정의할 수 있다. 다음 중 옳은 것은?

1. 양력대 항력의 비
2. 항공기 효율의 측정
3. 항력대 양력의 비
4. 항력 압력(drag pressure) 대 동압력의 비 (4)

46. 층류층 에어포일은 일반적인 에어포일보다 저 작은 저항을 갖는데 다음 중 어떤 상태에서인가?

1. 큰 C_L 지역에서
2. 큰 AOA 지역에서
3. 고속 지역에서
4. 비행의 착륙 단계 (3)

47. 층류층 에어포일은 일반적인 에어포일보다 작은 항력을 갖는데 그 이유는?

1. 에어포일에서 역압력 구배의 시작은 훨씬 뒤에서 시작하기 때문이다.
2. 에어포일이 더 가늘기 때문이다.
3. 층류 흐름 공기량이 더 많이 때문에
4. 위 1. 3 모두 맞다. (4)

48. 양항비(lift/drag ratio)란?

1. 항공기 효율의 측정이다.
2. 항력이 최소일 때 최대이다.
3. 활공비(glide ratio)와 적으로 똑같다.
4. 위 모두 맞다. (4)

49. 항공기가 C_{Lmax}로 비행할 때를 가장 잘 설명한 것은?

1. 유도 항력보다 유해 항력이 더 크다.
2. 유해 항력보다 유도 항력이 더 크다.

3. 유해 항력과 유도 항력이 똑같은 크기이다.

4. 결정할 수가 없다. (2)

50. 유도 항력(induced drag)은?

1. 큰 종횡비를 갖는 항공기보다 낮은 종횡비 항공기에서 더욱 중요하다.

2. 항공기가 지면 효과를 받을 때 감소된다.

3. 항공기가 윙렛(wing let)을 갖고 있을 때 감소된다.

4. 위 모두 맞다. (4)

51. 양력 벡터가 후방으로 경사질 때 얻어지는 유도 항력은 다음 중 무엇 때문에 생긴 것인가?

1. 날개 뒤에서 팁볼텍스가 일으키는 하강 흐름에 의해

2. 날개 위의 상대풍이 아래로 밀릴 때

3. 공기 역학적 중심이 밀린 상태에서 지역 상대풍에 의해서

4. 위 모두 맞다. (4)

52. 항공기가 대칭형 날개이고 붙임각이 이륙 중에 "0"일 때, 모든 항력은 다음 무엇과 같은가?

1. 형상 항력(profile drag)

2. 유해 항력(parasite drag)

3. 조파 항력(wave drag)

4. 유도 항력(induced drag) (2)

53. 날개 밑에 정압 포트(static port)가 있는 항공기가 이륙하면서 지면 효과를 벗어난다. 이때를 가장 잘 설명한 것은?

1. 항력 증가, 기수 상향 피치(nose up pitch), 낮은 IAS

2. 항력 증가, 기수 상향 피치(nose up pitch), 더 큰 IAS

3. 항력 감소, 기수 하향 피치(nose down pitch), 낮은 IAS

4. 항력 감소, 기수 상향 피치(nose up pitch), 더 큰 IAS (2)

54. 비행 속도가 같을 경우 후퇴 날개의 양력이 같은 면적의 4각형 날개보다 양력이 작은 이유는?

1. 날개 길이 방향의 속도가 크기 때문이다.

2. 날개 길이 방향의 속도가 작기 때문이다.

3. 날개 코드 방향의 속도가 크기 때문이다.

4. 날개 코드 방향의 속도가 작기 때문이다. (3)

55. 표준 대기에 대한 다음의 설명에서 맞는 것은?

1. 해면 고도 대기압은 760mmHg이다.

2. 표준 대기의 공기는 수증기를 포함한 것이다.

3. 해면 고도의 공기 밀도는 0.125kg/㎥이다.

4. 고도 2,000m의 대기 온도는 3℃이다. (1)

56. 날개에서 워시아웃(wash out)을 하는 이유는?

1. 실속이 윙 루트(wing root) 부근에서 시작하는 것을 방지하기 위해서

2. 실속이 윙 팁 부근에서 시작하기 위해서

3. 항공기의 스핀을 방지하기 위해서

4. 실속이 윙 팁(wing tip) 부근에서 시작하는 것을 방지하기 위해서 (4)

57. 날개의 공력 특성에 대한 설명 중 틀린 것은?

1. 실속 특성이 나쁜 날개는 후퇴각을 가진 날개이다.

2. 타원형 날개는 유도 항력이 작다.

3. 날개의 임계 마하수를 높이기 위해 후퇴각을 준다.

4. 초음속 날개는 종횡비가 큰 테이퍼형 날개이다. (4)

58. 전압, 정압공을 모두 구비한 Pitot static tube가 동체 안쪽을 향하여 삐뚤게 장착되었다면 어떤 현상이 초래되겠는가?

1. 수평 비행시 승강계의 지시가 높다.

2. 고도계의 지시고도가 높다.

3. 고도계의 지시고도가 낮다.

4. 속도계의 지시속도가 크다. (3)

59. Pitot static group이 아닌 것은?

1. 속도계

2. 고도계

3. 승강계

4. 선회 경사 지시계 (4)

60. 속도 지시계(air speed indicator)는 어디에 연결되나?
1. Static line에만
2. Pitot line에만
3. Pitot & static
4. Line Vented Cockpit air   (3)

61. T.A.S, I.A.S 및 C.A.S와의 관계는 다음과 같다. 다음 중 맞는 것은?
1. I.A.S에 밀도를 수정한 것이 I.A.S,
   T.A.S에 위치 오차를 수정한 것이 C.A.S
2. T.A.S에 위치 오차를 수정한 것이 I.A.S,
   I.A.S에 밀도를 수정한 것이 C.A.S
3. C.A.S에 위치 오차를 수정한 것이 T.A.S,
   C.A.S에 밀도를 수정한 것이 I.A.S
4. I.A.S에 위치 오차를 수정한 것이 C.A.S,
   C.A.S에 밀도를 수정한 것이 T.A.S   (4)

62. 속도계는?
1. 고도에 따르는 기압차를 이용한 것이다.
2. 전압과 정압의 차를 이용한 것이다.
3. 전압만을 이용한 것이다.
4. 동압과 정압의 차를 이용한 것이다.   (2)

63. 고도 변화에 따라 비행 제원이 변하지 않는 대기 속도는 다음 중 어느 것인가?
1. I.A.S
2. C.A.S
3. E.I.A.S
4. T.A.S   (1)

64. 수정 지시 속도(C.I.A.S)란?
1. 대기압, 온도 및 고도를 수정한 속도
2. 대기 온도와 압축성을 수정한 속도
3. 계기 및 피토관 위치 오차를 수정한 속도에 대기 온도와 공기 밀도를 수정한 속도
4. 대기 온도와 공기 밀도를 수정한 속도   (3)

65. 피토공에 걸리는 공기압은?
1. 전압
2. 정압
3. 동압
4. 대기압 (1)

66. 정압원(static pressure sourace)을 피토 튜브에 두지 않고 동체 양쪽에 두는 이유는?
1. 결빙 예방책으로
2. 선회시의 오차를 적게 하기 위하여
3. 피토튜브는 정착 오차가 없으므로
4. 배관에 소요되는 튜브 재료를 적게 들이기 위해 (2)

67. 지시 속도라 하는 것은?
1. 속도계가 지시하는 속도
2. 어떤 고도에서의 진대기 속도
3. 속도계의 눈금에 위치를 수정한 속도
4. 어떤 비행기에 지정된 최대 급강하 속도 (1)

68. 전압을 필요로 하는 계기는?
1. 고도계
2. 승강계
3. 속도계
4. Gyro계기 (3)

69. 단순 피토튜브는 주로 무엇을 측정하는데 사용하는가?
1. 정압
2. 동압
3. 전압
4. 온도 (2)

70. 속도계가 고도의 변화에 따라 진대기 속도를 지시하지 않는 이유는?
1. 공기의 온도가 변하기 때문에

2. 공기의 밀도가 변하기 때문에

3. 대기압이 변하기 때문에

4. 고도가 변하여도 올바른 속도를 지시한다. (2)

71. 피토관에 있어서 기내 여압이 되어 있지 않는 부분에 leaking이 있을 때 지시 대기 속도계는?

1. 실제 속도보다 높게 지시한다.

2. 실제 속도보다 낮게 지시한다.

3. 고고도에서는 실제보다 높게, 저고도에서는 낮게 지시한다.

4. 고고도에서는 실제보다 낮게, 저고도에서는 높게 지시한다. (2)

72. 선회계가 지시하는 것은?

1. 선회 각 가속도

2. 선회 각도

3. 선회 각 속도

4. 선회 속도 (3)

73. 층류 경계층을 연장시켜 주기 위하여 에어포일의 최대 두께를 날개 시위의 40～50% 후방에 둔 에어포일은?

1. Reflexed airfoil

2. Symmetrical airfoil

3. Laminer flow airfoil

4. Supercritical airfoil (2)

74. 항공기의 유도 항력이 1,120kg 종횡비를 1/2로 감소시켜 달았을 경우에는 유도 항력이 얼마인가?

1. 2,000 lbs

2. 1,047 lbs

3. 705 lbs

4. 500 lbs (1)

75. 레이놀즈 수를 설명한 것 중에서 바르게 설명한 것은?

1. 동점성 계수에 비례한다.

2. 관의 직경에 반비례한다.

3. 관의 평균 유속에 반비례한다.

4. 동점성 계수에 반비례한다.　　　　　　　　　　　　　　　　　　　(4)

76. 항공기가 실속각보다 큰 받음각을 접하게 되면 어떻게 될까?

1. 압력 감소, 항력 감소

2. 양력 증가, 항력 증가

3. 양력 증가, 항력 감소

4. 양력 감소, 항력 증가　　　　　　　　　　　　　　　　　　　　　(4)

77. 대기의 공기 밀도는 기압과 온도에 대해 어떤 관계가 있는가?

1. 기압에 비례한다.

2. 기압에 반비례한다.

3. 절대 온도에 비례한다.

4. 절대 온도에 반비례한다.　　　　　　　　　　　　　　　　　　　(4)

78. 베르누이의 정리 $P + 1/2\ \rho V^2 = const$에서 다음 중 맞는 것은?

1. 유체의 속도가 커지면 동압은 감소한다.

2. 유체의 속도가 커지면 동압은 증가한다.

3. 유체의 속도가 커지면 정압은 감소한다.

4. 유체의 속도가 커지면 정압은 증가한다.　　　　　　　　　　　　　(3)

79. NACA 4512의 "4"는 무엇을 표시하는가?

1. 두께비 4%

2. 최대 캠버

3. 최대 캠버의 위치(날개 코드의 40%)

4. 항력 계수가 가장 적은 C_L의 값　　　　　　　　　　　　　　　(2)

80. 플랩(flap)을 내리게 되면?

1. 양력 계수만 커진다.

2. 항력 계수만 커진다.

3. 양력 계수는 작아지고 항력 계수는 커진다.

4. 양쪽이 다 커진다.　　　　　　　　　　　　　　　　　　　　　　(4)

81. 비행기가 수평 비행을 하고 있을 때의 날개에 작용하는 압력에 대한 설명 중

옳은 것은?

1. 날개 상면 압력이 크다.

2. 날개 하면 압력이 크다.

3. 상하면 압력이 동일하다.

4. 속도 및 고도에 따라서 상하면 압력이 달라진다. (2)

82. 일반적으로 이동하는 물체에 작용하는 공기력은?

1. 공기 밀도에 비례하고 공기 속도에 반비례하고 물체의 면적에 비례한다.

2. 공기 밀도에 비례하고 속도 자승에 비례하고 물체의 면적에 비례한다.

3. 공기 밀도에 비례하고 속도 자승에 비례하고 물체의 면적에 반비례한다.

4. 공기 밀도에 비례하고 속도 자승에 비례하고 물체의 면적에 반비례한다.

  (2)

83. 슬롯형 플랩(slotted flap)의 구조에 대한 설명 중 옳은 것은?

1. 날개의 트레일링에이지에 연결되며 구조가 간단하여 최근의 소형기에 많이 사용한다.

2. 날개의 트레일링에이지 하면에 날개의 일부로 연결되어 있다.

3. 날개와 플랩 사이에 일정한 간격을 유지하여 날개 하면의 기류를 날개 상면으로 흐르게 하여 준다.

4. 날개의 리딩에이지에 위치하며 구조가 복잡하고 대형기에 많이 사용된다.

  (3)

84. 최대 양력이 발생하게 되는 실속각보다도 더 큰 받음각을 갖게 될 경우?

1. 양력과 항력이 모두 감소한다.

2. 양력과 항력이 모두 증가한다.

3. 양력은 감소되고 항력은 증가한다.

4. 양력은 증가하고 항력은 감소한다. (3)

85. 종횡비를 2배로 하고 날개 면적을 그대로 둘 경우 비행기의 유도 항력 계수는?

1. 1/4배

2. 1/2배

3. 2배

4. 4배 (2)

86. 날개 면적이 2.5m², 무게가 130kg인 비행기가 해발 고도를 수평 등속도 비행하고 있다. C_{Lmax}=1.2일 때 실속 속도는 얼마인가?(단 ρ=1/8)?
1. 200 km/h
2. 150 km/h
3. 100 km/h
4. 95 km/h   (4)

87. 비행기 실속 속도에 영향을 미치는 요소가 아닌 것은?
1. 양력 및 항력
2. 공기 밀도
3. 하중 계수
4. 중량   (3)

88. 비행기의 항력 감소 장치는 다음 중 어느 것인가?
1. Buzz
2. Fillet
3. Winglet
4. Dorsal fin   (2)

제2장 항공기 성능

제2장. 항공기 성능(Airplane Performance)

2-1. 필요 추력과 필요 출력

1) 정의

비행 성능의 기본적인 요소 중 안정된 비행 상태, 즉 항공기의 평형은 아주 중요하다. 항공기가 안정된 수평 비행 상태에 있기 위해서 평형은 양력이 항공기 중량과 똑같은 것에 의해 얻어져야 되고 동력 장치의 추력은 항공기 항력과 같아야 한다. 그러므로 항공기 항력은 안정된 수평 비행을 유지하는데 필요한 추력으로 정의한다.

항공기의 전체 항력은 유해 항력(parasite drag)과 유도 항력(induced drag)의 힘이다. 유해 항력은 압력 항력과 마찰 항력의 합으로 이것은 기본적인 형태에 기인한 것이다. 정의한 데로 양력과는 독립적이다. 유도 항력은 바람직스럽지 못하지만 양력의 발생에 따른 피할 수 없는 결과로써 생긴다.

공기 흐름의 전개에 따른 양력 발생 과정에서 실제 양력은 경사지고 또 다른 양력의 성분은 비행로에 평행하게 발생한다. 이 양력 성분은 압력의 변화와 결합되고, 양력의 변화에 의한 마찰 항력은 유도 항력을 형성한다.

한편, 유해 항력은 고속에서 지배적이고 유도 항력은 저속에서 지배적이다.

속도 변화와 함께 유도, 유해, 전체 항력이 안정된 수평 비행에서 특정한 항공기 형태에서 변하는 것을 설명한다.

비행에 필요한 힘은 추력과 비행 속도에 좌우된다.

추진 필요 마력은 다음 공식처럼 필요 추력과 비행 속도에 관련된다.

$$Pr = \frac{TrV}{325}$$

여기서 Pr: 필요 출력(hp)
　　　Tr: 필요 추력(전체 항력과 같다. lbs)
　　　V: 진대기 속도(knot)

이 관계를 보아서 325knot에서 매 파운드의 항력 발생은 1hp의 추진력을 필요로 하지만 650knot에서 매 파운드의 항력은 2hp의 추진력을 필요로 한다. 반면 162.5knot에서 매 파운드의 항력은 1/2hp를 필요로 한다.

출력이란 말은 일을(work rate) 뜻하는데, 특별한 힘이 생길 때의 속도와의 함수 관계이다.

필요 추력과 필요 출력 사이에는 몇 가지 차이가 있다. 항속 거리(range), 체공 시간

(endurance)과 같은 성능에는 안정된 비행을 위한 추진 요구 사항과 동력 장치의 연료 흐름이 관계된다.

어떤 동력 장치는 연료 흐름 비율에 의해 추력이 좌우되는 반면 다른 동력 장치는 출력에 의해 연료 흐름이 좌우된다. 왕복 엔진은 근본적으로 출력을 만드는 기계로, 연료 흐름은 대부분 출력에 직접 관련된다.

이런 이유로 필요 추력의 변화는 터보 제트 항공기의 성능에 가장 흥미 있는 것이고 반면 필요 출력의 변화는 프로펠러 항공기의 성능에 가장 관계가 깊다. 또한 필요 출력이나 필요 추력의 차이는 상승 성능의 연구에서 알 수 있다. 안정된 상승 중에 상승률은 잉여 출력에 좌우되고 반면 받음각은 잉여 추력(excess thrust)과 함수 관계를 이룬다.

비행에 필요한 전체 출력은 유도와 유해 효과의 합으로 생각할 수 있고 항공기의 전체 항력과 비슷하다. 유도 필요 출력은 유도 항력과 속도와의 함수 관계이다.

$$P_{ri} = \frac{D_i V}{325}$$

여기서 P_{ri}: 유도 필요 출력(hp)
  D_i: 유도 항력(lbs)
  V: 진대기 속도(knot)

그러므로 유도 필요 출력은 유도 항력과 같이 양력, 종횡비, 고도 등과 함께 변한다. 단지 차이는 속도와 함께 변하는 것이다. 만약 모든 다른 요소들이 불변이면 유도 필요 출력은 속도에 반비례하고 유도 항력은 속도 자승에 반비례한다.

$$\frac{P_{ri2}}{P_{ri1}} = \frac{V_1}{V_2}$$

여기서 P_{ri1}: 유도 필요 출력으로 본래 속도, V_1에 해당되는 것
  P_{ri2}: 유도 필요 출력으로 다른 속도, V_2에 해당되는 것

예를 들어, 만약 항공기가 안정된 수평 비행 상태에서 2배 빠른 속도로 운용하면 유도 항력은 본래 수치의 1/4이지만 유도 필요 출력은 본래 수치의 1/2이다. 유해 필요 출력(parasite power required)은 유해 항력과 속도와 함수 관계이다.

$$P_{rp} = \frac{D_p V}{325}$$

여기서 P_{rp}: 유해 필요 출력(hp)

$\quad$ D_p: 유해 항력(lbs)

$\quad$ V: 진대기 속도(knot)

그러므로 유해 필요 출력은 고도와 함께 변하고 또한 유해 항력처럼 상당 유해 면적(f)과 함께 변하지만, 속도 변화는 다르다. 만약 모든 다른 요소들이 일정하면 유해 항력은 속도 자승으로 변하지만 유해 출력(parasite power)은 속도의 3승으로 변한다.

$$\frac{P_{rp2}}{P_{rp1}} = \left(\frac{V_2}{V_1}\right)^3$$

여기서 P_{rp1}: 유해 필요 출력으로 본래 속도, V_1에 해당되는 것

$\quad$ P_{rp2}: 유해 필요 출력으로 다른 속도, V_2에 해당되는 것

예를 들어, 만약 항공기가 안정된 비행 상태에서 2배 빠른 속도로 운용되면 유해 항력은 4배 더 커지지만 유해 필요 출력은 본래 수치보다 8배 커진다.

필요 추력과 필요 출력으로 특정 항공기 형태와 고도를 설명한다.

$\quad$ 총중량(W) : 15,000lbs

$\quad$ 스팬(b) : 40ft

$\quad$ 상당 유해 면적(f) : 7.2ft²

$\quad$ 항공기 효율 계수(e) : 0.827

$\quad$ 해면상 고도(σ) : 1.000

$\quad$ 압축성 수정은 무시한다.

항력 혹은 필요 추력대 속도 곡선은 유도, 유해, 전체 항력의 변화를 보여준다. 유도 항력은 저속에서 지배적이다.

항공기가 최대 양항비 $[(L/D)_{max}]$ 에서 운용될 때 전체 항력은 최소이고 유도 항력과 유해 항력은 같다. 특정 항공기에서 $(L/D)_{max}$와 최소 전체 항력은 160knot의 속도에서 얻어진다. 필요 출력대 속도 곡선은 유도, 유해, 전체 필요 출력의 변화를 보여준다.

앞에서와 같이 유도 필요 출력은 저속에서 지배적이고 유해 필요 출력은 고속에서 지배적이며 유도와 유해 출력은 $(L/D)_{max}$에서 같다. 그러나 $(L/D)_{max}$의 상태에서 최소 항력의 지점을 정의할 수 있지만 최소 필요 출력은 정의할 수 없다. 흔히, 최소 필요 출력 지점은 최소 항력을 위한 속도의 76%에서 발생하고 항공기 형태의 경우는 최소 필요 출력을 위한 속도가 122knot이다.

최소 필요 출력을 위한 속도에서 전체 항력은 (L/D)$_{max}$의 항력보다 15% 높지만 최소 필요 출력은 (L/D)$_{max}$에서 필요 출력보다 12% 낮다. 유도 항력은 최소 전체 항력지점 이하 속도에서 지배적이다. 항공기가 최소 필요 출력 상태에서 운용되면 전체 항력은 75%의 유도 항력과 25% 유해 항력이다. 그러므로 최소 필요 출력에서 유도 항력은 유해 항력보다 3배 크다.

2) 필요 추력과 필요 출력의 변화

필요 추력과 필요 출력대 속도의 곡선은 항공기 성능의 주요 항목의 요약적인 분석을 위한 기초를 제공한다.

항력의 변화와 항공기 총중량, 형태, 고도의 변화와 출력 곡선은 항속 거리, 체공 시간, 상승 성능 등의 변화를 관찰할 수 있게 한다. 필요 추력과 필요 출력에서 중량 변화 영향은 다음처럼 설명된다.

중량 변화의 1차적인 영향은 어떤 주어진 속도에서 유도 항력과 유도 필요 출력의 변화이다. 그러므로 필요 추력과 필요 출력 곡선에서 가장 큰 변화는 유도 항력이 지배적인 저속 비행 범위에서 발생한다.

고속 비행 범위에서 필요 추력과 필요 출력의 변화는 비교적 작은데 이유는 고속에서 유해 항력이 지배적이기 때문이다. 고속에서 유도 항력은 상당히 적고 이 항목에서의 변화는 전체 추력과 필요 출력에 적은 효과를 만든다.

어떤 속도에서 유도 항력과 필요 출력에 일반적인 효과 이외에 중량의 변화는 항공기가 특정 양력 계수와 받음각의 상태를 유지할 수 있는 다른 속도에서 운용되어야 한다. 만약 항공기가 특별한 C_L에서 안정된 비행 상태에 있으면 이 C_L을 위한 필요 속도는 아래와 같이 중량과 함께 변한다.

$$\frac{V_2}{V_1} = \sqrt{\frac{W_2}{W_1}}$$

여기서 V_1: 특정 C_L과 중량, W_1에 해당하는 속도
V_2: 같은 C_L과 다른 무게, W_2에 해당되는 속도

항공기의 예를 보면 15,000lbs에서 22,500lbs로의 총중량의 변화는 항공기가 운용되는 특정 양력 계수를 유지하는 것보다 22.5% 더 큰 속도가 요구된다. 예를 들어, 15,000lbs 항공기가 (L/D)$_{max}$를 위해 160knot에서 운용하면 22,500lbs에서 (L/D)$_{max}$를 위한 속도는 다음과 같다.

$$V_2 = V_1 \sqrt{\frac{W_2}{W_1}}$$

$$=160 \sqrt{\frac{22,500}{15,000}}$$
$$=(160)\,(1.225)$$
$$=196\text{knot}$$

같은 상황이 필요 출력의 곡선에서 존재하는데 중량이 변할 때 어떤 C_L에서 비행을 유지하기 위해서 속도를 바꾸는 것이 필요하다.

예를 들어 만약 15,000lbs 항공기가 122 knot에서 최소 필요 출력을 얻을 때 중량을 22,500lbs까지 증가시키면 최소 필요 출력을 위한 속도는 149knot로 증가한다. 물론 특정 양력 계수에서 필요 추력과 필요 마력은 중량의 변화에 의해서 달라진다.

어떤 C_L에서의 중량 변화도 필요 추력에서 똑같은 변화를 일으킨다. 즉, 중량이 50% 증가하면 같은 C_L에서 필요 추력은 50% 증가하게 된다.

어떤 C_L의 필요 출력에서 중량 변화의 영향은 좀 더 복잡한데, 왜냐하면 속도의 변화는 항력의 변화를 동반하는 2중의 영향을 주기 때문이다.

중량의 50% 증가는 어떤 C_L을 유지하기 위해 필요 출력을 53.8% 증가하게 만든다. 이것은 50% 필요 추력의 증가가 22.5% 속도 증가와 연결된 결과이다.

필요 추력, 필요 출력에서 중량 변화의 영향, 어떤 받음각과 양력 계수에서 속도 등은 순항과 오랜 체공 상태의 비행에서의 여러 가지 기술을 위한 중요한 기초를 제공한다.

상당 유해 면적(f)이 필요 추력과 필요 출력 곡선에 미치는 영향을 설명한다.

유해 항력은 빠른 비행 속도 지역에서 지배적이기 때문에 f의 변화는 고속에서 필요 추력과 필요 출력에서 큰 변화를 만든다. 유해 항력은 저속 비행 지역에서 상당히 작아서 f의 변화는 저속에서 필요 추력과 필요 출력에서 상당히 작은 변화를 만든다.

형태(configuration)의 상당 유해 면적 변화의 기본적인 영향은 어떤 주어진 속도에서든지 유해 항력의 변화이다.

상당 유해 면적 50% 증가에 기인한 필요 추력과 필요 출력 곡선의 변화를 설명한다. 최소 전체 항력은 f의 증가로 증가되고 $(L/D)_{max}$는 감소된다. 또한 f의 증가는 $(L/D)_{max}$를 위한 C_L을 증가시키고 새로운 f에서 속도 감소가 요구되지만 $(L/D)_{max}$는 감소된다.

최소의 필요 출력의 지점은 낮은 속도에서 발생하고 최소 필요 출력의 수치는 약간 증가한다. 일반적으로 최소 필요 출력 효과는 적은데 유해 항력이 이 특정 비행 상태에서 전체의 25%이기 때문이다.

항공기의 상당 유해 면적의 증가는 플랩의 전개, 랜딩기어의 뻗침, 스피드 브레이크의 전개 등에 의해서 이루어진다. 이런 예에서 항공기 효율 계수(e) 감소는 f의 증가와 동반되어 유해 항력의 추가적인 변화를 설명하는데 C_L과 함께 변한다.

고도의 변화는 필요 추력, 필요 출력 곡선에서 중대한 변화를 만든다. 이 곡선에서 고도의 변화는 거리와 체공에 대한 고도 효과를 설명해준다. 필요 추력과 필요 출력의 곡선에서 고도 변화의 영향을 설명한다.

압축성 효과가 무시되는 동안에 필요 출력 곡선에서 증가된 고도의 중요한 영향은 빠른 진대기 속도에서 특정 공기 역학적 상태가 발생하는 것이다. 예를 들어 항공기가 해면상에서 160knot로 비행할 때 최소 항력은 1,250lbs이다. 같은 항공기가 160knot의 같은 상당 대기 속도(equivalent air speed)에서 운용되면 어떤 고도에서든지 같은 항력을 갖게 된다. 그러나 22,000ft 고도에서 160knot의 상당 속도는 227knot의 진대기 속도를 만든다. 그러므로 고도의 증가는 필요 추력 곡선을 곧게 펴게 되고 빠른 속도 쪽으로 움직인다.

고도 하나로는 최소 항력의 수치를 바꿀 수 없다. 필요 출력 곡선에서 고도의 영향은 어떤 공기 역학적 상태를 얻기 위해서 진대기 속도의 영향으로부터 가장 잘 알 수 있다. 해면상 필요 출력 곡선은 160knot에서 $(L/D)_{max}$가 발생하고 615hp가 필요하다. 만약 이 같은 항공기가 고도 22,000ft에서 $(L/D)_{max}$에서 운용되면 같은 항력이 더 큰 속도에서 발생하므로 더 큰 출력이 필요하다.

속도가 227knot로 증가하면 필요 출력도 872hp로 늘여야 한다. 실제로 필요 출력 곡선에서 여러 가지 점은 같은 방법으로 영향을 끼친다고 생각할 수 있다.

특정 양력 계수와 받음각에서 고도의 변화는 특별이 이 지점에서 진대기 속도를 바꾸게 하고 필요 출력의 변화를 일으키는데, 왜냐하면 진대기 속도가 변하기 때문이다.

고도의 증가는 필요 출력 곡선이 바르게 펴지게 하고 높은 속도와 필요 출력으로 움직이게 한다. 필요 추력과 필요 출력의 곡선과 이것이 중량, 고도, 형태 등과 함께 변화하는 것은 항공기 성능의 모든 단계에 기본이 된다.

이 곡선은 항공기의 요구를 정의하고 엔진으로부터 이용 출력과 이용 추력과 함께 고려되어 항공기 성능의 여러 가지 항목의 상세한 연구를 설명하기 위한 것이다.

2-2. 이용 추력과 이용 출력

1) 추진 원리

모든 동력 장치는 공통의 일반적인 원리를 갖고 있다. 추진 장치의 형식에 관계없이 추력의 발달은 뉴턴의 운동 법칙과 관련된다.

$$F=ma$$

$$=\frac{d(mV)}{dt}$$

여기서 F: 힘이나 추력(lbs)

  m: 질량(slug)

  q: 가속(ft/sec²)

  $\frac{d}{dt}$: 시간의 변화율

  mV:모멘텀(lb-sec)

가속으로부터 결과된 추력은 작동 유체의 질량을 제공한다. 추력의 크기는 동력 장치에 의해 만들어진 모멘텀의 변화율에 의해서 설명된다.

로켓의 동력 장치는 상당히 적은 양의 추진제(propellant)에 의해 추력을 만든다. 프로펠러는 상당히 큰 공기 속도에서 매우 작은 변화를 만듦으로써 추력을 얻는다.

터보 제트나 램 제트 동력 장치에 의해서 추력의 발생을 설명하는 것이다.

공기가 속도 V_1에 접근할 때는 비행 속도에 좌우되고, 엔진은 특정 공기 흐름량 Q에서 작동하는데 이 공기 흐름이 엔진을 통해 지난다. 엔진 안에서 공기는 압축되고 연료의 연소, 흐름이 노즐로부터 에너지가 방출되어 마침내는 속도 V_2에 이른다. 이 작용에 의해 얻어지는 모멘텀의 변화는 추력을 만들어낸다.

$$T_a=Q(V_2-V_1)$$

여기서 T_a: 추력(lbs)

  Q: 흐름량(slug/sec)

  V_1: 흡입구(비행) 속도(ft/sec)

  V_1: 제트 속도(ft/sec)

일반적인 램 제트나 터보 제트 엔진은 추력을 얻는데 공기 흐름의 작용으로 만들어지고 프로펠러의 흐름보다는 작지만 상당히 큰 속도 변화를 갖는다. 앞의 공식에서 제트 추력은 흐름량 Q와 속도 변화($V_2 - V_1$)가 직접 변하는 것을 이해해야 한다. 이 사실은 제트 엔진의 많은 성능 특성의 설명에 큰 도움이 된다.

공기 흐름의 모멘텀 변화에 의한 추력의 생성 과정에서 상대 속도($V_2 - V_1$)가 공기 흐름에 더해진다. 그러므로 이용 가능한 에너지의 일부는 이 추가의 운동 에너지가 공기 흐름에 추가되어 근본적으로 소모된다. 매 시간당 운동 에너지의 변화는 공기 흐름으로의 소모 출력으로 설명된다.

$$P_W = KE/t$$

$$= \frac{Q}{2}(V_2 - V_1)^2$$

물론 어떤 유한의 흐름과 함께 추력의 발달은 어떤 유한 속도 변화가 필요하고 필수 불가결하게 공기 흐름으로 출력 소모가 있게 된다. 높은 추진 효율을 얻기 위해서 추력은 최소의 소모 출력으로 얻어져야 한다.

제트 엔진의 추진 효율은 입력과 추진 출력을 비교해서 평가할 수 있다. 입력이 출력과 소모 출력의 합이므로, 추진 효율의 표시는 다음과 같다.

$$\eta_p = \frac{Pa}{Pa + Pw}$$

$$\eta_p = \frac{2V_1}{V_2 + V_1}$$

여기서 η_p: 추진 효율
P_a: 이용 추진 출력
  $= T_a V_1$
P_w: 소모 출력

추진 효율(η_p)은 결과적으로 비행 속도(V_1), 제트 속도(V_2)에 좌우된다. 비행 속도가 "0"이면 추진 효율은 "0"이 되는데 발생된 모든 출력이 후류 흐름(slip stream)으로 소모되고 추진력은 "0"이 된다.

추진 효율 100%는 비행 속도(V_1)가 제트 속도(V_2)와 같을 때이다. 실제로 유한 흐름으로 위의 상태에서 추력을 얻는 것은 불가능하다. 추진의 100% 효율은 실제적으로 얻을 수 없고, 높은 수치의 추진 효율을 만들기 위한 방법이 고려되어야 한다.

높은 추진 효율을 얻기 위해서 필요 추력이 가장 큰 흐름이 필요하고, 최소의 속도 변화 가능성이 필요하다.

추진 효율(η_p)의 변화가 비행 속도 대 제트 속도(V_1V_2)의 비율로 변하는 것을 보여준다.

0.85의 추진 효율을 얻기 위해서 비행 속도는 비행기와 상대적인 후류 흐름의 비가 대략 75% 필요하다. 이런 추진 효율은 일반적으로 프로펠러 항공기이고 이것의 추력은 프로펠러의 큰 공기 흐름에 의한 것이다. 일반적인 터보 제트 엔진은 이런 높은 추진 효율은 얻을 수 없는데, 왜냐하면 추력은 소량의 흐름과 큰 속도 변화로부터 얻기 때문이다.

예를 들어 만약 비행 속도 600ft/sec에서 제트 속도가 1,200ft/sec이면 추진 효율은 0.67이다. 덕트형 팬(ducted fan), 바이패스 제트, 터보 프롭은 변형하여 동력 장치의 추진 효율을 개선해서 아주 높은 출력 성능을 갖는다. 이때 항속 거리, 체공 시간, 운용의 경제성 등이 유지되어야 하고 높은 효율이 필요하다.

그러므로 프로펠러 항공기와 같은 고유의 높은 추진 효율은 항상 여러 곳에 적용된다. 고속과 고공의 요구 조건에는 소형 엔진으로부터 높은 추진력이 필요하다.

흐름량 증가에 실제적인 제한이 있으면 높은 출력은 큰 속도 변화에 의해 얻어지고 낮은 추진 효율은 피할 수 없는 결과이다.

2) 터보 제트 엔진

터보 제트 엔진은 항공기 추진에 널리 사용되는데 이것은 엔진 중량과 크기에 비해서 출력이 크기 때문이다. 몇몇 항공기 엔진은 큰 출력, 유연성, 단순성 등에서 소형의 가스 터빈 엔진과 비교된다.

프로펠러와 왕복 엔진의 결합은 연료 에너지를 추진 에너지로 전환시키는 가장 효율적인 수단으로 알려져 있다. 그렇지만 왕복 엔진의 간헐적인 작용은 실제적인 제한을 받는데 공기 흐름과 제한된 출력 생산 때문이다.

가스 터빈의 연속적이고 안정된 흐름 특징은 엔진이 상당한 큰 공기 흐름을 처리하게 하므로 큰 연료 에너지의 소비를 이용한다.

터보 제트 엔진의 추진 효율이 저속에서는 왕복 엔진-프로펠러 결합 형태보다 훨씬 낮고 빠른 속도에서는 터보 제트의 출력은 상당히 앞선다. 터보 제트 엔진의 운용에는 상당히 큰 속도 변화가 엔진을 통하는 흐름에 나타난다.

무게의 흡입 공기 흐름 과정을 고려한 일반적인 터보 제트 엔진의 작동을 설명한다.

입구에서 엔진으로 접근하는 주변 항공기의 단위를 고려하면 압력과 체적에 변화가 생기는데 터보 제트에 의해서 생기는 것이다. 압력 대 체적에서 대기 상태 A에서 일정 무게의 공기 흐름의 B 상태로 흡입구 입구 쪽으로 공급된다.

흡입구나 디퓨저(diffuser)의 목적은 압축부로 들어가는 흐름의 속도를 줄이고 압력을 크게 한다. 그러므로 공기 역학적 공기의 단위 무게의 압축은 압력의 증가와 체적을 감소시키고 공기가 C 상태로 압축기(compressor)에 들어간다. 흡입구나 디퓨저의 공기 역학적 압축에 의한 일은 면적 ABCX로 나타낸다.

일반적으로 대부분의 재래식 터보 제트 엔진의 압축기 흡입구 흐름은 아음속이 요구되고 큰 음속 비행은 흡입구에서 상당한 공기 역학적 압축이 관련된다. 상태 C로 압축기 흡입구로 공급된 공기는 압축기 부분을 지나면서 더 큰 압축을 받게 된다.

압축기 기능의 결과로 공기의 단위 무게는 체적이 감소하고 압력이 증가되어 상태 D가 된다. 압축기 압력비(pressure ratio)는 높아서 엔진에서 높은 열효율을 만든다. 면적 XCDZ는 공기의 단위 무게의 압축하는 동안 압축기에 의해 행해진 일을 나타낸다.

물론, 특정 손실과 비효율이 압축 중에 발생하고 압축기 작동에 필요한 파워는 엔진 공기 흐름에서 행해진 것으로 지시되는 것보다 훨씬 크다.

압축된 공기는 압축기로부터 방출되어 D의 상태로 연소실로 간다. 연료가 연소실에 더해지고 연소되는 연료는 상당한 열에너지를 준다. 가스터빈의 연소 과정은 왕복 엔진의 연소 과정과 다른데, 가스터빈은 근본적으로 정압 상태에서 열에너지가 증가된다. 결과적으로, 연료의 연소가 온도의 큰 변화와 공기 흐름의 단위 무게의 체적에 큰 변화를 일으킨다.

연소실에서의 과정은 양력-체적 도표의 D지점에서 E지점으로 변하는 것으로 나타낸다. 연소 부산물이 터빈으로 전달되고 충분한 일이 뽑아져서 압축기에 파워를 공급한다. 연소실은 고온, 고압 가스를 터빈 휠에 방출하고, 여기서 부분적인 팽창이 압력의 강하와 체적의 증가지점 F로 된다.

터빈부에 의해서 공기의 단위 무게로부터 뽑아낸 직접 일은 면적 ZEFY에 의해 나타낸다. 압축기와 함께 터빈에 의해 뽑힌 실제 축 일(shaft work)은 압력 체적 도표에 지시되는 것과는 다르다. 왜냐하면 터빈부에서 일부 손실이 있기 때문이다.

터보 제트 엔진의 계속적이고 안정된 작동을 위해서 터빈에 의해 뽑아지는 파워는 압축기를 작용시키는데 필요한 파워와 똑같아야 한다. 만약 터빈 파워가 압축기에 필요한 파워보다 크면 엔진은 가속되고, 터빈 파워가 압축기에 필요한 파워보다 적으면 엔진은 감속된다.

터빈을 지나는 가스의 부분적인 팽창은 엔진 작동에 필요한 파워를 제공한다. E지점에서 터빈으로부터 방출되는 가스가 팽창되고 테일 파이프를 지나서 배기에서 대기 압력을 얻을 때까지 계속된다. 그러므로 제트 노즐(jet nozzle)에서의 연속적인 팽창은 압력을 감소시키고 공기 단위 무게의 체적을 증가시키는데, 도표에서 G지점이 된다. 결과적으로 최종 제트 속도는 흡입구 속도보다 크고 발생된 추력의 발달에 맞게 모멘텀이 변한다.

면적 YFGA는 터빈이 압축기 작용에 필요한 일을 뽑아낸 후에 제트 속도를 위한 팽창을 유지하는 일을 나타낸다. 물론 연소실 방출은 더 큰 터빈부를 통해서 완전히 팽창할 수 있고 높은 배기 가스 속도를 제공하기보다는 프로펠러 작동에 쓰인다. 어느 특정한 목적에서 가스 터빈 프로펠러 조합은 가스 터빈의 큰 파워 능력과 함께 큰 추진 효율을 이용한다.

A. 구성품의 기능

앞서 말한 각 엔진 구성품의 기능은 터보 제트 엔진의 효율에 영향을 미친다. 이런 이유로 이 구성품 각각은 분석되어 만족스러운 작동 특성의 요구를 결정한다.

흡입구와 디퓨저는 동력 장치와 일치해서 압축기 입구에 필요한 공기 흐름을 제공한다. 일반적으로 압축기 입구는 필요한 공기 흐름을 아음속 속도의 일정한 압력 분포 상태로 받아서 압축기 전면 쪽으로 보낸다.

디퓨저는 높은 에너지 공기를 붙잡고 이것을 낮은 마하수로 압축기에 일정하게 보낸다.

흡입구가 동체의 측면을 따라서 있을 경우에 흡입구의 가장자리는 입구가 높은 에너지 공기를 받을 수 있는 위치에 있어야 하고, 동체 표면의 경계층에 배치되도록 준비해야 한다.

초음속 비행 속도에서 디퓨저는 공기를 아음속으로 느리게 해서 흡입구 공기를 최소의 공기 역학적 항력으로 처리되도록 한다. 또한 흡입구는 효율이 좋고 받음각의 범위에서 작동이 안정되어야 하고 항공기의 마하수를 견딜 수 있어야 한다.

압축기의 작동은 압축기 전면에서 일정한 흐름에 의해서 크게 영향을 받는다. 흐름 속도와 방향에 큰 변화가 축류형 압축기 전면에 존재할 때 효율과 실속-서지(stall-surge) 한계는 낮아진다. 그러므로 큰 받음각과 높은 옆미끄럼 등에서의 비행 상태는 이 흡입구 성능을 나쁘게 할 수 있다.

압축기 부분은 터보 제트 엔진의 가장 중요한 것 중의 하나이다. 압축기는 가장 효율적인 방법으로 고압력 공기의 많은 양을 연소실에 보내야 한다.

제트 엔진의 압축기는 직접 냉각시키지 않으므로 압축 과정은 압축된 공기의 최소열 손실 상태로 연소실로 가게 해야 한다. 압축 과정의 마찰 손실과 비효율은 압축기 방출 공기의 온도를 원하지 않는 추가의 증가를 갖게 한다.

그런 까닭에 압축기 효율은 주어진 공기 흐름의 압력 상승을 만드는 필요한 압축기 파워를 결정하고, 연소실에서 발생할 수 있는 온도 변화에 영향을 미친다.

제트 엔진의 압축기는 축류형이나 원심형이다. 원심형 압축기는 높은 이용성, 단순성, 작동의 유연성 등의 장점을 갖고 있다. 원심형 압축기의 작동은 상당히 낮은 흡입구 속도와 플레넘 챔버(plenum chamber)나 팽창 공간이 흡입구에 필요하다. 고속에서 임펠러 회전은 흡입구 공기를 받고, 원심형이기 때문에 높은 가속을 제공한다.

결과적으로 공기는 아주 빠른 속도와 아주 큰 운동에너지로 임펠러를 떠난다. 압력 상승은 디퓨저 메니폴드에서 계속되는 팽창으로 생산되고 운동에너지가 정압에너지로 전환된다.

메니폴드는 이때 고압력 공기를 연소실로 보낸다. 2중 유입식 임펠러는 정해진 직경의 압축기에서 최대의 공기 흐름을 처리하도록 한다. 원심형 압축기는 각 단당 상당히 높은 압력비를 제공하지만 2단 이상은 항공기 터빈 엔진에서 거의 사용되지 않는다. 1단 원심형 압축기는 압력비 3~4로 효율적인 생산 능력을 제공한다.

압력비가 4보다 크면 아주 높은 임펠러 팁 속도가 필요하고 이런 속도는 압축기 효율을 아주 빠르게 감소시킨다. 높은 압력비가 낮은 연료 소비에 필요하고 원심형 압축기는 소형 엔진에 가장 많이 사용되는데 특히 단순성, 유연한 작동이 높은 효율보다 중요한 요구 사항일 때 사용한다.

축류형 압축기는 로우터와 스테이터가 번갈아 위치해서 구성된다. 축류형 압축기의 주요 구성품 설명한다.

압력 상승은 회전 브레이드 열을 지나면서 발생하는데 에어포일은 브레이드에 대해서 상대적으로 속도의 감소를 일으키게 한다. 추가의 압력 상승이 고정 브레이드 열을 지나면서 발생하는데, 왜냐하면 이 에어포일이 흐름의 절대 속도를 감소시키기 때문이다.

상대 속도나 절대 속도의 감속은 흐름의 압축에 영향을 미치고 정압의 상승을 일으킨다. 축류형 압축기의 단당 압력 상승이 상당히 낮기 때문에, 높은 효율과 높은 압력비는 연속되는 측류 단에 의해서 얻는다. 물론 각 단당 유효한 압력 상승은 초과되는 가스 속도에 의해 제한된다. 다단 축류형 압축기는 5~10까지의 압력비를 제공할 수 있고 이것은 다단 원심형 압축기로는 접근할 수 없는 수치다.

축류형 압축기는 낮은 연료 소비에 필요한 높은 압력비를 효과적으로 제공한다. 또한 축류형 압축기는 최소의 압축기 직경으로 많은 공기 흐름을 제공할 수 있다. 원심형 압축기와 비교해서 축류형 압축기의 설계와 제작은 상당히 복잡하고 가격이 비싸며, 높은 효율이 제한된 범위의 작동 상태에서만 유지된다. 이런 이유로 축류형 압축기는 효율과 출력이 가격, 단순성, 작동 유연성 등보다 중요한 곳에서 사용된다.

멀티스풀 압축기(multispool compressor)와 가변 스테이터 브레이드(variable stator blade)는 축류형 압축기의 작동 특성의 개선과 작동의 유연성을 돕는다.

연소실은 연료의 화학에너지를 열에너지로 전환시키고, 엔진 공기 흐름의 전체 에너지에 큰 증가를 일으킨다. 연소실은 한 가지 기본적인 제한 요소가 있는데 즉 연소실로부터 방출된 온도는 터빈부에 의해 허용되는 범위 이내여야 한다는 것이다.

액체 탄화 수소 연료는 가스 온도를 1,700~1,800℃까지 만든다. 그렇지만 최대 연속 터빈 브레이드 작동 온도는 거의 800~1,000℃를 초과하지 않고 상당한 여분의 공기가 연소실에 사용되어 이 온도 한계를 넘지 않도록 막는다.

연소실 설계는 여러 가지 형태(form) 혹은 전체 윤곽(configuration)으로 하지만 일반적인 연소실의 주요 특징이 설명된다.

연소실은 압축기로부터 높은 압력 방출을 받고 들어오는 공기의 대략 1/2 정도는 연료가 분무되는 근처로 들어간다. 이 1차적인 연소 공기는 상당히 큰 난류 형태이고 저속도로 유지해서 연소실 중앙에서 연소 핵을 유지하도록 한다.

정상적인 연소 과정에서 화염 전파 속도는 아주 낮아서 만약 연소실의 전방에서 지역 속도가 너무 높으면 부실한 연소가 발생되고 이것은 거의 불꽃을 날려버린다.

2차 공기 혹은 냉각용 흐름은 연소 핵으로부터의 하강 흐름에 가게 되어 연소부산물과 섞여서 방출 가스 온도를 낮춘다.

연료 노즐은 정밀한 분무 상태를 제공하고 넓은 범위의 흐름 비율을 통해서 연료의 분사를 고르게 분배한다. 아주 특별한 설계에서 노즐은 적절한 특성을 제공하는 것이 필요하다. 연소실에서 분사 형태와 순환은 완전 연소에 의한 연료의 효율적인 사용을 만든다.

연소핵(combustion nucleus)의 온도는 1,700~1,800℃를 넘을 수 있지만 2차 공기는 가스에 희석되어 터빈부에서 허용하는 온도까지 감소시킨다. 압력 강하가 연소실을 통해서 발생해서 연소 가스의 뒤쪽으로 흐름을 가속시킨다. 게다가 난류와 유체 마찰은 압력 강하를 일으키지만 이 손실은 최소로 유지하는데 이것은 완전 연소에 의해서 이루어진다.

연소실 벽을 통한 열의 전달은 열에너지의 손실을 만들어서 최소로 유지해야 한다. 그러므로 연소실은 연소 공간이 최소 면적으로 밀폐되어 있어서 열과 마찰 손실을 최소로 한다. 그런 까닭에 애뉼러형의 연소실이 멀티풀 캔 형태의 연소실보다 우수하다.

터빈부는 터보 제트 엔진에서 가장 중요한 요소이다. 터빈의 기능은 연소 가스로부터 에너지를 뽑아내고 압축기와 보기류(accessory)를 구동하는 힘을 준다.

터보 프롭 엔진의 경우 터빈부는 아주 큰 부분의 배기 가스 에너지를 뽑아내서 프로펠러뿐만 아니라 압축기와 보기류를 구동시킨다. 연소실은 높은 에너지의 연소 가스를 고압력과 허용 온도에서 터빈부로 공급한다.

터빈 노즐 베인은 터빈로우터의 바로 앞에 위치한 고정된 브레이드의 열(row)이다. 이 브레이드는 노즐을 형성하고 이 노즐은 연소 가스를 빠른 속도의 제트 흐름처럼 터빈 로우터로 방출한다. 이와 같은 방법으로 연소 가스의 고압에너지는 운동에너지로 전환되고 압력과 온도 강하가 발생한다.

이 제트(jet)에서 작용하는 터빈 브레이드의 기능은 터빈 휠을 따라서 접선 힘(tangential force)을 만드는데 이렇게 해서 연소 가스로부터 기계적인 에너지를 뽑아낸다. 이것이 설명된다. 터빈 브레이드의 형성은 두 가지 독특한 형태의 조합이다.

충동형 터빈은 노즐 베인에 주로 의지해서 연소 가스의 정압이 빠른 속도의 제트로 전환된다. 임펄스 터빈 브레이드는 가스의 많은 변화와 흐름 방향에 의한 접선 힘을 만든다. 이런 설계로 무시할 수 있는 속도와 압력 강하가 터빈 로우터 브레이드에 흐름과 함께 발생한다.

반동형 터빈은 큰 속도와 압력이 터빈 로우터 브레이드에서 발생하는 점이 다르다. 반동 터빈에서 고정 노즐 베인(stationary nozzle vane)은 오직 연소 가스를 무시할 수 있는 속도와 압력 변화로써 터빈 로우터로 안내한다.

반동 터빈 로우터는 브레이드에 압력 강하와 속도 증가를 제공할 수 있는 모양과 이 속도 증가는 로우터 반동이 휠에 접선 힘을 제공하게 한다.

일반적으로 터빈 설계는 두 가지 형식의 각각의 특징을 사용할 수 있게 한다. 터빈 브레이드는 높은 원심 응력을 받게 되는데 이 응력은 회전 속도의 자승으로 변한다. 게다가 브레이드 굽힘과 접선 충동-반동력의 비틀림을 받게 된다.

브레이드는 이 응력에 견뎌야 하고 이 응력은 일반적으로 진동 성질과 순환 성질이 있고 높은 온도에서 발생한다. 구조적 영구 변형(structural creep) 및 피로(fatigue)와 같이 극한 상태를 만들어내는 터빈의 상승된 온도를 고려해야 한다.

결과적으로 엔진 속도와 온도 작동 한계의 요구는 아주 주의 깊게 고려해야 한다. 그렇지만 크리프와 피로 손상은 축적되는 형태이고 이런 손상은 육안 검사로 분명히 식별할 수 없는 형태여서 적절한 검사 방법(육안 검사 이외의 방법)을 이용해서 검사하고 기록을 남겨두어야 한다.

터빈용 고온도 합금의 개발은 높은 효율, 높은 출력의 항공기용 가스 터빈 개발에서 가장 중요한 요소이다. 터빈으로 들어가는 가스의 온도가 높을수록 터빈으로부터 더 높은 온도와 압력의 가스가 방출되고 더 큰 배기 제트 속도와 추력이 생긴다.

테일 파이프나 배기 노즐의 기능은 가능한 가장 빠른 속도에서 배기 가스를 대기로 방출해서 가장 큰 모멘텀 변화와 추력을 생산하게 한다.

만약 대부분의 팽창이 터빈부를 지나면서 발생하면 배기 가스가 후방으로 최소의 에너지 손실로 빠져나가게 한다. 그러나 터빈이 상당한 백압력(back pressure)을 받으면서 작동하면 노즐은 나머지 압력 에너지를 배기 가스 속도로 전환시킨다.

이상적인 상태에서 노즐은 배기에서 흐름을 팽창시켜서 주변 정압으로 되게 하는데 노즐의 면적 분포가 이 상태를 제공해야 한다. 배기 가스 압력 대 주변 압력의 비가 상당히 낮으면 음속 흐름을 만들 수 없으므로 수축형 노즐을 통해서 팽창을 제공한다.

출구 면적은 적절한 크기여서 적절한 배출 상태를 가져오고, 만약 출구 면적이 너무 크면 불완전한 팽창이 발생하고, 출구 면적이 너무 작으면 과팽창 결과를 만든다. 출구 면적은 입구 흐름 상태에 영향을 미치므로 전체 성능과 적절한 비례를 이루어야 한다. 배기 가스 압력 대 주변 압력비가 어떤 극한 수치보다 크면 음속 흐름이 존재할 수 있고 노즐은 초크(choke) 되거나 최대 흐름을 제한한다.

초음속 배기 가스 속도가 필요할 때는 필요한 모멘텀 변화를 만드는 것이 필요하고 팽창 과정은 수축-확산 노즐로 설명된다. 수축 부분에서 충분한 압력이 초기 팽창에 이용 가능해서 목(throat) 부분에서 아음속이 음속 속도로 증가된다.

노즐의 확산 부분에서의 다음 팽창은 초음속으로 되어 결과는 주어진 압력비와 흐름량으로 가장 빠른 출구 속도를 얻는다. 압력비가 아주 높고 마지막 출구 직경이 주변 압력으로 팽창하는 것이 필요하지만 실제적으로 동체나 나셀 뒤쪽 동체의 직경에 의해서 제한을 받게 된다.

만약 배기 가스가 음속을 초과하면 (이것이 램 제트 연소실이나 애프터 버너에서라면) 오직 노즐의 확산 부분만이 필요하다. 여러 가지 엔진 구성품의 기능을 설명하고 정압, 온도,

엔진의 속도에서 변화를 나타낸다. 흡입구(inlet)에서의 상태가 엔진 공기 흐름의 초기 성질을 제공한다.

압축기부는 압축 압력이 어떤 피할 수 없는 상태까지 상승하면서 원하지 않는 온도가 상승한다. 고압 공기가 연소실로 공급되어 연료의 연소로부터 열을 받고 온도가 상승한다.

연료 흐름은 제한되어 터빈 입구 온도(TTT: turbine inlet temperature)는 범위 내에 있고 이것은 터빈 구조에 의해 허용된다. 연소는 상당히 일정한 압력에서 발생하고 초기에는 느린 속도이다. 열이 더해지면 가스의 체적과 흐름 속도가 크게 증가한다.

일반적으로 터보 제트 전체의 연료-공기비(fuel-air ratio)는 아주 낮은데, 왜냐하면 TT의 제한 때문이다. 전체 공기-연료비는 일상적인 작동 상태에서 50~40 사이의 수치인데, 이것은 아주 큰 크기의 2차 공기와 냉각 흐름 때문이다.

고온도, 고에너지 연소 가스는 터빈부로 공급되고, 여기서 파워가 생성되어 압축기부를 작동시킨다. 부분적이거나 혹은 거의 완전한 팽창은 터빈부에서 발생할 수 있는데 이때는 압력과 온도 강하를 동반한다. 배기 노즐은 최종 제트 속도와 추력 발생에 필요한 모멘텀의 변화를 만드는 것으로 팽창을 완전히 끝낸다.

B. 터보 제트의 작동 특성

터보 엔진은 많은 작동 특성을 갖고 있는데, 이것들은 제트 항공기 성능의 여러 가지 항목에 크게 중요하다. 몇 가지 작동 특성은 제트 항공기의 항속거리, 체공 등에 강한 영향을 미친다. 다른 작동 특성들은 작동 기술이 필요하고 이것이 일반적인 동력 장치와 크게 다르다.

터보 제트 엔진은 근본적으로 추력을 만드는 동력 장치이고 만들어진 추진력은 비행 속도의 결과이다. 속도와 함께 이용 추력의 변화는 상당히 작고, 엔진 출력은 비행 속도와 함께 아주 거의 일정하다. 주어진 엔진 공기 흐름에서 모멘텀의 변화는 추력을 만든다.

$$T_a = Q(V_2 - V_1)$$

여기서　T_a: 이용 추력(lbs)
　　　　Q: 흐름량(slug/sec)
　　　　V_1: 흡입구(비행) 속도(ft/sec)
　　　　V_2: 제트 속도(ft/sec)

비행 속도의 증가는 V_1의 크기를 증가시키기 때문에 일정한 추력은 오로지 흐름량(Q)이나 제트 속도(V_2)가 증가할 경우만 가능하다. 저속도에서 속도의 증가는 엔진의 속도 변화를 감소시키는데, 이때 엔진에서 해당되는 흐름의 증가가 없는 상태이고 이용 가능한 추력은 감소하기 때문이다.

더 빠른 속도에서 유익한 램(ram)이 이 영향을 극복하도록 돕고 이용 추력은 더 이상 감소하지 않고 속도와 함께 증가한다.

터보 제트 엔진으로부터 이용 가능한 추진력은 이용 추력과 속도와의 곱이다. 터보 제트 엔진으로부터 이용 추진 마력은 아래 공식과 같다.

$$P_a = \frac{T_a V}{325}$$

여기서 P_a: 이용 출력(hp)

T_a: 이용 추력(lbs)

V: 비행 속도(knot)

계수 325는 속도의 항법 단위(nantical unit)의 사용으로부터 얻은 것이고, 325knot에서 만들어진 각 파운드 당 추력은 추진력 1마력에 해당한다.

터보 제트 엔진의 추력은 속도와 함께 일정하므로 이용 출력의 증가는 속도와 함께 거의 선형으로 증가한다. 이런 면에서 이용 추력이 5,000lbs인 터보 제트는 325knot에서 5,000hp 추진력이나 650knot에서 10,000hp를 만든다. 빠른 속도에서 굉장한 추진력은 터보 제트 엔진의 기본적인 특징이다.

엔진 rpm과 작동 고도가 일정하면 터보 제트 추력의 속도의 변화와 이용 출력의 관계를 알 수 있다.

엔진 속도와 함께 추력의 변화는 터보 제트 엔진의 작동에서 가장 중요한 요소이다. 정압 변화는 흐름 속도 자승에 좌우되고, 터보 제트 엔진의 압력 변화는 회전 속도(N)의 자승처럼 변한다. 그러나 회전 속도에서 변화는 공기 흐름, 연료 흐름, 압축기와 터빈 효율 등이 바뀌게 되고 추력의 변화는 회전 속도의 두 번째 출력보다 훨씬 크다.

N^2에 비례한 추력 대신에 고정된 기하학적 형태의 엔진이 만드는 추력은 대략 $N^{3.5}$에 비례한다. 고정된 기하학적 엔진을 위한 최대 % rpm과 함께 최대 % 추력의 변화를 설명한다. 이 그래프로부터의 수치는 다음과 같다.

최대 % rpm	최대 % 추력
100	100
99	96.5
95	83.5
90	69.2
80	45.8
70	28.7

출력의 맨 위쪽 끝에서 각 1% rpm 변화는 추력에서 3.5% 변화를 일으킨다. 이것은 회전 속도와 함께 추력의 변화를 나타낸다. 이 예에서 회전 속도는 $N^{3.5}$이다. 또한 rpm의 맨 위 20%는 추력의 1/2 이상을 변하게 한다. 고정된 기하학적 엔진이 추력을 대략 $N^{3.5}$에 비례하게 만드는 반면, 가변 기하학적 엔진은 훨씬 터 큰 강력한 회전 속도의 효과를 보여준다.

제트 엔진에 가변 노즐 멀티스풀 압축기, 가변 스테이터 브레이드 등이 장착되면 엔진은 $N^{4.5} \sim N^{6.0}$의 회전 속도에 비례한 추력을 만든다.

예를 들어 만약 가변 기하학적 엔진이 $N^{5.0}$에 비례하는 추력을 만들면 각 1%의 rpm 변화는 출력의 맨 위에서 5.0% 추력 변화를 일으킨다.

또한 맨 위 13%의 rpm은 추력의 맨 위 50%를 조절한다. 엔진 속도와 함께 추력의 강력한 변화는 몇 가지 고려할 사항을 갖고 있다. 만약 터보 제트 동력 장치가 최대 추력을 위한 조절된 속도나 트림된 속도보다 적은 곳에서 작동하면 이륙을 위한 추력의 부족은 이륙 거리의 증가를 일으킨다.

접근 중에 과도하게 낮은 rpm은 아주 낮은 추력을 일으키고 아주 급격한 활공로를 만든다. 게다가 낮은 rpm 범위는 이륙을 위한 추력을 만드는데 필요한 훨씬 큰 엔진 가속 시간이 포함된다.

또 하나의 복잡한 문제가 존재하는데 추력이 회전 속도의 큰 출력에 비례할 때, 즉 $N^{5.0}$일 때이다. rpm의 작은 변화는 추력에서 아주 큰 변화를 만들어서 회전계 이외의 계기가 장착되어 추력의 정확한 지시를 해야 한다.

연료 소모(specific fuel consumption: SFC, c_t)는 터보 제트 엔진의 작동의 효율과 성능의 평가를 위한 중요한 요소이다. SFC는 연료 흐름(lbs/hr)과 추력(lbs)에 비례한다.

예를 들어 엔진이 14,000lbs/hr의 연료 흐름과 12,000lbs의 추력을 갖고 있으면 SFC는 다음과 같다.

$$\text{연료 소모}(c_t) = \frac{\text{연료 흐름}}{\text{추력}}$$

$$= \frac{14,000\,\text{lbs/hr}}{12,000\,\text{lbs}}$$

$$= 1.12\,\text{lbs/hr/lbs}$$

그러므로 1lbs의 추력은 시간당 1.12 lbs의 연료를 필요로 한다.

분명히 높은 효율은 낮은 수치의 연료 소모 수치로 지시된다. 아음속 비행의 설계 운용 상태에서 상당히 큰 압력비 0.8~1.2가 일반적인 터보 제트 엔진의 수치이다. 높은 에너지 연료와 큰 압력비는 낮은 수치의 c_t를 만드는 경향이 있다.

초음속 비행시 부수적인 흡입구 손실과 높은 압축기 흡입구 공기 온도는 SFC를 1.2~2.0

으로 증가시키는 경향이 있다. 물론 애프터 버너의 사용은 상당히 비효율적인데 낮은 연소 압력 때문이고 2.4~4.0의 c_t는 애프터 버너 작동에 나타나는 숫자이다.

터보 제트 엔진은 높은 rpm을 크게 선호하는데 이것은 낮은 SFC를 만들기 때문이다. 정상 정격 추력 상태는 엔진을 위한 특별한 설계점이기 때문에 c_t의 최소 수치는 이 범위의 rpm 근처에서 발생한다.

설명에서 c_t의 일반적인 변형으로 최대 % rpm과 함께 고려되는데 여기서 rpm의 수치가 80~85%보다 작은 것은 SFC가 최소로 얻을 수 있는 것보다 훨씬 크다. 높은 rpm의 선호 이유는 낮은 수치의 c_t를 얻기 위해서이고 고정된 기하학적 엔진에서 아주 현저하다.

멀티스풀 압축기의 터보 제트 엔진은 이런 면에 덜 민감하고 작동 특성에서 더 유연하다. 언제든지 낮은 수치의 c_t가 항속 거리나 체공 시간을 얻기 위해서 필요할 때, 터보 제트 엔진을 선호하는데 설계 운용 rpm이 가장 영향이 큰 요소이기 때문이다.

고도는 터보 제트 엔진의 성능에 강한 영향을 미치는 요소이다. 고도의 증가는 밀도와 압력의 감소를 만들지만 만약 대류권계면(tropopause) 이하이면 온도가 감소한다.

만약 일반적인 애프터 버너를 사용하지 않는 터보 제트 엔진이 일정한 rpm과 진대기 속도에서 운용되면 고도와 함께 추력과 SFC의 변화는 대략 같다.

표준 대기에서 밀도의 변화는 여러 가지 고도에서 밀도비의 수치로 나타난다. 특정 고도에서 일반적인 밀도비의 수치는 다음과 같다.

고도(ft)	밀도비(density ratio)
해면상	1.0000
5,000	0.8617
10,000	0.7385
22,000	0.4976
35,000	0.3099
40,000	0.2462
50,000	0.1532

만약 고정된 기하학적 엔진이 아음속 비행에서 일정한 속도 V(TAS), 일정한 N(rpm)에서 운용되면 흡입구 속도, 흡입구 랩(ram) 그리고 압축기 압력비는 근본적으로 고도와 함께 일정하다.

고도의 증가는 곧 엔진 공기 흐름이 고도 밀도비와 거의 동일한 방법으로 감소한다. 물론 흐름량의 감소는 엔진의 추력에 중요한 영향을 준다. 실제로 고도와 함께 추력의 변화는 밀도 변화처럼 그렇게 심하지 않는데, 왜냐하면 온도의 감소가 발생하기 때문이다.

흡입구 온도의 감소는 상당히 큰 연소 가스 에너지를 제공하고 큰 제트 속도를 갖게 한다. 제트 속도의 증가는 흐름의 감소를 상쇄하는 역할을 한다. 물론 고도의 증가는 대류권계면 이하의 낮은 온도를 제공한다.

대류권계면 이상은 더 이상의 양호한 온도 감소가 생기지 않으므로 급격한 추력의 변화가 발생한다.

고도와 함께 추력의 변화를 나타내고 특정 고도에서 일반적인 수치는 아래와 같다.

고도(ft)	밀도비(density ratio)
해면상	1.000
5,000	0.888
10,000	0.785
20,000	0.604
35,000	0.392
40,000	0.315
50,000	0.180

저고도에서 고도와 함께 밀도의 변화가 상당히 빠르기 때문에 터보 제트 이륙 성능은 높은 고도에서 크게 영향을 받는다. 35,000ft에서 추력은 대략 해면상 수치의 39%이다.

터보 제트 엔진의 애프터 버너의 의해서 더해진 추력은 기초 엔진 추력으로 고도에 의해 크게 영향받지 않는다. 애프터 버너의 사용은 저고도에서 50%의 추력 증가를 나타내고 고고도에서 100%만큼 추력 증가를 나타낸다.

흡입구 램이나 압축기 압력비가 고정되면 SFC에 영향을 미치는 기본적인 요소는 흡입구 공기 온도이다. 흡입구 공기 온도가 낮아지면 이때 주어진 열의 추가는 압력과 체적에 상당히 큰 변화를 제공한다.

결과적으로 주어진 추력 출력은 더 작은 연료 흐름을 요구해서 SFC(c_t)는 감소한다. SFC에서 고도의 효과는 추력에서의 효과처럼 비교할 수 없지만 변화는 항속 거리(range)와 체공 시간(endurance)에 충분히 큰 영향을 미친다.

일반적으로 SFC는 고도와 함께 대류권계면에 이를 때까지 꾸준히 감소하고 이 지점에서 SFC는 해면상 수치의 대략 80%이다. 온도는 일정하고 대류권계면 이상의 고도에서 SFC는 더 이상 감소하지 않는다.

실제로 대류권계면보다 훨씬 위쪽 고도는 전체적인 엔진 효율의 저하를 가져오고 SFC는 고도와 함께 증가하기 시작한다. 대류권계면 이상의 극한 고도에서는 낮은 연소실 압력, 낮은 압축기 레이놀즈 수, 낮은 연료 흐름 등 이것들은 높은 엔진 효율로 이끌지 못한다.

고도와 함께 의 변화 때문에 대부분의 터보 제트 엔진은 35,000ft나 그 이상에서 최대의 효율을 얻는다.

이런 이유로 터보 제트 항공기는 최적의 항속 거리와 체공 상태를 35,000ft나 그 이상에서 찾는다.

터보 제트 엔진의 조절 장치는 기본적으로 엔진으로의 연료 흐름을 조절하는 기구이다. 또한 이 장치에는 특수 기능이 포함되는데 이 기능은 가변 노즐, 가변 스테이터 베인, 가변 흡입구(varible inlet) 등이다.

일반적으로, 연료 조절 장치(fuel control unit)와 관련된 것들은 연료 흐름 조절, 노즐 면적 등으로 스로틀이나 파워 레버에 의해 계획된 엔진 성능을 제공한다.

조절 기능은 고도, 온도, 비행 속도의 변화를 보상해야 한다.

기본적인 조절 요소는 이용할 수 있어야 하고, 선택된 파워 설정(rpm)은 넓은 범위의 비행 상태에서 일정해야 한다.

특별히 설정된 비행 상태에서 터보 제트 작동을 위한 rpm과 함께 연료 흐름의 변화를 설명하고 있다.

곡선 1은 안정되고 꾸준한 상태로 엔진 작동을 위해 필요한 연료 흐름과 rpm의 변화를 설명하고 있다. 이 곡선 1을 따라서 각 점은 연료 흐름을 정의하고, 이것은 주어진 rpm에서 평형을 얻기 위해 필요한 것이다.

일정한 연료의 흐름은 터빈 파워가 특정 rpm에서 압축기 파워 요구와 일치한다.

스로틀 위치가 기본적으로 엔진 속도를 변화시키지만 이 엔진 속도는 주변 압력, 온도, 비행 속도, 계속적인 연료 흐름 상태에 의해서 변한다.

조절 장치는 비행 상태에서 이 변호를 보상하고 스로틀 위치에 의해 정해진 파워 설정을 유지해야 한다.

일정한 상태로 작동할 뿐만 아니라 연료 조절 장치와 이에 관련된 엔진 조종 계통은 엔진의 가속과 감속의 변화를 가능하게 해야 한다.

엔진을 가속시키기 위해서 연료 조절 장치는 안정된 작동을 위한 요구보다 더 많은 연료 흐름을 공급해서 압축기 파워보다 큰 터빈 파워를 만든다.

그러나 엔진 가속을 위한 추가의 흐름은 반드시 조절되어 다음과 같은 상태를 막는다.

ⓐ 압축기 실속이나 서지(surge)

ⓑ 과도한 터빈 입구 온도(TIT)

ⓒ 연소를 유지시킬 수 없는 농후한 연료 공기 혼합비

일반적으로 실속-서지와 터빈 온도는 너무 지나친 것을 제한해서 곡선 ②에 의해서 나타나는 가속 연료 흐름 경계를 형성하게 한다.

이 설명의 곡선 ②는 연료 흐름의 위쪽 한계를 정의하는데, 이것을 실속-서지 및 온도 한계 내에서 허용된다. 엔진의 조절 장치는 이 경계 내의 가속 연료 흐름을 제한해야 한다.

가속 과정 중에 조절해야 되는 요구를 알기 위해 엔진은 A지점에서 안정된 작동 상태로, 이것은 최대 rpm까지 엔진을 가속시켜야 하고, C지점에서 안정된다.

스로틀이 최대 rpm을 위한 위치에 놓이면 연료 조절 장치는 B지점까지 연료 흐름을 증가시켜서 가속 연료 흐름을 제공한다.

엔진이 가속되고 rpm이 증가하면서 연료 조절 장치는 계속해서 연료 흐름을 증가시키는데 가속 경계(acceleration boundary) 내에 있으면서 엔진 속도가 C지점에서 조절된 최대 rpm에 이르게 된다.

엔진 속도가 C지점에서 최대치에 가까워지면 연료 조절 장치는 연료 흐름을 감소시켜서 이 지점에서 안정된 작동이 되게 하고 엔진이 지시된 rpm 이상의 초과 속도로 되는 것을 막는다. 물론, 만역 스로틀이 아주 점차적으로 개방되면 가속 연료 흐름은 간신히 안정된 상태 위에 있게 되고 엔진은 가속 연료 흐름 경계에 도달하지 않는다.

이 기술은 일상적인 작동 상태에서 사용되어 문제점이 없는 작동 상태를 얻고 양호한 사용 수명을 지키고 엔진은 만족한 비행 조종을 위한 빠른 추력 변화를 만드는 양호한 가속 성능이 있어야 한다.

동력 장치가 최소의 가속 시간을 얻기 위해서 연료 조절 장치는 가속 연료 흐름을 가속 경계에 실제로 접근시킬 수 있어야 한다. 그러므로 최대로 조절된 가속은 제한된 터빈 입구 온도와 압축기의 사소한 초기의 실속-서지를 만들어낸다.

엔진 조절 장치의 적절한 비와 조절이 과도한 온도나 심한 실속-서지 상태를 만들지 않고도 최소의 가속 시간을 만든다. 감속 중에 최소 허용 연료 흐름은 연소를 유지하는 최소의 상태로 정의한다.

만약 연료 흐름을 각 rpm의 일부 임계 수치(critical value) 이하로 감소시키면 희박한 상태로 폭발이나 연소 정지가 발생한다. 이 상태는 곡선 ③으로 설명할 수 있는데 이것은 감속 연료 흐름 경계를 형성한다. 조절 장치는 감속 연료 흐름을 이 경계에 있게 조절해야 한다.

감속 과정 중에 조절에 필요한 사항을 이해하기 위해서 엔진은 안정된 상태에 있고 C지점에서 안정된 상태로 작동해서 아이들 상태로 감속하는 것이 필요하고 E지점에서 안정되는 것이 필요하다고 가정한다. 스로틀이 아이들 rpm을 위한 지점에 놓이고 연료 조절 장치는 D지점까지 연료 흐름을 감소시켜서 감속된 연료 흐름을 제공한다.

엔진의 rpm이 감소하여 연료 조절 장치는 계속해서 연료 흐름을 감소시켜서 아이들 연료 흐름에 도달하고 rpm이 E지점에 설정될 때까지 감속 경계 내에 있다.

연료 조절 장치는 감속 흐름을 경계에 근접하게 제공해서 추력을 급격히 감소시켜서 만족한 비행 조종을 제공한다.

대부분의 경우에 감속 연료 흐름 경계는 상당히 안정된 상태 연료 흐름보다 밑에 있어서 만족스런 감속 특성을 얻는 데에 큰 문제점이 없다. 사실, 큰 문제는 적절한 가속 특성을 얻는데 있다. 대부분의 원심형 흐름 엔진에서 가속 경계는 압축기 서지 상태보다는 온도 제한 상태에 의해서 흔히 설정된다.

원심형 압축기의 최고 작동 효율은 서지 한계 이하의 흐름 상태에서 얻는데 그런 까닭에 가속 연료 흐름 경계는 터빈 온도 제한에 의해 결정된다. 흔한 결과는 원심형 흐름 엔진은 상당히 큰 가속 여유와 양호한 가속 특성이 있어서 낮은 회전 관성을 가져온다.

축류형 압축기는 실속-서지 한계에 상당히 밀접하게 운용해서 최고 효율을 얻는다. 그러므로 축류 흐름 엔진을 위한 가속 연료 흐름 경계는 이 실속-서지 한계에 의해 설정되고 이것은 터빈 온도 한계보다 안정된 상태에 더 근접한다.

고정된 축류 흐름 엔진은 상당히 작은 가속 여유에 부딪히는데 원심 흐름 엔진의 큰 가속 여유와 낮은 회전 관성에 비해서 떨어지는 가속 특성을 갖고 있다.

가변 노즐, 가변 스테이터 베인, 멀티스풀 압축기 등과 같은 축류 흐름 엔진의 변화는 가속 특성을 크게 개선시킨다.

만약 주 연료 조절 장치와 이것의 조절 장치가 고장 혹은 작동하지 않아 그 밖의 2차나 비상 계통을 조절할 수 없을 때는 극히 주의해서 스로틀 위치에 급격한 변화를 피한다. 이런 경우에 스로틀을 아주 천천히 움직여서 과도한 터빈 온도, 압축기 실속이나 서지 혹은 연소 정지 등이 없이 파워 설정을 바꾼다.

터보 제트 엔진 성능의 중요한 항목이 여러 가지 계기에 연결된다. 이 계기들의 조합은 양적인 방법에서 추력과 곧바로 연결된다.

결과적으로 조종사는 조합된 계기 지시를 보고 동력 장치에 맞는 표준 수치에 따라 출력 성능을 판단한다.

보통의 엔진 지시 계기는 다음과 같다.

ⓐ 회전계(tachometer)는 엔진 속도(N)의 지시를 제공하는데 최대 % rpm으로 지시한다. rpm과 함께 추력의 변화 때문에 회전계 지시는 중요한 기준이다.

ⓑ 배기 가스 온도(exhaust gas temperature: EGT) 게이지는 엔진 작동 한계를 위한 중요한 기준을 제공한다.

온도 탐침이 터빈의 출구 흐름에 위치해서(테일 파이프나 터빈 방출 온도) 계기는 터빈부의 입구 쪽 흐름 온도를 정확히 나타낸다. 배기 가스 온도는 연료 추가로 인한 에너지 변화와 관계된다.

ⓒ 연료 흐름 계기(fuel flow meter)는 추력 출력과 작동 효율의 정확한 변화를 제공한다. 높은 밀도 고도나 높은 흡입구 공기 온도는 추력을 감소시키고 이 효과는 연료 흐름의 감소에 의해 관계된다.

ⓓ 테일 파이프 전체 압력(테일 파이프 내의 p+q)은 주어진 엔진 모양을 위한 제트 추력과 함께 관련되고 작동 상태의 설정과 관련된다.

추력은 압축기 입구 전체 압력, 테일 파이프 전체 압력, 주변 압력과 온도 등의 여러 가지 조합으로 정확히 관련된다. 그런 까닭에 차압(Δp), 압력비, 테일 파이프 전압 계기는 rpm과 EGT의 조합 지시보다 더 정확한 즉각적인 지시를 한다. 이것은 특히 가변 형태나 멀티스풀 엔진에서는 사실로 나타난다.

많은 다른 전문화된 계기가 마련되어 엔진 성능의 더 자세한 항목을 위해서 추가의 정보를 제공한다. 여러 가지 추가의 엔진 정보는 연료 압력, 노즐 위치, 압축기 입구 공기 온도 등으로부터 알 수 있다.

C. 터보 제트의 작동 한계

터보 제트 엔진의 작동 특성은 여러 가지 작동 한계를 제공하는데 이것들은 모두 준수해야 한다. 동력 장치의 작동이 특별히 정해진 한계 내에 있는 것은 설계된 사용 수명을 얻는데 절대적으로 필요하다.

아래 사항들은 터보 제트 엔진의 임계 부근(critical area) 작동 중에 마주치는 것들이다.

ⓐ 배기 가스 온도의 제한은 터보 제트 엔진의 작용에 가장 중요한 요소이다. 터빈 구성품은 회전의 원심 하중(centrifugal load)과 충동 하중(impulse load), 브레이드가 받는 반동 하중(reaction load), 여러 가지 진동 하중 등은 설계의 고유한 성질이다.

터빈 구성품에 고온도가 존재할 때 이 여러 가지 응력을 받게 되면, 두 가지의 구조적 현상을 고려해야 한다. 부품이 어떤 고온에서 특정 응력을 받으면 크리프 결함(creep failure)이 상당 기간 후에 발생한다. 물론 온도의 증가나 응력의 증가는 그 비율이 증가되어 크리프 손상이 계속 쌓이고, 결함을 일으키는 시간을 감소시킨다.

다른 문제점은 부품이 반복되거나 주기적인 응력을 받을 때이다. 피로 결함(fatigue failure)은 변하는 응력의 몇 번의 주기(cycle) 후에 발생한다.

온도의 증가나 주기적인 응력의 크기의 증가는 피로 손상의 비율을 증가시키고 결함을 만드는데 필요한 주기 횟수를 줄인다. 여기서 중요한 것은 피로와 크리프 손상으로, 이것은 축적되는 형태이기 때문이다.

전체의 과도한 응력이나 과도한 온도의 터빈부는 손상을 만들고 이것은 즉시 나타난다. 그렇지만 크리프와 피로 손상은 극히 심하지 않은 응력이나 심하지 않은 온도와 같이 미묘한 상황이 반복되어 쌓이는 것이다. 만약 터빈이 반복되는 과도한 온도를 받으면 크리프와 피로 손상의 비율은 크게 증가해서 기대했던 사용 수명 기간 이전에 조기 결함을 일으킨다.

일반적으로 가장 높은 배기 가스 온도를 만드는 것과 같은 작동은 시동, 가속, 고도에서의 최대 추력 등이다. 이 온도에서의 지체 시간이 독단적으로 제한되어 크리프나 피로가 과도하게 축적되는 것을 막는다.

작동 한계를 초과하는 온도에서의 시간 지체는 터빈 구성품의 조기 결함의 가능성을 크게 한다. 가장 심한 상태에서 응력을 받는 고온도 부품이 오직 터빈 부품만은 아니다.

연소실 구성품은 저온도에서 심학한데 여기서는 높은 연소실 압력이 존재하기 때문이다. 또한 기체 구조와 엔진에 인접한 구성품은 상당히 높은 온도를 받고 고온에서 과도한 노출 시간에 의한 손상을 막는 준비가 있어야 한다.

ⓑ 압축기 실속이나 서지는 터빈과 연소실 혹은 압축기의 예외적인 일시적 하중에서 손상을 입힐 수 있는 온도를 만들 수 있는 가능성이 크다.

실속-서지 현상이 원심형 압축기에 발생할 가능성이 있지만 축류형 압축기에는 더 자주 발생한다. 엔진의 안정된 작용을 위한 압력 분포를 상세히 보여준다.

엔진을 더 큰 속도로 가속하기 위해서 더 많은 연료가 더해져서 터빈 파워를 증가시키는데 이것은 압축기 작동에 필요한 것보다 훨씬 큰 파워이다.

연료 흐름이 회전 속도의 변화 없이 필요한 만큼 안정된 상태 이상으로 증가했다고 가정해보자.

증가된 연소실 압력은 큰 연료 흐름으로 인한 것인데 이 큰 연료 흐름은 압축기 방출 압력을 높이기 위한 것이다. 엔진 속도 변화가 발생하기 바로 전에 압축기 방출 압력의 증가는 압축기 흐름 속도를 감소시킨다.

동등한 효과는 흐름 성분에 의해 설명되는데 이 구성품은 회전 압축기 브레이드에 있다.

속도의 한 가지 성분은 회전에 기인한 것이고, 이 성분은 단일 브레이드의 주어진 회전 속도에서는 변화하지 않는다. 안정된 작동을 위한 축류 흐름 속도는 회전 성분과 함께 결합되어 합성 속도와 방향을 결정한다. 만약 축류 흐름 성분이 감소되면 합성 속도와 방향은 받음각을 증가시키는데, 이 받음각은 회전 브레이드를 위한 것으로 나중에 압력 상승을 증가시킨다. 물론, 받음각이 변하거나 혹은 압력 상승이 어떤 임계 수치를 넘으면 실속이 발생한다.

연속되는 회전 압축기 브레이드의 실속 현상은 자유 흐름에 있는 하나의 에어포일 단면의 실속 현상과 다르지만 원인과 결과는 똑같다. 만약 압축기에 과도한 압력 상승이 요구되면 실속은 압축기의 안정된 흐름 후에 안정의 깨짐과 함께 발생한다.

실속이 발생하면서 압력 상승이 떨어지고 압축기는 연소실 압력과 똑같은 압력에서 방출할 수 없게 된다. 결과적으로 흐름의 역류나 백 화이어(back fire)가 발생한다. 실속이 일시적이고 간헐적이면 종종 '꽝' 소리가 나는데 이는 백 화어어나 흐름 역류가 발생한 증거이다. 만약 실속이 발생하고 점차 계속되면 강한 진동과 큰 소리가 요란하게 울리는데, 이것은 연속적인 흐름의 역류로부터 생긴 것이다.

압축기 파워의 증가는 rpm을 감소시키고 공기 흐름을 감소시킨다. 증가된 연료 흐름은 빠르고 즉시 상승하는 배기 가스 온도로 알 수 있다. 실속이 계속되면 손상의 가능성을 암시하고, 회복은 즉시 스로틀 설정을 감소시키고 항공기 받음각을 낮게 하여 속도를 증가시킨다.

일반적으로 압축기 실속은 아래 사항의 하나 혹은 조합으로 인해 나타난다.

ⓐ 연료 조절 장치의 기능 정지와 조절 장치의 기능 정지 등이 흔한 원인이다. 적절한 정비와 조절이 실속 없는 작동을 가능하게 한다. 기능 정지 현상은 엔진 가속 중에 흔히 볼 수 있는 것이다.

ⓑ 불량한 흡입구 상태로 일반적으로 큰 받음각이나 옆 미끄럼(side slip) 등에서이다. 이 상태는 흡입구 흐름을 감소시키고 압축기 전면에 일정치 못한 흐름 상태를 만든다. 물론 이 상태는 조종사의 직접적인 조종에서이다.

ⓒ 아주 높은 고도 비행은 아주 낮은 압축기 레이놀즈 수를 만들고 에어포일 단면과 같은 비슷한 효과를 만든다. 낮은 레이놀즈 수로 감소시키면 단면 C_{Lmax}를 감소시키고 아주 높은 고도는 압축기의 최대 압력비를 감소시킨다. 감소된 실속 여유는 압축기 실속의 가능성을 증가시킨다. 그러므로 압축기 실속으로부터의 회복은 스로틀 설정을 감소시켜서 연료 흐름을 감소시키고 받음각을 작게 하고 속도를 증가시켜서 흡입구 상태를 개선하고 만약 고도가 실속의 원인이면 고도를 낮춘다.

ⓓ 연소 정지(flame out)는 현재의 엔진에서는 드물게 발생하지만 여러 가지 기능 정지와 작동 상태 등은 연소 정지의 가능성을 남겨 놓는다.

연료와 공기의 일정한 혼합은 상당히 넓은 범위의 연료-공기비 안에서 연소를 유지시킨다. 연소는 연료-공기비가 농후한 것은 1:5, 희박한 것은 1:25까지이다.

연료-공기 혼합비 한계를 벗어나면 공기나 연료의 부족으로 연소를 계속 유지할 수 없다. 만약 연료-공기 혼합비가 한계치보다 농후하거나 희박할 경우, 연소가 정지된다.

연료 노즐의 특성, 분사 형태뿐만 아니라 조절 장치는 연소 핵이 엔진 작동의 범위에서 유지되어야 한다.

연료 계통의 결함, 얼음 형성 혹은 지나친 자세는 엔진으로의 연료 흐름을 줄어들게 한다. 항공용 연료의 대부분은 어느 정도 수분을 포함하고 있다. 만약 항공기에 상당히 따뜻한 연료로 재보급하고 높은 고도를 비행하면 이때 낮은 온도는 액체 상태의 용해된 물이나 얼음 결정 형태의 물이 침전되게 된다. 고공 비행은 엔진으로 유입되는 공기량을 줄이므로 상당히 낮은 연료 흐름 비율을 만든다. 이 상태에서 연료 조절 장치의 고장이나 조종 장치의 고장은 연소 정지 현상을 만들 수 있다. 만약 연료 조절 장치가 정상 감속 중에 지나치게 낮은 연료 흐름을 만들면 희박한 연소 정지 한계(lean blow out limit)를 넘게 된다. 또한 만약 조절된 아이들 상태 이하로 감속을 허용하면 엔진은 계속해서 속도를 잃고 마침내 연소 정지가 된다.

비행 중에 엔진의 시동은 충분한 rpm과 공기 흐름이 필요하고 이것은 안정된 작동을 할 수 있게 한다. 일반적으로 상당한 고도는 공기 시동(air start) 시도에 가장 어려운 지점이다.

ⓔ 증가된 압축기 흡입구 공기 온도는 터보 제트 엔진의 추력에 아주 큰 효과를 준다. 압축기 흡입구 온도의 증가는 더 큰 압축기 방출 온도를 만든다.

터빈 입구 온도(TIT)는 어떤 최대 수치에서 제한되기 때문에 압축기 방출 온도의 증가는 연소실에서 발생할 수 있는 온도 변화를 감소시킨다. 그런 까닭에 연료 흐름은 제한되고 추력의 감소가 뒤따른다.

추력에서 흡입구 공기 온도 효과는 두 가지의 특별한 경우를 갖는다. 이륙 중에 주어진 압력 고도에서 높은 주변 공기 온도는 높은 밀도 고도와 관계된다. 그러므로 이륙 추력은 감소되는데 낮은 밀도와 낮은 흐름 때문이다.

감소된 흐름으로 인한 추력의 손실뿐만 아니라 추력과 연료 흐름은 더욱 감소되는데 이것은 높은 압축기 흡입구 온도 때문이다. 높은 마하수로 비행할 때 공기 역학적인 가열은 압축기 흡입구 온도를 증가시킨다.

압축기 흡입구 온도는 압축기 출구 온도와 연료 흐름에 영향을 주기 때문에 압축기 흡입구 공기 온도는 고속에서 유지할 수 있는 편리한 한계를 가져야 한다.

ⓕ 엔진 초과 속도나 임계 진동 속도 범위는 엔진의 사용 수명 시간에 중요하다. 터빈 하중의 한 가지는 회전으로 인한 원심 하중이다.

원심 하중은 회전 속도의 자승으로 변하기 때문에 5%의 초과 속도는 10.25%의 초과 응력을 만든다(1.05²=1.1025).

회전 속도와 함께 큰 응력의 증가는 높은 온도에서 아주 빠른 크리프와 피로 손상의 축적을 만든다. 그런 까닭에 반복되는 초과 속도는 과도한 응력을 만들고, 이로 인해 기대했던 사용 수면 시간보다 훨씬 이전에 결함을 일으킨다. 터보 제트 엔진은 다른 부품과 탄력 있는 구조로 구성되므로 축(shaft), 브레이드 등에 특정한 진동 범위와 주파수 범위가 있게 된다.

반면 정상 작동 범위 내에서는 반향 상태(resonant condition)도 막는 것이 필요하지만 지상 작동중, 저고도 체공, 가속 혹은 감속 중에 흔한 낮은 출력 범위에서는 어떤 진동 모드를 갖는다. 만약 어떤 작동 rpm 범위 제한이 진동 상태 때문에 특별히 정해지면 작동은 이 지역에서는 최소 시간이 되도록 운용해야 하다. 진동 상태와 같은 큰 증가된 응력은 진동을 발생시키는 구성품에 피로 결함을 일으킨다.

엔진의 작동 한계는 흔히 rpm, 배기 가스 온도, 허용 시간의 여러 가지 조합에 의해서 정해진다. 높은 출력과 가속 상태는 허용 시간이 아주 짧아야 하는데, 이것은 동력 장치를 함부로 사용하는 것을 막고 양호한 사용 수명 시간을 얻기 위해서이다.

여러 가지 높은 파워와 가속 상태에서 허용 시간은 상당히 다양한데, 목적은 하중의 집중을 감소시키는 것으로, 이것은 크리프와 피로 손상의 빠른 축적을 막는다. 여러 가지 시간 표준이 설정되어 작동의 형식에 맞는 것을 적용시킨다. 물론 사용 시간에 영향을 미치는 하중의 범위를 정해야 한다.

냉각 흐름이 인접한 구조나 장비를 위해 과도한 온도를 막는데 필요하고 이때도 시간제한을 지나서 작동된 경우는 손상을 입힌다.

D. 추력 증가

많은 작동 성능 상태는 추가의 추력을 필요로 해서 짧은 시간 동안 작동할 수 있게 한다. 터보 제트 엔진의 추력 증가는 엔진 속도나 최대 터빈부분 온도의 증가 없이 이루어져야 한다.

여러 가지 형태의 애프터 버너나 물 분사는 추가의 연료를 사용해서 엔진 속도나 터빈 온도의 증가 없이 추력을 증가시킨다.

애프터 버너는 상당히 단순한 수단의 추력 증가 장치이고 주요한 특징은 무게가 가볍고,

추력을 크게 증가시키는 것이다.

일반적인 애프터 버너 장착은 10~20%의 기본적인 엔진 무게를 더하지만 40~60%의 정추력을 크게 한다. 애프터 버너는 터빈부 뒤에 추가의 연소 지역을 구성하는데 연료 노즐과 화염 홀더(flame holder)가 있다.

애프터 버너에서는 지역 흐름 속도가 상당히 높기 때문에 화염 홀더가 난류를 제공해서 애프터 버너 안에서 연소를 유지시킨다.

터보 제트 엔진은 엔진 연료의 연소를 유지하는데 필요한 공기 흐름보다도 훨씬 많은 양의 공기 흐름을 이용한다. 이것은 반드시 필요한데 터빈 온도 제한 때문이다.

15~30%의 엔진 공기 흐름이 연소실에서 사용되므로 터빈 방출의 많은 초과되는 공기는 추가의 많은 양의 연료를 유지할 수 있다. 또한 애프터 버너에는 큰 응력이나 회전 부품이 없고 아주 큰 온도도 허용된다.

애프터 버너에서의 연료의 연소는 추가의 온도 상승과 체적 상승을 가져오고 상당한 에너지를 배기 가스에 더해서 제트 속도를 증가시킨다. 애프터 버너의 주요 구성품이 설명된다.

애프터 버너가 있는 터보 제트 엔진의 한 가지 필요한 특징은 가변 노즐 면적이다. 애프터 버너가 기능을 시작하면서 출구 노즐 면적은 증가되어 증가된 연소 부산물을 처리한다.

만약 애프터 버너가 출구 면적의 증가 없이 기능을 시작하면 엔진을 통하는 흐름은 줄어들고 온도는 급격하게 상승한다. 노즐 면적은 조절되어 애프터 버너 연소 시작 후부터는 커져야 한다.

결과적으로 엔진 흐름은 제트 속도를 크게 증가시켜서 이에 해당하는 것만큼 추력을 증가시킨다. 애프터 버너에서 연료의 연소 발생은 아주 낮은 압력에서 발생하고 불충분하다.

낮은 압력 연소에서의 비효율은 크게 증가하는 SFC에 의해서 알 수 있다.

일반적으로 애프터 버너의 사용은 SFC를 두 배로 증가시킨다. 예를 들어 터보 제트 엔진이 10,000lbs의 추력을 만들 수 있는데, 애프터 버너의 사용으로 15,000lbs의 추력이 만들어진다.

기본 엔진에서 SFC의 일반적인 수치 $c_L=1.05$이고 애프터 버너(after burner)를 사용하면 $c_t=2.1$이다.

작동 중의 연료 흐름은 다음과 같다.

연료 흐름=추력×연료 소모

애프터 버너가 없을 때의 연료 흐름=(10,000) (1.05)
$$=10,500 \text{lbs/hr}$$
애프터 버너를 사용할 때의 연료 흐름=(15,000) (2.1)
$$=31,500 \text{lbs/hr}$$

애프터 버너의 낮은 효율은 추가의 21,000lbs/hr의 연료 흐름으로 추가의 5,000lbs의 추력을 얻는다.

애프터 버너 작동 중의 높은 연료 소모 때문에 체공에 역효과를 주므로 애프터 버너의 사용은 짧은 시간으로 제한된다. 또한 애프터 버너의 주위에 인접한 구조와 지지 구조의 심각한 가열 때문에 애프터 버너의 사용에 제한 시간을 정해야 한다.

기본 엔진의 SFC는 애프터 버너 장치의 추가로 증가한다. 큰 유체 마찰, 노즐과 화염 홀더에 의한 압력 강하의 손실 등은 기본 엔진의 SFC를 대략 5~10% 증가시킨다.

애프터 버너의 주요한 장점은 상당히 작은 무게의 희생으로 상당히 큰 추력을 더할 수 있는 능력이다. 애프터 버너의 사용은 전투기, 인터셉터(intercepter)와 같은 고속 항공기에 흔히 사용한다.

터보 제트 엔진의 물 분사는 또 다른 방법의 추력 증가 방법으로 추가의 연료(여기서는 물)의 연소가 엔진 속도와 온도 범위 내에서 이루어지는 것이다.

가장 흔히 물 분사 장치가 사용되는 예는 이륙과 상승에서인데 특히 높은 주변 온도와 높은 고도에서이다.

일반적인 물 분사 장치는 25~35% 추력을 증가시킨다. 가장 흔한 물 분사 방법은 액체를 직접 연소실에 흐르게 하는 것이다.

연소실에 직접 액체를 추가시키면 흐름을 증가시키고 터빈 흡입구 온도를 감소시킨다. 온도의 감소는 터빈 파워를 감소시키고 엔진 속도를 유지하기 위해서는 더 큰 연료 흐름이 필요하다. 그러므로 흐름이 증가되고 터빈 한계 내에서 더 많은 연료가 추가되어 더 큰 에너지가 배기 가스에 더해진다. 연소실로 분사되는 액체는 일반적으로 물과 알콜의 혼합체이다.

물-알콜 용액은 낮은 온도에서 남아있는 액체의 냉각으로 인한 흐름통로의 막힘을 방지하는 한 가지 장점이 있다. 게다가 혼합체에 많은 알콜의 집중은 엔진 속도를 유지하는데 필요한 추가의 화학적 에너지의 일부를 제공한다.

사실 분사 혼합체에 많은 양의 알콜은 추가의 연료에너지를 더하는 좋은 방법이다. 만약 추가된 화학적 에너지가 물을 갖고 있어도 조절된 연료 흐름에는 급격한 변화가 없어야 하고 액체 분사와 함께 저속도(underspeed)와 액체 흐름이 배기될 때 초과 속도나 초과 온도의 기회가 거의 없어야 한다.

D. 가스 터빈-프로펠러의 조합

터보 제트 엔진은 터빈을 사용해서 압축기 작용에 필요한 충분한 파워를 뽑아낸다. 나머지 배기 가스 에너지는 높은 배기 가스 속도와 제트 추력을 위해서 사용된다.

터보 제트 엔진의 추진 효율은 상당히 낮은데, 왜냐하면 큰 속도 변화와 상당히 작은 흐름을 만들어서 추력을 만들기 때문이다. 가스 터빈-프로펠러 조합은 프로펠러가 훨씬 큰 흐름에서 작용하는 것에 의해 아음속 비행에서 높은 추진 효율을 만들 수 있다.

터보 동력 장치는 추가의 터빈 스테이지(turbine stage)가 터빈부에서 팽창을 지속시키고 축 출력(shaft power)처럼 배기 가스 에너지의 아주 큰 %를 뽑아내는데 필요하다.

이런 면에서 터보 프롭은 기본적으로 파워를 생산하는 기계이고 제트 추력은 추진 출력의 작은 부분이다.

일상적으로 터보 프롭의 제트 추력은 전체 추력의 15~20%이다. 터보 프롭이 기본적으로 출력을 생산하는 기계이기 때문에 터보 프롭 동력 장치는 상당 축 마력(equivalent shaft horsepower)으로 나타낸다.

$$\text{ESHP} = \text{BHP} + \frac{T_j V}{325 \eta p}$$

여기서   ESHP: 상당 축마력

BHP: 제동 마력이나 프로펠러 축마력

T_j: 제트 추력(lbs)

V: 비행 속도(knot)

ηp: 프로펠러 효율

가스 터빈 엔진은 많은 양의 공기를 처리할 수 있고 주어진 엔진 크기에서 높은 출력을 만든다. 그러므로 터보 프롭 동력 장치의 가장 큰 장점은 높은 특정 출력, 큰 출력/엔진 무게와 큰 출력/엔진 크기 등에 있다.

가스 터빈 엔진은 상당히 높은 회전 속도에서 작동해서 큰 공기 흐름을 처리하고 높은 출력을 만든다. 그렇지만 빠른 회전 속도는 높은 프로펠러 효율에 도움이 되지 않는데, 왜냐하면 압축성 효과 때문이다. 축 속도의 큰 감속이 이루어져서 동력 장치와 프로펠러가 일치되어야 한다.

감속 기어 장치는 프로펠러에 의해 효율적으로 사용되도록 프로펠러 축 속도를 제공해야 하는데 터빈의 높은 회전 속도 때문에 기어 감속비는 6~15가 일반적이다.

이런 높은 기어 감속비를 갖는 큰 축 마력의 트랜스미션을 만들기 위해서는 설계상 많은 어려움이 따른다. 이런 기어 장치의 문제점은 터보 프롭 동력 장치의 개발에 가장 큰 문제점 중의 하나였다.

터보 프롭 동력 장치를 위한 조절 장치로 프로펠러 브레이드 각을 변화시키는 장치가 있어야 한다.

만약 프로펠러가 터빈으로부터 독립되어 조절되면 엔진과 프로펠러와 버너 사이에 상호작용이 존재하는데 "hunting(회전 기복)"의 초과 속도, 과열 온도 상태가 가능하다.

이런 이유로 엔진-프로펠러 조합은 출력의 주요 범위를 통해서 일정한 rpm에서 작동하고 조종의 기본적인 수단은 연료 흐름과 프로펠러 브레이드 각이다.

출력의 주요 범위에서 스로틀은 특정 연료 흐름을 지시하고 프로펠러 브레이드 각을 조절해서 프로펠러 하중을 증가시키고 조절된 속도에서 머물게 한다. 터보 프롭 동력 장치의 작동 제한 요소는 본질적으로 터보 제트 엔진의 작동 한계와 비슷하다.

일반적으로 터빈 온도 한계는 가장 중요한 항목이다. 게다가 초과 속도 상태는 기어 장치의 과도한 응력을 만들고 프로펠러뿐만 아니라 터빈부에도 과도한 응력을 만든다.

터보 프롭의 성능은 프로펠러-엔진 조합의 장점으로 설명한다. 높은 추진 효율, 높은 추력, 낮은 속도는 항속 거리, 체공 시간의 특성을 제공하고 이륙 성능은 터보 제트보다 우수하다.

프로펠러가 장착된 동력 장치처럼 이용 출력은 속도와 거의 일정하다. 제트 추력으로부터 출력은 속도에 좌우되므로 이용 출력은 속도와 함께 약간 증가한다. 그렇지만 이용 추력은 속도와 함께 감소한다.

터보 프롭의 상당 축 마력(ESHP)은 흐름량에 의해 영향 받고 흡입구 온도도 같은 방법으로 터보 제트에 영향을 미친다. 그러므로 ESHP는 고도와 함께 변하면 이것은 터보 제트의 추력 출력과 아주 비슷하다. 왜냐하면 고도가 높아질수록 더 낮은 밀도와 엔진 흐름을 저하시키기 때문이다.

가스 터빈-프로펠러 조합은 몇 단계의 터빈을 사용해서 배기 가스로부터 축출력을 뽑아내고 높은 압축기 흡입구 온도는 터빈 온도 한계 내에서 연료 흐름을 사용하기 때문에 더운 날은 눈에 띄는 출력의 손실을 경험한다.

터보 프롭 동력 장치의 SFC는 아래와 같이 정의할 수 있다.

$$\text{연료 소비(SFC)} = \frac{\text{엔진 연료 흐름}}{\text{상당 축 마력}}$$

$$= \frac{\text{lbs/hr}}{\text{ESHP}}$$

연료 소비(SFC: c)의 수치는 각 ESHP마다 0.5~0.8lbs/hr의 범위를 갖는다. 작동 상태와 함께 SFC의 변화는 터보 제트 엔진의 변화와 같다. 최소 SFC는 상당히 높은 파워 설정과 높은 고도에서 얻어진다.

낮은 흡입구 온도는 SFC를 감소시키고 가장 낮은 SFC는 고도 25,000~35,000ft 근처에서 얻어진다. 그러므로 터보 프롭 뿐만 아니라 터보 제트는 높은 고도에서 운용하는 것이 유리하다.

3) 왕복 엔진

왕복 엔진은 항공기에 사용하는 가장 효율적인 동력 장치 중의 하나이다. 왕복 엔진과 프로펠러의 조합은 연료의 화학적 에너지를 비행시간이나 비행 거리로 전환시키는 가장 효율적인 수단이다.

고유의 높은 효율 때문에 왕복 엔진은 항공기 동력 장치의 중요한 형식이다.

A. 작동 특성

일반적인 왕복 엔진의 기능에슨 피스톤의 4행정으로 1 사이클을 완료한다. 이 기본적인 사이클은 실린더 내에서 압력과 체적 변화로 설명된다.

작동 사이클의 첫 번째 행정은 피스톤의 하향 행정으로 흡입 밸브가 열린다. 이 행정은 압력-체적(pressure-volume) 도표의 AB를 따라서 연료-공기 혼합기를 빨아들인다.

두 번째 행정은 선 BC를 따라서 연료-공기 혼합기의 압축을 완료한다.

연소는 스파크 점화 장치에 의해서 시작되고 근본적으로 일정한 체적에서 발생한다. 연료-공기 혼합기의 연소는 열을 만들고 선 CD를 따라서 압력의 상승을 일으킨다. 팽창 행정은 선 DE를 따라서 팽창으로 증가된 압력을 이용한다. 배기는 EB를 따라서 초기 배출에 의해서 시작되고 선 BA를 따라서 상향 행정(upstroke)에 의해서 완료된다.

작동의 사이클에 의해서 만들어진 순수한 일은 압력-체적 도표에서 면적 BCDE에 의해 이상적으로 나타낸다.

이상 사이클보다 실제 작동에서 흡입 압력은 배기 압력보다 낮고 네가티브 일(negative work)은 펌프 작용 손실을 말한다. 파워 행정 중에 불완전한 팽창은 작동 사이클에서 기본적인 손실을 나타내는데, 왜냐하면 선 EB를 따라서 연소 부산물의 배출이 있기 때문이다.

면적 EFB는 작동 사이클에서 기본적인 손실을 나타내는데, 이는 선 EB를 따라서 연소 부산물의 배출이 있기 때문이다. 면적 EFB는 배기 가스의 특정 크기의 에너지를 나타내고 이것의 일부는 배기 터빈에 의해서 뽑을 수 있는데 추가의 축 출력처럼 크랭크 샤프트에 연결되거나 터보 수퍼 차저의 작동에 사용한다. 게다가 배기 가스 에너지는 엔진 냉각 흐름(ejector exhaust의 경우)을 증가시키거나 카울 저항을 감소시킨다.

작동 사이클 중에 순수 일이 만들어지기 때문에 압력-체적 도표의 닫힌 면적에 의해 나타나고 엔진의 출력은 이 면적에 영향을 미치는 어떤 요소에 의해서 영향을 받는다.

연료-공기 혼합기의 무게는 연소에 의해서 방출되는 에너지를 결정하고 이 채워지는 혼합기 무게는 고도, 수퍼 차징에 의해서 바뀐다. 혼합기 강도(mixture strength), 조기 점화(preignition), 스파크 타이밍(spark timing) 등은 주어진 공기 흐름의 방출 에너지에 영향을 미치거나 작동 사이클 중에 만들어지는 일을 바꾼다.

파워 행정 중에 얻어진 기계적인 일은 피스톤에 유지되는 가스 압력의 결과이다. 피스톤에서 크랭크 샤프트까지의 링케이지는 콘넥팅 로드이고 출력 축에 토오큐를 준다.

압력 에너지로부터 기계적 에너지로의 전환 중에 손실은 어쩔 수 없는데 왜냐하면 마찰과 기계적인 출력이 이용 가능한 압력 에너지보다 적기 때문이다. 엔진으로부터의 파워 출력은 파워 충동(power impulse)의 비율과 크기에 의해 결정된다.

왕복 엔진의 출력을 결정하기 위해서 브레이크나 하중 장치가 출력축에 장착되고 작동 특성이 결정된다. 그런 까닭에 제동 마력(BHP)은 동력 장치의 출력을 나타내는데 사용한다.

출력의 물리적인 정의와 마력(1hp=33,000ft-lbs/min)의 정의로부터 제동 마력(brake horsepower)은 아래의 공식으로 표시된다.

$$BHP = \frac{2\pi \ TN}{33,000}$$

혹은 $$BHP = \frac{TN}{5255}$$

여기서 BHP: 제동 마력
T: 출력 토오큐(ft-lbs)
N: 출력 축 속도(rpm)

이 관계에서 출력은 토오큐(T)와 rpm의 직접적인 변수로 이해할 수 있다. 물론 출력 토오큐는 파워 행정 중에 연소 가스 압력의 함수이다. 그러므로 파워 행정 중에 평균 유효 가스 압력을 고려하는 것이 도움이 되는데 여기서는 제동 평균 유효 압력(brake mean effective pressure: BMEP)이 된다.

위의 말을 이용해서 BHP는 다음과 같이 표시된다.

$$BHP = \frac{(BMEP)(D)(N)}{792,000}$$

여기서 BHP: 제동 마력
BMEP: 제동 평균 유효 압력(psi)
D: 엔진 크기(in³)
N: 엔진 속도(rpm)

BMEP는 실린더 내부의 실제의 압력이 아니지만 유효 압력은 파워 행정 중에 피스톤에 작동하는 평균 가스 하중을 나타낸다.

BMEP는 왕복 엔진의 출력, 효율, 작동 한계의 주요 항목을 위한 편리한 지수이다.

어느 왕복 엔진의 실제 출력은 엔진 토-큐와 회전 속도 조합의 직접적인 함수이다. 그러므로 제동 마력은 BMEP와 rpm 혹은 토-큐 압력과 rpm의 조합에 의해서 관계된다.

어떤 계기도 출력의 즉각적인 지시를 제공하지 못한다. 만약 다른 모든 요소들이 불변이면 엔진 출력은 엔진 공기 흐름과 직접 관계된다. 이 사실은 BMEP를 사용한 BHP의 공식으로부터 이해할 수 있다.

$$BHP = \frac{(BMEP)(D)(N)}{792,000}$$

이 공식은 주어진 BMEP와 관련되고 BHP는 엔진 rpm(N), 엔진 크기(D)의 곱으로 결정한다. 이와 같이 왕복 엔진은 출력에 직접 영향을 미치는 공기펌프처럼 펌프 용량을 고려한다.

그러므로 어떤 엔진 계기든지 공기 흐름에 영향을 미치는 요소와 관련되면 엔진 파워의 간접적인 지시가 가능하다. 연료-공기 혼합기의 압력과 온도는 실린더로 들어가는 혼합기의 밀도를 결정한다.

캬브레터 공기 온도는 캬브레터로 흡입되는 공기의 온도이다. 이 캬브레터 흡입구 공기가 실린더 흡입구 메니폴드의 공기와 같은 온도가 아니어서 캬브레터 흡입구 온도는 연료 흐름의 안정된 지시를 나타내주고 엔진성능의 표준으로 사용할 수 있다.

실린더 흡입구 메니폴드 온도는 같은 수준의 정확성으로 결정하기 힘든데, 왜냐하면 연료-공기 혼합기 강도의 정상적인 변화 때문이다. 흡입구 메니폴드 압력은 연소실로 들어가는 공기 밀도의 추가적인 지시를 제공한다.

메니폴드 절대 압력(MAP)은 캬브레터 흡입구 압력, 스로틀 위치, 수퍼차저나 임펠러 압력비에 의해 영향 받는다. 물론 스로틀은 메니폴드 압력을 주로 조절하고 스로틀 작동은 수퍼차저 흡입구로 들어가는 연료-공기 혼합기의 압력을 조절한다.

수퍼차저로부터 받는 압력은 수퍼차저에 의해서 확대되는데 이것은 임펠러 속도에 좌우된다. 그리고 높은 압력의 혼합기가 메니폴드로 공급된다. 물론 엔진 공기 흐름은 2가지 이유로 rpm과 함수 관계이다. 엔진 속도가 더 커지면 펌프 작용 비율이 증가하고 엔진을 지나는 흐름 체적이 증가한다.

또한 엔진이 구동하는 수퍼차저 임펠러에서 엔진 속도의 증가는 수퍼차저 압력비를 증가시킨다. 스로틀의 거의 닫히는 위치를 제외하고 엔진 속도의 증가는 메니폴드 압력을 증가시킨다.

연소 과정의 특성에 영향을 미치는 변수는 왕복 엔진 작동의 중요한 요소이다. 연료와 공기의 일정한 혼합은 연료-공기비가 대략 0.04~0.20 사이에서 연소를 유지시킨다.

화학적으로 정확한 공기와 탄화수소 연료의 비례는 15lbs의 공기에 1lbs의 연료 혹은 연료-공기비가 0.067일 때이다. 이 화학적으로 정확하거나 혹은 "이상적인 혼합비 상태 (stoichiometric)"의 연료-공기비는 주어진 무게의 혼합기의 연소 중에 최대의 열 방출을 만드는 연료와 공기의 비례를 만든다.

만약 연료-공기비가 이상적인 혼합비 상태보다 희박한, 즉 과도한 공기와 연료의 부족은 낮은 연소 온도를 만들고 주어진 상태의 혼합기 무게에서 감소된 열을 방출한다. 또한 연료-공기비가 이상적인 혼합비 상태보다 농후하면, 즉 연료가 많고 공기가 부족일 때는 낮은 연소 온도를 만들고 주어진 무게의 혼합기에서 감소된 열을 방출한다.

이상적인 혼합비 상태는 연소의 이상적인 상태로 최대의 열을 방출시키고 저속도 왕복 엔진의 각각의 실린더에 아주 밀접하게 적용된다. 화염 전파 속도, 연료 분배 온도 변화의 효과 때문에 대략 0.07~0.08의 연료-공기비에서 고정된 공기 흐름과 함께 최대 출력을 얻는다.

연소는 0.04보다 약간 큰 연료-공기비에 의해서 유지되지만 방출되는 에너지는 펌프 작용 손실과 엔진의 기계적 마찰 극복에 불충분하다. 반드시 같은 결과는 0.20보다 바로 아래의 농후한 연료-공기비에서 얻어진다.

이 한계 사이의 연료-공기비는 다른 크기의 출력을 만들고, 최대 출력은 일반적으로 대략 0.07~0.08의 연료-공기비에서 발생한다. 그러므로 이 범위의 연료-공기비는 주어진 공기 흐름을 위한 최대 출력을 만드는데 이것이 "최적 출력(best power)" 범위이다. 약간 낮은 연료-공기비에서 최대의 출력/연료-공기비가 얻어지고, 이것은 가장 효율적인 범위이다.

가장 효율적인 범위는 일반적으로 0.05와 0.07 연료-공기비 사이에서 발생한다. 이륙에 필요한 엔진의 최대 출력은 0.08보다 큰 연료-공기비가 필요하고, 이 상태에서 디토네이션을 억제한다.

그런 까닭에 0.09~0.11의 연료-공기비가 이 상태에서 운용된다. 실린더에서 연소의 형태와 정상적인 연소 과정은 압축 행정의 끝에서 스파크 점화에 의해서 시작된다.

전기 스파크는 연소의 시작을 제공하고 화염 전면의 전파는 압축된 혼합기를 통해서 매끈하게 이루어진다. 이런 정상 연소는 실린더 압력과 피스톤 거리로 비교되어 볼 수 있다.

스파크 점화는 실린더 압력의 완만한 상승에서 시작해서 파워 행정에서 최고 수치와 함께 팽창한다.

피스톤 움직임에 따른 압력의 변화는 작동 사이클 중에 가장 큰 순수한 일을 얻게 한다.

분명하게 스파크 점화 타이밍은 중요한 요소로 연소실 압력의 초기 상승을 조절한다. 연료 혼합기의 점화는 적절한 시간에 이루어져서 화염 전파를 허용하고 파워 행정을 위한 열을 방출해서 최고치의 압력이 형성되게 한다.

화염 전파 속도는 왕복 엔진의 출력에 영향을 미치는 주요 요소인데 이 요소는 연소실의 열 방출 비율과 압력 상승 비율을 조절하는 요소이다.

이런 이유로 이중 점화가 높은 출력의 동력 장치에 필요하다. 분명히 정상 연소는 하나의 화염 전면의 속도보다 2개의 화염 전면 전파가 더욱 빠르다.

　2가지의 점화원으로 연소 열방출과 짧은 시간에 압력 상승을 이룰 수 있다.

　연료-공기비가 연소실에서 화염 전파 속도에 영향을 미치는 또 다른 요소이다. 최대의 화염 전파 속도는 0.08의 연료-공기비 근처에서 발생하고 주어진 공기 흐름을 위한 최대 출력은 이상적인 혼합비 수치보다 위의 수치에서 발생하려 한다.

　연소 과정의 착오가 조기 점화와 디토네이션이다. 조기 점화(preignition)는 단순히 조기에 점화가 되는 것으로 화염 전면 전파는 연소실에서 열점(hot spot: 온도가 높은 지점)에 기인하는 것이다.

　여러 가지 납이나 탄소 찌꺼기와 금속 면의 날카로운 모서리(feathered edge)는 달아오른 점화점(glow ignition spot)을 공급할 수 있고 화염 전파가 정상 스파크 점화보다 먼저 발생한다.

　조기 점화는 피스톤 운동 중에 압력의 조기 상승을 일으킨다. 결과적으로, 조기 점화 연소 압력과 온도는 정상 연소 수치를 초과하고 이것은 흔히 엔진 손상을 일으킨다.

　압축 행정의 끝 쪽에서 압력의 조기 상승 때문에 작동 사이클의 순수 일은 감소된다. 조기 점화는 실린더 헤드 온도의 상승과 BMEP나 토-큐의 강하로 알 수 있다.

　디토네이션은 동력 장치의 직접 파괴의 가능성을 준다. 정상 연소 과정은 점화에 의해 개시되고 화염 전면 전파의 시작이 된다. 화염 전면이 전파되면서 연소실 압력과 온도는 상승하기 시작한다.

　높은 연소 압력과 온도의 특정 상태에서 전진하는 화염 전면의 앞에서 혼합기는 갑자기 상당히 격렬하게 폭발하고 강한 디토네이션파가 연소실을 통해서 보내진다.

　결과는 날카롭고 폭발적인 압력 상승이 발생하고 파워 행정 중에 평균 압력의 감소를 가져온다. 디토네이션(이상 폭발)은 날카로운 폭발적인 압력을 만들고 최고치는 정상 연소보다 몇 배 크다. 또한 폭발 가스는 상당한 열을 방출하고 엔진의 많은 부품에 과도한 온도를 일으킨다. 심한 디토네이션의 효과는 상당히 심해서 구조적 손상이 직접 나타난다. 실린더 헤드 온도의 급격한 상승은 BMEP에 급격한 강하, 크고 강한 소음 등이 디토네이션의 증거이다.

　디토네이션은 정상적인 화염 전면 전파의 시작 후에 제한되는 것만은 아니다. 아주 낮은 등급의 연료로도 정상 점화 이전에 디토네이션을 일으킨다. 게다가 고온과 압력은 조기 점화에 의해 유발되는데, 디토네이션은 흔히 조기 점화의 당연한 결과이다.

　디토네이션은 어떤 위험스런 고도와 압력의 조합에서 갑작스럽고, 불안정한 연료의 복합물로부터 결과되는 것이다. 그러므로 디토네이션은 높은 연소 압력과 온도를 만드는 어느 작동 상태에서도 발생할 수 있다.

　일반적으로 높은 엔진 공기 흐름과 최대 열 방출을 위한 연료-공기비는 심각한 상태를 만든다. 많은 엔진 공기 흐름은 높은 MAP와 rpm에서 흔하며 엔진은 CAT(Carburreter Air Temperature)에 가장 예민하고 연료-공기비는 이 지역에 있다.

연료의 디토네이션 성질은 연료와 여러 가지 첨가제의 기본 분자 구조에 의해서 결정된다. 연료 디토네이션 성질은 일반적으로 옥탄가, 앤티 디토네이션이나 앤티 노크 성질에 의해 정해진다.

양질 연료의 앤티 노크 성질은 혼합기 세기에 좌우되고 연료의 등급이 정해져야 한다. 그러므로 115/145의 연료 등급에서 115는 희박한 혼합기 앤티 노크치에 관계되고, 145의 농후한 혼합기 앤티 노크치와 관계된다.

디토네이션을 일으키는 가장 흔한 작동의 하나가 연료 오염이다. 높은 옥탄가 연료에 제트 연료의 극히 작은 양이 오염되면 심한 앤티 노크치를 감소시킨다. 또한 높은 등급의 연료가 다음의 낮은 등급 연료로 오염되면 상당한 앤티 노크 손실이 생긴다.

엔진의 요구에 맞는 연료 미터링(fuel metering)은 연료-공기비와 엔진 공기 흐름으로 구성된다. 캬브레터는 엔진 공기 흐름의 범위를 통해서 특별한 연료-공기비는 특정 출력을 제공한다.

가장 최근의 엔진은 자동 혼합 조절 장치(automatic mixture control: AMC)가 있어서 오토메틱 리치(automatic rich)와 오토메틱 린(automatic lean) 작용을 위한 연료-공기비의 분배를 제공한다.

오토-리치 조절은 중간 법위의 공기 흐름을 위한 최대 열 방출이거나 이에 가깝게 연료-공기비를 제공한다. 그렇지만 높은 공기 흐름에서 파워 인리치먼트는 디토네이션 억제를 제공해야 한다.

오토-리치 스케줄은 0.08의 비슷한 연료-공기비를 제공하는데 이것은 이륙 출력을 위한 공기 흐름에서 0.10이나 0.11까지 증가한다. 게다가 낮은 공기 흐름과 혼합기 희석이 만족스런 작동을 위한 인리치먼트(enrichment)를 필요로 하는 아이들 출력 범위에서 발생한다.

오토메틱 린 연료-공기비와 함께 연료-공기비 스케줄은 자동적으로 되어 최대 사용 가능한 경제 혼합비를 제공한다. 만약 수동으로 희박하게 하는 절차가 사용되면 낮은 연료 공기비가 최대 가능한 효율을 위해서 필요하다.

최대 연속 순항 출력은 출력의 위쪽 한계이고 이것은 이 작동을 위해 이용한다. 연료-공기비의 변화 없이 큰 공기 흐름과 높은 출력은 디토네이션 범위와 겹치게 된다.

왕복 엔진 작동의 효율과 관계된 기본적인 요소는 제동 연료소모(BSFC)나 단순히 c로 나타난다.

$$BSFC = \frac{엔진\ 연료\ 흐름}{제동\ 마력}$$

$$c = \frac{lbs/hr}{BHP}$$

c범위를 위한 일반적인 최소 수치는 0.4~0.6 lbs/hr/BHP이고 대부분의 항공기 동력 장치는 평균 0.5이다.

터보 콤파운드 엔진은 일반적으로 파워 리카버리 터빈(power recovery turbine) 때문에 c가 0.38~0.42까지 접근할 수 있어서 가장 효율적이다.

SFC의 최소 수치는 순항 출력 작용의 범위 내에서만 얻을 수 있고 최대 출력의 30~60%이다. 일반적으로 최소 SFC의 상태는 연료-공기비의 오토-린이나 매뉴얼린 스케줄의 높은 BMEP와 낮은 rpm에서 얻어진다. 낮은 rpm은 마찰 마력을 최소화하고 출력 효율을 개선하는데 요구되는 것이다.

고도의 효과는 엔진 공기 흐름과 출력을 감소시키고 수퍼차징은 높은 고도에서 높은 출력을 유지하는데 필요하다. 기본 엔진은 공기 처리를 오직 기본 체적만큼만 가능하므로 수퍼차저의 기능은 흡입구 공기를 압축해서 엔진을 위한 가장 큰 무게의 공기를 엔진을 위한 가장 큰 무게의 공기를 처리할 수 있게 한다. 물론 축 출력은 엔진으로 구도되는 수퍼차저 작동에 필요하고 수퍼차저 압축을 통해서 온도 상승이 발생한다. 고도 성능에서 수퍼 차저의 여러 가지 효과가 있다.

비수퍼차지나 대기 상태로 흡입하는(naturally aspirated) 엔진은 흡입 계통 흡입구 압력보다 큰 메니폴드 압력을 제공하는 수단이 엔진에 없다.

폴 스로틀과 조절된 rpm 상태로 고도가 증가하면 엔진을 통하는 공기 흐름은 감소되고 BHP도 감소한다. 첫 번째 형태의 수퍼차징은 상당히 낮은 압력비로, 공기 흐름이 더해져서 디토네이션 한계 내의 폴 스로틀에서 출력을 담당할 수 있다.

이런 "ground boosted" 엔진은 모든 고도에서 높은 출력을 얻을 수 있지만 고도의 증가는 메니폴드 압력, 공기 흐름, 출력의 감소를 만든다. 더 발달된 형태의 수퍼차징은 더 높은 압력비로 아주 큰 엔진 공기 흐름을 만들 수 있다.

사실 고도에서 수퍼차징의 경우는 낮은 고도의 작동에서 폴 스로틀 작동이 디토네이션 한계에서 이용할 수 없을 때 아주 큰 공기 흐름을 만들 수 있다.

두 가지 엔진 속도로 구동되는 엔진에 수퍼차징이 장착되면, 해면상에서 메니폴드 압력의 제한은 특정 크기의 BHP를 만든다. 폴 스로틀(full throttle) 작동은 높은 MAP와 BHP를 만들 수 있지만 디토네이션 문제점이 아닐 때이다. 이런 경우에 폴 스로틀 작동은 이용할 수 없는데, 왜냐하면 디토네이션 한계 때문이다.

저속도에서 수퍼차저나 블라워(blower)와 함께 고도가 증가하면 일정한 MAP는 스로틀의 개방에 의해서 유지되고 BHP는 해면상 수치보다 위로 증가하는데, 이유는 감소된 배기 백 압력(back pressure) 때문이다.

스로틀의 개방은 수퍼차저 흡입구가 같은 흡입구 압력을 받고 같은 MAP를 만든다. 최종적으로 고도의 증가는 폴 스로틀이 요구된다. 이것은 낮은 블라워 속도와 함께 일정한 MAP를 만드는데, 이 점은 "임계 고도"나 "풀 스로틀 고도"라고 부른다.

특별한 수퍼차저가 장착된 상태의 임계 고도는 MAP와 rpm의 조합이 특수하다. 분명히 낮은 MAP는 높은 고도까지 유지되고 낮은 엔진 속도는 약한 수퍼차징을 만들어서 주어진 MAP는 더 큰 스로틀 개방이 필요해진다.

일반적으로 가장 중요한 임계 고도는 최대 출력, 정격 출력, 최대 순항 출력 상태를 자세히 정한다. 블로워(blower) 속도를 고속으로 하면, 더 큰 수퍼차징이 되지만 더 큰 축출력이 필요하고 더 큰 온도 상승을 일으킨다. 그러므로 고속의 블로워 속도는 디토네이션 한계 내의 고도 성능을 증가시킨다.

고속의 블로워를 위해 고도와 함께 BHP의 변화는 임계 고도가 증가하고 저속도 블로워에서 얻을 수 있는 것보다 낮게 작동하면 임계 고도는 메니폴드 압력이 디토네이션 안에 있도록 일부 제한이 필요하다.

고속으로 블로워가 작동하는 것은 저속 블로워 임계 고도를 바로 지난 후에는 필요치 않지만 바로 이 지점에서 저속 블로워로부터 변화, 즉 풀 스로틀에서 고속 블로워로 움직여서 MAP를 제한하면 더 큰 BHP를 만든다.

물론 만약 블로워 속도가 스로틀 개방을 줄이지 않고 증가되면 오버부스트(overboost)가 발생한다. 배기 가스는 상당한 에너지를 갖고 있기 때문에 배기 터빈은 수퍼차저 파워의 근원이 된다.

터보 수퍼차저(TBS)는 수퍼차저 속도의 조절을 허용해서 가변 방출 배기 터빈(VDT)과 함께 아주 높은 고도에서 출력을 조절할 수 있다. 터보 수퍼차저는 터빈과 수퍼차저 속도의 증가로 고도 증가와 함께 엔진 공기 흐름을 제공할 수 있다.

터보 차저를 위한 임계 고도는 고도에 의해 정의되는데 배기 터빈 속도를 제한하는 고도를 말한다. 수퍼차지되는 엔진의 최소 SFC는 임계 고도보다 낮은 고도에서는 고도에 의해서 크게 영향 받지 않는다.

최대 순항 출력 상태에서 SFC는 임계 고도까지 고도 증가에 따라서 약간 감소한다. 임계 고도 이상에서 최대 순항 출력은 유지될 수 없지만 SFC는 순항 출력 설정에서 오토 린 (auto-lean)이나 매뉴얼 린(manual lean) 출력을 사용할 수 있을 때까지는 역효과는 미치지 않는다.

왕복 엔진의 작동 특성은 터보 제트와는 특징적으로 구별된다. 공기의 수증기는 왕복 엔진의 출력에 심각한 감소를 일으키지만 터보 제트 엔진의 출력 감소는 거의 무시할 정도이다. 이런 기본적인 차이점이 존재하는 이유는 왕복 엔진은 고정된 체적으로 작동되고 처리되는 모든 공기는 직접 연소 과정과 연관이 있다.

만약 수증기가 왕복 엔진의 흡입 계통으로 들어가면 연소에 이용할 수 있는 공기의 크기가 줄어들고, 대부분의 캬브레이터는 공기로부터 수증기를 구별할 수 없기 때문에 연료-공기비가 농후해진다.

이륙시 최대 출력은 최대 열 방출에서 보다 더 농후한 연료-공기비(fuel-air ratio)가 필요

해서 더 농후해지는 것은 출력 손실이 된다.

터보 제트가 충분한 공기로 작동되면 연소 과정은 영향을 받지 않고 공기 흐름의 감소만 이 중요한 고려 사항이다.

예에서처럼 특정한 높은 습도를 만드는 것과 같은 극한 상태는 터보 제트의 3% 추력 손실 을 일으키지만 왕복 엔진은 12%의 BHP 손실을 일으킨다.

습도에 의한 손실을 정확히 계산하는 것이 왕복 엔진의 작동에 필수적이다.

B. 작동 한계

왕복 엔진의 신뢰성 있는 작동은 특정 작동 한계의 제한으로 얻을 수 있다.

왕복 엔진의 가장 중요한 작동 한계는 디토네이션과 조기 점화를 일으키지 않도록 하는 것이 중요하다.

적절한 연료 등급이 MAP, BMEP, rpm, CAT를 넘지 않도록 제한한다.

심한 디토네이션과 조기 점화가 최대 출력에서 높은 공기 흐름에 흔하기 때문에 디토네이 션과 조기 점화가 가장 잘 일어날 때는 이륙시이다.

디토네이션 억제 혹은 이륙을 위한 큰 출력을 얻기 위해서 왕복 엔진에서는 가끔 물 분사 가 사용된다.

큰 출력 설정에서 물과 알콜 혼합액의 분사는 디토네이션 억제에 필요한 연료를 대신하고 디리치먼트(derichment) 장치는 연료-공기비를 최대 열 방출을 위한 수치 쪽으로 감소시킨 다. 그러므로 출력의 증가는 더 양호한 연료-공기비에 의해 얻는다.

어떤 경우, 높은 매니폴드 압력은 추가의 출력을 만드는데 이용한다. 주입하는 액체는 제 트엔진 추력 증가를 위한 주입용 액체와는 전혀 다른 알콜과 물의 비례가 필요하다.

연료-공기비의 디리치먼트는 앤티디토네이션 분사(antidetonation injection: ADI)는 알콜 을 포함해서 통로를 막는 잔존하는 액체를 없앤다.

작동 중에 연료 등급이 바뀌면 엔진은 한 단계 낮은 연료를 사용해야 하고, 작동 한계의 변화를 위해 적절한 고려가 있어야 한다. 이 고려 사항에는 이륙과 최대 순항 출력을 위한 최대 출력을 포함해야 하는데, 이유는 이 두 가지 작동 상태는 거의 디토네이션 범위이기 때문이다. 게다가 다시 높은 등급의 연료를 사용할 때 높은 작동 한계는 탱크에 남아있는 낮은 등급의 연료에서 오염 등이 없음을 확인하기 전에는 사용해서는 안 된다.

스파크 플러그의 막힘은 특정 높고 낮은 작동 온도의 한계를 제공한다. 과도하게 낮은 작 동 온도에 마주치면 플러그에 빠른 속도의 카본 축적이 발생한다.

반면, 과도하게 높은 작동 온도는 연료 첨가제의 "lead bromide" 침전물로부터 플러그 막 힘을 만든다. 일반적으로 여러 가지 높은 출력을 설정해서 제한된 시간이 설정되어 높은 비 율의 마모와 피로 손상의 축적을 최소화시킨다.

높은 출력을 설정해서 전체 시간 소모의 크기를 최소화시키고, 더 긴 오버홀 수명을 얻는다. 이 말은 엔진의 이륙 정격 출력을 이용해서는 안 된다는 의미는 아니다.

실제로 이륙에서 완전한 최대 출력의 사용은 같은 rpm에서 감소된 출력 설정에서 보다 더 작은 전체 엔진 마모를 쌓이게 하는데, 왜냐하면 주어진 고도에 이르는데 더 짧은 시간이 걸리거나 혹은 주어진 속도로 가속이 되기 때문이다.

가장 심한 마모와 손상의 비율은 높은 rpm과 낮은 MAP에서 발생한다. 높은 rpm은 높은 원심 하중과 왕복 관성 하중을 만든다.

큰 왕복 관성 하중이 높은 압축 압력에 의한 쿠션작용이 없으면 심각한 합성 하중이 발생한다. 그러므로 최대 rpm이나 MAP에서 작동 시간은 최소로 유지하고 최대 rpm과 낮은 MAP에서의 작동을 피해야 한다.

4) 항공기 프로펠러

항공기 프로펠러 기능은 동력 장치의 축마력을 추진 마력으로 전환시키는 것이다. 프로펠러에 사용하는 기본적인 추진 원리는 공기 흐름에 모멘텀 변화를 만들어서 추력을 얻는다.

프로펠러는 큰 공기 흐름에 상당히 작은 속도 변화를 주어 높은 추진 효율을 얻는다. 프로펠러에 의해서 만들어지는 모멘텀의 변화는 볼 수 있다.

프로펠러의 작용은 회전하는 프로펠러를 단순히 작동 디스크(actuating disc)라고 가정해서 쉽게 생각한다.

프로펠러 디스크에 접근하는 유입 공기는 수축형 흐름선으로 나타나는데 속도가 증가하고 압력은 감소한다.

수축형 흐름은 프로펠러를 떠나는 것을 프로펠러 뒤에서 압력의 강하와 속도의 증가로 나타난다. 디스크를 통하는 압력의 변화는 프로펠러 디스크의 면적에 추력의 분포로부터 결과 된다.

이상적인 프로펠러 디스크에서 압력 차이는 디스크 면적에 고르게 분포되지만 실제의 경우는 이것과 다르다.

프로펠러 후류의 최종 속도(V_2)는 프로펠러 뒤쪽의 얼마의 거리에서 얻어진다. 프로펠러에 의한 흐름 형태 때문에 전체 속도 변화의 1/2은 흐름이 프로펠러 디스크에 이르면서이다.

만약 완전한 속도가 2a로 커지면 프로펠러 디스크에서 흐름 속도는 크기 a에 의해 증가된다. 이상적인 프로펠러의 추진 효율(η_P)은 아래 관계로 표현한다.

$$\eta_P = \frac{출력}{입력}$$

$$= \frac{TV}{T(V+a)}$$

여기서 η_P: 추진 효율

T: 추력(lbs)

V: 비행 속도(knot)

a: 프로펠러 디스크에서 속도 증가(knot)

최종 속도(V_2)는 전체 속도 변화(2a)와 초기 속도(V_1)의 합이고, 추진 효율은 터보 제트를 위한 공식과 동일하게 된다.

$$\eta_P = \frac{2}{1 + \left(\dfrac{V_2}{V_1}\right)}$$

그래서 같은 관계가 터보 제트 엔진에 존재하는데 높은 효율이 가능한 큰 공기 흐름과 최소의 필요한 속도 변화로 추력을 만들 때 이루어진다.

실제 프로펠러는 더 정확한 면에서 평가해서 일정하지 않은 디스크 하중, 프로펠러 브레이드 항력, 브레이드 사이의 간섭 흐름의 효과를 이해해야 한다.

이상적인 프로펠러와 이 차이는 다음과 같은 방법으로 프로펠러 효율을 정의하는 것이 더 적합하다.

$$\eta_P = \frac{\text{추진 출력}}{\text{입력 축 마력}}$$

$$= \frac{TV}{325BHP}$$

여기서 η_P: 프로펠러 효율

T: 프로펠러 추력

V: 비행 속도(knot)

BHP: 제동 마력으로 프로펠러에 사용된 것

많은 다른 요소가 프로펠러의 효율을 통제한다. 일반적으로 큰 직경의 프로펠러는 큰 공기 흐름에 비교했을 때 큰 프로펠러 효율을 갖는다. 그러나 강한 역효과가 프로펠러 효율에 나타나는데 높은 팁 속도(tip speed)와 압축성 효과에 의한 것이다.

물론 작은 직경의 프로펠러가 낮은 팁 속도에 적합하다. 게다가 프로펠러와 동력 장치는 출력과 효율의 양립성에서 일치해야 한다.

프로펠러의 효율을 조절하는 기본적인 요소를 이해하기 위해서 회전 프로펠러 브레이드를 따라서 회전 속도의 분포를 설명한다. 이 회전 속도가 지역 유입 흐름 속도에 더해져서 합성 속도와 브레이드를 따르는 방향을 변하게 한다. 프로펠러 브레이드를 따르는 추력의 일반적인 분포는 브레이드의 바깥쪽에 위치한 곳에서 지배적인 추력 집중을 보인다.

프로펠러가 만드는 추력은 팁 볼텍스를 동반하는데 이것은 날개가 만드는 양력과 비슷하다. 볼텍스의 증가는 이 위치의 어떤 대기 상태에서 응축 현상에 의해 볼 수 있다.

주어진 프로펠러 브레이드 단면에서 속도 성분을 볼 수 있다. 유입 속도가 벡터로 회전에 의한 속도에 더해져서 회전면에 대한 합성 풍향의 경사를 만든다. 이 경사는 ϕ(phi)로 유효 피치각이라고 부르고 비행 속도(V), 회전에 기인한 속도로 이것은 팁에서 πnD에 비례한 함수 관계이다. 프로펠러의 전진비(advanceratio), J는 다음과 같다.

$$J = \frac{V}{nD}$$

여기서 J: 프로펠러 전진비
        V: 비행 속도(ft/sec)
        n: 프로펠러 회전 속도(rps)
        D: 프로펠러 직경(ft)

프로펠러 브레이드 각(β: beta)은 브레이드 길이를 따라서 변하지만 대표적인 수치는 허브로부터 브레이드 길이의 75%에서 측정한다.

유효 피치각(ϕ)과 브레이드 각(β) 사이의 차이는 프로펠러 브레이드 단면을 위한 유효 받음각을 결정한다.

받음각이 에어포일 단면의 효율에 영향을 미치는 주요한 요소이기 때문에 전진비(J), 브레이드 각(β)이 프로펠러 효율에 영향을 미치는 중요한 요소로 이들의 유사성을 만드는 것이 합리적이다.

프로펠러의 성능은 차트에 의해서 대표되고 프로펠러 효율(η_p)과 전진비(J), 브레이드 각(β)의 여러 가지 수치를 설명한다.

각 β를 위한 η_p의 수치는 피크치에 도달할 때까지 J와 함께 증가하고 다시 감소한다.

고정 피치 프로펠러는 좁은 범위의 전진비에서 적절한 성능을 제공하도록 선택되지만 이 범위 밖의 효율은 상당히 떨어진다. 넓은 작동 범위에서 높은 프로펠러 효율을 제공하기 위해서 프로펠러 브레이드 각은 조절할 수 있어야 한다.

프로펠러 조종의 가장 편리한 수단이 정속 조절 장치의 사용이다. 정속 조절 특징은 엔진 작동면에서 보아 바람직스러운데 엔진 출력과 효율은 양호하게 조절되거나 통제된다.

엔진-프로펠러 조합의 조절은 넓은 범위의 출력과 속도에서 작동이 허용되고 효율적인 작동이 유지된다.

만약 최대 프로펠러 효율을 이용할 수 있으면 이용 추진 마력은 두 번째 차트이다. 이용 추진 출격(Pa)은 프로펠러 효율과 축마력의 곱이다.

$$Pa = \frac{TV}{325}$$

$$= (\eta_P)\ (BHP)$$

대부분의 큰 왕복 엔진에 사용하는 프로펠러는 $\eta_P = 0.85 \sim 0.88$에서 최고 프로펠러 효율을 나타낸다. 물론 최고 수치는 특정 설계 상태에서 발생한다. 예를 들어 장거리 수송용 프로펠러의 선택에서 순항은 최고 효율을 위한 엔진-프로펠러 조합의 일치가 있어야 한다. 반면 그 밖의 항공기는 양호한 이륙과 상승 성능을 위한 높은 출력과 저속에서 높은 추진 출력을 얻는다.

항공기 프로펠러 선택에 몇 가지 특별한 고려를 해야 한다.

동력 장치의 기능 정지와 결함의 경우를 대비해서 프로펠러 브레이드를 유선형을 유지하고 항력을 감소시켜서 나머지 작동하는 엔진으로 비행을 계속한다. 이것은 프로펠러 브레이드를 패더링시켜서 이루어지는데 회전을 정지시키고 작동하지 않는 엔진을 위해서 최소의 항력을 갖게 한다.

패더링의 필요성이 설명되는데 상당 유해 면적(Δf)과 프로펠러 브레이드 각(β)의 변화를 나타낸다.

프로펠러 브레이드 각도가 패더(feather)된 위치에 있을 때 유해 항력의 변화는 최소이고 일반적인 다발 엔진 항공기에서 하나의 패더된 프로펠러(sigle feathered propeller)로부터 더해진 유해 항력은 항공기 전체 항력에 상당히 작다.

핑피치 위치(flat pitch position)와 같은 작은 브레이드 각에서 프로펠러에 의해서 더해지는 항력이 아주 크다.

이 작은 브레이드 각과 높은 rpm에서 프로펠러 윈드밀링은 굉장한 크기의 항력을 만들어서 항공기는 조종할 수 없는 상태로 된다.

짧은 범위의 브레이드 각의 빠른 속도에서 프로펠러 윈드밀링은 유해 항력을 증가시키고 이것은 기본 항공기의 유해 항력만큼 크다. 이 강력한 항력의 지시는 헬리콥터의 자동 활공에서 볼 수 있다.

윈드밀링 상태의 로우터는 자동 활공의 강하율을 만들 수 있고 이것은 낙하산 캐노피와 비슷하다. 그러므로 고속에서 프로펠러 윈드밀링과 작은 브레이드 각에서 디스크 면적을 유해 향력 계수를 만들고 이것은 낙하산 캐노피의 유해 항력 계수와 같다.

높은 엔진 프로펠러 속도에서 출력의 손실에 의해서 발생한 항력과 요잉 모멘트는 상당히 크고 항공기의 일시적인 요잉의 이동은 수직 테일에 심각한 하중을 만든다. 이런 이유로 자동 패더링은 반드시 필요한 것이다.

큰 항력은 회전하는 프로펠러에 의해서 생길 수 있고 항공기의 정지 성능의 개선에 이용한다. 프로펠러 브레이드의 회전이 작은 (+) 수치나 (−) 수치는 큰 항력이나 역추력을 만든다. 프로펠러의 추력 능력은 저속도에서 상당히 높고 아주 큰 감속은 역추력에 의해 제공된다.

프로펠러의 작동 한계는 동력 장치의 작동 한계와 밀접한 관계가 있다. 초과 속도 상태는 심각한데 왜냐하면 큰 원심 하중과 브레이드 비틀림 모멘트가 과도한 회전 속도에 의해 만들어지기 때문이다.

더구나 프로펠러 브레이드는 여러 가지 진동 상태와 특정 작동 한계가 있어서 확대되는 합성 상태를 막는다.

2-3. 항공기 성능 요소

항공기 성능은 여러 가지 항공기와 동력 장치 특성의 조합으로 얻어진다.

항공기의 공기 역학적 특성은 일반적으로 여러 가지 비행 상태에서 필요 출력과 필요 추력으로 정의한 반면, 동력 장치 특성은 일반적으로 여러 가지 비행 상태에서 이용 출력과 이용 추력으로 정의한다.

공기 역학적 형태와 동력 장치의 일치(matching)는 항속 거리, 제공 시간, 상승과 같은 특징 설계 상태에서 최대의 성능을 제공해서 이루어진다.

1) 직선 수평 비행

항공기가 안정된 수평 비행 상태에서는 평형 상태가 이루어져야 한다. 비행의 비가속 상태는 양력과 중량이 같고 동력 장치는 추력과 항력이 똑같아야 항공기가 수평을 얻는다.

항공기 성능의 특정 상태에서 필요 추력에 의한 항공기 요구를 고려하는 것이 편리하고 한편 다른 경우는 필요출력을 고려할 수 있다.

일반적으로 제트 항공기는 필요 추력의 요구를 고려해야 하고 프로펠러 항공기는 필요 출력의 고려가 필요하다. 그런 까닭에 안정된 수평 비행의 항공기는 양력과 중량이 같거나 이용 추력과 필요 추력이 같고 이용 출력이 필요 출력과 같은 상태가 필요하다.

필요 출력과 필요 추력의 변화와 속도는 설명한다. 필요 출력과 필요 추력의 특정 곡선은 주어진 중량과 고도에서 특정한 공기 역학적 형태를 위해 효과적이다. 이 곡선은 필요 출력과 필요 추력을 정의해서 여러 가지 속도에서 평형, 양력과 똑같은 중량, 일정한 고도 비행 등을 얻는다.

본 곡선과 같이 만약 A지점에 해당하는 속도에서 항공기를 운용하려고 하면 필요 추력이나 필요 출력 곡선은 특정한 추력이나 출력 수치를 곡선이 정의하는데 이 수치는 동력 장치에서 평형을 얻을 수 있게 이용할 수 있어야 한다.

어떤 다른 속도로 B지점에 해당하는 필요 추력과 필요 출력수치는 변해서 평형을 얻는다. 물론 B지점으로 공기 속도의 변화는 양력과 항공기 중량이 일정하게 유지되도록 받음각을 바꾸는 것이 필요하다.

비슷하게 C지점에서 공기 속도를 안정되게 하고 평형을 얻기 위해서 특별한 받음각과 동력 장치 추력이나 출력이 필요하다. 이 경우에 C지점에서 비행은 최소 비행 속도의 근처이고 필요 추력과 필요 출력의 대부분은 유도 항력에 기인한 것이다.

항공기의 최대 수평 비행 속도는 동력 장치로부터 필요 추력이나 필요 출력이 최대의 이용 추력이나 이용 출력과 같을 때이다.

최소 수평 비행 속도는 추력이나 출력 요구에 의해 정의되지 않는데, 왜냐하면 실속(stall),

안정성(stability), 조종 문제(control problem) 등이 일반적으로 다르기 때문이다.

2) 상승 성능

상승 비행 중에 항공기는 고도에 따른 위치 에너지를 얻는다. 상승중에 이러한 위치 에너지의 증가는 하난 혹은 두 가지의 조합으로 얻어진다.

ⓐ 수평 비행을 유지하는데 필요한 것보다 더 큰 추진 에너지의 소비

ⓑ 항공기 운동 에너지의 소비, 즉 급상승(zoom)에 의한 속도의 손실

고도를 위한 급상승은 운동 에너지에서 위치 에너지로의 일시적인 교환 과정이고 이것은 항공기 형태에 상당히 중요한데, 이 항공기 형태는 아주 높은 운동 에너지 수준에서 작동할 수 있다. 그렇지만 상승 성능의 주요 부분은 대부분 항공기에서 거의 안정된 과정으로 이 상태에서 추가의 추진 에너지가 위치 에너지로 전환된다.

항공기 상승 성능의 가장 근본적인 부분은 항공기가 평형을 이루지만 일정한 고도가 아닌 곳에서의 비행 상태이다. 상승 중에 항공기에 작용하는 힘을 설명한다.

항공기가 안정된 비행 상태일 때는 완만한 상승각이고 양력의 수직 성분이 실제 양력과 거의 같다. 이런 상승 비행은 양력이 거의 중량과 같을 때 존재한다. 동력 장치의 순수 추력은 비행로에 상대적으로 경사져있지만 이 영향은 단순하므로 무시한다.

항공기의 중량은 수직이지만 중량의 성분은 비행로를 따라 뒤에 작용한다. 만약 항공기가 비행로의 작은 기울기로 안정된 상승중에 있다고 가정하면 비행로를 따르는 힘의 합은 다음과 같이 구한다.

전방으로의 힘=후방으로의 힘

$$T=D+W\sin\gamma$$

여기서 T: 이용 추력(lbs)

　　　D: 항력(lbs)

　　　W: 중량(lbs)

　　　γ: 비행로 기울기 혹은 상승각

이 기본 관계에서 일부의 요소들을 무시하는데 여기에는 아주 빠른 상승 성능 항공기를 위한 중요한 요소이다.

예를 들어 더 상세한 고려는 비행로에서 추력의 기울기를 설명하는데 양력이 중량과 같지 않고 유도 항력의 계속적인 변화 등이 속한다. 그렇지만 이 기본 관계는 상승 성능에 영향을 미치는 기본적인 요소를 정의한다. 이 관계가 평형 상태에 의해서 설정되고 아래 관계는 상

승각(γ)의 삼각 함수 사인(sine)의 표현 방법이다.

$$\sin\gamma = \frac{T - D}{W}$$

이 관계는 간단히 말해서 주어진 중량의 항공기의 상승각은 추력과 항력 사이의 차이(T−D)나 잉여 추력에 좌우된다.

물론 잉여 추력이 "0"(T−D=0 혹은 T=D)이면 비행경로의 기울기는 "0"이고 항공기는 안정되고 수평 비행 상태이다.

추력이 항력보다 크면 잉여 추력은 상승각을 갖게 하는데 잉여 추력 크기에 좌우된다. 또한 추력이 항력보다 작으면 추력의 부족은 강하각(angle of descent)을 갖게 한다.

상승각에서 가장 직접적인 사항은 장애물이 없는 상태가 포함된다. 최대 상승각은 이용 추력과 필요 추력 사이의 큰 차이가 존재하는 곳, 즉 최대의 (T−D)에서이다.

상승 성능과 이용 추력과 필요 추력 대 속도의 곡선을 설명한다. 필요 추력, 항력 곡선은 어떤 일반적인 항공기 형태의 대표로 이것은 터보 제트나 프로펠러 형식의 동력 장치 어느 것으로부터 힘을 받는다고 가정하자. 이용 추력 곡선에 포함되는 것은 프로펠러 동력 장치와 제트 동력 장치가 최대 출력에서 작동할 때의 특성이다.

프로펠러 항공기를 대표하는 추력 곡선은 일반적인 프로펠러 추력을 보여주고 이것은 저속에서 높고 속도가 증가하면서 감소한다.

프로펠러 항공기에서 최대의 잉여 추력, 상승각은 실속 속도보다 약간 높은 속도에서 발생한다. 그러므로 만약 필요하면 이륙 후에 장애물을 없어서 프로펠러 항공기는 이륙 속도와 근접한 속도에서 최대 상승각을 얻는다.

제트 항공기를 나타내는 추력 곡선은 일반적인 터보 제트 추력으로 이것은 속도와 거의 일정하다.

만약 이용 추력이 기본적으로 속도와 일정하면 최대 잉여 추력과 상승각은 필요 추력이 최소(L/D)$_{max}$가 되는 곳에서 발생한다. 그러므로 최대의 안정된 상승각 상태를 위해서 터보 제트 항공기는 (L/D)$_{max}$가 되는 속도에서 운용한다. 이것은 이륙 후 장애물 거리를 위한 적절한 절차를 결정하는데 문제점으로 된다.

만약 장애물이 이륙 지점으로부터 많이 떨어져 있으면 최대로 안정된 상승각을 얻기 때문에 큰 문제점 없이 안정된 상태로부터 (L/D)$_{max}$ 속도까지의 가속은 양호하지만, 만약 장애물이 이륙점으로부터 상당히 짧은 거리이면 (L/D)$_{max}$ 속도까지 가속하는데 추가의 거리가 필요한 것이 문제점으로 나타난다. 이 경우에 상승 시작은 이륙 속도난 이 속도 근처에서 혹은 항공기를 활주로에 머물게 해서 추가의 속도를 얻은 다음 급상승한다.

문제는 모든 제트 항공기에 일반적인 결론을 적용할 수 없을 만큼 변화가 심하고 특별한 절차는 특정한 항공기에 적용된다. 상승 성능에서 가장 큰 일반적인 흥미는 상승률에 영향을 미치는 요소이다.

항공기의 수직 속도는 비행 속도와 비행경로의 기울기에 좌우된다. 사실, 상승률은 비행로 속도의 수직 성분이다.

다음 관계를 얻을 수 있다.

$$RC = 101.3V\sin\gamma$$

왜냐하면, $\sin\gamma = \dfrac{T - D}{W}$

$$RC = 101.3V\left(\dfrac{T - D}{W}\right)$$

$$Pa = \dfrac{TV}{325}$$

$$Pr = \dfrac{DV}{325}$$

$$RC = 33,000\dfrac{Pa - Pr}{W}$$

여기서　RC: 상승률(ft/min)
　　　　Pa: 이용 출력(hp)
　　　　Pr: 필요 출력(hp)
　　　　W: 중량(lbs)
　　　　V: 진대기 속도(knot)

그리고　33,000은 마력을 ft-lbs/min으로 전환시키는 계수
　　　　101.3은 knot를 ft/min으로 전환시키는 계수

위의 관계에서 말하는 것은 주어진 중량의 항공기에서 상승률(rate of climb: RC)은 이용 출력과 필요 출력 사이의 차이(Pa-Pr) 혹은 잉여 출력에 좌우된다.

물론 잉여 출력이 "0(Pa-Pr=0 혹은 Pa=Pr)"일 때, 상승률은 "0"이고 항공기는 안정된 수평 비행 상태이다. 이용 출력이 필요 출력보다 클 때 잉여 출력은 상승률이 잉여 출력의 크

기로 상승을 할 수 있게 한다.

또한 이용 출력이 필요 출력보다 적을 때 출력의 부족은 강하율을 만든다. 이 관계는 비행 기술의 중요한 원리의 기초를 제공한다. 즉, 안정된 비행 상태를 위해서 출력 설정은 상승률과 강하율의 기본적인 조절 수단이 된다.

상승 성능의 가장 중요한 항목 중의 하나가 최대 상승률이다. 상승률을 위한 앞의 공식에서 최대 상승률은 이용 출력과 필요 출력의 가장 큰 차이가 존재하는 곳에서 발생한다. 즉, 최대의 $Pa - Pr$에서이다.

상승률 성능을 이용 출력과 필요 출력 대 속도의 곡선으로 설명한다. 필요 출력 곡선은 터보 제트나 프로펠러 형식 동력 장치 어느 것에 의해 출력을 받는 항공기를 나타낸다. 이용 출력 곡선은 최대 출력에서 프로펠러 동력 장치와 제트 엔진의 특성을 포함한다.

프로펠러 항공기를 대표하는 출력 곡선은 왕복 엔진 - 프로펠러 조합의 추진 출력의 변화를 보여준다. 이 항공기를 위한 최대 상승률은 $(L/D)_{max}$을 위한 속도 근처에서 발생한다. 이 상황에서는 어떤 직접적인 관계가 정립되지 않았는데, 왜냐하면 프로펠러 효율의 변화는 이용 출력과 속도의 변화 원인이 되는 기본적인 요소이기 때문이다.

만약 이상적인 상태에서 프로펠러 효율이 일정하다면 최대 상승률은 최소의 필요 출력 속도에서 발생한다. 그렇지만 실제의 경우 일상적인 항공기의 프로펠러 효율은 낮은 속도에서 낮은 이용 출력을 만들어서 최대 상승률이 최소 필요 출력을 위한 속도보다 더 큰 속도에서 발생한다.

제트 항공기를 대표하는 출력 곡선은 이용 출력과 속도의 변화가 거의 선형(linear)인 것을 보여준다. 일반적인 제트 항공기를 위한 최대 상승률은 동등한 프로펠러 출력 항공기의 최대 상승률을 위한 속도보다 훨씬 큰 속도에서 발생한다.

어떤 면에서 이것은 이용 출력과 속도에서 계속적인 증가 원인이다. 애프터 버너의 사용으로 50% 추력이 증가하면 대략 100%의 상승률의 증가를 일으킨다. 항공기의 상승 성능은 여러 가지 요소에 의해 영향 받는다. 최대 상승각과 상승률 상태는 특정 속도에서 발생하고 속도의 변화는 상승 성능의 변화를 만든다.

일반적으로 최적 상태로부터 속도의 작은 변화는 충분한 한계 내에 있어서 상승 성능에 큰 변화를 만들지 못하고 어떤 작동 항목은 최적으로부터 약간 다른 속도가 요구된다.

물론 상승 성능은 큰 중량, 높은 고도 혹은 동력 장치의 기능 정지에서 가장 심각하므로 최적의 상승 속도가 필요하다. 항공기 중량의 변화는 상승 성능에 2중 효과를 만든다.

첫 번째 중량(W)은 상승각과 상승률을 위한 공식에서 분모이다. 게다가 중량의 변화는 항력과 필요 출력을 변경시킨다. 일반적으로 중량의 증가는 최대 상승률을 감소시키지만, 항공기를 약간 증가된 속도에서 작동하여 최대한의 상승률을 얻는다.

상승 성능에서 고도의 영향이 합성 그래프로 설명된다.

일반적으로 고도의 증가는 필요 출력을 증가시키고 이용 출력을 감소시킨다. 그런 까닭에 항공기의 상승 성능은 고도에 의해서 크게 영향 받는다. 상승 성능의 합성 차트는 최대 상승률, 최대 상승각, 최대와 최소 수평 비행 속도를 위한 속도와 고도 변화를 자세히 나타낸다.

고도가 증가되면서 이 여러 가지 속도는 마침내 항공기의 절대 상승 한도(absolute ceiling)에서 모여진다.

절대 상승 한도에서 잉여 출력과 잉여 추력이 없고 오직 한 가지 속도만 안정된 수평 비행을 허용한다.

일반적인 프로펠러 항공기의 상승률과 고도 변화에 따른 최대 수평 비행 속도의 변화는 수퍼차징 효과에 따른 것이다. 이 곡선의 특징적인 착오가 수퍼차저 임계 고도와 블라워 변경 지점에서 발생한다.

상승 시간의 곡선은 고도 상승에 따른 상승에 소요된 시간의 증가를 더한 결과이다. 절대 상승 한도로의 접근은 시간 곡선의 엄청난 증가를 나타낸다. 특정 참고점은 상승 성능의 이런 합성 곡선에 의해 성립된다.

물론 항공기의 절대 상승 한도가 zero 상승률을 만든다. 실용 상승 한도(service ceiling)는 100fpm의 상승률을 만드는 고도로 정한다.

500fpm의 상승률을 만드는 고도를 "combat ceiling"이라고 한다. 흔히 특정 기준점은 특정 설계 형태나 전투 형태에서 항공기를 위한 것이다.

일반적인 터보 제트 항공기의 상승 성능 복합 곡선이다.

여기서 아주 독특한 점은 대류 권계면 이상에서 고도와 상승 성능의 급격한 감소가 있다는 점이다. 이것은 성층권(stratosphere)에서 엔진 추력의 더 급속한 감소에 의한 것이다. 무동력 강하(power off descent) 중에 추력과 출력의 부족은 강하각과 강하율을 결정한다.

두 특별한 점이 무동력 강하중에 관계가 있는데, 즉 최소 강하각과 최소 강하율이다. 최고 강하각은 공기 중에서 최대의 활공 거리를 제공한다.

동력 장치로부터 이용할 수 있는 추력이 없기 때문에 최소 강하각은 $(L/D)_{max}$에서 얻는다. $(L/D)_{max}$에서 추력의 부족은 최소이고 속도와 필요 출력 사이의 가장 큰 비례가 얻어진다.

무동력 비행에서 최소 강하율은 받음각과 최소 필요 출력을 만드는 속도에서 얻어진다. 알맞은 종횡비의 항공기에서 최소 강하율을 위한 속도는 최소 강하율을 위한 속도의 대략 75%이다.

3) 항속 거리 성능

연료 에너지를 비행 거리로 전환할 수 있는 항공기의 능력이 항공기 성능의 가장 중요한 항목이다. 항공기의 효율적인 거리 운용의 문제점은 비행운용에서 2가지 일반적인 형태로 나타난다.

주어진 연료 적재로부터 최대의 비행 거리를 뽑아내는 것

연료의 최소 소비로 특정 거리를 비행하는 것

이 작동 문제점의 분명한 공통분모는 항속 거리 1파운드의 연료로 항법 마일 단위의 비행 거리이다. 최대 항속 거리를 위한 순항 비행 상태로 행해져서 항공기는 비행 중에 최대의 거리를 얻어야 한다.

A. 일반적인 항속 거리 성능

항속 거리 성능의 기본적인 항목은 설명으로 가시화할 수 있다.

항공 역학적 형태와 동력 장치의 특성으로부터 안정된 수평 비행 상태는 비행 속도의 거리를 통해 여러 가지 연료 흐름 비율을 정의한다.

첫 번째 그래프는 연료 흐름과 속도의 일반적인 변화를 설명한다. 항속 거리는 아래의 한계에 의해서 정의된다.

$$\text{항속 거리} = \frac{\text{거리(nautical mile)}}{\text{연료(lbs)}}$$

$$= \frac{\text{거리(nautical mile/hr)}}{\text{연료(lbs/hr)}}$$

$$= \frac{\text{속도(knot)}}{\text{연료 흐름(lbs/hr)}}$$

만약 최대 항속 거리를 원하면 비행 상태는 최대의 속도/연료 흐름을 제공해야 한다. 이 특별한 점은 원점으로부터 연료 흐름 대 속도 곡선에 직선을 그어서 접선 위치를 찾는다. 일반적인 항속 거리는 제공 시간과 명백히 구별해야 한다.

항속 거리에는 비행 거리가 포함되고 제공 시간에는 비행시간이 포함된다. 그러므로 분리된 용어 "체공시간(specific endurance)"을 분명히 정의한다.

$$\text{체공 시간} = \frac{\text{비행 시간}}{\text{연료(lbs)}}$$

$$= \frac{\text{비행 시간/hr}}{\text{연료 lbs/hr}}$$

$$= \frac{1}{\text{연료 흐름 lbs/hr}}$$

이 정의에 대해서 특정 체공은 단순한 연료 흐름과 상호 관계가 있다. 그러므로 만약 최대 체공을 원하면 비행 상태는 최소의 연료 흐름을 제공하도록 해야 한다. 이 점은 연료 흐름과 속도 곡선의 가장 낮은 곳에서 볼 수 있다.

일반적으로 아음속 성능에서 최대 체공 시간 속도는 최대 항속 거리를 위한 속도의 대략 75%를 얻는다. 항속 거리의 좀 더 정확한 분석은 거리와 속도의 구성에 의해서 얻을 수 있다. 물론 항속 거리의 이 수치의 근원은 앞의 연료 흐름 대 속도 곡선으로부터 속도와 연료 흐름의 비례에 의해서 얻어진 것이다.

항공기의 최대 항속 거리는 곡선의 최고 지점이다. 최대 체공 지점은 원점으로부터 직선이 항속거리와 속도의 곡선과 닿는 부분이다. 이 접선은 최대의 (nmi/lbs)/(nmi/hr) 혹은 단순히 최대의 (hr/lbs)로 정의한다.

일정한 항속 거리의 최고 수치는 최대 항속 거리를 제공하는 반면 장거리 순항은 일반적으로 약간 빠른 속도를 권한다. 대부분의 장거리 순항은 절대 최대 항속 거리의 99%를 제공하는 비행 상태에서 행해진다. 이러한 작동의 장점은 1%의 거리는 3~5%의 높은 순항 속도와 맞바꾸기 때문이다.

빠른 순항 속도는 몇 가지 장점이 있는데 작은 거리의 희생만이 따른다. 항속 거리 대 속도의 곡선은 3가지 변수에 의해 영향 받는데 항공기 총중량, 고도, 항공기 외부의 공기 역학적 형태이다. 이 곡선은 항속 거리와 체공 시간 운용 자료의 근원으로 비행 교범의 성능 부분에 포함된다. 항공기의 순항 조종은 항공기가 비행 중에 권고된 장거리 순항 상태를 유지하기 위해 운용된다. 연료는 순항 중에 소비되므로 항공기의 총중량은 변하고 최적의 속도, 고도, 출력 설정은 변하기 마련이다.

일반적으로 순항 조종은 최적의 공기 속도, 고도, 출력 설정으로 99%의 최대 항속 거리 상태를 유지한다. 순항의 처음 시작에서 항공기의 큰 초기 중량은 정해진 수치의 속도, 고도, 출력 설정이 요구되어 권고된 순항 상태가 된다.

연료가 소모되면서 항공기 총중량은 감소하고 최적의 속도와 출력 설정은 감소하거나 혹은 최적의 고도는 증가한다. 또한 최적의 항속 거리는 증가한다. 조종사는 적절한 순항 조종 기술을 익혀서 최적의 상태를 유지한다.

어떤 특별한 순항 운용을 위한 총중량과 항속 거리의 변화를 보여준다. 순항의 처음에서 총중량은 높고, 항속 거리는 짧다. 연료가 소모되면서 총중량은 감소하고 항속 거리는 증가한다. 이 형식의 곡선은 항속거리와 관계되고 순항의 시작과 끝에서 총중량 사이의 줄쳐진 면적에 의해 연료의 소비를 얻는다.

예를 들어 만약 항공기가 18,500 lbs에서 순항을 시작했고, 13,000 lbs에서 순항이 끝났다면 5,500 lbs의 연료가 소모되었다. 만약 평균의 항속 거리가 0.2nmi/lbs였다면, 다음과 같이 나타난다.

$$전체\ 항속\ 거리 = (0.2)\ \frac{nmi}{lbs}\ (5,500)lbs$$
$$= 1,100\ nmi$$

그러므로 전체 항속 거리는 이용 가능한 연료와 항속 거리 모두에 좌우된다. 항속 거리와 작동의 효율이 지배적일 때는 조종사는 항공기를 권고하는 장거리 순항 상태에서 운용한다.

B. 프로펠러 항공기의 항속 거리

프로펠러항공기는 프로펠러와 왕복 엔진이나 가스 터빈이 조합되어 추진 효율을 얻는다.

왕복 엔진이나 가스 터빈 어느 것이든 동력 장치 연료 흐름은 프로펠러에 전달되는 축출력에 의해 주로 결정되고 추력에 의해 결정되지 않는다. 그러므로 동력 장치 연료 흐름은 항공기를 안정되고 수평 비행 상태를 유지하는데 필요한 출력에 직적 관계된다. 이 사실은 프로펠러 항공기의 항속거리 연구에 도움이 되는데 필요 출력대 속도 곡선의 분석으로 가능하게 된다.

필요 출력과 속도의 일반적인 곡선으로 프로펠러 항공기를 위한 것이고 연료 흐름과 속도 변화를 유추할 수 있다. 최대 체공 상태는 최소 필요 출력의 점에서 얻을 수 있는데, 왜냐하면 이것은 항공기를 안정된 수평 비행을 유지하는데 최소의 연료가 필요하기 때문이다.

최대 항속 거리 상태는 속도와 필요 출력 사이의 비례가 가장 큰 곳에 발생하고 이 점은 원점에서 곡선까지 직선을 그어서 찾는다. 최대 거리 상태는 최대 양항비(lift-drag ratio)에서 얻고, 주어진 항공기 형태에 $(L/D)_{max}$는 특별한 받음각과 양력 계수에서 발생하고 중량이나 고도에 영향 받지 않는다.

$(L/D)_{max}$에서 전체 항력의 대략 50%가 유도 항력이고, 프로펠러 항공기로 특별히 장거리용으로 설계한 것은 큰 종횡비를 선호한다.

항공기 총중량의 변화 효과가 설명된다. $(L/D)_{max}$의 비행 상태는 주어진 항공기 형태에서 양력 계수의 하나의 특별한 수치에서 얻어진다. 그런 까닭에 총중량의 변화는 $(L/D)_{max}$에서 공기 속도, 필요 출력, 특정 거리의 수치가 바뀐다. 만약 항공기의 형태가 $(L/D)_{max}$를 위한 일정한 양력 계수에서 운용되면 다음과 같은 공식을 적용할 수 있다.

$$\frac{V_2}{V_1} = \sqrt{\frac{W_2}{W_1}}$$

$$\frac{Pr_2}{Pr_1} = \left(\frac{W_2}{W_1}\right)^{3/2}$$

$$\frac{SR_2}{SR_1} = \frac{W_1}{W_2}$$

여기서 조건 1) 어떤 기본 중량(W)에서 $(L/D)_{max}$를 위한 속도, 필요 출력, 특정 거리를 알고 있을 때

조건 2) 어떤 기본 중량(W)에서 $(L/D)_{max}$를 위한 속도, 필요 출력, 특정 거리의 새로운 수치를 적용할 때

그리고   V: 속도(knot)

       W: 총중량(lbs)

       Pr: 필요 출력(hp)

       SR: 항속 거리(nmi/lb)

그러므로 10% 총중량이 증가하면

       5% 속도 증가

      15% 필요 출력의 증가

      9% 항속 거리의 감소

비행이 $(L/D)_{max}$의 최적의 상태에서 유지할 때이다.

속도와 필요 출력의 변화는 $(L/D)_{max}$ 유지를 위한 순항 조종의 일부처럼 조종사에 의해 관찰되어야 한다.

항공기 연료 중량이 총중량의 작은 부분이고 거리가 짧을 때 순항 조종 절차는 순항시에 속도와 출력 설정을 일정하게 해서 단순화할 수 있다. 그렇지만 장거리 항공기는 연료 중량이 총중량의 상당한 부분이어서 순항 조종 절차는 최적 거리 상태를 유지하기 위해서 속도와 출력 변화의 계획된 조절이 필요하다.

프로펠러 항공기의 거리에서 고도의 영향은 이해할 수 있다. 만약 주어진 항공기 형태가 일정한 총중량과 $(L/D)_{max}$를 위한 양력 계수로 운용할 때 고도의 변화는 다음과 같은 관계를 만든다.

$$\frac{V_2}{V_1} = \sqrt{\frac{\sigma 1}{\sigma 2}}$$

$$\frac{Pr_2}{Pr_1} = \sqrt{\frac{\sigma 1}{\sigma 2}}$$

여기서 조건 1) 본래의 기본 고도에서 $(L/D)_{max}$를 위한 필요 출력과 과속도를 알고 있는 상태

　　　　　조건 2) 어떤 다른 고도에서 $(L/D)_{max}$를 위한 필요 출력과 속도의 새로운 수치를 적용할 때

그리고　V: 속도(knot, TAS)

　　　　Pr: 필요 출력(hp)

　　　　σ: 고도 밀도비

그러므로 만약 비행이 22,000ft(σ=0.498)에서 행해지고 항공기는 42% 높은 속도와 42% 더 큰 필요 출력 등이 해면상 이외에서 작동할 때이나 속도가 빨라지면 TAS 더 커지는데, 왜냐하면 주어진 중량이나 양력 계수의 항공기는 고도와는 독립된 같은 EAS를 필요로 하기 때문이다. 또한 고도에서 항공기의 항력은 해면상에서와 같지만 더 큰 TAS는 비례적으로 더 큰 필요 출력을 일으킨다.

원점에서 해면상 출력 곡선까지의 직선은 또한 고도 출력 곡선과도 접한다. 항속 거리에서 고도의 영향은 앞의 관계로부터 이해할 수 있다. 만약 고도가 바뀌면 속도와 필요 출력에 동일한 변화를 일으키고 속도와 필요 출력의 비례는 변하지 않는다.

이 사실은 프로펠러 항공기의 항속거리는 고도에 의해 영향 받지 않음을 암시한다. 실제의 경우에 이것은 사실인데 동력 장치 SFC(c)와 프로펠러 효율(η_p)은 기본적인 요소로 고도와 함께 항속 거리의 변화를 일으킨다.

만약 압축성 효과를 무시하면 고도와 함께 항속 거리의 어떠한 변화는 엔진-프로펠러 성능과 함수 관계이다.

왕복 엔진을 장착한 항공기는 저고도에서 고도와 함께 항속 거리의 변화를 거의 경험하지 않는다.

동력 장치의 최대 순항 정격 출력 이하의 BHP 수치에서는 제동 SFC의 무시할 정도의 변화를 준다. 그러므로 고도의 증가는 항속 거리의 감소를 만드는데 오직 증가된 출력 요구가 동력 장치의 최대 순항 정격 출력을 초과할 때이다. 수퍼차징의 한 가지 장점은 순항 출력은 높은 고도에서 유지할 수 있고 항공기는 높은 고도에서 해당되는 TAS에서 해당 항속 거리를 얻을 수 있다.

높은 고도 순항과 저고도 순항의 근본적인 차이는 진대기 속도와 필요한 상승 연료의 요구이다. 터보 프롭 항공기는 고도와 함께 특정 거리의 변화에는 2가지 이유를 보여준다.

첫째는 터빈 엔진의 SFC(c)는 높은 고도에서 흔한 낮은 흡입구 온도로 개선된다. 또한 저고도에서 최적의 공기 역학적 상태를 얻기에 필요한 낮은 출력 요구는 엔진 작동이 낮고 비효율적인 출력에서 작동하는 것이다. 높은 고도에서 증가된 출력 요구는 터빈 동력 장치

가 효율적인 항속거리에서 운용되도록 한다. 그러므로 항공기가 고도에 특별한 선호가 없는 반면 동력 장치는 높은 고도를 선호하고 고도와 함께 항속 거리에서 증가를 일으킨다.

　일반적으로 효율적인 순항 작동을 위한 고도의 위쪽 한계는 항공기 총중량이나 압축성 효과에 의해 정의된다. 프로펠러 항공기를 위한 최적의 상승과 강하는 많은 다른 요소에 의해 영향 받는다.

C. 터보 제트 항공기의 항속 거리

　여러 가지 다른 요소가 터보 제트 항공기의 항속 거리에 영향을 미친다. 전체 항속 거리 문제점의 분석을 단순화하기 위해서 동력 장치 요소와 항공기 요소를 분명히 하는 것이 편리하고, 각 항목을 독립적으로 분석한다.

　터보 제트 항공기의 경우에 연료 흐름은 주로 출력보다는 추력에 의해 결정된다. 그러므로 연료 흐름은 항공기를 안정된 수평 비행을 유지하는 필요 추력에 가장 직접적으로 관계된다. 이 사실은 필요 추력과 속도 곡선의 분석에 의한 터보 제트 항공기의 연구를 가능하게 한다.

　필요 추력 대 속도의 일반적인 곡선으로 연료 흠 대 속도의 변화를 유추할 수 있다. 최대 체공 상태는 $(L/D)_{max}$에서 얻는데, 왜냐하면 이것은 가장 낮은 연료 흐름이 항공기를 안정된 수평 비행으로 유지하기 때문이다.

　최대 항속 거리 상태는 속도와 필요 추력이 비례하는 곳의 최대인 곳에서 발생하는데 이 점은 원점에서 곡선까지 그은 접선 지점이 위치하는 곳이다. 최대 항속 거리는 양력 계수(C_L)의 제곱근과 항력 계수(C_D) 혹은 $(\sqrt{C_L}/C_D)_{max}$ 사이의 최대 비례를 만드는 공기 역학적인 상태에서 얻어진다.

　아음속 성능에서, $(\sqrt{C_L}/C_D)_{max}$는 특정한 수치의 받음각과 양력 계수에서 발생하고 중량과 고도의 영향을 받지 않는다.

　이 특정한 공기 역학적 상태에서 유도 항력은 전체 항력의 대략 25%가 되고 장거리용 터보 제트 항공기는 프로펠러 항공기가 같은 큰 종횡비 윤곽이 갖지 못하는 긴 항속 거리를 제트 항공기에 맞게 설계한다. 반면 대략 75%의 전체 항력이 유해 항력이기 때문에 장거리용 터보 제트 항공기로 큰 공기 역학적 특성(cleanness)을 요구한다.

　항공기 총중량의 변화 영향은 $(\sqrt{C_L}/C_D)_{max}$의 비행 상태는 아음속 비행에서 주어진 항공기를 위한 하나의 양력 계수에서 얻어진다. 그런 까닭에 총중량의 변화는 $(\sqrt{C_L}/C_D)_{max}$에서 공기 속도, 필요 추력, 항속 거리의 수치를 변경시킨다.

　만약 주어진 형태가 특정 고도, 일정한 양력 계수에서 작동하면 다음 관계를 적용한다.

$$\frac{V_2}{V_1} = \sqrt{\frac{W_2}{W_1}}$$

$$\frac{Tr_2}{Tr_1} = \frac{W_2}{W_1}$$

$$\frac{SR_2}{SR_1} = \sqrt{\frac{W_1}{W_2}} \quad (\text{일정한 고도})$$

여기서 조건 1) 어떤 기본 중량(W_1)에서 ($\sqrt{C_L}/C_D$)$_{max}$를 위한 속도, 필요 추력, 항속 거리 상태를 알고 있을 때

조건 2) 어떤 다른 중량(W_2)에서 ($\sqrt{C_L}/C_D$)$_{max}$를 위한 속도, 필요 추력, 항속 거리의 새로운 수치를 적용

그리고   V: 속도(knot)
　　　　W: 총중량(lbs)
　　　　T_r: 필요 추력(lbs)
　　　　SR: 항속 거리(nmi/lb)

그러므로 10% 총중량의 증가는
　　　　5% 속도의 증가
　　　　10% 필요 추력의 증가
　　　　5% 항속 거리 감소를 일으킨다.

위의 조건은 의($\sqrt{C_L}/C_D$)$_{max}$의 최적의 상태에서 비행이 유지될 때이다.

대부분의 제트 항공기는 연료 중량이 총중량의 큰 부분이어서 순항 조절 절차는 연료가 소모되면서 척척 속도와 출력 설정을 고려한다.

터보 제트 항공기의 거리에 고도의 영향은 크게 중요한데, 왜냐하면 다른 하나의 항목으로 항속 거리를 크게 바꿀 수 없기 때문이다. 만약 주어진 항공기 형태가 일정한 총중량과 양력 계수로 ($\sqrt{C_L}/C_D$)$_{max}$에 맞게 비행하면 고도는 다음과 같은 관계를 만든다.

$$\frac{V_2}{V_1} = \sqrt{\frac{\sigma_1}{\sigma_2}}$$

T_r=일정(압축성 효과를 무시한다)

$$\frac{SR_2}{SR_1} = \sqrt{\frac{\sigma_1}{\sigma_2}} \quad \text{(엔진 성능에 영향을 주는 요소는 무시한다)}$$

여기서 조건 1) 어떤 본래의 기본 고도에서 $(\sqrt{C_L}/C_D)_{max}$를 위한 속도, 필요 추력, 항속 거리 상태를 알고 있을 때

　　　　조건 2) 어떤 다른 고도에서 $(\sqrt{C_L}/C_D)_{max}$를 위한 속도, 필요 추력, 항속 거리의 새 수치를 적용

그리고　　V: 속도(knot, TAS)

　　　　T_r: 필요 추력(lbs)

　　　　SR: 항속 거리(nmi/lbs)

　　　　σ: 고도 밀도비

그러므로 40,000ft에서 비행할 때 항공기는

　　　　102% 빠른 속도와 같은 필요 추력

　　　　102% 더 큰 항속 거리(엔진 성능에서 고도의 이로운 효과도 무시한다.)

위의 계산은 해면보다 높은 상태에서 행해진 것이다. 물론 속도가 커지면 TAS는 더 커지고, 더 큰 엔진 rpm을 얻어도 같은 필요 추력을 얻어야 한다. 여기서 동력 장치 성능에서 작동 상태의 효과를 고려하는 것이 필요하다. 고도가 증가하면 두 가지 면에서 동력 장치 성능을 개선시킨다.

대류 권계면 이하의 고도에서 고도를 증가시키면 낮은 흡입구 온도를 제공하고 이것은 SFC(ct)를 감소시킨다. 물론 대류권 이상에서 SFC는 증가하는 경향이 있다.

낮은 고도에서 엔진 rpm은 요구하는 추력은 낮고 일반적으로 정상 정격보다 훨씬 아래이다. 그러므로 엔진 성능에서 두 번째로 고도의 유리한 점은 증가된 필요 rpm으로 순항 추력을 갖게 한다. 정상 정격치로 엔진 속도를 증가시키면 SFC를 감소시킨다. 고도와 함께 터보제트 항공기의 항속 거리를 증가시키면 다음 3가지를 얻는다.

ⓐ 고도가 증가되면 (V/T_r)의 비례를 증가시키고 같은 T_r에서 더 큰 TAS를 제공한다.

ⓑ 성충권(troposhere)에서 고도의 증가는 낮은 흡입구 공기 온도를 만들어서 이것이 SFC를 감소시킨다.

ⓒ 고도의 증가는 엔진 rpm을 증가시키고 순항 추력을 제공하고 정상 정격 rpm에 접근하면서 SFC는 감소한다.

이 3가지 복합된 효과는 고도가 터보 제트 항공기의 항속 거리에 영향을 미치는 가장 중요한 것 중의 하나라고 정의한다. 이 복합된 효과의 하나의 예가 일반적인 터보 제트 항공기는 40,000ft에서 항속 거리를 얻는데 이것은 대략 해면상에서 얻는 것보다 대략 150% 더 크다. 예를 들어 해면상에서 터보 제트 항공기의 최대 항속 거리는 0.1nmi/lb이지만 40,000ft에서 최대 항속 거리는 대략 0.25nmi/lb이다.

이전의 분석에서 분명한 것은 터보 제트의 순항 고도는 압축성 한계나 추력 한계 내에서 높을수록 좋다.

일반적으로 최적의 순항으로 최적의 고도는 최대 연속 추력이 최적의 공기 역학적 상태에 가장 높은 고도에서이다. 물론 최적의 고도는 주로 순항 시작시의 총중량에 의해 결정된다.

터보 제트 항공기의 대다수는 이 고도에서 혹은 대류권 이상에서 정상 순항 형태가 된다. 대부분의 터보 제트 항공기는 천음속이나 초음속 성능을 갖고 있고 높은 아음속 순항에서 최대 거리를 얻는다. 그렇지만 높은 초음속 성능을 위해 설계된 항공기는 초음속 순항에서 최대 거리를 얻고, 아음속 운용은 낮은 양항비, 불량한 흡입과 엔진 성능을 일으키고 항속 거리 능력을 감소시킨다.

터보 제트 항공기의 순항 조종은 프로펠러 항공기의 작동과 상당히 다르다. 특정 범위는 고도에 의해서 아주 크게 영향을 받아서 순항의 시작을 위한 최적 고도는 가능한 빠를수록 좋고 상승 연료 요구와 같이 구성된다.

거리-상승 프로그램은 항공기 사이에서 아주 크게 변하고 운용자 교범의 성능 부분은 적절한 절차를 명시한다. 순항 고도로부터의 강하는 반드시 같은 특징을 가져서 빠른 강하는 시간을 감소시키는데 이것은 저고도에서 항속 거리는 낮고 연료 흐름은 주어진 엔진 속도에 맞게 높을 때이다.

터보 제트 항공기의 순항 비행 중에 연료의 소모로부터 총중량의 감소는 두 가지 형태의 순항 조종을 갖게 한다. 일정한 고도의 순항 중에 총중량의 감소는 공기 속도의 감소를 필요로 하고 엔진 추력은 아음속 순항의 최적 양력 계수를 유지한다.

만약 항공기가 특정 고도로 제한되지 않고, 같은 양력 계수와 엔진 속도를 유지하지 않으면 총중량이 감소하면서 항공기는 상승하게 된다. 고도가 거리에 유용한 효과를 만들기 때문에 상승 순항(climbing cruise)은 더 효율적인 비행경로이다.

터보 제트 항공기의 순항 비행은 흔히 대류권에서 혹은 그 이상에서 이루어지고 이것은 최적 거리 상태를 제공한다. 만약 비행이 $(\sqrt{C_L}/C_D)_{max}$에서 이루어지면 최적 항속 거리는 양력 계수와 항력 계수의 특정 수치에서 얻는다.

항공기가 C_L과 C_D의 수치에서 고정되고 TAS가 일정할 때 양력과 항력은 직접 밀도비(σ)에 비례한다. 또한 대류권 이상에서 추력은 σ에 비례하는데 TAS와 **rpm**이 일정할 때이다.

결과적으로 연료 소비에 의한 총중량의 감소는 항공기가 상승하게 하지만 항공기는 평형 상태에 머물러 있는데 왜냐하면 양력, 항력, 추력 모두는 같은 성격으로 변하기 때문이다.

이 관계가 설명된다. 양력, 항력, 추력의 관계는 편리하지만 어느 면에서는 일정한 속도의 상태를 정당화시켜 준다.

대류권 이상에서 음속은 일정한데 그런 까닭에 순항 상승 중에 일정한 속도는 일정한 마하수를 만든다. 이 경우에 최적의 ($\sqrt{C_L}/C_D$). 수치를 만들고 C_L, C_D는 상승 중에 변하지 않는데 이유는 마하수가 일정하기 때문이다.

SFC는 대류권 이상에서 초기에는 일정하지만 대류권보다 훨씬 높은 고도에서는 증가되기 시작한다. 만약 SFC가 순항 상승 중에 일정하다고 가정하면 다음의 식을 사용한다.

V, M, C_L, C_D는 일정.

$$\frac{\sigma_2}{\sigma_1} = \frac{W_2}{W_1}$$

$$\frac{FF_2}{FF_1} = \frac{\sigma_2}{\sigma_1}$$

$$\frac{SR_2}{SR_1} = \frac{W_1}{W_2}$$ (대류권 이상의 순항 상승에서 일정한 M, ct)

여기서 조건 1) 순항 상승 중에 본래의 기본 고도에서 중량, 연료 흐름, 특정 거리의 상태를 알고 있을 때

조건 2) 특별한 순항 고도를 따라서 각 다른 고도에서 중량, 연료 흐름, 특정 거리의 새로운 수치

그리고 V: 속도(knot)

M: 마하수

W: 총중량(lbs)

FF: 연료 흐름(lbs/hr)

SR: 거리(nmi/lbs)

σ: 밀도 고도비

그러므로 순항 상승 비행 중에 연료 소모로 인한 10% 총중량 감소는 다음을 만들어 낸다. 마하수나 TAS에는 변화가 없다.

5% EAS 감소

10% σ의 감소
10% 연료 흐름 감소
11% 항속 거리 증가

일정한 고도에서 순항과 항속 거리의 변화에 대한 순항 상승 사이의 관계는 다음 식과 같다.

$$\frac{SR_2}{SR_1} = \sqrt{\frac{W_1}{W_2}} \quad : \text{일정한 고도}$$

$$\frac{SR_2}{SR_1} = \frac{W_1}{W_2} \quad : \text{순항-상승}$$

이전의 관계에서 순항 중에 2%의 총중량의 감소는 일정 고도 순항에서 1%의 항속 거리를 증사시키지만, 일정한 마하수에서 2%의 순항 상승의 특정 거리를 증가시킨다. 그러므로 연료의 증가된 소비 중에 더 큰 평균 특정 거리를 유지할 수 있다. 만약 항공기가 주어진 무게의 연료로 대류권이난 그 이상에서 최적의 상태로 순항을 시작한다.
아래의 데이터는 일정한 고도나 순항-상승 비행로로부터 이용할 수 있는 최대 항속 거리의 비교이다.

순항의 시작에서 순항 연료 중량과 항공기 중량의 비	순항 상승 거리와 일정한 고도 순항 거리의 비
0.0	1.000
0.1	1.026
0.2	1.057
0.3	1.092
0.4	1.136
0.5	1.182
0.6	1.248
0.7	1.331

예를 들어 만약 순항 연료 중량이 총중량의 50%이면 상승하는 순항 비행로는 일정 고도에서 순항보다 거리가 18.2% 더 크다.
이 비교는 순항 중의 연료 소모의 변화를 고려하지 않았으며 또한, 순항 비행의 최적 공기 역학적 상태를 결정하는 압축성 효과를 포함하지 않은 것이다. 그렇지만 비교는 일반적으로 아음속으로 순항하는 항공기에 적용할 수 있다.

초음속으로 순항하는 항공기가 최대 항속 거리를 위한 비행일 때 최적의 비행로는 일반적으로 일정 마하수의 어느 하나이다. 최적의 비행로는 일반적으로(반드시 그런 것은 아니지만) 상승하는 순항이다. 아음속이나 초음속 순항의 경우에 마하 미터(machmeter)는 제트 항공기의 순항 조종에 기본적으로 중요한 것이다.

항속 거리에서 바람의 영향은 비행 작동 중에 상당히 중요하다. 물론 정풍(head wind)보다 배풍(tail wind)은 거리를 증가시킨다. 가장 양호한 바람과 함께 순항 고도의 선택은 프로펠러 항공기의 경우에 상당히 단순한 문제이다.

프로펠러 항공기의 항속 거리는 고도에 의해 영향을 받지 않으므로 항속 거리를 위한 가장 좋은 바람과 고도를 선택할 수 있다. 그렇지만 터보 제트 항공기의 항속 거리는 고도에 크게 영향을 받아서 최적의 고도 선택은 고도와 함께 항속 거리의 변화에 바람 현상을 고려해야 한다.

터보 제트 항속 거리는 고도와 함께 크게 증가하므로 터보 제트 고도가 증가하면서 덜 양호한 바람도 허용한다. 어떤 경우는 바람의 큰 수치는 최대 항법 마일당 연료(nmi/lb)를 유지하는 순항 속도에 중대한 변화를 일으킨다.

극한 상태의 예로 항공기가 정풍(순항 속도와 같은 속도)으로 비행하고 있다고 고려하자 이 경우 속도의 사소한 증가는 거리를 크게 한다.

여러 가지 속도와 함께 최적의 속도의 변화를 이해하기 위해서 설명을 참조한다.

무풍 상태가 존재할 때 원점으로부터 연료 흐름 대 속도의 곡선까지의 직선 점을 그으면 최대 거리 상태를 찾는다. 정풍 상태가 존재하면 최대 지상 거리를 위한 속도는 속도에서 정풍 속도까지 그은 선에 접촉점에 의해 찾는다. 이것은 어떤 빠른 속도와 연료 흐름에서 최대 거리에 존재한다. 물론 거리는 "0" 바람 상태보다는 짧지만 정풍으로 인한 거리 손실을 빠른 속도와 연료 흐름이 최소화시킨다.

비슷한 방법으로 배풍은 순항 속도를 감소시켜서 배풍의 이점을 극대화시킨다. 바람의 영향을 설명하기 위해서 사용한 다른 순항 속도는 단지 바람 속도의 극한 수치이다.

바람 속도가 무풍 순항 속도의 25%를 초과하는 바람 속도일 때는 최적 순항 속도를 바꾸는 것을 고려해야 한다.

4) 체공 성능

연료 에너지를 비행시간으로 전환시키는 항공기의 능력은 비행 작동 중에 가장 중요한 요소이다. 항공기의 체공 시간은 다음과 같이 정의된다.

$$체공 \ 시간 = \frac{비행 \ 시간(hr)}{연료(lbs)}$$

$$= \frac{1}{\text{연료 흐름(lbs/hr)}}$$

체공시간은 단순히 연료 흐름의 역수이다. 그런 까닭에 체공 상태는 항공기를 안정된 수평 비행에 유지시키는데 필요한 가장 낮은 연료 흐름에서 얻는다. 분명히 최소의 연료 흐름은 주어진 연료량으로부터 최대의 비행시간을 만든다.

일반적으로 아음속 성능에서 최대 체공시간을 얻는 속도는 최대 거리를 위한 속도의 대략 75%이다. 반면 많은 다른 요소들이 특정 체공에 영향을 미칠 수 있는데, 가장 중요한 요소가 형태와 운용 고도이다. 물론 최대 체공 상태를 위해서 항공기는 "clean configuration(프랩, 슬롯, 스포일러 등 강착 장치 등이 모두 제자리에 있어서 항공기 외관에 아무런 영향을 미치지 않는 상태)"이고 적절한 공기 역학적 상태에서 운용한다.

A. 고도의 영향(프로펠러 항공기)

프로펠러 항공기의 연료 흐름은 필요 출력에 비례하고, 프로펠러 항공기는 최소 필요 출력에서 작동할 때 최대 특정 체공을 얻는다.

최소 필요 출력점은 특별한 항공기 형태를 위한 양력 계수의 특정 수치에서 얻고 중량이나 고도와는 독립적이다. 그렇지만 고도의 증가는 최소 필요 출력의 수피를 증가시킨다.

만약 SFC가 고도나 엔진 출력에 의해 영향 받지 않는다면 특정 체공은 $\sqrt{\sigma}$ 에 직접 비례한다. 즉, 22,000ft에서 특정 체공은 해면상 수치의 70% 정도이다. 이 예는 거의 왕복 엔진 항공기의 경우인데, 왜냐하면 SFC와 프로펠러 효율은 고도에 의해서 직접 영향 받지 않기 때문이다.

분명한 결론은 왕복 엔진 항공기의 최대 체공은 가능한 최소의 고도에서 얻는다. 터보 프롭 항공기에서 최대 체공의 고도 변화는 항공기 요소뿐만 아니라 동력 장치 요소의 고려도 필요하다.

터보 프롭 동력 장치는 낮은 흡입구 공기 온도와 낮은 SFC를 만드는 비교적 높은 출력 설정에서 작동을 선호한다. 반면 고도의 증가는 항공기를 위한 최소 필요 출력을 증가시키고 동력 장치는 더 효율적인 작동이 된다.

이 차이의 결과로 다발엔진 터보 프롭 항공기의 최대 체공은 낮은 고도에서 동력 장치의 일부를 꺼서(shut down) 나머지 동력 장치가 더 높은 효율의 출력 설정으로 작용하게 한다.

B. 고도의 영향(터보 제트 항공기)

터보 제트 항공기의 연료 흐름이 필요 추력과 비례하기 때문에 터보 제트 항공기는 최소 필요 추력이나 $(L/D)_{max}$에서 작용할 때 최대의 특정 체공을 얻는다.

아음속 비행에서 주어진 항공기를 위한 양력 계수의 특정 수치에서 $(L/D)_{max}$ 발생하고 중량과 고도와는 독립적이다. 만약 주어진 항공기의 중량과 형태가 여러 가지 고도에서 작동하면 최소의 필요 추력의 수치는 필요 추력 대 속도의 곡선에 의해 영향 받지 않는다.

그런 까닭에 분명한 것은 공기 역학적 형태는 고도(압축성 한계 내)에 대한 선호가 없고 특정 체공은 엔진 성능과 함수 관계이다. 터보 제트 엔진의 SFC는 작동 rpm과 고도에 의해서 크게 영향을 받는다.

일반적으로 터보 제트 엔진은 정상 정격 엔진 속도 근처의 작동 범위를 선호하고 성충권의 낮은 온도로 낮은 SFC를 만든다. 그러므로 증가된 고도는 상당히 낮은 흡입구 공기 온도를 제공하고 $(L/D)_{max}$에서 필요 추력을 제공하는 더 큰 엔진 속도를 필요로 한다. 일반적인 터보 제트 항공기는 고도와 함께 특정 체공의 증가는 대류권이나 이 근처에서 최고 수치가 발생한다.

예를 들어 일반적인 단발 엔진 터보 제트 항공기는 35,000ft에서 최대 특정 체공은 해면상에서 최대치보다 최소 40% 더 크다.

만약 터보 제트 항공기가 저고도에 있고 상당한 시간동안 머물러 있을 필요가 있을 때 공기 중에서 최대 시간은 어떤 최적 고도로 상승을 시작해서 얻을 수 있는데 이용 가능한 연료량에 좌우된다. 뿐만 아니라 상승 중에 연료가 소비되어도 높은 고도는 더 큰 전체 체공을 제공한다. 물론 상승에 애프터 버너의 사용은 체공에 금지된 정도의 감소를 만든다.

5) 최적 항속 거리와 체공 시간

A. 왕복 엔진 항공기

대부분의 경우에 왕복 엔진 항공기는 엔진이 지시하는 순항에서 작동한다. 거리와 체공이 특별한 사항이 아닐 때 단순한 방법이 동력 장치를 필요한 출력 설정치에서 작동하고 속도, 항속 거리, 체공시간 등의 결과를 받아들인다.

다발 왕복 엔진 항공기에서 엔진 하나의 결함은 흥미 있는 예이다.

첫 번째 문제점은 항공기가 공중에 머물러있을 만큼 충분한 출력을 나머지 엔진이 만들어내는 것이다.

또 하나의 문제점은 만약 항공기가 높은 고도, 큰 총중량, 플랩과 기어가 내려온 상태에서 가장 심각하다. 고도가 낮아지면서 중량이 되는 것을 없애고(jettisining), 항공기의 윤곽을 깨끗이 유지(clean)해서 비행을 위한 필요 출력을 감소시킨다. 물론 작동하지 않는 엔진의 프로펠러는 패더 위치(feathered)에 놓아야 하는데 그렇지 않으면 필요 출력은 나머지 작동하는 동력 장치로부터 이용하게 된다. 여기에 미치는 영향은 항공기 형태에 크게 좌우된다.

작동하지 않는 엔진의 프로펠러는 패더 위치에 있어서 더해질 수 있는 항력을 최소로 하지만 비대칭 출력의 균형을 위한 항력을 더한다.

더해지는 항력으로 $(L/D)_{max}$이 감소하지만 심하게 감소하지 않는다. 일반적으로 만약 SFC와 프로펠러 효율이 나빠지지 않았다면 최대 특정 거리는 크게 감소되지 않는다.

쌍발 엔진 항공기에서 필요 출력은 나머지 한 개의 엔진에 의해서 주어져야 한다. 이것은 흔히 동력 장치의 순항 정격보다 크다. 결과적으로 동력 장치가 "auto-lean"이나 "manual-lean" 출력 범위에서 작업할 수 없을 때 SFC는 크게 증가한다. 그러므로 쌍발 엔진 항공기에서 한 엔진에 결함이 있을 때 거리의 손실은 뻔하다. 4발 엔진 항공기에서 한 엔진이 결함일 때 필요한 출력은 나머지 3개의 엔진이 경제적인 출력 범위로 작동되어 얻는다.

만약 항공기가 깨끗한 형태이고 저고도이면 낮은 총중량에서 한 엔진의 결함은 거리의 손실을 초래하지 않는다. 그렇지만 두 엔진의 손실은 상당한 거리의 손실을 만든다.

엔진의 결함이 심각한 출력이나 항속 거리 문제를 만들면 저고도에서 깨끗한 형태로 해서 성능을 개선하는 것이 가능하다. 또한 소모할 수 있는 중량 항목의 제티슨으로 필요 출력을 감소시키고 특정 거리를 개선한다.

B. 터보 프롭 항공기

터보 엔진은 비교적 높은 출력 설정을 선호하고 높은 고도는 낮은 SFC를 만든다. 그러므로 항속 거리나 체공의 동떨어진 최적 상태는 최적보다는 고도에 관계된다. 고도는 최적보다 적게 항속 거리를 감소시키지만 다발 엔진 항공기는 일부 동력 장치를 끄고, 높고 효율적인 출력에서 나머지 동력 장치를 작동해서 손실을 최소화한다.

이 경우에 거리의 변화는 고도와 함께 SFC의 변화에 한정된다. 근본적으로 같은 상황이 최적의 고도로 순항할 때 엔진 결함의 경우에서 발생한다. 만약 작동하지 않는 엔진의 프로펠러가 패더 상태이면 거리의 손실은 감소된 순항 고도로부터 SFC의 변화에만 국한된다.

만약 심각한 출력 상태가 엔진 결함에 의해 존재하면 고도의 감소는 직접 이점이 되는데 필요 출력의 감소 때문에 동력 장치로부터 이용 출력은 증가한다. 게다가 소비할 수 있는 중량의 제티슨은 성능을 개선시키고 물론 깨끗한 형태는 최소의 유해 항력을 만든다.

터보 프롭 항공기의 최대 특정 체공은 터보 제트 항공기처럼 고도에 따라 변하지 않는다. 각각의 형태는 자체의 특별한 작동 요구를 갖고 있어서 터보 프롭 항공기의 저고도 체공은 특별한 고려가 요구된다.

단일 엔진 터보 프롭은 해면 고도로부터 고도가 증가하면 체공시간이 증가하는 것을 경험한다. 그렇지만 만약 항공기가 저고도에서 머물러 있거나 일정 시간만큼 체공해야 할 때 현재의 고도를 유지할 것인지 혹은 상승을 시작할 것인지는 이용할 수 있는 연료량에 좌우된다.

결정은 주로 상승 연료 요구와 고도에 따라서 특정 체공에 변화가 있게 된다. 다발 터보 프롭 항공기에 비슷한 문제가 있지만 추가의 요소가 더해져서 저고도에서 체공시간의 영향을 이용할 수 있다.

다시 말하면 저고도 체공은 일부 엔진을 정지시키고 나머지 엔진을 더 높고, 효율적인 파워 설정에서 작동에 의해서 개선된다.

C. 터보 제트 항공기

증가한 고도는 터보 제트 항공기의 거리와 체공에 강력한 효과를 주었다. 이 강력한 효과의 결과로 일반적인 터보 제트 항공기는 대류권이나 혹은 근처에서 최대 특정 체공을 얻는다.

또한 최대 특정 거리는 더 높은 고도에서조차 얻을 수 있는데 왜냐하면 절정의 특정 거리는 일반적으로 최고의 고도에서 발생하기 때문이다. 이 고도는 엔진의 정격(normal rating)으로 최적의 공기 역학적 상태를 유지하는 곳이다.

저고도 순항 상태에서 엔진 속도는 최적의 공기 역학적 상태를 유지해야 하는데 이때 상태는 아주 낮은 SFC로 상당히 불량하다. 그러므로 저고도에서 항공기는 저속에서 $(C_L/C_D)_{max}$를 얻지만 동력 장치는 높은 고도를 선호하는데 높은 엔진 효율 때문이다.

최적의 공기 역학적 상태가 양호할 때 비행 속도에서 최대 특정 거리의 결론을 낼 수 있다. 어느 면으로는 낮은 고도 상태가 엔진이 요구하는 상태이다.

고도는 터보 제트 항공기의 특정 거리에 영향을 미치는 가장 중요한 요소주의 하나이다. 최적 고도 이하에서의 작동에서는 항속 거리 성능에 현저한 효과가 있어서 거리의 상실에 상당한 고려를 해야 한다. 게다가 터보 제트 항공기는 장거리로 설계되어 많은 %의 총중량이 연료이다.

순항 중에 중량에서의 큰 변화는 최대 비행 거리를 만들기 위해서 순항 조종의 실제적인 방법이 필요하다.

순항의 최적 비행으로(일정한 마하수, 순항 상승이나 혹은 어떤 적절한 기술이든지)부터의 변화는 거리의 손실을 가져온다. 다발 엔진 터보 제트 항공기의 최적 순항 중에 엔진의 결함은 거리의 눈에 띄는 손실을 일으킨다.

터보 제트의 최적 순항은 일반적으로 추력이 제한된 순항이고 전체 추력의 부분적인 손실 의미는 항공기는 낮은 고도로 강하해야 한다는 것이다.

예를 들어 만약 쌍발 제트 항고기가 35,000ft(σ=0.31)에서 최적의 순항을 시작하고 한 엔진이 결함이 있을 때 항공기는 낮은 고도로 강하해서 작동하고 있는 엔진이 순항 추력을 갖게 한다. 이때 결과적인 고도는 16,000ft(σ=0.61)이다. 그러므로 항공기는 거리의 손실을 경험하지만 엔진 결함의 상태로 남아있고 손실은 감소된 속도(TAS)와 높은 주변 공기 온도로부터 SFC(ct)를 증가시키는 것에 의해 설명된다.

예를 들어 항공기의 경우에 엔진 결함은 엔진 결함의 측면에서 보아 30~40% 거리의 손실을 초래한다.

물론 소비할 수 있는 중량의 감소는 더 높은 고도를 허용해서 특정 거리를 증가시킨다. 터보 제트 항공기의 최대 체공 시간은 고도에 따라 변하지만 연료 흐름의 변화에 따른 변화는 $(L/D)_{max}$에서 반드시 필요 추력을 제공해야 한다. 대류권의 낮은 흡입구 공기 온도와 더 빠른 엔진 속도는 SFC를 최소로 유지한다. 만약 단일 엔진 터보 제트 항공기가 저고도에 머물거나 일정 시간 체공해야 할 때 상승을 시작해서 더 높아진 고도에서 높은 체공시간의 장점을 얻기 시작한다.

상승하는 고도는 남아있는 연료에 의해 결정된다. 낮은 고도에서 다발 엔진의 경우에 약간의 다른 절차를 사용할 수 있다. 만약 모든 동력 장치가 작동하면 더 높은 고도로 상승하는 것이 바람직하고 이것은 나머지 연료량과의 함수 관계이다.

저고도에서의 대안은 일부 엔진을 정지시키고 나머지 엔진을 더 양호한 효율적인 출력에서 작동을 유지해서 체공 추력을 제공하는 것이다. 이 기술은 만약 저고도에서 실시하면 최소의 체공 손실만 있다.

이런 절차의 가능성은 많은 작동 요소에 좌우된다. 모든 경우에 항공기는 외부 형태가 가능한 한 깨끗해야(clean) 하는데, 왜냐하면 특정 체공은 (L/D)에 직접 비례하기 때문이다.

6) 방향 조종 성능

항공기가 선회 비행 중에 있을 때 항공기는 정적인 평행에 있지 않은데 선회의 가속도가 불균형을 만들기 때문이다. 안정된 조화를 이룬 선회에서 양력은 기울어서 경사의 원심력과 똑같은 수평 성분의 힘을 만든다. 게다가 안정된 선회는 양력의 수직 성분을 만들어서 이루는데 이것은 항공기의 중량과 똑같다.

안정되고 조화를 이룬 선회에서 항공기에 작용하는 힘을 설명한다. 안정되고 조화를 이룬 선회의 경우에 양력의 수직 성분은 항공기의 중량과 똑같아서 수직 방향의 가속은 없다. 이 요구 사항은 다음과 같은 관계식을 얻는다.

$$n = \frac{L}{W}$$

$$n = \frac{1}{\cos\phi}$$
$$n = \sec\phi$$

여기서   n: 하중 계수나 "G"
         L: 양력(lbs)
         W: 중량(lbs)
         ϕ: 뱅크각

이 관계식으로부터 분명한 것은 안정되고 조화를 이룬 선회는 여러 가지 뱅크에서 특정 수치의 하중 계수(n)를 필요로 한다. 예를 들어 60°의 뱅크각은 2.0의 하중 계수(cos60° 혹은 sec60°=2.0)가 필요로 해서 안정되고 조화 있는 선회를 만든다.

　　만약 항공기가 60°뱅크했고 양력은 정확한 하중 계수(2.0)를 만들 수 있게 제공되지 못했다면 항공기는 수직뿐만 아니라 수평 방향으로 가속하게 되고 선회는 안정될 수 없다. 또한 옆미끄럼에 의한 항공기의 측면 힘은 횡축에 수직한 면으로부터 합성 공기 역학적 힘을 갖게 되고 경사는 조화를 이룰 수 없다. 어느 면으로는 증가된 양력은 안정된 선회에 필요하고 이것은 전체 항력이나 필요 출력을 증가시키고 같은 방법으로 수평 비행에서 총중량을 증가시킨다.

　　전체 추력과 필요 출력에서 선회 비행의 일반적인 효과를 설명한다. 물론 어느 주어진 속도에서 필요 추력의 변화는 유도 항력 변화에 기인하고 이 변화의 크기는 수평 비행에서 유도 항력의 수치와 선회 비행에서 뱅크각에 좌우된다.

　　유도 항력은 일반적으로 C_L자승과 함께 변해서, 아래의 수치는 여러 가지 뱅크각의 효과를 설명한다.

뱅크각 (ϕ)	하중 계수 (n)	수평 비행으로부터 유도 항력의 증가 (%)
0°	1.000	0
15°	1.036	7.2
30°	1.154	33.3
45°	1.414	100

　　저속도에서 지배적인 유도 항력이나 저속도에서 급선회(steep turn)는 고도를 유지하기 위해서 엄청난 추력의 증가나 필요 출력을 만든다. 그러므로 이륙 후 접근 중에 특히 동력 장치의 기능 정지나 결함으로부터 심각한 출력 상황 중에는 급선회는 피해야 한다. 어느 선회든지 잘 조화를 이루어 옆미끄럼에 따르는 증가된 항력을 막는다.

A. 선회 성능

　　양력의 수평 성분은 안정된 선회 비행의 원심력과 같다. 이 사실은 선회 성능의 아래 관계를 만든다.

$$\gamma = \frac{V^2}{11.26 \tan \phi}$$

여기서　γ: 선회 반경(ft)

　　　　V: 속도(knot, TAS)

　　　　ϕ: 뱅크각

$$ROT = \frac{1,091\tan\phi}{V}$$

여기서 ROT: 선회율(°/sec)

ϕ: 뱅크각

V: 속도(knot, TAS)

이 관계는 선회 반경(γ)과 선회율(ROT)을 정의하고 뱅크각과 속도(TAS)의 두 가지 변수의 함수 관계이다. 그러므로 항공기가 특정 수치의 뱅크각, 속도에서 안정되고 조화 있는 선회를 할 때 선회율과 선회 반경은 고정되고 항공기 형식과는 독립적이다.

예를 들어 뱅크각 45°와 250knot의 속도(TAS)에서 안정되고 조화 있는 상태의 항공기는 다음과 같은 선회 성능을 갖는다.

$$\gamma = \frac{(250)^2}{(11.26)(1.00)} \qquad (\tan 45° = 1.000)$$

$$= 5,500ft$$

그리고 $$ROT = \frac{(1.091)(1.000)}{250}$$

$$= 4.37°/sec$$

만약 500knot(TAS)에서 항공기가 같은 뱅크각을 유지하면 선회 반경은 4배(γ= 22,200ft)가 되고 선회율은 본래 수치의 1/2(ROT=19°/sec)이 되며 선회 반경과 선회율 대속도의 수치가 보여주고 여러 가지 뱅크각, 이에 해당하는 하중 계수이다.

일정 고도에서 안정되고, 조화 있는 선회 비행을 위한 상태에서 상승각이나 강하각이 상당히 작을 때 결과를 상승이나 강하 비행에 적용시킬 수 있다.

선회 성능에서 고도의 영향은 곡선에서 직접적으로 분명하지는 않지만 기본적인 영향은 주어진 상당 대기 속도(EAS)를 위한 증가된 진대기 속도처럼 이해되어야 한다.

B. 전략적 성능

많은 전략적인 조작이 항공기의 최대 선회 능력의 사용에 필요하다. 항공기의 최대 선회 능력은 3가지 요소에 의해 정의된다.

a. 최대 양력 능력

최대 양력 계수(C_{Lmax})와 날개 하중(W/S)의 조합은 항공기의 방향 조종 비행(manevering flight)의 공기 역학적 하중 계수를 만드는 능력을 정의한다.

b. 운용 강도 한계

운용 강도 한계는 방향 조종 하중 계수의 위쪽 한계를 정의하고 이것은 항공기의 일차 구조에 손상을 주지 않는다. 정상 작동에서 이 한계는 초과되어서는 안 되는데 왜냐하면 구조적 손상이나 결함의 가능성 때문이다.

C. 추력 혹은 출력의 한계

추력이나 출력 한계는 일정한 고도에서 항공기의 선회 능력을 정의한다. 제한된 상태는 증가된 하중 계수와 유도 항력을 항력이 동력 장치로부터 최대 이용 추력과 같을 때까지 허용한다. 이런 경우에 일정 고도를 유지하기 위해서 최대의 선회 능력을 만든다.

첫 번째 설명은 어떻게 공기 역학적 구조적 한계가 최대 선회 성능을 정의하는지 보여준다. 공기 역학적 한계는 C_{Lmax}에서 작동할 때 항공기의 이동할 수 있는 최소 선회 반경을 설명한다.

항공기가 수평 비행에서 실속 속도(stall speed)에 있을 때, 모든 양력은 비행 중인 항공기를 유지하는데 필요하고, 안정된 선회와는 무관하다. 그런 까닭에 실속 속도에서의 선회 반경은 무한대이다.

속도가 실속 속도 이상으로 증가하면서 C_{Lmax}에서 항공기는 중량보다 큰 양력을 만들 수 있고 유한의 선회 반경을 만든다. 예를 들어, 실속 속도보다 두 배 빠른 속도일 경우 C_{Lmax}에서 항공기는 4의 하중 계수를 만들 수 있고 $75.5°(cos75.5°=0.25)$의 뱅크각을 이용할 수 있다.

계속적인 속도 증가가 하중 계수와 뱅크각을 증가시키고, 이것은 항공 역학적으로 이용할 수 있지만 속도와 선회 반경에서 기본적인 효과의 증가 때문에 선회 반경은 절대 최소 수치에 접근한다.

C_{Lmax}가 속도에 의해 영향 받지 않으면 공기 역학적 최소 선회 반경은 이 절대 수치에 접근하는데, 이것은 C_{Lmax}, W/S, σ의 함수 관계이다. 실제로 공기 역학적 선회 성능의 한 가지 공통분모는 날개 수평 실속 속도이다.

선회 반경의 공기 역학적 한계는 하중 계수와 더 큰 뱅크각을 증가시키기 위해 이용할 수 있는 속도의 증가가 필요하다.

분명히 아주 높은 속도가 아주 큰 하중 계수를 필요로 하고 절대 공기 역학적 최소 선회 반경은 무한 하중 계수를 필요로 한다.

실속 속도 이상의 속도 증가는 마침내 하중 계수를 제한하고 이 지점 이상의 속도에서 계속된 증가는 하중 계수와 뱅크각을 제한하여 구조적 손상을 막는다.

하중 계수와 뱅크각이 구조적인 한계 내에서 일정하게 유지되면, 선회 반경은 속도의 자승 관계로 변하고 공기 역학적 한계 이상으로 급격히 증가한다.

공기 역학적 한계와 구조적 한계선의 교차점이 "방향 조종 속도"이다.

방향 조종 속도는 최소 속도로 공기 역학적인 제한 하중 계수를 만들어야 하고 이 속도는 공기 역학적인 한계와 구조적 한계 내에서 최소 선회 반경을 만든다. 방향 조종 속도보다 낮은 속도에서 제한 하중 계수는 공기 역학적으로 이용할 수 없고 선회 성능은 공기 역학적으로 제한된다.

비행 조종 속도보다 더 큰 속도에서 C_{Lmax}와 최대 공기 역학적 하중 계수는 이용할 수 없고 선회 성능은 구조적으로 제한한다. 실속 속도와 제한 하중 계수가 특별한 형태를 위해 알려져 있을 때, 비행 조종 속도는 아래에 의해 관계된다.

$$V_p = V_s \sqrt{nlimit}$$

여기서 V_p: 방향 조종 속도(knot)
　　　　V_s: 실속 속도(knot)
　　　　nlimit: 제한 하중 계수

예를 들어 항공기는 4.0의 제한 하중 계수로 방향 조종 속도는 실속 속도의 2배이다.

첫 번째 공기 역학적 한계선이고 C_{Lmax}은 속도와 불변이다. 이것은 아음속 항공기의 대부분은 적용되는 것으로 고도에서 천음속이나 초음속 항공기는 상당히 다르다.

압축 효과와 종방향 조종력에서의 변화는 최대로 이용할 수 있는 C_L을 만들 수 있고 이것은 속도에 따라 변하고 공기 역학적 선회 반경은 최대 속도에서 절대 최소가 아니다.

항공기의 고도 선회 성능을 설명한다. 항공기가 고고도에 있을 때 비행 속도 범위의 높은 속도 범위의 끝에서 선회 성능은 흔히 구조적 제한보다 추력 제한이 더 흔하다.

일정 고도에서 비행 중에 추력은 항력과 똑같아서 평형을 유지하므로 일정 고도 선회 변경은 최대 수평 비행 속도에서 무제한이다.

최대 수평 비행 속도에서 어떤 뱅크나 선회는 추가의 항력을 초래하고 항공기 강하를 일으킨다. 그렇지만 속도가 최대 수평 비행 속도 이하로 감소되면서 유해 항력은 감소되고 하중 계수와 뱅크각을 허용한다.

감소된 선회 반경은 즉 감소된 유해 항력은 유도 항력을 증가시켜서 최대 이용 추력 한계 내에서 선회되게 한다. 그러므로 일정한 고도의 고려에서 공기 역학적 한계 이상으로 최소 선회 반경이 증가하고 최소 선회 반경을 위한 특별한 공기 속도를 정의한다.

3가지 제한 요소(공기 역학적, 구조적, 출력)는 조합되어 항공기의 선회 성능을 정의한다. 일반적으로 공기 역학적 제한과 구조적 제한은 저속도에서 지배적인 반면 공기 역학적 한계와 출력 한계는 고고도에서 지배적이다.

7) 이륙과 착륙 성능

조종사가 일으키는 항공기 사고의 대부분은 이륙과 착륙 비행 과정 중에 발생한다. 이륙과 착륙 성능은 가속된 운동의 상태이다.

예를 들어 이륙 중에 항공기는 "0" 속도에서부터 시작하고 이륙 속도까지 가속시켜서 이륙하게 된다.

착륙 중에 착륙 속도에서 항공기는 접지하고 정지의 "0"까지 감속된다. 사실, 착륙 성능은 이륙의 역과정으로 생각할 수 있다. 이륙이나 착륙 어느 경우든지 항공기는 "0"속도에서 이륙 속도가 가속되거나 혹은 착륙 속도가 감속한다. 이륙이나 착륙 성능의 가장 중요한 요소는 다음과 같다.

ⓐ 이륙이나 착륙 속도는 실속 속도나 최소 비행 속도의 함수 관계로 즉 실속 속도보다 15% 크다.

ⓑ 이륙이나 착륙 활주 중에 가속 상태이다.

ⓒ 이륙이나 착륙 활주 거리는 가속과 속도의 함수 관계이다.

실제의 경우에 이륙과 착륙 거리는 속도와 가속도의 복잡한 관계이다. 복잡성의 근본적인 원인은 이륙과 착륙 활주 중에 항공기에 작용하는 힘은 단순한 관계로 정의하기는 힘들기 때문이다.

가속이 이 힘의 함수이기 때문에 가속을 단순하게 정의하기는 무척 힘들고 이것은 거리에 영향을 미티는 중요 변수이다. 그렇지만 어떤 단순성을 만들어서 가속(acceleration), 속도(velocity), 거리(distance)를 이해한다.

가속이 착륙이나 이륙 활주를 통해서 일정하거나 한결같을 필요는 없지만 한결같은 가속된 운동의 가정은 이륙과 착륙 거리에 영향을 미치는 기본적인 변수의 이해를 가능하게 한다. 일정하게 가속되는 운동을 위한 속도, 가속, 거리의 관계는 아래와 같이 정의한다.

$$S = \frac{V^2}{2a}$$

여기서 S: 가속 거리(ft)

V: "0" 속도에서부터 일정하게 가속된 후의 최종 속도(ft/sec)

a: 가속(ft/sec²)

이 공식은 이륙 속도와 가속의 식으로 이륙 거리와 관계되는데 항공기가 "0" 속도에서 최종 이륙 속도까지 일정하게 가속될 때나 또한 이 공식은 착륙 속도와 감속의 식으로 착륙 거리와 관계된다.

이륙 거리는 직접 속도의 자승에 따라 변화하고 가속은 반비례한다. 이 관계식의 예에서 이륙 중에 항공기가 "0" 속도에서 150knot(253.5ft/sec)의 이륙 속도로 6.434ft/sec²의 가속으로 일정하게 유지된다고 가정할 때 이륙 거리는 다음과 같이 나타낸다.

$$S = \frac{V^2}{2a}$$

$$= \frac{(253.5)^2}{(2)(6.434)}$$

$$= 5,000\text{ft}$$

만약 이륙 중에 가속이 10%가 감소되면 이륙 거리는 11.1% 증가하는데 왜냐하면 이륙 속도가 10% 증가했기 때문에 이륙 거리는 21% 증가한다.

이 관계식에서 고도, 온도, 총중량, 바람 등을 적절히 고려해야 하는 사실을 지적하게 되는데, 왜냐하면 가속과 이륙 속도에 영향을 미치는 항목은 이륙 거리에 결정적으로 영향을 미친다.

만약 항공기가 150knot의 속도에서 착륙하고 0.2g의 같은 가속으로 일정하게 감소되게 정지하면 착륙 거리는 5,000ft이다. 그렇지만 매 경우에서 항공기는 반드시 동일한 이륙과 착륙 성능을 갖지 못하는데 위에서 설명한 것은 거리로 속도와 가속의 함수 관계이다.

앞에서처럼 10% 가속을 줄이면 정지거리는 11.1% 증가하고 10% 더 큰 착륙 속도는 21% 착륙 거리를 크게 한다.

일정한 가속된 운동을 위한 속도, 가속, 거리의 일반적인 관계를 알아본다. 이 설명에서 가속 거리는 가속의 여러 가지 수치를 위한 속도의 함수이다.

A. 이륙 성능

최소 이륙 거리는 항공기 운용에서 가장 관심 있는 것으로 이것에 의해서 활주로 요구 조건을 정의한다.

최소 이륙 거리는 최소 안전 속도에서 이륙에 의한 거리이다. 최소 안전 속도는 실속보다 높은 충분한 여유를 허용하고 만족스런 조종과 초기의 상승률을 제공한다.

일반적으로 이륙 속도는 항공기 이륙 형태를 위한 실속이나 최소 조종 속도의 어떤 고정된 %이다. 이와 같이 이륙은 양력 계수와 받음각의 특정 수치에서 이루어진다.

항공기 특성에 좌우되는 이륙 속도는 실속 속도나 최소 조종 속도의 1.05~1.25배의 어느 곳에 속하게 된다. 만약 이륙 속도가 실속 속도보다 1.10배로 정해지면 이륙 양력 계수는 C_{Lmax}의 82.6%이고 이륙을 위한 받음각과 양력 계수는 고정된 수치로 중량, 고도, 바람 등과는 독립적이다.

그런 까닭에 받음각 지시계가 이륙 중에 큰 도움이 된다. 정해진 이륙 속도에서 최소 이륙 거리를 얻기 위해서 항공기에 작용하는 힘은 이륙 활주 중에 최대의 가속을 할 수 있어야 한다.

항공기에 작용하는 여러 가지 힘으로 조종사에 의해 조종되는 것이 있고 그렇지 않은 것이 있는데 여러 가지 기술이 항공기에 필요한데 최고 수치에서 이륙 가속을 유지해야 한다. 이륙 활주 중에 항공기에 작용하는 여러 가지 힘이 있다.

동력 장치 추력은 가속을 얻기 위한 가장 기본적인 힘으로 최소 이륙 거리를 위해서 출력 추력은 최대이어야 한다.

양력과 항력은 항공기가 속도를 얻자마자 만들어지고 양력과 항력의 수치는 받음각과 동압력에 좌우된다.

활주 마찰은 휠에 정상 힘이 작용할 때이고 마찰력은 정상적인 힘과 활주 마찰 계수의 곱이다. 정상적인 힘은 휠(wheel)을 활주로 면에 누르는 힘으로 순수한 중량과 양력이고 한편 활주 마찰 계수는 타이어 형태와 활주로 표면 구조와의 함수이다.

이륙 활주 중에 항공기 가속은 순수 가속력과 항공기 크기와 함수 관계이다.

뉴톤의 운동의 제2법칙에서

$$a = Fn/M$$

혹은 $a = g(Fn/W)$

여기서   a: 가속도(ft/sec^2)

         Fn: 순수 가속력(lbs)

         W: 중량(lbs)

         g: 중력 가속도

            $= 32.17 ft/sec^2$

         M: 질량(slug)

           $= W/g$

항공기의 순수 가속력(Fn)은 순수 추력(T), 항력(D), 활주 마찰(F)이다. 그러므로 이륙 활주 중의 가속은

$$a = \frac{g}{W}(T-D-F)$$

이륙 활주를 통해서 항공기에 작용하는 여러 가지 힘의 변화를 보여준다. 만약 항공기가 이륙 활주 중에 일정한 받음각이라고 가정하면 C_L과 C_D는 일정하고 양력과 항력은 속도의 자승으로 변한다.

일정하게 가속되는 운동에서 이륙 활주 거리는 속도의 자승에 비례하는데 그런 까닭에

속도 자승과 거리는 거의 동의어로 사용한다. 그러므로 양력과 항력은 이륙 활주의 시작점에서 동압과 직선으로 변한다. 활주 마찰 계수는 속도에 영향을 미치지 않으므로 활주 마찰은 휠에 정상적인 힘으로 변한다.

"0" 속도에서 휠에 작용하는 정상적인 힘은 항공기 중량과 똑같지만 이륙 속도에서 양력은 중량과 똑같고 정상적인 힘은 "0"이다. 그런 까닭에 활주 마찰은 이륙 활주의 시작에서부터 g나 V^2에 직선으로 감소하고 이륙 지점에서는 "0"에 이른다.

항공기의 전체 지연력(refarding force)은 대부분의 형태에서 항력과 활주 마찰(D+F)의 합이고 이 합은 거의 일정하거나 이륙 활주 중에 약간 변한다. 순수 가속력은 그 후 동력 장치 추력과 전체 지연력 사이의 차이이다.

$$Fn=T-D-F$$

이륙 활주를 통해서 순수 가속력의 변화는 일반적인 프로펠러 항공기의 순수 가속력은 속도와 함께 감소하고 최종 가속은 처음은 높지만 이륙 활주 중에 감소한다.

일반적인 제트 항공기의 순수 가속력은 이륙 활주를 통해서 일정하다. 결과적으로 일반적인 터보 제트 항공기의 이륙 성능은 일정하게 가속되는 운동과 밀접하게 비교한다.

이륙 활주를 통해서 최고의 가속을 얻기 위해서는 조종사의 기술이 필요하고 항공기 형태마다 현저하게 다르다. 어느 경우는 최대 가속은 항공기가 활주를 통해서 3점 자세에 머물게 양력과 중량이 같아지고 지면을 뜰 때까지 계속 유지한다.

나머지 항공기는 이륙 속도까지 3점 자세가 필요하고 이 속도에 이르면 이륙 받음각으로 전환해서 지면으로부터 멀어진다. 다른 형태는 부분적인 혹은 완전한 전환이 필요해서 이륙 속도에 이르기 전에 이륙 받음각으로 전환한다. 이 경우에 절차를 따라서 최고 가속을 얻는 데 최소의 지연 힘(D+F)을 제공한다. 언제든지 피치 형태의 전환이 필요할 때면 조종사는 반드시 적절한 받음각을 제공해야 하는데, 왜냐하면 과도한 받음각은 과도한 항력을 일으키고 성공적인 이륙을 방해한다.

또한 불충분한 전환은 추가의 활주 저항을 만들거나 지면을 뜨기 전에 과도한 속도까지 가속이 필요하다. 이런 면에서 받음각 지시계는 야간 계기 이륙 상태뿐만 아니라 VFR 이륙 상태에도 사용된다.

B. 이륙 성능에 영향을 미치는 요소

적절한 기술의 중요한 요소 이외에도 항공기의 이륙 성능에 여러 가지 요소들이 영향을 미친다. 이런 요소들은 이륙 활주 중에 이륙 속도나 가속을 변하게 해서 이륙 거리에 영향을 준다.

여러 가지 변수의 효과를 평가하기 위해서 일정하게 가속되는 운동의 기본적인 관계를 가정하고 이륙 과정 중에 가속의 일정하지 못한 것에 의한 여러 가지 효과를 고려해 본다.

일반적으로 일정하게 가속되는 운동의 경우에 거리는 이륙 속도의 자승에 직접 변하고 이륙 가속에 반비례하여 변한다.

$$\left(\frac{S_2}{S_1}\right) = \left(\frac{V_2}{V_1}\right)^2 \left(\frac{a_1}{a_2}\right)$$

여기서   S: 거리
　　　　 V: 속도
　　　　 a: 가속도

이때　 조건 1) 알고 있는 이륙 거리, S_1을 적용하는데 이것은 본래 이륙 속도 V_1, 가속도 a_1에 공통이다.

　　　　　조건 2) 새로운 이륙 거리 S_2에 적용하는데 이것은 이륙 속도 V_2, 가속도 a_2의 다른 수치의 결과이다.

이 기본적인 관계에서 이륙 거리의 여러 가지 변수의 영향은 비슷하다. 이륙 거리에서 총중량의 영향은 크고, 이 항목의 적절한 고려는 이륙 거리를 예측할 수 있다. 증가된 총중량은 이륙 성능에 3중 효과를 만든다.

ⓐ 증가된 이륙 속도

ⓑ 가속에 더 큰 질량

ⓒ 증가된 지연력(D+F)

만약 총중량에 증가하면 더 빠른 속도가 필요한 이유는 이륙 양력 계수에서 항공기가 지면을 뜨기 위해서 더 큰 양력을 만드는 것이 필요하기 때문이다. 이륙 속도와 총중량의 관계는 다음과 같다.

$$\frac{V_2}{V_1} = \sqrt{\frac{W_2}{W_1}} \qquad \text{(EAS나 CAS)}$$

여기서 V_1: 어떤 본래 중량 W_1에 해당하는 이륙 속도
　　　　 V_2: 어떤 다른 중량 W_2에 해당하는 이륙 속도

그러므로 주어진 총중량에서의 이륙 형태의 항공기는 특정 이륙 속도(EAS 혹은 CAS)를 갖는데, 이것은 고도, 온도, 바람 등에 영향을 받지 않는다. 왜냐하면 동압(q)의 특정 수치는

이륙 C_L에서 양력과 똑같은 중량을 만들어 내는 것이 필요하기 때문이다.

총중량 변화 영향의 예에서 이륙 중량의 21% 증가는 더 큰 중량을 지지하기 위해서 10%의 이륙 속도 증가가 필요하다.

총중량의 변화는 가속된 상태에서 순수 가속력(Fn)과 질량(M)을 변화시키는데, 만약 항공기가 상당히 큰 추력 대 무게비(thrust to weight ratio)를 갖고 있으면 순수 가속력의 변화는 적다. 가속의 기본적인 영향은 질량의 변화에 의한 것이다.

이륙 거리에서 총중량의 영향을 평가하기 위해서 다음 공식을 이용한다. 이륙 속도에 중량의 영향은 다음과 같다.

$$\frac{V_2}{V_1} = \sqrt{\frac{W_2}{W_1}} \quad \text{혹은} \quad \left(\frac{V_2}{V_1}\right)^2 = \frac{W_2}{W_1}$$

만약 순수 가속력의 변화를 무시하면 가속도의 중량 영향은 다음과 같다.

$$\frac{a_1}{a_2} = \frac{W_2}{W_1} \quad \text{혹은} \quad \frac{a_2}{a_1} = \frac{W_1}{W_2}$$

이륙 거리에 이 항목들의 영향은 다음과 같다.

$$\frac{S_2}{S_1} = \left(\frac{V_2}{V_1}\right)^2 \left(\frac{a_1}{a_2}\right)$$

$$\frac{S_2}{S_1} = \left(\frac{W_2}{W_1}\right)\left(\frac{W_2}{W_1}\right)$$

$$\frac{S_2}{S_1} = \left(\frac{W_2}{W_1}\right)^2$$

이 결과는 상당히 높은 추력 대 중량비인 항공기를 위한 이륙 거리에서 총중량의 영향에 접근한다.

이런 영향에서 이륙 거리는 최소한 총중량의 자승처럼 변한다. 예를 들어 이륙 총중량의 10% 증가는 다음의 변화를 일으킨다.

     5% 이륙 속도의 증가

     최소한 9% 가속의 감소

최소한 21% 이륙 거리의 증가

높은 추력 대 중량비의 항공기에서 이륙 거리는 대략 21~22% 증가하지만 상당히 낮은 추력 대 중량비의 항공기는 이륙 거리가 대략 25~30% 증가한다. 이러한 강력한 영향은 이륙 거리 예측에서 적절한 총중량의 고려가 요구된다. 이륙 거리에서 바람의 영향은 크고 적절한 고려가 이륙 거리의 예측에 참고 되어야 한다. 정풍의 영향은 항공기가 낮은 지면 속도에서 이륙 속도에 이르게 하는 반면 배풍의 영향은 항공기가 큰 지상 속도를 얻어서 이륙 속도를 얻게 한다.

가속에서 바람의 영향은 상당히 작고 대부분의 경우에 무시된다. 이륙 거리에서 바람의 영향을 평가하기 위해서 다음의 관계를 사용한다.

정풍의 영향은 이륙 지면 속도를 감소시키고, 정풍 속도(V_w)는 다음과 같다.

$$V_2 = V_1 - V_w$$

가속에서 바람의 영향은 무시하고 다읅과 같이 나타낸다.

$$a_2 = a_1$$

혹은　　$$\frac{a_1}{a_2} = 1$$

이륙 거리에서 이 항목의 영향은 다음과 같다.

$$\frac{S_2}{S_1} = \left(\frac{V_2}{V_1}\right)^2 \left(\frac{a_1}{a_2}\right)$$

$$\frac{S_2}{S_1} = \left[\frac{V_1 - V_W}{V_1}\right]^2$$

$$\frac{S_2}{S_1} = \left[1 - \frac{V_W}{V_1}\right]^2$$

여기서　S_1: "0" 바람에서 이륙 거리

　　　　S_2: 정풍에서 이륙 거리

　　　　V_W: 정풍 속도

V_1: "0" 바람에서 이륙 지상 속도 혹은 단순히 이륙 속도

정풍이 이륙 속도의 10%일 때는 이륙 거리의 19%가 감소된다. 그렇지만 배풍(혹은 네가티브 정풍)이 이륙 속도의 10%일 때는 이륙 거리를 21% 증가시킨다.

정풍 속도가 이륙 속도의 50% 경우는 이륙 거리는 대략 무풍 이륙 거리의 대략 25%이다 (75% 감소). 착륙 거리에서 바람의 영향은 이륙 거리에서의 영향과 같다.

이륙이나 착륙 거리에서 % 변화의 일반적인 바람의 영향은 바람 속도와 이륙 혹은 착륙 속도의 비의 함수이다. 이륙 거리에서 활주로 경사 영향은 항공기의 경사진 길(path)을 다른 중량의 성분에 의한 것이다.

1%의 활주로 경사는 항공기의 길을 따라서 힘의 성분을 제공하는데 이것은 1%의 총중량과 같다. 물론 상향 경사는 지연력(retarding force) 성분을 주게 되고, 반면 하향 경사는 가속 힘 성분을 돕는다.

상향 경사의 경우에 지연 힘 성분이 항력에 더해져서 활주 마찰이 순수 가속력을 감소시킨다. 흔히 1%의 활주로 경사는 2~4%의 이륙 거리의 변화를 주는데 항공기의 특성에 좌우된다. 높은 추력 대 중량비의 항공기는 최소의 영향을 받는 반면 낮은 추력 대 중량비는 크게 영향을 받는데, 왜냐하면 경사 힘(slope force) 성분이 순수 가속력에 상당히 큰 변화를 일으키기 때문이다.

활주로 경사의 영향은 이륙 거리를 예측할 때 고려해야 하지만 적절한 추력 대 중량비의 항공기에서 영향은 흔히 일상적인 활주로 경사에서는 사소하다. 사실 활주로 경사의 고려는 활주로 경사가 크고 항공기가 본래부터 낮은 가속력, 즉 낮은 추력 대 중량비를 갖고 있을 때는 크게 중요하기 때문이다.

일상적인 경우에 이륙 활주로의 선택은 상향 경사 쪽으로 그리고 정풍을 받게 하는 것이 하향 경사와 배풍보다 양호하다.

적절한 이륙 속도의 영향은 중요한데 활주로 길이와 이륙 거리는 심각하다. 비행 교범에 표시된 이륙 속도는 일반적으로 항공기가 지면을 떠날 수 있는 최소 안전 속도이다. 권고하는 속도 이하에서의 이륙 시도는 항공기가 실속하거나 조종의 곤란 혹은 아주 낮은 초기 상승률 등을 초래한다.

어느 경우에 과도한 받음각은 항공기가 지면 효과로부터 상승할 수 없는 경우가 있다. 반면 이륙에서 과도한 속도는 초기의 상승률(rate of climb)을 개선하고 항공기의 느낌(feel)을 개선하지만 바람직스럽지 못한 이륙 거리를 증가시킨다. 가속이 영향 받지 않는다고 가정하면 이륙 거리는 이륙 속도의 자승으로 변한다.

$$\frac{S_2}{S_1} = \left(\frac{V_2}{V_1}\right)^2$$

그러므로 10% 과도한 속도는 이륙 거리를 21% 크게 한다. 가장 심각한 이륙 상태에서 이런 큰 이륙 거리의 증가는 금지되므로, 조종사는 권고하는 이륙 속도를 준수해야 한다.

압력 고도와 주변 온도의 영향은 기본적으로 밀도 고도를 정의하고 이륙 성능에서 이것의 영향을 정의하는 것으로 동력 장치 성능에 온도의 영향과 밀도 고도가 이륙 성능에 영향을 미치는 것이다. 밀도 고도의 증가는 이륙 성능에서 2중 영향을 만드는데 다음과 같다.

ⓐ 이륙 속도의 증가

ⓑ 추력을 감소시키고 순수 가속력을 감소시킨다.

만약 항공기의 주어진 중량과 형태에서 표준 해면보다 높은 고도에서 항공기는 어떤 동압력이 이륙 양력 계수에서 지면을 떠나는데 필요하다. 그러므로 고도에서의 항공기는 해면상과 같은 상당 속도(EAS)에서 이륙하지만 감소된 밀도 때문에 진대기 속도(TAS)는 크다.

기본 공기 역학에서 진대기 속도와 상당 속도(equivalent airspeed) 사이의 관계는 다음과 같다.

$$\frac{TAS}{EAS} = \frac{1}{\sqrt{\sigma}}$$

여기서   TAS: 진대기 속도

EAS: 상당 속도

σ: 고도 밀도비

σ: ρ/ρ_0

동력 장치 추력에서 밀도 고도의 영향은 동력 장치의 종류에 좌우된다. 해면 이상의 고도로 고도의 증가는 비수퍼차저(unsupercharged)나 지상 도움 왕복 엔진(ground boosted reciprocating engine)이나 터보 제트와 터보 프롭 엔진을 위한 파워 출력에 실질적인 감소를 가져온다. 그렇지만 표준 해면 이상의 고도의 증가는 수퍼차저 왕복 엔진이 임계 고도를 초과하기 전까지는 출력의 감소를 가져오지 않는다.

고도 증가와 함께 추력 감소가 따르는 동력 장치는 가속력에 영향을 주고 가속은 밀도와 함께 직접 변하는 것으로 가정해서 접근한다. 실제로 가정한 이런 변화는 높은 추력 대 중량비의 항공기의 효과에 밀접하게 접근한다.

이 관계는 다음과 같다.

$$\frac{a_2}{a_1} = \frac{F_{n2}}{F_{n1}} = \frac{\rho}{\rho_0} = \sigma$$

여기서 a_1, F_{n1}: 해면상에서와 동등한 가속과 순수 가속력

a_2, F_{n2}: 고도에 상응하는 가속과 순수 가속력

σ: 고도 밀도비

이륙 거리에 이 항목의 영향을 평가하기 위해서 다음 관계를 이용한다. 만약 고도의 증가가 가속을 변경시키지 못하면 기본적인 영향은 큰 TAS에 의한다.

$$\frac{S_2}{S_1} = \left(\frac{V_2}{V_1}\right)^2 \left(\frac{a_1}{a_2}\right) = \frac{1}{\sigma}$$

여기서 S_1: 표준 해면상 이륙 거리

S_2: 고도에서 이륙 거리

σ: 고도 밀도비

만약 고도의 증가가 가속을 줄이고 게다가 TAS를 증가시키면 복합된 효과를 다음에 의해서 높은 고유의 가속이 있는 항공기의 경우에 접근할 수 있다.

$$\frac{S_2}{S_1} = \left(\frac{V_2}{V_1}\right)^2 \left(\frac{a_1}{a_2}\right)$$

$$\frac{S_2}{S_1} = \left(\frac{1}{\sigma}\right)\left(\frac{1}{\sigma}\right)$$

$$\frac{S_2}{S_1} = \left(\frac{1}{\sigma}\right)^2$$

여기서 S_1: 표준 해면상 이륙 거리

S_2: 고도에서 이륙 거리

σ: 고도 밀도비

밀도 고도	σ	$\frac{1}{\sigma}$	$\left(\frac{1}{\sigma}\right)^2$	표준 해면상으로부터 이륙 거리에 있어서의 % 증가		
				임계 고도하의 수퍼 차지되는 왕복	(T/W)가 높은 터보	(T/W)가 낮은 터보

				엔진 항공기	제트	제트
해면상	1.000	1.000	1.000	0	0	0
1,000ft	.9711	1.0298	1.0605	2.98	6.05	9.8
2,000ft	.9428	1.0605	1.125	6.05	12.5	19.9
3,000ft	.9151	1.0928	1.195	9.28	19.5	30.1
4,000ft	.8881	1.126	1.264	12.6	26.4	40.6
5,000ft	.8617	1.1605	1.347	16.05	34.7	52.3
6,000ft	.8359	1.1965	1.432	19.65	43.2	65.8

이 관계의 결과처럼 밀도 고도는 이륙 성능에 영향을 미치므로 동력 장치 형식에 크게 좌우된다. 이륙 거리에 밀도 고도의 영향은 다음의 비교로 이해할 수 있다.

Table 2-1에서 여러 가지 항공기 형식 사이의 차이점을 알 수 있다.

밀도 고도에서 1000ft의 증가는 이륙 거리에서 대략 다음과 같은 증가를 일으킨다.

ⓐ 임계 고도 이하에서 수퍼차저가 있는 왕복 엔진에서 3.5%

ⓑ 높은 추력 대 중량비의 터보 제트는 7%

ⓒ 낮은 추력 대 중량비의 터보 제트에서 10%

이 대략적인 관계에서 터보 제트 항공기가 왕복 엔진 항공기보다 밀도 고도에 훨씬 민감하다. 이것은 중요한 사실로 프로펠러 형식에서 제트 형식 항공기로 전환하는 조종사는 꼭 이해해야 한다.

적절한 압력 고도와 온도의 계산은 이륙 활주 거리의 정확한 예에 필수적이다. 이륙 성능에서 가장 심각한 상태는 높은 총중량, 고도, 온도, 좋지 않은 바람 등의 조합으로 인한 결과이다.

모든 경우에 이용하는 활주로에 관계없이 비행 교범의 성능 데이터로부터 이륙 거리의 정확한 예측을 하는데 익숙해야 한다.

비행 교범 데이터로부터 이륙 거리의 예측에서 다음과 같은 기본적인 고려가 있어야 된다.

a. 왕복 엔진 항공기

ⓐ 압력 고도와 온도—거리에서 밀도 고도의 영향을 결정한다.

ⓑ 총중량—거리에서 크게 영향을 미친다.

ⓒ 특정 습도—수증기로 인한 파워 손실을 위해서 이륙 거리를 수정한다.

ⓓ 바람—활주로의 바람이나 바람 성분에 기인한 큰 영향이다.

b. 터빈 엔진 항공기

ⓐ 압력 고도와 온도—밀도 고도의 영향을 결정한다.

ⓑ 총중량

ⓒ 온도—비표준 온도를 위해 추가로 수정해서 높은 압축기 흡입구 공기 온도에 따르는 추력 손실을 계산한다. 활주로 상태에서 주변 온도의 이 수정을 위해서 일부 떨어진 위치에

서 주변 온도보다 정확하다.

ⓓ 바람

추가의 수정은 활주로 경사, 엔진 출력 부족 등을 위해서 반드시 필요하다.

C. 착륙 성능

많은 경우에 항공기의 착륙 거리는 비행 작동을 위한 활주로 조건을 결정한다. 이것은 저고도에서 착륙 거리가 이륙 성능보다 문제가 되는 곳에서 고속의 제트 항공기는 경우 특별한 경우이다.

최소 착륙 거리는 어떤 최소 안전 속도로 착륙해서 얻는데, 이것은 실속보다 높은 충분한 여유를 허용하고 만족스런 조종을 제공한다.

일반적으로 착륙 속도는 착륙 형태의 항공기를 위한 실속 속도나 최소 조종 속도의 어떤 정해진 %이다. 이와 같이 착륙은 양력 계수와 받음각의 어떤 정해진 수치에서 이루어진다.

착륙을 위한 정확한 수치의 C_L과 α는 항공기의 특성에 좌우되지만 일당 정해지면 수치는 중량, 고도, 바람 등과 독립적이다. 그러므로 받음각 지시계는 접근과 착륙 중에 효과적으로 돕는다.

정해진 착륙 속도에서 최소의 착륙 거리를 얻기 위해서 항공기에 작용하는 힘은 착륙 활주 중에 최대의 가속(혹은 네가티브 가속)을 제공해야 한다.

착륙 활주 중에 항공기에 작용하는 여러 가지 힘은 최고 수치에서 착륙 감속을 유지하기 위한 여러 가지 기술이 필요하다. 착륙 활주 중에 항공기에 작용하는 힘을 설명한다.

동력 장치 추력은 최소의 (+) 수치여야 하거나 만약 역추력이 사용되면 최소 착륙 거리를 위해서 최대 (−) 수치이다.

양력과 항력은 항공기가 속도를 갖고 있는 한 만들어지고 양력과 항력의 수치는 동압력과 받음각에 좌우된다.

제동 휠 표면에 힘이 있을 때 제동 마찰이 생기고 마찰력은 힘과 제동 마찰 계수의 곱이다. 제동 표면의 힘은 중량과 양력의 순수 무게의 일부로 이 순수 무게의 나머지 일부는 휠에 가해지지만 제동이 없다.

최대 제동 마찰 계수는 주로 활주로 표면 상태(건조, 습기, 얼음 등)와 일상적인 상태(건조하고 딱딱한 활주로 표면)을 위한 타이어 형식과의 함수 관계이다. 그렇지만 작동 제동 마찰 계수는 브레이크 사용에 의해 조절된다.

착륙 활주 중에 항공기의 가속은 네가티브(감속)이다. 착륙 활주 중의 가속은 순수 지연 힘과 항공기 중량과의 함수 관계이다.

뉴턴 운동의 제2법칙에서,

$$a = F_r / M$$

혹은 $a = g(F_r/W)$

여기서   a: 가속도(ft/sec²)

F_r: 순수 지연력(lbs)

g: 중력 가속도(ft/sec²)

W: 중량(lbs)

M: 질량(slug)

$= W/g$

항공기의 순수 지연력(F_r)은 항력(D), 제동 마찰(F), 추력(T)에서 얻는다. 그러므로 착륙 활주 중의 가속(네가티브)은

$$a = \frac{g}{W}(D + F - T)$$

착륙 활주를 통해서 항공기에 작용하는 여러 가지 힘의 일반적인 변화이다.

만약 항공기가 접지점으로부터 일정한 받음각에 있다고 가정하면 C_L과 C_D는 일정하고 양력과 항력은 속도의 자승으로 변한다. 그러므로 양력과 항력은 접지점으로부터 보아서 g나 V^2에 직선으로 감소한다. 만약 제동 계수가 최대 수치에서 유지되면 마찰 계수의 이 최대 수치는 속도와 일정하고 제동 마찰력은 제동 표면의 정상 힘처럼 변한다.

완전 정지에 가까운 상태의 항공기에서 속도와 양력은 "0"에 접근하고 휠의 정상적인 힘은 항공기의 중량에 접근한다. 이 지점에서 제동 마찰력은 최대이다. 접지 후 즉시는 양력은 상당히 크고 휠의 정상적인 힘은 작다.

결과적으로 제동 마찰력 또한 작다. 이 지점에서의 흔한 실수는 휠의 충분한 정상적인 힘 없이 과도한 제동 압력을 가하는 것이다. 이것이 잠겨진 휠(locked wheel)의 끌림(skid)을 만들어서 타이어가 터지게 만든다.

제동 마찰 계수는 0.8의 최고 수치에 이르지만 일상적인 수치 0.5로 건조하고 딱딱한 활주로에 알맞은 수치이다. 미끄럽고 얼음이 있는 활주로는 최대 제동 마찰 계수를 0.2나 0.1로 감소시킨다.

만약 항공기의 전체 무게가 제동 표면에 정상힘이 없다면 0.5의 제동 마찰 계수는 1/2g의 감속을 만들어서 16.1 ft/sec²을 만든다. 지면 효과에서 대부분의 항공기는 3이나 4보다 낮은 양항비를 만들지 않는다. 만약 항공기의 양력이 중량과 같으면 L/D=4는 1/4g의 감속, 8ft/sec²을 만든다. 이 비교에서 분명한 것은 마찰 제동은 항공기 공기 역학적 제동보다 더

큰 감속의 가능성을 준다.

건조하고 딱딱한 표면의 활주로에서 운용되는 대부분의 항공기는 최소 착륙 거리를 얻기 위해서 특별한 기술이 필요하다. 일반적으로 기술에는 활주로로 노스 휠을 낮추는 것과 제동 표면에서 정상 작동 힘을 크게 하기 위해서 프랩을 접는 것 등이 포함된다.

항공기 항력이 감소되는 반면 더 큰 정상 힘은 더 큰 제동 마찰력을 제공해서 감소된 항력을 보상하고 순수 지연력을 크게 한다. 최소 착륙 거리를 위해 필요한 기술은 특정 상황을 변경시킬 수 있다.

예를 들어 높은 종방향 조종력의 낮은 종횡비 항공기는 착륙 접지 직후의 빠른 속도에서 아주 높은 항력을 만든다. 만약 착륙에서 형태나 플랩, C_L의 큰 감소를 제외하면 제동 표면의 정상 힘과 제동 마찰력 능력은 상당히 작다. 그러므로 착륙 활주의 초기의 아주 빠른 속도의 일부에서 최대 감속은 가장 가능한 큰 공기 역학적 항력을 만들어서 얻는다.

항공기가 접지 속도의 70%나 80%로 느려지면 공기 역학적 항력은 감소되지만 제동 작용은 효과 있게 된다. 이 기술의 일부 형태는 제동 마찰 계수가 낮고(젖거나 얼음이 있는 활주로) 제동 마찰력 능력이 항공기 공기 역학적 항력에 비해서 감소될 때 어떤 형태를 위한 최소 거리를 얻는데 필요하다.

최소 착륙 거리와 상당히 긴 활주로를 이용할 수 있는 일반적인 착륙 활주를 위한 기술에는 특징이 있다.

최소 착륙 거리는 항공기의 연속적인 최고 감속을 만들어서 착륙 속도로부터 얻는다. 이 상태는 흔히 최대 감속을 위해서 최대의 브레이크 사용이 필요하다. 만약 공기 역학적 항력이 항공기의 감속을 일으키기에 충분하면 착륙 활주의 초기 단계에서 제동을 위해서 사용되는데 즉 브레이크와 타이어는 연속적이고 큰 사용을 갖게 되지만 항공기 공기 역학적 항력은 없고 사용으로 인해 마모되지 않는다.

공기 역학적 항력의 사용은 접지 속도의 60%나 70%의 감속을 위해서 적용시킬 수 있다. 접지 속도의 60~70% 이하의 속도에서 공기역학적 항력은 거의 없어서 제동은 항공기를 연속적인 감속을 만들도록 사용된다.

동력 장치 추력은 설명되지 않았는데 여기에는 여러 가지 가능한 변화가 있다.

착륙 활주 중에 분명한 것은 감속으로 동력 장치 추력은 가능한 최소의 (+) 수치거나 가능한 가장 큰 (−) 수치여야 한다. 터보 제트 항공기의 경우에 엔진의 아이들 추력은 착륙 활주 중에 속도와 거의 일정하다.

아이들 추력은 추운 날에는 상당한 크기인데 왜냐하면 낮은 압축기 흡입구 공기 온도와 낮은 밀도 고도 때문이다. 불행하게 이런 대기 상태는 흔히 반드시 불량한 제동 작용을 갖게 되는데 왜냐하면 활주로에 얼음이나 물이 있기 때문이다.

아이들(idle)에서 엔진의 윈드밀링 프로펠러로부터 추력은 착륙 활주의 초기에서 큰 (−) 추력을 만들 수 있지만 (−) 힘은 속도와 함께 감소된다. 빠른 속도에서 큰 (−) 추력은 항력과 제동 마찰에 더해져서 순수 지연력을 증가시킨다.

여러 가지 장치가 항공기의 더 큰 감속을 위해서 혹은 타이어와 브레이크의 마모와 찢어짐을 최소화시키는데 이용된다.

드레그 패러슈트(drag parachute)는 높은 g에서 큰 지연력을 제공할 수 있고 초기의 착륙 활주 중에서 크게 감속을 증가시킨다. 드레그 슈트의 공헌은 착륙 활주의 빠른 속도 부분에서 중요하다.

최대 효율을 위해서 드레그 슈트는 항공기가 활주로에 접촉하자마자 즉시 펴져야 한다. 프로펠러의 역추력은 브레이드를 저피치 스톱까지 낮추고 엔진 파워를 작용시켜서 얻는다. 작용은 공기 흐름으로부터 큰 크기의 모멘텀을 뽑아내서 네가티브 추력을 만든다.

프로펠러로부터의 역추력의 크기는 아주 크고 특히 터보 프롭의 경우 아주 큰 축파워를 프로펠러에 줄 수 있다. 역프로펠러 추력의 경우에 최대 효과는 항공기가 활주로에 접촉하자마자 즉시 사용해서 얻는다.

역추력 능력은 빠른 속도에서 가장 크고 분명히 감속에 의한 지연은 빠른 비율에서 활주로를 지나치게 한다. 터보 제트 엔진의 역추력은 베인(vane), 버킷(bucket), 배기에서 클렘쉘(clam shell)의 형태로 배기 가스를 전방으로 가게 한다.

출구 속도가 흡입구 속도(혹은 네가티브)보다 작으면 네가티브 모멘텀의 변화가 발생하고 네가티브 추력이 만들어진다. 역제트 추력(reverse jet thrust)은 가치 있고 유용하지만 저속도에서 높은 고유의 추력을 갖고 있는 비슷한 프로펠러 동력 장치의 역추력 능력과 비교해서는 안 된다.

프로펠러 역추력과 함께 제트 역추력은 착륙 거리 단축에서 최대 효과를 위해서 지면 접촉 후 즉시 사용한다.

D. 착륙 성능에 영향을 미치는 요소

적절한 기술의 중요한 요소 이외에도 많은 다른 변수들이 항공기의 착륙 성능에 영향을 미친다.

착륙 활주 중에 착륙 속도나 감속을 변하게 하는 어떤 항목은 착륙 거리에 영향을 미친다. 이륙 성능과 함께 일정하게 가속되어진 운동의 관계는 착륙 거리의 기본적인 영향에 적용할 수 있다고 가정해 보자.

일정하게 가속되어지는 운동의 경우가 착륙 거리를 정하는데 착륙 속도의 자승에 비례하고 착륙 활주 중에 가속과는 반비례한다.

$$\frac{S_2}{S_1} = \left(\frac{V_2}{V_1}\right)^2 \left(\frac{a_1}{a_2}\right)$$

여기서 S_1: 착륙 속도(V_1)와 가속도(a_1)로부터 얻어진 착륙 거리
　　　　　S_2: 다른 착륙 속도(V_2)과 가속도(a_2)로부터 얻어진 착륙 거리

이 관계식에서 착륙 거리에 많은 변수의 영향을 추측할 수 있다. 착륙 거리에서 총중량의 영향은 항공기의 착륙 거리를 결정하는 기본적인 항목이다.

증가된 총중량의 한 가지 영향은 항공기는 착륙 받음각과 양력 계수에서 항공기 지지를 위해서 더 큰 속도가 필요하다. 착륙 속도와 총중량의 관계는 다음과 같다.

$$\frac{V_2}{V_1} = \sqrt{\frac{W_2}{W_1}} \quad (\text{EAS} \quad \text{혹은} \quad \text{CAS})$$

여기서 V_1: 어떤 본래 중량 W_1에 해당하는 착륙 속도
　　　　　V_2: 어떤 다른 중량 W_2에 해당하는 착륙 속도

그러므로 주어진 총중량에서 주어진 항공기의 착륙 형태는 특정 착륙 속도(EAS나 CAS)를 갖고 이것은 고도, 온도, 바람 등에 불변인데 왜냐하면 q의 특정 수치가 착륙 C_L에서 중량과 똑같은 양력을 제공하는 것이 필요하다.

총중량 변화 영향의 예에서와 같이 착륙 중량의 21% 증가는 더 큰 중량을 지지하기 위해서 10%의 착륙 속도 증가가 필요하기 때문이다.

최소 착륙 거리가 고려될 때는 착륙 활주 중에 제동 마찰력이 지배적이고 항공기 형태의 대부분의 경우 제동 마찰은 감속의 주요한 원인이다. 이 경우에 총중량의 증가는 더 큰 정상 힘을 제공하고 증가된 제동 마찰력이 증가된 양과 같게 된다. 또한 같은 C_L과 C_D에서 커진 착륙 속도는 평균 항력을 만들고 이것은 증가된 중량처럼 같은 비율로 증가한다. 그러므로 증가된 총중량은 항력과 제동 마찰의 힘과 같이 증가시키게 만들고 가속에는 영향 받지 않는다. 착륙 거리에 총중량의 영향을 평가하기 위해서 다음 관계를 이용한다.

착륙 속도에 미치는 중량의 영향은 다음과 같다.

$$\frac{V_2}{V_1} = \sqrt{\frac{W_2}{W_1}} \quad \text{혹은} \quad \left(\frac{V_2}{V_1}\right)^2 = \frac{W_2}{W_1}$$

만약 순수 지연력이 중량처럼 같은 비율로 증가하고 가속은 영향 받지 않는다면, 착륙 거리에 미치는 영향은 아래와 같다.

$$\frac{S_2}{S_1} = \left(\frac{V_2}{V_1}\right)^2 \left(\frac{a_1}{a_2}\right)$$

혹은 $\dfrac{S_2}{S_1} = \dfrac{W_2}{W_1}$

사실상 최소 착륙 거리는 총중량처럼 직접적으로 변한다. 예를 들어 착륙에서 총중량 10%의 증가는 다음 변화를 일으킨다.

5% 착륙 속도의 증가

10% 착륙 거리의 증가

우연히도 앞의 분석은 중량과 제동 마찰력 사이의 관계이다. 최대 마찰 계수는 정상 힘과 활주 속도의 일상적인 범위와는 상당히 독립적이고 즉, 10% 정상 힘의 증가는 같은 10% 제동 마찰력의 증가를 만든다.

같은 형식과 같은 c.g 위치와 다른 총중량의 두 항공기의 경우를 고려하면 만약 두 항공기의 공기 역학적 힘은 무시할 수 있는 같은 속도에서 활주로를 따라 활주하면 최대 제동 마찰 계수의 사용은 두 항공기를 같은 거리에서 정지하게 한다.

무거운 항공기일수록 감속은 더 크지만 더 큰 정상 힘은 더 큰 지연 마찰력을 제공한다. 결과적으로 두 항공기는 동일한 가속과 동일한 정지거리를 주어진 속도에서 같게 된다. 그러나 더 무거운 항공기는 제동에 의해서 더 큰 운동 에너지가 퍼지므로 두 항공기 모두 같은 거리에서 정지하지만 더 무거운 항공기의 브레이크가 더 뜨겁다. 그러므로 제동 성능의 한 가지 요소는 과도한 온도의 증가 없이 그리고 효율을 잃지 않고 브레이크가 에너지를 분산 시키는 능력이다. 최신형의 영향을 예로 들면 30,000lbs 항공기가 175knot로 접지한 수 4,100 만 ft-lbs의 운동 에너지를 갖는다.

최소 착륙 거리에서 브레이크는 운동 에너지의 대부분을 분산시키고 각 브레이크는 25초 동안 대략 1,200hp의 입력 출력을 흡수해야 한다. 브레이크의 이런 요구는 극한 경우지만 높은 성능 항공기를 위한 브레이크의 문제점을 설명한다.

착륙 중량의 10% 증가는 5% 더 큰 착륙 속도, 10% 더 큰 착륙 거리를 갖게 하고, 또한 항공기의 운동 에너지의 21%의 증가는 착륙 활주 중에 분산된다. 그런 까닭에 높은 착륙 중량은 브레이크의 에너지 분산 능력에 접근한다.

착륙 거리에서 바람의 영향은 크므로 착륙 거리를 예측할 때 적절한 고려를 해야 한다. 항공기가 바람과 독립된 특별한 공기 속도에서 착륙하기 때문에 착륙 거리에서 기본적인 바람의 영향은 항공기가 접지하는 곳의 지면 속도의 변화에 의한다. 착륙 거리 중의 가속에서 바람의 영향은 이륙 거리에서 영향과 동일하고 다음 관계에 접근한다.

$$\frac{S_2}{S_1} = \left[1 - \frac{V_W}{V_1}\right]^2$$

여기서 S_1: zero 바람에서 착륙 속도

S_2: 정풍으로의 착륙 속도

V_W: 정풍 속도

V_1: "0" 바람의 착륙 지면 속도, 단순히 착륙 속도

이 관계의 결과에서 정풍에서 10%의 착륙 속도는 착륙 거리의 19%를 감소시키지만 배풍(네가티브 정풍)에서 착륙 속도의 10%는 21% 착륙 거리를 증가시킨다.

이 일반적인 영향을 설명한다. 착륙 거리에서 활주로 경사의 영향은 항공기의 경사로(inclined path)를 따르는 중량의 성분 때문이다.

관계는 이륙 성능의 경우와 동일하지만 영향의 크기는 그렇게 크지 않다. 영향을 계산할 때 활주로 경사의 일반적인 수치는 착륙 거리에 크게 기여하지 못한다.

이런 이유로 착륙 활주로의 선택은 상향 경사와 배풍보다는 하향 경사의 정풍을 더 좋아한다. 압력 고도와 주변 온도의 영향은 밀도 고도를 결정하고 착륙 성능에 미치는 효과를 결정한다.

밀도 고도의 증가는 착륙 속도를 증가시키지만 순수한 지연력을 바꾸지는 않는다. 만약 주어진 중량과 항공기의 형태가 표준 해면상 이상의 고도에 있을 경우에 착륙 C_L에서 중량과 같은 양력을 제공하기 위해서 같은 q가 필요하다. 그러므로 고도에서 항공기는 해면상에서처럼 같은 상당 속도(EAS)에서 착륙하는데 감소된 밀도 때문에 진대기 속도는 감소한다. 진대기 속도와 상당 공기 속도의 관계는 다음과 같다.

$$\frac{TAS}{EAS} = \frac{1}{\sqrt{\sigma}}$$

여기서 TAS: 진대기 속도

EAS: 상당 대기 속도

σ: 고도 밀도비

같은 중량과 동압력으로 고도에서 항공기가 착륙하기 때문에 착륙 활주를 통한 항력과 제동 마찰은 해면상에서와 같은 수치를 갖는다.

조건이 브레이크의 능력 안에 있는 동안은 순수 지연력은 불변이고 가속은 해면상에서처럼 착륙과 거의 같다. 착륙 거리에 밀도 고도의 영향을 평가하기 위해서 다음 식을 이용한다.

$$\frac{S_2}{S_1} = \left(\frac{V_2}{V_1}\right)^2 \left(\frac{a_1}{a_2}\right)$$

$$\frac{S_2}{S_1} = \left(\frac{1}{\sigma}\right)$$

여기서 S_1: 해면상 착륙 거리

S_2: 고도에서 착륙 거리

σ: 고도 밀도비

이 관계로부터 5,000ft(σ=0.8617)에서 최소 착륙 거리는 해면상에서 최소 착륙 거리보다 16% 더 크다.

고도에서 대략적인 착륙 거리의 증가는 고도 1,000ft마다 대략 3.5%이다. 밀도 고도의 적절한 계산은 정확한 착륙 거리 예측에 필요하다.

적절한 착륙 속도의 영향은 활주로 길이와 착륙 거리가 심각할 때 중요하다. 비행 교범의 특정 착륙 속도는 항공기가 착륙하는 일반적인 최소 안전 속도이다.

정해진 속도 이하로 착륙 시도는 항공기가 실속되거나 조종이 어렵고 높은 강하율을 나타낸다. 반면 착륙에서 과도한 속도는 조종성을(특히 측풍에서) 잃지만 착륙 거리에서 원치 않는 거리를 증가시킨다. 과도한 착륙 속도의 기본적인 영향은 다음과 같이 설명된다.

$$\frac{S_2}{S_1} = \left(\frac{V_2}{V_1}\right)^2$$

그러므로 10%의 더 큰 착륙 속도는 착륙 거리를 21% 증가시킨다.

과도한 속도는 브레이크에 큰 부하를 주는데, 왜냐하면 추가의 운동 에너지가 분산되어야 하기 때문이다. 또한 추가의 속도는 정상 지상 자세에서 증가된 항력과 양력을 일으키고 증가된 양력은 제동 표면의 정상 힘을 감소시킨다.

접지 후 즉시 이 속도 범위의 가속은 어쩔 수 없고 이것으로 인해 이 지점에서 제동은 타이어가 터지게 한다.

결과적으로 10% 더 큰 과도한 착륙 속도는 21% 더 큰 착륙 속도를 일으킨다. 착륙 성능의 가장 심각한 상태는 큰 총중량, 밀도 고도, 좋지 않은 바람의 조합으로 인한 결과이다.

이 상태는 더 큰 착륙 거리를 만들고 브레이크에 심각한 수준의 에너지 분산을 필요로 한다. 모든 경우에 이용할 수 있는 활주로에서 최소 착륙 거리의 정확한 예측이 필요하다.

　세련되고 전문적인 착륙 기술이 필요한데, 왜냐하면 비행의 착륙 과정에서 조종사가 다른 비행 과정보다 많은 사고를 일으키기 때문이다. 비행 교범의 데이터에서 최소 착륙 거리의 예측에서 다음과 같은 힘을 고려한다.

　　ⓐ 입력 고도와 온도─밀도 고도의 효과를 고려한다.

　　ⓑ 총중량─착륙을 위한 CAS나 EAS를 결정한다.

　　ⓒ 바람─활주로의 바람이나 바람 성분에 기인한 효과

　　ⓓ 활주로 경사─활주로 경사의 일상적인 수치에는 상당히 작은 수정이 필요하다.

연습문제(Ⅰ)

1. 에어포일 단면 하중과 관계있는 것은?
답) 이륙 거리(단축)

2. 후퇴 날개의 특성을 설명하면?
답) 임계 마하수를 높일 수 있다.
    방향 안정성이 좋다.
    윙 팁 실속이 쉽게 발생한다.

3. 상반각(dihedral angle)이란?
답) 코드라인과 수평선이 이루는 각

4. 항공기 상승률을 나쁘게 하는 것은?
답) 필요 마력이 클 때

5. 착륙을 위한 접근 중에 플랩을 갑자기 내리면?
답) 속도가 떨어진다.

6. 순환하는 볼텍스는 무엇과 관계가 있는가?
답) 밀도에 반비례, 속도에 반비례, 날개 면적에 반비례

7. 항공기가 활공하고 있을 때 활공각은?
답) 양항비가 크면 활공각은 적다.

8. 수퍼차지가 없는 항공기는 고도가 상승함에 따라 어떤 현상이 나타나는가?
답) 최대 수평 속도는 감소되고, 최소 수평 속도는 증가한다.

9. 항공기의 상승 선회는?
답) 양력 수직 성분이 중량보다 커야 한다.

10. 항공기의 실속 속도와 고도와의 관계는?
답) 고도에 관계없이 일정하다.

11. 날개 하중과 관계되는 것은?
답) 이륙 거리 단축

12. 상승 비행 상태는?
답) 이용 마력이 필요 마력보다 더 클 때

13. 날개에 상반각을 주는 이유는?
답) 옆미끄럼(side slip)을 방지한다.

14. 제트 항공기가 최대 항속 거리를 갖는 상태로 비행하려면?
답) $\left(\dfrac{C_L^{1/2}}{C_D}\right)_{max}$ 상태여야 한다.

15. 이륙 활주 거리란?
답) 항공기가 이륙해서 15m(50ft) 고도에 도달할 때까지의 지상 수평거리

16. 최적 경제 속도란?
답) 필요 마력이 최소로 되는 비행 속도

17. C_D의 일반적인 성질은?
답) α가 변해도 C_D는 항상 (+)이다.

18. 착륙 전에 플랩 움직임을 더 크게 하면?
답) 실속 속도는 더 크게 감소한다.

19. 잉여 마력은 어느 것과 관계가 되는가?
답) 상승율

20. 플러터(flutter) 방지에 관련된 것은?
답) Mass balance를 장착한다.

21. 플랩이 내리면 양력이 20% 증가한다. (중량은 일정하다고 가정할 때) 실속 속도는?

답) 플랩을 내리기 전의 최대 양력은 C_{Lmax}, Vs이다.

플랩을 내린 후는 최대 양력이 $C_L'_{max}$, Vs'이다.

$W=C_{Lmax}1/2\rho_0 Vs^2 S$

$W_1=C_L'_{max}1/2\rho_0 Vs'^2 S$ $(W=W_1)$

$C_{Lmax}Vs^2=C_L'_{max}Vs'^2$가 된다.

그러므로 다음의 식을 얻는다.

$Vs'=Vs\sqrt{\dfrac{C_{Lmax}}{C'_{Lmax}}}$

위에서 양력이 20% 증가되었으므로 $C_L'_{max}=1.2$가 된다.

$\therefore Vs'=Vs\sqrt{\dfrac{1}{1.2}}=Vs\sqrt{0.833}$

$=0.9128Vs$

그러므로 실속 속도는 약 10% 감소한다.

22. 순항 비행 중 엔진이 정지해서 비상 착륙을 할 경우 가장 긴 항속 거리를 얻느데 필요한 것은?

답) 양항비를 크게 한다.

23. 미끄러운 활주로에서 제동 효과를 크게 하는 장치는?

답) 역추력 장치와 스포일러

24. 제트 엔진의 상당축 마력이란?

답) 제트 항공기의 추력 마력을 가상의 프로펠러 효율로 나누어서 구한 마력으로 피스톤 엔지의 축마력과 비교하기 위한 것

25. 후퇴 날개의 특징은?

답) 후퇴 날개는 임계 마하수를 높일 수 있다.

후퇴 날개는 윙 팁 실속을 일으키기 쉽다.

후퇴 날개는 방향 안정성이 좋다.

26. 타원형 날개의 특성은?

답) 유도 항력이 최소인 날개이다.

날개 스팬 방향의 유도 받음각이 일정하다.

날개 스팬 양력 분포가 타원이다.

27. 항공기의 선회 반경을 적게할 수 있는 것은?
답) 날개 하중을 크게 유지한다.

28. 날개 하중이 15% 증가되면, 착륙 속도는 몇% 증가되는가?
답) $V=\sqrt{\dfrac{2W}{C_{Lmax}\rho S}}$

  나머지는 불변이고 중량만 15% 증가된 것이므로 증가되기 전의 착륙 속도를

$V=\sqrt{\dfrac{2W}{C_{Lmax}\rho S}}$ 으로 정하면 증가 후의 착륙 속도는

  $V=\sqrt{\dfrac{2\times 1.15}{C_{Lmax}\rho S}}$

  $=1.072\sqrt{\dfrac{2}{C_{Lmax}\rho S}}$

  그러므로 착륙 속도는 7.2% 더 크게 된다.

29. 날개 하중이 큰 항공기는?
답) 착륙 속도가 빠르다.

30. 항공기에 작용하는 공기 역학적 항력의 종류는?
답) 마찰 항력
   압력 항력(혹은 형태 항력)
   유도 항력
   간섭 항력
   조파 항력
   유해 항력(전체 항력 - 유도 항력)
   형상 항력(마찰 항력과 압력 항력)

31. 왕복 엔진을 장착한 항공기의 체공 시간을 최대로 할 수 있는 조건은?
답) 엔진 연료 소모를 줄인다.
   연료 무게(Wf)를 크게 한다.
   프로펠러 효율을 크게 한다.
   $(C_L/C_D)^{3/2}$가 최대인 상태로 한다.
   해면 고도로 비행한다.
32. 제트 항공기의 체공 시간을 최대로 할 수 있는 조건은?

답) 연료 탑재량을 크게 한다.

　C_L/C_D를 최대로 한다.

　연료 소모를 최소로 한다.

33. 스포일러 사용 목적은?

답) 양항비를 감소시켜서 활공각을 크게 한다.

　가로 조종 장치로 사용한다(flight spoiler).

　지상 스포일러로 사용한다(정지 후 양력을 감소시켜서 제동 성능을 좋게 한다).

　스피드 브레이크로 사용한다(큰 항력을 만든다).

　양력을 조종한다.

34. 와쉬인(wash-in)이란?

답) 날개 끝 쪽에서 취부각(붙임각)이 더 커지는 것

35. 볼텍스 제너레타의 기능은?

답) 경계층의 분리를 지연시킨다.

36. 항공기 날개의 후퇴(sweepback)의 영향은?

답) 임계 마하수를 높인다.

37. 리딩에이지에 설치하는 슬랫(slat)의 목적은?

답) 실속 속도를 줄인다.

38. 항공기의 종횡비(aspect ratio)란?

답) 스팬과 코드의 비

39. 에어포일에 양력이 증가할 때 항력은?

답) 같이 증가한다.

40. 플랩은 어떤 방식으로 항력을 증가시키는가?

답) 에어포일의 캠버를 크게 해서

41. 트림탭의 기능은?

답) 조종을 돕는다.

42. 승강타 트림 탭을 내리면?
답) 기수 상향이 된다.

43. 엔진의 하나인 터보 제트 항공기가 해면에서 296knot로 비행하고 있다. 엔진을
지나는 흐름량은 10slug/sec이다. 이때 엔진의 추력과 추진 효율을 구하면?
답) $Ta=Q(V_2-V_1)$

여기서 Ta: 이용 추력(lbs)

Q: 공기 흐름 질량$=\rho AV$(slug/sec)

V_1: 흡입구(비행) 속도(fps)

V_2: 출구 속도(fps)

$Ta=Q(V_2-V_1)$

　$=10(800-500)$

　$=3,000$lbs

(knot를 fps로 바꿀 때 knot에 1.69를 곱하면 된다.)

추진 효율$=\eta_P=\dfrac{2V_1}{V_2+V_1}=\dfrac{2\times500}{800+500}=\dfrac{1000}{1300}=0.769=76.9\%$

연습문제(Ⅱ)

1. 노즐(nozzle)을 지나는 압축성 흐름을 설명하면?

마하수와 관련하여 덕트 면적과 음속 목 면적(sonic throat area)비를 먼저 고려해 본다.

목(throat)에 음속 흐름이 존재한다고 가정하는데 여기서 면적은 A*이고 마하수와 속도는 M*과 u*로 표시한다. 목에서 흐름은 음속이어서 M*=1이고 u*=a*이다. 덕트 이외의 어느 부분에서 면적, 마하수, 속도는 A, M, u로 표시하면

$$\rho^* u^* A^* = \rho u A \quad \cdots\cdots\cdots\cdots\cdots ①$$

u*=a*이기 때문에 공식 ①은 다음과 같이 된다.

$$\frac{A}{A^*} = \frac{\rho^*}{\rho}\,\frac{a^*}{u} = \frac{\rho^*}{\rho_0}\,\frac{\rho_0}{\rho}\,\frac{a^*}{u} \quad \cdots\cdots\cdots\cdots\cdots ②$$

여기서 P_0는 정체 상태의 밀도이고 덕트를 지나는 흐름에서는 일정하다.

$$\frac{\rho^*}{\rho_0} = \left(\frac{2}{\gamma+1}\right)^{\frac{1}{(\gamma-1)}} \quad \cdots\cdots\cdots\cdots\cdots ③$$

$$\frac{\rho_0}{\rho} = \left(1 + \frac{\gamma-1}{2} M^2\right)^{\frac{1}{(\gamma-1)}} \quad \cdots\cdots\cdots\cdots\cdots ④$$

$$\frac{u}{a^*} = M^{*2} = \frac{\left(\frac{\gamma+1}{2}\right) M^2}{1 + \left(\frac{\gamma-1}{2}\right) M^2} \quad \cdots\cdots\cdots\cdots\cdots ⑤$$

공식 ②를 제곱하고 공식 ③으로 ⑤를 대신하면

$$\left(\frac{A}{A^*}\right)^2 = \left(\frac{\rho^*}{\rho_0}\right)\left(\frac{\rho_0}{\rho}\right)^2\left(\frac{a^*}{U}\right)^2$$

혹은 $\left(\dfrac{A}{A^*}\right) = \left(\dfrac{2}{\gamma+1}\right)^{\frac{2}{\gamma-1}} \left(1 + \dfrac{\gamma-1}{2}M^2\right)^{\frac{2}{\gamma-1}} \dfrac{1 + \left[\left(\dfrac{\gamma-1}{2}\right)\right]M^2}{\left[\left(\dfrac{\gamma+2}{2}\right)\right]M^2}$ ⑥

공식 ⑥을 단순하게 정리하면

$$\left(\dfrac{A}{A^*}\right)^2 = \dfrac{1}{M^2}\left[\dfrac{2}{\gamma+1}\left(1 + \dfrac{\gamma-1}{2}M^2\right)\right]^{(\gamma+1)/(\gamma-1)}$$ .... ⑦

공식 ⑦은 아주 중요한데 이것을 면적-마하수 관계라고 부른다. 위 공식 ⑦을 M으로 다시 변형시키면 M=f(A/A*)로 되는데 이것은 즉, 덕트가 위치한 곳에서 마하수는 부분(지역) 덕트 면적과 음속 목 면적의 비와 함수 관계이다.

$$\dfrac{dA}{A} = (M^2-1)\dfrac{du}{u}$$ .... ⑧

위 공식 ⑧에서 A는 A*와 최소한 같거나 커야 하고, A<A*에서 2가지 답을 주는데 아음속 수치와 초음속 수치이다. 어떤 M의 수치는 실제로 덕트의 입구나 출구에서 압력에 좌우된다. M의 함수 관계인 A/A*의 결과는 부록 A에서 얻을 수 있다. 부록 A를 자세히 보면 M이 아음속 수치일 때 M이 증가하면 A/A*는 감소 즉, 덕트는 수축 모양이다. M=1이면, A/A*=1이다(부록 A에서). 마지막으로 M이 초음속 수치에서 M이 증가하면 A/A*는 증가 즉, 덕트는 확산 모양이다.

수축-확산형 노즐이다. 입구에서 면적비 A_i/A^*가 아주 크고 입구에서 흐름이 충분할 때라고 가정한다. 입구쪽 압력과 온도는 P_0와 T_0이다. A_i/A^*가 아주 크기 때문에 입구에서 아음속 마하수가 아주 작아서 거의 M=0이다. 그러므로 입구에서 압력과 온도는 P_0와 T_0이다.

노즐의 면적 분포는 $A=A(\chi)$이고, A_i/A^*는 노즐의 어느 위치에서든지 알 수 있다. 목의 면적은 A_t로 표시하고 출구 면적은 A_e로 표시한다. 출구에서 마하수와 정압은 M_e와 P_e로 나타낸다. 이 노즐을 통해서 가스의 팽창은 에너지의 변화가 없는 (isentropic) 상태라고 가정하면 출구에서 초음속 마하수 $M_e=M_{e6}$, 이에 맞는 출구 압력은 P_e이다. 이런 팽창에서 목 부분 흐름은 음속(sonic)이어서 M=1이고 $A_t=A^*$이 된다.

노즐을 지나는 흐름 특성은 지역 면적비 A/A*와 함수 관계이고 다음을 얻는다.

ⓐ 지역 마하수는 χ와 함수 관계이고 공식 ⑦에서 얻거나 부록 A에서 얻는다. 어

떤 정해진 A=Af(χ)에서 A/A*=f(χ)를 알 수 있다. 부록 A의 첫 번째 부분

$$\frac{T_0}{T} = 1 + \left(\frac{\gamma - 1}{2}\right)M^2$$

$$\frac{P_0}{P} = \left(1 + \frac{\gamma - 1}{2}M^2\right)^{\frac{\gamma}{\gamma - 1}}$$

$$\frac{\rho_0}{\rho} = \left(1 + \frac{\gamma - 1}{2}M^2\right)^{\frac{\gamma}{\gamma - 1}}$$

(M<1)으로부터 노즐의 수축 부분에서 관계된 아음속 마하수를 읽을 수 있고, 부록 A의 두 번째 부분(M>1)으로부터는 노즐의 확산 부분에서 관계된 초음속 마하수를 얻는다. 완전한 노즐을 통해서 마하수의 분포를 얻을 수 있다.

ⓑ 일단 마하수 분포를 알면 이에 해당하는 온도, 압력, 밀도의 변화는 위 공식 ⑨ ⑩ ⑪에서 얻을 수 있거나 혹은 직접 부록 A에서 얻을 수 있다. P/P_0. T/T_0의 분포는 나타난다.

변화를 자세히 관찰하면 수축-확산형 노즐을 통하는 가스의 이센트로픽 팽창(에너지 변화가 없는 팽창)에서 마하수는 입구에서 "0"으로부터 목에서 M=1까지 증가하고, 출구에서는 초음속 수치 M_{e6}를 얻는다.

압력은 입구에서의 P_0목에서 0.528 P_0로 감소하고, 출구에서는 더 낮은 수치의 P_{e6}를 갖는다. 비슷하게 온도도 입구에서 T_0로부터 목에서 0.833T_0까지 감소되어 출구에서 더 낮은 T_{e6}로 된다. 이센트로픽 흐름에서 M의 분포를 중요시했고, 노즐을 통해서 P, T의 분포 결과는 지역 면적비 A/A*에 좌우된다. 이것이 이센트로픽, 초음속, 유사 1차원 노즐 흐름을 분석한 결과이다.

만약 어떤 사람이 수축-확산형 노즐을 들고 있다고 가정하면 노즐을 지나는 흐름이 시작되는가? 물론 아니다. 노즐이 작용하기 위해서는 가스를 강제로 밀어 넣어서 가속이 있어야 한다. 비점성 흐름을 고려할 때, 가속 힘을 만들 수 있는 유일한 구조는 압력 구배(pressure gradient)이다. 그러므로 노즐에서 입구와 출구 사이에 압력 차이를 만들어야 노즐을 통한 흐름이 시작된다.

출구 압력이 입구 압력보다 적어야만 되는데 $P_e<P_0$가 되어야 한다. 더군다나 초음속 흐름을 원하면 압력 P_e/P_0은 이미 알고 있는 출구 마하수 M_{e6}에 맞게 부록 A를 참고해서 정밀하게, 즉 $P_e/P_0=P_{e6}/P_0$로 조절되어야 한다. 만약 압력비가 위의 수치 (이센트로픽 수치)와 다르면, 노즐 안과 밖의 흐름은 다르다. P_e/P_0일 때 발생하는

노즐 흐름의 형식을 자세히 관찰하면, $M_{e, 6}$에 맞는 정밀한 이센트로픽 수치와 똑같지 않다. 즉 $P_e/P_0 \neq P_{e6}/P_0$이다.

수축-확산형 노즐을 고려하기 위해서 고려한다. 만약 $P_e = P_0$이면, 압력 차이가 존재하지 않으므로 노즐 안쪽에는 흐름이 발생하지 않는다. P_e가 P_0 이하로 아주 사소한 수치 즉, $P_e = 0.999 P_0$이라고 가정한다. 이 작은 압력 차이는 노즐 안쪽에서 아주 느린 속도의 아음속 흐름을 만든다.

지역 마하수는 수축 부분을 통해서 약간 증가하고, 목에서는 최대 수치에 이른다. 목에서 이 마하수는 음속이 아니고, 어떤 작은 아음속 수치이다.

목의 출구 흐름에서 지역 마하수는 확산 부분에서 감소하고 아주 작게 되지만 출구에서는 유한 수치의 M_{e1}을 갖는다. 또한 수축 부분에서의 압력은 입구의 P_0로부터 계속 점차로 감소되어 목에서는 최소 수치가 되고, 이것은 다시 출구로 갈수록 점차적으로 증가한다. 이 경우에 목에서는 흐름은 음속이 아니기 때문이다. A_t는 A^*과 같지 않다.

공식 ⑦에서 A^*는 흐름 면적이어서 만약 이것이 어떻게든 음속으로 가속되면 갖게 되는 것이다. 만약 이것이 발생하면, 흐름 면적은 보는 것보다 훨씬 더 크게 감쇠되어야 한다. 순수한 아음속 흐름에서 $A_t > A^*$이다. 출구 압력을 더욱 감소시키면 $P_e = P_{e.2}$가 되었다고 가정한다.

노즐을 지나는 흐름이 빨라지면 목에서 최대 마하수는 증가하지만 1보다는 작게 남는다. P_e를 감소시켜서 $P_e = P_{e2}$가 되면, 목에서 흐름은 음속 상태에 이른다. 목 마하수는 1이고 목 압력은 0.528 P_0이다. 목의 출구 흐름은 아음속이다.

비교하면 큰 물리적인 차이를 발견할 수 있다. 정해진 노즐 모양에서 초음속을 위해서는 오직 한 가지의 이센트로픽 흐름이 가능하다. 대조적으로 무한히 가능한 이센트로픽 아음속 방법이 있어서 각각은 이에 맞는 P_e 수치를 갖게 되고 여기서 $P_0 > P_e > P_{e2}$이다.

오직 3가지의 방법이 설명된다. 수축-확산 노즐에서 순수한 아음속 흐름을 분석하는 요소는 A/A^*와 P_e/P_0이다. 수축-확산 노즐을 지나는 흐름량을 고려한다. 출구 압력이 감소하면서 목에서 흐름 속도와 흐름량은 증가한다.

$$\rho_1 \ u_1 \ A_1 = \rho_2 \ u_2 \ A_2 \quad \cdots\cdots\cdots\cdots\cdots\cdots\cdots\cdots\cdots\cdots \quad ⑫$$

공식 ⑫를 사용해서 계산하는데 즉, $m = \rho_t \ u_t \ A_t$이다.

P_e가 감소하면서 u_t가 증가하고 P_t는 감소한다. 그렇지만 u_t의 증가 %는 P_t 감소보다 더 크다. 결과적으로 m이 증가하는 것이 나타난다.

$P_e = P_{e3}$일 때 음속 흐름은 목에서 얻어지고 $m = \rho^* u^* A_t$가 된다. 만약 P_e가 P_{e3} 이하로

더 감소되면, 목에서 상태는 새로운 습성을 갖게 되어 변하지 않고 불변이 된다.
목서 마하수는 1을 초과할 수 없으므로 P_e가 감소되면서 M은 목에서 1로 남는다.
계속해서 흐름량은 P_e가 P_{e3} 이하로 감소되면서 일정하게 남는다.

목의 입구 흐름과 마찬가지로 목에서의 흐름은 변하지 않게(frozen) 된다. 일단 목에서 흐름이 음속으로 되면, 방해는 목의 입구 흐름에 영향을 미칠 수 있다. 그러므로 노즐의 수축 부분에서 흐름은 출구 압력에 더 이상 관계되지 않게 되고 출구 압력이 계속 감소되는지는 알 수 없게 된다. 이런 상황은 목에서 흐름이 음속으로 갈 때 흐름량은 P_e가 어떻게 감소되든지 관계없이 일정하게 되는데 이것을 초크 흐름(choked flow)이라고 한다.

이것은 덕트를 지나는 압축성 흐름의 실질적인 면이다. 아음속 노즐 흐름으로 다시 돌아가서, 덕트에서 P_{e3} 이하로 감소되면 어떤 현상이 발생하는가?

위 설명에서처럼 수축 부분에서는 아무런 현상도 발생하지 않는다. 흐름 특성은 덕트의 수축 부분에서 곡선 3에 의해서 보여지는 상태이다. 그렇지만 덕트의 확산 부분에는 여러 가지 변화가 있다.

출구 압력이 P_{e3} 이하로 감소되면서 목의 출구 흐름에는 초음속 흐름 지역이 나타난다. 그렇지만 출구 압력은 전체 확산 부분을 지나는 초음속 흐름을 허용하기에는 너무 높다. 대신에 P_e가 P_{e3}보다 작지만 실질적으로는 완전한 이센트로픽 수치(P_{e6})보다는 더 크고 목의 출구 흐름 쪽에서 정상 충격파가 형성된다.

출구 압력은 P_{e4}로 감소되었고, 여기서 $P_{e4}<P_{e3}$이지만 여기서 P_{e4} 실질적으로 P_{e6}보다 더 크다. 여기서 노즐 안쪽의 목으로부터 거리 d지점에서 정상 충격파가 있는 것을 볼 수 있다. 목과 정상 충격파 사이에서 흐름은 초음속의 이센트로픽에 의해서 주어진 것이다.

충격파 뒤에서는 흐름은 아음속이다. 이 아음속 흐름은 확산 덕트로 가고 에너지 변화 없이 더 감소되어, 출구 쪽으로 간다. 이에 맞게 압력은 충격파에서 불연속적으로 증가하고 흐름이 출구 쪽으로 가면서 더욱 감소되면서 압력은 더욱 증가된다.

충격파 좌우측의 흐름은 모두 이센트로픽이지만 충격파에서 엔트로피(이용할 수 없는 에너지)는 증가한다. 충격파의 좌측에서 흐름은 한 가지 수치의 엔트로피 S_1이 있는 상태이고 충격파의 좌측은 또 다른 수치의 엔트로피 S_2로 여기서 $S_2>S_1$이다.

노즐 안에서 충격파의 위치는 거리 d에 의해 정해지고 충격파의 유압을 증가 압력에 더해진 충격 뒤의 아음속 흐름의 확산 부분에서 우측에서(출구에서) 얻은 P_{e4}에 의해서 결정된다.

P_e가 더 감소되면서 정상 충격되는 출구 흐름으로 움직이고, 노즐 출구로 더 가깝게 된다. 출구 압력의 어떤 수치에서 ($P_e=P_{e5}$) 정상 충격이 출구에 있게 된다.

이 단계에서 P_e목의 입구 흐름뿐만 아니라 P_{e5}일 때 전체 노즐을 지나는 흐름은 출구를 제외하고는 이센트로픽(엔트로피의 변화가 없다)이다. 위에서 P_e는 노즐 출구에서 우측 압력이다.

노즐에서 흐름은 출구의 흐름을 둘러싸고 있는 지역으로 배출된다. 이 주변은 대부분 대기이다. 어떤 경우이든지 출구를 둘러싸고 있는 압력은 백압력(back pressure)이라고 정의하고, P_B로 나타낸다. 노즐 출구에서 흐름이 아음속일 때 출구 압력은 백압력과 똑같아야 되는데($P_e=P_B$), 왜냐하면 압력 불연속은 안정된 아음속 흐름에서 유지될 수 없기 때문이다. 즉 출구 흐름이 아음속일 때 주변의 백압력은 출구 흐름에 가해지게 된다.

$P_B=P_{e1}$일 때 곡선 1, $P_B=P_{e2}$일 때 곡선 2, $P_B=P_{e3}$일 때 곡선 3이다. 같은 이유로 $P_B=P_{e4}$임을 $P_B=P_{e5}$임을 보여준다.

이 특징을 설명할 때 출구 압력 P_e를 감소시키고 결과를 관찰하는 것보다 백압력 P_B를 감속시키는 것도 같은 결과를 가져온다. 백압력은 P_{e5} 이하로 감소할 때를 고려해보자.

$P_{e6}<P_B<P_{e5}$일 때, 백압력은 노즐 출구에서 이센트로픽 압력 이상이다. 그러므로 주변으로 흘러나와서 노즐로부터의 가스 제트는 어느 정도 압축되어 이 압력이 P_B와 함께공존한다.

이 압축은 출구에 붙어있는 경사 충격파에서 발생한다. P_B가 $P_B=P_{e6}$과 같은 수치로 감소되면, 출구 압력과 백압력의 불일치가 없게 되어 노즐 제트 배기는 어떤 파장(wave)을 통하지 않고도 주변으로 섞이게 된다.

마지막으로 P_B가 P_{e6}이하로 감소하면서, 노즐로부터의 가스의 제트는 더 팽창되어 더 낮은 백압력과 일치되어야 한다. 이 팽창은 출구에 붙어있는 중심 팽창파에서 발생한다.

같은 상황이 존재할 때 노즐은 과팽창되는데, 왜냐하면 출구에서 압력이 백압력 이하로 팽창되었기 때문이다($P_{e6}<P_B$).

즉, 노즐 팽창이 너무 크게 되어 제트는 더 큰 백압력에 일치되게 하기 위해서 경사 충격을 지나야만 한다. 역으로 상황이 존재할 때는 노즐은 저팽창(under expanded)되었다고 하는데 출구 압력(exit pressure)이 백압력보다 더 크기 때문이고($P_{e6}>P_B$), 흐름은 노즐을 떠난 후에 추가로 팽창할 수 있다.

위에서 설명한 모든 것은 정해진 모양의 덕트에서 예측 가능한 것이다.

이런 경우에 유사 1차원 이론은 덕트 내의 흐름의 합리적인 예측을 할 수 있게 하고, 여기서 결과는 각 단면에서의 평균 특성으로 간주한다. 이 이론은 노즐의 윤곽을 어떻게 설계할 것인가를 말해 주는 것은 아니다.

실제로 만약 노즐 벽이 바르게 곡선이 형성되지 않으면 노즐 내부에 경사 충격이 있게 된다. 초음속 노즐에 맞는 적절한 윤곽을 얻기 위해서 노즐 내부에서는 충격이 없는 흐름을 만들어야 하고, 그러기 위해서는 실제 흐름의 3차원 성질을 고려해야 한다.

2. 디퓨저(diffuser)의 원리를 설명하면?

디퓨저는 확산형 덕트로 속도를 낮춘다. 일반적으로 디퓨저는 어떠한 덕트 설계에서 유입되는 공기 속도를 점차 느리게 해서 디퓨저의 출구에서는 가장 느린 속도가 되게 한다. 유입되는 공기는 아음속이나 초음속 중의 어느 하나이다.

그렇지만 디퓨저의 모양은 여러 가지인데 유입되는 공기가 아음속인지 혹은 초음속인지에 크게 좌우된다. 이에 앞서서 전체 압력의 개념을 먼저 고려해 보기로 한다. 질적인 면에서 흐르는 가스의 전체 압력은 흐름이 유용한 일을 할 수 있는 능력의 측정이다.

다음의 두 가지를 고려해 본다.

ⓐ 압력 용기에 10atm에서 정체된 공기를 갖고 있다.

ⓑ M=2.16, P=1atm인 초음속 흐름이다.

ⓐ의 경우에 공기 속도는 "0"이므로 $P_0 = P = 1atm$

피스톤 실린더 배열에서 공기를 사용해서 피스톤을 움직이게 하려면 피스톤에 의해서 유용한 일이 행해져야 한다.

공기가 큰 메니폴드로부터 실린더로 연결되면 ⓐ의 경우에 압력 용기가 메니폴드와 같고 유용한 일이 행해지는데 이것을 W_1이라고 한다. ⓑ의 경우에 초음속 흐름은 메니폴드로 공급하기 전에 낮은 속도로 낮추어야 한다. 만약 이런 속도를 느리게 하는 과정이 전체 압력의 손실 없이 이루어지면, 메니폴드의 압력은 이 경우에 10atm이 되고(V=0) 유용한 일 W_1의 같은 크기를 얻는다. 반면 초음속 흐름을 느리게 할 때 전체 압력에서 3atm 손실이 발생한다고 가정하면, 메니폴드의 압력은 7atm이고, 이 압력으로 유용한 일(W_2)은 처음의 경우보다 작아서 $W_2 < W_1$이 된다.

이 단순한 예의 목적은 흐르는 가스의 전체 압력은 유용한 일을 수행하는 능력의 측정이다. 이것을 토대로 전체 압력의 손실은 항상 비효율적이어서, 유용한 일의 어떤 크기를 잃게 된다.

위에서 설명한 것을 디퓨저에 적용시켜서 생각해보자. 디퓨저는 덕트로 유입되는 가스 흐름을 느리게 해서 가능한 최소로 전체 압력의 손실이 있게 한다. 이상적인 디퓨저는 더 낮은 속도로 엔트로피의 변화가 없는 압축에 의해서 특징되는데 이것을 나타내고, 여기서 M_1은 디퓨저로 들어가는 초음속 흐름이고, 목에서는 이센트로픽 상태(엔트로피의 변화가 없는 상태)로 수축 덕트에서 마하 1로 압축되고 여기서 A^*는 면적이고 이것은 다시 확산형 덕트에서 더욱 압축되어 출구에서는 더 낮은 아음속 마하수를 갖는다.

흐름이 이센트로픽이어서 $S_2=S_1$이고,

$$\frac{P_{02}}{P_{01}}=e^{-(S_2-S_1)/R}$$

위 공식에서 $P_{02}=P_{01}$이다. P_0는 전체 디퓨저를 통해서 일정하고 이센트로픽 흐름의 특징이다. 그렇지만 이상적인 디퓨저로 실제 얻을 수 없는 것이다.

초음속 흐름을 충격파를 발생시키지 않고 속도를 늦추는 것은 극히 힘들다. 예를 들어 디퓨저에서 수축 부분을 자세히 관찰해보자.

초음속 흐름은 자체로서 수축형 흐름에서 고유하게 경사 충격파를 발생시키고 이 것은 흐름의 이센트로픽 성질(엔트로피의 변화가 없는 상태)을 파괴시킨다. 더군다 나 실제에서 흐름은 점성을 가져서, 디퓨저 벽의 경계층 내에서 엔트로피(이용할 수 없는 에너지)가 증가한다. 이런 이유로 이상적인 이센트로픽 디퓨저는 오로지 상상으로만 가능한 것이다.

실제의 초음속 디퓨저이다. 여기서 유입되는 흐름은 반사되는 경사 충격의 연속에 의해서 느려지고 수축 부분의 처음은 흔히 직선 벽으로 구성되고 그 후는 일정한 면적의 목이다. 벽 근처의 점성 흐름에 충격파의 상호작용에 기인해서 반사된 충격 상태는 약화되고 상당히 확산되어 가끔 일정한 면적의 목(throat)의 끝에서는 약한 정상 충격파로 끝난다.

마지막으로 일정한 면적을 갖는 목의 출구쪽 아음속 흐름은 확산 부분을 지나면서 더욱 느려진다. 출구에서 분명히 $S_2>S_1$이어서 $P_{02}<P_{01}$이 된다.

디퓨저 설계는 가능한 전체 압력의 작은 손실이 있도록 하기 위해서 수축부, 확산부, 그리고 일정한 면적의 목이 있어서 P_{02}/P_{01}이 거의 동일하게 된다. 불행하게도 대부분의 경우에 설계 목적보다는 훨씬 못 미치는 결과를 얻는다.

꼭 기억할 것은 충격파와 경계층에서 엔트로피(entropy)가 증가하기 때문에 실제 디퓨저 목 면적 A_t는 A^*보다 커서 $A_t>A^*$를 이룬다.

3. 윙 볼텍스의 추가의 영향은?

윙 볼텍스(wing vortex) 형태의 충격은 여러 가지로 나타난다.

평행한 볼텍스 필라멘트가 같은 방향으로 순환하면서 서로 끌어당긴다. 그러므로 날개의 트레일링에이지에서 생긴 볼텍스 쉬트(vortex sheet)는 날개 뒤의 하강 흐름으로 진행되면서 스팬을 따른 연속적인 분포에서 2개의 볼텍스가 흐름 형태와 비슷하게 된다.

볼텍스 쉬트는 두 개의 불연속 볼텍스로 위로 말린다(roll up)고 말할 수 있다. 위로 말린 볼텍스 간의 거리는 날개 스팬보다 적다. 타원 형태의 날개 하중에서 거리는 $\pi/4X$ 날개 스팬이다.

날개로부터 볼텍스 흩어짐은 팁에서 특히 큰데, 왜냐하면 스팬당 양력이 가장 심하게 감소하기 때문이다. 그러므로 볼텍스 쉬트의 위로 밀림은 팁 근처에서 가장 빠르다. 볼텍스의 중심 근처에서 감소된 압력은 온도를 감소시킨다(공식 ①)

$$\frac{P_2}{P_1} = \left(\frac{T_2}{T_1}\right)^{r/(r-1)} \quad\text{...} ①$$

만약 습도가 높으면 온도 강하에 따른 수증기의 응축으로 트레일링 볼텍스를 헬리컬 흐름(뒤틀리는 흐름)으로 만들어 항공기 내의 승객이나 지상에서 볼 수 있다.

비슷한 눈으로 볼 수 있는 볼텍스는 날래 플랩의 바깥 끝에서 흘러나오는 것으로 여기서는 큰 양력의 감소가 있다. 이런 현상은 이·착륙 중에 흔히 볼 수 있는 것으로 양력 계수가 크고 높은 습도 상태에서이다.

만약 항공기가 앞선 항공기에 의해서 만들어진 볼텍스 흐름 속으로 직접 비행하면, 순환적인 흐름은 날개의 측면 쪽에 양력의 감소를 만들고 나머지 지역에는 증기를 만든다. 결과는 롤링 모멘트(rolling moment)로, 항공기를 위험스런 자세로 만들 수 있다.

이것은 특히, 만약 뒤따르는 항공기가 훨씬 작을 때 더욱 심하다. 이런 이유로 ATC 규칙은 착륙을 위한 항공기의 뒤를 따를 때는 약 5마일의 거리를 두도록 한다. 이런 거리는 만약 뒤따르는 항공기가 같거나 더 크면 이 거리를 감소시킬 수 있다.

비록 완전 유체에서 볼텍스가 계속해서 무한대이지만, 이것은 불안정해지고 셀제 유체의 점성 효과에 의해 깨지게 된다. 그럼에도 불구하고 볼텍스는 오랫동안 존재해서 활주로의 길이에 심한 제한을 주게 된다.

볼텍스(vortex)에 의한 하강 흐름은 항공기 위, 아래의 공기 흐름에 크게 영향을 미친다.

지상에서 경계층 상태는 지면에 수직한 흐름 성분은 "0"이어야 한다. 그러므로 항공기가 지면에 근접해서 비행할 때 일부의 하강 흐름은 억제된다. 이런 결과의 하나가 항공기가 착륙을 위해서 활공할 때는 날개 스팬의 1/3~1/2보다 적은 고도에서 침하하면서 "뜨는(float)" 성질이 있다.

하강 흐름의 감소는 유효 받음각의 증가를 가져오게 하고, 양력을 증가시켜서 유도 항력의 감소를 가져온다.

침하율(rate of sink) 혹은 감속율(rate of decceleration)은 심각하게 감소된다. 이 현상은 지면 효과(ground effect)에 기인한 것이다.

이륙에서 항공기가 지면에 아주 근접한 위치에서는 유도 항력이 훨씬 적다. 지면 효과에 기인한 유도 항력의 감소를 다음 공식에 수정 계수로서 적용시킬 수 있다.

$$C_{Di} = \frac{C_L^2}{\pi A R u} \quad\text{...} \quad ①$$

$$C_{Di} = K_L \frac{C_L^2}{\pi A R u} \quad\text{...} \quad ②$$

공식 ②에서 K_L은 height/span의 함수 관계로 지면 효과를 수정한 것이다.

일부의 대양을 횡단하는 항공기는 수면에 아주 근접해서 비행하면서 지면 효과의 장점을 얻을 수 있다.

대략 200ft의 스팬으로 설계된 항공기는 약 20ft의 고도로 날을 수 있다.

비록 유도 항력은 감소되지만, 다른 실제적인 고려는 이런 비행을 할 수 없게 한다. 전투기가 탱커 항공기로부터 연료 보급을 받기 위해 탱커 후방에서 비행할 때 탱커의 하강 흐름을 받으면서 비행한다.

전투기의 엔진 추력을 크게 증가시켜서 이 하강 흐름에 기인한 추가의 항력을 극복한다.

또 한 가지 고려 사항은 하강 흐름이 아닌 상승 흐름이다. 날개의 바깥쪽에는 상승 흐름(up wash)이 있다. 하강 흐름이 합성 백터를 뒤로 경사지게 하는 것처럼 상승 흐름은 힘 백터를 전방으로 경사지게 해서 항력을 감소시키거나 전방 추력을 크게 한다. 이것이 왜 새들이 V자형으로 나는지를 설명한다. 각각의 새는 옆에 나는 새로부터 상승 흐름의 이점을 받는다.

전체 새의 나는 형상의 이상적인 유도 항력과 혼자 나는 새의 각각의 유도 항력의 총합과의 비를 보여준다. 이상적인 형성을 보여주는데 V자형에 가깝다. 모든 새는 같은 필요 출력을 갖고 있다고 가정한 것이다.

4. 종횡비(aspect ratio)의 중요성은?

$$C_D = C_{DP} + \frac{C_L^2}{\pi A R e} \quad\text{...} \quad ①$$

$$D = fq + \frac{L^2}{\pi q b^2 e} \quad\dots\dots\dots\dots\dots\dots\dots\dots\dots\dots\dots\dots\dots\dots\dots\dots\dots ②$$

공식 ①, ②에서 보는 항력 계수와 항력 자체는 큰 종횡비에 의해서 감소된다. 종횡비가 b^2/S이므로 주어진 날개 면적 S에서 종횡비는 큰 스팬(span)을 뜻한다.

순수 항력의 관점에서 보면 더 큰 스팬이어야 한다. 그렇지만 더 큰 스팬은 날개 구조에 더 큰 굽힘 모멘트를 갖는데, 왜냐하면 양력 하중은 날개의 루트에서 멀리서부터 작용한다. 또한 큰 스팬의 고정된 면적은 스팬을 따라서 날개 시위를 짧게 하므로 더 얇은 날개을 갖게 된다.

날개는 빔(beam)처럼 작용하므로, 이 빔은 주어지는 굽힘 모멘트를 견디기 위해서는 구조의 위, 아래에 더 강력한 재료를 사용해야 한다. 그러므로 큰 종횡비의 날개는 더 무거운 구조를 갖는다.

더 무거운 날개 중량은 평균 비행 중량을 상승시키므로 항력을 크게 하고 일부 공기 역학적 항력에 반작용하게 된다. 또한 얇은 날개로 긴 스팬을 갖고 있으면, 연료의 적재량이 줄어든다.

최적 종횡비의 선택은 다른 요소와의 균형에 기초를 둔다. 가장 효율적인 날개는 항속 거리, 설계 순항 속도, 연료 가격 등에 좌우된다. 가장 적합한 종횡비의 선택은 항공기 설계에 가장 중요한 요소이다.

쌍발 엔진 항공기의 경우에 한 엔진의 고장 시에도 나머지 하나의 작동하는 엔진으로 상승해야 하므로, 큰 종횡비는 저속 상승성능 개선에도 도움이 되도록 해야 하므로 순항 비행에 최적인 종횡비보다도 중요하다.

저속 상승 비행에서, 유도 항력은 전체 항력의 75%이고, 종횡비는 성능에 여러 가지 상당한 영향을 미친다.

5. 전단 응력(shear stress)을 설명하면?

전단 응력을 가장 잘 이해할 수 있는데 이것은 표면 위의 점성 흐름인 층류 경계층에서 속도 형상을 상세히 나타낸다.

고체 표면에 인접한 유체 분자층의 표면에 붙어있어서 속도는 "0"이다. 다음 유체층은 아주 느린 속도를 갖고, 그 다음의 층은 더 크게 속도가 커져서 경계층으로 정의되는 바깥 끝의 속도가 방해받지 않는 자유 흐름 속도가 된다. 전단 응력의 수치는 다음과 같이 주어진다.

$$\tau = \mu \frac{dv}{dy}$$

여기서 τ: dv/dy를 측정하는 지점 y_1에서의 유체의 전단 응력

μ: 점도 계수로 알려진 상수

$\frac{dv}{dy}$: 속도 구배

점도 계수는 마찰 현상에 관계된 어떤 유체의 성질을 결정하는 물리적인 상수이다. 오일과 같은 끈적한 유체에서는 크고, 물이나 공기는 적다.

6. 볼텍스 제너레이터(vortex generator)를 설명하면?

이것은 날개 표면으로부터 공기 흐름의 분리나 떨어져 나가는 것을 막거나 지연시키는 것이다. 떨어져 나가는 근본적인 이유는 날개의 후반부에서 경계층이 느려지는 어떤 압력 구배에 대항해서 흐르기 때문이다.

충격파의 형성은 문제를 더 심각하게 만드는데 경계층의 속도는 아직 아음속이어서 압력이 앞쪽으로 전달되어 경계층이 더 두껍게 되고, 만약 압력 상승이 상당히 빠르면 표면으로부터 떨어져 나간다.

볼텍스 제너레이터는 작은 판, 쐐기(wedge), 날개 표면으로 표면 맨 위의 튀어나온 것 등으로 경계층을 3~4배 정도 더 두껍게 한다.

이 두꺼워진 경계층의 목적은 느린 경계층에 새롭게 활력을 주어서 이것이 작은 와류를 형성하게 하고, 경계층을 난류로 만들어 이것이 주변 공기와 섞이고 이것으로부터 추가의 에너지를 얻어서 표면으로부터 분리를 막거나 속도를 느리게 해서 지연시킨다. 이런 방법으로 생기는 작은 저항은 상당한 경계층 저항으로 상쇄되는 것보다 많고, 이것은 또한 충격파를 약화시키고 충격 항력을 감소시켜서 발생되는 볼텍스는 실제로 항공기의 부펫팅(buffeting)으로 작용된다.

순수 효과는 경계층을 불어내거나 빨아들이는 것과 거의 같지만 이 장치는 훨씬 가볍고 단순하다. 두께/코드(thickness/chord)비가 더 큰 수치일수록 더 많이 이런 장치가 필요하다.

여러 형태의 볼텍스 제너레이터가 있다. 벤틴형(benttin type)은 co-rotating contra-rotating 형이다. 판이 약 15° 공기 흐름 쪽으로 경사가 되어 있고, 날개 위의 리딩에이지 근처에 위치한다.

이밖에도 흐름을 지연시키거나 분리를 막는 장치가 있다. 이 장치는 음속 장벽, 부펫팅, 격렬한 트림의 변화에서 갑작스런 항력 증가를 완화시켜서 이런 것으로부터

생길 수 있는 충격파 분리를 제거한다.

두꺼운 트레일링 에이지도 가끔 사용되는데 볼텍스 제너레이터에 의해서 생긴 것과 같은 영향을 준다.

큰 후퇴 날개에서 팬스(fence)를 가끔 사용하는데, 볼텍스 제너레이터의 베인과 비슷하지만 이것은 날개에서 공기 흐름이 스팬 방향으로 되지 않도록 막는다.

왜냐하면 이 흐름은 윙 팁 근처에서 흐름이 떨어져 나가서 실속을 일으키기 때문으로 특히 후퇴에서는 더욱 심하다.

큰 후퇴 날개의 또다른 문제점은 흐름이 팁에서 먼저 분리되는 성질이다. 이것이 피칭 모멘트의 큰 변화를 일으킨다. 이런 영향은 리딩에이지에 노치(notch)나 톱니(saw tooth) 등을 장착해서 감소시킨다.

리딩에이지 드룹(leading edge droop)이나 리딩에이지 플랩(leading edge flap)은 고속 항공기에 흔한 특징으로 저속 범위(아주 큰 받음각에서)에서 흐름의 분리를 막아서 천음속과 초음속 속도로 설계된 항공기의 주요 문제를 해결함으로써 안전한 비행이 되게 한다.

영구적인 드룹(droop)을 리딩에이지 드룹이다 드룹 스누트(droop snoot)라고 부르고, 이것을 조절할 수 있을 때를 리딩에이지 플랩으로 부른다. 이것은 트레일링에이지 플랩과 기타 장치와 조합되고 리딩에이지 드룹, 2중 슬롯형 트레일링에이지 플랩에서 브레이크의 조합을 나타낸다.

7. 항공기 상승을 설명하면?

수평 비행 중에 엔진의 출력은 프로펠러, 제트, 로켓을 통해서 얻고, 추력은 특정 비행 속도에서 항공기의 항력과 같다. 만약 엔진이 어떤 추가의 힘을 갖고 있으면, 조종사는 약간 기수 하향 자세로 하여, 증가된 속도와 감소된 받음각에서 수평 비행을 유지하거나 혹은 항공기는 상승하게 한다.

상승 중에 항공기에 작용하는 힘을 고려해보자. 항공기의 비행 경로가 추력의 방향과 같다고 가정하면 힘은 같다.

만약 α가 상승각이면 그리고 만약 힘이 비행 방향과 수직인 것에 평행하면 2가지 공식을 얻는다.

$$T = D + W\sin\alpha$$
$$= W\cos\alpha$$

위에서 알 수 있는 것은 상승 중에 필요한 추력은 항력보다 크고, 상승의 각도에 따라 커진다. 만약 수직 상승이 가능하면, α는 90°가 되므로 $\sin\alpha$는 1이 되어 첫 번째 공식은 T=D+W가 된다. 이것은 분명히 사실인데 극한 경우에 추력은 중량과 항력에 반대이기 때문이다. 만약 α=0°이면(즉, 상승이 없을 때), $\sin\alpha$=0이다. 그러므로 $W\sin\alpha$=0여서 T=D이다. 이 상태는 직선 비행이나 수평 비행이다. 두 번째 공식에서 양력은 중량보다 작은데, 이것은 양력이 중량보다 클 때 항공기가 상승한다고 말할 수 있게 한다. 이것은 잘못된 이해이다. 이 공식의 극한 상태를 고려해보자. 만약 상승이 수직이면 $\cos90°$=0. 그러므로 L=0. 그래서 수직 상승은 양력이 없는 상태가 된다. 이 말은 모든 실제 양력은 추력에 의해서 생산되는 것이며 날개는 아무런 도움이 없다는 것과 같다. 반면 α=0° 이면 $\cos\alpha$=1이므로 L=W이다. 이것은 분명이 수평 비행 상태이다.

8. 상승 성능을 설명하면?

안정된 상태의 일정한 상승 속도를 갖는 항공기에서 작용하는 힘을 설명한다. 추력은 비행로 방향과 평행하게 작용한다. 일반적으로 이것은 항상 옳은 것은 아니지만 일반적인 항공기에서 추력 벡터의 경사 영향은 무시할 만큼 적다. 비행로 (flight path)에 수직된 힘과 평행한 힘은

$$L=W\cos\gamma$$
$$T=D+W\,\sin\gamma \quad\dotfill\quad ①$$
$$\sin\gamma=\frac{T-D}{W}=\frac{T}{W}-\frac{D}{W}=\frac{T}{W}-\frac{D}{L} \quad\dotfill\quad ②$$

γ는 비행로 각도 혹은 상승각이다. 만약 γ가 충분히 작아서 $\cos\gamma$가 대략 1과 같다고 가정하면, L=W가 된다.

$$RC=V\sin\gamma=\frac{V(T-D)}{W} \quad\dotfill\quad ③$$

프로펠러 항공기에서 추력이나 항력보다 출력을 사용하는 것이 편리하다. 만약 RC가 ft/min로 결정되면 V는 ft/sec가 된다.

$$RC=60\left(\frac{TV-DV}{W}\right)=\frac{Thp_a-Thp_r}{W}(33,000)$$

$$RC=\frac{Thp_{ex}}{W}(33,000) \quad\dotfill\quad ④$$

잉여 출력(Thp_excess)은 상승에 이용할 수 있는 추력 마력으로 W는 파운드 단위이다. 앞의 공식은 일정한 진대기 속도에서 항공기 상승에 기초를 둔 것이다. 실제 운용에서 상승 비행은 일정한 지시 대기 속도나 일정한 마하수에서 이루어진다. 이것이 조종사로 하여금 적절한 상승 속도를 갖게 해준다. 일정한 지시 속도는 근본적으로 일정한 수정된 속도(calibrated airspeed)에 해당되는 것이다.

낮은 마하수에서 이 지시 속도(indicated speed)는 일정한 상당 속도와 같은데 왜냐하면 속도의 압축성 수정이 아주 적기 때문이다. 일정한 상당 속도로 항공기는 고도 증가와 함께 계속 가속할 수 있다. 비행로를 따른 평형 공식은 관성을 포함해야 한다. 그래서 공식 ①은 다음과 같이 된다.

$$T = D + W\sin\gamma + \frac{W}{g}\frac{dV}{dt} \quad\cdots\cdots\cdots \text{⑤}$$

그러므로 $\dfrac{dV}{dt} = \dfrac{dV}{dh}\dfrac{dh}{dt}$

$$\frac{dh}{dt} = V\sin\beta$$

또한 위는 다음과 같이 쓸 수 있다.

$$\sin\gamma = \frac{(T-D)/W}{1 + (V/g)(dV/dh)} = \frac{T-D}{W} \quad\cdots\cdots\cdots \text{⑥}$$

공식 ⑥은 공식 ②와 다른데 운동 에너지 수정 계수 $[1 + (V/g)(dV/dh)]$ -1가 있기 때문이다. $(V/g)(dV/dh)$의 대략적인 수치는 다음 표에서 보는 마하수와 함수 관계를 이룬다.

상승운용	고도 (ft)	$\dfrac{V}{g}\dfrac{dV}{dh}$
진대기 속도	모든 고도	0
상당 대기 속도	36,150 이상	$0.7M^2$
상당 대기 속도	36,150 이하	$0.567M^2$
마하수	36,150 이상	0
마하수	36,150 이하	$-0.133M^2$

Table 8-1 상승 운동에너지 수정에 사용하는 **(V/g) (dV/dh)**의 대략적인 수치

등온선(isothermal) 이하의 대기에서 일정한 마하수의 경우에 수정치는 상승률을 증가시킨다. 이 지역에서 일정한 마하수가 뜻하는 것은 고도가 증가하면서 속도가 감소하는 것을 뜻하는데, 왜냐하면 음속(speed of sound)이 감속하기 때문이다. 항공기는 운동 에너지를 잃고 이 잃은 운동 에너지는 상승률을 증가시키게 된다. 이것은 또한 운동 엔지 수정 계수를 상승구배(gradient of climb)와 상승률 계산에 적용시킬 수 있다. 공식 ②에서 공식 ⑥까지는 중요한 내용을 갖고 있다. 첫 번째로 한 엔진의 결함이 발생된 후에 상업용 항공기의 최소 상승구배를 위한 최소 허용 가능한 성능을 정한다.

구배(gradient)는 각의 탄젠트(tangent)이다. 작거나 중간 정도의 비행로 각도에서 각의 사인(sine)은 근본적으로 탄젠트와 같아서,

$$\text{gradient}\,\gamma = \tan\gamma = \sin\gamma = \frac{T-D}{W} = \frac{T}{W} - \frac{D}{W} \quad \cdots\cdots\cdots\cdots \text{⑦}$$

그러므로 구배는 (추력/중량이) − (1/양항비)에 좌우된다. 다발 엔진의 중요한 이륙단계에서 한 엔진의 결함 후에 장애물까지 최대 안전한 거리를 갖기 위해서는 L/D가 가능한 커야 한다. 그래서 플랩과 슬랫과 같은 고양력 장치가 이륙을 위한 셋팅에서 최소 항력을 가져야 하는가를 알 수 있게 해준다.

부양(lift off) 후 바로 뒤의 느린 속도와 큰 C_L에서 유도 항력은 유해 항력보다 훨씬 크다. 최소 출력을 위한 속도는 흔히 이륙 상승 속도에 근접하고 유도 항력은 유해 항력의 3배이다. 그러므로 엔진 결함 후에는 항공기는 상승 문제에 상당히 예민해서 쌍방 엔진 항공기는 한 엔진의 결함일 때 출력 50%를 잃고, 더 큰 종횡비를 가질 때 유도 항력을 감소시킨다. 물론 큰 추력은 혹을 출력 정격은 구배(gradient)를 증가시키지만 엔진이 클수록 중량과 비용이 더 크다.

상승률은 자체로서 무척 중요한데, 왜냐하면 더 짧은 시간에 정상 순항고도까지 도달할 수 있어서 더 효율적이다.

제트의 상승률은 (T−D)뿐만 아니라 비행 속도에 좌우된다. 그러므로 제트의 최적의 상승률을 위한 속도는 최소 항력을 위한 속도보다 더 빠르다. 반면 프로펠러 항공기는 거의 일정한 출력을 공급하므로 공식 ④를 사용할 수 있다. 만약 이용 출력이 일정하면 최적의 상승률을 위한 속도는 최소 필요 출력 속도가 되는 것을 아래 공식으로부터 알 수 있다.

$$C_{Lmp} = \sqrt{3\pi C_{Dp} A R e} = \sqrt{3}\, C_{L_{(L/D)max}} \quad \cdots\cdots\cdots\cdots \text{⑧}$$

이룩 상승 속도 범위에서 프로펠러 효율은 속도 증가와 함께 개선되므로 최적 상승률을 위한 속도는 수평 비행을 위한 최소 필요 출력을 위한 속도보다 빠르다.

일단 항공기가 지상 장애물을 통과하면 상승 속도를 위한 가장 양호한 선택은 상승구배나 상승률이 가장 큰 속도보다 더 빠르게 하는 것이다. 최적 상승률 속도보다 약간 빠르게 가면 상승률을 단지 약간 감소시킬 뿐이다. 반면 상승 중의 거리는 실질적으로 더 크다. 이런 결과로 주어진 연료량으로 평균 거리를 더 개선시킨다. 3가지의 상승 속도는 다음과 같다.

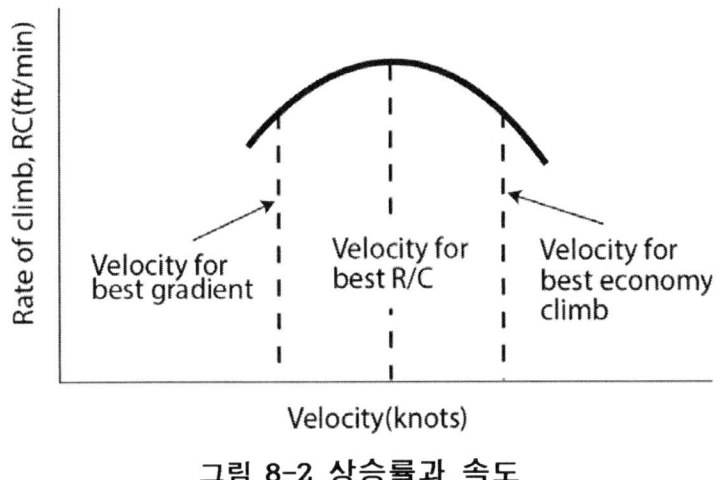

그림 8-2 상승률과 속도

ⓐ 장애물이 있을 때의 최적의 구배를 갖는 것

ⓑ 가능한 빠르게 고도를 얻을 때 순수한 최적의 상승률을 위한 것

ⓒ 최적의 효율을 갖는 상승 속도

이 중 ⓒ가 가장 빠르며, 위의 관계가 나타난다.

상승 성능에서 중요한 것이 시간, 연료, 이룩에서 순항 고도까지의 상승 거리 등이다. 첫째 단계에는 여러 가지 항공기 중량(고도와 함수 관계)을 위한 상승률 결정이다. 곡선에서 불연속은 일정한 지시 속도로부터 상승 속도로의 변화에 기인한 것으로 항공기는 상승 중에 일정한 마하수까지 가속하게 되며, 36,000 피트 이하에서는 감속하게 되고 36,200 피트 이상에서는 일정한 속도를 유지한다. 이 데이터로부터 엔진 추력, 연료 흐름, 시간, 연료, 단계별 상승을 결정할 수 있다.

각 단계별 합은 원하는 고도까지 전체 합을 준다. 만약 상승률, 상승 속도, 연료 흐름을 표시할 수 있으면, 시간, 연료, 상승 거리 등을 나타낼 수 있다.

$$상승\ 시간 = \int_{h_1}^{h_2} \frac{dh}{RC} = \sum_{i}^{n} \frac{\triangle h}{(RC)_i}$$

$$상승\ 연료 = \int_{h1}^{h_2} W_F \frac{dh}{RC} = \sum_{i}^{n} \frac{(W_F)_i}{(RC)_i} \triangle h$$

$$상승\ 거리 = \int_{h_1}^{h_2} V \frac{dh}{RC} = \sum_i^n \frac{(V)_i}{(RC)_i} \triangle h$$

여기서 RC: 상승률

　　　W_F: 시간당 연료 흐름

　　　V: 상승하는 속도(고도와 함수 관계)

　　　h_1: 최초 고도, h_2 : 최종 고도

　　　n: 상승 단계의 수

　　　괄호안의 양은 단계별 평균 수치이다.

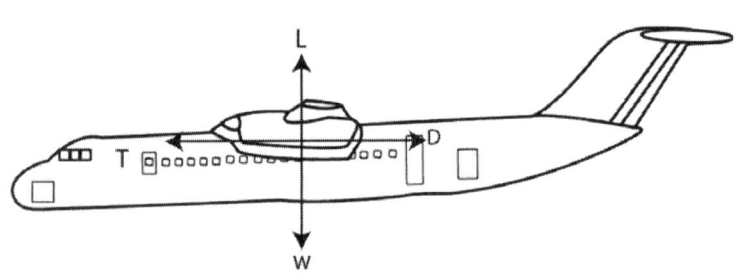

그림 9-0 수평 비행에서 항공기에 작용하는 힘

전체 상승 성능의 예는 DC-10의 경우이다. 거의 모든 수직선이 약간 좌측으로 경사진 것은 상승 중에 일정한 이륙 중량의 선이고 연료가 소모되면서 항공기 중량이 감소하는 것을 보인다.

중요한 또 한 가지 성능 특성을 공식 ②에서 볼 수 있는데 만약 추력이 0이면 비행로 활공 구배는 L/D비의 역이 된다(1/(L/D)). 그러므로 만약 항공기가 L/D=18이면, 활공 구배는 1/18=0.056이다.

이것은 3.2°의 활공각에 해당한다. 만약 항공기가 20,000×18=360,000 피트(대략 110㎞)이다.

9. 수평 비행 성능을 설명하면?

가장 간단한 성능 상태는 안정된 수평 순항 비행이다. 항공기가 일정한 속도와 고도에서 비행하면서 모든 힘은 균형을 갖는다.

$$L = W = C_L \frac{1}{2} \rho V^2 S$$

$$C_L = \frac{W}{\frac{1}{2} \rho V^2 S}$$ ……………………………………………………………①

$$T = D = C_D \frac{1}{2}\rho V^2 S = \left[C_{Dp} + \frac{C_L{}^2}{\pi ARe} + \triangle C_{Dc}\right]\frac{\rho V^2}{2}S \dots \dots ②$$

어떤 주어진 중량에서 C_L은 유도 항력으로 대체할 수 있다. $\triangle CDC$는 경험적인 압축성 항력 계수로 C_L과 마하수에 좌우된다. 몇 가지 근본적인 항공기 특성을 항력 공식에서 얻을 수 있다. 항공기 설계의 한 가지 목적은 어떤 필요 양력을 위해서 항력을 최소화하는 것이다. 어떤 주어진 고도와 속도에서 양항비는 CD와 C_L의 비에 좌우된다.

낮은 마하수에서 $\triangle C_{DC}=0$이고,

$$C_D = C_{Dp} + \frac{C_L{}^2}{\pi ARe} \dots \dots ③$$

최고 항력을 위해서 C_D/C_L은 최소여야 한다.

$$\frac{C_D}{C_L} = \frac{C_{Dp}}{C_L} + \frac{C_L}{\pi ARe} \dots \dots ④$$

C_D/C_L에서 C_L의 수치가 최소이면,

$$\frac{d(C_D/C_L)}{dC_L} = \frac{C_{Dp}}{C_L{}^2} + \frac{1}{\pi ARe} = 0 \dots \dots ⑤$$

L/D가 최대일 때

$$C_{Dp} = \frac{C_L{}^2}{\pi ARe} \dots \dots ⑥$$

그러므로 최소 항력을 위해서 양력 계수는 양력에 기인한 항력이 유해 항력과 같은 수치가 되어야 한다. 이 상태에서 공식 ⑥으로부터

$$C_{L_{(L/Dmax)}} = \sqrt{C_{Dp}\pi ARe} \dots \dots ⑦$$

(L/D)의 수치는

$$\frac{L}{D} = \frac{C_L}{C_D} = \frac{C_L}{C_{Dp} + C_L{}^2/(\pi ARe)} \cdots\cdots\cdots\cdots\cdots\cdots ⑧$$

$C_L = \sqrt{C_{Dp}\pi ARe}$ 인 상태는 $L/D = (L/D)_{max}$ 일 때이므로

$$\left(\frac{L}{D}\right)_{max} = \frac{\sqrt{C_{Dp}\pi ARe}}{C_{Dp} + (C_{Dp}\pi ARe)/(\pi ARe)}$$

$$\left(\frac{L}{D}\right)_{max} = \frac{\sqrt{C_{Dp}\pi ARe}}{2C_{Dp}} = \frac{\sqrt{\pi}}{2}\frac{b\sqrt{e}}{\sqrt{C_{Dp}S}} \cdots\cdots\cdots\cdots\cdots ⑨$$

유해 항력 계수와 면적 S의 곱(날개 면적으로)으로 상당 유해 항력 면적 f와 같으므로 $(L/D)_{max}$는 다음과 같이 된다.

$$\left(\frac{L}{D}\right)_{max} = \frac{\sqrt{\pi}}{2}\frac{b\sqrt{e}}{f^{1/2}} = \frac{0.886b\sqrt{e}}{f^{1/2}} \cdots\cdots\cdots\cdots\cdots ⑩$$

$(L/D)_{max}$는 스팬 f와 항공기 효율 계수 e에 좌우된다. 만약 f, e, 날개 스팬을 알면 비압축성 최소 항력을 얻을 수 있다.
비행 중에 이 최소 항력을 얻기 위해서 공식 ⑦에서 C_L에 맞는 속도로 비행해야 한다. 이 속도는 $V_{(L/D)max}$로 정의한다.

$$V_{(L/D)max} = \sqrt{\frac{2W}{\sqrt{C_{Dp}\pi ARe}\,\rho S}} = \frac{21.79}{(fe)^{1/4}}\left(\frac{W}{\sigma b}\right)^{1/2} \cdots\cdots\cdots\cdots ⑪$$

여기서 $V_{(L/D)max}$는 feet/sec 단위이다. 다음과 같이 나타낼 수 있다.

$$D = fq + \frac{1}{\pi q}\left(\frac{L}{b}\right)^2\frac{1}{e} = f\frac{\rho}{2}V^2 + \frac{1}{\pi(\rho/2)V^2 e}\left(\frac{L}{b}\right)^2 \cdots\cdots\cdots\cdots ⑫$$

주어진 비행 상태에서 유도 항력은 L/b에 크게 좌우된다. 만약 유해 항력과 유도 항력을 V와 함께 나타내면 유해 항력은 속도 자승으로 직접 증가하는 반면 유도

항력은 속도의 제곱에 반비례한다.

최소 항력을 위한 속도에서 $C_L = \sqrt{C_{Dp}\pi ARe}$ 에 의해서 정해지고 공식②에서처럼 유해 항력과 유도 항력은 같다. 평형된 수평 비행 속도는 공식 ⑦에서와 같이 추력이 항력과 같을 때의 속도에서이다.

최소 항력이 되는 속도 $V_{(L/D)max}$ 는 아주 중요한 비행 상태로 프로펠러 항공기보다는 제트 항공기에서 더욱 중요하다. 제트 엔진이 공급하는 추력은 속도와 함께 거의 일정하다.

연료 흐름은 추력에 좌우되며, 이것을 연료 소모(sfc)로 나타내고 매 시간당 추력 1파운당 연료 흐름(lbs)으로 나타낸다.

최소 추력(안정된 수평 비행에서 최소 항력일 때)은 최소 연료 흐름과 가장 긴 체공 시간을 만든다. 그러므로 c의 사소한 변화를 무시한 속도 $V_{(L/D)max}$ 는 제트 항공기의 최적 체공시간을 나타내는 속도이다.

최적의 항속 거리에서 속도는 (정해진 고도에서) 더 크다. 왜냐하면 $V_{(L/D)max}$ 보다 약간 빠른 속도로 비행하면 항력은 약간 늘어나고, 속도는 상당히 크게 얻어지므로 연료 1파운드당 비행 거리가 커지게 되어 이때를 "specific range(특정 항속 거리)"라고 부른다. 반면 최소 항력은 C_L 의 특별한 수치를 동반하게 된다. 일정한 C_L 에서 고도를 증가시키면 최적의 L/D를 위한 C_L 에서 유지되는 중량 상태에서의 속도는 증가한다. 이 고도와 속도의 증가는 압축성에 기인한 항력의 증가가 생길 때까지 계속된다.

항력이 증가되지만 훨씬 더 큰 속도를 얻는다. 이런 비행 상태에서 가능한 최적의 특정 항속거리(specific range)를 얻게 된다. 뿐만 아니라 동시에 최고 빠른 속도도 얻는다. 이 상태가 바로 제트가 날아야 할 비행 상태이다. 고도에서 속도에 따라 변하는 항력을 나태내고 Boeing 737 혹은 Douglas DC-9-30과 비슷한 터보팬 여객기의 그래프이다.

그림 9-1은 압축성 항력을 무시한 항력이고, 반면 그림 9-2는 압축성 분포를 포함한 실제 전체 항력을 나타낸다. 이 둘의 차이가 분명한데 이 차이는 여객기가 마하 0.80~0.86이상으로 비행하지 않는지를 설명한다. 위에서 눈에 띄는 것은 최소 항력은 압축성 효과가 심각해질 때까지는 고도와는 독립적이다.

최소 항력을 위한 속도는 압축성 항력이 지배적이 될 때까지 고도와 함께 증가한다. 그림 9-1은 공식 ⑫를 사용한 것으로 여기서 항력은 동압 q와 함수 관계이다. 여기서 $q = \frac{1}{2}V^2$ 혹은 $q = \frac{1}{2}\rho V_E^2$ 으로 나타낼 수 있고, 항력의 해면상 곡선은 상당 속도(V_E)와 같이 나타낸다. 이 형태에서 한 개의 곡선은 비압축성 흐름의 전체 항력 범위를 나타낸다.

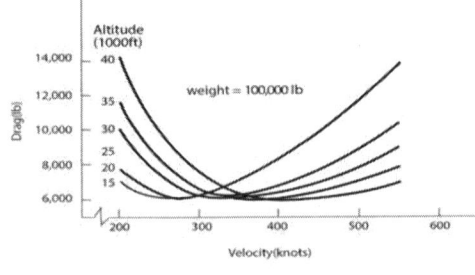

그림 9-1 소형 터보팬 항공기의 항력과 속도 (압축성은 무시)

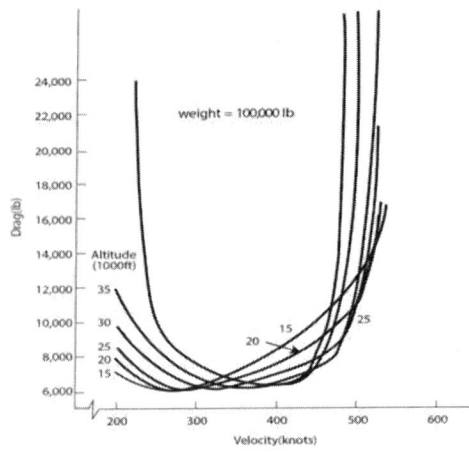

그림 9-2 소형 터보팬 항공기의 속도와 항력 (압축성 포함)

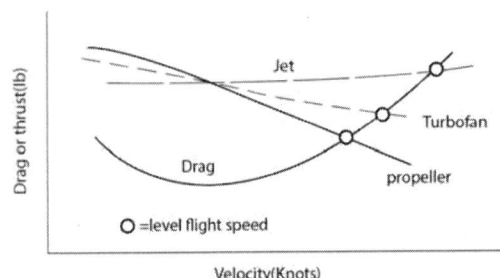

그림 9-3 수평 비행 속도

이용 가능한 엔진 추력은 매 고도당 상당 속도로 나타내고 항공기의 전체 속도 능력을 제공하는 단순한 그래프를 구성한다. 물론 해면상 이외의 고도에서는 평형 속도는 상당 속도에서 진대기 속도로 전환시킨다.

압축성 효과가 영향을 미치기 시작하는 고도에서 어떤 주어진 상당 속도에서 항력은 마하수와 함수 관계이다. 다른 추진 계통의 속도에 따른 추력의 변화는 그림 9-3의 그래프로 나타나고 터보프롭과 터보팬 엔진은 처음 2개 현상에 속한다.

축 출력과 추력 사이의 관계는 다음과 같이 주어진다.

$$\text{bhp}\,\eta = \text{thp} = \frac{TV}{550} \quad \text{⑬}$$

이때 추력은

$$T=\frac{thp}{V}550=\frac{bhp\eta}{V}550 \dotfill ⑭$$

여기서 bhp: 엔진 축마력

thp: 추력 마력

v: 속도(ft/s)

T: 추력(1bs)

η: 프로펠러 효율

550: 마력으로 전환시키는 상수 (즉 550 ft-1bs/s=1hp)

η은 프로펠러의 에너지 손실을 고려한 것이다. 이 손실을 회전하는 브레이드에 의한 것으로 표면 마찰, 압력 항력, 유입 흐름 손실 등에 기인한 것으로 양력을 발생시키는 날개에서 하강 흐름 손실과 비슷하다.

엔진의 축은 속도가 변해도 거의 일정한 출력을 공급하고 이때의 연료 소모는 매시간 마력당 소모된 연료의 파운드로 나타낸다. 그러므로 최대 체공시간은 최소 출력이 되는 속도에서 발생한다.

수평 비행을 위한 필요 출력은 항력과 속도의 곱에 좌우된다. 그러므로 최소 출력을 위한 속도는 $V_{(L/D)max}$보다 적다.

$V_{(L/D)max}$이하로 속도가 약간 감소되면 속도가 느려지게 되고 반면 항력은 처음에 사소한 만큼만 증가한다. 반면 만약 속도가 증가하면 프로펠러 추력은 같은 축출력으로 감소한다. 그러므로 축출력과 연료 흐름은 속도에 비례해서 증가해야 한다.

속도 증가로부터 항속 거리의 증가를 얻지 못하고 항력이 상승하기 시작한 후에 특정 항속 거리는 감소하기 시작한다. 여기서 알 수 있는 것은 프로펠러 항공기는 $(L/D)_{max}$가 되는 양력 계수와 여기에 맞는 속도에서 최적 특성 항속 거리를 얻는다.

프로펠러 항공기는 추력보다 출력에서 운용되는데 항력과 추력 대신에 필요 출력과 이용 출력의 용어로 성능을 나타낸다. 수평 비행의 필요 마력 추력은 항력과 시간당 거리의 곱으로 나타내는데

$$D=C_{Dp}qS+\frac{C_L{}^2}{\pi ARe}qS \dotfill ⑮$$

공식 ⑮로부터 $550thp_{req}=DV$이고

$$C_L=C_{Dp}\frac{1}{2}\rho V^3 S+\frac{C_L^{\ 2}}{\pi ARe}\frac{1}{2}\rho V^3 S \quad\text{.....................}⑯$$

$$C_L=\frac{W}{\frac{1}{2}\rho V^2 S} \quad\text{...}⑰$$

공식 ⑰로부터 $V=\sqrt{2W/C_D\rho S}$ 를 얻는다. 이것을 공식 ⑯에 대입시키면

$$thP_{req}=\frac{1}{550}\sqrt{\frac{2W^2}{\rho S}}\left(\frac{C_{Dp}}{C_L^{\ 3/2}}+\frac{C_L^{\ 1/2}}{\pi ARe}\right) \quad\text{..............}⑱$$

상수 550은 thP를 마력 단위로 나타내 준다. 최소 출력은 위 공식의 괄호가 최소일 때 얻어진다.
C_L이 0과 같을 때 최소 필요 출력의 양력 계수를 C_{Lmp}로 정의하면

$$\frac{3}{2}\frac{C_{DP}}{C_{LMP}^{\ 5/2}}+\frac{1}{2}\frac{1}{\pi ARe C_{LMP}^{\ 1/2}}=0 \quad\text{...............................}⑲$$

그러므로 $C_{Lmp}^{\ 2}=3\pi C_{LP}ARe$

$$C_{Lmp}=\sqrt{3\pi C_{DP}ARe}=\sqrt{3}\ C_{L(L/D)max} \quad\text{................}⑳$$

$$C_D=C_{DP}+\frac{C_L^{\ 2}}{\pi ARe} \quad\text{..}㉑$$

공식 ㉑을 유도 항력 계수 일부로 대체하면

$$C_{Dimp}=\frac{3\pi C_{DP}ARe}{\pi ARe}=3C_{DP} \quad\text{.............................}㉒$$

최소 출력 상태에서 유도 항력 계수는 유해 항력 계수보다 3배 더 크다. 이것은 최소 항력 상태와 대조적인데 이 상태에서는 유도 항력 계수는 유해 항력 계수와 같기 때문이다.
주어진 전체 양력에서 속도는 양력 계수의 제곱에 반비례하고 최소 출력이 되는 출력은 최소 항력을 위한 속도보다 $1/(3)=0.76$ 만큼 적다. 역으로 보면 최소 항력

이 되는 속도는 최소 출력 속도의 1.32배이다. 공식 ⑳으로부터 C_{Lmp}의 수치를 공식 ⑱로 대체하면 수평 비행을 위한 최소 필요 출력을 나타낸다. 그러므로

$$thp_{min}= \frac{1}{550} \sqrt{\frac{2W^3}{\rho S}} \left[\frac{C_{Dp}}{(3\pi C_{Dp}ARe)^{3/4}} + \frac{(3\pi C_{Dp}ARe)^{1/4}}{\pi ARe} \right]$$

$$= \frac{1.052}{550} \sqrt{\frac{W^3}{\rho S}} \left[\frac{C_{Dp}}{(ARe)^3} \right]^{1/4} \quad\dots\dots\dots\dots\dots\dots\dots\dots\dots\dots\dots\dots\dots\dots\dots\dots\dots ㉓$$

공식 ㉓은 최소 항력이 C_{Dp}의 제곱근과 직접 비례하는 것을 보여 준다. 공식 ㉓으로부터 최소 필요 출력은 C_{Dp}의 1/4승에 비례하고 스팬과는 1.5승에 반비례한다. 이 차이는 항공기 설계에 중요한 영향을 미치는데 최소 항력은 장거리 프로펠러 항공기와 제트 혹은 터보팬 항공기로 최적 고도로 비행하도록 설계한 항공기의 흔한 기준이다.

장시간 체공하는 항공기는 최소 출력이 되도록 설계한다. 최소 항력이 되는 양력 계수 이하의 양력 계수에서 고도와 속도에 맞게 설계한 항공기는 큰 스팬으로부터 항력의 장점을 얻을 수 없다.

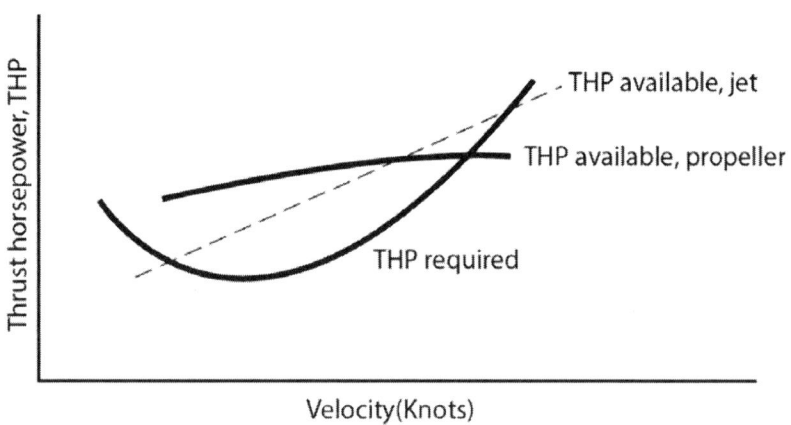

그림 9-4 필요 출력과 이용 출력

그림 9-4에서는 필요 출력과 속도의 그래프를 나타낸다.

또한 이용 출력 곡선으로 프로펠러, 제트 항공기의 경우를 나타낸다. 위에서 보면 제트 항공기의 경우에 일정한 추력에서 속도가 증가하면서 이용 출력이 증가한다. 그래서 제트 항공기는 근본적으로 빨리 비행해야 효율적이다. 속도가 증가하면서 엔진에 의해서 공급되는 추력 마력은 연료 흐름이 조금만 증가해도 상당히 증가한다.

연습 문제(Ⅲ)

1. 공식 $T_a=Q(V_2-V_1)$에서 알 수 있는 것은?

1. 물 분사를 해서 더 많은 추력을 제트엔진으로부터 얻을 수 있다.

2. 배기 파이프 면적을 감소시켜서 제트엔진으로부터 더 많은 추력을 얻는다.

3. 위 모두 아니다.

4. 위 1. 2 모두 맞다. (4)

2. $T_a=Q(V_2-V_1)$ 공식에서 Q는 흐름양으로 다음 중 옳은 설명은?

1. 터보 제트 엔진 흡입구의 단면적에 좌우된다.

2. 엔진 흡입구 속도에 좌우된다.

3. 같은 지점에서 공기 밀도에 좌우된다.

4. 위 모두 맞다. (4)

3. 공식 $\eta_P=\dfrac{2V_1}{V_2+V_1}$에서 배가 파이프 면적의 감소는 다음 중 어떤 영향을 미치는가?

1. 제트 엔진의 추진 효율의 감소

2. 추진 효율의 감소

3. 엔진의 추력 증가

4. 추력의 감소 (1)

4. 35,000피트 상공에서 터빈 엔진의 SFC(specific fuel consumption)는 해면 고도와 비교해서 어떤 결과를 나타내는가?

1. 적다.

2. 더 크다.

3. 같다.

4. 비교할 수 없다. (1)

5. 35,000피트 상공에서 제트 엔진의 이용 추력은 해면 고도의 이용 추력과 비교했을 때 다음과 같은 결과를 준다. 옳은 것은?

1. 적다.

2. 더 크다.

3. 같다.

4. 비교할 수 없다. (1)

6. 어떤 고도에서 제트 엔진의 100% rpm일 때의 연료 흐름은 해면에서 100% rpm일 때와 비교하면?

1. 적다.

2. 더 크다.

3. 같다.

4. 비교할 수 없다. (1)

7. 어떤 항공기가 무풍 상태에서 최적의 항속 거리에 맞는 속도로 비행중이다. 이때 배풍(tailwind)을 만나면 최적의 항속 거리를 얻기 위해서 어떻게 해야 하는가?

1. 바람 속도보다는 작은 크기로 속도를 증가시킨다.

2. 바람 속도만큼 크게 속도를 증가시킨다.

3. 바람 속도보다 크게 속도를 증가시킨다.

4. 바람 속도보다는 적은 크기만큼 속도를 줄인다. (4)

8. 제트 항공기가 최대 항속 거리를 얻기 위해서는 다음의 상태로 비행해야 한다. 옳은 것은?

1. $(L/D)_{max}$를 위한 속도보다 작게

2. $(L/D)_{max}$를 위한 속도와 같게

3. $(L/D)_{max}$를 위한 속도보다 크게

4. $(L/D)_{max}$를 위한 속도와는 관계없다. (3)

9. 제트 항공기의 최대 상승률(rate of climb)는 언제 발생하는가?

1. $(L/D)_{max}$를 위한 속도보다 느린 속도에서

2. $(L/D)_{max}$를 위한 속도와 같을 때

3. $(L/D)_{max}$를 위한 속도보다 빠를 때

4. $(L/D)_{max}$를 위한 속도와는 상관없다. (3)

10. 제트 항공기의 최대 상승각(climb angle)은 어디서 발생하는가?

1. $(L/D)_{max}$를 위한 속도보다 느릴 때

2. $(L/D)_{max}$를 위한 속도와 같을 때

3. $(L/D)_{max}$를 위한 속도보다 더 빠를 때

4. $(L/D)_{max}$를 위한 속도와는 상관없다. (2)

11. 중량 5,200kg의 비행기가 30° 경사각으로 정상 선회를 하고 있을 때 이 비행기의 원심력은 얼마인가?
1. 2,600kg
2. 3,000kg
3. 3,120kg
4. 5,200kg (2)

12. 제트기의 항속 거리를 최대로 하는 조건이 아닌 것은?
1. 고도에 관계없다.
2. 비 연료 소비율을 작게 한다.
3. 공력 특성인 $\dfrac{C_L}{C_D}$가 최대인 상태로 비행한다.
4. 탑재하는 연료의 무게를 크게 한다. (4)

13. 만약 제트 항공기의 중량이 커질 때 다음 중 옳은 것은?
1. 유해 항력이 유도 항력보다 크게 증가한다.
2. 유도 항력이 유해 항력보다 작아진다.
3. 유해 항력과 유도 항력이 같은 크기로 증가한다.
4. 유도 항력이 유해 항력보다 크게 증가한다. (4)

14. 제트 항공기의 중량이 연료가 소모되면서 감소할 때 TR(필요 출력) 곡선은?
1. 아래 우측으로 움직인다.
2. 위 우측으로 움직인다.
3. 아래 좌측으로 움직인다.
4. 위 좌측으로 움직인다. (3)

15. 만약 항공기가 기어다운 형태일 때 옳은 설명은?
1. 유해 항력이 유도 항력보다 크게 증가한다.
2. 유도 항력이 유해 항력보다 크게 증가한다.
3. 두 가지 항력 모두 같다.
4. 서로 비교할 수 없다. (1)

16. 만약 제트 항공기의 랜딩기어를 접는 것이 불가능 할 때 최적 항속 거리를 얻기 위해서는 "clean"를 위한 속도와 비교해서 어떤 형태가 되어야 하는가?

1. 더 빠른 상태
2. 감속된 상태
3. 변하지 않는다.
4. 서로 비교할 수 없다.   (2)

17. 무게가 5,000kg, 날개 면적이 20㎡인 비행기가 해발 고도를 수평 등속 도로 비행하고 있다. C_L/C_D=4, 또 C_L=0.076일 때 추력은 얼마인가?
1. 500kg
2. 1,100kg
3. 1,250kg
4. 1,450kg   (3)

18. 선회 반경을 작게 하는 방법은?
1. 양력을 크게 한다.
2. 선회각을 크게 한다.
3. 항공기 중량을 증가시킨다.
4. 최대 항력 계수를 높인다.   (2)

19. 제트 항공기가 최대 특정 항속 거리를 얻도록 비행하고 있다. 연료가 연소되면서 조종사는 다음과 같은 조치가 필요하다. 맞는 것은?
1. 스로틀을 줄이지만, 같은 속도를 유지한다.
2. 스로틀 세팅을 유지하고 항공기가 가속되게 한다.
3. 스로틀과 속도를 감소시킨다.
4. 스로틀을 유지하고 속도를 감소시킨다.   (3)

20. 가볍게 적재된 프로펠러 항공기의 활공(glide)은 무겁게 적재될 때에 비해서 어떻게 달라지는가?
1. 더 크다.
2. 훨씬 적다.
3. 같은 거리이다.
4. 비교할 수 없다.   (3)

21. 실속 속도 V_s인 항공기가 경사각 θ로 선회하는 경우의 실속 속도에 대한 다음의 공식에서 맞는 것은?

1. $V_s \sqrt{\cos\theta}$

2. $V_s \dfrac{1}{\sqrt{\sin\theta}}$

3. $V_s \sqrt{\sin\theta}$

4. $V_s \dfrac{1}{\sqrt{\cos\theta}}$ (4)

22. 고고도에서 최대 항속 거리를 얻기 위해서, 프로펠러 항공기는 해면에서의 대기 속도와 비교해서 어떤 상태가 되어야 하는가?
1. 더 작다.
2. 더 크다.
3. 같다.
4. 비교할 수 없다.   (2)

23. 선회 비행중 항공기에 작용하는 원심력에 관하여 바로 설명한 것은?
1. 비행 속도의 자승에 비례하고 선회 반경에 반비례한다.
2. 비행 속도와 자승에 비례하고 선회 반경에 비례한다.
3. 비행 속도에 비례하고 선회 반경에 반비례한다.
4. 비행 속도에 비례하고 선회 반경에 비례한다.   (1)

24. 프로펠러 항공기가 무풍 상태에서 최적의 항속 거리를 위한 속도를 비행하고 있다. 이때 정풍(headwind)을 만나서 계속 비행하면 최적의 항속 거리를 얻기 위해서는 항공기는 어떤 상태로 되어야 하는가?
1. 바람 속도만큼 속도를 증가시킨다.
2. 바람 속도만큼 속도를 느리게 한다.
3. 바람 속도보다 적은 크기로 속도를 크게 한다.
4. 바람 속도보다 더 크게 속도를 느리게 한다.   (3)

25. 프로펠러 항공기가 연료를 연소시키면서 비행하므로 최대 항속 거리를 위한 비행에서 속도는?
1. 같다.
2. 더 빠르게 한다.
3. 느리게 한다.
4. 속도와는 상관없다.   (3)

26. 더러운 상태의 프로펠러 항공기에서 P_r은 위쪽 좌측으로 움직인다. 이것을 바르게 설명한 것은?
1. 유도 P_r의 증가가 낮은 속도에서 더 크다.
2. 대부분 유해 P_r에 기인한 것이다.
3. P_r과 속도 모두 증가하기 때문이다.
4. P_r과 속도와는 관련이 없기 때문이다.   (2)

27. 필요 출력 곡선에서 고도의 증가에 대한 설명 중 맞는 것은?
1. 고도가 증가하면서 P_r은 같은 수치이다.
2. 속도가 증가하면서 P_r도 증가한다.
3. P_r은 증가되지만 속도는 증가되지 않는다.
4. P_r과 속도는 관련이 없다.   (2)

28. 중량이 증가할 때 P_r곡선의 증가는 고속에서보다 저속에서 더 크다. 이것은 다음 무엇의 증가에 따른 것인가?
1. 유도 P_r이 가장 클 때
2. 유해 P_r이 가장 클 때
3. 형상 P_r이 가장 클 때
4. 마찰 P_r이 가장 클 때   (1)

29. 항공기가 트림선 상태로 비행하고 있고 이때 비행 속도는 일정하다. 다음 중 옳은 것은?
1. 불균형된 힘의 작용이 전혀 없다.
2. 불균형된 모멘트의 작용이 전혀 없다.
3. 평형 상태에 맞다.
4. 위 모두 맞다.   (4)

30. 항공기가 자세의 변화 없이 비행 속도를 10% 증가시켰다면 양력의 증가는?
1. 10%
2. 21%
3. 30%
4. 44%   (2)

31. $(L/D)_{max}$에서 항공기는?
1. 최소 활공각을 갖는다.
2. 최대 활공 거리를 얻는다.
3. 활공비와 $(L/D)_{max}$의 수치가 똑같다.
4. 위 모두 맞다.   (4)

32. 급한 경사로 낮은 출력으로 접근하는 것은 가벼운 항공기보다 중량이 큰 항공기가 더욱 위험한데 이유를 바르게 설명한 것은?
1. 큰 강하율로부터의 회복에는 더 큰 출력 증가가 있게 된다.
2. 항공기가 부양되었다가 활주로에 내려앉아서 활주로를 지나치게 된다.
3. 항공기를 플레어(flare)시키면 강하율은 감소되지만 유도 항력은 증가된다.
4. 위 1. 3 모두 맞다.   (4)

33. 낮은 각도의 큰 출력(추력)으로 접근하면?
1. 만약 짧은 착륙 거리가 필요할 때 프로펠러 항공기에 사용한다.
2. 만약 엔진 결함시에는 프로펠러 항공기에는 위험하다.
3. 제트 항공기는 큰 유도 항력이 유도되므로 피해야 한다.
4. 위 모두 맞다.   (4)

34. 다발 엔진 항공기의 이륙 속도와 함수 관계인 것은 다음 중 어느 것인가?
1. 실속 속도
2. 최소 조종 속도
3. Ta=Tr 혹은 Pa=Pr이 되는 저속 지역
4. 위 1. 2. 3의 최고 속도   (4)

35. 이륙 거리는 다음 중 무엇과 함수 관계인가?
1. 이륙 속도
2. 가속
3. 위 모두 맞다.
4. 속도와 관계없다.   (3)

36. 이륙 거리는?
1. 가속에 비례한다.
2. 속도 자승에 반비례한다.

3. 가속에 반비례한다.

4. 속도 자승에 비례한다.

5. 위 3. 4 모두 맞다. (5)

37. 중량이 증가하면서 이륙 거리가 증가하는데 올바른 이유는?

1. 추력이 적으므로 가속이 적다.

2. 질량이 더 많으므로 가속이 적다.

3. 이륙 속도가 빠르다.

4. 위 2. 3 모두 맞다. (4)

38. 중량(W_2)이 증가하면서 이륙 거리는 증가하는데 다음 중 옳은 것은?

1. W_2/W_1의 자승에 비례한다.

2. W_2/W_1과 비례한다.

3. W_2/W_1의 자승에 반비례한다.

4. W_2/W_1과 반비례한다. (1)

39. 제트 항공기의 경우에 어떤 고도에서 이륙 거리는 해면상에서 더 긴데 이것을 바르게 설명한 것은?

1. 이용 추력이 적다.

2. 이륙을 위한 EAS가 더 크다.

3. 이륙을 위한 TAS가 더 크다.

4. 위 1. 3 모두 맞다. (4)

40. 아래의 어떤 상태에서 항공기가 고고도에서 이륙 중에 이륙 거리를 심하게 늘어나게 하는가?

1. 수퍼차지가 되는 왕복 엔진

2. 터빈 엔진

3. 수퍼차지가 되지 않는 왕복 엔진

4. 위 2. 3. 모두 맞다. (4)

41. 항공기가 정상 선회하고 있을 때 선회 반경을 틀리게 설명한 것은

1. 비행기 무게에 비례한다.

2. 원심력에 반비례한다.

3. 비행 속도에 비례한다.

4. 비행 속도와 자승에 비례한다.   (3)

42. 배풍을 받으며 이륙할 때 이륙 지면 속도는 배충 속도와 어떤 관계가 있는가?
1. 배풍만큼 증가
2. 배풍만큼 감소
3. 영향 받지 않는다.
4. 오직 엔진 성능에 관계된다.   (1)

43. 공식 $Pr=\dfrac{T_r V}{325}$ 에서 Pr은 무엇을 나타내는가?
1. 마력단위의 필요 출력(power required)
2. ft-lb/sec 단위의 필요 출력
3. 합성 출력(추력=항력)
4. ft-lb/sec 단위의 출력   (1)

44. 출력(power)은?
1. $\dfrac{\text{힘}\times\text{속도}}{\text{시간}}$

2. $\dfrac{\text{일}}{\text{시간}}$

3. $\dfrac{\text{힘}\times\text{거리}}{\text{시간}}$

4. 위 2.3 모두 맞다.   (4)

45. 필요 출력이 유도 항력을 극복하기 위해서는 다음 상태가 되어야 하는가?
1. V^2에 반비례
2. V^3에 반비례
3. V에 반비례
4. V에 비례   (3)

46. 필요 출력이 유해 항력을 극복하기 위해서는 다음 상태가 필요하다.
1. V^2에 비례
2. V^3에 비례
3. V에 비례
4. V^2에 반비례   (2)

47. 프로펠러 항공기의 최대 상승률은 어떤 상태에서 발생하는가?
1. $(L/D)_{max}$
2. P_{rmin}
3. $(L/D)_{max}$
4. $(Pa-Pr)_{max}$ (2)

48. 무게가 10,000kg의 비행기가 150㎞/h로 정상 선회할 때 이때 비행기의 작용하는 원심력이 17,715kg이라면 선회 반경은 얼마인가?
1. 150
2. 100
3. 200
4. 250   (2)

49. 프로펠러 항공기가 제트 항공기보다 더 효율적인데 이유를 올바르게 설명한 것은?
1. 프로펠러 항공기 속도가 빠르지 않기 때문에
2. 더 많은 공기를 처리하고, 크게 가속시키지 않기 때문에
3. JP 연료 대신에 가솔린을 사용하기 때문에
4. V_1이 작아서 추진 효율이 더 크기 때문에   (2)

50. 터보프롭 항공기는 출력 생산 기계로 분류하는데 올바른 이유는?
1. 엔진 출력의 거의 대부분은 프로펠러로 간다.
2. 엔진은 터빈 엔진이다.
3. 연료 흐름이 출력 생산에 비례한다.
4. 위 1. 3 모두 맞다.   (4)

51. 헬리콥터는 고정 날개 프로펠러 항공기와는 다른 출력(power)을 갖는데 이것을 바르게 설명한 것은?
1. 유도 필요 출력 (induced power required)
2. 유해 필요 출력 (parasite power required)
3. 형상 필요 출력 (profile power required)
4. 전체 필요 출력 (total power required)   (3)

52. 선회시에 작용하는 하중 계수는 다음 중 무엇인가?(단 ϕ: 선회 경사각)?

1. $n = \dfrac{1}{\cos\theta}$

2. $n = \dfrac{1}{\sin\theta}$

3. $n = \sqrt{\dfrac{1}{\cos\theta}}$

4. $n = \sqrt{\dfrac{1}{\sin\theta}}$ (1)

53. 정상 수평선의 운동에서 경사각에 영향을 주는 것으로 가장 옳은 것은?
1. 항공기 무게, 중력 가속도, 항공기 속도
2. 받음각, 중력 가속도, 무게 중심
3. 항공기 무게, 양력, 실속
4. 항공기 속도, 받음각, 실속   (1)

54. 일정한 고도에서 선회중인 항공기의 "G"는 다음 중 어느 것과 관련되는가?
1. 속도
2. 항공기 형태(제트나 프롭)
3. 뱅크각
4. 위 모두 맞다.   (3)

55. V-G 다이아그램의 공기역학적 한계에서 무엇을 알 수 있는가?
1. 최대의 G
2. G 상태에서 실속 속도
3. 항공기가 이곳에서 실속하므로 이 라인의 좌측에서는 비행할 수 없다.
4. 위 모두 맞다.   (4)

56. 항공기 상승률에 가장 관계가 깊은 것은?
1. 비행 속도
2. 압력
3. 비행기 중량
4. 잉여 마력   (4)

57. 만약 항공기의 중량(W_2)이 설계 총중량(W_1) 이상으로 증가되면, 제한 하중 계수는?

1. 같은 수치로 남는다.
2. 무게비(W_2/W_1) 만큼 증가한다.
3. 무게비(W_2/W_1) 만큼 감소한다.
4. 위 모두 아니다. (3)

58. 만약 항공기가 대칭 비행 상태에 있을 때 방향 조종 속도는 어떻게 해야 하는가?
1. 과도한 응력을 주지 않는다.
2. 최소의 선회 반경을 만든다.
3. 최고의 선회율을 만든다.
4. 위 모두 맞다 (4)

59. 필요 추력에 대한 설명 중 맞지 않는 것은?
1. 항공기가 등속 수평 비행을 유지하는데 필요한 추력
2. 항력과 같은 값을 갖는다.
3. 양항비에 비례하는 관계가 있다.
4. 주어진 무게에 비례한다. (3)

60. 항공기가 수평 뱅크 선회를 할 때 속도가 느려지는데, 이것을 가장 잘 설명하는 것은?
1. 유해 항력이 증가하기 때문에
2. 유도 항력이 증가하기 때문에
3. 형상 항력이 증가하기 때문에
4. 마찰 항력이 증가하기 때문에 (2)

61. 실속 속도가 180km/h인 비행기가 60° 경사각으로 정상 선회를 할 경우 실속 속도는?
1. 176km/h
2. 198km/h
3. 254km/h
4. 271km/h (3)

62. 다음 설명 중 틀리는 것은?
1. 수평 비행중의 비행기가 돌풍 등에 의해 돌연 실속될 경우 비행기는 급강하 및 자전 현상을 일으키게 되는데 이 상태를 스핀이라 한다.

2. 안정성이란 비행기가 정상 비행중 돌풍 등의 교란을 받을 경우 비행기 자체의 힘에 의해 원래의 정상 비행 상태로 돌아가는 성질을 말한다.

3. loop는 수평 선회와 비슷한 운동을 하나 이 경우 항공기 속도 및 선회 반경은 일정하지 않고 시시각각 변화한다.

4. 비행기 선회 방법에는 수평 선회와 정상 선회로 구분되어 요잉만으로 이루어진다.   (4)

63. 항속 거리를 크게 하기 위한 요소 중 틀리는 것은?

1. 연료 소비율을 작게 한다.

2. $(C_L/C_D)_{max}$의 받음각으로 비행한다.

3. $W_2{}'/W_1$을 작게 한다.

4. 프로펠러 효율 η를 작게 한다.   (4)

64. 등속 수평 선회 비행 속도 공식은?

1. $V\phi = \sqrt{\dfrac{2W\cos\phi}{\rho C_D}}$

2. $V\phi = \sqrt{\dfrac{C_L W\sin\phi}{C_D}}$

3. $V\phi = \sqrt{\dfrac{C_D \rho\cos\phi}{C_L S}}$

4. $V\phi = \sqrt{\dfrac{2W\cos\phi}{\rho C_L}}$

(ϕ: 경사각, ρ: 공기 밀도, W: 항공기 중량, S: 날개 면적, C_D: 항력 계수, C_L: 양력 계수)   (4)

65. 비행기가 직선 비행이 아닌 선회 실속 속도의 운동을 할 때 비행기에 걸리는 힘은?

1. 중력 가속도와 같은 힘이 걸린다.

2. 중력 가속도보다 큰 힘이 걸린다.

3. 중력 가속도보다 작은 힘이 걸린다.

4. 중력 가속도보다 크거나 작은 힘이 걸리게 된다.   (2)

66. 프로펠러 엔진에서 최대 항속 거리를 얻을 수 있는 비행 속도는?

1. 양항비(L/D)가 최소로 되는 받음각으로 비행할 때의 속도

2. 양항비가 최대로 되는 받음각으로 비행하는 속도

3. 양항비가 8:1 이상일 때의 비행 속도

4. 양항비가 8:1 이하일 때의 비행 속도 (2)

67. 제트 항공기에 있어서 비행하기에 제일 좋은 방법은?

1. 양항비를 최대로 이용

2. 최소 속도로 비행

3. 경제 운용 속도로 비행

4. 임계 마하수보다 최소로 비행 (1)

68. 실용 상승 한도에 대한 정의 중 맞는 것은?

1. 상승률이 50ft/min이 되는 고도

2. 상승률이 100ft/min이 되는 고도

3. 상승률이 150ft/min이 되는 고도

4. 상승률이 200ft/min이 되는 고도 (2)

69. 항공기가 상승 비행을 하려면?

1. 이용 마력=필요 마력

2. 이용 마력>필요 마력

3. 이용 마력<필요 마력

4. 이용 마력<잉여 마력 (2)

70. 항공기의 최대 속도를 크게 하는 것과 관계가 먼 것은?

1. 마력의 증대

2. 프로펠러 효율의 증대

3. 날개 면적 증대

4. 고도의 증애 (3)

71. 항공기가 활공하고 있을 때의 활공각은?

1. 활공 속도가 적으면 활공각도 적다.

2. 무게가 크면 활공각도 크다.

3. 활공각이 적으면 양항비가 적다.

4. 양항비가 크면 활공각은 적다. (4)

제3장 고속 공기 역학

제3장 고속 공기 역학(High Speed Aerodynamic)

3-1. 일반적인 개념과 초음속 흐름 형태

1) 압축성의 본질

공기 역학의 저속 비행의 연구에서 공기는 상당히 작은 압력 변화와 무시할 정도의 밀도 변화를 갖는 사실에 의해서 쉽게 이해할 수 있다.

이런 흐름은 비압축성(incompressible)이라고 하는데, 왜냐하면 밀도의 현저한 변화가 없는 상태에서 압력의 변화를 겪기 때문이다. 이런 공기 흐름 상태는 물, 유압 작동유 혹은 다른 비압축성 작동유의 흐름과 비슷하다. 그러나 고속 비행 속도에서는 압력 변화가 생기므로 공기 밀도에 중요한 변화가 발생한다.

고속 흐름의 연구는 공기 밀도의 이런 변화를 고려해야 하고 공기는 압축성이어서 압축성 효과(compressibility effect)가 있다고 가정한다.

고속 흐름의 연구에서 중요한 요소 중의 하나는 음속(speed of sound)이다. 음소은 작은 압력 교란 상태가 일정한 비율로 공기를 통해서 전파되는데 이 전파 속도는 온도와 함수 관계이다.

아래 표는 표준 대기에서 음속의 변화를 나타낸다.

고도	온도		음속
ft	°F	℃	knot
해면상	59.0	15.0	661.7
5,000	41.2	5.1	650.3
10,000	23.3	4.8	638.6
15,000	5.5	-14.7	626.7
20,000	-12.3	-24.6	614.6
25,000	-30.2	-34.5	602.2
30,000	-48.0	-44.4	589.6
35,000	-65.8	-54.3	576.6
40,000	-69.7	-56.5	573.8
50,000	-69.7	-56.5	573.8
60,000	-69.7	-56.5	573.8

물체가 공기 속을 움직이면 속도와 압력 변화가 발생하고 이것은 물체 주변의 공기 흐름에 압력 교란을 만든다. 물론, 이 압력 교란은 음속으로 공기를 통해 전파된다.

만약 물체가 저속으로 움직이면 압력 교란은 물체의 전방으로 전파되고 물체의 바로 앞 공기 흐름은 물체의 압력 영역에 의해 영향을 받는다.

실제로 이 압력 교란은 모든 방향으로 전달되고 무한대로 퍼져 나간다. 이 압력 경계

(pressure warning)의 징후를 그림 3-1의 일반적인 아음속 흐름 형태에서 볼 수 있고, 리딩에이지의 바로 앞의 상승 흐름 방향에 변화가 생긴다.

만약 물체가 음속 이상의 어떤 속도로 움직이면 물체의 전방에서 공기 흐름은 물체의 압력 영역에 의해 영향을 받지 않는데, 왜냐하면 압력 교란은 물체의 전방으로 전파될 수 없기 때문이다. 그러므로 음속에 가까운 비행 속도에서 압축파장(compression wave)은 리딩에이지에서 형성되는데 속도와 압력의 모든 변화는 상당히 날카롭고 갑작스럽게 일어난다.

물체 앞의 공기 흐름은 물체에 의해 형성되는 압력파장 집중에 의해서 공기 입자가 갑자기 밀려나기 전까지는 영향을 받지 않는다. 이 현상은 일반적인 초음속 흐름에서 볼 수 있다.

물에서 표면파의 유추는 이 현상을 이해하는데 도움이 된다. 표면파(surface wave)는 단순히 압력 교란의 전파로 선박이 파장 속도보다 느리게 움직이면 선수파(bow wave)를 형성하지 못한다.

선박의 속도가 파도 전파 속도에 가까워지면서 선수파를 형성하고 파장 속도가 커지면서 강해진다. 이 지점에서 분명해지는 것은 모든 압축성 효과는 공기 속도와 음속이 관계되는 것이다.

이 관계를 설명하는데 사용하는 용어가 마하수(mach number: M)이고 이것은 진대기 속도와 음속과의 비를 나타낸다.

$$M = \frac{V}{a}$$

여기서   M: 마하수

　　　　V: 진대기 속도(knot)

　　　　a: 음속(knot)

　　　　　　$= a_0 \sqrt{\theta}$

　　　　　a_0: 표준 해면 상태에서 음속(661knot)

　　　　θ: 온도비

　　　　　　$= T/T_0$

여기서 중요한 사항으로 압축성 효과는 음속과 음속 이상에서 비행 속도를 제한하지 않는다.

모든 항공기가 공기 역학적인 형태를 갖고 있기 때문에 양력을 발생시키고 표면에는 지역 흐름 속도(local flow velocity)가 있으며 이것은 비행 속도보다 빠르다. 그러므로 항공기는 음속 이하의 비행 속도에서도 압축성 효과를 경험하게 된다.

항공기에는 아음속과 초음속 흐름이 존재할 수 있고, 아래와 같이 비행 상태를 결정한다.

TYPICAL SUBSONIC FLOW PAYTERN

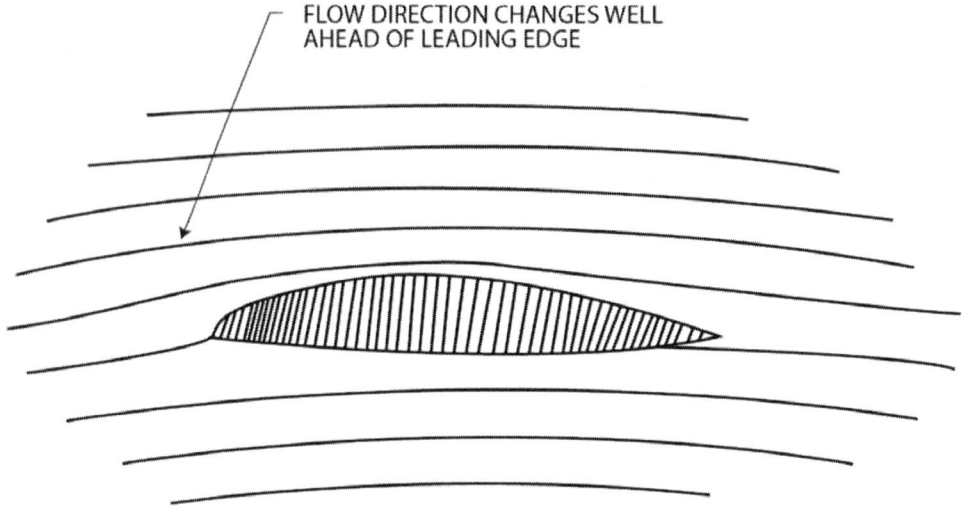

FLOW DIRECTION CHANGES WELL
AHEAD OF LEADING EDGE

TYPICAL SUBSONIC FLOW PAYTERN

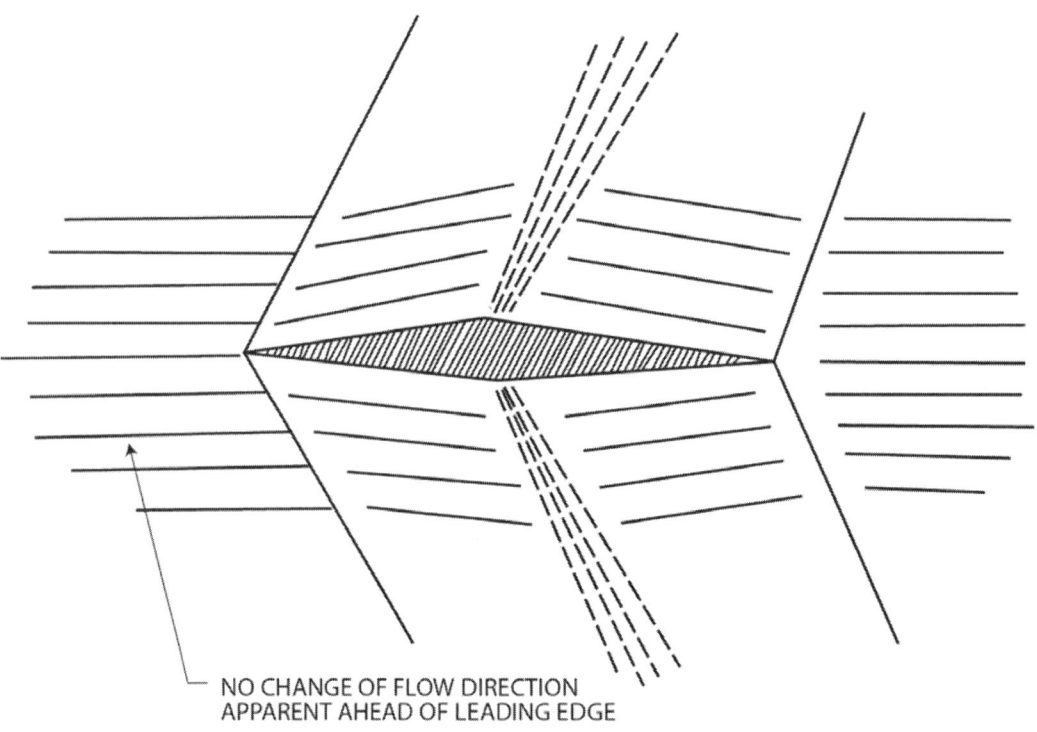

NO CHANGE OF FLOW DIRECTION
APPARENT AHEAD OF LEADING EDGE

그림 3-1 아음속과 초음속 흐름 형태의 비교

ⓐ 아음속(subsonic) : 마하수 0.75 이하

ⓑ 천음속(transonic) : 마하수 0.75~1.20까지

ⓒ 초음속(supersonic) : 마하수 1.20~5.00까지

ⓓ 극초음속(hypersonic) : 마하수 5.0 이상

비행 마하수로 비행의 상태를 결정하는 것이 상당히 편리하고 각 속도 부근에 존재하는 흐름의 형태를 이해하는 것이 가장 중요하다.

아음속 흐름 범위에서 항공기의 모든 부분에 순순한 아음속 흐름이 존재한다.

천음속 범위에서 항공기의 흐름 성분 중에 일부는 아음속이고 일부는 초음속이다. 초음속과 극초음속 비행 상태에서 항공기의 모든 부분에 확실한 초음속 으름이 존재한다.

물론 초음속 비행에서 경계층의 일보는 아음속이지만 지배적인 것은 초음속이다. 아음속과 초음속 흐름 사이의 기본적인 차이는 초음속 흐름의 압축성에 기인한 것이다. 그러므로 초음속 흐름의 속도나 압력의 어떤 변화는 밀도에 관계된 변화를 만든다는 것을 고려해야 되고 계산되어야 한다.

밀폐된 튜브의 압축성과 비압축성 흐름의 비교를 해보자.

물론 연속의 조건이 밀폐된 튜브 속을 지나는 흐름에 존재해야 하고 튜브를 따라서 어느 위치에서든지 흐름량은 일정해야 한다. 위에서 말한 내용은 압축성과 비압축성 두 경우 모두에 해당된다.

아음속 비압축성 흐름의 예에서 밀도는 튜브 전체를 통해서 일정하다는 사실에 의해서 쉽게 이해할 수 있다. 그러므로 흐름이 좁아진 곳과 유선형의 수축부에 이르면 속도는 증가하고 정압은 감소한다.

다시 말하면 튜브의 수축 부분에서 계속적인 흐름을 가능하게 하기 위해서 속도의 증가가 요구된다. 또한 아음속 비압축성 흐름이 튜브의 확산 부분에 들어가면서 속도는 떨어지고 정압은 증가되지만 밀도는 불변이다.

아음속 비압축성 흐름의 습성에서 수축형은 팽창(압력 감소)을 일으키는 반면 확산형은 압축(압력 증가)을 일으킨다. 초음성 압축성 흐름의 예에서는 밀도가 변화하는 사실 때문에 복잡해지는데, 속도와 정압 변화가 관계된다.

초음속 압축성 흐름의 습성에서 수축형은 압축을 일으키는 반면, 확산형은 팽창을 일으킨다. 그러므로 초음속 흐름이 제한되는 곳, 즉 유선형으로 좁아지는 곳에서 속도는 감소하고 정압은 증가한다.

흐름의 연속이 밀도의 증가에 의해서 유지되는데 여기에는 속도의 감소가 따른다.

초음속 압축성 흐름이 튜브의 확산부를 지나 흐르면서 속도가 증가하고 정압 감소 및 밀도가 감소되는 상태를 만든다. 위의 초음속 압축성과 아음속 비압축성 흐름사이의 비교에서 3가지 중요한 차이점을 지적할 수 있다.

ⓐ 압축성 흐름은 흐름 밀도에서 추가의 변화를 포함한다.

ⓑ 수축성 흐름은 비압축 흐름의 팽창을 일으키지만 압축성 흐름은 압축을 일으킨다.

ⓒ 흐름의 확산은 비압축 흐름의 압축을 일으키지만 압축성 흐름은 팽창을 일으킨다.

2) 초음속 흐름의 일반적인 형태

초음속 흐름이 분명하게 설정되면 속도, 압력, 밀도, 흐름 방향 등에 모든 변화가 상당히 제한된 지역에서 갑자기 발생한다.

흐름 면적의 변화는 독특한 현상으로 파장 형성이라고 부른다. 모든 압축파는 갑자기 발생하고 에너지의 손실이 동반된다. 그런 까닭에 압축파는 갑작스런 충격(shock)의 습성에 의해서 구분된다.

모든 팽창파(expansion wave)는 발생이 그렇게 갑작스럽지 않고, 압축 충격파 (compression shock wave)처럼 에너지의 손실이 아니다.

여러 가지 형태의 파장이 초음속 흐름에서 발생할 수 있고 형성되는 파장의 본질은 공기 흐름과 흐름 변화를 일으키게 하는 물체의 모양에 좌우된다.

근본적으로 초음속 흐름에는 3가지 기본적인 파장의 형태가 형성된다.

ⓐ 경사 충격파(oblique shock wave: 압축)

ⓑ 정상 충격파(normal shock wave: 압축)

ⓒ 팽창파(expansion wave: 충격이 없다)

A. 경사 충격파(oblique shock wave)

초음속 공기 흐름이 있는 곳의 경우에 바로 앞의 공기 흐름을 고려해보자. 이런 것은 초음속 흐름으로 코너에서의 흐름과 같다.

경사 충격파를 지나는 초음속 공기 흐름은 다음과 같은 변화를 겪는다.

ⓐ 공기 흐름이 느려진다. 파장(wave) 뒤의 속도와 마하수는 감소되지만 흐름은 계속 초음속이다.

ⓑ 흐름 방향은 표면을 따라서 흐르는 것으로 바뀐다.

ⓒ 파장 뒤의 공기 흐름의 정압은 증가한다.

ⓓ 파장 뒤의 공기 흐름의 밀도는 증가된다.

ⓔ 공기 흐름의 이용 가능한 에너지의 일부(동압과 정압의 합으로 나타난다.)는 분산되고 이용할 수 없는 열에너지로 바뀐다. 그런 까닭에 충격파는 에너지의 낭비를 초래한다.

경사 충격파 형성의 일반적인 경우는 초음속 흐름으로 뻗친 쐐기 지점(혹은 V자 모양)에서 생긴다.

경사 충격파는 쐐기의 각 표면에 형성되고 충격파의 경사는 자유 흐름 마하수(전혀 어떠한 장애를 받지 않고 흐를 때의 흐름 속도)와 쐐기각과의 함수 관계이다. 자유 흐름 마하수가 증가하면서 충격파 각은 감소하고 쐐기각(wedge angle)이 증가하면서 충격파 각이 증가하고 만약 쐐기각이 심각한 크기로 증가하면 충격파가 쐐기의 리딩에이지에서부터 떨어진다.

여기서 중요한 것으로 충격파의 분리는 충격파 중심 부분의 바로 뒤 흐름에서 아음속을

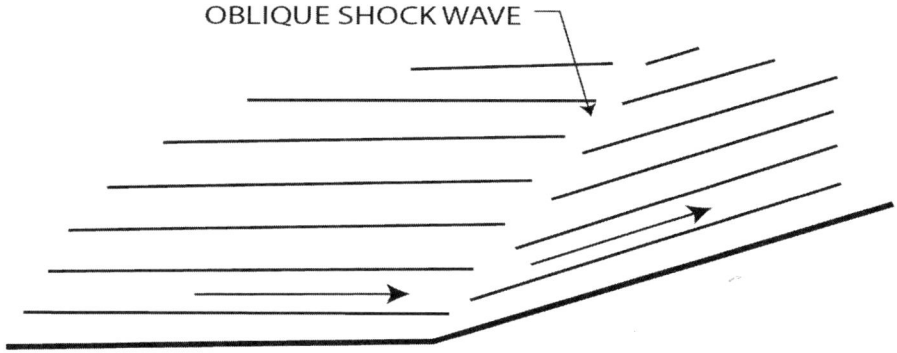

OBLIQUE SHOCK WAVE

SUPERSONIC FLOW INTO A CORNER

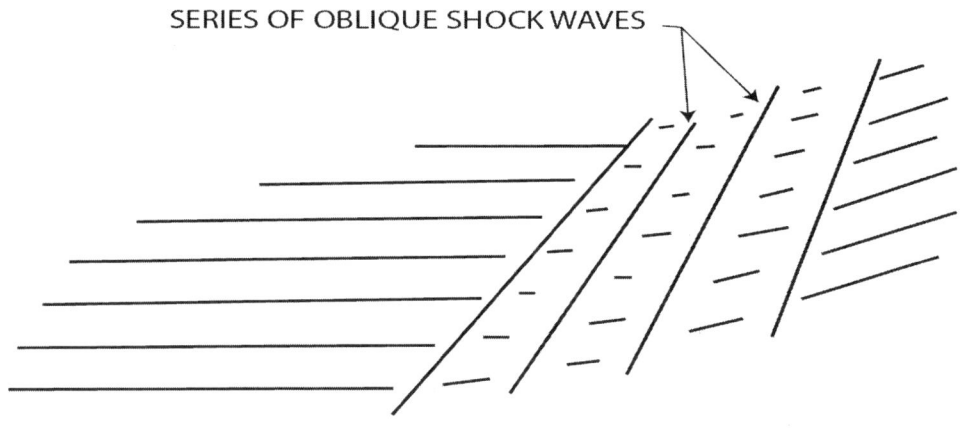

SERIES OF OBLIQUE SHOCK WAVES

SUPERSONIC FLOW INTO A ROUNDED CORNER

그림 3-3 경사 충격파(oblique shock wave)의 형성

만든다는 것이다.

　초음속 공기 흐름으로 쐐기를 가로지르는 흐름은 2차원(two dimension)이다. 만약 초음속 흐름에 콘(cone)을 놓으면 공기 흐름은 3차원(three dimension)이고 흐름 특성에는 눈에 띄는 차이가 있게 된다.

같은 마하수와 흐름 방향 변화에서 3차원 흐름은 압력과 밀도의 적은 변화와 함께 약한 충격파를 만든다. 또한 이 원추형 파장(conical wave) 형성은 공기 흐름의 변화를 갖게 하고 파장 전면을 지나 흐르는 곳에서 계속 발생하고 파장 강도는 표면으로부터 떨어진 거리에 따라 변한다.

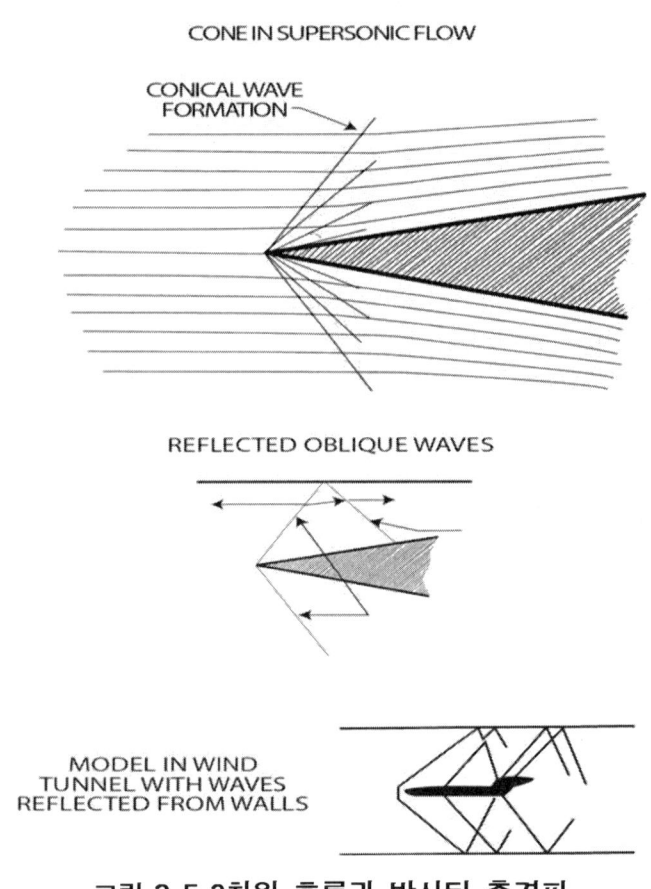

CONE IN SUPERSONIC FLOW

CONICAL WAVE
FORMATION

REFLECTED OBLIQUE WAVES

MODEL IN WIND
TUNNEL WITH WAVES
REFLECTED FROM WALLS

그림 3-5 3차원 흐름과 반사된 충격파

그림. 3-5는 콘을 지나는 일반적인 3차원 흐름이다. 경사 충격파는 어떤 압력 파장처럼 반사되고 이 영향은 보여준다.

이 반사(reflection)는 그림에서처럼 논리적으로 나타나는데, 왜냐하면 본래 파장은 벽 쪽으로 가는 흐름 방향을 바꾸고 반사된 파장(굴절된 파)이 계속적인 흐름 변화를 일으켜서 흐름이 벽 표면과 평행하게 남도록 하는데 필요하다.

이 반사 현상은 윈드터널에서 모델의 크기에 결정적인 제한을 가하는데, 모델로의 역파장 반사는 일반적인 자유 비행에서 볼 수 없는 압력 분포를 일으키기 때문이다.

B. 정상 충격파(normal shock wave)

앞 끝이 뭉툭한 물체가 초음속 공기 흐름에 놓이면 충격파가 형성되고 리딩에이지로부터 분리된다. 이 분리된 파장은 또한 쐐기(wedge)나 콘각(cone angle)이 어떤 임계 수치를 초과할 때 발생한다.

충격파가 상향 흐름에 수직하게 형성되면, 충격파는 정상 충격파라고 부르고 파장의 바로 뒤는 아음속 흐름이다. 초음속 흐름에서 상당히 뭉툭한 어떤 물체는 리잉에이지의 바로 앞에서 정상 충격파를 형성하고 공기 흐름을 아음속으로 느리게 해서 공기 흐름은 물체의 주위로 흐르게 된다.

일단 뭉툭한 토를 지난 공기 흐름은 아음속으로 남거나 초음속으로 다시 되돌아 가는데 코의 모양이나 자유 흐름 마하수에 좌우된다. 위에서 말한 정상 충격파의 형성 이외에도 이와 똑같은 파장의 형태가 초음속 흐름속에서(물체가 없을 때도) 전혀 다른 방법으로 형성된다.

이것은 특히 초음속 흐름이 방향 변화 없이 아음속으로 느려지면 정상 충격파가 초음속과 아음속 지역 사이의 경계에서 형성된다. 이것은 중요한 현상으로 항공기는 항상 비행 속도가 음속이 되기 전에 어떤 압축성 효과에 마주치게 되기 때문이다.

높은 아음속에서 에어 포일이 초음속의 지역 흐름 속도를 갖는다. 지역 초음속 흐름이 뒤로 움직이면서 정상 충격파가 형성되어 흐름을 느리게 하여 아음속이 되게 한다.

아음속에서 초음속으로의 흐름 변화는 매끈하고 만약 변화가 점차적이고 매끈한 표면에서이면 충격파를 동반하지 않는다. 초음속에서 아음속으로 흐름의 변화에서 방향 변화가 없으면 항상 정상 충격파를 형성한다.

초음속 공기 흐름이 정상 충격파를 통해 지날 때 다음과 같은 변화를 경험한다.

ⓐ 공기 흐름은 아음속으로 느려진다. 파장 뒤의 지역 마하수는 대략 파장 바로 앞의 마하수와 비슷하다. 즉, 파장의 바로 앞 마하수가 1.25이면 파장의 뒤 마하수는 대략 0.80이다.

ⓑ 파장 바로 뒤의 공기 흐름 방향은 불변이다.

ⓒ 파장의 뒤 공기 흐름의 정압은 크게 증가한다.

ⓓ 파장의 뒤 공기 흐름의 밀도는 크게 증가한다.

ⓔ 공기 흐름의 에너지(정압으로 지시되고 이것은 동압＋정압)는 크게 감소한다. 정상 충격파는 아주 큰 에너지의 소모 과정이다.

C. 팽창파(expansion wave)

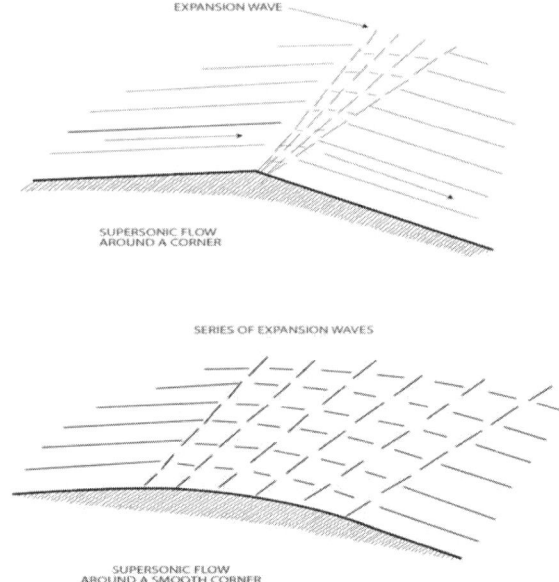

초음속 공기 흐름이 앞의 흐름에서 떨어지면 팽창파가 형성된다. 그림 3-7의 코너 주변 흐름에서 코너 자체를 제외한 흐름에서는 흐름이 날카롭고 갑작스런 변화를 일으키지 않으므로 실제로는 충격파가 아니다. 초음속 공기 흐름이 팽창파를 지나 흐를 때 다음의 변화를 경험한다.

ⓐ 공기 흐름은 가속된다. 파장의 뒤에서 속도와 마하수는 더 크다.

ⓑ 흐름 방향이 표면을 따라서 흐르는 것으로 바뀌어 분리되지 않는다.

ⓒ 파장 뒤의 공기 흐름의 정압력은 감소된다.

ⓓ 파장 뒤의 공기 흐름의 밀도는 감소

그림 3-7 팽창파(expansion wave) 형성

된다.

ⓔ 흐름 변화가 다소 점차적인 방법이기 때문에 충격이 없고 공기 흐름에서 에너지 손실이 없다. 팽창파는 공기 흐름 에너지를 분산시키지 않는다.

3차원에서 팽창파는 약간 다른 경우이고 근본적인 차이는 정압의 경우 파장을 지난 후에 계속해서 증가하는 경향이 있는 것이다. 아래 테이블은 초음속 흐름에서 마주쳐서 형성되는 3가지 기본적인 파장의 특성을 요약한 것이다.

파장 형성의 형태	경사 충격파	정상 충격파	팽창파
흐름 방향 변화	코너로 흐른 다음 다시 이전의 흐름으로 전환	변화 없다.	코너 주변을 흐르로 이전 흐름으로부터 멀어진다.
속도와 마하수의 영향	감소되지만 계속 초음속이다.	아음속으로 감소	더 큰 마하수로 증가
정압과 밀도의 영향	증가	더 크게 증가	감소
에너지나 전압의 영향	감소	더 크게 감소	변화가 없다.

Table 3-1 초음속 파장(supersonic wave) 특성

3) 초음속 흐름의 성질

초음속 흐름의 공기 역학적 특성에서 여러 가지 파장 형태의 영향을 이해하기 위해서 그림 3-5를 주의 깊게 살펴본다.

ⓐ와 ⓑ는 (+) 받음각에서 얇고 평편한 판의 파장 형태와 합성적인 압력 분포를 보여준다. 위쪽 표면을 지나 흐르는 공기 흐름은 리딩에이지에서 팽창파를 통해 지나고 트레일링에이지에서는 경사 충격파가 된다. 그러므로 위쪽 표면에는 고른 흡입 압력(suction pressure)이 존재한다.

평편한 판 바로 밑을 지나는 공기 흐름은 리딩에이지에서 경사 충격파를 통과해 지나고 트레일링에이지에서는 팽창파로 된다. 이것이 단면의 아래쪽에 고른 (+) 압력을 만든다. 표면에 이 압력의 분포는 순수 양력을 만들고, 자유 흐름에 수직한 합성 양력의 경사로부터의 양력에 기인한 항력을 만든다.

무양력에서 2중 쐐기에서 포일을 위한 파장 형태와 결과적인 압력 분포를 나타낸다. 표면 위를 지나서 움직이는 공기 흐름은 경사 충격, 팽창파 그리고 다른 경사 충격을 통해서 지난다. 표면의 결과적인 압력 분포는 순수 양력을 못 만들지만 코드(chord)의 뒤쪽 절반에서 감소된 압력과 함께 코드의 전방 반쪽의 증가된 압력이 조파 항력을 만든다.

조파 항력(wave drag)은 압력 힘(pressure force) 성분에 의해서 생기는 것으로 이것은 자유 흐름 방향과 평행하다. 조파 항력은 항력이 추가되는 것으로 마찰, 분리, 양력 등에 기인한 것으로 아주 큰 초음속에서 전체 항력의 아주 큰 부분이다.

작은 (+) 받음각에서 이중 쐐기 에어 포일의 결과적인 압력 분포와 파장 형태를 설명한다. 순수 압력 분포는 "0"에서 조파 항력에 더해지는 양력에 기인한 항력과 함께 경사진 양력을

만든다. 원형 아크 에어 포일(circular arc airfoil)을 위한 파장 형태를 보여 준다. 공기 흐름이 리딩에이지에서 경사 충격파를 가로지른 후에 공기 흐름은 점차적이지만 계속적인 팽창을 트레일링에이지 충격파와 마주칠 때까지 팽창한다.

초음속 흐름에서 일반적인 뭉툭한 코 에어 포일(blunt nose airfoil)의 파장 형태를 설명한다. 코가 뭉툭하면 파장은 떨어져 나가고 리딩에이지의 바로 앞에서 정상 충격파가 형성된다. 물론 이 파장 형성은 리딩에이지에서 분리되는 파장 뒤의 높은 압력과 밀도로 아음속 공기 흐름 지역을 만든다. 초음속 흐름의 일반적인 형태를 설명하고 2차원 초음속 흐름에서 공기 역학적 표면과 관계된 몇 가지 사실을 지적한다.

ⓐ 속도, 압력, 밀도, 흐름 방향의 모든 변화는 여러 가지 파장 형성을 통해서 상당히 갑자기 발생한다. 물체의 모양과 필요한 흐름 방향 변화가 형성된 파장의 종류와 강도를 결정한다.

ⓑ 표면의 압력 분포로부터 얻어진 양력은 순수한 힘으로 자유 흐름 방향과는 수직이다. 공기 흐름과 평행한 어떤 양력 성분은 양력에 기인한 항력이다.

ⓒ 초음속 비행에서 어떤 유한 두께 에어포일의 무양력 항력은 조파 항력을 포함한다. 에어포일의 두께는 이 조파 항력에 극히 중요한 영향을 미치는데, 왜냐하면 조파 항력은 두께 비(thickness ratio)의 자승처럼 변하기 때문이다.

만약 두께가 50% 감소되면 조파 항력은 75% 감소된다. 초음속 모양의 리딩에이지는 날카로워서 리딩에이지에서 형성되는 충격파를 분리시킨다.

ⓓ 에어포일에서 일단의 흐름이 초음속이면 표면의 공기 역학적 중심은 대략 코드 위치의 50%에 위치한다. 이것은 코드 위치 25%의 공기 역학적 중심을 위한 아음속 위치와 대조되는 것으로 공기 역학적 트림(trim)과 안정성에 중대한 변화를 천음속 비행에서 마주치게 된다.

3-2. 형태 효과(Configuration Effect)

1) 천음속과 초음속 비행

아음속 비행에서 어떤 물체든지 유한 두께를 갖거나 만들어지는 양력은 표면에 지역 속도를 갖는데 이 속도는 자유 흐름 속도보다 더 크다. 그런 까닭에 압축성 효과는 음속보다 느린 비행 속도에서 발생한다고 기대할 수 있다.

천음속 지역의 비행에서 아음속과 초음속 흐름이 혼합되므로 압축성 효과의 첫 번째 중요성을 고려해 볼 수 있다. 일반적인 에어포일 모양을 고려해보자.

만약 이 에어포일이 0.50의 마하수로 비행하고 약간 (+) 받음각이면 표면의 최대 지역 속도는 비행 속도보다 더 크지만 대부분의 경우는 음속보다 느리다. 비행 마하수를 0.72까지 증가시킨다고 가정하면 지역 음속 흐름(M=1.0)이 처음으로 나타난다.

이 비행 상태는 초음속 흐름이 없는 가장 빠른 비행 속도이고 이때를 임계 마하수(critical nach number)라고 부른다. 그러므로 임께 마하수는 아음속과 천음속 비행 사이의 경계이고 천음속 비행에서 마주치는 모든 압축성 효과를 위한 가장 중요한 기준점이 된다.

정의하는 것처럼 임계 마하수는 자유 흐름 마하수로 이것은 지역 음속 흐름이 존재하는 첫 번째 증거이다. 그러므로 충격파(shock wave), 부펫(buffet), 공기 흐름 분리(airflow separation) 등이 임계 마하수에서 발생한다. 임계 마하수는 초음속 흐름 지역이 있을 때 만들어지고 정상 충격파가 에어포일 표면의 뒤쪽 부분에서 초음속 흐름과 아음속 흐름 사이의 경계에서 형성된다.

아음속에서 초음속으로 공기 흐름의 가속에서 만약 표면이 미끈하고 변화가 점진적이면 충격파를 동반하지 않는다. 그러나 초음속에서 아음속으로의 공기 흐름의 변화는 항상 충격파를 동반하지만 공기 흐름의 방향이 변화되지 않으면 이때의 형성은 정상 충격파이다.

한 가지 상기할 것은 정상 충격파의 기본적인 영향은 파장 뒤의 공기 흐름에서 큰 정압력을 만든다는 것이다.

만약 충격파가 강하고 경계층이 충분한 운동에너지를 갖고 있지만 큰 역압력 구배를 견디지 못하면 분리가 발생한다. 임계 마하수보다 약간 높은 속도에서 형성되는 충격파는 분리를 일으킬 만큼 강하지 못하고 공기 역학적 힘 계수에서 어떤 눈에 띄는 변화를 일으키지 못한다. 그렇지만 임계 마하수 이상의 속도로 증가하면 충분히 강한 충격파를 형성해서 경계층의 분리를 일으키고 공기 역학적 힘 계수의 갑작스런 변화를 만든다.

이런 흐름 상태가 나타나고 M=0.77의 흐름 형태이다. 0.82까지 마하수를 더 증가시키면 위쪽 표면에 초음속 영역을 확대시키고 추가의 초음속 흐름 영역을 형성해서 아래쪽 표면에 정상 충격파를 형성한다.

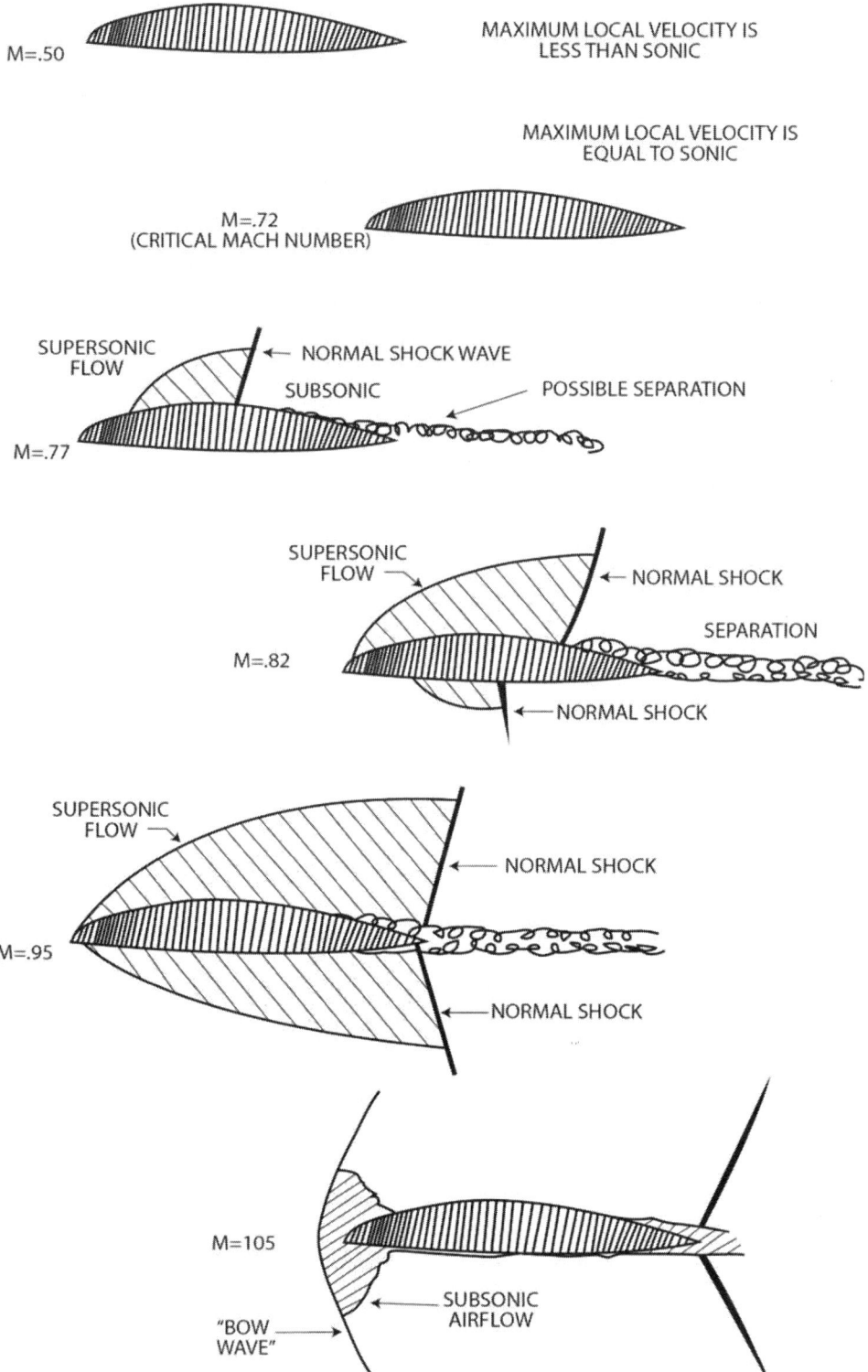

M=.50　MAXIMUM LOCAL VELOCITY IS
LESS THAN SONIC

MAXIMUM LOCAL VELOCITY IS
EQUAL TO SONIC

M=.72
(CRITICAL MACH NUMBER)

SUPERSONIC
FLOW　←— NORMAL SHOCK WAVE
SUBSONIC　POSSIBLE SEPARATION
M=.77

SUPERSONIC
FLOW　←— NORMAL SHOCK
SEPARATION
M=.82
←— NORMAL SHOCK

SUPERSONIC
FLOW
←— NORMAL SHOCK
M=.95
←— NORMAL SHOCK

M=105
"BOW
WAVE"　SUBSONIC
AIRFLOW

Fig. 3-9A 천음속 흐름(transonic flow) 형태

비행 속도가 음속에 접근하면서 초음속 흐름 영역은 확대되고 충격파는 트레일링에이지 쪽으로 움직인다. 경계층은 분리된 상태로 남아있거나 다시 붙는데 에어포일 모양이나 받음각에 좌우된다. 비행 속도가 음속을 초과하면서 리딩에이지에서 휘어진(bow) 파장이 형성되고 이 흐름 형태는 M=1.05의 그림이다.

만약 속도가 더 높은 초음속 수치로 증가하면 파장의 모든 경사 부분은 더 크게 기울고 휘어진 파장의 분리된 정상 충격 부분은 리딩에이지 쪽으로 더 가깝게 움직인다. 물론 항공기의 모든 구성품은 기본 에어포일과 비슷한 방법으로 압축성에 의한 영향을 받으므로 테일, 동체, 나셀, 캐노피 등과 같이 항공기의 여러 가지 표면 사이의 간섭 효과는 반드시 고려해야 한다.

A. 힘의 확산(force divergence)

충격파 형성에 의해 유도된 공기 흐름 분리는 공기 역학적 힘 계수들에서 큰 변화를 만든다. 자유 흐름 속도가 임계 마하수보다 더 클 때 에어포일 단면에 어떤 일반적인 영향은 다음과 같다.

ⓐ 주어진 단면 양력 계수에서 단면 항력 계수를 증가시킨다.

ⓑ 주어진 단면 받음각에서 단면 양력 계수를 감소시킨다.

ⓒ 단면 피칭 모멘트 계수를 변하게 한다.

기준점은 일정한 양력 계수를 위한 항력 계수 대 마하수의 구성으로 이루어진다. 이것이 그림 3-10에서 보는 것이다.

마하수는 항력 계수에서 급한 변화를 만드는데, 이것을 "힘의 확산"이라고 부른다. 대부분

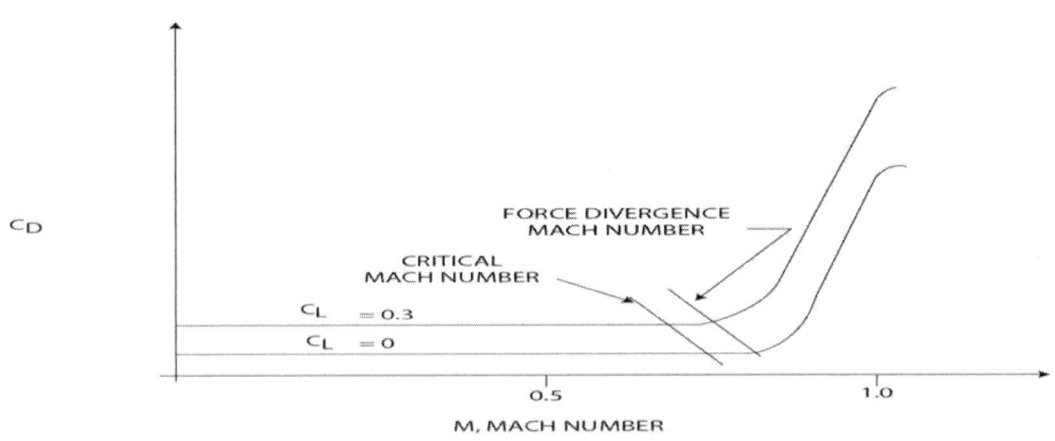

그림 3-10 압축성 항력(compressibility drag) 상승

의 에어포일에서 마하수는 흔히 최소 5~10% 정도 임계 마하수를 초과한다.

이 상태는 또한 항력 확산(drag divergence) 또는 항력 상승(drag rise)이라고 부른다.

B. 천음속 비행 현상

항력 상승과 함께 하는 것이 부펫으로 트림과 안정성이 변하고 조종면 효율을 감소시킨다. 일반적인 에일러론(보조익), 러더(방향타), 엘리베이터(승강타) 표면은 이 고주파 부펫을 받기 때문에 버즈(buzz)와 힌지 모멘트 변화가 원하지 않는 조종력을 만든다.

만약 부펫이 상당히 심하고 오래 지속된다든지 이 작용이 작동 한계를 넘을 때는 구조적 손상이 발생하고, 날개에서 공기 흐름 분리가 충격파 형성에 기인한 것이면 양력의 손실이 있게 되고 영향 받는 영역의 뒤쪽에서 하강 흐름의 계속되는 손실이 있다. 만약 날개에 고르지 못한 충격 형성이 물리적인 모양의 차이나 옆미끄럼에 의한 것이면 초기에 양력이 상실된 방향에서 롤링 모멘트가 만들어져서 조종을 어렵게 만든다(wing drop 현상). 또한 충격으로 유도된 불리 현상이 날래 루트(wing root) 근처에서 대칭적으로 발생하면 이 영역 뒤에서 하강 흐름이 감소하므로 양력의 감소는 필연적이다.

수평 꼬리 날개의 하강 흐름의 감소는 다이빙(diving moment)를 만들고 항공기는 "tuck under"가 된다.

만약 이 상태가 후퇴 날개 윤곽에서 발생하면 날개의 압력 중심의 이동이 트림 변화에 영향을 주게 되는데 날개 루트 충격이 맨 먼저 날개 압력 중심을 뒤로 움직여서 다이빙 모멘트를 더하게 된다.

윙팁(wing tip)에서의 충격 형성은 압력 중심을 전방으로 이동시키고 합성 상승 모멘트를 만들어 테일의 하강 흐름 변화는 "pitch up"을 주게 된다.

충격파와 함께 하는 천음속 비행은 충격으로 유도되는 분리나 지연을 경감시키는 어떤 방법을 사용해야 하는 문제점이 있지만 이런 방법을 통해서 공기 역학적 특성을 개선한다. 항공기 형태는 후퇴와 낮은 종횡비의 얇은 표면을 이용해서 천음속 힘 확산의 크기를 지연시키거나 감소시킨다.

경계층 제어의 여러 가지 방법으로는 고양력 장치(high lift device), 볼텍스 제너레터(vortex generater) 등이 있어서 천음속 특성을 개선한다. 예를 들어 표면에 볼텍스 제너레터의 사용은 더 빠른 지역 표면 속도를 만들고 경계층의 운동 에너지를 크게 한다. 그러므로 더 심한 압력 구배(더 강한 충격파)는 반드시 공기 흐름 분리를 만든다. 일단 천음속 항공기의 형태가 고정되면 조종사는 받음각과 고도의 영향을 준수해야 한다.

어느 위쪽 표면의 지역 흐름 속도는 받음각의 증가와 함께 커진다. 그런 까닭에 지역 음속 흐름과 나중의 충격파 형성은 느린 자유 흐름 마하수에서 발생한다.

조종사는 고생 비행중의 압축성 효과와 관련된 양력과 함께 힘의 확산 마하수(force divergence mach number)를 이해해야 하는데, 이러한 특별한 경우는 가속되지 않은 비행에서는 볼 수 없는 것이기 때문이다.

고도의 영향이 중요한데 이유는 압축성에 의한 어떤 힘이나 모멘트의 변화의 크기는 공기 흐름의 동압에 좌우되기 때문이다.

높은 고도와 낮은 동압에서 마주치는 압축성 효과는 천음속 항공기의 운용에서는 거의 중요하지 않다. 그러나 저고도와 높은 동압에서 마주치는 압축성의 효과는 보다 큰 트림의 변화, 더 심한 부펫 등을 만들기 때문에 아마도 천음속 비행의 장애는 오로지 저고도에서 나타난다.

C. 초음속 비행의 현상

초음속 비행의 많은 특별한 영향은 나중에 자세히 설명하기로 하고 여기서는 일반적인 것만 설명한다.

항공기 형태는 공기 역학적 모양을 갖고 있어야만 하는데 이것은 압축성 흐름에서 낮은 항력을 갖고 있어야 한다. 일반적으로 낮은 두께 비의 에어포일 단면을 필요로 하고 날카로운 리딩에이지와 높은 정밀비(fineness ratio)의 물체 모양은 초음속 조파 항력을 감소시킨다.

초음속 흐름에서 공기 역학적 중심의 움직임이 뒤로 가기 때문에 정적 종안정의 증가는 효과적이지만 강력한 조종면을 사용해서 초음속 비행 조종을 위한 적절한 조종성을 얻어야 한다.

초음속 비행의 결과처럼 항공기에 충격파 형성은 항공기 표면의 바로 근처에서 특별한 문제점을 만든다. 항공기에서 멀리 떨어진 충격파는 상당히 약하지만 압력 파장은 충분한 크기를 갖고 있어서 들을 수 있는 교란을 만든다. 그러므로 소닉붐(sonic boom)은 초음속 비행의 결과로 얻는 것이다.

초음속 비행을 위한 항공기 동력 장치는 상당히 큰 추력을 갖고 있어야 한다. 또한 많은 경우에 특별한 흡입구 형태에서 동력 장치 에어 브리딩(air breathing)을 제공하는 것이 필요한데 이것은 공기 흐름을 느리게 해서 압축기 전면이나 연소실에 이르기 전에 아음속이 되게 한다. 초음속 비행의 공기 역학적 가열(aerodynamic heating)은 가스 터어빈 엔진뿐 아니라 임계 구조적 온도를 위해서 정해진 흡입구 온도를 제공한다. 공기 흐름에서 밀도의 변화는 특정 광학 기술로 볼 수 있다. 슐릴렌 사진(schlieren photograph)과 새도우 그래프(shadow graph)는 여러 가지 파장 형태를 정의하고 공기 흐름에 영향을 정한다. 슐릴렌 사진을 나타내고 초음속 비행에서의 흐름 상태를 설명한다.

2) 천음속과 초음속 형태

고속 비행을 위해 개발한 항공기 형태는 저속 비행을 위한 항공기 설계와 비교했을 때 모양과 윤곽에 중요한 차이가 있다. 천음속이나 초음속 비행을 위한 선택에서 가장 뛰어난 차이점 중의 하나가 에어포일 형상(airfoil profile)이다.

A. 에어포일 단면

고속 아음속 비행을 위한 에어포일에서 분명한 것은 높은 임계 마하수를 갖고 있어야 하는데, 왜냐하면 마하수가 충격파의 아래쪽 한계와 함께 힘의 확산을 결정하기 때문이다.

이 속도 범위의 에어포일 선택에서 추가로 복잡한 것이 에어포일은 높은 최대 양력 계수와 고양력 장치의 사용을 허할 수 있는 충분한 두께를 갖고 있어야 한다는 점이다. 그렇지 않으면 방향 조종성과 양호한 이·착륙 속도를 제공하기 위해 과도한 날개 면적이 필요하다. 그렇지만 만약 빠른 비행 속도가 우선적인 문제일 때 에어포일은 가장 높은 실제적인 임계 마하수를 가져야 한다.

임계 마하수는 비행 마하수처럼 결정되는데 지역 음속 흐름을 첫 번째로 만든다. 그러므로 에어포일 모양이나 양력 계수는 압력과 속도 분포를 결정해서 임계 마하수에 매우 깊은 영향을 준다.

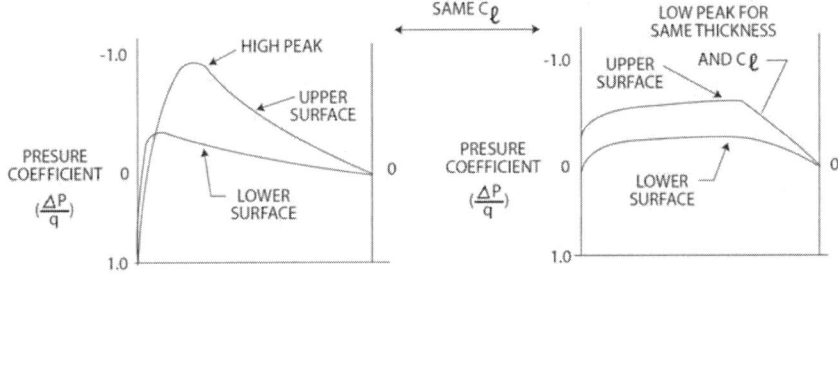

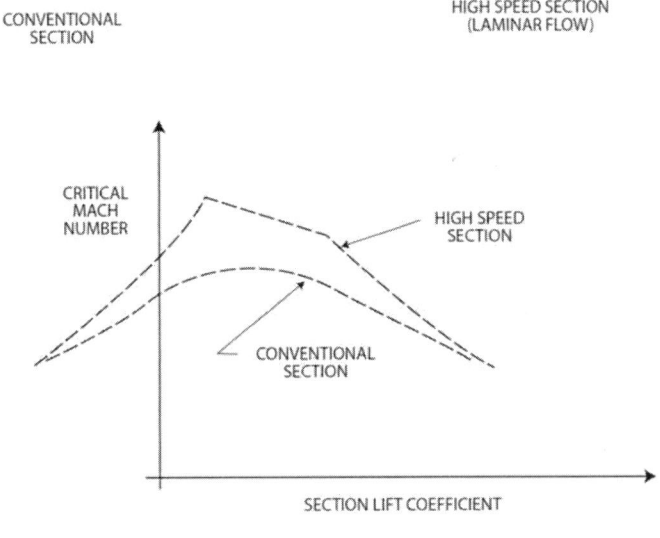

Fig. 3-12 고속 단면(high speed section)의 특성

  일반적인 저속 에어포일 모양은 상당히 불량한 압축성 특성을 갖는데, 왜냐하면 리딩에이지 근처에서 높은 지역 속도 때문이다. 이 높은 지역 속도는 만약 최대 두께와 최대 캠버가 코드의 전방이면 피할 수 없는 것이다.

  압축성 효과의 개선은 최대 캠버와 최대 두께 지점을 코드의 뒤쪽으로 움직여서 얻을 수 있다. 이것은 코드를 따라서 압력과 속도를 고르게 분포시키고 같은 양력 계수를 위해서 낮은 최고 속도를 만들게 한다.

  다행히 에어포일 모양은 폭넓은 층류 흐름을 제공하며 저속도에서 낮은 형상 항력을 만들고 아음속 비행에서 압력 분포를 제공하는데 이것은 아주 빠른 비행에서 바람직스러운 것이다. 그림 3-12는 일반적인 저속도 에어포일과 고속 단면(high speed section)을 위한 압력 분포 및 양력 계수와 임계 마하수 변화를 설명한다.

  어떤 낮은 양력 계수에서 에어포일로부터 높은 임계 마하수를 얻기 위해서 단면은 다음을 갖추어야 한다.

  ⓐ 낮은 두께 비: 최대 두께의 지점은 압력 분포의 뒷부분이어야 한다.

  ⓑ 적은 캠버(low camber): 평균 캠버라인(mean camber line)은 지역 속도 최고치의 최소화를 돕는 모양이어야 한다. 또한 필요한 양력 계수가 클수록 임계 마하수를 낮추어야 하므로 더 많은 캠버가 에어포일에 필요하다.

조파 항력 계수

$$C_D = \frac{4(t/c)^2}{\sqrt{M^2-1}} \qquad\qquad C_D = \frac{5.33(t/c)^2}{\sqrt{M^2-1}}$$

양력 계수

$$C_L = \frac{4\alpha}{\sqrt{M^2-1}} \qquad\qquad C_L = \frac{4\alpha}{\sqrt{M^2-1}}$$

양력에 의한 항력

$$C_D = \frac{4\alpha^2}{\sqrt{M^2-1}} \qquad\qquad C_D = \frac{4\alpha^2}{\sqrt{M^2-1}}$$

양력 곡선 기울기

$$C_L\alpha = \frac{4}{\sqrt{M^2-1}} \qquad\qquad C_L\alpha = \frac{4}{\sqrt{M^2-1}}$$

  (t/c): 에어포일 두께비

  α: 받음각

  M: 마하수

※ 초음속 단면 특성을 위한 공식

만약 초음속 비행이 가능하면 두께 비와 리딩에이지 반경을 작게 해서 조파 항력을 줄여야 한다. 두 가지 기본적인 초음속 에어포일 단면을 위한 흐름 형태이고 양력, 항력 공식과 양력 곡선 기울기를 제공한다.

두 가지 에어포일 단면의 유일한 차이점은 조파 항력이기 때문에 형태 계수(configuration factor)를 주시해서 이것이 조파 항력에 영향을 미치는지를 본다.

같은 두께 비 때문에 원형 아크 에어포일은 리딩에이지에서 위와 아래 표면 사이에 큰 쐐기를 형성한다. 같은 비행 마하수에서 리딩에이지에서 큰 각은 코(nose)에서 강한 충격파를 형성하고 원형 아크 에어포일에서 더 큰 압력 변화를 일으킨다.

이와 똑같은 원리가 에어포일 두께의 효과를 조사할 때 적용된다. 두 가지 에어포일을 위한 조파 항력 계수는 4배로 커진다. 만약 두께가 증가되면 리딩에이지에서 공기 흐름 방향이 크게 바뀌고 더 강한 충격파가 형성된다.

이 두께 비와 함께 조파 항력의 강력한 변화는 초음속 비행을 취해서 날카로운 리딩에이지와 함께 아주 얇은 에어포일의 사용을 필요로 한다. 추가의 고려 사항으로 얇은 에어포일 단면은 낮은 종횡비와 큰 테이퍼를 택해서 가벼운 구조를 얻고 단단함과 견고함을 갖게 하는 것이다.

공기 역학적 계수를 위한 각 공식의 분모로는 $\sqrt{M^2-1}$ 이 나타나는데 마하수의 증가와 함께 이 계수의 각각은 감소하는 것으로 나타낸다. 근본적으로 이 말은 공기 역학적 표면은 높은 마하수에서 받음각 변화에 덜 민감해진다는 뜻이다. 마하수와 함께 양력 곡선 경사의 감소는 고속 항공기의 안전성과 조종에 상당히 밀접한 관계가 있다. 수직 꼬리 날개는 옆미끄럼 각에 덜 민감해지고 항공기의 방향 조종성은 마하수와 함께 악화된다. 항공기의 수평 테일은 같은 일반적인 영향을 경험하고 종방향 피칭 요동(longitudinal pitching oscillation)에 완충이 덜 되도록 한다.

이 영향은 높은 마하수에서 중요해지는데, 항공기는 완전한 합성 안정이 요구된다.

B. 윤곽 효과(planform effect)

고속을 위한 조종면의 개발은 에어포일 단면의 고려뿐만 아니라 많은 다른 항목도 포함된다. 테이퍼, 종횡비, 후퇴 등은 고속 비행에서 표면의 공기 역학적 특성의 주요 영향을 만든다.

후퇴는 표면의 고속 특성에 예외적인 영향을 만들고 공기 역학의 기본적인 개념의 기초가 된다. 후퇴 효과에 대한 가시화의 전체적인 단순한 방법이다.

후퇴 날개는 흐름 방향 속도를 갖고 있고 이것은 리딩에이지에 수직한 속도 성분과 리딩에이지와 평행한 성분으로 세분된다. 리딩에이지에 수직한 속도 성분은 자유 흐름 속도보다 느리고(후퇴각의 코사인에 의해) 이 속도 성분은 압력 분포의 크기를 결정한다.

리딩에이지에 평행한 속도 성분은 일정한 단면을 옆으로 움직이면서 후퇴 날개에 압력 분포에 기여하지 못한다. 그런 까닭에 표면의 후퇴는 고속 비행에서 좋은 효과를 만드는데 왜냐하면 날개가 위험한 상태로 되기 전에 리딩에이지에 수직한 성분이 얻어지기 때문이다. 이것이 후퇴의 가장 중요한 장점 중의 하나인데 이유는 항력 상승이 최고가 되는 곳에서 임계 마하수, 힘의 확산 마하수 등이 증가한다. 다시 말하면 후퇴는 압축성 효과가 시작되는 것을 지연시킨다.

일반적으로 날개 후퇴의 효과는 후퇴 날개나 전진 날개에 적용시킨다. 전진 날개에는 상당히 드물게 사용되는데 이런 날개는 공기 탄성적 불안정 문제를 일으키기 때문이다. 후퇴는 압축성 효과의 시작을 지연시키고 압축성에 기인한 힘 계수의 변화 크기를 감소시킨다.

속도 성분이 리딩에이지에 수직이기 때문에 자유 흐름 속도보다 작고 날개의 모든 압력의 크기는 감소된다. 압축성 힘의 화산이 압력 분포의 변화에 기인해서 발생하기 때문에 후퇴의 사용은 힘의 확산을 악화시킨다.

이 영향은 여러 가지 후퇴각을 위한 마하수와 함께 항력 계수의 일반적인 변화를 보여준다. 직선 날개는 M=0.70에서 항력 상승이 시작돼서 M=1.0 근처에서 최고치에 이르고 M=1.0을 지난 후에 떨어지기 시작한다.

후퇴의 사용에서 몇 가지 사항은 어떤 높은 마하수까지 항력 상승을 지연시키고 항력 상승의 크기를 감소시킨다. 앞에서 본 것과 같이 후퇴는 다음과 같은 근본적인 장점이 있다.

ⓐ 후퇴는 모든 압축성 효과의 시작을 지연시킨다. 임계 마하수와 힘의 확산 마하수는 증가하는데 속도 성분이 압력 분포에 영향을 미치는 것은 자유 흐름 속도보다 작다. 또한 항력 상승의 최고는 어떤 높은 초음속 속도에서 지연되는데 대략 리딩에이지에 수직인 음속 흐름을 만드는 속도이다. 여러 가지 후퇴가 완만한 종횡비의 날개에 적용되어 이 천음속 비행에서 근접한 결과를 낳는다.

후퇴각 (∧)	임계 마하수의 % 증가	항력 최고 마하수의 % 증가
0°	0	0
15°	2	4
30°	8	15
45°	20	41
60°	41	100

ⓑ 후퇴는 압축성에 기인한 공기 역학적인 힘 계수의 변화의 크기를 감소시킨다. 항력, 양력, 모멘트 계수의 어떤 변화도 후퇴에 의해 감소된다. 여러 가지 후퇴각이 완만한 종횡비 날개에 사용되어 천음속 비행에서 이런 근접한 효과를 만든다.

후퇴각 (∧)	항력 상승의 % 감소	C_{Lmax}의 손실에서 % 감소
0°	0	0
15°	5	3
30°	15	13
45°	35	30
60°	60	50

항력 감소의 장점과 천음속의 최대 양력 계수는 다음과 같다.

천음속 항공기에서 후퇴의 사용은 항력 상승을 감소시키거나 지연시키고 천음속 비행에서 항공기의 조종성을 갖게 해준다.

작은 크기의 후퇴는 장점이 거의 없다. 만약 후퇴가 사용될 겨우 최소 30~35° 사용되어 중요한 장점을 만든다. 또한 항력 상승을 지연시키기에 필요한 후퇴는 초음속 비행에서 아주 크다. 즉, M=2.0에서 60°보다 더 크게 필요하다.

높은 마하수의 항력 곡선의 비교에서 이것은 극히 큰 후퇴가 항력 상승 지연에 필요하고 가장 작은 항력은 "0" 후퇴에서 얻어진다. 그러므로 날개의 윤곽이 높은 마하수에서 계속 사용할 수 있게 설계하려면 아주 얇고 종횡비가 낮아야 하며 후퇴가 없어야 한다(unswept).

결론적으로 후퇴는 천음속 비행 형태에서 가장 크게 적용하는 장치이다.

후퇴의 몇 가지 장점은 다음과 같다.

ⓐ 날개 양력 곡선 기울기는 주어진 종횡비에서 감소시킨다. 이것은 직선과 후퇴 날개의 양력 곡선의 비교 설명에서 보여준다.

양력 곡선 기울기의 어떤 감소가 내포하는 것은 날개는 받음각의 변화에서 덜 민감하다는 것이다. 이것은 돌풍이나 난류가 고려될 때 가장 유효한 효과이다.

후퇴 날개는 낮은 양력 곡선 기울기를 갖고 있어서 돌풍에 덜 민감하고 주어진 종횡비와 날개 하중에서 돌풍으로 인한 튐(bump)에 덜 영향 받은 것을 알 수 있다.

이것은 특별히 항공기의 구조 설계에서 돌풍 하중 범위의 뛰어난 효과를 보여주는 것으로 여객기, 화물기, 정찰기에 맞는 형식이다.

ⓑ 표면의 "확산"은 공기 탄성적 문제점으로 이것은 높은 동압에서 발생한다. 공기역학적 힘과 굽힘과 비틀림 굴곡의 상호 조합된 작용은 고속에서 갑작스런 표면의 결함을 만든다. 전진 날개는 이 상황을 더 확대시키는데 날개가 바람 흐름에서 전진되어 확산 속도를 낮추려는 경향에 의한 것이다. 반면 후퇴는 처짐에 의한 표면 안정을 하려는 경향이 있는 것으로, 확산 표면을 상승시키는 경향이 있다. 이 경향에 의해서 후퇴는 기대하는 속도 범위 내에서 확산을 막는 데에 유용하다.

ⓒ 후퇴는 항공기의 정적 방향 안정성에 기여한다. 이 효과는 관찰로 이해할 수 있는데 이것은 요(yaw)나 옆미끄럼(sideslip)에서 후퇴 날개를 보여준다.

바람에서의 날개는 다소 작은 후퇴와 약간의 항력 증가를 갖고, 바람으로부터 떨어진 날개는 더 큰 후퇴와 작은 항력을 갖는다. 이 힘 변화의 순수 효과는 요잉 모멘트(yawing moment)를 만들고 기수가 상대풍 쪽으로 가려 하게 된다.

ⓓ 후퇴(sweepback)는 상반(dihedral)과 같은 면에서 횡안정에 기여한다. 후퇴 날개가 옆미끄럼에 놓이면 날개는 바람 속에서 양력 증가를 겪게 된다.

옆미끄럼에서 후퇴 날개 항공기는 양력 변화를 경험하고 뒤이어 롤링 모멘트(rolling moment)는 항공기를 우측으로 롤하는 경향이 있다. 횡안정 기여는 날개의 후퇴와 양력 계수에 좌우된다. 큰 후퇴 날개가 높은 양력 계수에서 운용되면 횡안정의 과도한 기여를 경험하는데, 적절한 조종성이 중대한 문제점이다.

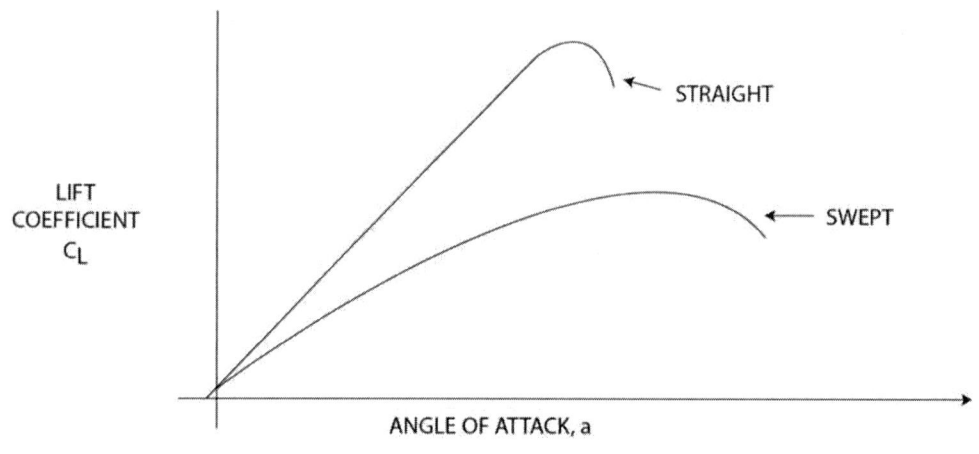

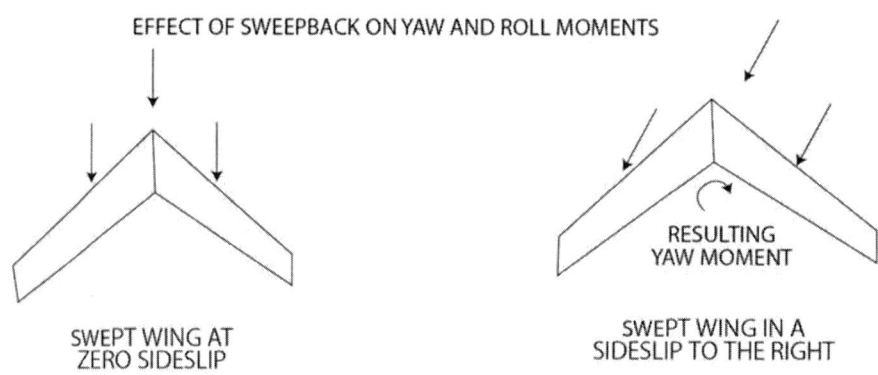

그림 3-15 후퇴에 기인한 공기 역학적 영향

위에서 본 것과 같이 후퇴 날개는 중요한 장점이 있다. 그렇지만 후퇴의 사용은 어떤 피할 수 없는 단점을 만드는데 이 점이 항공기 설계나 비행운용시에 중요하다.

몇 가지 단점은 아래와 같다.

ⓐ 후퇴가 터이퍼와 결합되면 날개에서 팁 실속이 먼저 일어나는 강한 경향이 있다. 이 실속 형태는 아주 바람직스럽지 못한 것인데, 왜냐하면 실속 경고가 거의 없고 횡조종 효율이 심하게 감소되며 압력 중심의 전방으로의 이동은 피치업(pitch up)이나 스틱 힘을 가볍게 하는(stick force lightening) 기수 상향 모멘트를 갖게 하기 때문이다.

테이퍼는 팁 쪽으로 높은 지역 양력 계수를 만드는 자체의 영향을 갖고 있고 후퇴의 영향과 아주 비슷하다. 모든 바깥쪽 날개 단면은 안쪽 단면보다 앞에서 상승 흐름에 의해 영향을 받거나 혹은 후퇴 하나로부터 결과 되는 양력 분포는 큰 테이퍼의 양력 분포와 비슷하다.

추가의 영향은 날개가 높은 양력 계수에 있을 때 팁 쪽으로 경계층의 강한 흐름을 만드는 경향이 있다. 이 스팬 방향 흐름은 팁 근처에서 상당히 낮은 에너지 경계층을 만드는데 쉽게 분리된다.

테이퍼와 후퇴의 조합된 영향은 팁 실속의 상당한 문제점을 나타내고 흐름 형식으로 설명한다.

고속 성능을 위한 설계에서 큰 후퇴가 지배적이지만 구조적 효율은 큰 테이퍼진 윤곽을 요구한다. 위와 같은 문제일 때, 날개는 폭넓게 공기 역학적으로 제작해서 적절한 실속 형태를 제공하고 순항 상태에서 양력 분포를 제공해서 양력에 기인한 항력을 감소시킨다.

팁의 워시아웃, 스팬(span)을 통한 단면 캠버의 변화, 흐름 팬스(fence), 슬랫(slat), 리딩에이지 확장 등은 순항 상태에서 양력에 기인한 항력을 최소화시키고 실속 형태를 개선한다.

ⓑ 그림 3-15의 양력 곡선에서 보는 것과 같이 후퇴의 사용은 양력 곡선 기울기와 아음속 최대 양력 계수를 감소시킨다.

이 경우에 가장 중요한 것이 아음속인데, 왜냐하면 후퇴는 천음속 비행 조종 능력 개선을 위해서 사용된다. 여러 가지 후퇴각이 원만한 종횡비 날개에 적용되어 아음속 양력 특성에 유사한 효과를 만든다.

후퇴각 (Λ)	아음속 최대 양력 계수와 양력 곡선 경사의 감소 %
0°	0
15°	4
30°	14
45°	30
60°	50

저속도 최대 양력 계수의 감소는 설계 시에 아주 중요한 사항이다. 만약 날개 하중이 감소되지 않으면 실속 속도는 증가하고 아음속 비행 조종성은 감소한다.

반면 날개 하중이 감소하고 날개 표면 면적이 증가하면 천음속 비행 상태에서 기대하는 후퇴의 장점은 감소된다. 지배적인 성능의 요구사항은 실속 속도, 이륙 속도, 착륙 속도 등이 포함된다.

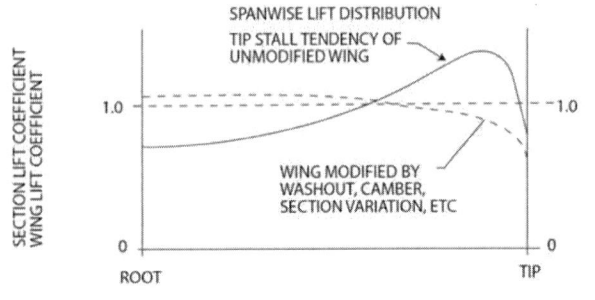

양력 곡선 경사의 감소는 돌풍 시에 장점이 있는 반면, 받음각 변화의 예민한 반응이 감소되는 것은 아음속 비행에서 원하지 않는 영향 때문이다.

감소된 날개 양력 곡선 기울기는 최대 양력 받음각을 증가시키는 경향이 있고 랜딩기어 설계와 조종실 기계의 문제점을 복잡하게 한다. 또한 양력 곡선 기울기를 낮게 하면 주어진 테일 표면 영역의 안정성 기여를 감소한다.

ⓒ 후퇴의 사용은 트레일링 에이지 조종면과 고양력 장치의 효율을 감소시킨다. 이 효과의 일반적인 예가 안쪽 60% 스팬 위의 단일 슬롯 플랩이 있는 직선 날개와 35° 후퇴 날개의 사용이다.

플랩이 직선 날개에 사용되어 대략 50%의 최대 양력 계수를 만든다. 같은 형식의 플랩이 후퇴 날개에 사용되어 대략 20%의 최대 양력 계수의

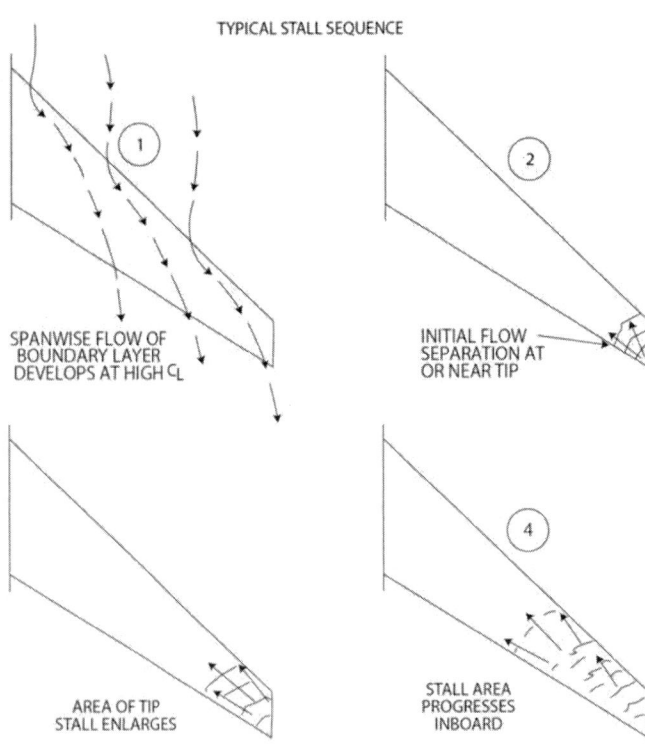

FIG. 3-16 테이퍼진 후퇴 날개의 실속 특성

증가를 만든다. 후퇴 날개에 양호한 최대 양력 계수를 만들기 위해서 플랩 힌지 라인이 후퇴되지 않는 것이 요구되고 슬롯이나 슬랫과 같은 리딩에이지 고양력 장치는 경계층 제어에 가능하다.

ⓓ 앞에서 설명한 것처럼 후퇴는 옆미끄럼과 함께 안정된 롤링 모멘트를 만들어서 횡안정에 기여한다. 후퇴의 횡안정 기여는 날개 후퇴와 날개 양력 계수의 크기에 따라 변하는데 큰 후퇴와 높은 양력 계수는 횡안정 기여를 크게 한다. 한편 안정성이 필요할 때 어떤 과도한 안정성은 조종성을 감소시킨다.

대부분의 항공기 형태에서 큰 안정성은 필요하지도 바라는 것도 아니지만 롤(roll)에서 적절한 조종은 양호한 비행 상태를 위해서 절대로 필요하다.

후퇴로부터 과도한 횡안정은 "더치 롤(dutch roll)" 문제를 일으키고 측풍 이륙과 착륙 중에 여유 있는 조종을 만들어서 항공기가 조종된 옆미끄럼으로 움직이게 해야 한다. 그러므로 네가티브 상반각(negative dihedral)과 횡조종 장치의 후퇴 날개 항공기는 측풍 이륙과 착륙 요구에 맞게 설정한다.

ⓔ 구조적인 복잡성과 공기 탄성 문제는 후퇴에 의해 만들어지는데 상당히 중요하다. 첫째로 그림 3-17에서 후퇴 날개는 같은 면적과 종횡비의 직선 날개보다 큰 구조적 스팬을 갖고 있다. 이 효과는 날개의 구조적 중량을 증가시키는데 큰 굽힘과 전단(shear) 재료는 날개에 분포되어 같은 설계 강도를 만들어야 한다.

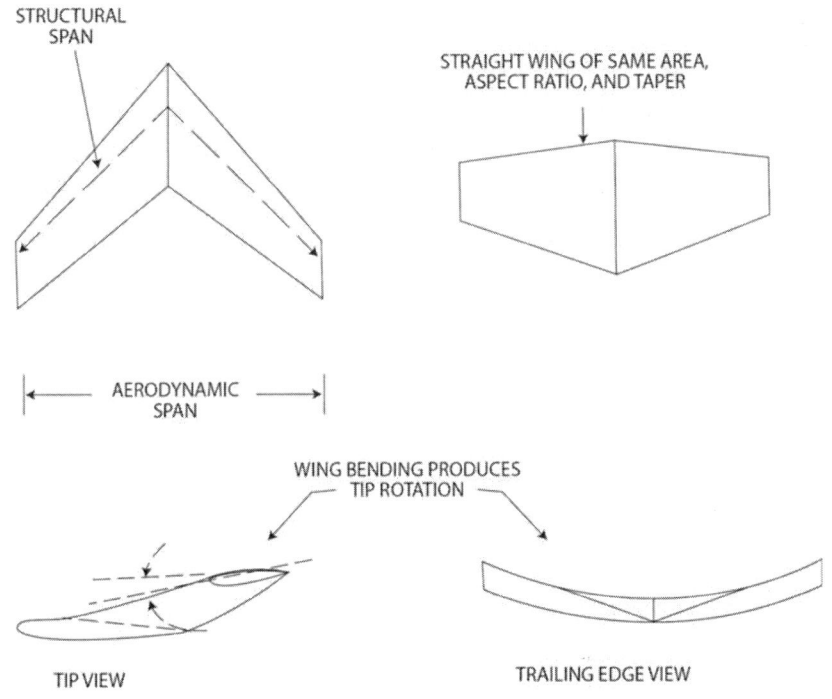

Fig. 3-17 후퇴(sweep back)에 기인한 구조적 복합성

추가적인 문제가 날개 루트에서 만들어지는데 "carry through" 구조는 큰 비틀림 하중에 기인한 것이고 굽힘 응력 분포의 경향은 트레일링에이지 쪽으로 집중된다. 그림 3-17에서 보는 것은 스팬 방향 양력 분포에서 날개 움직임의 영향이다.

날개 굽힘은 팁 움직임을 만들어서 팁의 하중을 없애려는 경향이 있고 압력 중심을 전방으로 움직이게 한다. 그러므로 같은 효과가 확산을 경감시키고 종안정에 좋지 못한 기여를 만든다.

C. 종횡비와 팁 모양의 영향

종횡비(aspect ratio), 팁 모양(tip shape)과 같은 날개 후퇴와 윤곽 특성은 고속에서 공기 역학적 특성에 중요한 영향을 끼친다. 크거나 중간 정도의 종횡비에서 임계 마하수에는 특별한 영향이 없다.

종횡비는 4~5보다 적은 임계 마하수에서 어떤 분명한 변화를 만든다. 이 영향은 9% 두꺼운 대칭 날개에서 볼 수 있다.

아주 낮은 종횡비는 임계 마하수에서 큰 증가를 일으키는 것이 필요하다. 아주 낮은 종횡비는 3차원 흐름을 만들고 곧 이어 자유 흐름 속도에서 증가되어 지역 음속 흐름을 만든다. 실제로, 극히 낮은 종횡비는 높은 임계 마하수를 만드는 것이 필요하다.

일반적으로 낮은 종횡비의 장점은 후퇴와 고속 에어포일 단면의 조합이다. 초음속 흐름에서 얇은 4각형 날개는 몇 가지 중요한 사실을 설명한다.

4각형 날개의 팁에서 마하콘이 형성되고 콘 내부의 영역에서 압력 분포에 영향을 미친다.

팁콘(tip cone) 내부에서 볼텍스 발생은 압력 차이에 의한 것이고 콘 내부의 영역에 평균 압력을 갖게 하는 것은 콘 압력의 대략 1/2이다. 날개의 3차원 흐름은 팁 톤 내부의 영역에 한정되고 콘 사이의 영역 내부는 순수한 2차원 흐름을 경험한다.

초음속 비행에서 4각형 날개의 3차원 흐름은 아음속 비행에서의 3차원 흐름과 크게 다른 것을 알아야 한다. 아음속 비행의 유한 종횡비 날개는 3차원 흐름을 경험하는데 이것은 팁 볼텍스, 날개 뒤의 하강 흐름, 날개 전방의 상승 흐름, 스팬을 따른 지역 유도 속도 등이 포함된다.

날개의 스팬을 따른 지역 유도 속도(local induced velocity)는 자유 흐름에 비해서 뒤쪽 단면 양력을 경사지게 해서 "유도 항력"을 갖게 한다. 이런 흐름 상태는 초음속 흐름에서 날개와 직접 관계되지 않는다.

4각형 날개를 위한 흐름 형태에서 보여주는 3차원 흐름은 팁에 제한되고 순수 2차원 흐름은 팁 콘 사이의 날개 면적에 존재한다. 만약 윙 팁(wing tip)이 팁 콘 바깥쪽으로 돌출되었으면 전체 날개 흐름은 2차원 상태와 일치하게 된다. 그러므로 초음속 흐름을 위한 날개는 전방에는 상승 흐름(upwash)이 존재하지 않고 3차원 효과는 팁 콘에 제한되며 팁 콘 사이의 스팬을 따라서 지역 유도 속도가 발생하지 않는다.

양력에 기인한 초음속 항력은 단면과 받음각의 함수인 반면 아음속 유도 항력은 양력 계수와 종횡비의 함수 관계이다. 이 비교로부터 초음속 비행은 저속 항공기의 일반적인 큰 종횡비 윤곽을 요구하지 않음이 분명하다.

사실, 낮은 종횡비와 높은 테이퍼는 얇은 단면으로 조파 항력(wave drag)을 최소화하는 구조적인 고려 시점에서는 양호하다. 만약 후퇴가 초음속 날개에 사용되면 압력 분포는 리딩에이지와 관련된 마하콘의 위치에 의해 영향을 받는다.

리딩에이지의 뒤나 앞에 마하콘을 갖고 있는 초음속 비행에서 델타 날개 윤곽(delta wing

planform)을 위한 압력 분포를 설명한다.

리딩에이지가 마하콘의 뒤에 있을 때 리딩에이지에 수직한 속도 성분은 아직 아음속이고 자유 흐름은 초음속이어서 압력 분포는 이런 윤곽을 위한 아음속 압력 분포를 크게 닮는다.

리딩에이지 모양과 캠버를 만들 때 높은 리딩에이지 흡입 압력 성분을 최소화할 수 있고 이것은 항력 방향으로 경사져서 양력에 기인한 항력은 감소시킨다.

만약 리딩에이지가 마하콘의 전방이면 이 영역 위의 흐름은 2차원 초음속 흐름과 일치하고 리딩에이지와 마하콘 사이의 표면 일부를 위한 것이다.

D. 조종면(control surface)

천음속과 초음속 비행을 위한 조종면의 설계는 매우 중요하다. 이 사실은 천음속과 초음속 비행으로 설명한다.

트레일링에이지 조종면은 임계 마하 수 이상의 비행에서 형성되는 충격파에 의해서 역으로 영향을 미친다. 만약 공기 흐름이 충격파에 의해서 분리되면 조종면의 부펫(buffet)을 낳게 되는 것은 분명하다. 표면의 부펫 뿐만 아니라 분리에 의한 압력 분포의 변화가 생기고 충격파의 위치는 조종면 힌지 모멘트의 아주 큰 변화를 만든다. 힌지 모멘트의 이런 큰 변화는 원하지 않는 조종력을 만들게 된다.

특수 조종 계통(irreversible control system)은 강력한 유압이나 전기식 액추에이터를 사용해서 조종사에 의해 조종면을 조종하고 조종면에 만들어지는 공기 하중은 조종사 쪽으로 갈수 없게 한다. 물론 적절한 조종력은 번지(bungee) 혹은 "q" 스프링, 밥 중량 (bob weight)에 의해 얻어진다.

천음속과 초음속 비행은 트레일링에이지 조종면의 효율을 눈에 띄게 감소시킨다. 낮은 아음속에서 트레일링에이지 조종면의 움직임은 고정된 부분뿐만 아니라 움직이는 부분까지도 압력 분포를 변경시킨다.

이 예로 승강타 코드의 44%에서 1° 굴곡은 안정판 설정(stabilizer setting)에서 거의 대등한 1°의 변화를 가져온다. 그러나 만약 조종면에 초음속 흐름이 존재하면 트레일링에이지 조종면의 움직임은 조종면 전면(ahead)의 초음속 영역의 압력 분포에 영향을 주지 않는다.

이것은 특별히 높은 초음속 비행에서 사실인데, 전체 코드에 초음속 흐름이 존재하는 곳과 압력 분포의 변화 때문에 조종면의 면적을 제한한다.

천음속과 초음속 속도에서 트레일링에이지 조종면의 효율 감소는 모든 움직이는 표면의 사용을 필요로 하게 된다.

움직이는 전체 조종면을 수평 꼬리에 사용하는 것이 가장 보편적인 방법으로 초음속 비행에서 종 방향의 안정 증가는 초음속 조종을 위해 필요한 조종성을 얻는 데는 양호한 조종 효율을 필요로 하기 때문이다.

E. 초음속 엔진 흡입구

제트 엔진의 압축부(compressor section)나 램 제트(ram jet)의 연소실로 들어가는 공기는 흔히 아음속으로 느려져야 하며 이 과정에서 에너지의 낭비가 최소여야 한다.

음속 이상의 비행 속도는 일상적인 아음속 설계로 개조해서 만족스런 성능을 얻는다. 그러나 초음속 비행 속도에서 흡입구 설계는 가능한 한 가장 약한 충격파 상채로 느린 공기를 갖게 해서 에너지 손실과 온도 상승을 최소화시킨다. 여러 형태의 초음속 흡입구나 "디퓨져" 이다.

흡입구의 가장 덜 복잡한 것 중의 하나가 단순한 정상 충격파 형태의 디퓨져이다. 이 형식의 흡입구는 흡입구에서 나중의 내부 아음속 압축과 함께 단일 정상 충격파를 갖는다.

낮은 초음속 마하수에서 정상 충격파의 강도는 그렇게 크지 않아서, 이 형식의 흡입구는 상당히 실용적이다. 높은 초음속 마하수에서 단일 정상 충격파는 아주 강하고 흡입구에 의해 회복되는 전체 압력의 큰 감소를 일으킨다.

공기 흐름의 소모된 에너지는 정해진 흡입구 공기 흐름의 온도에서 추가의 원하지 않는 상승으로 나타난다. 만약 초음속 공기 흐름이 정해지면 충격파 형성은 빨아들여지고 또한 점차적인 수축은 음속 바로 위의 속도를 감소시킨다. 다음의 확산 흐름부는 정상 충격파를 만들고 이것은 공기 흐름을 아음속으로 느리게 한다. 더 이상 팽창이 계속되어 공기를 느리게 해서 아음속 속도를 낮춘다.

이것은 수축-확산형 형식 흡입구로 보여준다. 만약 초기의 수축이 흡입구 마하수를 위해서 너무 크면 충격파 형성을 빨아들이지 못하고 흡입구의 전면으로 나온다. 정상 충격파의 외부 위치는 흡입구에서 실질적인 아음속 흐름을 만든다. 공기 흐름이 강한 정상 충격파를 통해서 아음속으로 갑자기 느려져서 큰 공기 흐름 에너지의 손실이 발생한다.

디퓨저가 갖는 또 다른 것이 외부 경사 충격파로 이것은 정상 충격파가 발생하기기 전에 초음속 흐름을 낮춘다.

이상적으로 초음속 공기 흐름은 연속되는 아주 약한 경사 충격파를 통해서 점차로 느려져서 음속 바로 뒤의 속도가 된다. 이때, 나중의 정상 충격은 아음속으로 아주 약하다. 가장 약한 파장의 이런 조합은 최소의 에너지 낭비를 갖게 되고 가장 큰 압력 회복을 갖게 된다. 여러 가지 형식의 디퓨저의 효율 원리를 설명한다.

초음속 흡입구의 분명한 복잡성에서 최적의 모양은 흡입구 흐름 방향과 마하수와 함께 변하는 것이다. 다시 말하면 가장 좋은 효율과 안정된 작동을 위한 흡입구의 기하학적 모양은 각 마하수와 비행의 받음각에서 각각 다르다. 일반적인 초음속 군용 항공기는 받음각, 옆 미끄럼각, 정상 작동 중의 비행 마하수에서 아주 큰 변화를 경험한다. 이러한 흡입구 흐름 상태에서의 큰 변화는 설계시 어떤 중요한 고려 사항을 만든다.

ⓐ 흡입구는 가장 높은 실제적인 효율을 제공해야 한다. 효율의 적당한 측정은 회복된 압력 대 공기 흐름 전체 압력의 비이다.

ⓑ 흡입구는 동력 장치의 공기 흐름 요구에 일치해야 한다. 흡입구에서 잡는 공기 흐름은 엔진 작동에 필요한 것과 일치해야 한다.

ⓒ 실제 상태 이외의 다른 비행 상태에서 흡입구의 작동은 효율이 눈에 띄는 손실이나 과도한 항력을 일으키지 않아야 한다. 흡입구의 작동은 안정되어야 하고 "buzz"상태를 허용해서는 안 된다.

양호하고 안정된 흡입구 설계를 만들기 위해서 설계 기능은 꼭 만족시켜야 한다. 흡입구 흐름의 큰 변화는 흡입구 표면이나 완전한 가변 기하학적 흡입구 설계를 위한 특수한 기하학적 특징을 필요로 한다.

F. 초음속 형태(supersonic configuration)

초음속 항공기의 모든 가변 성분이 만들어지면 가장 비슷한 일반적인 형태의 특성은 다음과 같다.

ⓐ 날개는 낮은 종횡비이고 눈에 띄는 테이퍼, 후퇴 등을 갖는데 설계 속도 범위에 의해서 좌우된다. 날개 단면은 낮은 두께비이고 예리한 리딩에이지가 필요하다.

ⓑ 동체와 나셀은 가장 높은 정밀비(fineness ratio; long and slender)를 갖는다. 초음속 압력 분포는 상당한 양력과 항력을 만들므로 이 표면의 안정성 분포의 고려가 필요하다.

ⓒ 꼬리 조종면은 날개와 비슷하여 낮은 종횡비, 테이퍼, 후퇴와 얇은 단면의 예리한 리딩에이지 등의 성질이 있다. 조종은 파워를 받고 대부분의 형태에서 모든 움직이는 표면과 함께 역전할 수 없다.

ⓓ 천음속과 초음속 비행에서 간섭 저항(interference drag)을 감소시키기 위해서 항공기의 총중량 단면은 면적 법칙(area rule)에 접근시킨 최적의 고속 모양이다.

고속 형태의 가장 중요한 상태의 하나는 저속도 비행 특성이다. 낮은 종횡비의 후퇴 날개는 낮은 비행 속도에서 높은 유도 항력 특성을 갖는다.

급선회(steep turn), 과도한 저속도, 급격한 무동력 접근(steep, power-off approach)은 착륙 중에 극히 높은 강하율을 만든다.

후퇴와 낮은 종횡비는 권고하는 이륙과 착륙 속도 이하에서 상태를 심하게 나쁘게 한다. 반면 얇은 후퇴 날개는 큰 날개 하중에서 상당히 큰 착륙 속도를 갖게 한다. 이 기본적인 높은 속도의 초과는 브레이크, 타이어의 불가능한 요구를 만들어낸다. 이런 특성 때문에 조종사는 중량 변화와 함께 최적 속도의 변화를 계산해야 하고 절차를 준수해야 한다.

3) 공기 역학적 가열(aerodynamic heating)

어떤 공기 역학적 표면 위에 공기 흐름이 있으면 속도의 감소가 발생하는데 해당하는 만큼의 온도가 증가한다.

속도의 가장 큼 감속과 온도의 증가는 항공기의 정체 지점에서 발생한다. 물론 항공기의 다른 지점에서 비슷한 변화가 발생한다. 하지만 이 온도는 정체 지점에서 램(ram) 온도 상승과 관련된다.

아음속 비행은 실제로 온도를 만들지 않지만 초음속 비행은 기체와 동력 장치 구조에 중요성이 있는 충분한 온도를 만든다.

표준 대기에서 공기 속도와 함께 램 온도 상승 변화를 설명한다.

램 온도 상승은 고도와 독립적으로 진대기 속도와 함수 관계를 이룬다. 실제 온도는 온도 상승과 주변 공기 온도와의 합이다. 그러므로 높은 마하수로 낮은 고도에서 비행은 가장 높은 온도를 만든다.

공기 역학적인 가열은 항공기 구조와 동력 장치의 특별한 문제점을 만든다. 짧은 시간에 발생하는 온도의 효과는 3가지 일반적인 구조 재료의 강도로 설명한다. 고온도는 알루미늄 합금의 강도에 결정적인 감소를 만들고 아주 고온에서는 티타늄 합금, 스테인레스 강의 사용을 필요로 한다.

상승된 온도에 계속적인 노출은 강도를 더 크게 떨어뜨리고 크리프(creep) 결함과 구조적 견교함의 문제점을 확대시킨다. 터보 제트 엔진은 높은 압축기 흡입구 공기 온도에 의해서 역효과를 받는다.

터보 제트의 추력이 연료 흐름과 함수 관계이고 높은 압축기 흡입구 공기 온도는 연료 흐름을 감소시키지만 이것은 터어빈 작동 온도 범위 내에 있다.

높은 압축기 흡입구 공기 온도와 함께 터보 제트 엔진의 성능 감소 때문에 흡입구 설계가 가장 실제적인 효율을 가져서 압축기 전면으로 공급되는 공기의 온도 상승을 최소화할 수 있어야 한다. 아주 빠른 비행 속도와 압축성 흐름이 항공기 형태에 지배적이고 이것은 흔한 아음속 항공기와는 훨씬 다르다. 안전하고 효율적인 작동을 얻기 위해서 최신의 고속 항공기 조종사는 항공기 형태의 장단점을 이해해야 한다.

연습 문제(Ⅰ)

1. 항공기가 비행 중에 충격을 받았다면 어떤 부분이 가장 쉽게 노출되는가?
답) 윗면

2. 고속 항공기 날개에서 임계 마하수를 크게 하기 위한 방법은?
답) 후퇴각을 둔다.
　　종횡비를 적게 한다.
　　얇은 날개로 종횡비를 적게 한다.

3. 팽창된 다음의 마하수는?
답) 증가한다.

4. 초음속 에어포일에서 형상 항력은?
답) 초음속 속도에서 추가되는 항력으로 조파 항력이다.

5. 마하 파각이란?
답) $\sin\alpha_m = \dfrac{1}{M}$

6. 임계 마하수 이상 도달해도 지역 충격파가 생기지 않는 마하수는?
답) 초음속 마하수

7. 경사 충격파 뒤의 흐름에서 마하수는?
답) 아음속도 되고, 초음속도 된다.

8. 음속에 가장 큰 영향을 미치는 것은?
답) 온도

9. 항력 확산(drag divergence)이란?
답) 마하수가 큰 곳에서 충격파 때문에 항력이 커지는 현상

10. "Buzz"란 무엇인가?
답) 날개 표면에 나타나는 충격 실속의 결과로 얻어지는 강한 진동이다.

11. 초음속 항공기에 사용하는 날개 두께는 약 얼마인가?
답) 5% 이하이다.

12. 조파 항력이란?
답) 초음속 흐름에 있는 물체에 생기는 항력

13. 항공기가 실속하는 순간의 하중 계수는?
답) 1을 초과하지 못한다.

14. 볼록한 모서리(convex corner)를 초음속으로 지날 때는?
답) 팽창파가 발생한다.

15. 초음속 에어 포일에서 형상 항력은?
답) 날개 두께 비의 자승에 비례한다.

16. 임계 마하수란?
답) 날개 윗면의 공기 흐름이 가장 빠른 지점에서 공기 흐름 속도가 마하 1에 이
를 때의 항공기 속도를 임계 마하수라고 한다.

17. 천음속이란?
답) 물체 주변의 흐름 속도에서 아음속과 초음속이 동시에 존재한다.
대부분 대형 여객기의 날개 윗면에슨 천음속 흐름을 갖는다.
천음속에는 약한 충격파가 존재한다.

18. 정상 충격파(수직 충격파)의 특성은?
답) 충격파 뒤쪽의 흐름 속도는 감소한다.
충격파 뒤쪽의 압력이 급격히 상승한다.
충격파 앞쪽의 전압보다 뒤쪽의 전압이 더 작다.

19. 마하콘은?
답) 압축 파장이다.

20. 초음속 에어포일의 특징은?

답) 두께 비(t/c)는 아주 낮고 조파 항력은 두께 비에 비례한다.
　　리딩에이지가 뾰족하다.

21. 초음속 비행과 관련 있는 것은?
답) 공기 역학적 가열
　　면적 법칙
　　조파 항력

22. 압축성 공기 흐름 상태에서 임계 마하수(M_{crit})와 항력 확산 마하수(M_{dd})의 관계는?
답) $M_{dd} < M_{crit} < 1.0$

23. 충격파 뒤의 현상은?
답) 양력 감소
　　부펫의 형성
　　항력 증가

24. 항공기의 속도와 마하수와의 관계는?
답) 같은 속도를 비행해도 고도가 증가할수록 마하수는 커진다.

25. 레이놀즈 수가 크다는 말은 무엇과 같은가?
답) 압력 저항이 마찰 저항보다 크다.

26. 경계층의 분리 현상은?
답) 표면에 형성되었던 경계층이 표면으로부터 떨어져 나가는 현상

27. 충격파 발생은?
답) 공기 밀도가 갑자기 커지는 결과이다.

연습 문제(Ⅱ)

1. 압축성 흐름과 비압축성 흐름이란?

밀도(ρ)가 일정한 상태의 흐름을 비압축성이라고 한다. 대조적으로 밀도가 변하는 흐름을 압축성이라고 부른다.

모든 흐름에는 크기는 다소 다르지만 압축성이고, 실제 비압축성 흐름은 밀도가 아주 일정해서 자연 상태에서는 거의 일어나지 않는다. 그러나 비점성 흐름의 설명에서와 유사하게 몇 가지 공기 역학적 문제점을 모델로 하는데 이때는 손실 없는 비압축성을 취급한다. 예를 들어 동일한 액체의 흐름은 비압축성으로 취급하고, 대부분의 유체 역학과 관련되는 문제는 밀도를 일정한 것으로 가정한다. 또한, 낮은 마하수(M<0.3)에서 가스 흐름은 근본적으로 비압축성으로, 이것은 항상 밀도를 일정하다고 가정한다. 반면, 빠른 속도의 흐름(마하1이나 이보다 클 때)을 압축성이라고 취급하고, 밀도(ρ)는 고도에 따라 달라진다.

2. 마하수를 분류하면?

여러 가지 공기 역학적 흐름을 설명하거나 분류할 때는 대부분 마하수를 기준으로 하는 것이 보편적이다. 전체적인 흐름 영역을 동시에 고려할 때 4가지 다른 속도 범위를 마하수의 표준으로 사용한다.

a. 아음속 흐름(M<1)

만약 마하수가 모든 지점에서 1보다 작으면 아음속(subsonic)의 흐름 영역으로 분류한다.

아음속 흐름은 매끈한 유선으로 특징된다. 더군다나 흐름 속도가 모든 지점에서 음속보다 낮기 때문에 흐름의 방해는 위 아래로 전파된다. 자유 흐름 마하수가 1보다 작을 때 물체 위의 흐름이 전체적으로 모두 아음속이라고 말할 수는 없다.

공기 역학적 모양 위를 팽창하면서 흐름 속도는 자유 흐름 속도 이상으로 증가되고 만약 자유 흐름 마하수가 충분히 1에 접근하면 부분적인(혹은 지역적인) 마하수는 흐름의 어느 부분에서 초음속이 된다. 이런 이유로 대략적인 법칙은 얇은 물체를 지나는 아음속 흐름에서 자유 흐름 마하수가 0.8보다 작을 때를 기준으로 한다. 뭉특한 물체에서 자유 흐름 마하수는 전체적인 아음속 흐름보다도 더 낮아야 한다.

b. 천음속(M<1과 M>1이 섞여 있는 지역)

앞에서 설명한 것처럼 만약 자유 흐름 마하수가 아음속이지만 (거의 같은 수치이고) 흐름은 부분적으로 초음속(M>1)이 될 수 있다.

이것은 마침내 약한 충격파로 끝나서 다시 아음속으로 된다. 만약 자유 흐름 마하수가 약간 증가하면 휘어진 충격파(bow shock wave)가 물체의 정면에 형성되고, 이 충격파 뒤의 흐름은 부분적으로 아음속이 된다.

이 아음속은 계속해서 에어포일 위에서 낮은 초음속 수치로 팽창한다. 약한 충격파는 흔히 트레일링에이지에서 발생되고, 가끔 fish tail 형태가 되며 (c)에서 보는 것과 같다. (b)에서 흐름 영역과 (c)는 아음속-초음속 흐름의 혼합된 형태로 특징지어진다. 이런 흐름 영역을 천음속 흐름이라고 한다. 얇은 물체에서 천음속 흐름은 자유 흐름 마하수가 0.8<M<1.2 범위에 속한다.

c. 초음속(M>1)

흐름 영역이 모든 지점에서 마하 1보다 크면 초음속으로 정의한다. 초음속 흐름은 충격파가 존재해서 이 충격파 존재가 흐름 특성과 유선 변화의 불연속을 만든다.

(d)에서 날카로운 쐐기 모양의 끝을 갖고 있는 것으로 경사 충격파(oblique shock wave) 뒤는 초음속 흐름으로 남는다.

또한 이때 동반되는 팽창파는 아주 독특하다. 예를 들어 (d)에서 만약 θ를 더 크게 하면 쐐기의 팁에서부터 경사 충격파는 떨어지고, 파장 뒤의 아음속 흐름 지역과 함께 쐐기의 앞에서 강한 휘어진 형태의 충격이 있게 된다. 그러므로 만약 θ가 주어진 마하수에서 너무 커지면 (d)에서 보는 것과 같은 형태는 완전히 부서지게 된다. 이런 중력 분리 현상은 M>1인 어느 수치에서도 발생한다. 만약 θ가 아주 작으면, d의 흐름 영역은 M≥1인 상태를 유지한다.

초음속 흐름에서 지역(부분적인) 흐름 속도가 음속보다 크기 때문에 어떤 흐름 지점에서의 방해는 크게 발달할 수 없다. 이런 특성은 아음속과 초음속 흐름 사이의 가장 중요한 물리적인 차이 중의 하나이다. 이것이 왜 충격파가 초음속에서 발생하는지의 기본적인 이유이다.

d. 극초음속 흐름(hypersonic flow)

θ가 정해진 고정된 수치라고 가정한다. 마하수가 1보다 커지면서 충격파는 물체 표면에 근접하게 된다. 또한 충격파의 강도가 증가해서 충격과 물체(충격층) 사이에서 고온을 갖게 한다.

만약 마하수가 충분히 크면 충격층(shock layer)은 아주 얇아지고 표면에서 충격파와 점성 경계층 사이에서 상호 작용이 발생한다. 또한 충격층 온도가 공기 중에서 화학적 반작용이 발생할 수 있는 충분한 온도가 된다. O_2와 N_2의 분자가 서로 떨어져서 가스 분자로 분해된다.

마하수가 계속 증가해서 흐름에 점성 상호 작용과 혹은 화학적 반작용 영향이 지배적이 되는 마하수를 극초음속이라고 부른다(대략 M>5). 극초음속 공기 역학은

1955~1970년대에 많은 관심을 갖게 되었는데 대기권을 진입하는 발사체의 마하수가 25(ICBM)~36(Apollo)까지 되기 때문이다.

3. 덕트에서의 비압축성 흐름과 벤트리와 저속도 윈드터널에 대해서 설명하면?

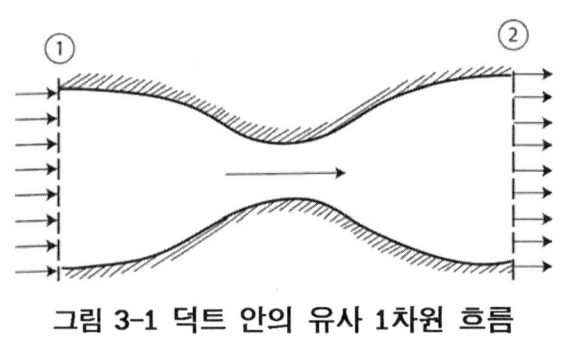

그림 3-1 덕트 안의 유사 1차원 흐름

대부분의 경우에 면적 A=A(x)의 변화는 크지 않고 이런 경우에 흐름 영역 특성은 어떤 단면에서도 일정하고, 오로지 χ 방향으로만 변한다. 위 그림에서 스테이션 ①과 ②는 다른 일정한 흐름을 갖는다. 이런 흐름에서 면적의 변화는 χ와 함수 관계이고, 모든 흐름 영역 매개 변수는 χ와 함수 관계로 가정하면,   A=A(x),   V=V(x),   P=P(x)   등이   되고   이것을   유사   1차원   흐름(quasi-one-dimensinal flow)이라고 한다.

$$\rho_1 A_1 V_1 = \rho_2 A_2 V_2 \quad \text{..①}$$

공식 ①은 유사 1차원 연속 공식으로 이것은 압축성과 비압축성 흐름 모두에 적용한다.
물리적인 측면에서 "덕트를 통하는 흐름은 일정하다."라고 말할 수 있다. 즉 어떤 것이 들어가면 반드시 나온다는 말과 같다.
비압축성 흐름을 고려할 때 ρ =일정이므로 공식 ①에서 $\rho_1 = \rho_2$가 되어 이때 공식 ②를 얻는다.

$$A_1 V_1 = A_2 V_2 \quad \text{...②}$$

공식 ②는 비압축성 흐름을 위한 유사 1차원 연속 방정식이다. 물리적인 측면에서 "덕트를 지나는 흐름 체적은 일정하다."라고 말할 수 있다.
공식 ②에서 만약 흐름이 면적 감소에 따라서 감소하면(수축형 덕트) 속도가 감소한다. 또한 베르누이 방정식($P+1/2\rho V^2$=일정)에서 알 수 있는 것은 수축형 덕트에서 속도가 증가하면, 압력 감소가 생기고 반대로 수축형 덕트에서 속도가 감소하면 압력 증가가 생긴다. 이런 압력 변화를 보여준다. 수축-확산형 덕트를 지나는 비압축성 흐름을 고려한 것이다.

덕트로 들어가는 흐름은 속도 V_1과 압력 P_1을 갖는다. 덕통의 수축 부분에서 속도 증가는 덕트의 최소 면적 부분에서 최대 수치의 V_2에 이르게 된다.

이 최소 면적을 목(throat)이라고 부른다. 또한 수축 부분에서 압력 감소를 볼 수 있다. 목에서 압력은 최소 수치의 P_2에 이른다. 목의 확산형 출구 흐름에서 속도는 감소하고 압력은 증가한다.

덕트를 벤투리(venturi)라고 부른다. 이것의 1차적인 특징은 벤투리 밖의 주변 압력 P_1보다 목에서의 압력 P_2가 더 낮은 것이다. 이 압력 차이(P_1-P_2)는 여러 가지에 적용한다. 예를 들어 자동차 엔진의 카브레타에서 흡입되는 공기는 벤투리를 통해서 연료와 섞여진다. 연료 라인은 목 부분에서 벤투리로 열려있다.

P_2가 주변 압력 P_1보다 더 작기 때문에 압력 차이 P_1-P_2는 연료가 공기 흐름으로 강제로 가도록 하고 목 부분의 출구 흐름 공기와 섞이게 된다. 공기 역학에서 벤투리는 공기 속도 측정에 사용된다.

주어진 흡입구 대 목 면적 비(inlet-to-throat) A_1/A_2 상태에서 벤투리를 고려해 본 것이다. 벤투리가 공기 흐름에 놓이면, 속도 V_1을 갖는데 벤투리는 이것을 측정한다.

벤투리 자체로 간주해 볼 때 측정할 수 있는 가장 직접적인 양은 P_1-P_2 차이이다. 이것은 작은 구멍(압력 채취용)을 입구와 목 부분 벤투리 벽에 뚫고, 이곳에 압력 튜브를 연결해서 압력 게이지를 설치한다. 이렇게 해서 압력 차이 P_1-P_2를 직접 얻는다. 이 측정한 압력 차이는 알지 못하는 속도 V_1과 다음과 같이 관계된다.

베르누이 방정식($P_1+1/2\ \rho V_1{}^2=P_2+1/2\ \rho V_2{}^1$)에서 다음을 얻는다.

$$V_1{}^2=\frac{2}{\rho}(P_2-P_1)+V_2{}^2 \quad\text{⋯⋯⋯⋯⋯⋯⋯⋯⋯⋯⋯⋯⋯⋯⋯⋯⋯⋯⋯⋯⋯⋯} ③$$

연속 방정식($A_1V_1=A_2V_2$)으로부터 다음을 얻는다.

$$V_2=\frac{A_1}{A_2}V_1 \quad\text{⋯⋯⋯⋯⋯⋯⋯⋯⋯⋯⋯⋯⋯⋯⋯⋯⋯⋯⋯⋯⋯⋯⋯⋯⋯⋯⋯⋯} ④$$

공식 ④를 ③에 대입하면

$$V_1{}^2=\frac{2}{\rho}(P_2-P_1)+\left(\frac{A_1}{A_2}\right)^2 V_1{}^2 \quad\text{⋯⋯⋯⋯⋯⋯⋯⋯⋯⋯⋯⋯⋯⋯⋯⋯} ⑤$$

공식 ⑤를 V_1을 찾는 식으로 바꾸면

$$V_1 = \sqrt{\frac{2(P_1 - P_2)}{\rho\left[\left(\dfrac{A_1}{A_2}\right)^2 - 1\right]}} \quad \text{⑥}$$

공식 ⑥은 원하는 결과로 측정된 압력 차이 P_1-P_2, 밀도 ρ, 면적비 A_1/A_2를 이용해서 입구 공기 속도 V_1을 얻는다. 이런 식으로 벤투리를 공기 속도 측정에 사용한다.

덕트에서 비압축성 흐름의 또 다른 적용이 저속 윈드터널(wind tunnerl)이다. 1930년대 중반 대부분의 윈드터널은 속도가 0~250mile/h로 공기가 흐르게 설계된 저속도 윈드터널로 지금까지 사용된다. 근본적으로 저속도 윈드터널은 큰 벤투리로, 여기서 공기 흐름은 모터에 연결된 팬(fan)에 의해서 공급된다.

윈드터널 팬브레이드는 항공기 프로펠러와 비슷하고 터널을 따라서 공기 흐름을 갖게 설계된다. 윈드터널이 "open circuit"이면 대기로부터 입구로 들어온 공기는 뒤로 가게 되고 다시 대기로 가게 되는데, 이것은 "close circuit"이고 여기서는 배기되는 공기는 닫힌 덕트를 경유해서 터널의 전방으로 다시 가게 된다. 어느 경우든지 압력(P_1)을 갖고 있는 공기 흐름이 저속도(V_1)에서 노즐로 들어가고, 이때 면적은 A_1이다.

노즐은 시험 부분에서 더 작은 면적 A_2로 수축되고, 여기서 속도는 V_2로 증가되며, 압력은 P_2로 감소된다. 공기 역학적 모델(항공기, 항공기의 부품인 날개, 테일, 엔진, 나셀) 위를 흐른 후에는 공기는 확산형 덕트(디프저라고 부르고 여기서 면적은 A_3로 증가되고, 속도는 V_3로 감소되고 압력 증가는 P_3로 된다)를 지난다. 연속 방정식($A_1 V_1 = A_2 V_2$)으로부터 시험 부분의 공기 속도는

$$V_2 = \frac{A_1}{A_2} V_1 \quad \text{⑦}$$

다시, 디퓨저의 출구에서 속도는

$$V_3 = \frac{A_2}{A_3} V_2 \quad \text{⑧}$$

윈드터널의 여러 위치에서 압력은 베르누이 방정식에 의한 속도에 관계된다.

$$P_1 + 1/2\rho V_1^2 = P_2 + 1/2\rho V_2^2 = P_3 + 1/2\rho V_3^2 \dotfill ⑨$$

정해진 저속 윈드터널의 시험 부분에서 공기 속도의 조절 방법은 압력 차이 P₁-P₂이다. 이를 분명히 이해하기 위해서 공식 ⑨를 다시 고쳐 쓰면

$$V_2^2 = \frac{2}{\rho}(P_2 - P_1) + V_1^2 \dotfill ⑩$$

공식 ⑦에서 $V_1 = (A_2/A_1)V_2$를 공식 ⑩에 대입하면

$$V_2^2 = \frac{2}{\rho}(P_1 - P_2) + \left(\frac{A_2}{A_1}\right)^2 V_2^2 \dotfill ⑪$$

공식 ⑪을 V₂를 찾기 위해서 다시 고치면

$$V_2 = \sqrt{\frac{2(P_1 - P_2)}{\rho\left[1 - \left(\frac{A_2}{A_1}\right)^2\right]}} \dotfill ⑫$$

면적비 A₂/A₁은 윈드터널에서 고정된 것이다. 더군다나 밀도는 비압축성 흐름에서 일정한 것으로 알려져 있다. 그러므로 공식 ②에서 시험 부분의 속도 V₂로 압력 차이 P₁-P₂에 의해 조절되는 것이다.

팬으로 작동되는 윈드터널 흐름은 이 압력 차이를 만든다. 윈드터널 작동자가 윈드터널의 "콘트롤 노브"를 틀고, 팬으로 가는 파워를 조절해서 압력 차이 P₁-P₂를 조절해서 결과적으로 속도를 조절한다. 저속도 윈드터널에서 압력 차이 P₁-P₂를 측정하는 가장 일반적인 방법은 공식 ⑫에서와 같이 V₂를 측정하는 것이다.

$$Pb = Pa - \rho g \triangle h \dotfill ⑬$$

식 ⑬에서 밀도는 기압계 액체의 밀도이다(터널 속에 있는 공기의 밀도가 아니다). 밀도와 중력 가속도 g의 곱은 기압계의 단위 무게를 나타낸다. 이 단위 무게는 w로 나타낸다. 공식 ⑬에서 기압계에 작용하는 Pa가 윈드터널의 setting chamber에 연결되어 이것이 P₁이고, 만약 기압계 밖의 (Pb)가 시험 부분에 연결되면 이것은 P₂로, 공식 ⑬으로부터

$$P_1 - P_2 = w \triangle h \dots \text{⑭}$$

여기서 $\triangle h$는 기압계 양쪽의 액체의 높이 차이이다. 다시 공식 ⑫는 다음과 같이 나타낸다.

$$V_2 = \sqrt{\frac{2w\triangle h}{\rho\left[1 - \left(\frac{A_2}{A_1}\right)^2\right]}} \dots \text{⑮}$$

주의할 것은 여기서 설명한 기본적인 방정식은 어떤 한계를 갖고 있는데 앞에서 유사 일차 비점성 흐름으로 가정했기 때문이다. 예를 들여 $A_3 = A_1$(터널의 입구 면적과 출구 면적이 같을 때)이면 앞의 공식 ⑦, ⑧에서 $V_3 = V_1$이 된다. 이것은 다시 공식 ⑨에서 $P_3 = P_1$, 즉 전체 터널에 압력 차이가 없다. 만약 이것이 사실이라면 터널은 어떤 파워 없이도 작동시킬 수 있어서 영구적인 운동 기계가 될 수 있다. 그러나 실제로 터널의 마찰과 시험 부분에서 공기 역학적 모델의 항력에 기인한 공기 흐름에 손실이 있다. 베르누이 방정식(공식 ⑨)에서는 이런 손실을 전혀 고려하지 않은 것이다. 그러므로 실제의 윈드터널에서 점성과 항력 영향, $P_3 < P_1$에 기인한 압력 손실이 있다.

윈드터널 모터와 팬의 기능이 디퓨저로부터 나오는 공기 흐름의 압력을 증가시키는 공기 흐름을 더하는데 이것이 대리고 나가든지 혹은 더 큰 압력(P_1)으로 노즐 입구로 되돌아간다.

예 1) 표준 해면상에서 목과 입구 면적비가 0.8인 벤투리에서 만약 입구와 목 사이의 압력 차이가 7lb/ft^{2}일 때 입구에서의 흐름 속도를 구하면(ρ=0.002377 slug/ft^3)?

$$V = \sqrt{\frac{2(P_1 - P_2)}{\rho\left[\left(\frac{A_1}{A_2}\right)^2 - 1\right]}} = \sqrt{\frac{2(7)}{(0.002377)\left[\left(\frac{1}{0.8}\right)^2 - 1\right]}} = 102.3 \text{ ft/s}$$

예 2) 12:1의 수축비를 갖는 노즐이 갖고 있는 저속 아음속 윈드터널이 있다. 만약 시험 부분이 표준 해면 상태에서 50m/sec의 속도를 가질 때 수은 기압계의 높이는? 이때 한쪽은 노즐 입구에 다른 한쪽은 시험 부분에 연결되어 있다(ρ=1.23 kg/m^3).

$$P_1 - P_2 = \frac{1}{2} \rho V_2{}^2 \left[1 - \left(\frac{A_2}{A_1} \right)^2 \right] = \frac{1}{2}(50)^2(1.23)\left[1 - \left(\frac{1}{12} \right)^2 \right] = 1527 \ N/m^2$$

$P_1 - P_2 = w \triangle h$이고 액체 수은의 밀도는 $1.36 \times 10^4 kg/m^3$

$$w = (1.36 \times 10^4 kg/m^3) \ (9.8m/s^2)$$

$$= 1.33 \times 10^5 N/m^2$$

$$\triangle h = \frac{P_1 - P_2}{w} = \frac{1,527}{1.33 \times 10^5} = 0.01148m$$

4. 압축성이란?

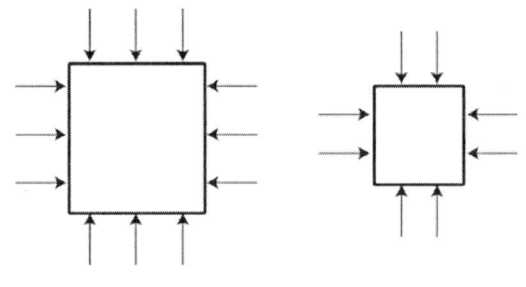

그림 4-1 압축성의 정의

모든 실제 물질은 다소 차이는 있지만 압축할 수 있어서 누르거나 짤 때 밀도가 변한다. 이것은 특히 가스에서 심하고, 액체는 아주 약한 편이며, 고체는 거의 눈에 띄지 않는다. 물질은 어느 정도까지 압축할 수 있는 것은 물질의 특정 성질로 주어지는데 압축성이라고 부른다. 작은 양의 체적(v)를 갖는 유체가 그림 4-1에 보인다.

측면에 가해지는 압력은 p이다. 압력이 사소한 크기(dp)로 증가한다. 압력을 받는 체적은 해당되는 크기의 dv에 의해서 변해서 이때 체적은 감소하는데 dv는 그림 3-1에서 (−) 량을 보인다. 정의에 의하면 유체의 압축성 τ은 다음과 같다.

$$\tau = \frac{1}{v} \frac{dv}{dp} \dotfill ①$$

물리적으로 압축성은 단위 압력 변화에 대해 아주 적은 유체 체적이 변한다. 공식 ①은 충분한 만큼의 정밀도가 없다.

가스가 압축되면 가스의 온도가 증가되는데 이 크기는 어떤 계통 주변을 통해서 가스로부터 이동되는 열의 크기에 좌우된다. 만약 그림 4-1의 유체 온도가 일정하면 γ 등은 압축성(isothermal compressibility:τ_T)으로 식별하고 아래와 같이 표시한다.

$$\tau_T = \frac{1}{v} \left(\frac{\partial v}{\partial p} \right)_T \dotfill ②$$

일반적으로 가스의 압축성은 유체보다 크다. 운동 중인 액체의 특성을 결정하는 압축성 τ의 역할은 다음과 같다. v는 단위 체적을 나타내므로, 공식 ③ $v=1/\rho$을 얻는다. 공식 ③을 ①에 대입시키면

$$\tau=\frac{1}{\rho}\frac{dv}{dp} \quad\text{...④}$$

그러므로 유체가 압력 변화 dp를 경험하면 이에 해당하는 밀도 변화 $d\rho$가 있어서 공식 ④로부터

$$d\rho=\rho\tau dp \quad\text{...⑤}$$

유체 흐름을 고려할 때 에어포일 위의 흐름을 예로 든다. 유체가 액체이면 압축성 τ는 아주 적고, 흐름에서 어떤 지점 사이의 주어진 압력 변화는 공식 ⑤에서 $d\rho$가 무시할 만큼 적어지게 된다. 다시 ρ가 일정하다고 가정하고 액체의 흐름이 비압축성이라고 가정한다. 반면 유체가 가스이면 여기서는 압축성 τ가 아주 커서 흐름 지점 간의 정해진 압력 변화 dp는 공식 ⑤에서 $d\rho$가 커지게 된다. 그러므로 ρ는 일정하지 않으므로 가스의 흐름은 압축성 흐름이다.

가스의 지속 흐름을 제외하고, 이런 흐름에서 흐름을 통해서 압력 변화의 실제 크기는 압력 자체와 비교해서 아주 작다. 그러므로 저속 흐름에서 공식 ⑤에서의 $d\rho$는 아주 적고 τ가 아주 크다고 해도 $d\rho$의 수치는 dp에 의해서 지배적으로 된다. 이런 경우에 ρ는 일정하다고 가정하고 저속 가스 흐름이 비압축성 흐름처럼 분석하게 한다. 마하수 M는 압축성처럼 취급해야 하고 이것은 지역(부분) 흐름 속도 V와 지역 음속 a의 비로 아래와 같이 나타낸다.

M>0.3일 때 흐름은 압축성으로 고려해야 한다.

$$M=\frac{V}{a} \quad\text{...⑥}$$

5. 초음속 흐름의 일부인 충격파를 설명하면?

아음속 압축성 흐름은 질적인 면에서 비압축성 흐름과 같고, 아음속 흐름으로 흐름 형태가 아주 완만하게 변한다. 대조적으로 초음속 흐름은 상당히 다르다. 여기서 흐름은 충격파에 의해서 지배적으로 되고, 물체의 앞쪽 흐름은 리딩에이지 충격파를 마주칠 때까지 물체의 존재를 알 수 없다.

사실 초음속 지역의 어떤 흐름은 충격파에 관계된다. 그러므로 초음속 흐름의 근본적인 연구는 충격파의 모양과 강도의 계산에 관계된다. 충격파는 극히 얇은 지역으로 일반적으로 10-5㎝로 흐름 특성이 크게 변화한다. 충격파는 흐름에 대한 경사 각도를 갖는다. 그렇지만 많은 경우 흐름에 따르는 충격파이다. 충격파는 폭발적인 압축 과정이고 파장에서 압력은 거의 불연속적으로 증가한다.

충격 앞의 1지역에서 마하수, 흐름 속도, 압력, 밀도, 온도, 엔트로피 전체 압력, 전체 엔달피는 순서대로 M_1, V_1, P_1, ρ_1, T_1, S_1, $Po,_1$, $ho,_1$ 등으로 표시된다. 충격 뒤의 2지역에서도, M_2, V_2, P_2, ρ_2, T_2, S_2, $Po,_2$, $ho,_2$ 등으로 나타낸다. 위 그림은 파장에서의 질적인 변화를 나타낸다.

압력, 밀도, 온도, 엔트로피는 충격에서 증가하고, 반면 전체 압력, 마하수, 속도는 감소한다. 물리적으로 충격파의 흐름은 열변화가 없다. 그러므로 전체 엔탈피는 파장에서 일정하다. 경사 충격과 정상 충격의 경우에 충격파 앞의 흐름은 초음속, 즉 $M_1 > 1$이다. 경사 충격 뒤의 흐름은 흔히 초음속으로 남지만($M_2 > 1$), 감소된 마하수로 $M_2 > M_1$이 된다. 그렇지만 경사 충격파의 경우에는 특수한 경우가 있는데 아래쪽 흐름(down stream)을 아음속 마하수로 감소시키기에 충분한데 $M_2 > 1$이 경사 충격 뒤에서 발생한다. 정상 충격에서 아래쪽 흐름은 항상 아음속, 즉 $M_2 > 1$이다.

공기가 투명하기 때문에 충격파를 맨눈으로 볼 수 없다. 그렇지만 충격파에서 밀도 변화가 있기 때문에 흐름을 통하는 빛은 충격에서 굴절된다. 특수한 광학 장치로(shadow graph, schlieren, interferomter) 이런 굴절을 볼 수 있어서 충격파의 시각적인 상을 볼 수 있게 한다.

6. 흐름은 언제 압축이 가능한가?

이 질문에 대한 특별한 대답은 없지만 대략 아음속 흐름은 밀도(ρ)를 일정한 상수로 취급하든지 혹은 변수로 취급하든지는 바라는 정확성에 따른 문제이고 반면 초음속 흐름은 흐름의 질적인 면에서 보아서 상당히 다르기 때문에 밀도는 변수로 취급해야 한다. 대략 $M < 0.3$일 때 비압축성이고, 반면 $M > 0.3$일 때를 압축성으로 고려한다. 움직이지 않는 가스의 밀도는 ρ_0이다. 이 유체를 일정하게 속도 V와 마하수 M으로 가속시키는데 공기를 노즐을 통해서 팽창시킨다. 유체의 흐름이 증가하면서 다른 흐름 특성은 변한다. 특별히 유체의 밀도 ρ는 아래와 같이 변한다.

$$\frac{\rho_0}{\rho} = \left(1 + \frac{\gamma - 1}{2}M^2\right)^{\frac{1}{(\gamma - 1)}} \quad \text{.............................①}$$

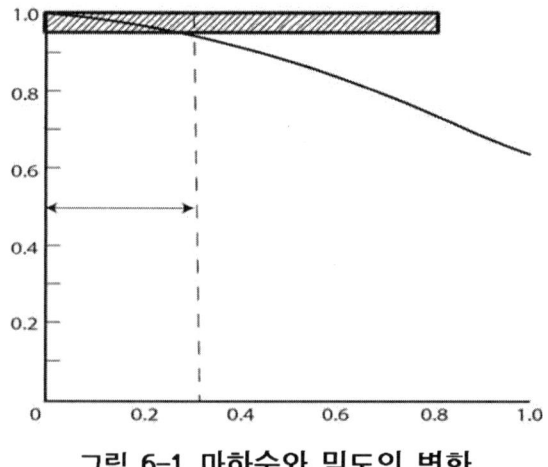

그림 6-1 마하수와 밀도의 변화

여기서 $\gamma=1.4$이고 이 변화는 설명되며, 여기서 ρ/ρ_0는 "0"에서 음속 흐름까지 M과 함수 관계로 구성된다. 아주 낮은 아음속 마하수에서 ρ/ρ_0의 변화는 상당히 적다.

$M<0.32$일 때 ρ_0로부터 ρ의 벗어남은 5%마다 적고, 모든 실제적인 목적을 위해서 흐름은 비압축성으로 취급한다. 그렇지만 $M>0.32$일 때 밀도 ρ의 변화는 5%보다 크고 마하수가 증가하면서 밀도의 변화는 더 심해진다. 결과적으로 마하수가 0.3보다 클 때는 흐름을 압축성처럼 취급한다. 물론 모든 흐름에서 아주 낮은 마하수에서조차 흐름은 압축성이다. 비압축성 흐름은 흔히 거의 믿을 수 없는 상태이다. 그렇지만 그림 6-1에서 보는 것처럼 비압축성 흐름의 가정은 아주 낮은 마하수에서는 합리적이다.

7. 압축성 흐름에서의 속도 측정을 설명하면?

a. 아음속 압축성 흐름

아음속 압축성 흐름에서 피토 튜브를 사용한 것이다. 흔히 피토 튜브의 입구는 정체 지역이다.

유체는 선 ab로 움직여서 아무런 변화 없이 b 지점에 이른다. 그래서 b 지점에서 감지되는 압력이 자유 흐름 P_{01}의 전체 압력이다. 이것은 튜브의 끝에서 피토 압력을 나타낸다. 만약 추가로 자유 흐름의 정압 P_1을 알면, 1 지역의 마하수를 다음과 같이 얻을 수 있다.

$$\frac{P_{0,1}}{P_1}=\left(1+\frac{\gamma-1}{2}M_1^2\right)^{\frac{\gamma}{\gamma-1}} \quad \dots\dots\dots \text{①}$$

이것을 M_1^2을 구하는 식으로 고치면

$$M_1^2=\frac{2}{\gamma-1}\left[\left(\frac{P_{0,1}}{P_1}\right)^{\frac{\gamma-1}{\gamma}}-1\right] \quad \dots\dots\dots \text{②}$$

분명하게 공식 ②로부터 피토 압력 P_{01} 정압 P_1은 마하수를 직접 계산하는 데 사용된다. 흐름 속도는 공식 ②에서부터 얻을 수 있고, $M_{1=u1/a1}$으로 놓으면

$$U_1{}^2 = \frac{2a_1{}^2}{\gamma - 1}\left[\left(\frac{P_{0,1}}{P_1}\right)^{\frac{\gamma - 1}{\gamma}} - 1\right] \cdots\cdots\cdots\cdots\cdots\cdots\cdots\cdots\cdots\cdots ③$$

공식 ③으로부터 알 수 있는 것은 비압축성과 달리 P_{01}과 P_1을 알아도 $_{u1}$을 얻기가 불충분한데, 이외에 자유 흐름의 음속 $_{a1}$을 필요로 한다.

b. 초음속 흐름

초음속 자유 흐름에서 피토 튜브를 고려한 것이다. 흔히 피토 튜브(e지점)는 정체 지역이다. 유체는 cde를 따라 움직여서 e 지점에 이른다. 그렇지만 자유 흐름은 초음속이기 때문에 피토 튜브에는 흐름에 장애, 즉 튜브의 정면에선 강한 충격파가 있게 된다.

흐름선 cde는 휘어진 충격(bow shock)의 정상 부분을 지난다. 흐름 cde를 따라서 움직이는 유체는 충격 바로 두 지점인 d 지점에서 아음속으로 감소된다. 그 후 e 지점에서 "0"속도로 압축된다. 결과적으로, e 지점의 압력은 자유 흐름의 전체 압력이 아니지만 정상 충격파 뒤의 전체 압력 P_{02}이다. 이것이 튜브 끝에서 피토 압력으로 지시된다.

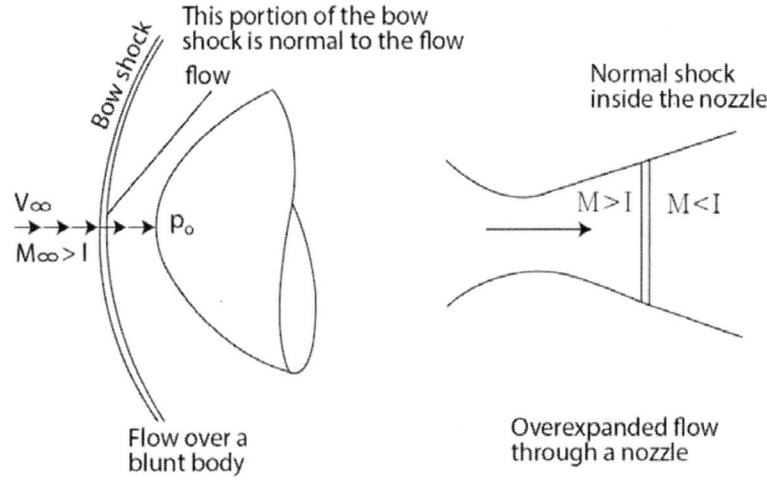

그림 7-2 정상 충격파의 2가지 예

충격에서 엔트로피가 증가하기 때문에 충격에서 전체 압력의 손실이 있다. 즉, $P_{02} < P_{01}$이 된다. 그렇지만 P_{02}를 알고, 자유 흐름의 정압 P_1을 알기 때문에 자유 흐름 마하수의 계산은 아래와 같이 충분하다.

$$\frac{P_{0,2}}{P_1} = \frac{P_{0,2}}{P_2}\frac{P_2}{P_1} \qquad ④$$

여기서 P_{02}/P_2는 2지역에서 점성 충격 바로 뒤의 전체 압력과 정압과의 비이고, P_2/P_1은 충격에서의 정압력 비이다.

$$\frac{P_0}{P} = \left(1 + \frac{\gamma - 1}{2} M^2\right)^{\frac{\gamma}{\gamma - 1}} \dots\dots\dots\dots\dots\dots\dots\dots\dots\dots ⑤$$

공식 ⑤로부터

$$\frac{P_{0,2}}{P_2} = \left(1 + \frac{\gamma - 1}{2} M_2^2\right)^{\frac{\gamma}{\gamma - 1}} \dots\dots\dots\dots\dots\dots\dots\dots ⑥$$

$$M_2^2 = \frac{1 + \left(\frac{\gamma - 1}{2}\right) M_1^2}{\gamma M_1^2 - \left(\frac{\gamma - 1}{2}\right)} \dots\dots\dots\dots\dots\dots\dots\dots\dots\dots ⑦$$

$$\frac{P_2}{P_1} = 1 + \frac{2\gamma}{\gamma + 1}\left(M_1^2 - 1\right) \dots\dots\dots\dots\dots\dots\dots\dots\dots\dots ⑧$$

공식 ⑦을 ⑥에 대입시키고 이 결과를 공식 ⑧을 공식 ④에 대입시켜 얻은 결과에 대입시킨다.

$$\frac{P_{0,2}}{P_1} = \left(\frac{(\gamma + 1)^2 M_1^2}{4\gamma M_1^2 - 2(\gamma - 1)}\right)^{\frac{\gamma}{\gamma - 1}} \frac{1 - \gamma + 2\gamma M_1^2}{\gamma + 1} \dots\dots\dots\dots ⑨$$

공식 ③을 Ray leigh 피토 튜브 공식이라고 부른다. 이것은 피토 압력 $P_{0,2}$, 자유 흐름 저압력 P_1 자유 흐름 마하수 M_1과 관계된다. 공식 ⑨에서 M_1은 P_{02}/P_1과 함수 관계이고, 알고 있는 P_{02}/P_1으로부터 M_1을 계산할 수 있게 한다.

8. 경사 충격과 팽창파를 설명하면?

정상 충격파에서 충격파는 앞쪽 흐름과 90°를 이룬다. 정상 충격파의 습성은 아주 중요하다. 더군다나 정상 충격파의 연구는 직접 충격파 현상을 알 수 있게 한다. 그러나 일반적으로 충격파는 앞쪽 흐름에 경사각을 만든다.
이것을 경사 충격파라고 부른다. 정상 충격파는 경사 충격파의 단순한 일반적인 경우이다. 충격 팽창파에 의해서 특징되고, 여기서 압력은 계속해서 감소한다.
그림 8-1의 A 지점에서 코너가 있는 벽을 지나는 초음속 흐름을 고려해본다. a에

서 벽은 코너에서 위쪽으로 튀어나와 각 θ를 갖고 있어서 코너가 오목하다. 벽에서 흐름은 반드시 벽에 붙어야 하고, 벽에서 흐름은 또한 각도 θ를 통해서 위쪽으로 휘어진다. 벽 위의 많은 가스의 흐름은 위쪽으로 선회되어 주된 흐름 속으로 간다.

a에서 보는 것처럼 초음속 흐름이 자체로 선회될 때 경사 충격파가 발생한다. 파장 앞쪽의 본래의 수평 흐름은 일정하게 굴곡 되는데 파장 뒤의 흐름은 서로 평행하고, 반사각도 θ에서 위로 경사지게 된다.

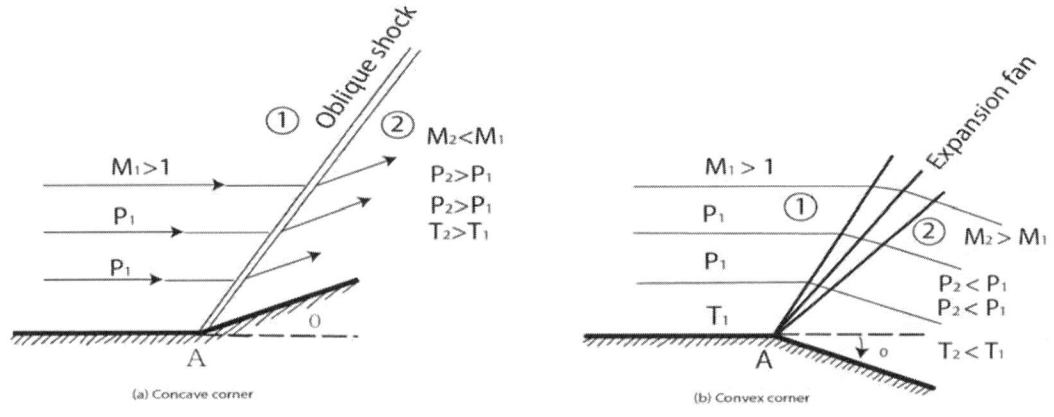

그림 8-1 코너에서의 초음속 흐름

파장에서 마하수는 불연속으로 감소되고, 압력, 밀도, 온도는 불연속으로 증가한다. 이와는 대조적으로 b에서는 벽은 코어에서 각도 θ만큼 아래로 향해서 코너는 볼록 형태이다. 벽에서의 흐름은 벽에 붙어야 하기 때문에 벽에서 흐름은 각도 θ만큼 아래로 굴곡된다. 벽 위의 가스 흐름은 아래로 향하게 되어 주된 흐름으로부터 떨어지게 된다. b와 같이 초음속 흐름이 자체로부터 벗어나면 팽창파가 발생한다. 팽창파의 앞쪽에 있는 본래 수평 흐름은 미끈하게 굴곡되어 파장은 서로 평행하지만 각도 θ만큼 아래로 기울어진다. 팽창파에서 마하수는 증가하고, 압력, 온도, 밀도는 감소한다. 그러므로 팽창파는 충격파와 정반대이다. 경사 충격파와 팽창파는 2차와 3차원 초음속 흐름에서 지배적이다. 이 파장은 고유하게 2차원의 성질을 갖지만 1차원 정상 충격파와는 대조가 된다. 초음속 흐름에서 파장을 만들어내는 물리적인 구조가 무엇인가? 이에 답하기 전에 먼저 분자 충돌을 통한 음파(sound wave)의 전파를 살펴본다.

만약 가스는 어떤 지점에서 약간의 방해가 일어나면, 이것은 음파에 의해서 가스의 다른 지점으로 전달되는데 이 음파는 방해의 중심 부분에서부터 모든 방향으로 전파된다. 흐름 속에서 물체를 고려해보자.

가스 분자는 물체 표면에 충돌해서 모멘텀의 변화를 겪는다. 다시 이 변화는 무차별한 분자 충돌에 의해서 주변 분자로 전해진다. 이런 식으로 물체의 존재에 관한 전달이 분자 충돌을 통해서 주변 흐름으로 전달된다. 즉 대략적으로 부분적인(지역) 음속으로 앞쪽으로 전달된다.

앞쪽 흐름이 아음속이면 방해는 더 앞쪽 흐름에 큰 문제를 주지 않아서 크게 관계가 없고, 물체로부터 벗어나는 데 충분한 시간이 있다. 반면 앞쪽 흐름이 초음속이면 방해는 앞쪽 흐름으로 뻗어나가지 못하고 물체로부터의 어떤 유한 거리에서 방해 파장이 쌓이고 붕괴되어 물체의 정면에 서있는 파장을 형성한다.

초음속 흐름에서 파장의 물리적인 발생은(충격파와 팽창파로) 분자 충동을 경유한 전파 때문이고, 이런 전파가 초음속 흐름의 어떤 지역에서 본래 방식대로 제대로 작용하지 못하기 때문이다.

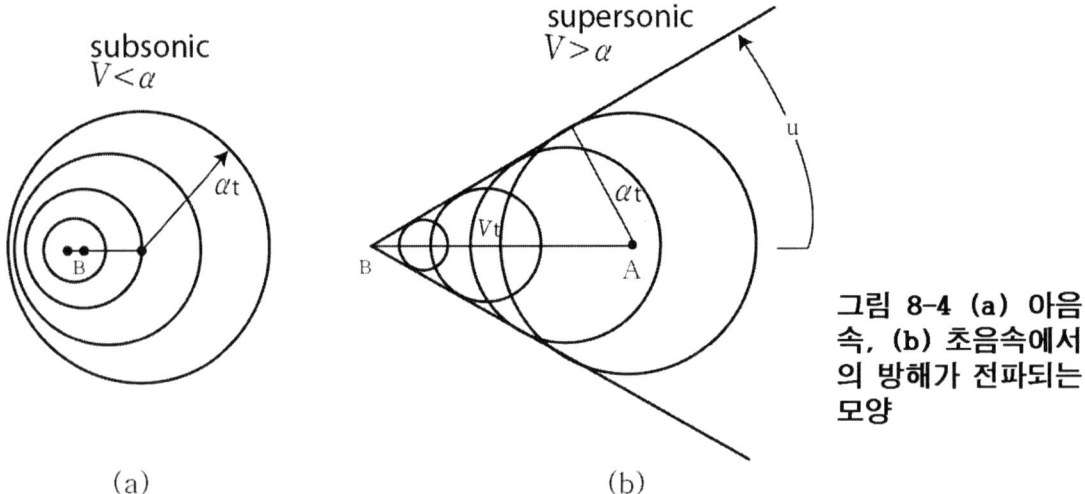

그림 8-4 (a) 아음속, (b) 초음속에서의 방해가 전파되는 모양

(a)　　　　　(b)

왜 대부분의 충격은 앞쪽 흐름에 정상이기보다는 경사를 갖는가? 이 질문에 대답하기 위해서 정체된 가스를 통해 움직이는 방해 소스를 고려해 본다. 이 방해의 원인을 "비퍼(beeper)"라고 하고 이것은 주기적으로 소리를 발산한다. 먼저 비퍼가 그림 8-4 (a)에서처럼 가스를 통해서 아음속에서 움직임을 고려해보자.

비퍼의 속도는 V이고 여서 V<a이다. 시간 t=0가 될 때 비퍼는 A 지점에 위치하고, 이 지점에서 비퍼는 음파를 발산해서 이 음파가 음속(a)으로 모든 방향으로 전파된다. 시간이 지난 후에 음파는 A 지점으로부터 at 거리로 전파되어 그림 8-4 (a)에서처럼 원으로 나타난다. 동시에 비퍼는 거리 vt만큼 움직여서 그림 8-4 (a)의 B 지점에 있게 된다. 더군다난 A에서 B로 움직이는 중에 비퍼는 몇 번의 다른 음파를 발산해서 이것은 시간 t에 더 작은 원으로 나타난다. 비퍼는 항상 원형 음파 내부에 존재해서 파장은 계속해서 비퍼의 전방으로 움직인다. 이것을 비퍼가 아음속(V<a)으로 움직이기 때문이다. 대조적으로 비퍼의 움직임을 초음속(V>a)으로 고려할 때가 그림 8-4 (b)이다.

t=0가 될 때 비퍼는 A 지점에 위치하고 여기서 비퍼는 음파를 발산한다. 나중에 이 음파는 A 지점으로부터 거리 at로 전파되고 그림 8-4(b)에서 보는 반경 at의 원으로 나타난다. 동시에 비퍼는 B 지점으로부터 거리 Vt만큼 이동한다. 게다가 A에서 B로 움직이는 중에 비퍼는 몇 개의 다른 음파를 발산하는데 이것은 시간 t에 작은 원으로 나타낸다. 그렇지만 아음속의 경우와는 대조적으로 비퍼는 원형 음파의 바깥쪽, 즉 파두면의 전방에서 움직이는데, 왜냐하면 V>a이기 때문이다.

또한 새로운 것이 발생하는데 파두면은 직선 BC에 의해 주어지는 방해 범위를 형성하고 이것은 원과 접선이다. 이 방해 라인을 마하 파장(mach wave)이라고 한다. 또한 각 ADC는 마하각 μ를 갖게 하는데 비퍼의 움직임 방향이다. 그림 8-4 (b)의 형태에서 다음을 볼 수 있다.

$$\sin\mu = \frac{at}{Vt}$$
$$= \frac{a}{V}$$
$$= \frac{1}{M}$$

그러므로 마하각은 지역 마하수에 의해서 결정된다.

$$\mu = \sin^{-1}\frac{1}{M}$$

그림 8-4 (b)에서 마하 파장, 즉 초음속 흐름에서 방해 범위는 분명히 운동 방향과 경사를 이룬다. 만약 방해가 단순한 음파보다 더 강하면 파두면은 마하 파장보다 더 강해져서 자유 흐름에 대한 각도 β에서 경사 충격파를 만드는데 여기서 $\beta > \mu$이다.

그렇지만 경사 충격을 만드는 물리적인 구조는 근본적으로 마하 파장을 만드는 것과 똑같다. 분명히 마하 파장은 경사 충격이 제한된 경우로 이것은 무한대로 약한 경사 충격이다.

9. 초음속 윈드터널을 설명하면?

콘(cone)과 초음속 물체의 모델을 시험할 목적으로 실험실에서 마하 2.5의 일정한 흐름을 만드는 것을 생각해보자. 어떻게 할 것인가? 분명한 것은 면적비 Ae/A*=2.637을 갖는 수축-확산형 노즐을 필요로 한다. 게다가 압력비 P_0/P_e=17.09

가 노즐에 필요한데 이것은 출구에서 Me=2.5로 충격 없는 상태로 팽창이 가능하게 하기 위한 것이다.

그림 9-1에서 보는 것처럼 노즐의 배출이 직접 실험실로 가게 하는 것을 생각하게 된다. 여기서 마하 2.5 흐름은 자유로운 제트처럼 주변을 통해서 지난다. 시험용 모델을 노즐 출구의 출구 흐름 쪽에 위치시킨다.

자유로운 제트가 충격이나 팽창파를 갖지 못하도록 하기 위해서 노즐 출구 압력 Pe는 백압력 PB와 똑같아야 한다. 백압력은 단순히 제트를 쌓고 있는 주변 대기로 $P_B=P_e=1atm$이다.

노즐을 통해서 적절한 이세트로픽 팽창이 되게 하기 위해서 입구에서 노즐까지 $P_0=17.09atm$의 높은 압력이 필요하다. 이런 방법으로 마하 2.5인 일정한 공기 흐름을 만들어서 그림 9-1과 같이 초음속 모델을 시험한다.

위의 예에서 17.09atm의 고압력을 얻는데 문제점이 발생한다. 이것을 위해 값비싼 공기 압축기나 고압력 공기 용기를 필요로 한다. 그렇지만 이것은 너무 비싼 대가를 치루어야 하므로 좀 더 싼 비용을 고려해보자.

그림 9-1에서 자유로운 제트 대신에 긴 일정한 면적의 단면을 갖는 노즐 출구의 흐름을 생각해보자.

일정한 면적 단면의 끝에는 정상 충격이 있다. 정상 충격파의 아래쪽 흐름 압력은 $P=P_B=1atm$이다. M=2.5에서 정상 충격에서의 정압력비는 $P_2/P_e=7.125$이다. 정상 충격의 입구 쪽 흐름 압력이 0.14atm이다.

일정한 면적이 단면에서 흐름은 일정하므로 이 압력은 또한 노즐 출구 압력과 똑같아서 Pe=0.14atm이다. 그러므로 노즐을 통해서 적절한 흐름을 얻기 위해서는 압력비 $P_0=P_e=17.09$가 필요한데 입구 쪽의 압력은 오로지 2.4atm이다. 이것은 그림 9-1에서 필요한 17.09atm보다 더욱 효율적인 것으로 간주한다. 그러므로 비용을 상당히 줄인 상태에서 일정한 M=2.5를 유지할 수 있다.

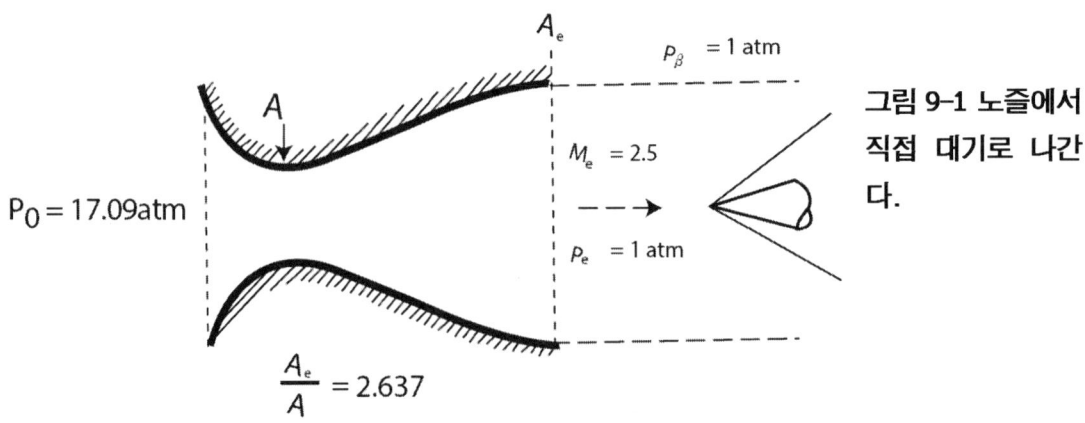

그림 9-1 노즐에서 직접 대기로 나간다.

정상 충격파는 디퓨저처럼 작용을 해서 본해 마하 2.5가 충격 뒤에서는 아음속 수치인 마하 0.513으로 되게 한다. 그러므로 이 "디퓨저"에 의해서 더욱 효율적인 일정한 마하 2.5 흐름을 만들 수 있다. 이것이 디퓨저의 한 가지 기능을 설명한다. 그러나 정상 충격 디퓨저는 몇 가지 문제점을 갖는다.

ⓐ 정상 충격은 가장 강한 충격으로서 가장 큰 전체 압력 손실을 만든다. 만약 정상 충격을 더 약한 충격으로 대신하면 전체 압력 손실은 다소 떨어져서 입구 압력 P_0는 2.4atm보다 적어진다.

ⓑ 덕트 출구에서 정상 충격파를 잡고 있는 것은 무척 힘든데 흐름의 불안과 불안정은 충격을 움직이게 해서 위치가 계속 이동된다. 그러므로 일정한 면적의 덕트에서 흐름의 질은 항상 확신할 수 없게 된다.

ⓒ 시험 모델이 일정한 면적 단면에 놓이자마자 모델에 생기는 경사파는 아래로 전파되어 흐름이 2차원 혹은 3차원이 되게 한다. 그래서 정상 충격이 이런 흐름에는 존재하지 않게 된다.

정상 충격을 경사 충격 디퓨저로 대신해보자. 결과적으로, 덕트를 자세히 관찰해보면, 수축-확산형 노즐로 일정한 초음속 흐름이 일정한 면적의 덕트로 가는데, 이것을 시험부(test section)라고 부른다. 이 흐름은 계속해서 디퓨저를 통해서 낮은 아음속 속도로 느려진다. 이 배열을 수축-확산 노즐, 시험부, 수축-확산 디퓨저로 초음속 윈드터널이라고 부른다.

시험 모델은 콘으로 시험 부분에 위치시키고, 여기서 양력, 항력, 압력 분포와 같은 공기 역학적 측정을 한다. 모델로부터 파장(wave) 시스템 전파는 출구 흐름쪽으로 가고, 디퓨저에서 다반사 충격(multireflected shock)과 상호 작용한다. 초음속 터널을 작동하는데 필요한 압력비는 P_0/P_B이다. 이것은 입구에서 노즐까지 큰 입구 압력 P_0를 만들거나 혹은 디퓨저의 출구에서 전공 소스를 통해서 P_B를 작게 해서 혹은 2가지를 조합해서 이루어지게 한다. 초음속 윈드터널에서 전체 압력 손실의 주요한 근원은 디퓨저이다.

경사 충격 디퓨저를 어떻게 가설적인 정상 충격 디퓨저와 비교할 수 있을까? 모든 반사된 경사 충격에서 전체 압력 손실은 하나의 정상 충격파에서의 손실보다 더 큰가 혹은 더 작은가? 이것은 중요한 질문으로 디퓨저에서 전체 압력 손실이 더 작기 때문에 초음속 터널을 작동시키는데 필요한 압력비 P_0/P_B가 더 작다. 이 질문에 충분한 대답은 없지만 연속적인 경사 충격을 통하는 초음속 흐름의 속도는 계속해서 감소되어 낮은 초음속 수치로 되고, 약한 정상 충격을 지나면서 흐름은 아음속 속도로 낮아져서 단순히 흐름을 처음의 높은 초음속 마하수에서 하나의 강한 충격파를 통해서 아음속 흐름으로 감소시키는 것보다 전체 압력 손실이 더 작은 결과를 가져온다. 그러므로 경사 충격 디퓨저는 흔히 보는 단순한 정상 충격 디퓨저보다 더 효율적이다. 이것은 항상 옳은 것은 아닌데, 왜냐하면 실제에서 경사 충격 디퓨저와 충격파는 벽의 경계층과 상호작용해서 부분적으로 두껍거나 혹은 경계층의 분리 가능성을 일으킨다. 이것이 추가의 전체 압력 손실을 일으킨다. 게다가 단순한 표면 마찰이 표면에 가해져서 전체 압력 손실을 발생시킨다.

실제의 경사 충격 디퓨저는 가설적인 정상 충격 디퓨저보다 적거나 크다. 그럼에도 불구하고 모든 초음속 윈드터널은 경사 충격 디퓨저를 이용한다.

초음속 윈드터널은 두 개의 목(throat)을 갖고 있는데 면적 $A_{t,1}$의 노즐 목을 첫 번째 목, 면적 $A_{t,2}$를 갖는 디퓨저 목으로 두 번째 목이라고 부른다. 노즐을 지나는 흐름량은 $m=\rho uA$로 첫 번째 목에서 평가한다. 이 위치를 스테이션 1로 나타내고 노즐을 통하는 흐름량은 $m_1=\rho_1$, u_1, $A_{t,1}=\rho_1^* a_1^* A_{t,1}$ 디퓨저를 지나는 흐름량은 스테이션 2에서 $m=\rho uA$처럼 표시되고 $m_2=\rho_2$, u_2, $A_{t,2}$가 된다. 윈드터널을 지나는 안정된 흐름을 $m_1=m_2$에 된다.

그러므로 $\rho_1^* a_1^* A_{t,1} = \rho_2 u_2 A_{t,2}$ ··①

가스의 열역학적인 상태는 시험 모델에 의해서 만들어지는 충격파를 통해서 역으로 변할 수 없고, 디퓨저에서 발생되는 ρ_2, u_2는 ρ_1^*, a_1^*과는 다르다. 공식 ①에서 두 번째 목은 첫 번째 목과는 다른 면적을 가져야 하므로 $A_{t,2} \neq A_{t,1}$이다. 어떻게 $A_{t,2}$가 $A_{t,1}$과 다른가? 스테이션 1, 2에서 발생하는 음속 흐름을 가정해보자. 공식 ①을 다음과 같이 쓸 수 있다.

$$\frac{A_{t,2}}{A_{t,1}} = \frac{\rho_1^*}{\rho_2^*} \frac{a_1^*}{a_2^*}$$ ··②

여기서 a^*는 단열 흐름(열을 통하지 않음)에서는 일정하다. 또한 충격파를 지나는 흐름은 단열 과정이다. 윈드터널을 통하는 흐름은 단열 과정이므로 $a_1^*=a_2^*$이다. 다시 공식 ②는

$$\frac{A_{t,2}}{A_{t,1}} = \frac{\rho_1^*}{\rho_2^*}$$ ··③

여기서 T^*는 완전 가스의 단열 흐름을 통해서 일정하다.

$$\frac{\rho_1^*}{\rho_2^*} = \frac{\dfrac{P_1^*}{RT_1^*}}{\dfrac{P_2^*}{RT_2}} = \frac{P_1^*}{P_2^*} \quad\cdots\cdots\cdots\cdots\cdots\cdots\cdots\cdots\cdots\cdots\cdots\cdots\cdots\cdots\cdots\cdots\cdots\cdots\cdots\cdots\cdots\cdots\cdots\cdots\cdots\cdots\cdots\cdots\cdots\cdots\cdots \text{④}$$

공식 ④를 ③으로 대체하면

$$\frac{A_{t,2}}{A_{t,1}} = \frac{P_1^*}{P_2^*} \quad\cdots\cdots\cdots\cdots\cdots\cdots\cdots\cdots\cdots\cdots\cdots\cdots\cdots\cdots\cdots\cdots\cdots\cdots\cdots\cdots\cdots\cdots\cdots\cdots\cdots\cdots\cdots\cdots\cdots\cdots\cdots\cdots \text{⑤}$$

$$\frac{P^*}{P_0} = \left(\frac{2}{\gamma+1}\right)^{\frac{\gamma}{\gamma-1}} \quad\cdots\cdots\cdots\cdots\cdots\cdots\cdots\cdots\cdots\cdots\cdots\cdots\cdots\cdots\cdots\cdots\cdots\cdots\cdots\cdots\cdots\cdots\cdots\cdots \text{⑥}$$

⑥에서 $P_1^* = P_{0,1}\left(\dfrac{2}{\gamma+1}\right)^{\frac{\gamma}{\gamma-1}}$ $\cdots\cdots\cdots\cdots\cdots\cdots\cdots\cdots\cdots\cdots\cdots\cdots\cdots\cdots\cdots\cdots\cdots\cdots$ ⑦

$$P_2^* = P_{0,2}\left(\frac{2}{\gamma+1}\right)^{\frac{\gamma}{\gamma-1}} \quad\cdots\cdots\cdots\cdots\cdots\cdots\cdots\cdots\cdots\cdots\cdots\cdots\cdots\cdots\cdots\cdots\cdots\cdots\cdots\cdots \text{⑧}$$

위 공식 ⑦, ⑧을 ⑤에 대체하면

$$\frac{A_{t,2}}{A_{t,1}} = \frac{P_{0,1}}{P_{0,2}} \quad\cdots\cdots\cdots\cdots\cdots\cdots\cdots\cdots\cdots\cdots\cdots\cdots\cdots\cdots\cdots\cdots\cdots\cdots\cdots\cdots\cdots\cdots\cdots\cdots\cdots\cdots\cdots\cdots\cdots\cdots\cdots \text{⑨}$$

전체 압력은 항상 충격파에서 감소되므로, $P_{0,2} > P_{0,1}$이다. 다시 공식 ⑨로부터 $A_{t,2} > A_{t,1}$이다. 그러므로 두 번째 목은 항상 첫 번째 목보다 더 커야 한다. 오로지 이상적인 이센트로픽 디퓨저의 경우에 여기서 P_0는 일정하므로 $A_{t,2} = A_{t,1}$이 되는데 이것은 불가능한 것이다. 공식 ⑨로부터 유용한 관계는 만약 터널의 압력비를 알고 있을 때의 두 번째 목과 첫 번째 목의 크기이다. 이런 정보가 없을 때 초음속 윈드터널의 사전적인 설계에서 정상 충격에서 전체 압력비를 가정해야 한다. 정해진 윈드터널에서 만약 $A_{t,2}$가 공식 ⑨에 의해서 주어지는 수치보다 적을 때 디퓨저는 초크된다. 즉, 디퓨저는 노즐을 통하는 초음속 팽창으로부터 오는 공기 흐름량을 통과시킬 수 없다. 이런 경우에 윈드터널을 지나는 흐름 조절은 노즐에 충격파를 만들어서이고, 이것은 다시 시험 부분의 마하수를 감소시켜서 디퓨저에서 약한 충격을 만드는데 이때는 전체적인 압력 손실이 감소된 상태, 전체 압력 손실은 $P_{0,1}/P_{0,2}=P_{0,1}/P_B$으로 해서 공식 ⑨를 만족시킨다. 어떤 때는 이런 조절은 너무 심해서 노즐 안에 정상 충격이 있게 되고, 시험 부분과 디퓨저를 통하는 흐름은 전체적으로 아음속이다. 분명히 이 초크된 상태는 원하지 않는 것인데, 왜냐하면 시험 부분에서 원하는 마하수에서의 일정한 흐름을 더 이상 기대할 수 없기 때문이다. 이런 경우에 초음속 윈드터널은 "unstarted"라고 말한다. 이 상황을 바로잡는 유일한 방법은 $A_{t,2}/A_{t,1}$을 크게 만들어 디퓨저가 노즐에서 팽창으로부터 흐름량을 통과시켜서 공식 ⑨를 충격이 없는 노즐 팽창과 함께 만족스럽게 한다.

예) 마하 2 윈드터널의 사전 설계 단계에서 디퓨저 목 면적과 노즐 목 면적의 비를 계산하면?

디퓨저의 입구에서 정상 충격파를 가정하고 부록 B에서 M=2일 때 $P_{0,2}=P_{0,1}=0.7209$이다.
공식 ⑨로부터

$$\frac{A_{t,2}}{A_{t,1}} = \frac{P_{0,1}}{P_{0,2}} = \frac{1}{0.7209} = 1.387$$

10. 임계 마하수(critical mach number)를 설명하면?

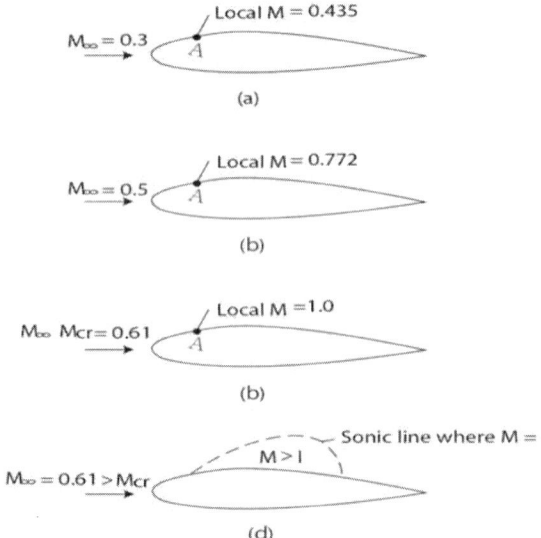

그림 10-1 임계마하수의 정의로 A 지점이 에어포일의 맨 위 표면에서 최소 압력 지점이다.

먼저 저속 흐름에서 에어포일을 고려하는데 $M_\infty=0.3$이라고 하자[그림 10-1 (a)]. 에어포일의 맨 위 표면에서 팽창하면, 지역 흐름 마하수 M은 증가한다. A 지점은 에어포일 표면의 압력이 최소인 곳이므로 여기서 M은 최대이다. 그림 10-1 (a)에서 이 지역 최대 M은 0.435이다. 차츰 자유 흐름 마하수를 증가시킨다고 가정해보자. M_∞(자유 흐름 마하수)가 증가하면서 M_A 또한 증가한다. 예를 들어 만약 M_∞가 M=0.5로 증가되면 M의 최대 지역 수치는 0.772가 되고 그림 10-1 (b)이다. M∞를 증가시켜서 최소 압력 지점에서 지역 마하수가 1이 될 때까지 증가되어, 즉 M_A=1.0으로 되는데 (c)이다. 이것이 발생하면 자유 흐름 마하수 M∞를 임계 마하수라고 부르고 Mcr로 나타낸다.

정의에 따르면 임계 마하수는 자유 흐름 마하수가 에어포일 위에서 음속 흐름이 처음으로 얻어지는 곳이다. (c)에서 Mcr=0.61이다. 고속 공기 역학에서 가장 중요한 문제점이 주어진 에어포일에서의 임계 마하수 결정인데, 왜냐하면 M∞의 수치가 Mcr보다 약간 높기 때문에 에어포일은 아주 큰 항력 계수의 증가를 겪게 된다. P∞와 P_A는 각각 자유 흐름과 A 지점에서의 정압을 나타낸다. 이센트로픽 흐름에서 전체 압력 P_0가 일정하고 이 정압은 아래 공식과 관계 된다.

$$\frac{P_0}{P}=\left(1+\frac{\gamma-1}{2}M^2\right)^{\frac{\gamma}{\gamma-1}} \quad\quad\quad ①$$

또한 이 정압은 공식 ①과 관계되어 다음 ②식이 유도된다.

$$\frac{P_A}{P\infty}=\frac{\dfrac{P_A}{P_0}}{\dfrac{P\infty}{P_0}}\left[\frac{1+\left(\dfrac{\gamma-1}{2}\right)M_\infty^2}{1+\left(\dfrac{\gamma-1}{2}\right)M_{A\infty}^2}\right]^{\frac{\gamma}{\gamma-1}} \quad\quad\quad ②$$

이때 A 지점에서의 압력 계수는 공식 ③으로부터 다음 ④ 식을 얻는다.

$$Cp=\frac{2}{\gamma M_\infty^2}\left(\frac{P}{P_\infty}-1\right) \quad\quad\quad ③$$

$$Cp_A=\frac{2}{\gamma M_\infty^2}\left(\frac{P_A}{P_\infty}-1\right) \quad\quad\quad ④$$

공식 ②와 ④를 결합시키면

$$Cp_A=\frac{2}{\gamma M_\infty^2}\left[\left(\frac{1+\left(\dfrac{\gamma-1}{2}\right)M_\infty^2}{1+\left(\dfrac{\gamma-1}{2}\right)M_{A\infty}^2}\right)^{\frac{\gamma}{\gamma-1}}-1\right] \quad\quad\quad ⑤$$

공식 ⑤로부터 주어진 자유 흐름 마하수에서 유용하고, Cp의 지역 수치가 지역 마하수에 관계된다. 지역 마하수가 일정할 때 지역 Cp의 수치는 어떻게 되는가? 정의에 따르면 압력 계수의 이 수치는 임계 압력 계수라고 부르고 Cp, cr로 나타낸다. 주어진 자유 흐름 마하수 M_∞에서 Cp, cr의 수치는 $M_A=1$을 공식 ⑤에 대입시켜서 얻는다.

$$Cp,cr=\frac{2}{\gamma M_\infty^2}\left[\left(\frac{1+\left(\frac{\gamma-1}{2}\right)M_\infty^2}{1+\left(\frac{\gamma-1}{2}\right)}\right)^{\frac{\gamma}{\gamma-1}}-1\right] \quad\text{⑥}$$

공식 ⑥으로부터 지역 마하수가 1인 어느 지점의 흐름에서든지 압력 계수를 계산할 수 있게 한다. 예를 들어 만약 M_∞이 Mcr보다 약간 더 큰데 여기서 $M_\infty=0.65$이다[그림 10-1(d)]. 그리고 초음속 흐름의 유한 지역은 에어포일 위에 존재하는데 공식 ⑥은 M=1인 어떤 지점에서든지 압력 계수를 계산할 수 있게 하고, (d)에서 보는 것처럼 음속 라인에 이 지점이 해당되게 한다. (c)로 다시 돌아와서 자유 흐름 마하수가 정확하게 임계 마하수와 똑같을 때 오로지 한 지점에서 M=1이 되는데 이 지점이 A 지점이다. A 지점에서 압력 계수는 Cp,cr이고 이것은 공식 ⑥에서 얻은 것이다. 이 경우에 M_∞는 정확히 Mcr이다.

$$Cp,cr=\frac{2}{\gamma M_\infty^2}\left[\left(\frac{1+\left(\frac{\gamma-1}{2}\right)M_\infty^2}{1+\left(\frac{\gamma-1}{2}\right)}\right)^{\frac{\gamma}{\gamma-1}}-1\right] \quad\text{⑦}$$

공식 ⑦에서 Cp,cr은 Mcr의 독특한 함수 관계로, 이 변화는 곡선 C이다. 공식 ⑦은 이센트로픽 흐름의 공기 역학적인 관계로 주어진 에어포일의 모양과는 아무런 관계가 없다. 이 경우에 공식 ⑦과 곡선 C를 이루고 이것은 모든 에어포일에 사용된다. 공식 ⑦은 주어진 압축성을 수정한 것으로 다음과 같이 주어지는 에어포일의 임계 마하수를 평가할 수 있다.

ⓐ 실험적이든 혹은 이론적이든지 주어진 에어포일의 최소 압력 지점에서 압력계수 Cp, 0의 저속도 비압축성 수치이다.

ⓑ Cp와 M_∞의 변화를 사용한 것으로 곡선 B를 나타낸다.

ⓒ 곡선 B의 어느 곳에든지 압력 계수가 지역 음속 흐름에 해당하는 점이 하나 있

다. 이 점은 공식 ⑦과 일치하고 곡선 C로 나타내진다. 곡선 B와 C의 교차는 에어포일에서 최소 압력 위치에서 음속 흐름을 나타낸다. 다시 이 교차 지점에서 M_∞의 수치는 정의에 의하면 임계 마하수이다.

두 가지 에어포일로 얇은 것과 두꺼운 것으로 나눠 표시했다. 나머지 하나는 두꺼운 에어포일을 고려한다. 첫 번째로 이 에어포일에서 저속 비압축성 흐름을 고려한다. 얇은 에어포일 위의 흐름은 자유 흐름으로부터 약간 방해를 받는다. 맨 위 표면의 팽창은 중간 정도이고 최소 압력 지점에서 C_{p0}는 오로지 작은 절대 크기의 (−) 숫자를 갖는다. 대조적으로 두꺼운 에어포일 위의 흐름은 자유 흐름으로부터 큰 방해를 겪게 된다. 맨 위 표면의 팽창은 강하고, 최소 압력 지점에서 C_{p0}는 아주 큰 (−) 숫자를 갖는다. 만약 에어포일을 구성하면 두꺼운 에어포일은 얇은 에어포일보다 더 낮은 임계 마하수를 갖는다. 이것이 분명히 설명된다. 고속 항공기에서 가능한 한 M_{cr}은 높을수록 좋다. 그러므로 최신형 고속 아음속 항공기는 흔히 상당히 얇은 에어포일로 설계한다. 소형 고속 제트 항공기는 3% 두께의 에어포일을 사용하지만 대조적으로 저속도의 쌍발 프로펠러 항공기는 14% 두께의 에어포일을 사용한다.

11. 항력-확산 마하수와 음속 장벽(sound barrier)이란?

윈드터널의 고정된 받음각에서 주어진 에어포일을 생각해보자. 항력 계수 c_l을 M_∞의 함수 관계로 측정한다. 낮은 아음속 속도에서 항력 계수를 보여준다.
자유 흐름 마하수를 점차적으로 증가시키면서 cd를 관찰해 보면 임계 마하수에 이를 때까지 상당히 일정하게 머물러있다.
M_∞를 M_{cr}보다 약간 높게 주의 깊게 증가시키면 에어포일에 초음속 흐름의 유한 지역이 나타나는 것이다. 이 초음속 흐름에서 마하수는 마하 1보다 약간 높아서 대략 1.02~1.05가 된다. 그렇지만 계속해서 M_∞를 크게 하면 항력 계수가 갑자기 증가되는 어떤 점을 만나게 된다.
이렇게 항력이 갑자기 증가하기 시작하는 곳에서 M_∞의 수치는 항력-확산 마하수라고 정의한다. 이 항력-확산 마하수 이상에서 항력 계수는 아주 커지고 일반적으로 10이나 그보다 더 큰 숫자로 증가한다. 이렇게 항력의 큰 증가는 에어포일 위의 초음속 흐름의 폭넓은 지역을 동반하고, 충격파에서 끝나는 것이다. 이것은 항력 곡선에서 f 지점에 해당하고 예를 들어 상당히 두꺼운 에어포일의 경우를 고려할 때 저속도를 위한 본래의 설계에서 M_∞은 항력-확산 이상으로, 이런 경우에 지역 마하수는 1.2나 더 높게 된다. 결과적으로 끝나는 충격파는 상당히 강하다. 이 충격은 일반적으로 충격의 아래쪽 흐름의 심한 분리를 일으키고 항력의 큰 증가를 가져온다.

$$Cp = \frac{C_{P,0}}{\sqrt{1 - M_\infty^2}} \quad \cdots\cdots\cdots\cdots\cdots\cdots\cdots\cdots\cdots\cdots\cdots\cdots\cdots\cdots\cdots ①$$

위의 ①에 의해 주어지는 Prantle-Glanert 법칙을 살펴보자. 위 공식에서 $M_\infty \rightarrow 1$로 접근하면 이 방정식은 cp가 무한대로 접근한다. 이것이 거의 마하 1에서의 실제 문제점을 가르쳐준다. 또한 초기의 고속 아음속 윈드터널 시험에서 만들어진 항력 고선은 거의 유사하다.

$M_\infty = 1$에 접근할 때 항력 계수는 얼마나 증가할까? Cd가 무한대로 갈까? 1936년대 에는 강력한 엔진이 없어서 크게 증가하는 유속 장벽(barrier)을 돌파할 수 없었다. 이런 음속 장벽의 개념이 널리 퍼져서 많은 사람들은 음속보다 빠르게 날 수 없다고 생각했다. 물론 요즘은 음속 장벽은 한낱 미신과 같은 것이었다고 생각한다.

$M_\infty = 1$에 접근할 때 Cd가 무한대로 되는 것을 걱정할 필요가 없는데, 이 상태 (M=1)에서는 Prantle-Glanert 법칙이 적용이 안 된다. 더군다나 1940년대에 실시된 천음속 윈드터널 시험은 분명히 나타내는데 Cd가 M=1일 때 최고치가 되고, 초음속 지역이 되면 다시 감소하기 시작하는 것을 보여주었다. 오로지 항공기에 필요한 것은 M=1에서 큰 항력 증가를 극복할 수 있는 강력한 엔진이다. 음속 장벽의 미신은 1947년 12월 14일 척 예거(chuck yeager)에 의해 깨지게 되었다. 그는 Bell XS-1으로 음속을 돌파했다.

12. 초임계 에어포일(supercritical airfoil)이란?

2차원 에어포일을 고려해보자. 앞의 설명에서 높은 임계 마하수를 맞는 에어포일은 아주 바람직스럽고 이것은 실제로 고속 아음속 항공기에 사용된다. 만약 M_{cr}을 증가시킬 수 있으면 $M_{drag-divergence}$를 증가시킬 수 있어서 이 바로 뒤에 M_{cr}이 뒤따른다.

1945~1965년까지는 대략 위에 말한 방식으로 항공기를 설계했다. 우연히도 NACA 64계열 에어포일은 비록 본래는 충류 흐름을 크게 하기 위한 것이었지만 NACA 모양과 비교해서 상당히 큰 수치의 M_{cr}을 갖는 것으로 입증되었다. 그러므로 NACA 64계열은 고속 항공기에 널리 사용된다.

얇은 에어포일일수록 더 큰 수치의 M_{cr}을 갖고 있어서 항공기 설계자는 고속 항공기에 상당히 얇은 에어포일을 사용한다. 그렇지만 실제로 얼마나 얇은 것을 사용할 수 있는지는 한계가 있다. 예를 들어 공기 역학이 에어포일 두께에 영향을 미치는 것을 제외한 고려에서 에어포일은 구조적 강도를 위한 어떤 두께가 필요하고 사실 연료를 저장하는 장소로도 사용된다.

어떤 두께의 에어포일에서 어떻게 높은 마하수에 따르는 큰 항력 상승를 지연시킬 수 있을까? M_{cr}을 증가시키기 위해서 어떤 방법이 있을까? M_{cr}을 증가시키기보다는 마하수 증가를 M_{cr}과 $M_{drag-divergence}$ 사이가 되게 한다.

주로 1965년에 시도된 것으로 새로운 에어포일을 갖게 하는데 이것을 초임계 에어포일이라고 한다. 이 에어포일의 목적은 $M_{drag-divergence}$의 수치를 증가시키는 반면 M_{cr}은 거의 변하지 않는다.

이 에어포일과 NACA 64계열 에어포일과 비교한 것이다. NACA 642-A215 에어포일이고, 15% 두께를 갖는 초임계 에어포일이다. 이 에어포일은 윗면이 상당히 편평해서 NACA 64계열보다 더 낮은 수치의 M 상태로 초음속 흐름 지역을 크게 한다. 이것은 다시 종결되는 충격을 더욱 약하게 하므로 더 적은 항력을 만든다.

비슷한 경향을 NACA 64계열의 Cp분포를 초임계 에어포일과 비교해 볼 수 있다. NACA 64계열 에어포일로 c, d(더 높은 자유 흐름 마하수 M_∞=0.79에서 초임계 에어포일)보다 더 낮은 자유 흐름 마하수 M_∞=0.69를 갖는다. 64계열 에어포일이 더 낮은 M_∞를 가짐에도 불구하고 초음속 흐름의 폭은 에어포일 위에서 더 크게 되고, 지역(부분) 초음속 마하수는 더 커져서 끝부분의 충격이 더 강해진다. 분명히 초임계 에어포일은 바람직스러운 흐름 영역 특성을 갖고 있지만(초음속 흐름이 표면에 더 밀착되지만) 지역 초음속 마하수는 더 낮아지고 종결되는 충격파는 더 약해진다. 결과적으로 항력 확산 마하수($M_{drag-divergence}$)의 수치는 초임계 에어포일에서 더 크다. 이것은 실험적인 자료로 입증되었다.

여기서 초임계 에어포일의 $M_{drag-divergence}$는 0.79이고 이와 대조적으로 NACA 64계열은 0.67이었다. 초임계 에어포일의 맨 위가 편평하기 때문에 에어포일의 전방 60%는 네가티브 캠버이고, 이것이 양력을 낮게 한다. 이것을 보상하기 위해서 양력은 후방 30%의 에어포일에서 극한 상태의 포지티브 캠버를 갖게 해서 증가시킨다. 이것이 트레일링에이지 근처 바닥 표면의 패인 모습이다.

초임계 에어포일은 1965년에 개발되어 현재의 고속 항공기 설계에 사용한다. 예를 들어 Boeing 757, 767, 최신형 소형 제트 항공기 등이다. 초임계 에어포일은 1945년대부터 천음속 항공기 공기 역학에 큰 진전을 가져왔다.

13. 극초음속 흐름의 질적인 면을 설명하면?

같이 쐐기 반쪽 모양으로 M_∞=36으로 비행한다고 가정해보자. 경사 충격의 파장 각도가 18°로 경사 충격파는 물체의 표면에 아주 근접해 있다. 분명히 충격파와 물체 사이의 충격층은 아주 얇다. 이런 얇은 충격층은 극초음속 흐름의 한 가지 특성이다. 얇은 충격층의 실제적인 결과로 충격의 뒤에서 비점성 흐름과 표면의 점성 경계층 사이에서 발생하는 주요한 상호작용이다.

실제로 극초음속 물체는 일반적으로 높은 고도에서 비행하는데 여기서는 밀도, 레이놀즈 수가 낮으므로 경계층이 두껍다. 더구나 극초음속 속도에서 얇은 물체의 경계층 두께는 대략 M_∞^2에 비례해서 더 큰 마하수는 경계층을 두껍게 하는데 더욱 기여하게 한다.

많은 경우에 경계층 두께는 충격층 두께와 같은 크기를 보인다. 여기서 충격층은 완전히 점성이고, 충격파 모양과 표면 압력 분포는 이런 점성 효과에 영향을 받는다. 이 현상을 점성 상호 작용 현상이라고 한다.

여기서 점성 흐름은 외부 비점성 흐름에 아주 크게 영향을 미치고, 물론 외부 비점성 흐름은 경계층에 영향을 미친다. 그림 13-2의 그림은 극초음속에서 평판(flatplate)에서 발생하는 점성 상호 작용의 예이다. 만약 흐름이 완전히 비점성이면 그림 13-2 (a)의 경우와 같이 마하 파장이 리딩에이지부터 따라 붙는다. 흐름의 굴곡이 없기 때문에 판 표면 위의 압력 분포는 일정하고 P_∞(자유 흐름 압력)와 같다. 대조적으로 실제에서는 평판 위에 경계층이 있고 극초음속 상태에서 이 경계층은 두꺼워진다[그림 13-2 (b)].

두꺼운 경계층은 밖으로 굴곡되어 비점성 흐름(inviscid flow)은 상당히 더 강해지고, 곡선형 충격파가 리딩에이지로부터 따라 붙는다. 다시 리딩에이지로부터 표면 압력은 P_∞보다 상당히 더 크고, 리딩에이지 끝 흐름(down stream)에서 멀어질수록 P_∞에 접근한다[그림 13-2 (b)]. 공기 역학적 힘에 영향을 미치는 것 이외에도 이런 큰 압력은 리딩에이지에서 공기 역학적 가열을 증가시킨다. 그러므로 극초음속 점성 상호 작용이 중요하고, 이것은 최근 극초음속 공기 역학 연구의 주요한 분야이다. 극초음속 흐름에 크게 지배적인 것으로 충격층의 고온은 비행체의 큰 공기 역학적 가열에 따른다. 예를 들어 마하 36으로 대기로 재진입하는 끝이 뭉특한 물체를 고려해 보자(그림 13-3).

휘어진 충격파의 주요 부분 뒤의 충격층에서 온도를 계산해보자. 부록 B로부터 $M_\infty=36$인 정상 충격파에서 정온도비(static temperature)는 252.9이고, 이것은 T_s/T_∞으로 나타낸다. 59㎞의 표준 고도에서 $T_\infty=65.248$K로 믿을 수 없는 높은 온도로 이것은 태양의 표면보다도 6배 더 뜨겁다. 실제에서는 부정확한 수치인데, 왜냐하면 부록 B를 사용했기 때문이다.

부록 B는 완전 가스로 $\gamma=1.4$일 때만 사용한다. 그렇지만 고온도에서 가스는 화학적 작용을 일으키므로 γ는 더 이상 1.4가 아니고 더 이상 일정하지 않다. 그럼에도

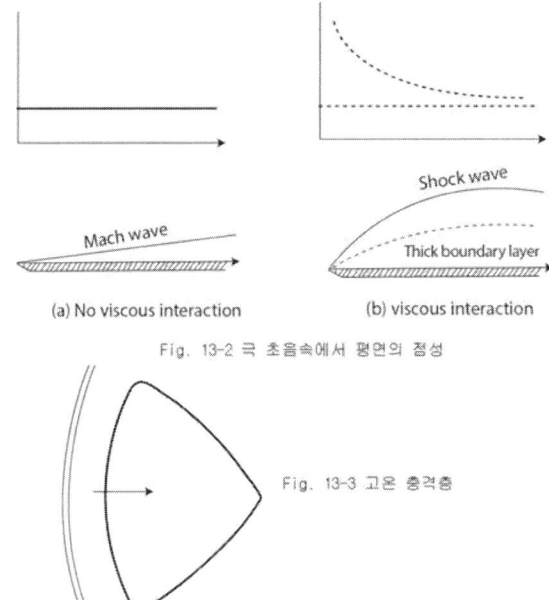

Shock wave
Mach wave
Thick boundary layer
(a) No viscous interaction
(b) viscous interaction

Fig. 13-2 극 초음속에서 평면의 점성

Fig. 13-3 고온 충격층

불구하고 이 계산에서 충격층의 온도는 아주 높고 65,248K보다 적은 어떤 수이다.

만약 Ts의 적절한 계산이 화학적으로 작용하는 가스를 고려하면 Ts는 약 11,000K가 되고, 아직은 높은 상태이다. 분명히 고온 효과는 극초음속 흐름에서 아주 중요하다. 이 고온 효과를 좀 더 자세히 살펴보자. 만약 P=1atm이고, T=288K(표준 해면상)인 공기를 고려할 때 화학적 구성은 체적을 기준으로 20%의 산소, 80%의 질소이다. 온도는 너무 낮아서 화학적 작용이 발생할 수 없지만 만약 T를 2,000K까지 증가시키면, O_2가 분해되기 시작한다.

$O_2 \rightarrow 2O$ 　　　　 $2,000K < T < 4,000K$

만약 온도를 4,000K로 증가시키면 대부분의 O_2는 분해되고 N_2도 분리된다.

$N_2 \rightarrow 2N$ 　　　　 $4,000K < T < 9,000K$

만약 온도를 9,000K로 증가시키면 대부분의 N_2는 분해되어 이온화가 된다.

$N \rightarrow N^+ + e^-$

$O \rightarrow O^+ + e^-$ 　　　　 $T > 9,000K$

그림 13-3 으로 돌아가서 물체의 앞 부분 충격층은 부분적으로 이온화된 플라스마(plasma)로 N_2 O dnjswk N^+, O^+ 이온 그리고 전자 e^-로 구성된다. 충격층에서 이 자유 저자의 존재는 재진입 비행체의 궤도의 일부에서 “통신 장애”를 겪게 된다. 이런 고온도 효과 결과의 하나는 일반적으로 γ=1.4 관계가 존재하지 않는다는 것이다. 실제로, 고온도의 화학적 작용이 있는 충격층을 위한 방정식은 그림 13-3에서처럼 수학적으로 풀어야 한다. 즉, 가스 자체의 물리학과 화학을 고려해야 한다. 고은 충격층에 동반되는 아주 큰 열은 극초음속 비행체의 표면으로 전달된다. 실제로 재진입 속도에서는 비행체의 공기 역학적 가열이 지배적이기 때문이다.

공기 역학적 가열의 흔한 모드는 고온 충격층으로부터 표면까지 열전도의 수단으로 에너지를 전달하는 것은 가스의 온도 구배를 나타내고, 표면으로의 열 전달을 나타낸다.

이 물체 위의 가스 흐름에 의해서 발생되는 흐름 영역 특성이고, q_c는 대류 가열이라고 한다. ICBM(대략 28,000 ft/s)과 같은 재진입 속도는 물체로 열을 전달하는 모드를 갖는다. 그렇지만 더 빠른 속도에서 충격층 온도는 더 뜨거워진다. 충격층이 11,000k의 온도에 이르면 고온 가스로부터 열 발산을 전체 열이 물체 표면으로 전달된다. 발산되는 가열을 q_r로 나타내고, 전체 공기 역학적 가열 q를 대류와 발산 가열의 합으로 표시한다. 즉 $q=q_c+q_r$이다. 아폴로의 재진입은 $q_r/q≒0.3$이다.

발산 가열(radiative heating)은 아폴로 열 차단 설계에 중요한 고려 사항이었다. 우주탐사선이 대기권으로 재진입할 때(주피터), 속도는 아주 높고, 충격층 온도는 높아서 대류 가열(convective heating)은 무시하는데, 이 경우에 $q≒q_r$이다.

이런 비행체에서 발산 가열은 설계시에 중요한 사항이다.

일반적인 유인 재진압 비행체의 상대적인 q_c와 q의 중요성을 설명하는 것으로 비행체 속도가 36,000 ft/s 이상으로 증가하면서 공기 역학적 가열에서 q_r이 어떻게 증가하는가를 보여준다.

14. 충격파와 압력 분포를 설명하면?

충격 실속에서는 양력과 항력의 갑작스런 변화가 있는데 이것은 날개나 기타 다른 표면 위의 압력 분포에 기인한 것이다. 그래서 압력은 고속 비행의 문제점 연구에서 중요한 것이며 충격 형태와 압력 분포의 연결 고리로 아주 중요한 요소이다.

층류형 에어포일(laminar flow aerofoil)의 140㎧ 속도 이상에서 아주 유용한 것으로 입증되었다. 이 단면의 특징은 상당히 얇고 완만한 캠버로 최대 캠버 지점이 저속형보다 훨씬 뒤로 간다. 이 모양의 결과는 사실 바라는 것으로, 공기 흐름이 점차 가속되고 위쪽 표면의 감소된 압력 분포는 저속형보다 더 고르다. 이런 형식의 에어포일 단면은 자연스럽게 천음속 지역에 접근할 수 있고, 압력 분포 도표를 고려해 보면 충격파가 나타나기 전에는 위 표면에 감소된 압력 분포가 상당히 고른 것을 볼 수 있다.

실제적인 방법으로 날개가 전체로서 임계 마하수에서 움직일 때 날개 위쪽 표면에 압력 감소와 석선(suction)이 어떻게 충격파의 형성으로 영향 받는지를 보여준다. 이것은 또한 날개 표면에서 흐름의 지역 속도를 보여주고, 지역 속도가 더 커지면 압력이 더 작아진다.

좀 더 복잡한 것으로 반드시 이해할 필요가 있는데 왜냐하면 이것은 분명히 압력 분포에서 충격파의 실제적인 영향을 보여주기 때문으로 작은 받음각에서 대칭 날개의 위아래 표면 모두에서이고, 천음속 범위에서 날개의 양력 계수와 항력 계수의 합성적인 영향을 나타낸다.

마하수가 각각 6.75, 0.81, 0.89, 0.98, 1.4에서 발생되는 것을 설명하는 것으로 우선 이 속도에서 충격 형태를 볼 수 있다.

위의 모든 예는 2중 대칭 볼록형 에어포일으로 받음각 2°에서이다. 위에서 보는 충격 형태는 압력 분포, 속도 분포에 따른 것이고, 실선은 위쪽 표면을 점선은 아래 표면을 나타내는 것이다. 위쪽은 감소된 압력으로, 이것은 양력과 관계가 있다. 아래 표면의 감소된 압력은 양력에 나쁘게 작용해서 실선과 점선 사이의 차이는 에어포일에 어떻게 효과적으로 양력을 만드는가를 알 수 있게 한다. 만약 점선이 실선 위이면 양력은 "−"이다. 전체 양력은 두 선 사이의 면적으로 나타내고, 면적 중심에 의한 압력 중심으로 나타낸다. 속도가 증가하면서 압력 중심의 속도는 물론 압력 감소에 비례하고 위로 올라간다.

아음속으로 트레일링에이지 근처에는 분리가 이미 진행되었다. 뒤의 1/3지점은 거의 순수 양력이 없다. 압력 중심은 전방에 위치하고, 그림 (f)에서 보면 그림 (a)의 양력 계수는 상당히 양호하게 꾸준히 증가하고, 반면 항력 계수는 상승을 시작하려는 단계이다.

(b)에서 보면 초기의 충격파가 맨 위 표면에 나타나고, 갑작스런 압력의 증가(선이 갑자기 떨어진다)가 있고, 충격파에서 속도의 감소가 있다. 압력 중심은 약간 뒤로 움직였지만 면적은 증가해서 양력은 양호한 상태이고((f)를 참조) 항력도 갑자기 상승한다.

(c)에서 압력 분포는 아주 분명하게 에어포일이 음속에 도달하기 전에 양력 계수의 갑작스런 강하가 어디서 생기는지를 보여준다. 날개의 후반부에서 양력은 "−"인데, 왜냐하면 맨 위 표면의 석션은 충격파로 인해서 없어지고, 반면 아래 표면에 상당히 양호한 석션과 고속 흐름이 있다. 위쪽 전방 부분은 아래 표면의 석션 못지않게 상당한 석션이 존재한다.

압력 중심은 훨씬 전방으로 이동하고, 항력은 갑작스럽게 증가한다.

(d)는 아주 흥미롭다. 충격파가 트레일링에이지로 옮긴 중요한 결과를 보여주는데, 더 이상 석션을 만들거나 분리를 일으키지 않는다. 표면 위의 흐름 속도는 거의 모두 초음속이고, 압력 중심은 뒤로 움직이는데 이것은 맨 위 표면의 고른 석션 때문이다. 양력 계수는 실제로 증가한다(f). 항력 계수는 거의 최대이고 음속 장벽에 있다. (e)에서는 음속 장벽을 지나게 된다. 휘어진 파장(bow wave)이 나타난다. 위·아래 표면의 압력이 거의 같기 때문에 처음으로 임계 마하수가 음속 장벽에 접근하여 항력 계수가 갑자기 떨어진다. 이것이 음속 장벽을 돌파한 것으로 안정된 초음속 지역이다.

15. 충격파와 마하수를 설명하면?

앞에서 충격파에서 발생하는 압력, 밀도, 속도, 마하수, 온도 변화를 설명했다. 항공기가 음속보다 빠르게 비행할 때 흐름은 움직이는 날개와 몸체의 모양에 적합해야 한다. 사실, 충격파의 실제 기능은 흐름 방향을 급격히 변하게 된다. 충격파에 수직인 속도 성분은 감소되고, 평행한 성분은 영향 받지 않고, 항상 어떤 경사 충격파 각이 있어서 이것이 흐름 방향 변화를 일으킨다. 만약 필요한 흐름각 변화가 너무 크면 파장은 분리되고, 리딩에이지의 앞에 곡선 충격이 있게 된다.

대칭면에서 곡선형 충격은 자유 흐름에 수직이다. 곡선 충격의 이 부분은 흐름이 아음속인 곳 바로 뒤의 직선이다. 날개나 몸체의 주변 흐름은 아음속 흐름 상태이지만 직선 충격 뒤의 초기 상태에 존재하는 것이다. 자유 흐름선은 대칭축으로부터 더 멀어져서 더 작은 필요 반사각을 갖게 되고, 경사 충격파의 증가에 따르는 것에 필요한 흐름을 갖게 한다. 이 과정이 곡선형 충격파를 형성하게 한다.

아주 약한 방해의 파장 각도(wave angle)를 결정하는 것은 흥미롭다. 속도 V인 어떤 입자가 좌측으로 움직인다. $t=t_1$이 되는 시간에 입자는 P 지점에 위치한다. $t=0$에서, 거리 Vt_1은 우측에 있고 이것은 방해를 일으키는 것으로 음속 a에 퍼져나가서 원을 형성하고, $t=t_1$에서 변경은 at_1이다. 계속해서 연속적인 다른 파장을 일으킨다. 입자에 의해 방해받는 지역은 물체가 유체를 지나면서 형성되는 것이다. 이때 쐐기(wedge)의 정점각 β 혹은 3차원의 콘의 각도 β는 다음으로 얻어진다.

$$\sin\beta = \frac{at_1}{Vt_1} = \frac{a}{V} = \frac{1}{M} \quad\cdots\cdots\cdots\cdots\cdots\cdots\cdots\cdots\cdots\cdots\cdots\cdots\cdots ①$$

$$\tan\beta = \frac{at_1}{\sqrt{(Vt_1)^2 - (at_1)^2}} = \frac{1}{\sqrt{M^2-1}} \quad\cdots\cdots\cdots\cdots\cdots\cdots ②$$

$$\beta = \sin^{-1}\frac{1}{M} \quad\cdots\cdots\cdots\cdots\cdots\cdots\cdots\cdots\cdots\cdots\cdots\cdots\cdots\cdots\cdots\cdots\cdots ③$$

$$\beta = \tan^{-1}\frac{1}{\sqrt{M^2-1}} \quad\cdots\cdots\cdots\cdots\cdots\cdots\cdots\cdots\cdots\cdots\cdots\cdots ④$$

작은 방해에 의한 이 파장 각도는 마하각(mach angle)이라고 부른다. 흐름이 바뀌는 곳을 통하는 어떤 유한각(finite angle)에서 파장 각도는 마하 각도보다 크다. 파장 각도가 마하 각도와 같을 때 마하수가 파장 1.0일 때 수직이고 충격 강도는 "0"이다.

$$\tan(90-\beta) = \frac{\sqrt{(V t_1)^2 - (a t_1)^2}}{a t_1}$$

$$= \sqrt{\left(\frac{V}{a}\right)^2 - 1}$$

$$= \sqrt{M^2 - 1} \quad\text{⑤}$$

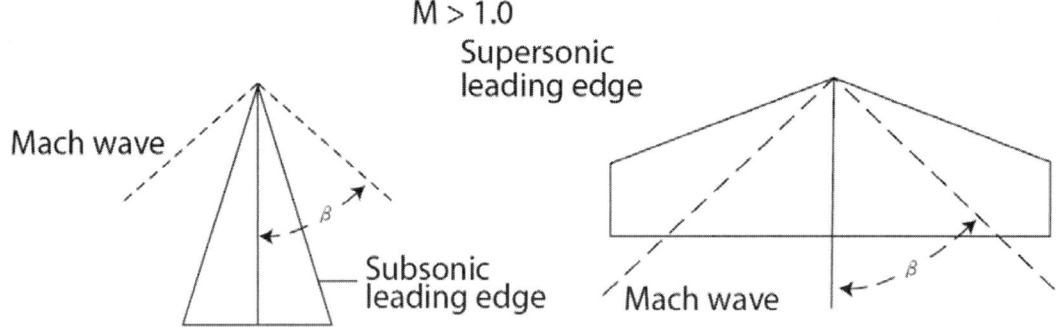

Fig. 15-4 아음속과 초음속 리딩에이지

각(90-β)은 마하 파장과 비행 방향에 수직인 면과 이루는 각도로 날개 후퇴각의 정의와 비슷하다. 만약 날개가 마하각 뒤로 후퇴되면 에어포일 리딩에이지 앞의 각각의 흐름은 에어포일에 의해서 생긴 압력 파장 때문이다. 이것이 아음속 흐름에 접근하고, 여기서 흐름은 실제로 리딩에이지에 도착하기 전에 동체에 적합하게 된다. 이런 날개를 "아음속 리딩에이지"를 가졌다고 말한다. 리딩에이지 후퇴가 마하 파장의 후퇴보다 적은 날개를 "초음속 리딩에이지"라고 부른다(그림 15-4).

(90-β)으로 마하 파장의 후퇴를 결정할 때

M=1.0 마하 파장 후퇴=0°

M=1.15 마하 파장 후퇴=30°

M=2.0 마하 파장 후퇴=60°

M=3.0 마하 파장 후퇴=70.5°

마하 파장과 충격 파장의 근본 차이는 다음과 같이 다시 말할 수 있다. 마하 파장은 유체 사이의 경계이고, 아주 얇은 두께의 움직이는 몸체로부터 압력 파동에 의해서 영향을 받지 않는다.

마하수는 마하 파장 1.0에 수직한 수이고, 마하 파장을 통하는 유체 특성에는 거의 변화를 주지 않는다. 그러므로 흐름 방해에는 변화가 없다.

충격파는 물체 축이 마하각에 대한 것보다 더 큰 각도이다. 마하수가 충격파가 1.0

보다 클 때는 유체 특성에 충분한 변화가 있고, 이 변화는 충격파를 통한 방향의 변화를 포함한다. 충격파를 통하는 흐름은 연속 방정식, 모멘텀 방정식, 에너지 방정식을 이용해서 분석한다.

앞쪽 흐름 마하수의 어떤 수치에서는 두 개의 충격파 각이 있고, 같은 흐름 반사를 만든다. 큰 각도를 갖는 파장을 약한 충격이라고 부른다.

경험적으로 보아서, 약한 충격은(즉, 더 작은 충격각) 흔히 외부의 공기 역학적 흐름에서 발생한다. 어떤 수치의 마하수에도 최대 흐름 반사각이 있다. 만약 반사각이 몸체에 의해서 이 최대 수치 이상으로 요구되면 필요한 반사를 만들 수 있는 충격 각도가 없다. 이때는 분리되는 충격이 발생된다.

16. 초음속 에어포일에서 양력과 항력을 설명하면?

경사 충격파(oblique shock wave)는 항상 압력 증가를 일으켜서 무양력 각에서 2중 쐐기 에어포일과 같이 물체의 전방 표면에서 압력이 증가된다. 전방을 향하는 면에서는 항력이 증가된다.

이 형태의 항력을 조파 항력(wave drag)이라고 부른다. 후방 표면에서 흐름은 급격히 방향을 바꾸게 되지만 여기서 흐르는 팽창파를 통해서 자유 흐름으로부터 멀어진다. 이 과정을 프렌틀-마이어 팽창(Prandtl-Meyer expansion)이라고 부른다. 결과는 후방을 향하는 표면은 압력 감소를 갖게 되고, 항력의 소스인 또 다른 조파 항력의 성분이 된다. 트레일링에이지에서 흐름은 다시 급히 바뀌는데 이때는 압축이나 충격파를 통하므로 흐름 방향은 다시 자유 흐름 방향으로 가게 된다. 초음속 양력 과정은 어떤 받음각에서 편평한 판에 의해서 쉽게 볼 수 있다.

흐름이 위쪽 표면의 리딩에이지에서 자유 흐름으로부터 벗어나면서 팽창파는 압력이 감소된다. 아래 표면에서 충격파는 압력을 크게 하고 흐름이 자유 흐름 쪽으로 가게 한다. 트레일링에이지에서 흐름 과정은 역으로 되어 흐름이 자유 흐름 방향으로 간다. 합성되는 힘은 판에 수직이어서 양력에 기인한 양력과 받음각의 사인(sine)과 같다.

중요한 초음속 결과는 양력에 기인한 항력의 존재로 항력은 마찰을 고려하지 않은 두께에 기인한 것이다. 조파 항력의 영향은 아음속에는 존재하지 않는다. 비록 볼텍스 항력이 초음속 날개의 팁에서 존재하거나 혹은 만약 날개 리딩에이지가 날개의 전방 부분으로부터 마하 파장 뒤에서 후퇴(swept) 상태이면, 양력에 기인한 2차원 항력 계수는 볼텍스 항력 계수보다 더 크다. 그러므로 주어진 양력에서 초음속 항력은 적절한 날개의 아음속 항력보다 훨씬 크다. 작은 받음각에서 얇은 에어포일의 2차원 초음속 흐름의 결과는 놀랍게도 단순하다. 요약하면 다음과 같다.

a. 각 θ로 흐르는 표면의 어떤 지점에서 압력 계수

$$\text{Cp} = \frac{2}{\sqrt{M_0{}^2 - 1}}\theta \qquad \theta: \text{각도, 팽창시} (-), \text{압축시} (+)$$

b. $C_L = \dfrac{4}{\sqrt{M_\infty{}^2 - 1}}\alpha \qquad \alpha: \text{받음각}$

c. $C_{Dwave} = \dfrac{4\alpha}{\sqrt{M_0{}^2 - 1}}$

d. $C_{Dwave\ t/c} = 0 \qquad\qquad\qquad$ 평판(flat plate)

$$= \frac{4}{\sqrt{M_0{}^2 - 1}}\left(\frac{t}{c}\right)^2 \quad \text{이중 쐐기 에어포일}$$

$$= \frac{4}{\sqrt{M_0{}^2 - 1}}\left(\frac{t}{c}\right)^2 \quad \text{이중 볼록 혹은 원형 아트 에어포일}$$

여기서   t: 에어포일의 최대 두께
c: 코드
t/c: 두께 비
$C_{Dwave\ t/c}$: 두께에 기인한 조파 항력 계수

연습문제(Ⅲ)

1. 음속(speed of sound)은 고속 비행에서 중요한 요소인데 다음 중 옳은 설명은?
   1. 임계 마하수(Mcrit)는 M=1에서 발생한다.
   2. 항공기에 의해서 발생되는 압력 파장은 음속으로 움직인다.
   3. 지역 공기 속도가 초음속일 때 충격파가 형성된다.
   4. 위 2,3 모두 맞다.
   5. 위 모두 아니다.   (4)

2. 마하(mach)수에 대한 설명 중 틀린 것은?
   1. 마하수 $M=\dfrac{V}{a_0}$
   2. 표준 대기 해면상의 음속은 340m/sec이다.
   3. 임계 마하수는 음속 가까이 충격파가 발생할 때의 마하수
   4. 마하수가 0.8~1.2의 범위를 아음속이라 한다.   (1)

3. 임계 마하수는 항공기 속도가 다음과 같을 때 발생한다. 옳은 것은?
   1. 초음속으로 갈 때
   2. 충격파가 형성될 때
   3. 위 2,3 모두 맞다.
   4. 위 모두 아니다.   (2)

4. 정상 충격파를 지난 공기 흐름은?
   1. 아음속이다.
   2. 방향은 변함이 없다.
   3. 가열된다.
   4. 압력과 밀도가 증가한다.
   5. 위 모두 맞다.   (5)

5. 다음의 임계 마하수를 높이는 방법 중 맞지 않는 것은?
   1. 날개의 종횡비를 크게 한다.
   2. 리딩에이지가 뾰족한 얇은 날개로 한다.
   3. 최대 두께 위치를 가능한 한 후방에 둔다.
   4. 후퇴각을 붙인다.   (1)

6. 천음속 비행 문제점은 다음이 포함된다. 옳은 것은?
   1. 힘 확산(force divergence)
   2. C_D의 증가
   3. C_L의 감소
   4. 턱언더(tuckunder)
   5. 부펫(buffet)
   6. 조종면 버즈(control surface buzz)
   7. 조종 효율의 손실
   8 위 모두 맞다.
   9. 1을 제외하고 모두 맞다.   (8)

7. 음속에 가장 큰 영향을 주는 것은 다음 중 어느 것인가?
   1. 공기 온도
   2. 공기 압력
   3. 공기 밀도
   4. 습도   (1)

8. 마하 파각은 속도와 어떤 관계인가?
   1. 속도가 증가하면서 마하파장각은 감소한다.
   2. 속도가 증가하면서 마하파장각은 증가한다.
   3. 속도 변화에도 마하 파강작은 변하지 않는다.
   4. 속도 변화와 관계없다.   (1)

9. 수축형 노즐에서 공기를 흘려보낼 때 얻을 수 있는 최대 속도는?
   1. 초음속이다.
   2. 아음속이다.
   3. 극초음속이다.
   4. 음속이다.   (2)

10. 팽창파(expansion wave)를 지난 공기 흐름은?
    1. 속도가 빨라진다.
    2. 공기 흐름의 에너지가 증가한다.
    3. 공기의 온도는 감소한다.
    4. 위 1,3 모두 맞다.   (4)

11. 날개 표면에 나타나는 충격파 실속 결과에 의한 강진 현상은?
    1. Buzz
    2. Fillet
    3. Dorsal fin
    4. Wing heaviness   (1)

12. 초음속 항공기에 생기는 조파 항력은?
    1. 양력 계수의 제곱에 비례한다.
    2. 양력 계수 3승에 비례한다.
    3. 양력 계수에 직적 비례한다.
    4. 양력 계수에 반비례한다.   (2)

13. 충격파의 특성 설명 중 맞는 것은?
    1. 공기 밀도가 갑자기 적어지므로 발생한다.
    2. 날개 상면의 흐름 분리가 원인이다.
    3. 충격파를 기점으로 초음속에서 아음속으로 급격히 감속한다.
    4. 층류 경계층에서 난류 경계층으로 급격히 변화한다.   (4)

14. 다음의 음속별 마하수를 나타내는 것 중 틀리는 것은
    1. 아음속: $M < 0.75$
    2. 초음속: $1.20 < M < 5.00$
    3. 천음속: $0.75 < M < 1.00$
    4. 극초음속: $5.00 < M$ (3)

제4장 안정성과 조종

제4장. 안정성과 조종(Stability & Control)

4-1. 정안정과 조종

1) 정적 안정성(static stability)

모든 힘과 모멘트가 "0"일 때 항공기는 평형 상태에 있다고 한다. 항공기가 평형에 있을 때 가속이 없고 안정된 비행 상태에 있다. 평형이 돌풍이나 조종 계통의 움직임에 의해 방해를 받으면 항공기는 모멘트나 힘의 불균형에 의해서 가속을 가져온다.

시스템의 정안정성은 평형 상태로부터 어떤 방해가 있은 후에 평형 상태로 되돌아가는 초기의 경향에 의해서 결정된다. 만약 물체가 평형일 때 방해를 받으면, 평형 상태로 회복되는 경향을 가지는데 이를 포지티브 정안정이 존재한다고 한다. 또한 물체가 방해받은 방향으로 계속되는 경향이 있으면 네가티브 정안정이나 정적 불안정이 존재한다고 말한다.

중간적인 상태가 발생하는데 이때는 물체가 평형 상태로부터 움직여서 옮겨진 자리에서 평형 상태로 남아있을 때이다. 만약 물체가 받은 방해가 회복되는 경향이나 바꾸어진 자리를 유지하는 경향이 아닌 경우 중립적 정안정이 존재한다고 한다. 정안정의 이 3가지를 설명한다.

볼이 곡면 안에 있을 때 포지티브 정안정의 상태를 설명한다. 만약 볼이 곡면의 바닥에서의 평형으로부터 이동되면 볼의 초기 경향은 평형 상태로 회복하려고 볼은 평형점을 지나서 앞뒤로 구르지만 어느 쪽이로든지 위치 변화는 회복되는 초기 경향을 만든다. 볼이 언덕에 있을 때는 정적 불안정을 설명한다. 언덕 꼭대기의 평형으로부터 움직이면 더 큰 변화를 가져오는 경향이 있다. 볼이 평편한 수평면에 있는 것은 중립적인 정안정 상태를 설명한다. 볼은 어떤 지점이든지 새로운 평형점을 찾고 안정되지도 불안정하지도 않다.

static이라는 말은 이 상태의 안정성에 사용하는데 결과적인 운동은 고려하지 않는다. 오로지 평형 상태로 회복되는 경향이 정안정에서 고려된다. 항공기의 정적 종안정성은 어떤 트림된 받음각으로부터 항공기를 움직여서 이해할 수 있다. 만약 공기 역학적 피칭 모멘트가 이 변화에 의해서 생겨서 항공기를 평형 받음각으로 회복시키려는 경향은 포지티브 정적 종안정을 갖고 있다고 한다.

2) 동적 안정성(dynamic stability)

정안정은 움직여진 몸체가 평형으로 회복되는 경향과 관계되지만 동적 안정은 운동과 시간으로 결정되는 것에 의해 정해진다. 만약 물체가 평형점으로부터 방해를 받으면 운동과 관계된 시간이 동안정성 정도를 지시한다. 만약 운동의 진폭이 시간과 함께 감소되면 시스템은 일반적으로 포지티브 동적 안정성을 갖는다. 여러 가지 동적인 운동이 시간과 함께 변화하는 것을 보여준다.

A에서는 초기의 방해가 가해지면 운동이 단순히 요동 없이 진정되는데 이 상태를 진정 (subsidence 혹은 deadbeat return)이라고 말한다. 이런 운동이 평형으로 회복하려는 경향에 의해서 포지티브 정안정을 지시하고 포지티브 동안정이 되는데 왜냐하면 증폭은 시간과 함께 감소하기 때문이다.

B에서는 시간과 함께 증폭의 비주기적인 증가로 인한 확산(divergence) 형태를 설명한다. 옮겨지는 방향에서 계속적인 초기 경향은 정적 불안정의 증거이고 증폭의 증가는 불량한 동적 불안정을 나타낸다.

C에서는 순수한 중립적인 안정이다. 만약 본래의 방해가 움직임을 만들면 이것은 일정하게 머물러 있고 운동에서 중량의 부족과 일정한 증폭은 중립 정안정과 중립 동안정을 나타낸다.

요동하는 형태는 주기적인 운동의 시간 관계를 상세히 보여준다. 각 형태에 공통적인 특징은 포지티브 정안정으로 평형 상태로 회복되는 성질의 주기적인 운동을 보여주고 있다. 그렇지만 동적 운동에는 안정, 중립, 불안정 등이 있다.

D에서는 진폭이 시간과 함께 감소되는 곳에서 댐핑 요동(damped oscillation)하는 형태이다. 시간과 함께 진폭의 감소는 운동에 저항하는 것을 나타내고 이것은 곧, 에너지의 분산 과정이다. 에너지의 분산이나 감쇄는 포지티브 동적 안정을 제공하는데 필요하다. 만약 시스템에 댐핑 없으면 E의 형태와 같은 결과를 갖는데 요동은 줄어들지 않는다. 댐핑 없는 요동은 시간과 함께 진폭의 감소 없이 계속된다. 이런 요동은 포지티브 정적 안정을 나타내고 중립적인 동안정이 존재한다.

포지티브 댐핑은 연속되는 요동 제거에 필요하다. 예를 들면 마모된 쇼크 옵서버(shock obsorber)를 갖고 있는 자동차는 충분한 동안정이 결핍되었으므로 연속되는 요동 운동은 안전한 작동과는 아무런 관련이 없게 된다. 같은 맥락으로 항공기는 충분한 댐핑이 있어서 어떤 요동하는 운동을 빠르게 분산시키는데 이 요동 운동은 항공기의 운용에 영향을 미친다. 자연적인 공기 역학적 댐핑을 얻을 수 없을 때는 인공적인 댐핑을 사용해서 필요한 포지티브 동안정을 제공해야 한다.

F에서는 확산 요동(divergent oscillation) 형태이다. 이 운동은 정적으로 안정되는데 왜냐하면 이것은 평형 위치로 복귀하는 경향이 있기 때문이다. 그렇지만 나머지는 평형으로 돌아갈 때 속도가 증가하는데 이것은 진폭이 시간과 함께 계속 증가하는 것이다. 그러므로 동적 불안정이 존재한다.

확산 요동은 에너지가 포지티브 댐핑에 의해 분산되기보다는 운동에 에너지가 공급될 때 발생한다. 가장 훌륭한 확산 요동의 설명은 항공기의 짧은 기간 피칭 요동과 함께 일어나는 것이다. 만약 조종사가 피칭에서(항공기의 자연적인 주파수 근처에서) 조종 계통의 사용 순간을 알지 못하면 에너지가 시스템에 더해져서 네가티브 대핑이 더해지고 조종사가 유도한 요동(pilot induced oscillatio: PIO)을 갖게 된다.

어떤 시스템에서 정안정의 존재는 동안정의 존재를 반드시 보증하는 것은 아니다. 그렇지만 동안정의 존재는 정안정의 존재를 내포한다. 어떤 항공기든지 필요한 정도의 정안정과 동안정을 갖고 있어야 한다.

만약 항공기가 빠른 확산 비율과 함께 정적 불안정을 허용하면, 항공기는 비행에 어려움을 갖는다. 그렇지만 포지티브 동적 안정은 어떤 "0" 영역에서는 필수적이어서 항공기의 불필요한 연속적인 요동을 없애준다.

3) 트림과 조종성

항공기에서 만약 피치(pitch), 롤(roll), 요(yaw)의 모든 모멘트가 "0"과 같으면 트림된 상태라고 말한다. 비행의 여러 가지 상태에서 평형은 조종으로 얻는 것으로 조종사의 노력, 트림 탭(trim tab), 조종면 엑추에이터의 사용으로 이루어진다.

조종성이란 말은 항공기가 조종면 변화에 반응하는 능력을 말하는 것으로 원하는 비행 상태를 얻는다. 적절한 조종성은 이륙과 착륙 중에 이용할 수 있어야 한다.

중요한 모순이 안정성과 조종성 사이에 존재하는데 왜냐하면 적절한 조종성이 적절한 안정성과 함께 반드시 존재하지 않기 때문이다. 사실, 너무 큰 안정성은 항공기의 조종성을 감소시키는 경향이 있다.

정안정성과 조종성 사이의 일반적인 관계를 나타내는 것으로 여러 가지 표면에 볼을 놓아서 정안정의 정도를 설명한다. 포지티브 정안정은 움푹한 곳에 있는 볼에서 볼 수 있고, 만약 볼이 움푹한 곳의 바닥에서 갖는 평형으로부터 움직이면 초기의 경향은 평형으로 회복하려는 것이다. 만약 볼의 조종이 필요하고 움직여진 위치에서 볼을 유지시키려면 어떤 힘이 움직인 방향 쪽으로 가해져서 평형으로 돌아가는 고유의 경향과 균형을 갖게 해야 된다. 항공기에 이와 똑같은 경향이 조종이나 대개 교란에 대한 조종사의 대응으로 트림 상태로 움직이는 것과 같다. 조종 지점에서 증가된 안정의 노력은 급히 패인 곳에 있는 볼로 설명한다.

안정성이 커지면 볼의 조종에는 더 큰 힘이 같은 횡 이동에 필요하다. 이와 같은 이유로 큰 안정성은 항공기의 조종성을 떨어뜨린다. 그래서 항공기의 설계시에 안정성과 조종성 사이의 적절한 균형이 고려되어야 한다. 왜냐하면 안정성의 위쪽 한계는 조종성의 낮은 쪽 한계에 의해 설정되기 때문이다.

조종성에서 감소된 안정성의 영향은 평편한 표면에 있는 볼로 설명한다. 중립적인 정안정이 존재하면 볼은 평형으로부터 움직이고 회복되려는 안정된 경향이 없다.

새 평형점이 얻어지고 변화를 유지시키는 데는 힘이 필요하지 않다. 정안정성이 "0"에 접근하면서 조종성은 무한대로 증가하고 움직임에 저항하는 것은 움직임의 운동에 저항하는 것으로 댐핑(damping)이다. 이런 이유로 안정성의 낮은 쪽 한계는 조종성의 위쪽 한계에 의해서 설정된다. 만약 항공기의 안정성이 너무 낮을 때 조종 장치의 움직임은 항공기의 지나친 움직임을 만든다.

조종성에서 정적 불안정의 영향은 언덕에 있는 볼로 설명된다. 만약 볼이 언덕 위에서 평형 상태로부터 움직이면 볼의 초기의 경향은 움직인 방향으로 계속 움직이는 것이다. 볼을 어떤 횡적인 움직임을 조종하기 위해서는 반대쪽에 힘이 가해져야 한다. 만약 조종이 받음 각을 증가시키는 쪽으로 움직이면 항공기는 계속 움직이는 방향으로부터 항공기를 잡아두기 위해 미는 힘(push force)에 의해서 큰 받음각 상태로 트림되게 한다. 이런 조종력의 역전(reversal)은 항공기를 불안정하게 하는 것으로 조종사는 평형을 유지하려는 시도로써 항공기의 안정성을 찾는다.

효율적인 조종과 함께 신속한 반작용은 조종사가 어느 정도의 정적 불안정을 극복할 수 있게 한다. 이런 비행은 조종사의 계속되는 주의가 필요하기 때문에 약간의 불안정성은 오직 에어쉽(airship), 헬리콥터, 항공기의 어떤 사소한 움직임에만 허용된다. 그렇지만 고속 비행중인 항공기는 어떤 상태에도 신속히 반응해서, 사소한 불안정(instability)이라도 불안전(unsafe)한 상태를 만들지 못하게 해야 한다. 그러므로 대부분 항공기에서 어느 정도의 포지티브 정적 안정성을 반드시 필요로 한다.

4) 항공기 기준축

항공기의 힘과 모멘트를 가시화하기 위해서 중력 중심에서 기준을 둔 수직 기준축의 설정이 필요하다.

일반적인 오른쪽 축을 설명한다. 종 방향(longitudinal) 혹은 X축은 대칭면을 갖고 바람을 향해서 포지티브 방향으로 주어진다. 이 축에 대한 모멘트가 롤링 모멘트(rolling moment: L)이고 포지티브 롤링 모멘트는 오른손 법칙을 이용해서 포지티브 방향을 갖는다. 수직 혹은 Z축은 또한 대칭축으로 바람 방향을 향하는 것을 포지티브로 간주한다.

수직축에 대한 모멘트가 요잉 모멘트(yawing moment: N)이고 포지티브 요잉 모멘트는 항공기의 우측으로 요(yaw)한다. 횡방향 혹은 Y축은 대칭면에 수직한 것으로 항공기의 우측으로 향하는 방향이다.

이 횡축에 대한 모멘트는 피칭 모멘트(pitching moment: M)이고 포지티브 피칭 모멘트는 기수 상향 방향이다.

4-2. 종안정과 조종

1) 정적 종안정(static longitudinal stability)

A. 일반적인 고려 사항

항공기가 돌풍이나 조종 운동에 의해 움직여서 트림 받음각으로 돌아가려는 경향이 있으면 항공기는 포지티브 정적 종안정을 갖는다고 한다.

항공기가 불안정하면 방해받는 방향으로 계속 피칭하게 되어 움직임이 반대쪽 조종력에 의해 저지될 때까지 계속된다. 만약 항공기가 중립적으로 안정되면 이것은 방해를 받아서 어느 움직인 곳에서 머물러 있으려 한다.

항공기가 포지티브 정안정을 갖는 것이 필요하다. 안정된 항공기는 안전하고 쉽게 날을 수 있는데, 왜냐하면 항공기는 비행의 트림된 상태를 찾아 이것을 유지하려고 하기 때문이다.

조종 장치의 움직임과 조종 장치의 느낌(feel)은 방향과 크기에서 상당히 논리적이다. 중립적인 정적 종안정성은 흔히 항공기 안정의 아래쪽 한계를 결정하는데, 이것은 안정과 불안정의 경계이기 때문이다.

중립적인 정적 안정성이 있는 항공기는 조종에 과도하게 반응해서 항공기가 방해에 따른 트림으로 돌아가지 않는 경향을 갖는다.

네가티브 정적 종안정을 갖는 항공기는 어떤 의도하는 트림 상태에서 고유의 확산을 갖는다. 만약 이것이 항공기에 전혀 가능하지 않다면 항공기는 트림시킬 수 없어서 비논리적인 조종력이나 움직임을 받을 때 고도나 속도 변화에 따른 자체로서 평형을 만드는 것이 필요하다.

정적 종안정은 받음각과 피칭 모멘트의 관계에 좌우되기 때문에 항공기의 각 성분의 피칭 모멘트 관계를 살펴보는 것이 필요하다.

모든 다른 공기 역학적 힘과 비슷한 방법으로 횡축(lateral axis)에 대한 피칭 모멘트를 계수 형태로 살펴본다.

혹은 $\qquad C_M = \dfrac{M}{q\,S(MAC)}$

$$M = C_M q S(MAC)$$

여기서   M: c. g에 대한 피칭 모멘트(ft-lbs) 기수 상향 방향이면 (+)이다.
               q: 동압 (psf)
               S: 날개 면적 (ft^2)
               MAC: 평균 공력 시위 (ft)

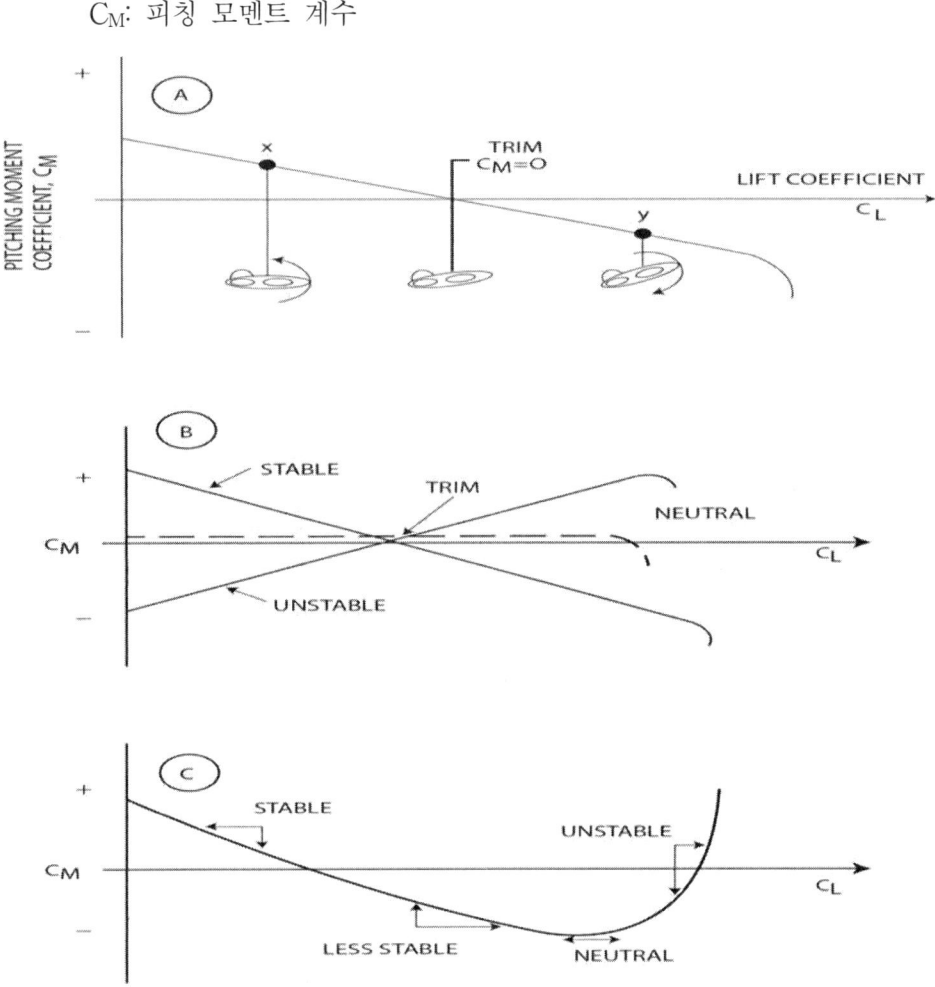

C_M: 피칭 모멘트 계수

그림 4-5 항공기 정적 종안정성(static longitudinal stability)

피칭 모멘트 계수는 항공기의 모든 여러 가지 성분에 의해 제공되는 것을 모두 합친 양력 계수로 구성한 것이다. C_M 대 C_L 구성의 이해는 항공기의 정적 종안정에 관계된다.

그림 4-5의 그래프 A에서 피칭 모멘트 계수(C_M)는 양력 계수(C_L)와 함께 변하고 포지티브 정적 종안정을 갖는 항공기를 나타낸다. 정안정의 증거는 평형으로 돌아가거나 움직인 것에 트림되는 경향에 의해서 알 수 있다.

그래프 A에서 설명하는 항공기는 C_M=0이면 트림 상태이거나 평형이 맞는 상태로 만약 항공기가 어떤 다른 C_L로 방해를 받으면 피칭 모멘트 변화는 항공기를 트림 지점으로 돌아가게 하려고 한다. 만약 항공기가 어떤 높은 C_L(Y 지점)로 방해받으면 네가티브 기수 하향 피칭 모멘트가 발생하고 이것은 트림 지점으로 되돌아가도록 받음각을 감소시키는 경향이 있다. 또한 항공기가 어떤 C_L(X 지점)로 방해를 받으면 포지티브 기수 상향 피칭 모멘트를 만들고 이것은 트림 지점으로 가도록 받음각을 증가시키는 경향이 있다. 그러므로 포지티브 정적 종안정은 C_M 대 C_L의 네가티브 기울기에 의해 지시된다. 즉, 포지티브 안정은 C_L의 증가와 함께 C_M의 감소로 인해서 알 수 있다.

정적 종안정의 정도는 피칭 모멘트 계수와 양력 계수 곡선의 기울기로 나타낸다. B는 안정과 불안정 상태의 비교이다. 포지티브 안정은 네가티브 기울기 곡선으로 나타난다.

중립적인 정안정은 곡선이 "0" 기울기일 때 존재한다. 만약 중립적인 안정이 존재하면 항공기는 피칭 모멘트 계수의 변화 없이 방해받아서 크거나 작은 양력 계수를 갖는다. 이런 상태는 항공기가 어떤 본래 평형으로 되돌아가는 경향이 없거나 트림 상태에 머물지 않는 항공기를 나타낸다.

C_M 대 C_L의 포지티브 기울기를 나타내는 항공기는 불안정하다. 만약 불안정한 항공기가 트림 지점의 평형으로부터 어떤 방해를 받게 되면 피칭 모멘트의 변화는 단지 방해를 확대시킨다. 불안정한 항공기가 어떤 높은 C_L로 방해받으면 C_M에서의 포지티브 변화는 계속되는 더 큰 움직임의 경향으로 설명된다. 불안정한 항공기가 어떤 낮은 C_L로 방해받으면 C_M에서 네가티브 변화가 발생하고 이것은 계속적인 움직임을 만드는 경향으로 발생한다.

흔히 일반적인 항공기 형태의 정적 종안정은 양력 계수와 함께 변하지 않는다. 이는 C_M 대 C_L의 기울기는 C_L의 변화로 바뀌지 않는다는 말이다. 그렇지만 만약 항공기가 후퇴 날개이면 출력이 안정성에 영향을 주거나 수평 꼬리 날개(horizontaltail)에서 하강 흐름의 큰 변화를 주면 정안정의 눈에 띄는 변화는 높은 양력 계수에서 발생할 수 있다.

이 상태는 C에서 설명된다. 이 설명에서 C_M과 C_L의 곡선은 낮은 수치의 C_L에서 양호한 안정된 기울기를 보인다. C_L의 증가는 네가티브 기울기에 약간 감소를 주고 그런 까닭에 안정성의 감소가 나타난다.

C_L의 계속적인 증가와 함께 경사는 "0"이 되고 여기서 중립 안정이 존재한다. 마침내 기울기는 포지티브가 되고 항공기는 불안정이 되거나 pitch-up의 결과를 갖는다. 그러므로 어떤 양력 계수에서든지 항공기의 정적 안정성은 C_M 대 C_L의 곡선 기울기로 상세히 설명된다.

B. 구성품 표면의 기여

횡축에 대한 순수 피칭 모멘트는 각각의 적절한 흐름 영역에 작용하는 구성품 표면의 기여에 의한 것이다. 각 구성품 기여의 연구는 정적 안정성에 각 구성품의 영향을 이해한다. 여기서 피칭 모멘트 계수를 다시 상기하면 아래와 같다.

$$C_M = \frac{M}{q\,S(MAC)}$$

그러므로 어떤 피칭 모멘트 계수는 소스에 관계없이 동압(q), 날개 면적(S), 날개 평균 공력 시위(MAC)의 공통 분모를 갖는다. 이 공통 분모는 동체(fuselage), 나셀(nacelle), 수평 꼬리 날개(horizontal), 출력 영향(power effect)뿐만 아니라 날개에 의한 피칭 모멘트에도 적용한다.

C. 날개

안정에 날개 기여(wing contribution)는 항공기 중력 중심과 관계된 공기 역학적 중심의 위치에 주로 좌우된다.

일반적으로 공기 역학적 중심(a. c)은 날개의 피칭 모멘트 계수가 양력 계수와 같이 변하지 않는 곳의 날개 평균 공력 시위에 있는 점으로 정의한다.

양력 계수의 모든 변화는 날개의 공기 역학적 중심에서 효과적으로 발생한다. 그러므로 만약 날개가 양력 계수의 변화를 갖게 될 때 만들어진 피칭 모멘트는 a. c와 c. g의 상대적인 위치와 직접적인 함수 관계이기 때문이다. 안정성이 회복되는 모멘트의 발달에 의해 나타나기 때문에 c. g는 날개의 a. c의 전방에 위치해서 포지티브 정적 종안정에 기여한다.

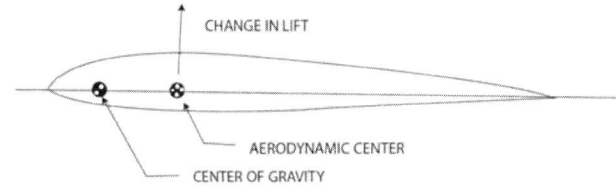

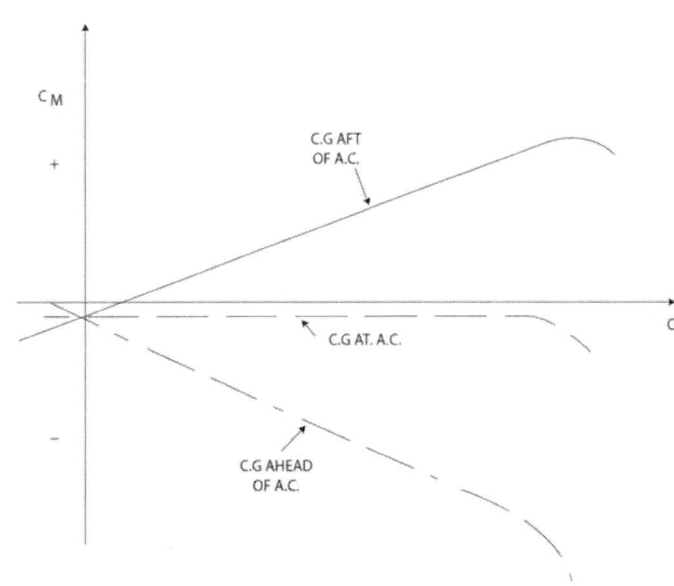

그림 4-6에서 보는 것처럼 c. g의 뒤쪽에서 양력의 변화는 안정된 모멘트를 만드는데 a. c와 c. g 사이의 거리에 좌우된다. 이 경우에 날개의 기여는 안정되고 날개를 위한 C_M 대 C_L의 곡선은 네가티브 기울기를 갖는다. 만약 c. g가 a. c에 위치하면 C_M은 C_L과 함께 변하지 않는데 왜냐하면 모든 양력의 변화는 c. g에서 발생하기 때문이다. 이 경우에 날개 기여는 안정되고 중립적이다. c. g가 a. c 뒤에 위치하면 날개의 기여는 불안정하고 날개 자체를 위한 C_M 대 C_L의 곡선은 포지티브 기울기를 갖는다.

날개는 항공기의 지배적인 공기 역학적 표면이기 때문에 날개 기여의 어떤 변화는 항공기 안정에 중대한 변화를 만든다. 이 사실은 날개(flying wing)나

Fig. 4-6 날개의 기여(wing contribution)

꼬리 없는 항공기의 경우에 가장 분명한데 여기서 날개 기여는 항공기 안정성을 결정한다.

날개가 안정성을 얻기 위해서 c. g는 a. c의 앞에 있어야 한다. 또한 날개는 공기 역학적 중심에 (+) 피칭 모멘트를 갖고 있어서 (+) 양력 계수에서 트림(안정된 비행자세)을 얻는다.

안정된 날개에서 C_{MAc}가 (−)이면 (−) 양력 계수에서 트림이 된다. 만약 안정된 날개가 (+) C_{MAc}를 갖고 있으면 이것은 유용한 (+) C_L에서 트림된다. (−) C_{MAc}를 갖고 있는 날개가 (+) C_L에서 트림을 얻기 위해서 이용할 수 있는 유일한 수단은 점선과 같이 a. c 뒤쪽에 불안정한 c. g 위치를 얻는 것이다.

결과적으로 꼬리 없는 항공기는 C_{MAc}의 중대한 변화를 일으키는 고양력 장치를 이용할 수 없다. 반면 트림 양력 계수는 c. g 위치의 변화에 의해서 변경되고 안전성 변화의 결과는 바람직스럽지 못하고 1차 조종 수단으로서 불만족스러운 것이다.

조종면의 변화에 의한 트림 C_L의 변화는 보다 더 효과적이고 사고를 덜 일으킨다. 항공기가 아음속 비행에서 운용되면 날개의 a. c는 코드(chord) 지점의 25%에서 머물러 있다.

항공기가 초음속 비행으로 날면 날개의 a. c는 코드의 50% 위치에 접근한다. a. c 위치의 이런 큰 변화는 날개 기여의 큰 변화를 만들고 항공기 종안정을 크게 변경시킨다.

두 번째 차트는 아음속과 초음속 비행에서 날개 기여의 변화를 설명한다. 초음속 비행에서 정안정의 큰 증가는 큰 트림 항력을 일으키거나 더 큰 조종 효율을 필요로 해서 비행 조종의 감소를 막는다.

D. 동체와 나셀

대부분의 경우에 동체와 나셀의 기여는 불안정하다. 완전한 유체의 흐름 영역에서 대칭 물체의 회전(움직임)은 주어진 받음각에서 불안정한 피칭 모멘트를 만든다. 사실, 받음각의 증가는 양력의 발생 없이 불안정한 피칭 모멘트를 증가시킨다.

압력 분포를 나타내고 이것은 물체의 움직임에서 불안정한 모멘트를 만든다. 아음속 흐름의 실제 경우에서 똑같은 영향이 나타난다. 받음각의 증가는 불안정한 피칭 모멘트를 일으키지만 양력의 증가는 무시할 정도이다.

날개의 바로 앞의 상승 흐름은 날개 앞의 동체나 나셀의 일부로부터의 불안정한 영향을 증가시킨다. 날개 뒤의 하강 흐름은 날개 뒤의 동체와 나셀의 일부로부터의 불안정한 영향을 감소시킨다. 그런 까닭에 날개에 대한 동체와 나셀의 위치는 안정성의 기여 결정에 중요하다.

초음속 흐름에서 물체의 움직임은 소홀히 할 수 없는 정도의 양력을 발생시킨다. 초음속 흐름에서 물체의 움직임이 주어진 받음각에서 일 때 압력 분포로 나타난다.

압력 중심은 전방이어서 물체는 불안정한 영향에 기여하게 된다. 초음속 형태에서와 같이 동체와 나셀은 날개 면적에 비해서 상당히 크고 안정성의 기여가 크다.

날개, 동체, 나셀 사이의 상호작용은 몇 가지 경우에서 고려해야 한다. 물체의 상승 흐름과 지역 마하수의 변화는 날개 양력에 영향을 미치고 반면 나머지 양력과 하가 흐름은 동체, 나셀 힘(nacelle force), 모멘트에 영향을 준다.

E. 수평 꼬리 날개

수평 꼬리 날개는 항공기의 모든 구성품에 가장 큰 안정성 영향을 준다. 수평 꼬리 날개의 기여가 안정성에 미치는 것을 이해하기 위해서 살펴본다.

만약 항공기 받음각의 변화가 생기면 꼬리 날개 양력의 변화는 꼬리 날개의 공기 역학적 중심에서 발생한다.

수평 꼬리 날개에서 양력의 증가는 항공기 c. g에 대한 네가티브 모멘트를 만들고 항공기가 트림 상태로 되돌아가게 하려는 경향이 있다. 반면 안정성을 위한 수평 꼬리 날개의 기여가 상당히 크고 이것은 꼬리 날개 양력의 변화와 조종면의 공기 역학적 중심과 양력 중심과의 거리에 좌우된다. 분명한 것은 수평 꼬리 날개는 조종면이 c. g의 뒤일 때만 안정성에 영향을 끼친다.

논리적인 면에서 수정 안정판은 c. g의 뒤이어야 하고 일반적으로 말해서 더 뒤로 가면 더 크게 안정성에 도움이 된다. 꼬리 날개 양력 변화에 영향을 미치는 몇 가지 요소는 항공기 받음각의 변화와 함께 발생한다.

수평 꼬리 날개의 면적은 분명한 영향을 주는 것으로 큰 표면은 더 큰 양력 변화를 발생시킨다. 비슷한 방법으로 꼬리 날개의 양력 변화는 수평 꼬리 날개를 위한 양력 곡선의 기울기에 좌우된다. 그러므로 종횡비, 테이퍼, 후퇴, 마하수는 받음각의 변화에서 표면의 민감한 정도를 결정한다.

수평 꼬리 날개에서 흐름의 이해는 자유 흐름에서처럼 같은 흐름 방향이나 동압이 아니다. 날개 웨이크(wing wake), 동체 경계층, 출력 효과 등에 의해서 수평 꼬리 날개에서의 동압 (q)은 자유 흐름의 q와는 크게 다르다.

대부분의 경우에 꼬리 날개에서 q는 작고 꼬리 날개의 효율을 감소시킨다. 항공기가 주어진 받음각의 변화를 받을 때 수평 꼬리는 날개처럼 같은 받음각의 변화를 경험하지 않는다.

날개 뒤의 하강 흐름의 증가 때문에 수평 꼬리 날개는 작은 받음각의 변화, 즉 만약 10°의 받음각의 변화는 4°의 하강 흐름 증가가 수평 꼬리 날개에서 나타나므로 수평 꼬리는 6°의 받음각 변화를 경험한다. 이런 방법으로 수평 꼬리 날개에서 하강 흐름은 안정성에 기여를 감소시킨다.

수평 꼬리 날개에서 하강 흐름 변화율을 변화시키는 어떤 요소는 직접적으로 꼬리 날개의 기여가 항공기 안정성에 영향을 미친다. 수평 꼬리 날개에서 출력 효과는 하강 흐름을 변경시키고 꼬리 날개 기여에 영향을 미친다. 또한 꼬리 날개에서 하강 흐름은 동체의 흐름 상태와 날개의 양력 분포에 의한 영향을 받는다. 작은 종횡비 항공기는 큰 항력 계수를 얻는데 큰 받음각을 필요로 한다.

날개의 하강 흐름의 변화는 동체의 측면 흐름 분리 볼텍스(crossflow separation vortice)에 의해 동반된다. 여기서 순수한 영향은 수평 꼬리 날개의 기여를 제거하거나 불안정하게 해서 항공기의 불안정을 만든다.

F. 무동력 안정성(power-off stability)

형태의 고유 안정성이 관련될 때 출력 효과는 무시되고 안정성은 기여 성분의 형성에 의해서 고려된다. 일반적인 항공기 형태에서 여러 가지 성분의 형성을 나타낸다.

만약 c. g가 멋대로 MAC의 30%에서 정해질 때 날개 자체의 기여는 C_M 대 C_L의 (+) 기울기에 의해 지시된 것처럼 불안정하다. 날개와 동체의 조합은 불안정성을 증가시킨다.

꼬리 날개 자체의 기여는 곡선의 큰 (−) 기울기로부터 크게 안정되어 완전한 형태는 기대하는 c. g 위치에서 포지티브 정적 안정성을 보여준다. 게다가 꼬리와 날개 각도는 설계 상태에 가까운 트림 양력 계수를 제공하도록 설정되어야 한다.

항공기의 형태가 고정되면 c. g 위치의 변화는 정적 안정성에 큰 변화를 일으킨다. 일반적인 항공기 형태에서 c. g 변화와 함께 안정성의 큰 변화는 기본적으로 날개 기여의 큰 변화에 기인한 것이다. 만약 모든 표면의 각도가 고정되어 있으면 정적 종안정에서 c. g 위치에 영향을 준다.

c. g 위치가 "0" 기울기와 중립적 정안정성을 만들 때 중립 지점(neutral point)이라고 부른다. 중립 지점은 전체 항공기 형태의 공기 역학적 중심의 가상점으로 즉, 이 지점의 c. g와 함께 모든 순수 양력 효과가 변하고 피칭 모멘트의 변화는 없다. 중립점은 정적 불안정 없이 c. g의 가장 뒤쪽으로 결정된다.

G. 출력 효과(power effect)

출력 효과는 트림 양력 계수와 정적 종안정성에 중대한 변화를 일으킨다. 안정성에서 기여는 모멘트 계수의 변화에 의해 평가되기 때문에 출력 효과는 항공기가 높은 출력에서 운용될 때와 착륙 접근이나 이륙 상태처럼 낮은 속도로 항공기가 운용될 때 가장 중요하다.

출력 효과는 2가지 주된 범위에서 고려한다. 첫째는 추진 장치로부터 만들어지는 힘에서 얻어지는 직접적인 영향이다. 다음은 후류(slipstream)와 흐름과 관계된 다른 것의 간접적인 영향으로 이것은 공기 역학적 표면의 힘과 모멘트를 변경시킨다. 출력의 직접적인 영향을 보여준다.

추력선의 수직 위치는 안정성에 직접 기여하는 한 가지를 결정한다. 만약 추력선이 c. g보다 아래이면 추력은 포지티브나 기수 상향 모멘트를 만들고 출력 효과는 불안정하다. 반면 만약 추력선이 c. g에 위치하면 네가티브 모멘트가 만들어지고 효과는 안정된다. c. g의 앞에 위치한 프로펠러나 흡입구 덕트는 불안정 영향을 돕는다.

회전 프로펠러는 바람이 흐르는 쪽으로 경사져서 공기 흐름의 변화를 일으킨다. 프로펠러 후류의 모멘텀 변화는 공기 흐름의 굴절에 의해서 날개가 만드는 양력과 비슷하게 프로펠러에서 힘이 만들어진다.

프로펠러가 c. g보다 앞에 있으면 이 힘이 항공기 받음각의 증가와 함께 증가하면서 출력효과는 불안정해진다. 불안정 기여의 크기는 c. g에서 프로펠러까지의 거리에 좌우되고 높은 출력과 낮은 동압에서 가장 크다.

제트 엔진의 흡입구에서 만들어지는 힘은 흡입구가 c. g보다 앞에 있을 때 불안정은 출력효과에 기여한다.

프로펠러와 함께 안정성 기여의 크기는 높은 추력과 낮은 비행 속도에서 가장 크다. 출력의 간접적인 영향은 제트 항공기보다 프로펠러 항공기에서 더 크게 관계된다.

프로펠러 항공기는 여러 가지 표면에서 프로펠러 후류 속도를 만들고 이것은 무동력 비행의 흐름 영역과는 다르다.

여러 가지 날개, 나셀, 동체 표면이 부분적으로 혹은 전체가 이 프로펠러 후류에 접히게 되어 이 성분의 기여가 안정성을 갖게 하는 것은 무동력 비행 상태와는 상당히 다르다.

흔히 출력과 함께 동체와 나셀 기여의 변화는 상당히 적다. 프로펠러 후류에 접히게 되어 이 성분의 기여가 안정성을 갖게 하는 것은 무동력 비행 상태와는 상당히 다르다.

흔히 출력과 함께 동체와 나셀 기여의 변화는 상당히 적다. 프로펠러 후류에 잠기는 날개 부분에 더해진 양력은 더 작아진 받음각으로 운용되는 항공기에서 같은 유효한 양력 계수를 만드는데 필요하다.

일반적으로 받음각에서 이 감소는 같은 C_L에 영향을 주므로 안정성에서 꼬리 날개 기여를 감소시킨다. 그렇지만 꼬리 날개에서 동압의 증가는 꼬리 날개의 효율을 증가시키려 하는 것이다.

꼬리 날개에서 프로펠러 후류 속도에 기인한 이 기여의 크기는 c. g 위치와 트림 양력 계수에 좌우된다. 프로펠러에서 힘에 의한 프로펠러 후류의 굴절은 수평 꼬리 날개에서 하강 흐름을 증가시키려 하고 안정성에 기여를 감소시킨다.

근본적으로 같은 불안정 영향은 제트 항공기의 배기에서 유도된 흐름에 의해서 만들어진다. 흔히 제트 항공기의 수평 꼬리 날개에서 유도된 흐름은 약하고 제트 흐름이 수평 꼬리 날개의 밑을 지나면서 불안정해진다.

안정성에 간접적인 출력 효과의 크기는 C_L, 높은 출력, 낮은 비행 상태에서 가장 크다. 직접 및 간접 출력 효과의 조합은 높은 속도, 높은 C_L, 낮은 q에서 정적 안정성의 일반적인 감소를 나타낸다. 어떤 항공기든지 위의 상태에서 가장 낮은 수준의 정적 종안정성을 경험하는 것은 일반적인 사실이다. 직접과 간접 출력 효과의 큰 크기 때문에 프로펠러 항공기는 흔히 제트 항공기보다 더 크게 경험한다.

안정성에 추가적인 영향은 고양력 장치의 확장으로 얻는다. 고양력 장치는 꼬리 날개에서 하강 흐름을 증가시키려 하고 꼬리 날개에서 동압을 감소시키는데, 두 가지 모두 불안정해진다. 그렇지만 고양력 장치는 높은 C_L에서 날개의 불안정한 기여를 막는다. 반면 고양력 장치의 영향은 항공기 형태에 좌우되고 흔한 출력 효과는 불안정해진다. 그런 까닭에 항공기는 동력 착륙 접근시나 재이륙 중에 가장 심각한 전방 중립 지점을 경험한다. 이 상태의 비행에서 정적 안정성은 흔히 약하고 특별한 주의가 항공기의 정밀한 조종에 필요하다. 출력 중립지점(power-on neutral point)은 c. g 한계의 뒤에 위치한다.

H. 조종력 안정성

항공기의 정적 종안정은 움직인 곳으로 평형을 찾으려는 경향에 의해 결정된다. 다른 말로는 안정된 비행기는 트림이나 평형으로부터 어떤 움직임에 저항하는 것이다.

항공기의 조종력은 항공기의 안정성에 반응해야 하고 항공기의 정확한 조종을 위한 적절한 기준을 제공해야 한다.

피칭 모멘트에서 엘리베이터 움직임의 영향이 설명된다.

만약 항공기의 엘리베이터가 "0" 움직임에 고정되면 0°를 위한 C_M 대 C_L의 합성선은 정안정성과 트림 양력 계수를 상세히 설명한다.

만약 엘리베이터 10° 상승의 움직임 상태로 고정되면 항공기 정안정성은 불변이지만 트림 양력 계수는 증가한다.

엘리베이터 안정판의 위치의 변화는 안정성을 위한 테일 도움을 변하지 않게 하지만 피칭 모멘트의 변화는 평형이 발생하는 곳에서 양력 계수를 변하게 한다. 엘리베이터가 여러 가지 위치에 고정되면서 평형(혹은 트림)이 여러 가지 양력 계수에서 발생하고 트림 C_L은 엘리베이터 변화에 관계된다. 항공기의 c. g 위치가 고정되면 각 엘리베이터 위치는 어떤 트림 양력 계수와 일치하게 된다. c. g가 이 라인 기울기의 뒤쪽으로 움직이면서 감소하고 안정성의 감소는 주어진 조종 운동에 의한 것이고 트림 양력 계수의 더 큰 변화를 일으킨다.

안정성의 감소는 증가된 조종성을 일으키고 물론 안정성의 증가는 조종성을 감소시킨다. 만약 c. g가 트림 C_L 대 엘리베이터 변화가 "0" 기울기가 될 때까지 뒤로 움직이면 중립적인 안정성이 얻어지고 "stick-fixed" 중립점이 결정된다.

어떤 동압 수치에 해당하는 각 양력 계수의 수치 때문에 수평 비행에서 항공기를 유지하는 것이 필요하고 트림 속도는 엘리베이터 움직임에 관계된다.

만약 c. g 위치가 스틱이 고정된 중립점의 앞이면 조종 위치는 직접적으로 표면 움직임에 관계되어 항공기는 스틱 위치 안정성의 증거를 주게 된다. 다시 말해 항공기는 스틱을 뒤로 움직여서 저속에 따른 트림과 받음각을 증가시키고 스틱을 전방으로 움직여서 고속에서 받음각과 트림을 적게 한다.

항공기 스틱 위치가 불안정하면 항공기는 고속에서 트림하기 위해서 스틱을 뒤로 움직여야 하거나 전방으로 움직여서 저속에서 트림해야 한다. 만약 엘리베이터가 자유롭게 뜰 수 있게 허락하면 정적 종안정에는 약간의 차이가 있다.

수평 꼬리가 주어진 받음각 변화에 있을 때 만약 엘리베이터가 손을 땐(hand-off) 비행에서처럼 자유롭게 뜨면 엘리베이터는 뜨는(float) 경향이 있거나 유선형으로 되는 경향이 있다. 수평 꼬리 날개의 받음각이 증가되거나 엘리베이터가 위로 뜨려고(float up) 하는 상태에 놓이면 꼬리 날개에서 양력의 변화는(만약 엘리베이터가 고정되고 테일의 안정성 기여가 감소되면) 더 작아진다. 그러므로 항공기의 stick free(스틱을 조종하지 않고 놓아둔 상태) 안정은 스틱이 고정된 상태(stick fixed)의 안정성보다 적다.

자유로운 엘리베이터(free elevator)에 의한 안정성의 일반적인 감소는 볼 수 있고 항공기 "stick free"에서는 C_M 대 C_L 경사의 감소를 나타내어 공기 역학적 균형이 조종력을 감소시킨다.

조종면의 적절한 균형은 뜨는(float) 것을 감소시키고 고정된 스틱과 스틱 프리 안정성 사이의 큰 차이를 막는다. 가장 큰 뜨는 경향은 조종면이 높은 받음각에 있을 때 발생하고 그런 까닭에 고정된 스틱과 스틱프리 안정성 사이의 가장 큰 차이는 항공기가 높은 받음각에 있을 때이다.

만약 조종이 역전시킬 수 없는 기계 장치에 의해서 운용되거나 파워를 받으면 표면은 뜨는 것에 자유롭지 못하고 고정된 스틱과 스틱프리 정안정성 사이에 차이가 없다.

일반적인 항공기의 조종력은 두 성분의 합이다. 하나는 기본적인 항공기의 스틱프리 안정성으로 힘의 증가에 도움이 되지만 공기 속도와는 독립적이다. 다음 힘의 증가는 트립 탭 설정에 좌우되는데 이것은 동압이나 상당 속도의 자승으로 변한다.

공기 속도와 함께 스틱 힘의 변화를 나타내고 스틱프리의 탭 설정의 영향을 설명한다. ① 지점에 항공기를 트림시키기 위해서 어떤 크기만큼 엘리베이터 up이 필요하고 "0" 스틱 힘은 탭의 사용으로 얻는다. ②와 ③에 맞는 속도를 위해 항공기를 트림할 때 적은 면적일수록 기수 상향 탭이 필요하다.

항공기가 적절히 트림되면 미는 힘(push force)이 속도 증가에 필요하고 당기는 힘은 속도 감속에 필요하다. 이와 같은 방법으로 항공기는 포지티브 스틱 힘 안정성을 속도에서 안정된 느낌(feel)으로 알 수 있다.

만약 항공기가 큰 기수 하향 탭 설정에 주어지면 당기는 힘은 속도와 함께 증가한다. 이 사실은 항공기 정적 안정성의 실제 지시가 없는 상태에서 느낌의 가능성을 지적한다.

항공기 c. g가 변한 상태의 어떤 속도에서 트림을 유지하면 스틱 힘 안정성에서 c. g 위치의 영향을 이해할 수 있다. c. g를 뒤로 움직이면 트림 속도를 통해서 스틱 힘 곡선의 기울기가 감소한다. 그러므로 감소하는 스틱 힘 안정성은 스틱 힘이 불안정해진다는 증거이므로 트림 속도로부터 항공기 전환이 필요하다. 스틱 힘 구배(혹은 기울기)가 "0"이 되면 스틱 프리 중립 지점과 중립 안정성이 존재한다.

c. g가 스틱 프리 중립 지점의 뒤에서 스틱 힘 불안정이 존재하면 항공기는 저속에서 미는 힘이나 고속에서 잡아당기는 힘이 필요하다.

스틱 힘 구배는 저속도에서 낮고 큰 출력일 때 뒤쪽 한계 근처의 c. g 위치는 속도감을 약하게 한다. 조종 계통 마찰은 조종력에 원하지 않는 영향을 만든다.

조종력과 속도를 설명한다. 넓은 마찰력 범위는 스틱 힘 안정성이 낮을 때 스틱 힘 안정성은 완전히 가려지게 된다. 현재의 방향 조종 계통은 마찰력 범위를 최소화하기 위해 정확한 정비가 필요하고 항공기에 적절한 느낌을 주게 한다.

I. 방향 조종 안정성(maneuvering stability)

항공기가 정상 가속을 받게 되면 비행로는 곡선이 되고 항공기는 피칭 속도를 받게 된다. 방향 조종비행의 피칭 속도 때문에 항공기의 종안정성은 안정된 비행 상태보다 약간 크다.

항공기가 주어진 양력 계수에서 피칭 속도를 받으면 피칭 모멘트는 피칭 운동에 저항하는데 이것이 기본적인 정안정성으로부터 모멘트 제고에 더해진다. 이 추가의 피칭 모멘트의 기본적인 근원을 설명한다.

항공기를 잡아당기는 동안에는 횡축에 대한 각회전을 받지만 수평 꼬리 날개는 피칭 속도에 기인한 바람의 성분을 경험한다. 비행 속도에 이 속도 성분 벡터의 추가는 꼬리 날개의 받음각 변화를 만들고 꼬리 날개에서 양력의 변화는 피칭 운동에 저항하는 피칭 모멘트를 만든다.

피칭 모멘트가 피칭 운동에 반대이지만 피칭 운동에 의한 것으로 피칭의 댐핑(완화)을 가져온다. 물론 항공기의 다른 성분은 저항 모멘트를 만들고 피칭 댐핑에 도움을 준다. 그중 수평 꼬리 날개는 흔히 가장 큰 도움이 된다. 피칭 댐핑으로부터 피칭 모멘트의 추가는 분명히 안정된 비행 상태보다 방향 조종 안정성에 더 큰 영향을 미친다. 이 예로부터 방향 조종 비행을 위한 중립 지점은 비가속 비행을 위한 중립점의 뒤쪽에 있고 대부분의 경우에 그렇게 심각한 문제는 아니다.

만약 항공기가 비가속 비행 중에 정적 안정성을 보여준다. 방향 조종 스틱 힘 구배나 혹은 스틱 힘/G는 (+)이어야 하고 적절한 크기여야 한다.

스틱 힘 구배(stick force gradient)는 과도하게 높아서는 안 되고 항공기 조작에 피곤하거나 어렵게 해서도 안 된다. 또한 스틱 힘 구배는 너무 낮아도 안 되고 혹은 너무 가벼운 조종력이 존재해서 부주의로 인한 과도한 용력을 주어서도 안 된다.

방향 조종 스틱 힘 구배는 3~8 lbs/G가 전투기에 가장 만족스럽다. 정찰용이나 수송용 항공기는 더 큰 비행 조작 스틱 힘 구배를 갖고 있는데, 왜냐하면 낮은 한계의 하중 계수 때문이다.

항공기가 높은 정적 안정성을 갖고 있으면 비행 조작 능력은 높고 높은 스틱 힘 구배가 얻어진다. 전방 c. g 한계는 과도하게 높은 비행 조작 스틱 힘 구배를 막기 위해서 설정한다. c. g가 뒤로 움직이면서 스틱 힘 구배는 방향 조종 안정성의 감소와 함께 줄어들고 스틱 힘 구배의 아래쪽 한계에 이르게 된다.

항공기의 피치 댐핑은 분명히 공기 밀도와 관계된다. 높은 고도에서 높은 진대기 속도는 주어진 피칭 속도를 위해 꼬리 날개 받음각의 변화를 감소시키고 피치 댐핑을 감소시킨다. 그러므로 비행 조작 스틱 힘 안정성의 감소는 고도 증가에서 기대할 수 있다.

J. 조종력의 결정

조종력은 항공기의 안정성을 반영해야 되지만 동시에 허용할 수 있는 크기여야 한다. 조종면과 조종 계통의 설계는 무한한 여러 가지 기술을 사용해서 만족할만한 조종력을 얻는다.

공기 역학적 균형을 두 가지 다른 면에서 생각한다. 첫째, 조종면은 받음각 변화에 기인한 힌지 모멘트를 줄여야 한다. 이것은 반드시 조종면의 부양 경향(floating tendency)을 감소시켜서 스틱프리 안정성을 감소시킨다. 다음은 공기 역학적 균형이 조종면의 움직임에 기인한 힌지 모멘트를 감소시킨다.

일반적으로 받음각의 변화에서 표면의 오버 발란스(overbalance)를 일으키지 않고 큰 변화에서 균형을 얻기는 어렵다.

단순히 혼(horn) 형식의 균형을 힌지 라인의 앞(균형이 맞는 지침)에 위치시켜서 사용한다. 균형 지역은 리딩에이지까지 혹은 리딩에이지의 어느 지점까지 뻗친다.

공기 역학적 균형은 리딩에이지 조종면 뒤쪽의 힌지 라인에 의해서 얻는다. 힌지 라인 앞의 표면 면적의 매달린(overhang) 결과는 어느 정도의 균형을 가져오지만 오버 행의 크기에 좌우된다.

공기 역학적 균형의 또 다른 변화가 힌지 라인 앞의 내부 균형 표면으로 이것은 표면 안에 있다. 플렉시블 시일(flexible seal)이 균형 지역의 효율을 증가시키게 한다. 공기 역학적 균형의 형식 선택은 균형의 정도, 단순성, 항력 등에 좌우된다. 많은 장비가 조종 계통에 더해지고 스틱 힘 안정성을 원하는 수준으로 개조하거나 변경한다. 스프링이 조종 계통에 더해지면 이것은 스틱을 중심에 놓으려하고 스틱 움직임에 좌우되는 힘의 증가를 제공한다.

조종 계통이 스틱 위치와 조종면 움직임 사이에 고정된 기어 장치를 갖고 있을 때 센터링 스프링(centering spring)은 스틱 위치에 따른 스틱 힘 안정성을 돕는다.

스틱 힘 안정성의 기여는 낮은 비행 속도에서 가장 크고 큰 조종 움직임이 필요하다. 기여(contribution)는 고속에서 가장 적은데 왜냐하면 가장 적은 조종 움직임이 필요하기 때문이다. 그러므로 스틱 센터링 번지는 공기 속도를 증가시키고 비행 조종 스틱 힘 안정성을 증가시키지만 고속에서 기여는 감소한다.

센터링 번지와 같은 장치는 동압(q)와 함께 변화하도록 조종된다. 이 경우에 스틱 힘 안정성에 스프링의 기여는 속도와 함께 감소하지 않는다. 다운 스프링(down spring)이 조종 계통에 장착되어 항공기의 정적 안정성의 변화 없이 스틱 힘 안정성 속도를 증가시키는 수단이 된다.

다운 스프링으로 길고 부하가 걸린 스프링(long preloaded spring)이 조종 계통에 장착되어 이것은 엘리베이터를 아래로 움직이게 하려는 경향을 갖는다. 다운 스프링의 효과는 조종 움직임이나 속도와는 독립적인 당기는 힘의 증가에 도움이 된다. 다운 스프링이 항공기의 조종 계통에 더해지면 항공기는 본래 속도를 위해서 다시 트림되고 스틱 힘 구배는 증가해서 공기 속도를 위한 강한 느낌을 만든다.

다운 스프링은 "ersatz" 속도 힘 안정성이 부족한 항공기에 사용한다. 다운 스프링으로부터 힘의 증가는 스틱 위치 혹은 정상 가속에 의해 영향 받지 않고 방향 조종력 안정성은 변하지 않는다.

밥 웨이트(bob weight)는 스틱 힘 안정성을 위한 효과적인 장치이다.

밥 웨이트는 편심(eccentric mass)으로써 조종 계통에 장착하고 비가속 비행에서 다운 스프링과 동일한 당기는 힘의 증가에 도움을 준다.

밥 웨이트는 항공기의 조종 계통에 더해지고 다운 스프링과 동일한 효과를 만들며, 스틱 힘 구배를 증가시키고 속도를 위한 느낌(feel)을 증가시킨다.

밥 웨이트는 비행 조종 스틱 힘 구배에 영향을 주는데, 밥 웨이트 질량은 항공기와 똑같은 가속을 받기 때문이다. 그러므로 밥 웨이트는 항공기의 방향 조종 가속에 비례하는 스틱 힘의 증가를 제공한다. 밥 웨이트의 선형 도움(linear contribution) 때문에 밥 웨이트는 만약 항공기가 높은 양력 계수에서 너무 낮은 수치나 혹은 감속되는 구배를 갖고 있으면 방향 조종 스틱 힘 안정성을 증가시키기 위해 사용한다. 밥 웨이트의 예가 조종 계통 질량 분배 효과의 예에서와 같이 유용하다. 여러 가지 조종면 탭 장치가 조종력을 개선하는데 사용된다. 탭의 움직임이 조종면 힌지 모멘트에서 아주 중요하므로 탭 장치는 거의 제한이 없이 사용된다.

기본적인 트림 탭 배열로 여러 가지 링케이지가 탭(tab)과 조종면을 연결한다. 이 링케이지의 움직임(펴짐이나 수축)은 조종면 내에서 탭을 움직이게 하고 힌지 모멘트 계수의 변화를 만든다.

트림 탭의 사용은 조종사가 힌지 모멘트를 "0"까지 감소시키고 조종력을 주어진 비행 상태를 위해서 "0"에 트림한다. 물론 트림 탭은 적절한 효과가 있어서 조종력은 비행 속도 범위를 통해서 트림한다. 랭깅 탭(lagging tab) 배열은 고정면(fixed surface)과 탭 표면(tab surface) 사이에 링케이지가 있다.

조종면이 위쪽으로 움직이면 탭은 조종면에 대해서 아래로 움직이도록 되어있다. 탭의 이러한 상대적인 운동은 조종면의 움직임을 돕고 움직임에 의한 힌지 모멘트를 감소시킨다. 이 장치의 분명한 장점은 공기 역학적인 균형의 변화 없이 힌지 모멘트 움직임의 감소를 만든다.

리딩 탭(leading tab) 배열은 고정면과 탭 표면 사이에 링케이지를 사용한다. 그렇지만 링케이지의 모양은 조종면의 상한 움직임은 조종면에 대해서 탭을 위로 움직인다. 이 관계는 조종면의 음직임에 기인한 조종면 힌지 모멘트를 증가시키도록 한다.

서보 탭은 혼을 이용하고 이 혼은 조종면과 직접 관련이 없고 힌지 등에 대해서 중심점이 없다. 그렇지만 링케이지는 이 자유로운 혼을 탭 표면에 연결한다. 그러므로 조종 계통은 탭을 움직이게 하고 힌지 모멘트가 조종면을 움직이게 한다.

기본적인 서보 탭 설계의 변형이 스프링 탭(spring tab)이다. 콘트롤 혼이 스프링에 의해 조종면에 연결되어 탭이 필요한 조종력의 일부를 제공한다. 스프링 탭 배열은 그 후 도움 장치의 역할을 해서 조종력을 감소시킨다. 서보 탭과 스프링 탭은 흔히 크거나 고속 아음속 항공기에 사용되어 허용할 수 있는 스틱 힘을 제공한다.

스프링 힘을 받는 탭(spring loaded tab)은 프리 탭(free tab)에 스프링 힘을 받는 것으로서 이것은 탭 힌지 라인에 대해서 일정한 모멘트를 준다. 항공기가 "0" 속도에 있을 때 탭은 움직임의 상한 한계까지 올라간다. 공기 속도가 증가되면서 탭의 공기 역학적 힌지 모멘트는 마침내 스프링 토-큐와 같고 탭은 유선형이 된다.

이 배열의 영향은 조종 계통에 일정한 힌지 모멘트를 제공하고 프리로드 속도 이상에서 필요로 하는 일정한 미는 힘을 제공한다. 그러므로 스프링 하중을 받는 탭은 다운 스프링과 비슷한 방법으로 스틱 힘 구배를 개선한다.

일반적으로 스프링 힘 탭은 효율이 크고 지상 작동 중에 바람직스럽지 못한 조종력이 없기 때문에 더 유효하다. 여러 가지 탭 장치가 조종력을 위해서 거의 제한 없이 사용될 수 있다. 그렇지만 이 장치는 적절히 기능을 하기 위해서 적절한 관리 및 정비를 해야 한다. 또한 연결부와 피팅에서의 경사(slop)와 움직임(play)이 없어야 하는데 그렇지 않으면 파괴적인 플러터가 발생한다.

2) 종적 조종(longitudinal control)

항공기는 만족스럽게 적절한 조종성뿐 아니라 적절한 안정성이 있어야 한다. 큰 정적 종안정성을 갖고 있는 항공기는 평형으로부터 움직이려는 운동에 큰 저항을 보인다. 그런 까닭에 조종성의 가장 심각한 상태는 항공기가 높은 안정성을 갖고 있을 때 발생한다. 즉, 조종서의 낮은 쪽 한계는 안정성(움직이지 않으려는 상태)의 위쪽 한계를 설정한다.

비행의 3가지 기본적인 상태가 종적 조종력의 중요한 요구 조건을 제공한다. 이 상태의 어느 하나의 조합은 종적 조종력을 결정하고 전방 c. g 위치를 정한다.

A. 방향 조종의 필요 사항

항공기는 충분한 종적 조종력을 갖고 있어서 최대 사용 양력 계수를 얻거나 방향 조종 중에 제한 하중 계수를 갖는다.

c. g의 전방으로 이동은 항공기의 종안정성을 증가시키고 트림 양력 계수 변화를 만들기 위해 큰 움직임이 있어야 한다. 예를 들면 엘리베이터(승강타)의 최대 유효 움직임이 18% MAC의 전방에 위치한 c. g의 경우에 C_{Lmax}에서는 항공기 트림 능력이 없다. 이 특별한 조종

요구는 초음속 비행 항공기에 대해서는 심각한 것이다.

초음속 비행은 흔히 정적 종안정성의 큰 증가를 나타내고 조종면의 효율을 감소시킨다. 이 중량과 일치하기 위해서 강력한 움직이는 표면이 제한 하중 계수나 최대 C_L을 얻게 한다. 이 요구 사항이 상당히 중요한데 일단 만족하면 초음속 형태는 모든 다른 비행 상태를 위한 충분한 종적 조종력을 갖기 때문이다.

B. 이륙 조종 요구 사항

이륙에서 항공기는 충분한 조종력이 있어서 이륙 속도에 이르기 전에 이륙 고도에 이르러야 된다.

일반적으로 트리사이클 랜딩기어(tricycle landing gear) 항공기(프로펠러 항공기)의 경우 실속 속도의 80%에서, 제트 항공기는 실속 속도의 90%에서 이륙 고도를 얻을 수 있는 최소의 충분한 조종력이 바람직하다. 이것은 모든 정상 이륙 하중 상태가 정상 활주로 상에서 이루어져야 한다. 이륙 활주 중에 항공기에 작용하는 기본적인 힘을 나타낸다.

항공기가 실속 속도보다 느린 어떤 속도에서 3점 자세에 있을 때 날개 양력은 항공기의 중량보다 적다. 엘리베이터가 이륙 자세로 전환할 수 있기 때문에 한계 상태는 노스휠에 "0" 하중과 순수한 양력과 중량은 메인 기어에 의해 저지될 때이다.

메인 랜딩기어에 작용하는 힘으로부터 활주 마찰이 얻어지고 이것이 나쁜 노스 다운 모멘트(기수가 약간 내려간 모양)를 만든다. 또한 메인 랜딩기어의 가장 뒤쪽 위치를 결정하게 된다.

날개는 플랩이 펼쳐지면 큰 노스다운 모멘트를 주게 되지만 이 영향은 꼬리 날개에서 약간의 하강 흐름 증가로 상쇄된다. 이 노스다운 모멘트를 균형 있게 하기 위해서 수평 꼬리 날개는 충분한 노스업(nose up) 모멘트를 만들 수 있어서 정해진 속도에서 이륙 자세를 얻는다. 이륙 출력에서 프로펠러 항공기는 수평 꼬리 날개에서 상당한 프로펠러 후류 속도를 증가시켜서 조종면의 효율을 증가시킨다.

제트 항공기는 이런 비슷한 영향을 경험하지 않는데 왜냐하면 제트로부터 유도된 속도는 프로펠러의 후류 속도와 비교해서 상당히 작기 때문이다.

C. 착륙 조종 요구 사항

착륙에서 항공기는 충분한 조종력을 갖고 있어서 정해진 착륙 속도에서 적절한 조종을 확실히 한다. 적절한 착륙 조종은 만약 엘리베이터가 실속 속도의 105%로 활주로에서 항공기를 분리 유지시킬 수 있는 능력이 있으면 된다. 이 형태는 가장 안정된 상태를 제공하는데 이것은 조종성에 가장 요구되는 것이다.

플랩의 완전 전개는 가장 큰 날개의 다이빙 모멘트를 제공하고 아이들 출력은 수평 꼬리에서 가장 중요한 동압을 만든다. 착륙 조종 요구 사항은 자유 비행의 방향 조종 요구로부터

한 가지 큰 차이점이 있다. 항공기가 지표면에 접근하면서 지면 효과에 따른 3차원 흐름의 변화가 생긴다. 날개가 지면에 접근하면서 팁 볼텍스와 하강 흐름을 감소시킨다.

꼬리 날개에서의 하강 흐름의 감소는 정적 안정성을 증가시키고 꼬리 날개에서 하향하중을 감소시키면서 노스다운 모멘트를 만든다. 그러므로 활주로 표면을 막 떠난 항공기는 주어진 양력 계수에서 트림을 위해서 추가의 조종 움직임이 필요하고 착륙 조종 요구는 종적 조종력에서 가장 중요하다.

지면 효과의 예에서처럼 일반적인 프로펠러 항공기는 지면어로 자유롭게 떠나는 곳보다 지면 효과의 C_{Lmax}에서 트림을 위해서 엘리베이터 $15°$ 더 위로 움직이는 것이 필요하다. 이런 영향 때문에 많은 항공기는 충분한 조종력을 갖고 있어서 지면 효과로부터 완전한 실속 속도를 얻지만 지면에 아주 근접해 있을 때는 완전한 실속을 얻는 능력이 없다. 어떤 경우에 조종면의 효과는 트림 탭의 사용으로 역효과를 얻는다. 만약 트림 탭이 스틱 힘의 트림 상태에서 과도하게 사용되면 엘리베이터의 효율은 감소되어 착륙이나 이륙 조종을 방해한다.

3가지 기본적인 상태 모두 적절한 종적 조종을 필요로 할 때 높은 정 안정성을 위해 중요하다. 만약 전방 c. g 한계가 초과되면 항공기는 이 상태에서 조종성의 결함을 갖게 된다. 그러므로 전방 c. g 한계는 최소 허용 가능한 조종성에 의해 설정되고 반면 c. g 한계는 최소 허용 가능한 안정성에 의해 설정된다.

3) 종적 동안정(longitudinal dynamic stability)

종적 동안정의 모든 고려는 방해를 받았을 때 항공기가 평형으로 되돌아가려는 초기 경향과 관계가 있다. 종적 동안정의 고려는 이 방해에 대한 항공기의 시간적인 반응, 즉 방해에 따른 시간과 운동 크기의 변화에 관계된다. 앞의 정의로부터 동적 안정성은 운동의 크기가 시간과 함께 감소할 때 존재하고 동적 불안정은 시간과 함께 증가할 때 존대한다. 물론 항공기는 주요한 종적 운동에 대해서 양호한 동적 안정성을 보여야 한다. 게다가 항공기는 일정한 비율에서 운동의 크기가 감소할 때 필요한 정도의 종 안정성을 보여야 한다.

동안정성의 필요한 점도는 어떤 크기의 본래 수치가 1/2로 감소시키는데 필요한 시간으로 나타낸다. 자유 비행에서 항공기는 6가지의 움직임을 갖는데 롤, 피치, 요의 회전이 있고 수평, 수직, 횡방향의 병진 운동이다. 종적 동안정의 경우에 자유로운 움직임의 정도는 피치 회전, 수직과 수평 병진 운동으로 제한한다. 항공기는 흔히 전후로 대칭이어서 종방향 운동과 횡방향 운동 사이의 연결을 고려하지 않아도 된다.

그러므로 항공기의 종방향 운동의 기본적인 변화는

ⓐ 항공기의 피치 자세

ⓑ 받음각

ⓒ 비행 속도

ⓓ 스틱 프리 상태를 고려한 엘리베이터의 움직임 등이다.

항공기의 종적 동안정의 요동은 3가지 기본 모드로 구성된다. 항공기의 종 운동에서 이 모드의 특성은 각각의 요동 경향을 분리해서 구별할 수 있다. 동적 종안정의 첫 번째 모드는 아주 긴 기간의 요동으로 파고이드(phugoid)라고 한다. 파고이드 혹은 긴 기간의 요동은 피치 자세, 고도, 공기 속도의 눈에 띄는 변화를 포함하지만 거의 일정한 받음각을 갖는다. 항공기의 이런 요동은 같은 평형 속도와 고도에 대한 위치 에너지와 운동 에너지의 점차적인 상호 작용으로 고려한다.

파고이드의 특징적인 운동을 설명한다. 파고이드에서 요동의 기간은 상당히 크고 일반적으로 20~100초이다. 피치 비율이 상당히 낮고 받음각에서 오직 무시할 정도의 변화가 생기므로 파고이드의 완화는 약해서 거의 네가티브이다. 그러므로 이런 약한 네가티브 댐핑은 다음에 어떤 큰 결과를 가져오지 않는다. 요동의 기간이 상당히 길기 때문에 약하고 크게 눈에 띄지 않아서 조종 스틱의 움직임으로 요동 경향을 쉽게 잡을 수 있다.

대부분의 경우에 필요한 수정은 아주 작아서 조종사는 거의 요동 경향을 깨닫지 못한다. 파고이드의 성질로 인한 요동을 대비해서 어떤 특별한 공기역학적 준비가 되어 있지 않다. 요동의 고유의 긴 기간은 더 중요한 요동 경향을 이해하게 한다.

종적 동안정성의 두 번째 모드는 상당히 짧은 기간 운동으로 무시할 수 있는 속도 변화와 함께 발생한다고 가정할 수 있다. 이 모드는 항공기가 정적 안정성에 의해서 평형으로 되돌아오는 과정의 피칭 요동으로 구성되고 요동의 크기는 피칭 댐핑에 의해서 감소된다.

일반적인 운동은 상당히 큰 주파수로 0.5~5초 간격으로 요동이 함께 발생한다. 일반적인 아음속 항공기의 두 번째 모드로 고정된 스틱 상태는 심한 댐핑으로 1/2 크기로 완화되는데 대략 0.5초가 걸린다.

항공기 스틱이 고정된 상태의 정안정성이 있으면 수평 꼬리 날개에 의한 피치 댐핑은 짧은 기간 요동을 위한 충분한 동안정성을 갖는다. 그렇지만 두 번째 모드의 스틱 프리는 약한 댐핑이나 불안정한 요동의 가능성을 갖는다. 이것은 정안정성이 있으면 자동적으로 적절한 동안정성이 있다는 것을 뜻하지 않는다.

스틱 프리의 두 번째 모드는 항공기의 짧은 기간 피칭 운동과 엘리베이터의 힌지 라인에 대한 움직임 사이의 관계된 운동이다. 조종면의 설계에서는 특별한 주의를 해야 하는데 이 모드에서 확실한 동안정이 있어야 한다. 엘리베이터는 힌지 라인에 대해서 정적으로 균형을 갖고 공기 역학적 균형은 특정 한계 내에 있어야 한다.

조종 계통 마찰(control system friction)은 요동 경향에 도움이 되게 최소여야 한다. 만약 두 번째 모드에 불안정성이 존재하면 항공기의 포포이징(porpoising)은 구조적 손상의 가능성을 주게 된다. 받음각의 변화와 함께 높은 동압에서 요동은 심한 비행 하중을 일으킨다. 두 번째 모드는 상당히 짧은 기간을 갖고 있어서 조종사는 1~2초에 정확하게 반응해야 한다.

요동을 너무 심하게 완화시키려고 하면 실제로는 요동을 더 크게 하고 불안정을 만든다. 이것은 특히 작은 압력 에너지가 조종 계통으로 가는 조종 계통에서 더욱 심하다. 게다가 조종의 반응이 늦으면 요동을 완화시키는 것보다는 더 큰 문제를 일으킨다. 가장 좋은 방법은 조종 계통을 풀어서 항공기가 스틱프리 상태로 가게 한다. 항공기가 요동을 받을 때 조종 계통을 고정시키려고 시도하면 이것은 작은 불안정한 압력이 조종 계통으로 가는 것과 같아서 요동을 더하는 것처럼 되어 심한 비행 하중을 만든다. 요동의 아주 짧은 기간 때문에 불안정한 요동의 크기는 극히 짧은 시간에 위험한 수준에 달하게 된다.

3번째 모드가 엘리베이터 프리(elevator free)에서 발생하고 아주 짧은 요동을 갖는다. 운동은 힌지 라인에 대한 엘리베이터 플래핑의 하나이고 대부분의 경우에 요동은 아주 심한 댐핑을 갖는다. 일반적인 플래핑 모드는 0.3∼1.5초이고 크기가 1/2로 완화되는데 대략 0.1초 걸린다. 종적 동안정성의 모든 모드에서 두 번째 혹은 포포이징 요동이 가장 중요하다. 포포이징 요동은 비행 하중을 손상시키는 가능성을 갖고 조종사의 지연 반응에 의해 역효과를 나타낸다.

스틱프리 항공기는 필요한 완화를 갖는다는 것을 꼭 기억해야 한다. 동안정성의 문제점은 어떤 비행 상태에서 특히 심하다. 낮은 정안정성은 일반적으로 짧은 기간 요동의 기간을 증가시키고 1/2 크기로 완화시키는 시간을 증가시킨다. 높은 고도와 낮은 밀도에서는 공기 역학적 댐핑을 감소시킨다. 또한 초음속 비행의 높은 마하수는 공기 역학적 댐핑의 감소를 만든다.

4) 현대식 조종 계통

안정성과 조종을 원만히 수행하기 위해서는 조종 계통의 다양한 형태가 필요하다. 일반적으로 비행 조종 계통의 형식은 항공기의 비행 속도 범위와 항공기 크기에 의해서 결정된다. 일반적인 조종 계통은 조종스틱에서 조종면까지의 직접 전달 방식의 기계적인 링케이지로 구성된다.

아음속 비행기의 경우 적절한 조종력을 만드는 중요한 수단은 공기 역학적 균형과 여러 가지 탭, 스프링, 밥 웨이트 장치 등을 이용한다. 발런스와 탭 장치는 조종력을 감소시킬 수 있고 큰 항공기의 일반적인 조종 계통에서 상당히 큰 아음속 속도를 가능하게 한다.

일반적인 조종 계통의 항공기가 천음속에서 작동할 때 흐름의 성격에 큰 변화가 생겨서 조종면 힌지 모멘트를 크게 벗어나게 하고 탭 장치에 영향을 준다.

천음속에서 충격파의 형성과 흐름의 분리는 아음속에서 일반적인 조종 계통의 사용을 제한하게 한다. 부스트(boost) 조종 계통은 일반적인 조종 계통의 기계적인 링케이지와 병행해서 기계적인 엑추에이터를 사용한다.

작동의 원리는 고속에서 조종력을 감소시키기에 필요한 정해진 조종력을 제공한다. 이 동력 도움 조종 장치는 유압 엑추에이터의 조종 밸브가 필요하고 이것은 조종력에 정해진 도움 힘(boost force)을 공급한다. 그러므로 조종사는 도움 비율에 의해서 조종면의 작동에 도움을 주는 장점을 갖고 있다. 즉 14의 도움 비는 매 1파운드의 스틱 힘을 위해 엑추에이터가

14파운드의 힘을 제공하게 된다.

도움 조종 계통은 고속에서 조종력을 감소시키는데 분명한 장점을 갖고 있다. 그렇지만 천음속에서 조종력의 변화는 충격파에 기인한 것이고 분리가 발생하지만 작은 각도에서이다. 힌지 모멘트의 피드백(feedback)은 감소되지만 스틱 힘의 이탈은 계속 존재한다.

파워로 작동되는 역전되지 않는 조종 계통(power-operated, irreversible control system)은 조종사에 의해 조절되는 기계적인 엑추에이터로 구성된다. 조종면은 엑추에이터에 의해 움직이고 힌지 모멘트는 조종 계통을 통해서 피드백되지 않는다. 이런 조종 계통에서 조종 위치는 공기 하중과 힌지 모멘트에 관계없이 조종면의 움직임을 결정한다. 파워로 작동되는 조종 계통은 "0" 피드백을 갖고 있고 조종감(control feel)을 종합해야 하는데 그렇지 않으면 무한대의 도움이 존재한다.

파워로 작동되는 조종 계통의 장점은 천음속과 초음속 비행에서 가장 뚜렷하다. 천음속 비행에서 비정상적인 힌지 모멘트는 조금도 조종사에게 전해지지 않는다. 그러므로 천음속 비행에서 예외적이거나 비정상적인 조종력을 받지 않는다.

초음속 비행은 수평 꼬리 날개 전체가 움직이는 것을 사용해서 필요한 조종 효율을 얻는다. 이런 조종면은 역방향으로 작동하지 않는 장치(irreversible device)에 의해서 작동되거나 양호한 위치를 갖는다.

인공 감지 계통(artificial feel system)의 가장 중요한 항목이 스틱 센터링 스프링(stick-centering spring)이나 번지(bungee)이다. 번지는 스틱 움직임에 비례하는 스틱 힘을 만들어서 이것이 공기 속도와 방향 조종을 위한 느낌을 제공한다.

밥 웨이트(bobweight)는 feel system에 포함되고 안정된 비행 조작을 위한 스틱힘 구배를 만들지만 공기 속도와는 독립적이다.

스틱 위치와 조종면 움직임 사이의 연결 관계는 반드시 선형(linear) 관계는 아니다. 파워 도움을 받는 조종 계통(powered control system)의 대다수는 비선형 연결 장치를 채택해서 중립의 스틱 위치에서 표면 움직임에 대해서 상당히 크게 스틱이 움직인다.

이런 종류의 연결 장치는 높은 동압을 갖는 비행 상태에서 운용되는 항공기에 큰 장점을 준다. 높은 동압에 항공기가 있기 때문에 조종면의 작은 움직임에 아주 민감해서 비선형 연결은 선형 연결의 시스템보다 덜 민감한 조종 계통 움직임의 안정된 조종력을 제공한다.

스틱이 중립 위치 근처의 중심으로 가는 것이 바람직스럽지만 초기 움직임을 만드는 힘의 크기는 적절해야 한다. 만역 조종 계통의 초기 움직이는 힘이 너무 크면 고속에서 항공기의 정확한 조종이 힘들다. 조종 계통의 견고한 마찰이 처음 움직이는 힘에 도움을 주기 때문에 조종 계통의 적절한 정비가 필수적이다.

조종 계통의 마찰의 증가는 예상외의 원하지 않는 조종력을 만든다. 도움을 받는 조종 계통의 트림은 정해진 조종면 움직임을 위한 "0" 조종력을 만드는 어떤 장치가 필요하다.

높은 초음속 마하수에서 비행은 종방향 조종 계통의 여러 가지 다양한 장비가 필요하다.

마하수에서 피칭 댐핑의 변형은 조종 계통의 피치 댐퍼에 의해 얻어지는 동안정이 필요하다.

종방향 조종에 대한 항공기의 반응은 높은 동압의 비행에 의해서 역효과를 갖는다. 비행 중 스틱 힘은 유도된 요동을 적절히 막아야 한다. 스틱 힘은 일시적이거나 안정된 비행 상태와 관련된다. 조종 계통의 이런 도움은 피칭 가속 밥 웨이트와 조종 계통 비스코스 댐퍼(control system viscous damper)에 의해 제공된다.

4-3. 방향 안정과 조종

1) 방향 안정성(directional stability)

항공기의 방향 안정성은 근본적으로 바람개비(weather cock: 바람 방향을 향하는 성질) 안정이고 수직축에 대한 모멘트와 요(yaw), 혹은 옆 미끄럼각과의 관계 등이 포함된다.

정적 방향 안정성을 갖는 항공기는 평형에 어떤 방해를 받을 때 평형으로 돌아가려는 성질이 있다. 정적 방향 안정성의 증거는 항공기를 평형으로 가게 하는 요잉 모멘트이다.

A. 정의

항공기의 축(axis system)은 포지티브 요잉 모멘트를 N으로 정의하고, 수직축에 대한 모멘트로써 이것은 기수를 우측으로 가게 한다. 다른 공기 역학적인 면을 고려하는 것으로 요잉 모멘트를 계수 형태(coefficient form)로 고려할 때 정안정은 중량, 고도, 속도와는 독립적으로 계산할 수 있다.

요잉 모멘트 N은 아래의 방정식과 같이 계수 형태로 정의된다.

$$N = C_n q \ S \ b$$

혹은 $C_n = \dfrac{N}{qSb}$

여기서 N: 요잉 모멘트(ft-lbs)

q: 동압(psf)

S: 날개 면적(ft²)

b: 날개 스팬(ft)

C_n: 요잉 모멘트 계수

요잉 모멘트 계수 C_n은 날개 면적(S)과 스팬(b)에 기초하는 것이고 항공기의 표면 특성을 나타낸다. 항공기의 요각도(yaw angle)는 어떤 기준 방위각으로부터 항공기 중심선까지 관계된 것으로 ψ(psi)로 나타낸다. (+) 요각도는 항공기의 기수가 방위각 방향의 우측으로 갈 때이다. 옆미끄럼 각도(sideslip angle)의 정의는 큰 차이가 있는데, 이 각도는 어떤 기준 방위각을 기준으로 한 것이 아니고 상대풍으로부터 항공기 중심선까지의 변화에 관계된다.

옆미끄럼 각도는 β(beta)로 정의하고, 상대풍이 항공기 중심선의 우측에 작동할 때 (+)가 된다. 옆미끄럼 각도와 요각도의 정의를 나타낸다. 옆미끄럼 각(β)은 근본적으로 항공기의 정방향 받음각(directional angle of attack)이고 횡안정성의 1차적인 기준뿐만 아니라 방향 안정성의 고려 사항이다.

요각도(ψ)는 윈드터널 시험과 항공기의 운동 시간 기록을 위한 1차적인 기준이다. 정의에서 보면 자유 비행 상태에서 (β)와 (ψ) 사이에는 직접 관련이 없다. 즉, 항공기가 360° 요(yaw)한 것이지만 옆미끄럼은 전체 선회에서 "0"이다. 항공기의 정적 방향 안정성은 옆미끄럼에 대한 반응으로 평가한다. 항공기의 정적 방향 안정성은 요잉 모멘트 계수 C_n, 옆미끄럼각(β)의 그래프로 설명할 수 있다.

항공기가 (+)의 옆미끄럼각을 받으면 (+)의 요잉 모멘트 계수가 있을 때 정적 방향 안정성을 볼 수 있다. 그러므로, 상대풍이 우측으로부터 오면(+β), 우측으로의 요잉 모멘트(+C_n)가 생겨서 이것이 항공기를 바람개비 성질을 갖게 해서 기수가 바람 쪽으로 가게 한다. 정적 방향 안정성은 C_n과 β의 곡선 기울기와 함수 관계일 때이다. 만약 곡선의 기울기가 "0"이면 평형으로 돌아가는 성질이 없고, 중립의 정적 방향 안정성이 존재한다.

C_n과 β의 곡선이 (−) 기울기이면, 옆미끄럼에 의해서 생긴 요잉 모멘트는 퍼져서 없어지는 성질이 있고 정적 방향 불안정성이 존재한다. C_n과 β의 곡선의 완만한 기울기는 항공기의 정적 방향 안정성을 설명한다.

작은 각도의 옆미끄럼에서 강한 (+) 기울기는 강한 방향 안정을 나타낸다. 큰 옆미끄럼 각도는 "0" 기울기와 중립 안정성을 만든다. 아주 큰 옆미끄럼에서 곡선의 네가티브 기울기는 정방향 불안정성을 나타낸다.

커진 옆미끄럼과 함께 방향 안정성의 손실은 흔한 상태이다. 그렇지만 방향 불안정성은 일상적인 비행 상태의 옆미끄럼 각도에서 발생해서는 안 된다. 정적 방향 안정성은 모든 비행의 위험한 상태에서 반드시 있어야 한다. 일반적으로 양호한 방향 안정성은 가장 근본적인 문제로 조종사가 항공기 상태를 느끼는데 직접 관계된다.

B. 항공기 구성품의 기능

항공기의 정적 방향 안정성은 여러 가지 항공기 구성품 각각의 역할에 의한 결과이다. 각 구성품의 안정성에 대한 기여는 어느 정도는 독립적이고 혹은 서로 관계되어 각 구성품을 따로따로 생각해 볼 필요가 있다. 수직 꼬리 날개는 항공기를 위한 1차적인 방향 안정성의 요소이다.

항공기가 옆미끄럼 상태일 때 수직 꼬리 날개는 받음각의 변화를 겪는다. 수직 꼬리에서의 양력이나 측면 힘(side force)의 변화는 c. g에 대해 요잉 모멘트를 만들고 이것이 항공기를 상대풍 쪽으로 요(yaw)하게 만든다. 수직 꼬리 날개가 정적 방향 안정성에 기여하는 크기는 꼬리 날개 양력(tail lift)의 변화와 꼬리 날개 모멘트 암(tail moment arm)의 변화에 좌우된다. 분명하게 꼬리 날개 모멘트 암은 가장 큰 요소이지만 근본적으로 항공기의 중요한 형태에 의해 지배된다. 수직 꼬리 날개의 위치가 결정되면, 방향 안정성에 조종면의 기여는 옆미끄럼의 변화와 함께 양력 변화를 만드는 능력이나 측면 힘을 만드는 능력에 좌우된다.

수직 꼬리의 표면 면적은 수직 꼬리의 기여에 영향을 미치는 중요한 요소로 면적과 함수 관계이다. 모든 다른 가능한 것이 없어지면 필요한 방향 안정성은 꼬리 날개 면적을 증가시 켜서 얻을 수 있다. 그렇지만 증가된 표면 면적은 항력의 증가로 단점이 된다.

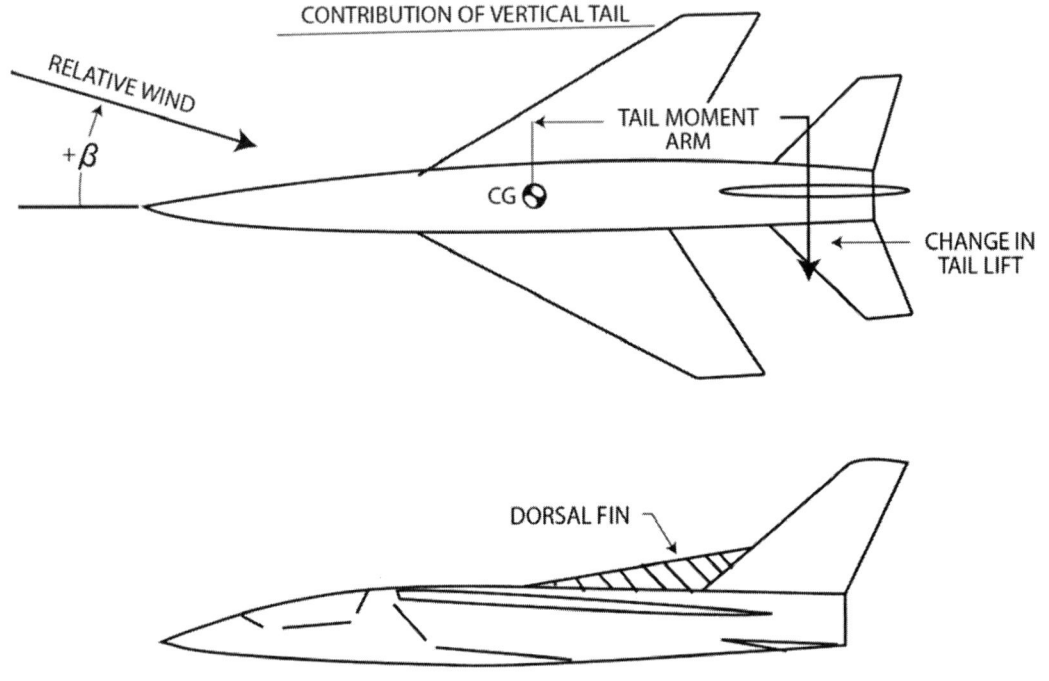

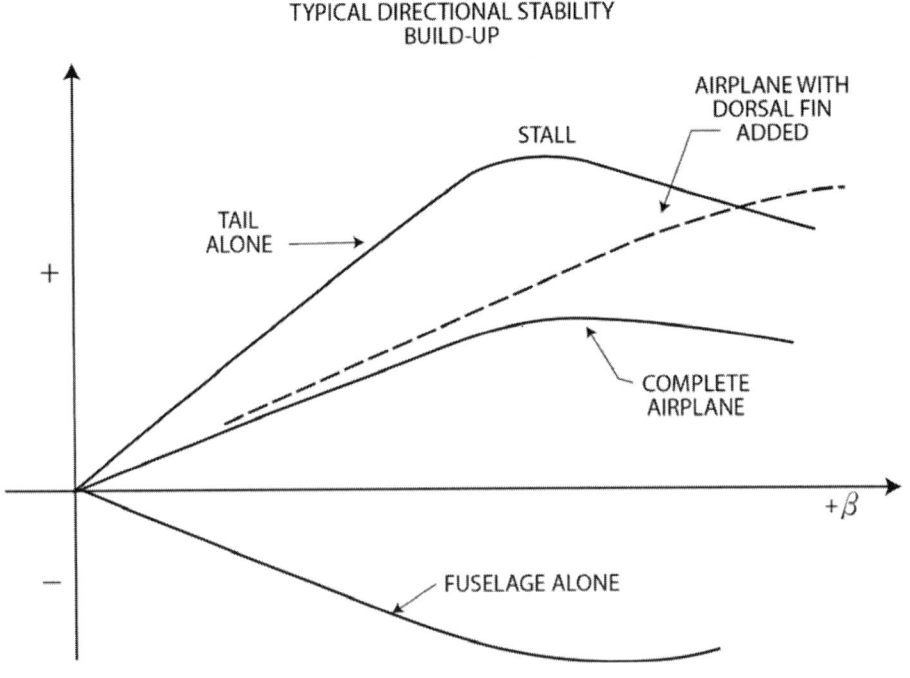

그림 4-23 구성품의 방향 안정성에 대한 기여

  수직 꼬리 날개의 양력 곡선은 표면이 얼마나 민감하게 받음각의 변화에 관계되는 지를 보여준다. 수직 표면은 큰 양력 곡선 기울기를 갖는 것이 바람직하고 큰 종횡비 표면은 실제로 필요하지 않고, 바람직스럽지 않다.

  표면의 실속 각도는 충분히 커서 실속을 막고, 일상적인 옆미끄럼 각도에서 효율의 손실을 막는다. 초음속 비행의 큰 마하수는 양력 곡선 기울기의 감소를 일으키고, 동시에 꼬리 날개가 안정성에 기여하는 것을 감소시킨다. 큰 마하수에서 충분한 방향 안정성을 갖게 하기 위해서는 일반적인 초음속 형태는 상당히 넓은 수직 꼬리 날개를 갖는다. 수직 꼬리가 작용하는 흐름 영역은 항공기의 다른 구성품 뿐만 아니라 출력 효과에 의해서 영향 받는다.

  수직 꼬리 날개에서 동압은 프로펠러의 후류(slip stream)와 동체의 경계층에 좌우된다. 또한 수직 꼬리 날개에서 지역(부분적인) 흐름 방향은 날개의 흐름, 동체를 가로지르는 흐름, 수직 꼬리 날개의 유도된 흐름 혹은 프로펠러 후류의 방향에 의해서 영향을 받는다. 위의 여러 가지 요소는 수직 꼬리 날개가 방향 안정성에 미치는 기여에 영향을 미친다고 고려해야 한다.

  날개가 방향 안정성에 기여하는 것은 상당히 작다. 후퇴 날개는 안정된 도움을 주는데 후퇴 정도에 좌우되지만 다른 구성품에 비교해서 상당히 미약하다. 동체와 나셀(fuselage & nacelle)의 기여는 1차적으로 중요한데, 이유는 이 구성품은 가장 크게 불안정에 영향을 주기 때문이다.

  동체와 나셀의 기여는 날개의 유도 흐름 영역의 큰 영향을 받지 않는 것을 제외하면 종방향의 경우와 비슷하다. 동체의 아음속 압력 중심은 전방의 1/4 지점이나 앞에 위치하는데 이유는 항공기 c. g가 흔히 이 지점보다 뒤쪽에 있기 때문에 동체의 기여는 불안정해진다. 그렇지만 큰 옆미끄럼 각도에서 동체의 큰 불안정에의 기여는 감소되어 이것이 방향 안정성을 유지시키는데 문제점이 되는 것을 덜어준다. 동체에 초음속 압력 분포는 상당히 큰 공기역학적 힘을 제공하고, 일반적으로 계속해서 불안정하게 영향을 미친다. 동체와 꼬리 날개의 기여를 분리시켜서 얻어진 항공기의 방향 안정성의 증가를 보여준다. C_n과 β의 그래프에서 보는 것처럼, 동체의 기여는 불안정해지만 불안정성은 큰 옆미끄럼 각도에서 감소된다.

  수직 꼬리 날개 하나만의 기여는 표면이 실속을 시작하는 지점까지 크게 안정된다. 수직 꼬리 날개의 기여는 충분히 커서 완전한 항공기(날개-동체-꼬리의 조합)는 필요한 정도의 안정성을 보여준다. 도살 핀(dorsal fin)은 큰 옆미끄럼 각에서 방향 안정성을 유지하는데 큰 영향을 미치고, 수직 꼬리 날개의 실속을 만든다.

  항공기에 도살 핀의 추가는 두 가지 방법으로 큰 옆미끄럼에서 방향 안정의 손실을 감소시킨다. 다소 덜 분명하지만 가장 중요한 효과는 큰 옆미끄럼 각에서 동체의 안정성의 큰 증가이다. 게다가 수직 꼬리 날개의 효과적인 종횡비는 감소되어 이것이 표면의 실속각을 증가시킨다. 이런 이중 효과에 의해서 도살 핀의 추가는 아주 유용한 장치이다.

  정적 방향 안정성에 출력 영향은 정적 종 안정성에 미치는 출력 효과와 비슷하다. 직접적인 영향은 프로펠러 회전면과 제트 흡입구에 의해서 제한되고, 물론 프로펠러나 흡입구 (inlet)가 c. g의 앞에 위치하면 불안정해진다.

수직 꼬리 날개에서 유도된 속도와 흐름 방향 변화의 간접적인 효과는 프로펠러 항공기에 서는 꽤 중요하고 큰 방향 트림 변화를 만들 수 있다. 종방향의 경우에서처럼 간접적인 영향 은 제트 항공기에서는 거의 무시한다. 정적 방향 안정성에 의한 직접, 간접적인 출력 효과의 기여는 프로펠러 항공기에서 가장 크고, 제트 항공기는 아주 약하다. 어떤 경우든지 출력의 일반적인 효과는 불안정해지고 가장 큰 기여는 이륙중과 같은 큰 출력과 낮은 동압에서 발 생한다.

종방향 정안정성의 경우에서처럼 조종이 통제되지 않으면 꼬리 날개의 효율이 감소되어 안정성을 변화시킨다. 반면 러더(rudder)는 균형을 가져서 조종 페달의 힘을 감소시키고 러 더는 뜨게 되거나(float) 유선형을 이루어 수직 꼬리가 정적 방향 안정성에 기여하는 것을 감소시킨다. 러더의 뜨는 경향은 큰 옆미끄럼각에서 가장 크고 여기서 수직 꼬리의 큰 받음 각은 공기 역학적인 균형을 감소시키려 한다.

고정된 러더(rudder-fixed)와 자유로운 러더(rudder-free)의 정적 방향 안정성(static directional stability)의 차이를 설명한다.

C. 위험한 상태

정적 방향 안정성의 가장 위험한 상태는 흔히 몇 가지 각각의 영향의 결합에서 오는 것이 다. 이 복합적인 것은 가장 위험한 상태를 만드는데 이것은 항공기의 형태와 사용 목적에 크게 좌우된다. 게다가, 횡방향과 정방향 영향의 결합으로 정적 방향 안정성의 필요한 정도 를 이런 결합된 상태에 의해 결정한다.

c. g 위치는 정적 방향 안정성에 상당히 작게 영향을 미친다. 어떤 항공기든 c. g 위치의 범위는 종안정과 조종(longitudinal stability & control) 한계에 의해서 정해진다. c. g의 제한 된 범위 내에서는 테일, 동체, 나셀의 기여에 큰 변화가 생기지 않는다. 그러므로 정적 방향 안정성은 근본적으로 종적 한계 내에서 c. g 위치의 변화에 의해서 영향 받지 않는다. 항공 기가 큰 받음각일 때 정적 방향 안정성의 감소를 기대할 수 있다. 정적 방향 안정의 감소를 보여준다. 정적 방향 안정성의 감소는 수직 꼬리의 기여가 크게 감소한 것에 크게 기인한다.

큰 받음각에서 수직 꼬리의 효율은 감소되는데 이유는 수직 꼬리 위치에서 동체의 경계층 이 증가하기 때문이다.

받음각과 함께 방향 안정성의 손실은 후퇴를 갖고 있는 작은 종횡비 항공기에는 크게 중 요한데, 이 형태는 큰 받음각을 필요로 해서 큰 양력 계수를 얻기 때문이다. 방향 안정성의 이런 손실은 항공기가 역방향 요(adverse yaw)와 스핀 특성의 반응에 중대한 영향을 준다.

초음속 비행의 큰 마하수는 수직 꼬리 날개가 방향 안정성에의 기여를 감소시키는데 마하 수와 함께 양력 곡선 기울기가 감소하기 때문이다.

마하수와 함께 방향 안정성의 일반적인 손실을 설명한다. 높은 마하수에서 필요한 방향 안정성을 만들기 위해서는 아주 넓은 면적의 수직 꼬리 날개가 필요하다.

벤튜랄 핀(ventral fin)을 사용해서 방향 안정성에 추가적인 기여를 하지만 착륙 요구 조건에 맞게 크기를 제한하거나 혹은 핀을 접을 수 있게(retractable) 한다. 그러므로 정적 방향 안정성의 가장 큰 요구는 아래 영향의 일부 조합에서 발생한다.

ⓐ 큰 옆미끄럼 각

ⓑ 저속도에서 큰 출력

ⓒ 큰 받음각

ⓓ 큰 마하수

프로펠러 항공기는 상당한 출력 효과를 갖고 있어서 위험한 상태는 저속에서 발생하고 반면 높은 마하수의 영향은 일반적인 초음속 항공기에서 임계 상태를 만든다. 게다가 횡방향과 정방향 효과의 결합은 안정한 상태의 방향 안정성을 필요로 한다.

2) **방향 조종**(directional control)

방향 안정성뿐만 아니라 항공기는 적절한 방향 조종을 갖고 있어서 안정된 선회, 출력 효과의 균형, 옆 미끄럼, 비대칭 출력의 균형을 만든다. 방향 조종의 1차적인 소스는 러더이고, 러더(rudder)는 비행의 임계 상태를 위해서 충분한 요잉 모멘트를 만들어야 한다.

러더 움직임의 영향은 조종의 움직임에 따른 요잉 모멘트 계수를 만들기 위한 것이고 어떤 미끄럼 각도에서 평형을 만든다. 러더의 작은 움직임은 안정성에 큰 변화는 없지만 평형에는 변화가 있다.

요잉 모멘트 곡선에서 러더 움직임과 평형 옆 미끄럼 각도의 변화에 따른 영향을 보여준다. 만약 항공기가 고정된 러더 상태로 정적 방향 안정성을 보이면, 각 옆미끄럼각은 러더의 특정한 움직임이 평형을 얻는데 필요하게 된다.

러더 프리(rudder-free)의 방향 안정성은 러더의 부양각(float angle)이 평형을 위해 필요한 러더 움직임보다 작을 때 존재한다. 그렇지만 큰 옆미끄럼각에서 러더의 부양 경향은 러더 부양각 라인은 옆미끄럼의 큰 수치에서 크게 증가한다.

만약 러더의 부양각이 필요한 러더각과 일치되면, 러더 페달힘은 "0"으로 감소되고 러더 락크(rudder lock)가 발생한다. 이 지점 이상의 옆미끄럼각은 필요한 러더 움직임보다 더 큰 부양각을 만들고 러더는 움직임 한계까지 부양하게 된다. 러러 락크는 페달 힘의 역전에 의해서 이루어지고, 러더 프리(러더를 조종하지 않는 자유로운 상태) 불안정이 존재한다. 도살 핀은 이 경우에 상당히 유용한데, 이유는 도살 핀이 큰 옆미끄럼 각도에서 방향 안정성을 개선시키기 때문이다.

안정성이 증가된 결과는 러더의 큰 움직임을 필요로 해서 큰 옆미끄럼에서 평형을 얻고, 러더 락크가 감소되는 경향이 있다. 러더 프리 방향 안정성은 러더 페달 힘을 주어진 옆미끄럼에 맞게 유지시키는 것으로 조종사에 의해서 이루어진다. 만약 러더 페달 힘 구배가 너무 낮으면 거의 "0" 옆미끄럼이 되고, 이것은 여러 가지 방향 조종 중에 "0" 옆미끄럼을 유지하는 것을 힘들게 된다.

항공기는 가능한 옆미끄럼 범위에서 안정된 러더 페달의 느낌(feel)을 갖고 있어야 한다.

A. 방향 조종 요구 조건

러더의 조종력은 적절해서 비행의 여러 가지 비대칭 상태에 적합해야 한다. 일반적으로 5가지의 비행 상태가 있고 이것은 방향 조종력의 가장 중요한 요구 조건이 된다. 항공기의 형태와 목적을 결정할 때 이 조건이 가장 중요하다.

a. 역 요(adverse yaw)

항공기의 롤(roll)은 요잉 모멘트로 되고, 이것은 "0" 옆미끄럼을 유지하기 위해 러더의 움직임을 필요로 함으로써 안정된 선회가 되게 한다.

역 요잉 모멘트의 흔한 요소를 설명한다. 항공기가 좌측으로 롤할 때 하향 날개는 새로운 상대풍을 갖게 되고 받음각을 증가시킨다. 양력 벡터의 기울기는 하향 날개에서 전방 쪽으로 힘 성분을 만든다.

상향 날개는 뒤쪽(aft)으로의 힘 성분과 함께 양력 기울기를 갖는다. 롤 운동에 따른 합성 요잉 모멘트는 롤과 반대 방향인데 이것이 역요(adverse yaw)이다. 롤에 의한 요는 주로 날개 양력 계수와 함수 관계이고, 큰 C_L에서 가장 크다. 롤링 운동에 의한 요뿐만 아니라 조종면 움직임에 의한 요잉 모멘트도 존재한다.

일반적인 에일러론은 흔히 역요를 갖고, 반면 스포일러는 바람직한 요를 갖는다. 큰 수직 꼬리 날개의 하이 윙 항공기(high wing airplane)는 안쪽 에일러론으로부터 영향을 받게 된다. 이런 형태는 수직 꼬리 날개에서 흐름 방향을 유도해서 바람직한 요를 일으키게 한다. 역요가 큰 C_L과 에일러론의 최대 움직임에서 가장 크기 때문에 저속에서 조화 있는 급선회는 러더 조종력을 위해서 상당히 엄격한 요구 조건을 만든다.

b. 스핀 회복

대부분의 항공기에서 러더는 스핀 회복을 위한 1차적인 조종 장치이다. 큰 받음각에서 옆미끄럼의 강력한 조종이 요구되어 스핀 중에 효과적인 대응을 한다. 수직 꼬리 날개의 효율은 큰 받음각에서 감소하기 때문에 스핀 회복에 필요한 방향 조종력은 러더 출력의 가장 중요한 필요 사항이다.

c. 후류의 회전(slipstream rotation)

중요한 방향 조종 요구는 프로펠러 항공기가 큰 출력이고 저속일 때 생긴다. 프로펠러 회전은 후류의 비틀림(slipstream swirl)을 유도하고 이것이 수직 꼬리 날개에서 흐름 방향을 변화시킨다. 러더는 충분한 조종력이 있어서 이 상태가 균형이 되게 하고 "0" 옆미끄럼을 성취한다.

d. 측풍 상태에서 이·착륙

항공기는 활주로에 낮게 올바른 길(path)을 만들어야 하기 때문에 이륙이나 착륙 중에 받는 측풍에서 항공기는 옆미끄럼에서 조절된 상태를 유지해야 한다. 러더는 충분한 조종력이 있어서 예상되는 측풍을 위해 필요한 옆미끄럼을 만들어야 한다.

e. 비대칭 출력

다발 엔진 항공기의 설계는 저속에서 엔진 결함의 가능성을 고려해야 한다. 비대칭 출력 상태에서 추력의 불균형은 요잉 모멘트를 만드는데 추력 불균형과 레버 암의 힘에 좌우된다.

러더의 움직임은 꼬리 날개에서 측면 힘을 만들고 요잉 모멘트가 추력의 불균형에 의해서 생긴 요잉 모멘트의 균형에 기여한다. 추력의 불균형으로부터 요잉 모멘트 계수가 저속에서 크기 때문에 임계 요구 조건(critical requirement)은 저속해서 임계 엔진(critical engine)의 정지일 때도 나머지 엔진은 최대 출력을 유지해야 한다. 최대 러더 움직임을 위한 요잉 모멘트 계수와 불균형 상태의 추력을 위한 요잉 모멘트 계수의 비교이다.

두 라인의 교차는 방향 조종을 위한 최소 속도를 결정하고 러더 조종 모멘트가 불균형 추력의 모멘트와 똑같아지는 저속도이다. 최소 방향 조종 속도는 실제적으로 가장 가벼운 중량으로 이륙하는 실속 속도의 1.2배보다 더 커질 수 없다고 정의한다. 이것이 나머지 비행 상태를 위한 적절한 방향 조종을 제공한다. 일단 정해지면 최소 방향 조종 속도는 중량, 고도와 함수 관계가 아니지만 단순히 상당 속도(equivalent airspeed)는 최대 러더 움직임과 함께 필요한 요잉 모멘트를 만든다.

만약 항공기가 최소 조종 속도 이하의 위험한 불균형 상태의 출력에서 운용되면 항공기는 작동하지 않는 엔진 쪽으로 조절할 수 없는 요(yaw)를 하게 된다. 최소 속도 이하에서 방향 조종을 다시 얻기 위해서는 몇 가지 대안이 존재하는데 작동 중인 엔진의 출력을 줄이거나 속도를 위해 고도를 변경한다. 만약 항공기가 한계 상태이면 어떤 대안이든지 불만족스럽고 오로지 최소 조종 속도만을 기대해야 한다.

수직 꼬리의 측면 힘에 의한 것으로 약간의 뱅크가 "0" 옆미끄럼에서 선회 비행을 막는데 필요하다. 작동하지 않는 엔진은 반대쪽에 비해서 약간 높게 자세를 유지해서 기울어진 날개 양력은 꼬리에서 측면 힘의 균형을 갖게 하는 힘의 성분을 제공하게 된다. 필요한 방향 조종의 각 임계 상태에서 큰 방향 안정성이 바람직스러운데, 이것은 어떤 방해로부터 항공기의 움직임을 감소시킨다. 물론, 방향 조종은 "0"옆미끄럼을 얻을 정도로 충분해야 한다.

다발 엔진을 위한 임계 조종 요구는 비대칭 출력 상태일 때인데, 이유는 스핀이 이 형태의 항공기에는 흔치 않기 때문이다. 단발 프로펠러 엔진 항공기는 임계 설계 상태와 같은 스핀 회복이나 휴류 회전을 갖는다. 단발 제트 엔진 항공기는 여러 가지의 임계 항목을 갖지만, 스핀 회복이 항상 지배적이다.

4-4. 횡 안정성과 조종(Lateral Stability & Control)

1) 횡 안정성

항공기의 정적 횡안정성은 옆미끄럼에 기인한 롤링 모멘트의 고려를 포함한다. 만약 항공기가 옆미끄럼에 기인한 양호한 롤링 모멘트를 가지면, 날개의 수평 비행으로부터의 횡방향 움직임을 옆미끄럼을 만들고, 옆미끄럼은 롤링 모멘트를 만들어 항공기가 수평 비행으로 되게 하는 경향을 갖는다.

이 작용으로 인해서 정적 횡방향 안정성이 분명해진다. 물론 옆미끄럼은 요잉 모멘트를 만드는데 정적 방향 안정성의 고려는 오로지 롤링 모멘트와 옆미끄럼의 관계만을 포함한다.

A. 정의

항공기 축의 정의에서 (+) 롤링을 L로 정의하고, 이것은 종축에 대한 모멘트로 우측 날개를 아래로 내려가게 한다. 다른 공기 역학적 고려와 마찬가지로 계수 형태로 롤링 모멘트를 고려하는 것이 편리해서 횡방향 안정성은 중량, 고도, 속도 등과는 독립적으로 계산된다.

롤링 모멘트 L은 아래 방정식에 의해서 계수 형태로 정의된다.

$$L = C_l \, qSb$$

여기서 L: 롤링 모멘트(ft-lbs)
   q: 동압(psf)
   S: 날개 면적(ft[2])

혹은 $C_l = \dfrac{L}{qSb}$

   b: 날개 스팬(ft)
   C_l: 롤링 모멘트 계수

옆미끄럼각 β는 항공기 중심선과 상대풍 사이의 각도로 정의되고 상대풍이 중심선의 우측이면 (+)이다. 항공기의 정적 횡방향 안정성은 롤링 모멘트 계수 C_l 옆미끄럼각 β의 그래프로 설명된다. 항공기가 (+)의 옆미끄럼각을 받을 때, 횡방향 안정성은 (−)의 롤링 모멘트 계수가 있을 때 나타난다. 그러므로 상대풍이 우측으로부터 오면(+β), 롤링 모멘트는 좌측(−C_l)으로 생겨서 이것이 항공기를 좌측으로 롤하게 만든다.

횡방향 안정성은 C_l과 β의 곡선이 (−) 기울기를 가질 때 존재하고, 안정성의 정도는 이 곡선 경사와 함수 관계이다. 만약 곡선의 기울기가 "0"이면, 중립적인 횡방향 안정성이 존재하고, 만약 기울기가 (+)이면, 횡방향 불안정이 존재한다. 가장 바람직스러운 것은 횡방향 안정성을 갖거나 옆미끄럼에 기인한 양호한 롤을 갖는 것이다. 그렇지만 횡방향 안정성의 필요한 크기는 여러 가지 요소에 의해서 결정된다.

옆미끄럼에 의한 과도한 롤은 측풍 이륙과 착륙을 어렵게 하고 항공기의 방향 운동 (directional motion)이 원하지 않는 요동을 일으킨다. 게다가 큰 횡방향 안정성은 역요와 결합되어 롤링 성능을 감소시킨다. 일반적으로 양호한 취급 성능은 상당히 낮거나 약한 (+) 상태의 횡방향 안정성에서 얻어진다.

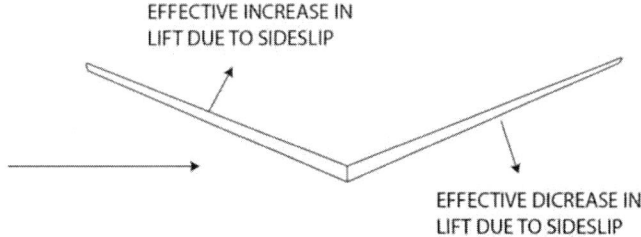

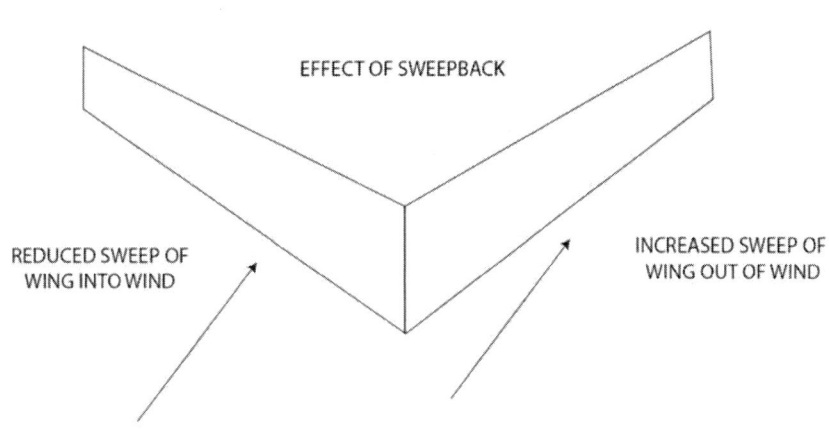

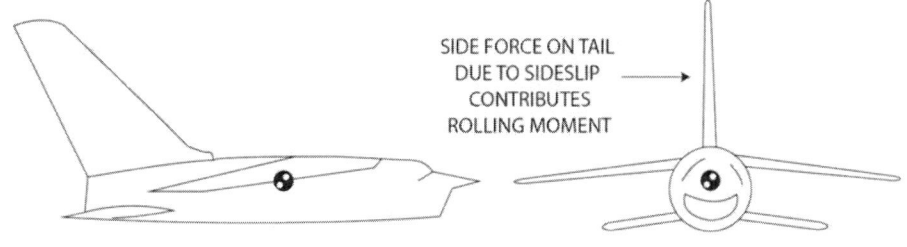

Fig. 4-28 횡안정에 구성품의 기여

B. 항공기 구성품의 기여

항공기에서 횡방향 안정성의 발달을 이해하기 위해서 각 구성품의 기여 정도를 알아야 한다. 물론 구성품 사이에는 간섭이 있고, 이것은 각 구성품이 항공기의 안정성 기여를 다르게 한다. 항공기의 횡방향 안정성에 기여하는 주요 표면이 날개이다. 날개의 기하학적인 상반(geometric dihedral)의 효과는 횡방향 안정성에 상당히 큰 영향을 준다. 상반을 갖는 날개는 옆미끄럼과 함께 안정된 롤링 모멘트를 만든다. 만약 상대풍이 측면으로부터 오면 날개가 바람 쪽으로 가서 받음각의 증가를 겪게 되고 양력의 증가를 얻는다.

날개가 바람에서 멀어지면 받음각의 감소를 겪게 되고, 양력의 감소를 얻는다. 양력의 변화는 롤링 모멘트에 영향을 미치고 바람 쪽의 날개를 들어 올리려 해서 상반(dihedral)은 옆미끄럼에 기인한 롤을 안정시키는데 기여한다. 날개 상반이 횡방향 안정성 기여의 공통 분모로 간주된다.

일반적으로 날개 위치는 플랩, 출력 등에 기여하고, 유효 상반(effective dihedral) 혹은 상반 효과(dihedral effect)의 상당한 크기를 나타낸다.

동체 하나만의 기여는 동체의 합성 공기 역학적 측면 힘의 위치에 상당히 적게 좌우된다. 그렇지만 날개-동체-꼬리의 복합적인 효과는 상당히 큰 동체 날개의 수직 위치에서 복합적인 안정에 크게 영향을 미치기 때문이다.

중간 날개 위치는 일반적으로 상반 효과(dihedral effect)를 나타내는데 날개 하나만의 효과와 다르지 않다. 동체에 낮게 장착된 날개는 3° 혹은 4°의 네가티브 상반(negative dihedral)과 동등한 효과를 갖는 반면 높은 위치의 날개는 2°나 3°의 포지티브 상반의 효과를 준다. 상반 효과 기여 정도는 날개의 수직 위치에 의한 것으로, 낮은 날개를 위해서는 상당한 상반각을 필요로 한다.

후퇴가 상반 효과에 미치는 영향은 중요한데, 이유는 기여의 성질 때문이다. 보는 것처럼 옆미끄럼에서 후퇴 날개는 날개가 바람을 받아서 후퇴가 효과적으로 감소하는 방향으로 작용하는 반면, 바람을 받지 않는 날개는 후퇴가 효과적으로 증가하는 방향으로 작용한다. 만약 날개가 (+) 양력 계수 상태이면, 날개는 바람을 받아서 후퇴가 적어져서 양력이 증가되고, 날개가 바람을 받지 않으면 더 큰 후퇴를 가져서 양력은 감소한다. 이와 같은 방법으로 후퇴 날개는 포지티브의 상반 효과에 기여하고, 전방으로 후퇴한 날개(swept forward wing)는 네가티브의 상반 효과에 기여한다. 후퇴가 상반 효과에 기여하는 독특한 성질은 날개의 양력 계수뿐만 아니라 후퇴각에 비례한다. "0" 양력에서 후퇴 날개는 옆미끄럼에 기인한 롤을 만들어서는 안 되는데 이유는 날개의 양력 변화가 없기 때문이다. 그러므로 "0" 양력에서 후퇴에 기인한 상반 효과는 "0"이고, 날개 양력 계수와 직접 비례해서 증가한다. 고속 비행의 요구가 있을 때는 큰 크기의 후퇴를 필요로 하고, 합성 형태(resulting configuration)는 저속도(큰 C_L)에서 과도하게 큰 상반 효과를 갖는 반면 상반 효과는 정상 비행(낮거나 중간 정도의 C_L)에서 만족스럽다.

최신 형태의 수직 꼬리 날개는 유효 상반에 큰 기여를 하기도 하지만 어느 때는 바람직스럽지 못하다. 만약 수직 꼬리가 크면, 옆미끄럼에 의한 측면 힘이 만들어져서 현저한 롤링 모멘트뿐만 아니라 중요한 요잉 모멘트에 기여한다. 이런 효과는 일반적인 항공기 형태에서는 흔히 작지만, 최신의 고속 항공기 형태에서는 상당한 크기의 이 효과를 유도한다.

큰 수직 꼬리가 추가의 상반 효과에 기여를 유발하지 않고 방향 안정성에 기여를 얻기는 상당히 힘들다. 유효 상반의 크기는 만족스런 비행 상태를 만드는데 필요로 하고, 항공기의 형식과 목적에 따라 크게 달라진다. 일반적으로 유효 상반은 너무 커서는 안 되는데 왜냐하면 옆미끄럼에 기인한 너무 큰 롤은 또 다른 문제점을 만들기 때문이다.

과도한 상반 효과는 더치롤(dutch roll)을 일으키게 하고 롤링 비행 조작에서 러더(rudder)의 협조가 어렵거나 측풍 이륙이나 착륙 중에 상당한 크기의 횡방향 조종력을 요구하게 된다. 물론 효과적인 상반은 순항(cruise), 고속(high speed)과 같은 지배적인 비행 중에는 네가티브가 되어서는 안 된다.

만약 항공기가 이런 비행 상태에서 만족스런 상반 효과를 보이면, 몇 가지 특정 예외를 고려할 수 있는데 항공기가 이륙이나 착륙 형태일 때이다. 플랩과 출력의 효과가 불안정해지고, 상반 효과가 감소하기 때문에 어떤 특정 크기의 네가티브 상반 효과는 이런 소스에 의해서 가능하다.

플랩의 움직임은 날개의 안쪽 부분이 상당하게 더욱 효과적으로 되어 이 단면은 작은 스팬 방향의 모멘트를 갖는다. 그러므로 옆미끄럼에 기인한 날개 양력의 변화는 안쪽(inborad)에 가깝게 발생하고 상반 효과는 감소된다. 상반 효과에서 출력의 효과는 제트 항공기에서 무시할 수 있지만, 프로펠러 항공기는 상당히 고려한다.

큰 출력과 저속에서 프로펠러 후류는 안쪽 날개를 더욱 효과적으로 만들고 상반 효과를 감소시킨다. 상반 효과의 감소는 플랩과 출력 효과와 결합될 때, 즉 프로펠러 항공기가 착륙 접근 중이거나 이륙 중에 가장 중요하다. 착륙과 이륙 중에 몇 가지 예외가 있는데 상반 효과나 횡방향 안정성은 포지티브여야 되지만 너무 커서는 안 된다. 과도한 상반 효과에 의해서 생긴 문제점은 상당히 크고, 취급하기에 상당히 어렵다. 횡방향 안정성은 조종사가 스틱힘(stick force)을 느껴서 확인하고, 옆미끄럼을 유지하는데 필요한 크기를 조종사가 느껴서 알 수 있어야 한다. 양호한 스틱 힘 안정성은 옆미끄럼의 방향조절에 필요한 스틱 힘으로 알 수 있다.

2) 횡방향 동적 영향(lateral dynamic effect)

앞의 설명에서 항공기가 옆미끄럼에 반응하는 것을 횡방향(lateral)과 정방향(directional)으로 나누었다. 이것은 항공기의 정적 횡안정성과 항공기의 정적 방향 안정성을 각각 상세히 연구하는데 편리하다. 그렇지만 자유 비행 상태인 항공기가 옆미끄럼에 놓이면 횡방향과 정방향 반응이 복합되어 동시에 옆미끄럼에 기인한 롤링 모멘트와 요잉 모멘트를 갖는다. 그러므로 자유 비행 상태 항공기의 횡방향 동적 운동은 횡방향과 정방향 효과의 결합이다 상호 작용으로 고려해야 한다.

근본적인 효과는 항공기의 횡방향 동적 특성을 결정하는데 다음과 같은 것이 있다.

ⓐ 옆미끄럼이나 상반 효과에 의한 롤링 모멘트

ⓑ 옆미끄럼이나 정적 방향 안정성에 기인한 요잉 모멘트

ⓒ 롤링 속도나 역요(adverse yaw)에 기인한 요잉 모멘트

ⓓ 요잉 속도에 기인한 롤링 모멘트. 만약 항공기가 우측으로 요잉 운동을 가지면 좌측 날개는 전방으로 더 빠르게 움직이고 순간적으로 우측보다 더 큰 양력을 만들어서 우측으로 롤링 모멘트를 일으킨다.

ⓔ 옆미끄럼에 기인한 공기 역학적 측면 힘(aerodynamic side force)

ⓕ 롤링에서 롤링 속도나 댐핑에 기인한 롤링 모멘트

ⓖ 요(yaw)에서 요잉 속도나 댐핑에 기인한 요잉 모멘트

ⓗ 롤(roll)과 요축에 대한 항공기 관성 모멘트

위의 복잡한 상호 작용은 3가지의 가능한 항공기의 운동을 일으키는데 다음과 같다.

ⓐ 방향 확산(directional divergence)

ⓑ 스파일러 확산(spiral divergence)

ⓒ 더치 롤(duch roll)의 요동 모드(oscillatory mode)

방향 확산은 허용할 수 없는 상태이다. 만약 초기의 작은 옆미끄럼에 반응하면 이것이 모멘트를 만들어내어 옆미끄럼을 증가시켜서 방향 확산이 존재하게 된다. 옆미끄럼은 계속 증가되어 항공기와 구조적 결함을 갖게 된다. 물론 정적 방향 안정성의 증가는 방향 확산을 줄이는 경향이 있다.

스파일러 확산은 상반 효과와 비교해서 정적 반향 안정성이 아주 클 때 존재한다. 스파일러 확산의 특성은 격렬하게 발생하지 않는 것이다. 항공기는 수평 비행 상태의 평형으로부터 방해받으면 느린 스파일럴을 시작하고, 이것은 점차 증가되어 스파일럴 강화(spiral dive)가 된다. 작은 옆미끄럼이 있으면 강한 방향 안정성은 기수(nose)를 바람을 향하게 하고 반면, 상대적으로 약한 상반 효과가 항공기 횡방향으로 쌓이게 된다.

흔한 경우에 스파일럴 운용에서 확산 비율은 점차적으로 생겨서 조종사는 어려움 없이 조종할 수 있다.

더치롤은 횡방향 요동과 연결되어 흔히 동적으로 인정되지만 받아들일 수 없는 요동 성질을 갖는다. 이 요동 상태(oscillatory mode)의 댐핑은 약하거나 강한데 항공기의 특성에 좌우된다. 평형으로부터의 방해에 대한 항공기의 반응은 롤링과 요잉 요동이 결합되는데 여기서 롤링 운동이 요잉 운동보다 앞선다.

일반적으로 더치롤은 상반 효과가 정적 방향 안정성과 비교해서 더욱 클 때 발생한다. 불

행하게도 더치롤은 상반 효과에서 상당한 크기로 존재하고, 방향 확산과 스파일럴 확산의 제한된 상태의 정적 방향 안정 중에서 존재한다.

상반 효과가 정적 방향 안정성과 비교해서 크면 더치롤 운동은 약한 댐핑을 갖지만 있어서는 안 된다. 정적 방향 안정성은 상반 효과와 비교해서 더 강하면 더칠롤 운동은 강한 댐핑을 갖는데 있어도 되지만 이 상태가 스파일럴 확산을 일으킨다. 그러므로 선택은 이 3가지의 최소 상태여야 한다.

방향 확산은 허용할 수 없고, 더치롤과 스파일럴 확산은 못마땅한 것이지만 만약 확산 비율이 낮으면 허용할 수 있다. 이런 이유로 상반 효과는 만족스런 횡방향 안정성을 위해 필요한 것보다는 커서는 안 된다. 만약 정적 방향 안정성이 적절하면 부적절한 더치롤(dutch roll)을 막고 이것이 자동적으로 방향 확산을 막기에 충분해진다.

더욱 중요한 성질은 큰 정적 방향 안정성과 최소로 필요한 상반 효과의 결과로 대부분의 공기는 중간 정도의 스파일럴 경향을 보인다. 앞서 설명한 바와 같이, 약한 스파일럴 경향은 조종사에게 크게 중요하지 않고 더치롤에는 확실히 필요하다.

후퇴가 항공기의 횡적 운동에 기여는 상당히 중요하다. 후퇴에서의 상반 효과가 양력 계수와 함수이기 때문에 운동 특성은 비행 속도 범위 내에서 모두 다르다.

후퇴 날개 항공기가 낮은 C_L에 있을 때 상반 효과는 작고 스파일럴 경향이 분명해진다. 반대로 높은 C_L에 있을 때 상반 효과는 증가되고, 더치롤 요동 경향도 증가된다.

추가의 요동 상태가 러더 프리(rudder free)와 함께 횡방향 운동 효과가 있을 때 발생하면 "snaking" 요동이라고 한다. 이 요잉은 러더의 공기 역학적 균형에 의해서 크게 영향을 받고, 설계시에 주의 깊게 고려해서 요동의 가벼운 댐핑이나 불안정을 막는다.

3) 롤(roll) 조종

항공기의 횡방향 조종은 날개에서 양력의 차이를 만들어서 이루어진다. 양력의 차이로 만들어진 롤링 모멘트는 항공기를 롤링 운동으로 가속시키는데 사용되거나 혹은 상반 효과에 대항해서 옆미끄럼(sideslip) 중인 항공기를 조종하는데 사용한다. 롤 조종을 위한 양력의 차이는 흔히 에일러론(aileron)이나 스포일러(spoiler)에 의해서 얻어진다.

A. 항공기의 롤링 운동

항공기가 비행 중에 롤링 운동을 받으면, 윙팁(wing tip)은 공기 중에서 헬리켈(helical path) 모양으로 움직인다.

우측으로의 롤링 속도는 우측 날개 끝에 하향 속도 성분을 주고, 좌측 날개 끝에는 상향 속도 성분을 준다. 좌측 날개 끝의 운동을 보면, 롤에 의한 윙팁의 속도는 항공기의 비행 경로 속도와 합쳐져서 합성 운동을 만든다.

비행 경로 벡터와 날개 끝의 합성각(resulting angle)은 롤에서의 헬릭스 각(helix angle)

이다. 롤 헬릭스 각도는 다음과 같이 정의한다.

$$\text{롤 헬릭스 각도} = \frac{Pb}{2V} \, (\text{레디안})$$

여기서　P: 롤 비율(rad/sec)
　　　　　b: 날개 스팬(ft)
　　　　　V: 항공기 비행 속도(ft/sec)
　　　　　1 레디안: 57.3°

　일반적으로 롤 헬릭스 각도(Pb/2V)의 최고 수치는 롤 조종에 의해서 얻어지는데, 대략 0.1~0.07 레디안까지이다. 롤 헬릭스 각도는 실제로 롤링 성능의 분모이다. 횡방향 조종면의 움직임은 양력의 차이를 만들고 롤링 모멘트는 항공기의 롤을 가속시킨다. 롤 비율(roll rate)은 롤링 모멘트나 롤 댐핑에 저항하는 것에 의해서 생긴 반대 모멘트에 같아질 때까지 증가한다.

　롤 댐핑의 소스를 설명한다. 항공기가 우측으로 롤링을 받으면 하향 날개는 롤의 헬릭스 각도에 기인한 받음각이 증가한다. 물론 상향 날개는 받음각을 감소시킨다.

　최대 양력보다 적은 받음각으로 비행하면 하향 날개는 양력을 증가시키고 상향 날개는 양력의 감소를 겪게 되어 롤링 모멘트가 발달되고, 이것은 롤링 모멘트에 맞서게 된다. 그러므로 댐핑 모멘트가 조종 모멘트와 같을 때 안정된 상태의 롤링 운동이 발생한다.

　항공기가 에일러론 운동에 반응하는 것을 시간 결과와 함께 볼 수 있다. 항공기 움직임을 제한해서 순수한 롤링 운동이 얻어지면 에일러론 움직임에 대한 초기의 움직임에서 롤 비율(roll rate)이 안정되게 증가한다. 롤 비율이 증가하면서 댐핑 모멘트가 되어 롤 가속을 감소시킨다.

　최종적으로 댐핑 모멘트는 조종 모멘트에 접근하고 안정된 상태의 롤 비율을 얻는다. 만약 항공기를 제한하지 않고 옆미끄럼이 허용되면 방향 안정성과 상반 효과의 영향을 받는다.

　일반적인 항공기는 에일러론 운동과 롤링 운동에 기인한 역 요잉 모멘트를 발달시킨다. 역 요는 요잉 움직임과 옆미끄럼을 만드는 경향이 있지만 이것은 항공기의 방향 안정성에 의해서 제한된다. 만약 역 요가 옆미끄럼을 만들면, 상반 효과는 롤에 대응하는 롤링 모멘트를 만들어서 롤 비율을 감소시키려 한다.

　시간 변화표에서 일반적인 변이 운동 A, B는 방향 안정성과 낮은 상반 효과를 나타내는데 이것은 바람직스런 결합이다. 이런 결합이 항공기에 만들어져서 만족스런 롤링 성능을 얻는다.

B. 롤링 성능(rolling performance)

항공기의 롤링 성능은 롤 헬릭스 각도(Pb/2V)로 표시된다. 그렇지만, 어떤 특정 비행 상태에서 항공기가 주어진 롤 각도에서 가속도에 필요한 최소 시간을 정하는 것이 적절하다.

흔히, Pb/2V의 최대 수치는 0.10이어야 한다. 물론 전투기(fighter)나 공격기(attack)는 더 큰 롤링 성능을 위한 특정 요구 수치가 있는데 0.09는 최소의 필요한 Pb/2V로 간주한다. 정찰기(patrol), 여객기(transport), 폭격기(bomber)는 큰 롤링 성능을 위해서 다소 적어, 대략 0.07 정도의 Pb/2V가 적당하다.

에일러론이나 스포일러(spoiler)는 필요한 Pb/2V를 제공하기 위해서는 강력해야 한다. 반면, 횡방향 조종 장치의 크기나 효율이 중요한데 특히 고려할 것은 항공기 크기이다.

기하학적으로 비슷한 항공기를 위해서 에일러론의 특정 움직임은 고정된 수치의 Pb/2V를 만들고 항공기 크기와는 독립적이다. 그렇지만, 주어진 속도에서 기하학적으로 비슷한 항공기의 롤 비율은 스팬 b에 반비례한다.

만약 Pb/2V=일정(constant)하면, P=2V/b이므로 소형 항공기는 롤 비율에서 장점을 갖거나 시간에서 장점을 가져서 정해진 롤 각도(angle of roll)에서 가속한다. 예를 들어, 1/2 크기의 항공기는 완전한 크기의 항공기보다 두 배의 롤 비율을 발달시킨다. 이 관계는 큰 롤링 성능을 얻기 위해서는 소형의 짧은 스팬을 가진 항공기를 더욱 선호하게 됨을 의미한다.

롤 비율에 영향을 미치는 중요한 변수는 진대기 속도 혹은 비행 속도 V이다. 만약 에일러론의 특정한 움직임이 특정 수치의 Pb/2V를 만들면, 롤 비율은 직접 진대기 속도에 따라서 달라진다. 그러므로 만약 롤 헬릭스 각도를 고정시키면, 특정 진대기 속도에서 롤 비율은 고도에 영향 받지 않는다. 속도와 함께 직선으로 변하는 큰 롤 비율은 큰 속도를 요구하는 사실을 지적해준다.

저속도에서 낮은 롤 비율은 단순히 느린 비행 속도에 따르는 것으로 이 상태는 만족스런 항공기 조종을 위해서 중요한 횡방향 조종 요구 사항을 갖게 한다.

저속 항공기의 일반적인 롤링 성능을 나타낸다. 에일러론이 완전히 퍼지면 최대의 롤 헬릭스 각도를 얻는다.

롤의 비율은 속도에 따라서 직선으로 증가하는데 조종 힘이 조종의 움직임의 한계까지 유지된다. 임계 속도(critical speed)를 지나서 조종사에 의해서 가해지는 제한된 힘의 크기(흔히 횡방향 힘은 대략 30 lbs)는 에일러론이 최대 움직임에서 움직일 수 없게 하여, Pb/2V는 떨어지고 롤비율은 감소한다. 이 예에서 보면 빠른 속도에서 롤링 성능은 조종사가 조종의 완전한 움직임을 유지하는 능력에 의해서 제한된다.

에일러론 힌지 모멘트와 조종력을 줄이려는 노력으로 폭넓게 사용하는 방법이 공기 역학적 균형과 가변 탭 장치의 이용이다. 그렇지만 100% 공기 역학적 균형은 실제로 가능한 것은 아니지만 충분한 수치의 Pb/2V를 빠른 속도에서 유지해야 한다. 만약 파워 부스트(power boost)가 횡방향 조종 계통에 사용되면 항공기의 롤링 성능은 빠른 속도까지 확장된다. 파워 부스트의 노력은 점선으로 표시된다.

풀 파워에서 거꾸로 할 수 없는 횡방향 조종 시스템(irreversible lateral control system)은 고속 항공기에 흔히 사용된다. 파워로 작동되는 시스템에서 조종면의 운동에는 제한이 없고, 압축성에 기인한 힌지 모멘트의 이탈이 조종사로 되돌아가지 않는다. 조종력은 스틱의 센터링 래터럴 번지(centering lateral bungee) 혹은 스프링에 의해서 제공된다.

고속에 관한 특별한 문제점은 공기 역학적 힘의 상호 작용에 기인한 것이고 비틀림 상태의 날개 탄성 움직임에 의한 것이다. 에일러론의 움직임은 날개의 비틀림 모멘트를 만들어서 심히 날개가 비틀리도록 한다.

낮은 비행 속도(낮은 동압)에서 비틀림 모멘트와 비틀림 변화는 아주 작아서 중요하지 않다. 그렇지만 큰 동압에서 에일러론의 움직임은 심각한 비틀림을 만들고, 이것을 에일러론의 효율을 감소시킨다. 즉, 에일러론의 하향 움직임은 날개의 기수 하향 비틀림(nosedown twist)을 만들고, 이것은 에일러론 움직임에 기인한 롤링 모멘트를 감소시킨다.

아주 빠른 속도에서 날개의 비틀림은 롤링 모멘트보다 훨씬 커서 방향 조종에 대항해서 에일러론 역전(aileron reversal)이 발생한다. 에일러론 역전이 발생하는 속도 이전에 심각한 롤 헬릭스 각도(roll helix angle)의 손실을 겪는다. 롤링 성능에서 이 공기 탄성적인 현상의 영향에 대해 보여준다.

공기 역학적 힘과 날개의 비틀림 사이의 원하지 않는 상호 작용을 바로 잡기 위해서는 트레일링 에이지 에일러론을 안쪽으로 이동시켜서 비틀림 모멘트를 받는 부분인 스팬 부분을 감소시킨다. 물론, 짧은 스팬과 크게 테이퍼진 날개는 견고성을 얻기에 적합하다. 또한 여러 가지 형태의 스포일러는 큰 비틀림 모멘트의 발달 없이 필요한 롤링 성능을 만드는 능력이 있어야 한다.

C. 임계 요구 조건

필요한 적절한 횡방향 조종력을 위한 임계 상태는 고속이나 저속에서 발생하는데 항공기의 형태나 사용 의도에 좌우된다. 천음속과 초음속 비행에서, 압축성 효과는 횡방향 조종 장치의 효율을 감소시켜서 필요한 롤 헬릭스 각도를 만든다. 이 효과는 공기 탄성 효과(aeroelastic effect)에 기인한 조종 효율의 손실과 결합될 때 가장 심각하다.

고속 비행을 위해서 가장 필요한 요구 조건은, 항공기는 설계 강하 속도(design dive speed)에서 충분한 횡방향 조종 효율을 유지해야 한다는 점이다. 이·착륙 중에 항공기는 일상적인 비행 상태에서 갖는 적절한 횡방향 조종력을 가져야 한다. 횡적 조종은 필요한 롤 헬릭스 각(helix angle)을 얻는 능력이 있어야 하고, 정해진 롤 움직임에서 가속을 해야 한다.

또한 항공기는 옆미끄럼에서 조종할 수 있어서 측풍 상태의 이·착륙을 수행해야 한다. 측풍 상태에서의 이·착륙 중에 횡 조종은 상반 효과가 클 때 특별히 문제가 된다. 큰 양력 계수에서의 후퇴는 상반 효과가 크므로 이 문제는 상당한 후퇴를 갖고 있는 항공기에서 아주 중요하다.

　항공기의 총중량이 낮을 때 제한 측풍은 꼭 준수해야 한다. 낮은 중량에서는 이륙과 착륙 속도가 낮고, 따라서 옆미끄럼각은 커지게 된다.

4-5. 기타 안정성 문제점

비행의 몇 가지 일반적인 문제점은 안정성의 특정 원리뿐만 아니라 종방향(longitudinal), 정방향(directional), 횡방향(lateral) 안정성에 존재한다. 비행에는 여러 상태가 존재하고 이 것은 안정성에 문제를 일으키는 수가 많다.

아래의 여러 가지 항목을 고려하는 이유는 안전한 비행을 해칠 가능성이 있고, 항공기의 사고에 관계되기 때문이다.

1) 랜딩기어 형태

항공기 랜딩기어에는 3가지 일반적인 형태로, 트리사이클(tricycle), 바이시클(bicycle), 재래식(conventional) 테일 휠 배열이 있다.

저속의 활주 속도에서는 항공기의 공기 역학적 힘은 무시되므로, 이 형태의 각각의 조종 장치가 고정된(control-fixed) 정적 안정성은 타이어의 측면 힘 특성에 의해서 결정되지만, 이것은 심각한 문제점은 아니다.

불안정은 일반적인 테일 휠 랜딩기어 항공기의 지상 루프(ground loop: 지상에서 뒤집히는 것)를 일으킨다.

선회에 의해서 만들어지는 원심력(centrifugal force)은 균형을 갖고 있어야 하고, 항공기를 평형 상태로 있게 해야 한다. 큰 측면 힘은 메인 휠에서 만들어지지만, 메인 휠의 뒤쪽 c. g에서 평형을 얻어서 테일 휠의 균형 하중은 선회 중심 쪽으로 만들어져야 한다.

테일 휠의 스위블(회전 운동)이 자유로워지면, 선회의 평형은 선회 방향의 반대 방향으로의 조종력을 필요로 한다. 즉, 조종력은 불안정해진다.

고유의 안정성 문제점이 존재하는데, c. g는 측면 힘이 발달되는 곳의 뒤쪽이기 때문이다. 이 상태는 중립 지점의 뒤쪽 c. g와 함께 정적 종방향 안정성의 경우와 유사하다. 일반적인 테일 휠 형태는 이런 기본적인 불안정성이나 혹은 지상 루프 경향을 갖고 있어서 이것은 조종사에 의해서 안정되어야 한다.

큰 롤링 속도에서는 공기 역학적 힘이 중요하고, 항공기의 공기 역학적 방향 안정성은 지상 루프 경향(ground loop tendency)을 줄인다. 지상 루프가 가장 빈번한 경우는 롤링 속도가 공기 역학적 힘에 충분한 도움을 제공하지 못하기 때문이다. 테일 휠의 스위블이 자유롭거나 테일 휠에 정상적인 힘이 적을 때 조종사의 주의가 부족하면 지상 루프하게 된다.

트리사이클 랜딩기어 형태는 메인 휠과 c. g의 상대적인 위치에 기인한 고유의 안정성을 갖는다. 선회에 의해서 생긴 원심력은 선회 방향의 메인 휠 측면 힘과 노스휠의 측면 힘에 의해서 균형을 갖게 된다.

노스휠이 자유롭게 스위블(swivel)하면서 만들어지는 모멘트는 항공기를 선회에서 벗어나게 한다. 그러므로 트리사이클 형태는 기본적인 안정성을 갖고 선회 방향에서 조종 변화와 휠 측면 힘에 의해서 얻어진다. 안정성이 좋기 때문에, 트리사이클 형태는 방향 조종 조작에서 테일 휠 형태보다 훨씬 쉽고, 지상 루프 경향을 갖지 않는다. 그렇지만, 스티어링할 수 있는 노스휠을 장착한 항공기는 만족스런 비행 조장 능력도 갖추어야 한다.

랜딩기어의 바이시클 형태는 자동차와 같은 안정성 특성을 갖고 있다. 만약 방향 조종이 출력 조절에 의해서 작동되는 전방 휠에 의해서 이루어지면 저속도에서 안정성 문제는 없다. 문제는 항공기가 고속 상태일 때 존재하는데, 정상적인 힘의 분배가 일상적인 정적 중량 분포와 다르기 때문이다. 만약 항공기가 정상 이·착륙 속도 이상보다 훨씬 큰 속도로 활주로에 있을 때, 전방 휠은 일상적인 크기의 힘보다 더 큰 힘을 담당해서 불안정성이 존재하게된다. 그렇지만 이와 똑같은 고속에서 러더(rudder)는 상당히 강력한 힘을 주지만 상태는 흔히 조종 범위 내에 있다.

트리사이클과 바이시클 랜딩기어 형태의 기본적인 안정 성질은 항공기 조종 장치와 지상 비행 조작의 간편한 사용을 통해서 알 수 있다.

2) 스핀과 스핀 회복의 문제점

항공기가 스핀 중일 때는 많은 복잡한 공기 역학, 관성과 모멘트에 관계된다.

스핀은 스파이럴 강하와 다른데, 스핀은 항상 큰 받음각에서 비행하는 것과 관계되는 반면, 스파이럴 강하는 상당히 적은 받음각에서 항공기의 스파이럴 운동에 관계된다. 큰 양력 계수에서 항공기의 실속 특성과 안정성은 항공기의 초기 경향에 중요하다. 앞서 언급한 바와 같이 날개의 초기 실속은 팁에서부터 시작하는 것이 아니고 루트에서부터 시작되는 것이 바람직하다. 이런 실속 형태는 큰 양력 계수에서 원하지 않는 롤링 모멘트를 막고, 적절한 실속 경계(stall warning)를 제공하고, 큰 받음각에서 횡방향 조종 효율을 얻는다. 또한 항공기는 큰 양력 계수에서 (+)의 정적 종방향 안정성을 유지해야 하고, 만족스런 실속 회복 특성을 보여야 한다.

항공기가 실속에 들어가는 근본적인 효과를 가시화하기 위해서 항공기가 롤링 속도와 요잉 속도를 받는다고 가정한다.

우측으로의 요잉 속도는 우측 날개보다도 좌측 날개에서 더 큰 지역 속도를 만드는 경향이 있다. 롤링 속도는 하향하는 우측 날개(α_R)를 위해서 받음각을 증가시키려 하고, 상향하는 좌측 날개(α_L)를 위해서 받음각을 감소시킨다.

항공기가 실속보다 작은 받음각에서는 이 관계에 따라 요(yaw)에 의해 생긴 롤을 댐핑시키며, 이런 일부의 관계된 운동이 비실속 비행(unstalled flight)을 가능케 한다. 그렇지만 실속보다 큰 받음각에서는 공기 역학적 특성에서 큰 변화가 발생한다.

일반적으로 종횡비가 크거나 중간 정도의 후퇴 항공기 형태의 공기 역학적 특성을 보여주고 있다. 만약 이런 항공기에 실속보다 큰 받음각에서 롤링을 하면, 상향 날개에서는 받음각은 감소하는데, 이에 상응하는 만큼 C_L은 증가하고 C_D는 감소한다. 다시 말하면, 상향 날개는 덜 실속을 갖게 된다. 그러므로 롤링 운동은 더해지고 요잉 모멘트가 롤 방향으로 생긴다.

실속 이하의 받음각에서 롤링은 롤 댐핑에 의해서 낮아지고 역 요(adverse yaw)가 흔히 존재한다. 실속 이상의 받음각에서 롤 댐핑은 네가티브(−)이고, 롤링은 롤 방향으로 롤링 모멘트를 만든다. 이 롤의 네가티브 댐핑은 일반적으로 오토로테이션(autorotaion)이라고 한다.

일반적으로 항공기가 실속할 때 일부의 롤-요잉 움직임과 요잉 모멘트의 합성은 항공기 자체를 유지하는 롤링-요잉 운동을 시작하게 만든다.

큰 받음각에서 항공기의 오토로테이션 롤링과 요잉 경향은 일반적인 항공기 형태의 근본적인 프로스핀(prospin) 모멘트(바람직스런 스핀 모멘트)이고 이 경향은 항공기를 가속시켜서 어떤 제한 상태가 존재할 때까지 스핀으로 가게 한다.

안정된 스핀은, 반드시 필요한 안정된 수직 스파이럴(vertical spiral)은 아니지만 일부 불안정한 요동 운동과 결합된다. 일반적인 항공기 형태의 중요한 특성은 스핀으로, 오토로테이션 경향의 기여에 지배적이다. 일반적인 항공기 형태는 스핀 운동을 갖고 있고, 이것은 근본적으로 요(yaw)와 함께 하는 롤링(rolling)이다.

큰 방향 안정성은 바람직한데 이것이 스핀하는 항공기의 요 움직임을 제한하거나 최소화하기 때문이다. 스핀의 기본적인 요구 조건으로 항공기는 과도한 받음각 상태에 있어서 오토로테이션 롤링과 요잉 경향을 만들어야 한다.

일반적으로 말해서 보통의 항공기는 스핀이 발생하기 전에 먼저 실속되어야함 한다. 이 관계는 근본적인 회복의 원리를 설정하는 것으로 항공기는 날개의 받음각을 감소시켜서 실속을 없앤다.

일반적인 형태에서 가장 효과적인 절차는 반대 방향 러더(rudder)를 사용해서 옆미끄럼을 정지시키고, 이때 다시 엘리베이터와 함께 받음각을 작게 한다. 충분한 러더 힘으로 이 절차는 포지티브의 회복을 만들어서 최소로 고도를 상실한다. 계속되는 강하(dive)에서 빠져나올 때 주의해서 과도한 받음각과 또 다른 스핀으로 가는 것을 막는다. 여기서 알 수 있는 것은 실속의 당연한 결과로 항상 스핀이 가능하고, 스핀의 자체 유지 운동이 과도한 받음각에서 발생한다. 물론 저속 항공기는 실속 방지(stall proof)로 만들어서 스핀 방지(spin proof)가 되게 설계한다.

항공기는 조종 장치의 움직임 범위를 제한하여 종방향 조종력을 트림(trim: 일치시킴)함으로써, 최대의 양력 받음각을 가질 수 없게 한다. 이런 것은 경항공기와 상업용 항공기에 가능하지만, 군용 항공기의 이용에는 비현실적이다.

최신의 고속 항공기 형태는 작은 종횡비의 후퇴 날개가 상당히 큰 요(yaw)와 피치 관성(pitch inertia)으로 특징된다. 이런 형태의 공기 역학적인 특성을 볼 수 있다.

양력 곡선 (C_L과 α)은 큰 받음각에서 상당히 낮고 최대 양력은 결정되지 않는다. 이런 형태의 항공기는 큰 받음각에서 롤링 모멘트를 제공해서 C_L의 변화가 상당히 적게 발생한다.

이 효과가 이런 형태의 항공기의 상당히 짧은 스팬과 결합되면 날개 오토로테이션(wing autorotation)은 상당히 약해져서, 프로스핀 모멘트(pro-spin moment)를 지배하지 못한다.

롤링 운동과 함께 항력 계수의 상당히 큰 변화는 고속 항공기 형태의 스핀을 위한 요(yaw)의 지배를 의미한다. 실제로 최신의 항공기 형태의 스핀을 위한 지배적인 요 경향에는 몇 가지 다른 요소가 기여된다.

정적 방향 안정성은 큰 받음각에서 나빠지고, 이것이 너무 약하게 되어 상당히 큰 요 운동이 생긴다. 어떤 면에서는 아주 큰 받음각은 방향 안정성의 손실을 가져오는데, 실제 스핀이 분명해지기 전에 슬라이스(slice) 혹은 극시만 요 운동이 발생한다.

이 큰 받음각에서 롤에 의해서 역 요가 생기고, 에일러론 움직임은 아주 강해서 항공기가 실속을 느끼기 전에 아주 큰 요 움직임을 만든다. 상당히 크고 긴 동체를 가진 항공기는 동체 하나만으로도 상당한 모멘트를 나타낸다.

큰 받음각에서 동체를 가로지르는 흐름 형태(cross flow pattern)는 상당한 크기의 프로스핀(pro-spin) 모멘트를 만들 수 있고, 이것은 스핀의 자체 유지 성질에 기여한다. 또한 동체에 널리 분포된 롤링-요잉 회전은 관성 모멘트에 기여하고, 이것은 스핀을 없애려 해서 항공기가 극한 받음각을 받게 한다.

최신의 고속 항공기의 스핀 회복은 일반적인 항공기의 스핀 회복과 비슷한 원리를 갖는다. 그렇지만 최신 형태를 위한 스핀의 성질은 받음각과 옆미끄럼을 감소시키는 기술에서 아주 다르다.

효과적인 회복은 반대쪽 리더를 사용해서 옆미끄럼을 조종하므로 항공기가 스핀에 있을 때는 러더의 효율에 좌우된다. 큰 (+) 받음각과 큰 옆미끄럼에서 러더 효율은 감소되고 추가의 앤디스핀 모멘트(anti-spin moment)가 빠른 회복을 위해서 제공된다.

스핀에서 에일러론의 움직임은 오토로테이션 롤링 모멘트를 만들어서, 역 요를 만들 수 있고 효과적인 회복에서 러더의 요잉 모멘트를 돕는다.

효과적인 스핀 회복에 필요한 기술에는 여러 가지가 있다. 회복 중에 러더의 효율은 엘리베이터와 수평 테일의 위치에 의해 변경된다. 일반적으로 완전히 뒤쪽으로 스틱을 움직여서 초기 단계의 회복 중에 러더의 효율을 증가시킨다.

프로펠러 항공기의 스핀 회복 중에 출력의 사용을 회복을 돕는데 도움이 될 수도 있고 그렇지 않을 경우도 있는데 항공기와 후류 효과(slipstream effects)에 좌우된다.

제트 항공기의 스핀 회복 중에 출력의 사용은 중요하거나 혹은 도움이 되는 흐름을 유도하지 못하지만 심한 압축기 실속과 역 자이로스코픽 모멘트(adverse gyroscopic moment)의 가능성을 준다. 항공기가 큰 받음각과 옆미끄럼에 있기 때문에 흡입구에서의 흐름은 아주 불량하고, 실속 한계는 상당히 감소된다.

3) 피치업(pitch-up)

피치업이란 용어는 일반적으로 큰 받음각의 특정 형태에서 마주치는 정적 종방향 불안정에 사용할 수 있다. 피치업 상태는 C_M과 C_L의 그래프로 설명된다.

(+)의 정적 종방향 안정성은 곡선의 네가티브 기울기에 의한 C_L의 낮은 수치에서 분명하다. 더 큰 C_L의 수치에서 곡선은 (+)의 기울기로 변하고 큰 (+)의 피칭 모멘트가 발달된다. 이런 종류의 불안정에서 받음각의 증가는 기수 상향 모멘트를 만들고 이것은 더 큰 받음각의 증가를 가져와서 피치업이라는 용어 사용을 암시한다.

피치업 경향에는 몇 가지 요소가 관계된다. 날개 윤곽(wing planform)에서 후퇴는 팁에서 먼저 분리나 실속이 발생할 때 불안정한 모멘트를 만든다.

후퇴와 테이퍼의 결합은 양력 분포를 변경시켜서 큰 지역 양력 계수를 만들고, 팁 근처에서 낮은 에너지의 경계층을 만든다. 그러므로 팁 실속은 이런 윤곽의 고유한 경향이다. 또한 만약 큰 지역 양력 계수가 팁 근처에 존재하면, 충격(shock)을 유도해서 이 지역에서 먼저 분리가 발생한다.

일반적으로 날개는 큰 후퇴가 있을 경우에만 피치업에 기여한다. 물론, 날개는 항공기의 종 안정성에 기여하는 유일한 항목이다. 피치업의 또 다른 중요한 항목이 수평 꼬리 날개에서의 하강 흐름이다. 테일이 안정성에 기여하는 것은 항공기가 받음각의 변화를 받을 때 테일 양력의 변화에 좌우된다.

테일 하강 흐름이 테일에서 받음각의 변화를 감소시키기 때문에 테일에서의 하강 흐름의 어떠한 증가든 안정성을 없앤다.

어떤 작은 종횡비 항공기 형태에서 항공기 받음각의 증가는 물리적으로 수평 테일을 날개 흐름 영역에 있게 해서 여기서 큰 상대적인 하강 흐름이 존재한다. 그러므로 안정성의 감소가 발생한다.

큰 받음각에서 날개 뒤의 흐름 영역의 어떤 변화는 테일이 안정성에 기여하는 것을 크게 변화시킨다. 만약 윙팁 실속이 먼저 생기면, 볼텍스는 안쪽(inbord)으로 이동되고, 주어진 항공기 C_L을 위해서 테일에서 지역 하강 흐름이 증가된다. 또한 큰 받음각에서 동체는 강한 측면 흐름 분리 볼텍스를 만들고, 이것은 동체 위에 위치한 수평 테일을 위한 지역 하강 흐름을 증가시킨다.

하나 이상의 이 하강 흐름의 복합은 수평 꼬리의 큰 불안정한 분포형성에 영향을 준다. 피치업 불안정은 흔히 큰 받음각 범위로 제한된다. 이런 경우에 어떤 자동 조종 기능을 제공해서 피치업 범위로 들어가는 것을 막거나 혹은 합성적인 안정성을 제공한다. 피치업은 흔히 강한 불안정과 큰 비율의 확산 상태이다.

큰 동압에서 피치업은 상당히 위험해서 구조적 결함을 쉽게 일으킨다. 낮은 동압에서 결함을 주는 비행 하중을 얻지는 않지만 강한 불안정은 항공기의 연속 운동에서 성공적인 회복을 할 수 없게 한다.

4) 큰 마하수의 영향

안정성 문제는 초음속 비행에서 더 중요하다. 대부분의 문제점을 앞에서 설명했다. 여러 항목의 안정성에서 초음속 비행의 효과를 다시 생각해 보는 것은 중요하다. 항공기의 정적 종 안정성은 아음속에서 초음속 비행으로 이동 중에 증가된다.

흔히 안정성 변화의 주요한 요소는 마하수와 함께 날개의 공기 역학적 중심의 이동에 있다. 안정성의 연속적인 증가는 조종성을 증가시키고, 트림 항력(trim drag)을 증가시킨다. 항공기의 정적 방향 안정성은 초음속 비행에서 마하수와 함께 감소한다. 동체의 영향과 수직 꼬리에서 양력 곡선 경사는 이 상태를 가져온다.

항공기의 동적 안정성은 일반적으로 초음속 비행에서 마하수와 함께 나빠진다. 댐핑의 대부분이 테일 표면에 좌우되므로 마하수와 함께 양력 곡선 경사의 감소는 부분적인 댐핑의 감소를 가져온다. 물론 항공기의 모든 기본적인 운동은 만족스럽게 댐핑(완화)되어야만 하고, 만약 댐핑이 공기 역학적으로 이용할 수 없을 때 이것은 합성적인 댐핑을 제공해서 만족스런 비행을 얻어야 한다.

많은 고속 형태의 피치 댐퍼와 요 댐퍼(damper), 비행 안정 시스템 등이 반드시 필요하다. 일반적으로 큰 마하수에서 비행은 높은 고도에서 행해지기 때문에 높은 고도의 효과는 분리해서 고려해야 한다.

기본적으로 공기 역학적인 모든 댐핑은 항공기의 피칭, 롤링, 요잉 운동에 의해서 만들어진 모멘트에 의한 것이다. 이 모멘트는 테일 표면에서 받음각의 변화로부터 얻어진다.

아주 빠른 진대기 속도가 고고도 비행에서 흔하고 이것은 받음각 변화를 감소시키고 공기 역학적 댐핑을 감소시킨다. 사실, 공기 역학적 댐핑은 밀도(σ)에 비례하고, 진대기 속도가 상당 속도에 비례하는 것과 비슷하다. 그러므로 40,000ft에서 공기 역학적 댐핑은 해면상 수치의 1/10로 감소된다.

높은 동압(q)은 높은 마하수의 비행에 흔하고, 역 공기 탄성 효과(adverse aeroelastic effect)를 갖게 한다. 만약 항공기 표면이 하중을 받을 때는 중대한 움직임을 갖게 되어, 정적 안정성에 기여를 낮추는 경향을 가져서 댐핑 기여를 감소시킨다. 그러므로 여러 가지 항공기 운동의 적절한 안정성 문제는 더해진다.

5) 조종사가 유도하는 요동(pilot induced oscillation: PIO)

조종사는 의도적으로 조종 장치의 사용으로 인해서 항공기에 여러 가지 운동을 유도한다. 게다가 원하지 않는 운동은 조종 장치의 부주의한 작동으로 인해서 발생할 수 있다.

대부분의 중요한 상태는 항공기의 짧은 주기의 종방향 운동과 함께 존재하고, 여기서 조종 계통의 반응이 느려지는 것은 불안정한 요동을 만든다.

조종사–조종 계통–항공기의 결합은 가장 확실하게 비행 하중을 손상시키고, 항공기의 조종 손실을 만든다. 정상적인 조종사의 늦은 반응과 조종 계통의 늦은 반응이 항공기 운동과 결합될 때 조종사에 의한 부주의한 조종 반작용은 네가티브 댐핑을 갖게 되어 요동 운동과 동적 불안정이 존재하게 된다.

짧은 주기의 운동이 상당히 큰 주파수이기 때문에 피칭 요동의 크기는 믿을 수 없을 만큼 짧은 시간에 위험스런 수준에 이른다. 조종사가 유도한 요동이 있을 때의 가장 효과적인 해결은 조종 장치를 즉시 푸는(release) 것이다. 요동을 강제로 완화시키려는 어떠한 시도로 단순히 요동을 더 강화시키고, 증폭을 계속하게 한다.

조종장치를 자유롭게 해서 불안정한 요동의 강화를 제거하고 항공기가 고유의 동적 안정성의 성질에 의해서 회복되게 한다. 조종사가 유도하는 요동은 대부분이 특정한 상태이다. 가장 분명한 것은 조종사가 항공기의 느낌(feel)에 익숙하지 못한 경우로 과도한 조종이나 지나치게 늦게 반응하기 때문이다.

저고도(큰 수치의 q)에서 고속 비행은 낮은 스틱 힘 구배(stick-force gradient)를 제공하고, 요동의 주기는 조종사-조종 계통의 느린 반응에 일치하게 된다. 또한 큰 수치의 q인 비행 상태는 요동 중에 무리한 비행 하중을 위한 공기 역학적 능력을 제공한다. 만약 조종사가 유도한 요동을 만나게 되면, 조종사는 항공기 고유의 동적 안정성에 의지해야 하고 즉시 조종 장치를 푼다. 만약 불안정한 증폭이 계속되면 위험스런 요동의 증폭이 아주 짧은 시간에 발달된다.

6) 롤 커플링(roll coupling)

최신 항공기의 관성 커플링(inertia coupling) 문제점이 나타나는 것은 공기 역학적 특성과 관성 특성의 계속적인 변화의 자연적인 결과로 고속 비행의 요구에 맞아야한다. 관성 커플링 문제점은 예기치 않는 것으로 동적 안정성 분석을 빠른 공기 역학적 특성의 변화와 항공기 형태의 관성 특성으로는 적절히 설명하기 힘들다.

관성 커플링이란 용어는 잘못 사용되기 쉬운데 왜냐하면 완전한 문제점은 공기 역학뿐만 아니라 관성 커플링이기 때문이다. 커플링(coupling)은 항공기의 어떤 한 축(axis)에 대한 방해가 있을 때 다른 축에도 방해를 일으키는 것을 말한다. 분리된(uncouple) 운동의 예로 엘리베이터(승강타) 움직임을 받을 때 항공기가 받는 방해이다.

합성 운동은 요(yaw)나 롤(roll)의 방해 없이 피칭 운동을 제한한다. 연결된 운동의 예는 러더 움직임을 받을 때 항공기에 방해를 준다. 계속되는 운동은 일부의 요잉과 롤링 운동의 합성이다. 그러므로 롤링 운동이 요잉 운동과 결합되어 합성 운동이 된다.

공기 역학적 특성으로부터의 이런 종류의 상호 작용의 결과는 공기 역학적 커플링(aerodynamic coupling)이라고 한다. 항공기 형태의 관성 특성으로부터 생긴 커플링은 분리된 형식이다. 완전한 항공기의 관성 특성은 롤(roll), 요(yaw), 피치(pitch) 관성으로 구분되고 각 관성은 항공기의 롤링, 요잉, 피칭 가속에 저항하는 것으로 측정한다.

길고, 가늘고 높은 밀도의 동체에 짧고, 얇은 날개를 갖는 항공기는 롤 관성(roll inertia)을 만들고, 이것은 피치 관성이나 요관성보다 훨씬 적다. 이 특성은 현대 항공기의 형태에서는 일반적인 것이다. 재래식인 저속도 항공기는 동체 길이보다 더 긴 윙 스팬을 갖고 있다. 이런 종류의 형태는 상당히 큰 롤 관성을 만든다.

만약 항공기가 어떤 비행 상태에서 관성 축이 공기 역학적 축과 일치하는 곳은 롤링 운동으로부터 관성 커플링이 생기지 않는다. 그렇지만 만약 관성 축이 공기 역학적 축으로 기울면, 공기 역학적 축에 대한 회전은 원심력의 작용을 통해서 피칭 운동을 유도한다. 이것이 관성 커플링으로 설명된다. 항공기가 관성 축에 대해서 회전하면 관성 커플링은 존재하지 않지만 공기 역학적 커플링이 존재한다.

C는 관성 축에 대한 90° 롤링 후의 항공기를 설명한다. 경사는 초기의 받음각(α)이고 나중은 옆미끄럼각($-\beta$)이다. 또한 본래의 "0" 옆미끄럼은 나중에 "0" 받음각이 된다. 이 90° 움직임에 의해서 유도된 옆미끄럼은 롤 비율에 영향을 미치고 항공기의 상반 효과의 특성에 좌우된다.

공기 역학적 축 이상에서 관성 축의 초기의 경사는 관성 커플을 일으켜서 롤링 운동과 함께 역 요를 제공한다. 만약 관성 축이 공기 역학적 축 이하로 초기에 경사지면(높은 동압이나 네가티브 하중 계수에서 발생하면) 롤에 의해 유도된 관성 커플은 프로버스 요(proverse yaw)를 만든다. 그러므로 롤 커플링은 관성 축의 (+)나 (−) 경사의 양쪽에서 문제점을 나타내고 형태의 정확한 공기 역학적 커플링과 관성 특성에 좌우된다.

공기 역학적 커플링과 관성 커플링의 결과처럼, 롤링 운동은 종방향(longitudinal), 정방향(directional), 횡방향(lateral) 힘과 모멘트의 큰 다양성을 유도한다. 항공기의 실제적인 운동은 공기 역학적 커플링과 관성 커플링의 복잡한 조합의 결과이다. 실제로 모든 항공기는 공기 역학적 커플링과 관성 커플링을 보이지만 정도의 차이가 있다.

롤 커플링은 관성 커플로부터 결과된 모멘트일 때 문제점이 없고, 공기 역학적으로 제고된 모멘트에 의해서 쉽게 상쇄된다. 아주 짧은 스팬의 고속 최신 항공기는 높은 롤 비율의 능력을 갖고, 이것은 관성 커플의 큰 크기를 갖게 한다.

작은 종횡비에 큰 마하수의 비행은 큰 공기 역학적 축에 비해서 관성 축의 경사를 허용하고, 관성 커플의 크기를 더한다. 게다가 공기 역학적으로 제고된 모멘트는 높은 마하수와 큰 받음각의 결과로 나빠지고 가장 심각한 롤 커플링 상태를 만든다.

롤 커플링은 피칭 운동과 요잉 운동을 유도하기 때문에 종방향과 방향 안정성은 결합된 운동(coupled motion)의 전체적인 특성을 결정하는데 중요하다. 안정된 항공기는 피치와 요를 방해받으면, 심한 요동 후에 평형으로 되돌아간다.

각 비행 상태에서 항공기는 분리된(uncoupled) 것 사이에 연결된 피치-요 주파수(coupled pitch-yaw frequency)와 분리된 피치 주파수, 요 주파수를 갖는다. 일반적으로 정적 종방향과 방향 안정성이 더 커지면 더 크게 연결된 피치-요 주파수를 가진다.

항공기가 롤링 운동을 받으면 관성 커플은 항공기 피치와 요가 매 롤 회전마다 방해하는 강력한 기능을 제공한다. 만약 결합된 피치-요 주파수와 똑같은 비율에서 롤하면 요동 운동은 어떤 최대 크기에서 확산 또는 안정되는데 이는 항공기 특성에 좌우된다.

일반적인 고속 형태의 종방향 안정성은 정방향 안정성보다 더 크고, 피치 주파수는 요 주파수보다 더 크다. 수직 꼬리 면적을 증가시켜서 방향 안정성을 증가시키고, 추가의 벤트랄 핀(ventral fin) 혹은 안정 시스템의 사용은 결한된 피치-요 주파수를 증가시키고 가능한 확산 상태가 존재할 수 있는 곳에서 롤 비율을 트게 한다.

수직 꼬리의 추가에 의한 것보다 벤트랄 핀의 추가에 의한 방향 안정성의 증가는 낮거나 네가티브 받음각에서 포지티브의 상반 효과를 가져오지 않는 장점이 있다.

큰 상반 효과는 더 큰 롤 비율을 롤 운동에서 더 쉽게 얻을 수 있고 여기서 프로버스 요가 발생한다. 연결되지 않은 요잉 주파수(uncoupled yawing frequency)가 피칭 주파수에서보다 낮기 때문에 확산 상태는 먼저 도달하는데, 요에 비례하고 피치 바로 다음에 따른다.

커플링의 추가의 문제가 오토로테이티브 롤링(자동 롤링)이다. 롤링하는 항공기는 큰 포지티브의 상반 효과를 갖고 있어서 관성 커플링의 결과처럼 큰 프로버스 옆미끄럼에 이르게 되고, 옆미끄럼에 인한 롤링 모멘트는 초과되어 횡방향 조종으로부터 이용할 수 있다. 이런 경우에 횡방향 조종을 통해서 롤링으로부터 항공기를 정지시킬 수는 없고 롤방향에 맞서게 고정시킨다.

설계 특징인 큰 포지티브의 상반 효과는 큰 후퇴, 높은 날개 위치, 크고 높은 수직 꼬리 등을 갖는다. 관성 축이 낮거나 네가티브 받음각에서 공기 역학적 축보다 낮게 기울면 롤이 유도한 관성 커플은 프로버스 요를 맞는다. 롤링 커플링 문제가 존재하는 곳에서 비행 상태에 좌우되는데 4가지 기본적인 형태의 항공기 습관이 가능하다.

ⓐ 결합된 운동이 안정되지만 받아들일 수 없다. 이런 경우에 운동은 안정되지만 받아들일 수 없는데 운동의 댐핑이 불량하기 때문이다. 불량한 댐핑은 목표된 트랙(track)에 있게 하는 것이 힘들거나 운동 초기의 크기는 조종의 손실을 가져와 구조적 결함을 일으키기에 충분하다.

ⓑ 결합된 운동이 안정되고 받아들일 수 있다. 항공기의 습관은 안정되고 적절히 완화되어 받아들일 수 있을 만큼 목표된 트랙을 따른다. 운동의 크기는 너무 약해서 구조적 결함을 일으키거나 조종의 손실을 일으키지 못한다.

ⓒ 결합된 운동이 확산되고 받아들일 수 없다. 확산의 비율은 조종사에게 너무 빨라서 상태를 인식하지 못해서 구조적 결함이나 조종이 완전히 손실되기 전에 회복하지 못한다.

ⓓ 결합된 운동이 확산되지만 받아들일 수 없다. 이런 상태에서 확산 비율은 상당히 늦고, 상당한 롤 움직임이 임계 크기(critical amplitude)를 만든다. 이런 상태는 수정 작동(corrective action)이 필요한 시기에 쉽게 인식된다. 롤 커플링의 문제점을 따라 잡는 여러 가지 수단을 이용할 수 있다.

다음의 항목은 롤 커플링의 문제점을 조종에 적용시킬 수 있다.

ⓐ 방향 안정성을 증가시킨다.

ⓑ 상반 효과를 감소시킨다.

ⓒ 정상 비행 상태에서 관성축의 경사를 최소화한다.

ⓓ 원하지 않는 공기 역학적 커플링을 감소시킨다.

ⓔ 롤 비율, 롤 유지 기간, 받음각이나 하중 계수를 제한해서 롤 방향 조종을 실시한다.

처음의 4개 항목은 설계 중이나 설계 변경 중에만 유효하다. 일부 롤 성능의 제한은 필요 불가결한데 왜냐하면 모든 원하는 특성은 항공기 설계에서 어느 것의 상쇄 없이는 얻기가 힘들기 때문이다.

일반적인 고속 항공기는 어떤 종류의 롤 성능 제한을 갖는데 이것은 비행 제한이나 자동 조종 장치에 의해서 제공되고 회복이 불가능한 임계 상태에 이르는 것을 막는다. 어떤 롤 제한이 된 항공기는 근본적으로 비행운용 제한처럼 간주해야 하는데 이유는 더 심한 운동은 조종 장치의 완전한 손실과 구조적 결함을 일으키기 때문이다.

7) 헬리콥터의 안정과 조종

위에서 언급한 많은 안정과 조종 문제점은 고속 항공기에서 발생하므로 아마도 느린 속도 의 헬리콥터는 위와 같은 문제점이 없을 것으로 생각할지 모르지만 불행하게도 그렇지 않다.

고정익 항공기에서 전체적으로 불만족스럽게 생각되는 비행 상태가 헬리콥터에서도 똑같 다. 헬리콥터 조종사는 불안정한 항공기를 조종할 수 있는 상태로 비행한다. 또한 안정성 없 는 조종은 계속해서 주의를 해야 하고 이것으로 인해 상당한 조종사 피로를 얻는다.

관성 커플링 문제는 고정익 항공기에는 상당히 새롭지만 헬리콥터 로우터에서 비슷한 효 과가 가장 중요한 특성 중의 하나이다. 이것은 공기 역학적-동적 커플링 효과로 상당히 중요 해서 안정성과 조종 양쪽 모두 설명이 필요하다. 헬리콥터는 메인 로우터를 경사(tilting)시 켜서 종방향과 횡방향 조종을 얻고, 이것이 피칭이나 롤링 모멘트를 만든다.

로우처 추력의 크기, 경사 각도, c.g 위의 로우터 허브 높이가 만들어지는 조종 모멘트를 결정한다. 낮은 조종 효과는 로우터 추력이 낮을 때 결과 된다.

옵셋 플래핑 힌지(offset flapping hinge)를 갖고 있는 어떤 헬리콥터는 조종 효율을 로우 터가 경사질 때 원심력 커플을 만들어서 증가시킨다. 이것이 보인다.

로우터의 경사는 로우터 시스템의 자이로스코프 효과(gyroscoic effect)의 장점에 의해서 얻는다. 이 효과는 회전을 일으키지만 한 축에 대해서 방해를 받고, 나머지 축에 대해서는 반응을 얻는 것으로 나타난다.

로우터를 전방으로 경사시키는 것은 조종석 전방 위치에서 브레이드의 피치를 감소시키 고 조종석 후방 위치에서 브레이드 피치를 증가시킨다.

양력의 횡방향 비대칭은 자이로스코프 효과에 의해서 로우터를 전방으로 경사시킨다. 이와 같은 차등 브레이드 피치 효과를 사이클릭 피치 변화(cyclic pith change)라고 부르는데 각 브레이드가 허브(hub)에 대해서 1회전을 완료하면서 변하는 피치각의 완전한 한 사이클이 이루어진다.

사이클릭 피치 변화는 사이클릭 스틱의 사용으로 조종사에 의해서 이루어진다. 조종장치 배열은 같은 방향으로 로우터가 경사되어 사이클릭이 움직인다. 로우터 추력의 변화는 동시에 혹은 집단적으로 움직여서 브레이드 피치를 증가시킨다. 이런 종류의 조종 작용을 콜렉티브 피치(collective pitch)라고 부르고, 콜렉티브 피치 스틱의 사용에 의해서 이루어진다.

운용에 사이클릭 스틱은 항공기의 조종 스틱과 유사하고, 콜렉티브 스틱은 항공기의 스로틀과 유사하다. 탠점 로우터 헬리콥터(tandem-rotor helicopter)의 종방향 조종에는 몇 가지 가능성이 있다.

피칭 모멘트는 각 로우터의 사이클릭 피치 변화에 의한 차등 콜렉티브 피치 변화에 의한 두 로우터의 경사가 만들어져서 한 로우터에서는 추력이 증가하고 다른 로우터는 감소되거나, 혹은 이런 방법의 조합에 의해서 가능하다. 두 가지 기본적인 방법이 설명된다.

분명히 동체의 자세 변화는 종방향 조종의 차등 콜렉티브 방법을 동반해야 한다. 적절한 피치와 횡방향 조종 효율은 일반적인 헬리콥터에서 쉽게 얻을 수 있고 흔히 문제점은 발생하지 않는다. 더욱 흔한 문제점은 조종 효율을 초과하는 것으로 이것은 과도하게 민감한 헬리콥터에서 얻어진다. 두 가지 기본적인 방법이 설명된다.

헬리콥터 조종의 특수한 시도는 조종 움직임의 적절한 여유와 지나치지 않을 만큼 효율을 요구해서 만족스런 조종 특성을 얻는다. 단일 로우터 헬리콥터에서 방향 조종을 테일 로우터(antitorque rotor)에 의해서 얻는데, 이유는 재래식(일반적인)의 공기 역학적 표면은 저속이나 하버링에서 효과적이지 못하기 때문이다.

일반적인 축을 구동하는 헬리콥터에서 테일 로우터의 방향 조종 요구는 상당히 큰데, 왜냐하면 이것은 메인 로우터뿐만 아니라 방향 조종에 공급되는 엔진 토큐에 반작용을 해야 하기 때문이다.

테일 로우터가 조종력을 만들기 위해서는 일부의 엔진 출력을 필요로 한다. 불행하게도 테일 로우터의 최대 요구는 엔진 출력이 가장 크게 요구되는 상태에서 발생한다. 가장 위험한 상태는 최대 총중량에서 하버링(제자리 비행) 할 때이다. 테일 로우터 효율은 테일 로우터 특성과 c.g 뒤쪽의 테일 로우터 거리에 의해서 결정된다.

헬리콥터가 필요로 하는 특수한 조종은 어떤 특정 비율(specified rate)을 가장 위험한 방향에서 돌릴 수 있어야 하고 정해진 바람 상태의 최대 총중량에서 하버링 할 수 있어야 한다. 또한 헬리콥터는 충분한 방향 조종을 갖고 있어서 측면(sideway)으로 30 knot까지 비행할 수 있어야 한다.

방향 조종 요구는 팁을 구동하는 헬리콥터(tip-driven helicopter)에서 쉽게 만족되는데 이유는 방향 조종이 엔진 토오큐에 거스를 필요가 없기 때문이다. 탠덤 로우터 헬리콥터의 방향 조종은 메인 로우터의 차동 사이클릭 조종 장치에 의해서 이루어진다.

조종석 전방 쪽으로의 페달 선회를 위해서 전방 로우터(forward rotor)는 전방으로 경사지고 뒤쪽(rear rotor)은 후방 쪽으로 경사되어 선회 모멘트를 만든다.

방향 조종 요구는 탠덤 로우터 헬리콥터에서 쉽게 이루어지는데, 왜냐하면 한 로우터의 엔진 토오큐는 다른 로우터의 토오큐에 의해서 맞서기 때문에 하나의 방향 모멘트를 제거한다. 물론 일부의 토오큐의 순수한 불균형은 만약 두 로우터의 엔진 토오큐가 다르면 극복되어야 한다.

랜덤 로우터 헬리콥터가 c.g에 대한 것이 아닌 어떤 한 로우터에 대해서 빠르게 회전할 때는 다른 로우터는 회전에 기인한 속도의 결과로 "translational lift"를 갖게 되고 결과적으로 로우터 추력을 증가하게 된다. 이것이 피치업(pitch-up)이나 피치다운(pitch-down)을 일으키는데, 이것은 헬리콥터의 어떤 로우터가 무엇을 중심으로 회전하는가에 좌우된다.

전방 로우터에 대한 회전은 아주 흔한 것으로 피치다운을 만든다. 고정익 항공기의 경우에서처럼 여러 가지 성분이 각각 안정성에 기여하는 것으로부터 헬리콥터의 전체적인 안정성이 얻어진다. 안정성에 기여하는 것은 아래와 같이 구분할 수 있다.

ⓐ 로우터

ⓑ 동체

ⓒ 안정판(stabilizer)

ⓓ 기계적인 장치

동체의 불안정 기여와 안정권 표면의 안정성 기여는 항공기에 비슷한 효과를 준다. 근본적인 안정성 특성으로 항공기와 헬리콥터를 구별되게 하는 것이 로우터이다.

2가지 형식의 안정성이 로우터에 중요한데

ⓐ 받음각 안정성

ⓑ 속도 안정성이다.

하버링 비행에서 로우터의 각 브레이드에서 상대풍 속도, 받음각, 양력 등은 똑같다. 만약 로우터가 어떤 각도로 움직이면 힘의 변화에는 아무런 차이가 없다. 그러므로 로우터는 하버링 중에 종합적인 받음각 안정을 갖는다. 그렇지만 전진 비행에서 로우터 받음각을 증가시키면, 후진 브레이드(retreating blade)보다 전진 브레이드(advancing blade)에서 더 큰 양력이 증가하는데, 이유는 상대풍 속도가 전진 브레이드에서 더 크기 때문이다.

양력의 이런 횡방향 비대칭은 로우터의 자이로스코프 효과에 의해서 로우터가 뒤로 경사지게 되게 하고, 로우터 받음각을 더 크게 증가시킨다. 그러므로 로우터는 전진 비행 속도에서 받음각의 변화로 불안정해진다.

불안정한 모멘트의 크기가 로우터 추력뿐만 아니라 추력 힘 경사의 크기에 의해서 영향받기 때문에 받음각을 감소시키기 위해서보다는 받음각을 증가시키기 위해서 더 큰 불안정이 존재한다. 게다가 불안정은 로우터 추력이 또한 증가할 때 받음각의 증가를 위해서 더 크다. 만약 로우터 받음각이 일정하게 고정되고, 로우터가 트랜스래셔널 속도(translational velocity)에 있으면, 양력의 비대칭이 생기는데, 왜냐하면 전진 브레이드의 속도는 증가하는 반면 후진 브레이드의 속도는 감소되기 때문이다.

이 양력의 비대칭은 로우터의 자이로스코프 효과에 기인한 속도 변화에 반대하는 방향으로 로우터를 경사지게 한다. 그러므로 로우터는 속도 안정성을 갖는다. 하버링하는 헬리콥터는 자체의 중립적인 받음각 안정성을 통해서 속도 안정성의 성질을 갖기 때문에 어느 정도의 분명한 안정성을 갖는다. 이런 종류의 하버링 안정성은 상반 효과를 보이는 항공기의 횡방향 안정성과 유사하다.

추가의 하버링 안정성은 벨 스테빌레이저 바(bell stabilizer bar)와 같은 기계적인 안정 장치의 사용과 같은 옵셋 플래핑 힌지 혹은 합성(synthetic)이나 인공의 안정 장치(artificial stabilization device)에 의해서 얻을 수 있다. 헬리콥터의 전체적인 정적 안정성은 모든 구성품의 안정성 기여의 조합에 의해서 결정된다.

일반적인 헬리콥터의 흔한 결과는 받음각과 함께 하는 불안정성과 변하는 속도 안정성이고, 이것은 고속에서 중립(neutral)이나 불안정하게 된다. 물론, 헬리콥터는 충분히 큰 수평 안정판을 만들어서 받음각과 함께 안정되게 한다. 불행하게도 저속도나 하버링에서 역효과를 갖고, 오토로테이션으로 가게 하는 큰 트림 모멘트는 안정판 크기를 상당히 작은 표면을 갖게 제한한다. 흔히 수평 안정판은 동체에 원하는 모멘트 특성을 주기 위해서 사용된다.

텐덤 헬리콥터의 받음각 안정성은 전방 로우터의 하강 흐름에 의해서 영향을 받아서 받음각 감소와 뒤쪽 로루터 추력의 감소를 가져온다. c.g 뒤쪽의 이런 추력 감소는 헬리콥터의 피치업(pitch up)을 일으켜서 더 큰 받음각을 갖게 하고, 따라서 받음각 불안정성을 더하게 된다. 항공기와 마찬가지로 운동의 여러 가지 요동 모드는 헬리콥터의 동적 안정성의 특성이다.

파고이드(phugoid)는 헬리콥터에서 가장 성가신 문제이다. 파고이드 모드는 헬리콥터의 대부분이 불안정한 것으로 이것은 인공의 안정 장치의 도움 없이 운용할 때 발생한다.

헬리콥터의 공적 불안정은 헬리콥터를 위한 비행 상태 지시에 의해서 알 수 있다. 이 지시는 근본적으로 일상적인 헬리콥터를 위한 동적 요동의 확산 비율을 제한한다.

비록 이 동적 불안정이 조종될 수 있지만, 이것은 조종사의 꾸준한 주의를 필요로 하므로 조종사의 피로를 가져온다.

동적 불안정성의 제거는 헬리콥터의 비행 상태 개선에 크게 기여한다. 이 동적 불안정 특성은 만약 헬리콥터가 전천후 운용에서 계기 비행을 위해 사용하는 것이라면 특히 중요하다. 사실, 심한 확산 파고이드 모드는 계기 비행을 할 수 없게 만든다.

긴 주기의 요동(20초 이상)은 15초 이하에서의 크기의 2배가 되어서는 안 되고, 여기서 짧은 주기의 요동(10초 이하)은 두 주기 내에서 1/2 크기로 완화시켜야 한다. 동적 불안정성을 위한 즉각적인 해결은 자세 안정 시스템으로 이것은 자동 비행(autopilot)에 근본적이다.

동적 불안정 문제점의 또 다른 해결은 피치 자세, 피치 속도, 정상 가속, 혹은 반음각의 기계적, 공기 역학적 혹은 전자 콘트롤 피드백(electronic control feedback)을 포함한다.

연습문제(Ⅰ)

1. 항공기의 정적 안정성에 관계되는 것은?
   답) 날개, 동체, 꼬리 날개

2. 균형 탭(balance tap)이 트림 탭(trim tap)과 다른 점은?
   답) 조종력을 덜어준다.

3. 주기적인 댐핑 운동은 어떤 성질을 갖는가?
   답) 정적 안정성과 동적 안정성을 갖는다.

4. 테일이 무거울 때는 어떤 조치가 필요한가?
   답) 트림 탭을 올린다.

5. 항공기가 착륙 접은 중에 플랩이 내려오지 않을 때 어떤 조치가 필요한가?
   답) 실속 속도가 커지므로 빠른 속도로 접지한다.

6. 롤링 모멘트 계수와 관계되는 것은?
   답) 날개의 단면 모양

7. 역 에일러론 요(adverse aileron yaw)란?
   답) 항공기가 롤링할 때 롤링 방향과 반대 방향으로 요잉하는 것

8. 수평 등속 비행 상태는?
   답) T=D, L=W이다.

9. 어떤 받음각(angle of attack)으로 비행중인 항공기가 돌풍을 받아 받음각이 변할 때 이 항공기는 본래 자세로 돌아가려는 복원성이 있다. 복원성과 관계되는 것은?
   답) 수평 테일의 양력

10. 항공기의 테일이 무거우면 어떤 영향이 나타나는가?
    답) 정적 안정성에 관계된다.

11. V-n 선도라는 것은?

  답) 항공기의 운용 가능한 하중의 범위를 나타낸다.

12. 항공기 종방향의 동적 안정이란?

  답) 항공기 무게 중심을 중심으로 해서 피칭이 나타날 때 진동적으로 복원되는 성질

13. 도살 핀(dorsal fin)의 목적은?

  답) 가로 안정(옆미끄럼 방지)을 돕는다.

14. 프로펠러 항공기가 수평 선회를 할 때 기수가 올라가려 한다. 이유는?

  답) 자이로 작용 때문이다.

15. 어떤 날개에서 루트는 NACA 23016 팁은 NACA 23012로 하는 이유는?

  답) 윙팁 실속을 방지한다.

16. 항공기의 최소 침하 속도는?

  답) $C_L^{3/2}/C_D$가 최대일 때

17. 종횡비가 작은 후퇴 날개는?

  답) 큰 받음각에서 아주 큰 항력을 갖는다.

18. 항공기가 트림 상태(trim state)라는 것은 무엇을 뜻하는가?

  답) 피칭 모멘트가 받음각에 대하여 변하지 않는다.

    ($C_{mc.g}=0$)

19. cross effect란?

  답) 가로 안정과 방향 안정의 복합적인 것

20. 정상 선회시에 하중 계수에 관계되는 것은?

  답) $n = \dfrac{1}{\cos\beta}$

    β: 선회각

21. 수평 안정판의 목적은?

   답) 세로 안정성

22. 후퇴 날개의 특성은?

   답) 방향 안정성은 (+)이고 상반 효과는 (−)이다.

23. 조종면의 공기 역학적 균형을 위해서 스틱(stick)에 걸리는 힘을 감소시키도록 설계한다. 에일러론(aileron)에 사용하는 공기 역학적 균형은?

   답) 프레이스 균형(frise balance)

24. 최대 상승률을 얻는 방법은?

   답) $(C_L^3/C_D^2)_{max}$가 되도록 유지한다.

25. 어떤 항공기의 실속 속도가 Vs이고 선회 각도 θ로 선회하는 경우 실속 속도를 구하는 식은?

   답) $Vs = \dfrac{1}{\cos\theta}$

26. 더치롤의 원인은?

   답) 롤과 요

27. 균형 탭(balance tab)이란?

   답) 조종간을 움직일 때 조종면의 반대 방향으로 자동적으로 움직이는 탭

28. 질량 균형(mass balance)을 조종면에 두는 이유는?

   답) 고속에서 진동을 완화시킨다.

29. 차동 조종 장치(differential control)는 어떤 계통과 관계되는가?

   답) 에일러론

30. 에일러론의 움직임은?

   답) 위쪽으로의 움직임이 아래쪽보다 더 크다.

31. 항공기의 취부각은?

답) 비행 중에 변경시킬 수 없다.

32. 부펫(buffet)의 발생 원인은?
   답) 난류 공기의 불안정

33. 피칭 모멘트의 이동이 증가하는 항공기는?
   답) 세로 안정성이 불량하다.

연습문제(Ⅱ)

1. 리딩에이지와 트레일링에이지를 사용하는 장치를 설명하면?

날개에서 가장 큰 양력은 코드(chord) 위에 가능한 고른 양력 분포로부터 얻어진다. 아래와 윗 표면 사이의 압력 증가에서 $\triangle P$를 갖게 하는데 $\int_{LB}^{TB} \triangle P \, dx$는 주어진 최고 압력에서 가능한 최대로 되게 한다. 날개 설계에서 후방 부분에서 과도한 역압력 구배를 피하도록 하거나 혹은 에너지가 경계층에 더해져서 흐름이 큰 역구배에 대항하도록 한다. 날개의 C_{Lmax}를 증가시키는 방법이다.

ⓐ 전방(nose)에 최고치의 압력을 상당히 낮게 유지한다.

ⓑ 에어포일의 중간과 후방에 양력을 증가시킨다.

ⓒ 깨끗한 공기가 최고 압력 뒤의 경계층에 더해져서 혹은 본래 경계층을 낮은 표면으로부터의 공기 흐름으로 대체시킨다.

전방 최고 압력은 다음과 같이 조절한다.

ⓐ 에어포일 앞부분 반경과/혹은 캠버는 앞부분 최고 압력을 낮게 한다.

ⓑ 리딩에이지 플랩은 앞부분 캠버만 변화시킨다.

　a 단순한 노스(nose) 플랩

　b 크루커 플랩(kruger flap)으로 단순한 힌지에 대해서 아주 낮은 표면을 전방으로 움직인다.

ⓒ 리딩에이지 슬롯(slot)은 날개의 바닥에서 위쪽으로 공기를 흐르게 해서 경계층 에너지를 증가시킨다.

ⓓ 리딩에이지 슬랫(slat)은 캠버와 경계층 에너지를 크게 한다. 여러 가지 리딩에이지 장치를 보여준다.

모든 대형 수송용 항공기에 사용되는 가장 효율적인 방법은 리딩에이지 슬랫이다. 윈드 터널에서의 주의 깊은 연구는 최적의 굽힘(반사)각과 슬랫의 위치를 결정할 수 있다.

슬랫의 최적 상태를 찾는 방법. (a) 슬롯 기하학적인 모양의 결정, (b) 일반적인 윈드터널 슬랫 연구 데이터 리딩에이지 슬랫의 변형이 보잉 747에 사용하는 가변 캠버 슬롯 크루거 플랩(VCK)이다. 공기 역학적으로 이것은 슬랫이지만 기계적으로는 크루거 플랩이다. 이것은 링케이지를 사용해서 슬롯을 만들고 화이버글래스 스킨을 이상적인 곡면으로 굽혀서 최적의 성능을 만든다. 기계적인 복잡성은 상당히 크다. 에어포일의 중간이나 후방에서 양력은 에어포일 캠버와 트레일링 에이지 플랩에 의해서 증가된다. 여러 가지 형식의 날개 트레일링 에이지 플랩이 있는데 다음과 같다.

ⓐ 스플릿 플랩(split flap)

ⓑ 플레인 플랩(plain flap)

ⓒ 싱글 슬롯형 플랩(single slotted flap)

ⓓ 파울러 플랩(싱글 슬롯＋코드 팽창)

ⓔ 2중 슬롯형 플랩으로 베인＋플랩형으로 날개는 또한 슬랫(slat)을 갖고 있다. 2중 슬롯 플랩의 최근 형태이고 2조각으로 된 플랩을 사용한다. 두 가지 모두 힌지 지점을 날개 밑에 두어서 코드를 확장시켜서 양력을 얻는다.

ⓕ 3중 슬롯형 플랩(2개의 베인＋플랩 혹은 하나의 베인＋플랩＋보조 플랩)으로 날개에 슬롯이 있다. 두 개의 베인을 갖는 것은 랜딩기어 스트러트 뒤쪽의 작은 공간에 접히도록 설계되었다.

슬롯 플랩은 낮은 표면으로부터 큰 에너지 공기를 가져와서 위쪽 표면 경계층의 에너지를 증가시킨다. 모든 대형 항공기는 어떤 형태의 슬롯형 플랩을 갖고 있다. 슬롯형 플롭의 항력과 양력은 베인과 플랩의 모양과 크기, 상대적인 위치, 슬롯 모양에 좌우된다. 주의 깊은 설계와 시험은 가장 적합한 플랩 성능을 얻을 수 있다. 마운팅 힌지와 구조는 만약 흐름 분리를 최소화시키는 설계를 하지 않으면 플랩과 슬랫 성능을 심하게 손상시킨다.

DC-8의 오리지널 플랩 힌지와 DC-9의 오리지널 슬랫 설계는 시험 비행 단계에서 재설계해서 C_{Lmax}와 낮은 항력을 얻었다. 날개 트레일링 에이지 플랩의 영향은 항공기의 실제적인 피칭 없이 날개의 유효 받음각에서의 양력은 증가하는데 DC9-30 양력 곡선 그래프는 플랩 전개 0°～50°까지를 보여준다.

주어진 받음각에서 양력뿐만 아니라 최대 양력 계수도 증가한다. 실속이 되는 받음각은 플랩 각도가 증가하면서 감소한다. 슬랫 기능과 같은 리딩에이지 장치는 아주 다르다. 주어진 받음각에서 양력은 아주 적게 변하지만 실속 받음각은 크게 증가한다. DC9-30 양력 곡선으로 플랩이 0°～50°까지일 때 슬랫이 있을 때와 없을 때를 나타낸다.

분명히, C_{Lmax}의 개선이 아주 크다. 슬랫의 단점은 항공기가 이·착륙에서 아주 큰 양력 계수를 사용할 수 있도록 아주 큰 받음각으로 비행하도록 설계되어야 하는 점이다. 이것은 윈드 쉴드(wind shield)의 설계에 영향을 미치는데 왜냐하면 시계(visibility)의 요구 때문으로, 후방 동체는 위쪽으로 곡선이 되어 상승과 접지에서 지면과 접촉을 피한다. 이런 문제를 해결하는 또 다른 방법이 더긴 랜딩기어의 사용으로 기어를 저장하는데 복잡한 문제를 갖는다. 이런 문제점에도 불구하고, 슬랫은 큰 양력을 만들 만큼 강력한 영향을 미쳐서 더 작은 날개면적에 중량과 항력을 갖게 하지만 추가로 트레일링 에이지 날개 플랩에 어떤 형태의 슬랫(slat)을 사용한다. 이외에 예외적으로 날개 면적은 다른 요구 즉 연료량에 의해 변할 수 있다. 만약 리딩에이지 장치가 이륙 거리와/착륙 활주 거리 길이를 필요 수치 이하로 짧게 하려고만 한다면 날개 면적은 줄일 필요가 없다. 트레일링에이지 장치의 스팬 방향으로 확장은 에일러론(aileron)의 필요한 스팬의 크기에 좌우된다. 일반적으로 플랩의 바깥쪽 제한은 에일러론이 시작되는 스팬 방향 스테이션에서이다. 정확한 스팬이 에일러론에 필요하지만 롤(roll), 상반 능력, 방향 조종성 요구에서 관성의 크기에 좌우되고 저속 항공기는 흔히 에일러론 전체 스팬의 45%를 사용한다. 이 말은 플랩은 동체의 한쪽에서 시작해서 중간 스팬 스테이션 55%까지 뻗칠 수 있다는 말이다. 고속 항공기는 흔히 스포일러가 장착되어 롤 콘트롤을 제공한다. 바깥쪽 날개 판넬의 에일러론은 항공기가 고속으로 비행할 때 롤을 감소시킨다. 에어포일의 피칭 모멘트는 에일러론이 움직이면서이고, 얇은 바깥 판넬이 비틀리게 되므로 에일러론에 기인한 의도한 양력 변화는 감소된다.

스포일러는 사용할 수 있으므로 에일러론은 일반적으로 감소된 크기이고, 플랩은 반쪽 스팬의 75%까지 확장된다. 그렇지만 작은 인보드 에일러론(inboard aileron)은 횡 트림과 완만한 방향 조종에 사용되어 플랩의 유효 스팬을 감소시킨다. 리딩에이지 장치는 실질적으로 최대 양력 계수를 상승시키도록 사용되므로 전체 리딩에이지를 통해서 퍼져야 한다.

2. 후퇴(sweepback)의 영향을 설명하면?

후퇴는 여러 가지 이유로 최대 양력 계수에 영향을 미친다. 첫째로, 유효 동압 감소되는데 순항에서처럼 감소되는 것이 아니고, 높은 양력 계수에서 동체 상호 작용이 줄어드는 것이 날개의 먼 쪽에서 더 크게 느려지기 때문이다. 게다가 후퇴 날개에 동반되는 하강 흐름 형태의 영향은 바깥 날개 판넬에서 양력 계수를 상승시키고, 안쪽에서는 감소시킨다.

이것이 바깥 판넬이 먼저 최대 양력 계수에 도달하도록 한다. 이런 팁에서 초기의 실속은 불안정한 피치업(pitchup)과 롤(roll)을 일으키는데, 왜냐하면 항공기는 완전히 대칭적이 아니기 때문이다. 또한 에일러론에 의해 주어지는 롤 콘트롤은 상당히 제한되는데, 왜냐하면 이것이 분리된 흐름에서 작용되기 때문이다. 이런 문제점을 피하기 위해서 날개는 항상 안쪽(inboard)에서 먼저 실속하도록 설계해야 한다. 이것은 의도적으로 안쪽 에어포일의 최대 양력 계수를 감소시켜서 행해지고, 날개를 비틀어서 바깥 판넬에서 받음각을 감소시킨다. 이 비틀림을 날개 와쉬아웃(wing washout)이라고 부른다.

플랩이 접힌 상태로 항공기의 최대 양력 계수는 참고해서 바깥 판넬 에어포일의

$C_{l\max}$로부터 계산한다.

곡선은 테일 쪽의 하향 하중에 기인한 항공기 양력 계수의 손실을 포함한다. 바깥 판넬 에어포일의 두께 비는 일반적으로 날개의 평균 두께 비보다 10% 적다. 보는 기본 날개의 후퇴에 기인한 중요한 손실 이외에 후퇴의 결과처럼 플랩 움직임에 기인한 증가하는 양력의 더 큰 손실이 있다.

중요한 차이를 이해할 수 있는데, 여기서 양력 분포(단위 스팬당 스팬 방향으로의 변화)를 보여주고, 지역 양력 계수의 스팬 방향 변화 그래프이다. 양력 분포는 c_l c로 나타나는데 지역 양력 계수와 지역 코드(local chord)의 곱과 스팬으로 나타낸다. 이것은 날개의 유도 항력과 공기 역학적 굽힘 모멘트 결정에 필수적이다. 지역 양력 계수는 처음 실속이 발생하는 스팬 스테이션의 결정에 가장 중요한 것이다. 후퇴 날개에 동반되는 고양력 문제 이외에도 경계층의 스팬 방향 흐름에 기인한 강한 방향 영향을 갖는다. 후퇴 날개의 몇 군데 스팬 방향 위치에서 날개 시위 방향 압력 분포를 보여준다.

위에서 보면 최고 압력은 훨씬 추방에서 발생한다(루트 코드의 기준점을 기준으로). 결과적으로 압력은 항공기의 중심과 수직인 스팬 방향에서는 (−)이다.

스팬 방향으로의 압력 구배 방향은 경계층에서 공기를 느리게 움직이게 작용해서 경계층의 흐름이 팁 쪽으로 가게 한다. 이 효과가 나타나는데 후퇴 날개의 윈드 터널 모델의 위쪽 표면에 경계층 흐름 사진을 보여준다.

경계층 흐름의 영향을 경계층을 바깥쪽으로(루트에서 멀어지게) 밀리게 해서 바깥 판넬에서 모여진다. 이것은 루트 근처에서 경계층을 감소시키고, 그러므로 $C_{l\max}$를 상승시켜서 바깥쪽의 경계층을 두껍게 하고 지역 $C_{l\max}$를 낮춘다. 초기의 팁 실속 은 위험스러운 상태를 낳는다. 후퇴 날개는 항상 날개의 리딩에이지에 어떤 종류 의 리딩에이지 팬스(fence)를 갖는데 흔히 중심선으로부터 스팬의 35% 위치이다. 이 팬스는 후퇴에 의해서 생긴 리딩에이지에서 옆으로 흐름을 차단하는 것으로 나 타난다. 옆으로 흐름(cross flow)은 팬스에 측면 양력을 만들어 강한 트레일링 볼텍 스를 만든다.

볼텍스는 날개의 맨 위 표면으로 운반되어 경계층의 깨끗한 공기와 섞여서 날개의 후방에서 바깥쪽으로 흐르는 경계층의 크기는 크게 감소되고, 바깥 판넬의 $C_{l\max}$는 크게 개선된다.

날개에서 엔진을 지지하는 파일론(pylon)은 리딩에이지 팬스의 목적으로 사용되지 만, 후방에 장착된 엔진 형태의 후퇴 날개는 리딩에이지 장치가 필요하다. 이상적 인 장치로는 윙 밑의 팬스로 DC-9 항공기에서 보는 것처럼 볼틸론(vortilon)이라고 부른다. 이 장치는 실속과 같이 큰 받음각에서 리딩에이지 팬스처럼 작용하지만 정체 지점(stagnation point)의 훨씬 뒤에 위치하므로 순항과 상승 자세에서 본래의 후퇴 날개 흐름의 간섭을 피한다. 최근의 파일론 설계에서는 파일론이 리딩에이지를 포함하도록 하는데 파이론은 날개의 아래 표면 리딩에이지 뒤쪽으로 한다.

3. 항공기의 선회 성능을 설명하면?

조종사가 이용할 수 있는 기본적인 공기 역학적 조종장치는 엘리베이터, 러더, 에일러론이다. 이것은 수평꼬리, 수직꼬리, 날개의 바깥끝 쪽에 정착된 플레인 플랩과 같은 것이다. 조종면의 움직임이 (+) 각도이면 엘리베이터, 에일러론이 조종면에 (+) 양력을 만들고 러더에 측면힘을 만든다. 항공기의 비행로는 양력 벡터의 크기와 방향에 의해서 조종되고, 엔진으로부터의 추력이나 출력을 변하게 해서 조종한다. 양력 벡터의 크기는 받음각이나 양력계수와 직접 함수 관계를 이룬다. α와

C_L은 비행 지역에서 서로 선형적인 함수 관계이므로 이 두 가지를 고려해 본다. 조종사는 수평 테일에 의해서 주어지는 피칭 모멘트 조종에 의해서 받음각을 다르게 해서 모멘트의 합은 원하는 C_L에서 "0"이다. 테일의 하중은 엘리베이터 각도를 변하게 해서 변경시킨다. 항공기가 수평 비행을 하고 있다고 가정하자. 이 상태에서 L=W이다. 조종사가 스틱을 뒤로 잡아당기면 엘리베이터를 (−)쪽으로 되게 해서 트레일링에이지가 윗 방향으로 된다. 테일 양력의 감소는 항공기의 (+)의 기수 상향 모멘트를 만들어서 (+) 피칭 운동이 시작된다.

받음각이 증가하면서 항공기의 기본적인 안정성은 기수하향 모멘트를 만든다. 정 안정성에 의한 기수 하향 모멘트의 증가가 엘리베이터 운동의 결과로 생긴 기수 상향 모멘트와 똑같을 때 모멘트의 합은 다시 "0"이 되고 항공기는 새로운 받음각에서 "트림"된다.

양력은 더 큰 받음각에서 더 크고 이때 중량보다 더 커지게 된다. 양력과 중량비를 n(하중 계수)이라고 부르고 다음과 같이 된다.

$$\frac{L}{W} = n \quad\quad\quad\quad\quad\quad\quad\quad\quad\quad\quad\quad\quad\quad\quad\quad\quad ①$$

중량은 중력이므로 L=W라고 말할 수 있으므로 1g의 양력을 갖는다. 만약 양력이 중량보다 3배 더 크면 항공기는 3g을 갖는다. L>W일 때, 속도가 변할 시간이 없다고 가정하면 항공기는 수직 상승이 되고 비행로의 곡선을 갖는다.

상향(upward) 속도 성분이 본래의 수평 속도에 더해져서 경사진 비행로는 위로 증가된다. 더 큰 양력 계수는 유도 항력 계수를 크게 한다. 게다가 항공기가 상승

하면서 $W \sin\theta$의 힘이 항력 방향에서 발달된다.

항공기 속도는 이때 감소하기 시작하고 양력과 항력이 감소한다. 안정된 항공기는 자체의 속도와 비행로를 상당히 빠르게 회복한다. 평형의 근본은 속도로 $L=W$ 상태일 때에 결정되고, 비행경로는 추력에 의해 결정된다. 그러므로 속도는 엘리베이터의 위치에 의해서 결정되고, 양력 벡터의 방향은 날개면과 수직이다. 날개 뱅크각은 에일러론으로 조종된다. 에일러론은 비대칭으로 움직이는데, 한쪽은 트레일링에이지가 내려가고 다른 한쪽은 트레일링에이지를 위 방향으로 움직이게 한다. 이것의 결과는 항공기 한쪽의 양력은 증가되고, 반대쪽은 감소된다. 결과적인 롤링모멘트는 항공기를 뱅크시키고 양력 벡터를 경사지게 한다.

양력 벡터의 수평 성분은 항공기를 횡적으로 가속시키고 비행로의 곡선을 만든다. 선회 반경(R), 횡방향 힘(L), $\sin\phi(\phi:$ 뱅크각)은 원심력과 균형을 이루어야 하므로 다음 식이 성립된다. 수평 선회 비행에서 중량(W)은 양력의 수직 성분($L\cos\phi()$과 일치해야 한다. 이것을 공식 ②에 대입하면

$$L\sin\phi = \frac{(W/g)V^2}{R} \quad\dotfill\quad ②$$

수평 선회 비행에서 중량(W)은 양력의 수직 성분과 일치해야 한다. 이것을 ② 식에 대입하면

$$L\sin\phi = \frac{[(L\cos\phi)/g]V^2}{R}$$

$$\tan\phi = \frac{V^2}{gR} \quad\dotfill\quad ③$$

공식 ③에서 어떤 속도와 선회 반경을 위한 뱅크각을 나타낸다.

$$R = \frac{V^2}{g\tan\phi} \quad\dotfill\quad ④$$

또한, 수평 선회는

$$W = L\cos\phi \quad\dotfill\quad ⑤$$

이런 선회를 위한 양력은 L=W/cosϕ로 주어져야 한다.

$$\frac{L}{W} = \frac{1}{\cos\phi} = n \quad\quad\quad ⑥$$

수평 선회에서 필요 양력 1/cosϕ에 의한 중량보다 더 커야 한다. 45° 뱅크에서 양력은 중량보다 41% 더 크고 항공기는 1.41g(n=1.41)를 받는다. 이것이 설명된다. 그러므로 선회에서 실속 속도는 1/cosϕ비의 제곱만큼 증가해서 45°의 경우에 19%이다. 이런 이유로 이륙과 착륙은 수평 비행 실속보다 20~30% 더 큰 여유를 유지한다. 이 여유는 장애물을 피하는 방향 조종에 필요하다.

수평 비행에서 항공기의 선회 성능은 공식 ④를 변형시켜서 얻는다. 하중 계수 n은 날개 표면에서 1/cosϕ이고 tanϕ=$\sqrt{n^2-1}$ 이다.

공식 ④를 변형시키면 다음과 같다.

선회 반경 $$R = \frac{V^2}{g\sqrt{n^2-1}} \quad\quad\quad ⑦$$

선회율 $$\frac{d\gamma_1}{dt} = \frac{V}{R} = \frac{g\sqrt{n^2-1}}{V} \quad\quad\quad ⑧$$

여기서, r_1은 비행로 각도이다. 수평 선회에서 하중 계수를 크게 해서 선회 방향을 감소시키고 선회율을 크게 한다.

얻을 수 있는 최대의 하중 계수에는 3가지 제한이 있다. 첫째는 구조가 허용하는 가장 큰 하중 계수이다. 여객기는 2.5, 일반 소형 항공기는 3.8, 전투기는 7~8이다. 둘째로 하중 계수는 양력 계수가 함께 증가한다. 최대 양력 계수에 이르면 더 큰 하중 계수는 얻을 수 없고, 선회 반경은 최소이다. 실제로 최소 반경이 발생한다. 실속 선회에 따르는 실속과 스핀의 위험 때문에 일부의 받음각 여유를 유지해야 한다.

$$n_{max} = \frac{C_{Lmax}qS}{W} \quad\quad\quad ⑨$$

그러므로 주어진 속도에서 최소 선회 반경은 큰 C_{Lmax}, 높은 q, 낮은 날개 하중에서 얻어진다. 고정된 속도 상태에서 고고도에서 q가 감소한다. 전투기의 중요한 공기 역학적 설계 목표는 가능한 큰 C_L와 가장 낮은 하중이 양립되도록 한다. 큰 받음각에서 리딩에이지에서 볼텍스 발생이 되도록 해서 이 볼텍스는 실속을 지연시키고 사용할 수 있는 날개 양력을 증가시킨다.

방향 조종 V-n 다이아그램이다. 최대의 방향 조종 구조적 하중 계수와 최대 하중 계수는 C_{Lmax}에서 얻어지는데, 주어진 고도에서 V_E와 함수 관계를 이룬다.

공식 ⑦과 ⑧에서 선회율은 가장 큰 n과 가장 낮은 V에서 최대가 됨을 알 수 있다. 그러므로 가장 빠른 선회는 C_{Lmax}와 구조적 한계의 교차 지점에서 발생한다.

선회에서 하중 계수의 3번째 제한은 큰 양력을 만드는 선회력에 의해서 생기는 추가의 항력이다. 항력이 이용 추력을 초과하면 수평 선회는 유지할 수 없다. 그러므로 가장 큰 가능한 C_L은 가능한 최소의 항력으로 얻어야 한다.

순항 항력은 0.2~0.7의 양력 계수에서 얻는다. 더 큰 C_L은 유효 e(항공기 효율 계수)를 감소시킨다. 0.7 C_{Lmax}에서 5~10%의 감소는 이륙 직후의 상승 상태이다. 더 큰 양력 계수에서 항력은 더 크게 증가한다. 추력을 공식으로 나타내면

$$T = D + C_D \frac{\rho}{2} V^2 S \quad\text{...⑩}$$

주어진 속도와 고도에서 이용 추력을 알 수 있다. 허용 가능한 항력 계수를 공식 ⑩으로부터 얻을 수 있다. 만역 속도가 압축성 항력이 관계되는 마하수 이하로 되면 허용 가능한 선회 양력 계수는 C_D를 위한 공식으로 결정한다.

$$C_D = C_{Dp} + \frac{C_L{}^2}{\pi A R e} \quad\text{...⑪}$$

만약 압축성 항력이 존재하면 양력 계수는 선회 비행 마하수를 위한 C_D와 C_L의 곡선으로부터 결정해야 한다. 사용할 수 있는 하중 계수는 공식 ⑨로부터 얻고, 여기서 최대 양력 계수는 공기 역학적인 C_{Lmax}는 아니지만 이용 추력이 허용하는 최대치이다. 선회율이나 선회 반경은 ⑦, ⑧로부터 얻는다.

선회에서 항공기가 옆쪽으로 가속되면 방향 안정성과 바람개비 안정성은 항공기의 수직축에 대해서 항공기를 회전시켜서 자동적으로 항공기를 상대풍 쪽으로 향하게 유지한다. 그러므로 선회는 에일러론 하나만으로 이루어져야 한다. 항공기는 항상 옆미끄럼 각을 가져서 방향 수정을 하게 한다. 이것이 항력을 증가시켜서 어떤 상태에서는 러더를 사용해서 항공기가 요하는 것을 피해서 항공기가 항상 안정된 선회 주에 상대풍을 향하도록 한다.

선회가 에일러론 하나만으로 이루어지면 에일러론은 상승하는 날개의 양력을 증가시키고 또한 항력도 증가시킨다. 이 결과로 원하는 선회 방향 반대 방향으로 요(yaw)를 갖게 한다. 이것을 역요(adverse yaw)라고 한다. 뱅크각이 만들어진 후에 옆미끄럼이 시작하고 요의 정확한 방향이 뒤따른다. 러더는 다발 항공기의 엔진 고장에 의한 비대칭 추력을 수정하는데 필수적이고 프로펠러 후류의 회전에 의한 요잉모멘트를 균형되게 한다. 선회는 러더 하나만으로 이루어질 수 있는데, 왜냐하면 러더 움직임에 의한 요각도는 만약 항공기가 상반 안정성을 가지면 롤을 유도한다. 롤링은 양력 벡터를 경사시키고 비행로를 곡선으로 만든다.

선회 중에 선회의 바깥쪽으로 접근하는 바람 쪽으로 항공기가 끌림(skidding) 상태에 들어간다. 고속 항공기는 가끔 충분히 유연한 날개를 가져서 에일러런 효율은 하중상태에서 날개 비틀림에 의해서 크게 감소한다. 바깥쪽 날개 판넬의 후방은 더 낮은 받음각을 갖도록 비틀어서 더 많은 에일러론 양력에 반작용하도록 한다. 극한 경우에 순수 양력은 거꾸로 되는데 이렇게 되어 (+) 에일러론 각은 실제로 바깥 판넬 날개 양력을 감소시킨다. 이런 설계에서 바깥쪽 에일러론은 오로지 저속도에서만 사용하고 고속롤 조종은 소형의 안쪽 에일러론에 의해서 얻고 더 큰 롤비율(rate of roll)에서는 스포일러를 사용한다. 스포일러는 근본적으로 5~10%의 평편한 판으로 플랩의 바로 앞에 위치시킨다.

스포일러를 올리면 이 상태가 흐름 분리를 일으켜서 양력 손실을 만든다. 스포일러는 오직 날개 판넬에만 작용해서 선회에서 날개를 낮추는데, 왜냐하면 이 스포일러가 양력을 감소시키는 능력이 있기 때문이다.

스포일러는 착륙 후에 대칭으로 올려서 크게 양력을 감소시키고 휠에 작용하는 항공기 중량을 덜어준다. 이것이 휠 브레이크의 정지 효율을 크게 증가시킨다.

스포일러는 다이빙 브레이크(dive brake)로 사용해서 과도한 속도를 얻지 않고 큰 강하율을 가능케 하고, 거친 공기를 만날 때 감속을 할 수 있게 한다.

4, 전투기가 26,000 ft에서 M=0.85로 비행한다. 적기로부터 공격을 피하기 위해서 조종사가 5g의 수평선회 비행에 들어간다. 선회 반경과 반대방향의 거리를 구하면? 또한 날개 하중이 50 lbs/ft^{2}일 때 필요한 C_L은?

26,000 ft에서 음속은 1,011.9 ft/s, 압력은 752.71 lbs/ft^{2}이다.
그러므로 V=(0.85) (1,011.9) =860.12 ft/s이고,

수평 선회 비행에서 $\cos\phi = \dfrac{1}{n} = \dfrac{1}{5} = 0.2$

뱅크각 ϕ=78.46°이면, $\tan\phi$=4.90이고 반경(R)은 다음과 같다.

$$R=\frac{V^2}{g\tan\phi}=\frac{(86012)}{(32.17)(4.90)}=4693.17\text{ft}$$

180° 선회에서 거리는 완전한 원의 1/2이므로

$$180°\text{ 선회 거리 }=\frac{2\pi R}{2}=\pi(4,693.17)=14,744\text{ft}$$

여기서 L=5W(n=)이고 W/S=50 lb/ft²이므로

$$C_L=\frac{5W}{(0.7)(752.71)(0.85)^2S}=\frac{5(50)}{380.78}=0.66$$

연습문제(Ⅲ Ⅰ)

1. 정적 방향 안정성에서 만약 항공기가 좌측으로 옆미끄럼하면 항공기는 다음 상태가 되어야 한다. 옳은 것은?

   1. 본래의 헤딩(heading)을 유지해야 한다.

   2. 좌측으로 요(yaw)해야 한다.

   3. 우측으로 요(yaw)해야 한다.

   4. 요와는 관계없다. (2)

2. 항공기의 날개는 어떤 상태에서 정적 방향 안정성에 기여하게 되는가?

   1. 만약 날개가 c.g의 전방에 있을 때

   2. 만약 날개가 c.g의 뒤에 있을 때

   3. 위 1, 2 모두 맞다.

   4. 위 1, 2 모두 틀리다. (3)

3. 발란스 탭(balance tab)과 트림 탭(trim tab)의 다른 점은?

   1. 조타력을 안정하게 유지시킨다.

   2. 러더(rudder)에만 장착되어 있다.

   3. 조타력을 경감시킨다.

   4. 조종 장치이다. (3)

4. 비행기 수직 꼬리 날개의 역할은?

   1. 키놀이 진동 감쇄

   2. 빗놀이 진동 감쇄

   3. 옆놀이 진동 감쇄

   4. 위 1, 2, 3 모두 맞다. (2)

5. 비행기 3축 운동 중 Y축의 운동은?

   1. Rolling

   2. Pitching

   3. Yawing

   4. Side slip (2)

6. 다음 중 어떤 날개(수직 날개 위치)가 정적 롤 안정성을 위한 날개 상반(wing dihedral)이 필요한가?
    1. high wing
    2. mid wing
    3. low wing
    4. delta wing   (1)

7. 후퇴 날개는 직선 날개보다 정적 롤 안정성에 영향을 미치는데 무엇에 의해서인가?
    1. 안정성을 증가시켜서
    2. 안정성을 감소시켜서
    3. 안정성을 전혀 변화시키지 않아서
    4. 안정성과는 상관없다.   (1)

8. 안정된 항공기에서 우측 러더 페달을 차면, 항공기는 어떤 상태로 되는가?
    1. 좌측으로 롤하고, 좌측으로 요한다.
    2. 우측으로 롤하고, 우측으로 요한다.
    3. 좌측으로 롤하고, 우측으로 요한다.
    4. 우측으로 롤하고, 좌측으로 요한다.   (2)

9. 다음의 커플(couple) 중 어느 것이 가장 위험스러운가?
    1. 스파이럴 확산(spiral divergence)
    2. 방향 확산(directional divergence)
    3. 더치 롤(dutch roll)
    4. 항력 확산(divergence)   (2)

10. 다음 중 날개에 상반각을 주는 목적 중 가장 옳은 것은?
    1. 유도 저항 감소
    2. 익단 실속 방지
    3. 선회 성능 향상
    4. 옆미끄럼 방지   (4)

11. 항공기의 정적 안정성(static stability)은?
    1. 일단 방해받은 후에 본래의 평 형상태로 회복되는 능력

   2. 방해에 대해서 오랫동안 반응하는 것

   3. 방해받은 후에 평형 상태로 움직이려는 초기의 성질

   4. 위 모두 아니다   (3)

12. 항공기의 동적 안정성(dynamic stability)은?

   1. 방해에 대해서 즉시 반응한다.

   2. 방해에 대해서 오랫동안 반응한다.

   3. 본래 요동하는 성질이다.

   4. 위 2, 3 모두 맞다.   (4)

13. 완화된 요동(damped oscillation)을 가장 잘 나타낸 것은?

   1. 포지티브 정적 안정성

   2. 포지티브 동적 안정성

   3. 위 1, 2 모두를 갖는다.

   4. 위 1, 2 모두 아니다.   (3)

14. 항공기의 중량과 평형은 왜 중요한가?

   1. c.g(center of gravity)가 안정성과 조종에 영향을 주므로

   2. 만약 c.g가 전방으로 움직이면 정적 피치 안정성은 증가한다.

   3. 만약 c.g가 전방으로 너무 멀리 떨어져 있으면, 항공기는 엘리베이터 상태에 반응할 수 없다.

   4. 위 모두 맞다.   (1)

15. 다음은 날개의 방향 안정성에 관한 설명이다. 틀리는 것은?

   1. 후퇴각은 방향 동안정을 돕는다.

   2. 후퇴각은 방향 정안정을 돕는다.

   3. 종횡비가 큰 날개의 경우는 방향 안정에 미치는 영향이 대단히 작다.

   4. 후퇴각이 없는 날개의 경우는 방향 안정에 미치는 영향아 대단히 작다.   (4)

16. 엔진을 항공기의 뒤쪽에 위치시키면(MD-80처럼)?

   1. 정적 피치 안정성을 증가시킨다.

   2. 정적 피치 안정성을 감소시킨다.

   3. 피치 조종을 증가시킨다.

   4. 피치 조종을 감소시킨다.

   5. 위 1, 4 모두 맞다.   (5)

17. 피치 조종의 가장 위험한 상태는 엘리베이터(elevator)가 다음과 같은 상태가 될 수 있기 때문이다. 옳은 것은?

   1. 이륙에서 항공기를 회전(지나친 움직임)시킨다.

   2. 착륙을 위한 플레어를 할 수 있게 한다.

   3. 전방 c.g 위치를 극복한다.

   4. 위 모두 맞다.

제5장 운용 강도 한계

제5장. 운용 강도 한계(Operating Strength Limitation)

항공기의 구조적인 구성품의 중량은 효율적인 항공기 형태의 개발에서 극히 중요한 요소이다. 다른 분야의 기계적인 설계는 구조적 중량에만 크게 중요성을 둔다.

효율적인 항공기와 동력 장치 구조는 고도로 숙련된 최소 중량 설계의 가장 대표적인 경우이다. 항공기의 필요한 사용 시간(service life)을 얻기 위해서, 운용 강도 한계를 준수하고 이해해야 한다. 이렇게 하지 않으면 과도한 정비 비용과 결함의 가능성을 크게 한다.

1) 일반적인 정의와 요구 요건

강도 요구는 모든 항공기에 공통이다. 일반적으로 이런 요구는 3가지의 특수한 부분으로 나눈다.

A. 정적 강도(static strength)

정적 강도 요구는 하중(load)의 주기 변화나 반복이 전혀 없이 단순한 정적 하중의 영향을 고려한 것이다. 정적 강도 요구에서 중요한 기준점이 제한 하중(limit load) 상태이다.

항공기가 설계 형태에 있을 때의 최대의 하중은 항공기의 필요한 임무 중에 기대되는 것이다. 예를 들어 전투기나 공격용 항공기는 설계 형태를 임무 수행 중에 7.5의 최고의 하중 계수를 갖게 한다.

이런 항공기는 하중 계수(load factor) 3, 4, 5, 6.1 등을 갖지만, 임무 수행에 7.5이상을 넘어서는 안 된다. 그러므로 제한 하중 상태는 최대의 하중으로 항공기를 정상 운용할 수 있다. 항공기마다 서로 다른 제한 하중 계수를 갖게 되고, 항공기의 임무에 따FMS다.

항공기 형태	(+) 제한 하중 계수
전투기 혹은 공격기	7.5
훈련기	7.5
여객기, 정찰기, 대잠용 항공기	3.0 혹은 2.5

제한 하중이 정상적인 기대 하중의 최대이기 때문에 항공기 구조는 나쁜 영향 없이 이 하중을 견뎌야 한다. 특별히 항공기의 1차 구조는 제한 하중을 받을 때 부당한 영구 변형을 일으켜서는 안 된다.

사실 구성품은 이 하중을 견디고, (+)의 여유를 가져야만 한다. 이런 요구 조건은 항공기가 충분하게 성공적으로 제한 하중을 견뎌야 하고, 하중에 제거되면 본래 응력을 받지 않던 모양으로 환원되어야 한다는 것을 뜻한다. 만약 항공기가 어떤 하중을 받을 때 이것이 제한 하중을 초과한 상태가 되면 이런 과도한 응력은 1차 구조에 부적절한 영구 변형을 일으키므로 손상된 부품은 교환해야 한다.

많은 다른 비행중과 지상 하중 상태에서 구조적 구성품을 위한 임계 상태를 결정해야 한다. 이때 비행중(+)와 (−) 양력 상태 모두를 고려해야만 한다. 또한 플랩, 랜딩기어 형태, 총중량, 비행 마하수, 하중의 대칭, c.g 위치의 영향을 연구해서 모든 임계 하중의 가능한 소스를 설명한다.

구조의 능력을 입증하기 위해서 지상에서 정적 시험(static test)과 시험 비행이 필요하다. 비행의 특수한 경우를 위해서 한계보다 더 큰 하중을 고려하여 극한 안전 계수(ultimate factor of safety)를 두는데 이것은 사고를 예방하기 위한 것이다. 그러므로 항공기는 쉽게 제한 하중에 극한 안전 계수 1.5를 곱한 하중을 견딜 수 있어야 한다.

항공기의 1차 구조는 극한 하중(한계의 1.5배)을 결함 없이 견뎌야 한다. 물론 영구적인 변형은 이 초과 응력일 때 기대되지만 극한 하중에서는 주요한 하중을 담당하는 구성품이 실질적인 결함을 일으켜서는 안 된다. 지상 정적 시험(static test)은 이런 구조적 능력을 입증하는데 필요하다. 정적 강도 요구의 평가는 일반적인 항공기 금속 재료의 기본 특성을 검사해서 얻는다.

응력(stress)을 가하고 여기서 얻은 합성 변형(strain)의 구성으로 금속 샘플의 정적 강도 특성을 설명한다. 낮은 수치의 응력에서 응력과 변형의 구성은 근본적으로 직선을 이룬다. 즉, 이 범위의 금속은 탄성(elastic)이 있다. 이 범위 내에서 가해진 응력은 영구적인 변형을 일으키지 않고 응력을 제거하면 본래의 응력을 받지 않은 상태로 환원된다.

응력의 수치가 큰 범위에서 응력과 변형의 구성은 변형 방향으로 독특한 곡면을 발달시키고, 재료는 부적합한 변형을 갖는다. 아주 큰 정도의 응력이 부품에 가해지고 풀어지면 영구적인 변형을 만든다. 어떤 큰 응력을 제거한 후에 금속이 본래대로 돌아가지만 완전하게 본래의 상태로 가지 못한다.

허용할 수 있는 영구 변형의 한계에서의 응력을 항복 응력(yield stress)이라 하고, 이 지점 이상으로 가해지는 응력은 해로운 영구 변형을 일으킨다.

금속이 견딜 수 있는 가장 큰 응력을 한계 응력(ultimate stress)이라고 한다. 현저한 영구 변형은 흔히 이 범위에서 발생하지만 재료는 한 번의 한계 응력을 견딜 수 있는 능력을 갖고 있다.

응력-변형 다이아그램과 운용 강도 한계 사이의 관계가 분명해야 한다. 만약 항공기가 한계보다 큰 하중을 받으면 항복 응력은 초과되고, 못마땅한 영구 변형이 생긴다. 항공기가 극한 하중보다 더 큰 하중을 받으면 결함이 곧 임박한 것이다.

2) 사용시간

항공기와 동력 장치 구조의 여러 가지 구성품은 의도한 사용 시간 중에 결함이나 과도한 변형 없이 운용할 수 있는 능력이 있어야 한다.

하중이 겹치면 구조에 피로 손상(fatigue damage)을 만들기 때문에, 사용 시간 중에 피로 결함을 막기 위해서 특별한 주의를 기울여야 한다. 또한 여러 가지 사용 하중이 계속되면 크리프 손상(creep damage)을 일으키므로 특별한 주의를 기울여서 사용 기간 안에 과도한 변형이나 크리프 결함을 막아야 한다. 이것은 고도에서 운용되는 구성품의 특징이다.

A. 피로의 고려

피로 강도 요구는 사용 기간 중에 반복되거나 주기적인 하중의 축적되는 영향을 염두에 둔 것이다. 반면 정적 강도와는 애매한 관계가 있는데 반복되는 주기적인 하중은 완전히 다른 효과를 나타낸다. 만역 한 싸이클에 인장 강도(tensile stress)가 금속 샘플에 가해지면 부품은 피로 형태의 하중을 받는다.

일정한 주기 후에 주기적인 응력은 샘플의 일부 위험한 위치에서 사소한 균열을 만든다. 변하는 응력이 연속으로 가해지면 균열은 확대되고, 단면 쪽으로 퍼져나간다.

균열이 충분히 진행될 때 나머지 단면은 가해지는 응력을 더 이상 견딜 수 없게 되어 갑자기 최종적으로 파괴된다. 이런 면에서 금속은 정적 극한 강도보다 훨씬 작은 응력에서 결함을 나타낸다. 물론 피로 결함을 만드는 데는 시간이 필요하지만 주기적인 응력의 크기도 관계된다. 이 관계는 나타낸다.

재료의 피로 강도는 주기적인 응력과 응력의 주기로 나타낸다. 여기서 알 수 있는 것은 아주 큰 응력은 상대적으로 적은 주기 안에 피로 결함을 만든다. 중간 정도의 응력은 상당한 숫자의 주기가 반복되어야 결함을 만들고, 아주 낮은 응력은 거의 무한대 수의 주기가 반복되어야 결함을 만든다.

항공기는 아주 특수한 관계로 사용 하중의 모든 범위에서 1차 구조의 피로 결함을 만들지 않고 견딜 수 있어야 한다. 항공기가 목적에 맞게 사용 중일 때는 가능한 여러 가지 하중을 받게 된다. 즉, 다양한 하중을 작동 중에 빈번히 마주치게 된다.

전투기나 공격용 항공기는 방향 조종 하중(maneuver load)을 받고, 수송용이나 정찰용 항공기는 돌풍 하중(gust load)을 마주치게 된다.

피로 손상은 주기적인 응력 중에 쌓이기 때문에 항공기의 유용한 사용 시간은 사용 하중의 전체적인 영향에 대한 예측을 기대할 수 있다. 이때 1차 구조는 예상되는 사용 수명 중에 피로 결함의 발생 없이 일반적인 하중 범위에서 유지되어야 한다. 구조의 이런 능력을 입증하기 위해서 여러 주요 구성품은 가속된 피로 테스트(accelerated fatigue)를 받아서 반복되는 하중에 저항하는 것을 입증해야 한다.

큰 응력이나 긴 수명을 가진 구조의 설계는 피로 문제를 강조한다. 설계와 제작에서 큰 주의를 기울여서 피로를 주는 응력 집중을 최소화해야 한다.

항공기가 운용 중일 때는 구성품 정비에 주의를 기울여야 하는데 적적한 조절, 토오큐, 검사 등을 확실히 해서 완전한 사용 시간을 얻는다. 또한 구조는 설계시에 고려되었던 것보다 더 큰 하중이나 혹은 예상되는 사용 시간 중에 피로 결함이 발생해서는 안 된다. 이런 추가의 요소를 염두에 두고, 과도한 응력이 큰 비율의 피로 손상을 일으키는 운용 강도 한계를 준수해야 한다. 사용 시간에 반복되는 과도한 응력에는 여러 가지 종류의 유해한 영향이 있다.

B. 크리프(creep)의 고려

정의에서 크리프는 구조적인 변형을 말하는 것으로, 이것은 시간과 함수 관계로 발생한다. 만약 어떤 부품이 충분한 크기의 일정한 응력을 받으면 부품은 계속해서 유연한 변형을 발달시키고, 시간이 지나면서 변형된다. 마침내는 결함이 크리프 손상의 축적으로부터 발생한다.

크리프 상태는 큰 응력과 고온도에서 가장 위험한데 이유는 두 가지 요소가 크리프 손상의 비율을 증가시키기 때문이다. 물론 어떤 구조가 크리프 상태를 받아도 예상되는 사용 기간 중에는 과도한 변형이나 결함을 일으켜서는 안 된다.

가스터빈 구성품의 고온의 작동 온도는 크리프 상태에 위험한 환경을 제공한다. 정상 작동 온도와 가스 터빈 구성품의 응력은 사용 시간을 위한 설계에서 상당한 문제점을 만든다. 그러므로 작동 한계는 아주 심각한 면을 갖고 있는데, 왜냐하면 과도한 엔진 속도나 과도한 터빈 온도는 구성품의 조기 결함을 이끌기 때문이다.

가스 터빈은 높은 작동 온도를 필요로 해서 우수한 성능과, 큰 효율을 얻지만 짧은 주기의 과도한 온도는 크게 위험한 크리프 비를 발생시킨다. 항공기 구조는 큰 마하수에서 공기 역학적인 가열(aerodynamiv heating)에 기인하는 고온도를 받는다. 그러므로 고속 항공기는 크리프 상태에 의한 작동 한계를 갖는다.

3) 공기 탄성의 영향(aeroelastic effect)

구조의 견고함과 강직성을 위한 요구는 공기 역학적 힘과 구조의 변형 사이에 상호작용을 고려한다. 항공기 구성품은 충분한 견고함을 가져서 정상 비행 거리에서 공기 탄성의 영향을 막거나 최소화시킨다. 에일러론의 역전(aileron reversal), 확산(divergence), 플러터(flutter), 진동(vibration)은 항공기의 정상 운용 속도의 범위에서 발생해서는 안 된다.

강도와 견고함을 구별하는 것이 가장 중요하다. 강도는 단순히 하중에 저항하는 것이고 반면 견고함은 굴곡이나 변형에 저항하는 것이다. 한편 강도와 견고함이 관계되는 적절한 구조적 강도는 자동적으로 적절한 견고성을 제공하지 않는 것을 이해하는 것이 필요하다. 그러므로 특수한 고려는 구조적 구성품에는 어떤 견고한 특성을 갖게 해서 정상 작동 중에 바람직스럽지 못한 공기 탄성 영향을 막는다.

정적 강도, 피로 강도, 견고성, 강직성의 분명한 문제점의 해결은 항공기 제작 과정에서 철저히 작업해서 가능한 모든 하중을 견딜 수 있게 한다.

5-1. 항공기 하중과 운용 한계

1) 비행 하중(방향 조종과 돌풍에 의한 것)

비행중인 항공기에 가해지는 하중은 방향 조종과 돌풍의 결과이다. 방향 조종 하중은 전투기의 설계에서 지배적인 반면 돌풍 하중은 대형 다발 항공기의 설계에서 지배적인 것으로서 항공기의 임무 중에 대부분 마주치는 것이다. 그러나 최대 방향 조종 능력은 강도 한계와 관계가 있다. 비행 하중 계수는 양력대 중량의 비로 정의한다.

$$n = \frac{L}{W}$$

n: 하중 계수
L: 양력(lbs)
W: 중량(lbs)

A. 방향 조종 하중 계수(maneuver load factor)

어떤 속도에서 최대 양력을 얻을 수 있는 상태는 항공기가 C_{Lmax}에서이다. 기본적인 양력 공식의 사용에서 이 최대 양력은 다음으로 표시된다.

$$L_{max} = C_{Lmax} 1/2 \rho V^2 S$$

최대 양력은 실속 속도에서 중량과 같아야 하기 때문에

$$W = C_{Lmax} 1/2 \rho Vs^2 S$$

만약 C_{Lmax}의 압축성과 점성의 영향이 무시되면 얻을 수 있는 최대 하중 계수는 아래의 관계로 결정된다.

$$n_{max} = \frac{L_{max}}{W} \frac{C_{Lmax} 1/2 \rho V^2 S}{C_{Lmax} 1/2 \rho Vs^2 S} = \left(\frac{V}{Vs}\right)^2$$

그러므로 만약 항공기가 실속 속도의 2배로 비행하면 받음각은 증가되어 최대 양력을 얻고, 최대 하중 계수는 4가 된다. 실속 속도의 3배에서는 9g이 되고, 4배의 실속 속도에서는 16g이 되며 5배의 실속 속도에서는 25g이 된다. 그러므로 고속 성능의 항공기는 큰 방향 조종 하중 계수의 능력을 갖는다.

항공기는 실속 속도의 몇 배의 비행 속도로 비행할 수 있지만, 운용 강도 한계를 고려해야 한다. 항공기의 구조적 설계는 방향 조종으로부터 네가티브 하중 계수의 가능성을 고려해야만 한다. 조종사는 심각한 네가티브 g에 편안하게 허용할 수 없기 때문에, 항공기는 (＋) 하중 계수처럼 큰 (－)의 하중 계수를 설계할 필요가 없다.

방향 조종 중에 항공기 총중량의 영향을 알아야 하는데 비행운용 강도 한계에 특별한 관계가 있기 때문이다. 비행 중에 조종사는 여러 가지 하중 계수에 의해 만들어진 관성으로부터 방향 조종의 정도를 알아야 하는데 항공기 구조는 공기 하중에 의한 방향 조종의 정도를 감지하기 때문이다. 그러므로 조종사는 하중 계수를 인식하고, 구조는 오로지 하중만을 인식한다. 이 관계를 더 잘 이해하기 위해서 총중량이 20,000lbs인 항공기를 고려해 본다. 이 기본적인 형태는 5.6의 대칭 비행을 위한 제한 하중 계수와 8.4의 극한 하중 계수라고 가정한다. 만약 항공기가 어떤 다른 형태에서 운용되면 하중 계수 한계는 달라진다.

총중량(lbs)	제한 하중 계수	극한 하중 계수
20,000(자체 중량)	5.60	8.40
30,000(최대 이륙 중량)	3.73	5.60
13,333(최소 연료 중량)	8.40	12.60

위의 데이터는 여러 가지 총중량에서 동일한 공기 하중을 만드는데 필요한 하중 계수표에 의해서 이 사실을 설명한다. 위의 설명에서와 같이 기본적인 중량 이상의 큰 총중량에서 한계 하중 계수와 극한 하중 계수는 심하게 감소된다. 항공기에서 보는 것처럼 큰 총중량으로 이륙한 직후에는 5g의 방향 조종이어서 하중 계수의 위험스런 범위이고, 특히 방향 조종에 난류가 있으면 더욱 위험하다.

같은 맥락에서 이 항공기가 기본적인 형태의 운용 중량보다 아주 낮을 때는 한계 하중 계수와 극한 하중 계수가 크게 늘어난다. 낮은 총중량에서 큰 하중 계수 근처에서의 운동은 항공기가 아주 큰 초과 강도 능력을 보인다. 이 영향은 반드시 이해해야 되는데, 총중량의 50% 이상이 연료인 현대 항공기 형태에서는 드물기 때문이다.

B. 돌풍 하중 계수(gust load factor)

돌풍은 대기에서 수직과 수평 속도 구배와 함께 나타난다. 수평 돌풍은 항공기에서 동압의 변화를 만들지만 비행 하중 계수에 상당히 작고 사소한 변화를 일으킨다. 더 중요한 돌풍은 수직 돌풍으로서 받음각의 변화를 일으킨다. 이 과정은 설명한다.

항공기 속도 벡터에 추가된 돌풍 속도는 받음각의 변화와 양력의 변화를 일으킨다. 어떤 비행 상태에서 받음각의 변화는 비행 하중 계수의 변화를 일으킨다. 수직 돌풍에 기인한 하중 계수에서 증가된 변화는 아래의 공식으로 결정된다.

$$\triangle n = 0.115 \frac{m \sqrt{\sigma}}{(W/S)} Ve(KU)$$

여기서　　△n: 돌풍에 기인한 하중 계수의 변화

　　　　　m: 양력 곡선의 기울기(C_L/α)

　　　　　σ: 고도 밀도비

　　　　　W/S: 날개 하중(psf)

　　　　　Ve: 상당 속도(knot)

　　　　　KU: 돌풍 속도(ft/sec)

　양력 곡선 기울기 m=0.08인 항공기의 예를 들면 날개 하중(W/S)=60 psf이다. 만약 이 항공기가 해면상에서 350 knot로 비행하면 30 ft/sec의 돌풍을 마주치게 되고, 돌풍은 1.61의 하중 계수 증가를 주게 된다. 이 증가는 돌풍 이전에 항공기의 비행 하중 계수에 더해져서, 즉 돌풍을 만나기 전에 수평이면, 최종 하중 계수는 1.0+1.61=2.61이 된다.

　일반적인 요구로서 모든 항공기는 정격 출력으로 최대 수평 비행 속도에서 대략 ± 30 ft/sec의 유효한 돌풍을 견딜 수 있어야 한다. 이런 돌풍의 강도는 흔한 비행운용에서 상당히 낮은 빈도수로 발생한다. 돌풍 하중 증가의 공식은 비행의 많은 변수의 이해를 토대로 한다.

　돌풍 하중 증가는 돌풍 속도(KU)와 직접적으로 관계하는데, 왜냐하면 이 계수는 받음각의 변화에 영향을 주기 때문이다. 가장 적당한 돌풍 속도는 실제 수직 속도(U)가 50 ft/sec일 때 기대할 수 있다. 이 수치는 항공기가 효과적으로 대응하지 못하기 때문에 감소되는데 이유는 항공기의 반응과 돌풍의 구배 때문이다.

　돌풍 계수(gust factor: K)는 실제 돌풍을 돌풍 속도(KU)로 감소시킨다. 항공기의 특성은 돌풍 증가에 강력한 영향을 미친다.

　양력 곡선 기울기 (m)는 항공기의 예민성에 관계되고, 받음각을 변화시킨다. 직선의 큰 종횡비 날개를 갖는 항공기는 큰 양력 곡선 기울기를 갖고, 돌풍에 상당히 민감하다. 반면 작은 종횡비, 후퇴 날개 항공기는 작은 양력 곡선 기울기를 갖고, 이것은 난류에 상대적으로 덜 민감하다.

　날개 하중 (W/S)의 분명한 영향은 여러 가지 총중량에서 고정된 돌풍 상태를 마주치는 특별한 항공기를 고려해서 이해한다. 만약 항공기가 일상적인 총중량보다 낮은 돌풍에 마주치면, 돌풍 상태에 기인한 가속은 더 크다. 이것은 근본적으로 가벼운 질량에 같은 양력 변화 때문이다.

　큰 가속과 관성은 난류의 크기를 확대시킨다. 만약 같은 항공기가 일상적인 총중량보다 더 큰 상태에서 돌풍을 만나면 돌풍에 기인한 가속은 더 느려지는데, 이는 더 큰 질량에 같은 양력 변화에 작용하기 때문이다. 조종사는 근본적으로 가속과 관성의 결과에 의해서 난류의 정도를 감지하기 때문에 이 영향은 아주 잘못된 결과를 이끌 수 있다.

돌풍 하중 계수에서 속도와 고도의 영향은 비행운용의 면에서 중요하다. 고도의 효과는 σ에 관계되는데 이것은 40,000 ft(σ=0.25)에서 주어진 EAS에서 비행하는 항공기는 해면상보다 오로지 1/2배의 돌풍 하중 계수만이 증가하는 것을 경험한다. 이 효과의 결과는 주어진 돌풍 속도에서 진대기 속도는 2배 크고 받음각은 오로지 1/2배만 변한다.

공기 속도의 영향은 상당속도와 함께 돌풍 증가의 선형 변화에 의해서 설명된다. 이런 변화는 아주 빠른 속도에서 돌풍의 영향을 강조하고, 난류의 과도한 속도에서 구조적 손상의 가능성을 강조한다. 어떤 항공기의 운용이 특정 운용 강도 한계를 받는다. 하나의 큰 과도한 응력은 구조적 결함이나 손상을 일으켜서 이것은 비싼 오버홀을 하게 한다. 이보다 약간 낮은 과도한 응력은 몇 번 충분히 반복되어 피로 균열을 만들고, 다음 결함을 막기 위해서 부품의 교환이 필요하다.

2) V-n 혹은 V-g 다이아그램

항공기의 운용 강도 제한은 V-n이나 V-g 다이아그램의 형태로 나타낸다. 이 도표는 흔히 항공기 비행 교범에 포함되어 있고, 운용 한계를 다룬다.

V-n 다이아그램은 가장 중요한 일반적인 것을 나타내는 것으로 어떤 특정 항공기의 특성을 나타내지 않는다.

각 항공기 형식은 자체의 특별한 V-n 다이아그램이 있어서 특정 수치의 V와 n을 나타낸다. 항공기의 비행운용 강도는 그래프상에서 수평은 속도(V)를 나타내고, 수직은 하중 계수(n)을 나타낸다.

항공기 강도의 표시는 4가지의 부수적인 요소를 알아야 하는데 다음과 같다.
ⓐ 항공기 총중량
ⓑ 항공기 형태(플랩과 랜딩기어의 위치 등)
ⓒ 하중의 대칭(고속에서의 롤링은 구조적인 한계를 대칭 하중 한계의 대략 2/3로 감소시키기 때문이다)
ⓓ 사용 고도

이 4가지 요소에서 어느 한 가지의 변화는 운용 한계에서 중요한 변화를 일으킨다. 항공기는 (+)의 제한 하중 계수가 7.5이고, (+) 극한 하중 계수 11.25(7.5×1.5)이다. 네가티브 양력 비행 상태에서 (−) 제한 하중 계수는 3.0이고, (−)의 극한 하중 계수는 4.5(3.0×1.5)이다. 제한 속도는 575knot이고, 날개의 수평 실속 속도는 분명히 100knot이다.

보충의 정보로 V-n 다이아그램의 중요성을 설명한다. 최대 양력 라인은 V-n 다이아그램에서 중요한 첫 번째 지점이다. 이 도표에 해당되는 항공기는 100knot의 수평 실속 속도에서 +1g보다 더 큰 것을 발달시킬 수 있는 능력의 최대 하중 계수는 속도의 자승으로 변하기 때문에 이 항공기의 최대 (+) 양력 능력은 200knot에서 4g이고 300knot에서 9g이고,

400knot에서 16g이다. 이 라인 위의 어떤 하중 계수는 공기역학적으로 이용할 수 없다. 즉, 이 항공기는 최대 양력 능력의 라인 이상은 비행할 수 없다.

근본적으로 같은 상황이 (−) 양력 비행에도 존재하는데 예외적인 것으로 주어진 네가티브 하중 계수를 만드는 속도가 같은 (+)의 하중 계수를 만드는 것보다 크다는 것이다.

일반적으로 (−) C_{Lmax}는 (+) C_{Lmax}보다 작고, 항공기는 이 방향으로 방향 조종하는데 충분한 출력을 갖지 못한다. 만약 이 항공기가 7.5의 (+) 제한 하중 계수보다 더 큰 (+)의 하중 계수로 비행하면, 구조적 손상이 발생할 가능성이 있다. 항공기가 이 부근에서 운용되면 1차 구조에 치명적인 영구 변형이 오고 크게 피로 손상이 발생하므로 제한 하중 계수 이상에서 운용은 피해야 한다. 극히 위험한 비상 상황에서는 한계 이상의 하중 계수로 순간적인 사고를 막을 수 있는데, 이때 항공기는 결함 없이 극한 하중 계수를 견딜 수 있어야 한다.

같은 상황이 네가티브 양력에서 존재하는데 예외는 제한 하중 계수와 극한 하중 계수는 더 작은 크기이고, 네가티브 제한 하중 계수는 모든 속도에서 같은 수치여서는 안 된다. 최대 수평 비행 속도 이상의 속도에서 네가티브 제한 하중 계수는 더 작은 크기여야 한다.

한계 속도(limit airspeed) 혹은 레드라인 속도(redline speed)는 항공기의 설계 기준점이며 위의 항공기는 575knot로 제한된다. 만약 비행이 제한 속도 이상에서 시도되면, 구조적 손상 혹은 구조적 결함이 여러 가지 현상으로 나타난다.

제한 속도 이상으로 비행하는 항공기는 다음의 경우를 갖는다.

ⓐ 위험한 돌풍
ⓑ 파괴적인 플러터
ⓒ 에일러론 역전
ⓓ 날개와 표면의 확산
ⓔ 위험한 압축성 영향으로 안정성과 조종 문제점, 파괴적인 부펫(buffet) 등

위의 어느 한 가지의 발생은 구조적인 손상이나 1차 구조의 결함을 일으킨다. 항공기의 설계에서 이런 항목을 합리적으로 고려하여 필요한 운용 범위에서 위와 같은 발생을 막는다.

항공기의 제한 속도는 종극 강하 속도(terminal dive speed)와 최대 수평 비행 속도의 1.2배 사이의 어떤 수치로 항공기의 형식과 임무에 좌우된다. 제한 속도가 어떤 것이든지 간에 이것은 반드시 준수되어야 한다. 그러므로 비행중인 항공기는 속도와 g의 범위로 제한하고, 제한 속도(혹은 redline)를 넘지 않아야 할 뿐만 아니라, 제한 하중 계수를 넘지 않아야 하고 최대 양력 능력을 초과할 수 없다.

항공기는 주어진 범위 내에서 운용되어 구조적 손상을 막고 항공기의 예상되는 사용수명을 얻는다. 조종사는 V-n 다이아그램의 속도와 하중 계수의 허용 가능한 조합을 이해해서 안전한 운용을 할 수 있게 한다. 방향 조종(maneuver), 돌풍(gust) 혹은 돌풍에 더해진 구조적으로 주어진 범위 밖의 방향 조종은 구조적 손상과 항공기의 수명을 짧게 한다.

V-n 다이아그램에서 두 개의 중요한 점이 있다. B 지점은 네가티브 제한 하중 계수와 최

대 네가티브 양력 능력의 교차점이다. B 지점보다 더 큰 공기 속도는 네가티브 양력 능력을 충분히 제공해서 항공기에 손상을 줄 수 있고, B 지점보다 느린 어떤 공기 속도는 네가티브 양력 능력을 충분히 제공하지 못한다.

A 지점은 (+) 제한 하중 계수와 최대 (+) 양력 능력의 교차점이다. 이 지점에서 속도는 최소 속도이고, 여기서 제한 하중은 공기 역학적으로 발달된다. A 지점보다 더 큰 어떤 공기 속도는 (+) 양력 능력으로 충분히 항공기에 손상을 주고 A 지점보다 적은 어떤 속도는 항공기에 손상을 줄 수 있는 (+) 양력 능력이 없다.

A 지점에서 흔히 주어지는 용어는 방향 조종 속도인데 왜냐하면 이 상태의 아음속 공기 역학은 최소 불안정한 선회 반경을 예측할 수 있기 때문이다. 방향 조종 속도는 유효한 기준 점으로 이 지점 이하에서의 항공기 운용은 손상된 (+) 비행 하중을 만들 수 없다. 방향 조종과 돌풍의 조합은 항공기가 방향 조종 속도 이하일 때 과도한 공기 하중에 기인한 손상을 만들지 않는다.

방향 조종 속도는 아래 공식으로 계산한다.

$$Vp = Vs\sqrt{n\lim}$$

여기서　Vp: 방향 조종 속도
　　　　Vs: 실속 속도
　　　　n limit: 제한 하중 계수

물론 실속 속도와 제한 하중 계수는 항공기 총중량에 적절해샤 한다. 한 가지 눈에 띄는 사실은 이 속도로 일단 적절하게 계산되고 스팬 방향(spanwise) 중량 분포에 중대한 변화가 발생하지 않으면 나머지는 일정하다. 해당 항공기의 방향 조종 속도는 아래와 같다.

$$Vp = 100\sqrt{7.5}$$
$$= 274 knot$$

3) 고속 비행의 영향

고속 비행에서는 여러 가지 다른 요소가 구조적 중요성에 영향을 준다. 이런 요소의 하나 혹은 복합은 항공기가 제한 속도 이상에서 운용될 때 마주친다. 제한 속도 이상의 속도에서 항공기는 임계 돌풍(critical gust)과 마주친다.

이것은 특히 낮은 제한 하중 계수의 큰 종횡비 항공기에서는 사실이다. 물론 이것은 돌풍이 방향 조종에 주어지는 것이면 큰 제한 하중 계수의 항공기에는 중요한 고려 사항이다. 돌풍 하중 계수의 증가는 속도와 돌풍의 강도에 비례하고, 빠른 속도는 난류 상태에서는 피해야 한다. 난류 상태를 피하기가 불가능할 때는 항공기는 돌풍을 받게 되고, 비행 상태는 적절히 조종해서 난류의 영향을 최소화한다. 만약 가능하면 항공기 속도와 출력은 난류로 들어가기 전에 미리 조절해서 안정된 자세를 제공한다.

난류의 침투는 절대로 과도한 속도에서 이루어져서는 안 되는데, 구조적인 손상의 가능성이 있기 때문이다. 반면에 과도하게 낮은 속도로 난류를 침투하기 위해서 시도해서는 안 되는데 이때 돌풍은 항공기의 실속을 일으키고 조종을 어렵게 한다.

적절한 침투 속도를 선택하기 위해서 속도는 과도하게 크거나 낮아서는 안 된다. 방향 조종 속도는 중요한 기준점인데 이것은 가장 빠른 속도로 돌풍에 기인한 실속을 경감시키고 여기서 제한 하중 계수는 공기 역학적으로 발달된다. 방향 조종 속도 근처에서 최적 침투 속도가 발생한다. 에일러론 역전(aileron reversal)은 고속 비행에서 나타나는 현상이다.

아주 큰 동압에서 비행할 때, 날개의 비틀림 굴곡(torsional deflection)은 에일러론 굴곡과 함께 발생하고, 에일러론 효율에 현저한 변화를 일으킨다. 단단한 날개에서 에일러론의 굴곡은 양력의 발생을 만들고, 롤링 모멘트를 만든다. 조종면의 굴곡은 날개의 비틀림 모멘트(twisting moment)를 만든다. 탄성적인 날개가 큰 동압에서 이 상태를 받으면, 비틀림 모멘트는 상당한 비틀림 변형을 만들어서 항공기의 롤링 성능에 영향을 미친다.

에일러론 효율에서 이 과정과 속도의 영향을 설명한다.

어떤 큰 동압에서 비틀림 변형은 에일러론 움직임과 보조의 효율의 영향을 "0"으로 만든다. 이 지점 이상의 속도는 롤링 모멘트를 만들어 방향 조종에 맞서기 때문에 이 점을 "에일러론 역전 속도"라고 부른다. 역전 속도 이상의 속도에서 운용은 분명히 조종의 어려움을 만든다. 또한 극히 큰 비틀림 모멘트는 에일러론 효율의 상실을 만들어서 구조적 손상을 줄 수 있는 큰 비틀림 모멘트를 만든다.

빠른 속도에서 에일러론 효율의 손실을 막기 위해서는 날개는 큰 비틀림 견고성을 가져야 한다. 이것은 아주 얇은 단면의 날개에서 갖기 힘든 특징이고 안쪽 에일러론(inboard airleron)의 사용으로 비틀린 스팬 길이를 감소시켜서, 효과적으로 비틀림 견고성을 증가시킨다. 횡방향 조종을 위해서 스포일러의 사용은 비틀림 모멘트를 최소화하고, 역전 문제를 경감시킨다.

확산(divergence)은 큰 동압에서 비행할 때 흔한 또 다른 현상이다. 에일러론 역전과 마찬가지로 이것은 공기 역학적 힘과 구조의 탄성적인 굴곡 사이의 상호 작용에 기인한 영향이다. 그렇지만 이것은 에일러론 역전가 다른 점은 격렬한 불안전이고, 곧바로 결함을 만드는 것이다.

불안정의 과정을 설명한다. 만약 조종면이 확산 속도 이상이면, 어떠한 방해가 곧바로 뒤따른다. 양력의 변화가 단면의 공기 역학적 중심에서 발생한다. 탄성축(elastic axis)의 앞에서 양력의 변화는 비틀림 모멘트를 만들고, 그 다음 비틀림 굴곡을 만든다. 받음각의 변화는 a.c에서 더 큰 받음각의 변화를 만들고 더 큰 비틀림 굴곡, 더 많은 양력 등 결함이 발생할 때까지 발생한다.

느린 비행 속도에서 동압은 작고, 공기 역학적 힘의 축적과 비틀림 굴곡 사이의 한계는 안정된 상태이다. 그렇지만 매 받음각마다 양력의 변화는 V^2에 비례하지만, 날개의 구조적 비틀림 견고성은 일정하다. 이 관계가 내포하는 것은 어떤 고속에서 공기 역학적 힘의 축적은 비틀림 견고성의 저항에 너무 큰 출력을 주어 확산이 발생한다. 조종면의 확산 속도는 충분히 커서 정상적인 운용 범위 내에서 이런 현상이 나타나서는 안 된다. 후퇴, 짧은 스팬, 큰 테이퍼는 확산 속도의 상승을 돕는다.

플러터(flutter)는 공기 역학적 힘, 관성, 조종면의 탄성 특성과 관련된다. 구조에서 견고함과 크기의 분포는 어떤 자연적인 주파수와 진동의 모드를 결정한다. 만약 구조가 이 자연적인 주파수 근처의 강한 주파수를 받으면 반향 상태는 불안정한 요동과 함께 나타난다. 항공기가 운용 중에 공기 역학적인 증폭을 받으면, 여러 가지 속도에서 공기 역학적 힘은 힘과 모멘트의 변화율의 한 특징적인 성질을 갖는다.

공기 역학적 힘은 구조와 상호 작용에서 구조의 자연적인 모드를 부정적으로 완화시키거나 증폭시켜서 플러터를 허용한다. 플러터는 정상 비행운용 범위 내에서 발생해서는 안 되고, 자연적인 모드는 완화되어야 하고 가능하면 제한 속도 이상에서 발생하게 설계한다.

일반적인 플러터 모드를 설명한다. 문제는 고속 비행의 하나로 일반적으로 바람직스런 것은 아주 높은 자연적인 주파수를 갖고, 정상 운용 속도 이상의 플러터 속도보다 훨씬 커야 한다. 견고함이나 질량분포의 어떤 변화는 모드와 주파수를 변경시키므로 플러터 속도의 변화를 허용한다. 만약 항공기를 적절하게 정비하지 않고 과도한 움직임과 과도한 유연성이 존재하면 플러터는 제한 속도 이하의 비행 속도에서 발생한다.

압축성 문제(compressibility problem)는 마하수의 용어로 항공기의 제한 속도를 정한다. 초음속 항공기는 어떤 큰 마하수에서 혹은 공기 역학적인 가열에 기인한 엔진 흡입구 온도나 위험한 구조적 온도에 마주치면 큰 안정성의 손실을 경험한다.

천음속 항공기는 과도한 속도에서 안정성, 조종, 부펫(buffet) 문제점 등 천음속 비행과 관련된 문제점을 갖는다. 주어진 마하수의 상당 속도는 고도의 증가와 함께 감소하므로 고고도에서의 압축성 영향의 크기는 천음속 비행에서는 무시할 수 있는 정도이다. 이런 면에서 항공기는 어떤 중요한 안정성 혹은 조종 문제점을 일으키는 특정 마하수 범위 내의 너무 큰 동압에서 비행해서는 안 된다.

천음속 항공기는 부펫의 제한이 필요한데 하중 계수의 영향을 고려한 것이다. 임계 마하수()는 양력 계수와 함께 감소한다. 만약 항공기가 깊고 반복되는 부펫을 받으면 이것을 고려하지 않은 설계에서는 구조적인 피로가 생긴다. 각 항공기 형식의 제한 속도는 충분히 높게 설정해서 의도한데로 항공기 속도를 가능하게 한다.

4) 착륙 하중과 지상 하중

랜딩기어에서 가장 위험한 하중은 큰 종중량으로 접지할 때 큰 강하율(rate of descent)에서 발생한다. 랜딩기어는 정적 강도의 요구와 피로 강도의 요구를 갖는데 다른 구성품과 비슷하고, 과도한 응력을 피해서 결함을 막고, 구성품의 예상 사용 시간까지 사용할 수 있게 한다. 랜딩기어의 가장 중요한 기능은 접지시에 항공기의 수직 에너지를 흡수하는데 있다.

항공기의 주어진 중량과 접지시의 강하율은 어떤 운동 에너지를 갖고, 이것은 랜딩기어의 쇽 옵서버(shock absorber)에서 분산되어야 한다. 만약 접지에서 에너지가 흡수되지 못하면 항공기는 튀게 되는데 마치 결함 있는 쇽크 옵서버를 갖는 자동차와 비슷하다. 접지에서 스트러트가 움직이면서 오일이 빠른 속도로 오리피스를 통해 밀어내고 항공기의 에너지를 흡수한다.

효율적인 스트러트를 갖기 위해서 오리피스의 크기는 테이퍼진 핀으로 조절될 수 있어서 스트러트에 일정한 힘이 되도록 에너지를 흡수한다.

접지시에 얻어지는 수직 착륙 하중은 항공기의 일정한 가속된 운동을 만드는 스트러트의 작용을 가정해서 단순화시킬 수 있다. 일정한 강하율에서 접지를 위한 착륙 하중 계수는 아래의 공식으로 표시된다.

$$n = F/W$$

$$n = \frac{(ROD)^2}{2gS}$$

여기서 n: 착륙 하중 계수로 중량에 스트러트(F)의 하중과의 비이다.
ROD: 강하율. ft/sec
g: 중력 가속도
$$= 32 \text{ ft/sec}^2$$
S: 스트러트의 유효 행정(ft)

예를 들어 18 ft/sec의 일정한 강하율, 스트러트 유효 행정(effective stroke)이 18인치(1.5 ft)인 항공기가 접지한다. 이런 상태에서 착륙 하중 계수는 3.37로 평균 힘은 3.37×항공기 중량이다. 위의 단순화시킨 공식에서 두 가지 중요한 점을 지적한다. 스트러트의 유효 행정은 될수록 커서 하중을 최소화시키는데 더 큰 움직이는 거리는 항공기의 수직 강하를 효율적으로 필요한 양을 감소시킨다. 이것은 스트러트의 적절한 정비의 필요성을 강조한다.

추가적인 사실의 설명으로 착륙 하중 계수는 접지 강하율의 자승에 따라 변한다. 그러므로 20%의 강하율의 증가는 착륙 하중 계수를 44% 더 크게 증가시킨다. 그러므로 항공기의 운용에서 동력 장치의 여러 가지 시스템은 설계 수치에 제한해서 예상되는 사용 수명기간 안에 결함이나 과도한 정비 비용 지출을 막는다 운용자 교범에 표시된 운용 한계는 반드시 준수되어야 한다.

현대 항공기 구조에서 많은 경우에 눈에 띄지 않는 과도한 응력의 영향을 아는 것은 아주 어렵다. 이 특징은 항공기 제작에 사용한 재질의 고유 강도에 크게 기인한 것이다. 일반적인 기체의 정적 강도 요구로서, 1차 구조는 제한 하중(limit load)의 150%에서 결함 혹은 제한 하중에서의 부당한 영구 변형을 겪어서는 안 된다. 요구 사항의 모든 것을 만족시키기 위해서 제한 하중은 항복 응력(yield stress)과 부품의 극한 응력 능력(ultimate stress)을 초과해서는 안 된다.

항공기 제작에 사용되는 많은 고강도 재질은 응력-변형 다이아그램을 갖는다.

이 재질의 특징은 항복점이 극한 응력의 2/3보다 더 큰 어떤 응력에서 정해진다. 그러므로 임계 설계 상태는 극한하중이다. 만약 제한 하중의 150%가 재료의 극한응력에 대응하면, 제한 하중의 100%는 항복 응력보다 훨씬 잦은 응력에 대응한다.

고강도 재질의 고유한 특성과 1.5의 안전 극한 계수 때문에 제한 하중 상태는 드물게 임계 설계점이고, 흔히 상당히 큰 (+)의 정적 강도의 여유를 갖는다. 이 사실이 내포하는 것은 구조가 상당한 총체적인 과도한 응력을 받으면 맨 눈으로 쉽게 볼 수 있는 손상을 막는다.

과도한 응력이 눈으로 볼 수 없는 손상을 만들면 이것은 식별하기에 상당히 힘들고 장시간에 걸친 영향을 주게 된다. 응력-변형 다이아그램에서의 기준점은 내구력 한계(endurance limit)라고 한다. 만약 작용하는 주기적인 응력이 이 내구력 한계점을 넘지 않는다면 무한대로 반복되어도 피로 결함 없이 견딜 수 있다.

내구력 한계 이하의 응력에서는 중요한 피로 손상이 발생하지는 않지만 이 내구력 한계의 수치는 항공기 제작에 사용하는 중합금의 경우 항복 강도의 대략 30~50%이다. 내구력 한계의 바로 약간 위에서의 응력에 의한 피로 손상의 비율은 그리 크지 않다.

제한 하중 근처의 응력조차도 만약 가해지는 응력이 적당한 주기로 가해지고 의도한 임무 요구 내에서라면 피로 손상의 축적은 심각하지 않다. 그렇지만 제한 하중 이상의 응력(특히 제한 하중보다 아주 높은 응력)은 아주 큰 비율의 피로 손상을 만든다.

과도한 응력은 인식하기가 힘든데, 왜냐하면 항공기 금속의 고유한 큰 항복 강도와 낮은 연성 때문이다. 이런 똑같은 과도한 응력은 큰 비율의 피로 손상을 일으키고 부품의 사용 중에 조기의 결함을 일으킨다.

축적된 과도한 응력의 영향은 피로 균열의 형성과 전파이다. 반면 분명한 것은 피로 균열은 항상 부품의 최종 결함이 발생하기 전에 나타나고 축적된 응력은 더욱 심하고 필수 불가결한 응력 집중에서 피로가 발달하게 된다. 그러므로 분해 및 상세한 검사는 비용과 상당한 시간을 필요로 한다. 기본적으로 정상 상태인 구조의 사용중 결함을 막기 위해서 부품은 적절히 정비하고 설계 범위 내에서 운용한다. 사용중 피로 결함의 예이다.

어떤 항공기와 동력 장치의 운용은 비행 교범에 설명된 운용 한계 내에서 행해져야 한다. 정적 강도, 수명 시간, 공기 탄성 영향(aeroelastic effect)은 반드시 주어진 적절한 상태를 준수해야 한다. 항공기는 즉각적인 손상이 나타나지 않는 가능성 때문에 과도한 응력을 받게 된다. 이런 가능성 때문에 동력 장치는 분명한 손상 없이 특정 시간 한계, 속도, 온도 한계를 지나서 운용될 수 있다. 모든 경우에 축적된 영향은 나중에 분명히 나타나서 사용중 결함이 발생하고, 정비 비율을 증가시킨다.

연습 문제(Ⅰ)

1. 항공기의 설계 운용 속도란?

   답) 하중 계수가 설계 제한 하중 계수와 같을 때의 속도

2. 최대 이륙 중량과 착륙 중량의 제한 수치를 갖는 항공기는 어떤 점을 고려한 것인가?

   답) 착륙 장치의 강도

3. 다발 항공기가 이륙 중 1개의 엔진이 고장일 때 어떤 조치가 필요한가?

   답) V^2 이상이면 계속 이륙한다.

4. 항공기를 러더만을 조작해서 선회할 경우 기체의 뱅크를 피할 수 없는데 이유는?

   답) 날개의 좌·우측에 미치는 대기 속도의 차이 때문에

5. 최대 이륙 중량에 가까운 항공기가 비행중 심한 공기 흐름을 만났다. 가장 안정한 조치는?

   답) 항공기 속도를 서서히 빠르게 해서 실속을 방지한다.

6. 돌풍 하중 계수는?

   답) 돌풍 속도에 비례한다.

연습 문제(Ⅱ)

1. 다음은 측풍 이륙에 관한 설명이다. 옳지 않은 것은?

   1. 이륙시 반드시 기체의 전후측은 활주로 중심선과 일치하여야 한다.

   2. 측풍 성분 V_W가 있는 경우 항공기의 미끄럼각 크기는 $\beta = \sqrt{\dfrac{V}{V_W}}$ 로 표시된다.

   3. 항공기의 착륙 장치가 옆 방향의 하중에 영향을 받는다.

   4. 직선 활주를 하기 위해서는 날개를 경사시켜야 한다.   (4)

2. 항공기가 돌풍을 받을 경우 하중 계수에 대한 설명 중 틀린 것은?

   1. 항공기의 속도가 클수록 하중 계수는 크다.

   2. 수직 돌풍의 크기가 클수록 하중 계수는 크다.

   3. 항공기의 양력 기울기가 클수록 하중 계수는 크다.

   4. W/S가 클수록 하중 계수는 크다.

3. 비행 속도를 V, 수직 돌풍 속도가 KU라 하면, 날개에 걸리는 하중은?

   1. V×KU에 비례한다.

   2. V×KU^{2}에 비례한다.

   3. V^2×KU에 비례한다.

   4. V^2×KU^{2}에 비례한다.   (1)

4. 항공기 하중 계수는 돌풍에 영향을 받는다. 다음 중 옳은 것은?

   1. 날개 하중에 비례한다.

   2. 항공기 속도에 비례한다.

   3. 돌풍 속도의 제곱에 비례한다.

   4. 항공기의 속도의 제곱에 비례한다.   (2)

제6장 비행의 특수한 문제점과 공기 역학

제6장. 비행의 특수한 문제점과 공기 역학

앞에서 공기 역학의 일반적인 부분을 상세히 설명했지만 비행에 따르는 여러 가지 문제점이 있고 이 문제점들은 공기 역학 원리의 적용을 필요로 한다. 이러한 적용은 비행 기술의 개발과 문제점의 이해를 돕는다.

6-1. 속도와 고도의 1차 조종

안정된 비행 상태를 위해서 항공기는 평형을 이루어야 한다. 평형은 항공기에 작용하는 힘이나 모멘트의 불균형이 없을 때 얻어진다. 만약 항공기가 트림(trim)되어 피칭, 요잉, 롤링 모멘트의 불균형이 존재하지 않으면 이때, 항공기에 작용하는 근본적인 힘의 관계는 양력(lift), 추력(thrust), 중량(weight), 항력(drag)이다.

1) 받음각과 속도

수직 방향에서 평형을 얻기 위해서 순수 양력은 항공기 중량과 똑같아야 한다. 이것은 비행로 경사가 약간 있을 때 일시적으로 안정된 수평 비행 혹은 기본적인 양력 방정식에서 양력과 중량이 같은 상태를 위해서 속도, 중량, 양력 계수는 다음과 같다.

$$V = 17.2 \sqrt{\frac{W/S}{C_L \sigma}} \qquad \text{혹은} \quad V_E = 17.2 \sqrt{\frac{W/S}{C_L}}$$

여기서, V: 속도(knot, TAS)
　　　　V_E: 상당 속도(knot, EAS)
　　　　W: 총중량(lbs)
　　　　S: 날개 표면 면적(ft²)
　　　　W/S: 날개 하중(psf)
　　　　σ: 고도 밀도비
　　　　C_L: 양력 계수

위의 관계에서 보면 어떤 날개 하중(W/S)을 갖는 항공기 형태는 속도(V)와 양력 계수(C_L)의 조합에서 중량과 같은 항력을 얻는다.

어떠한 속도(V), 양력 계수(C_L)의 조합에서 안정된 비행을 위해서 각 상당 속도는 특정 수치의 C_L을 필요로 하고, C_L의 각 수치는 특별한 상당 속도를 필요로 해서 중량과 똑같은 양력을 만든다. 항공기를 위한 일반적인 양력 곡선으로 C_L과 받음각 α 사이의 관계를 보여준다.

이 관계에서 α의 어떤 특정 수치는 어떤 주어진 공기 역학적 형태에서 C_L의 특정 수치를 만든다.

항공기의 안정된 비행 상태에서 각 받음각은 특정 속도에 대응한다. 각 받음각은 특정 수치의 C_L을 만들어내고 각 C_L의 수치는 특정 수치의 상당 속도를 필요로 해서 중량과 똑같은 양력을 만든다. 그러므로 받음각이 안정된 비행에서 속도는 1차적인 조종 수단이다. 만약 항공기가 안정된 상태로 설정되면 수평 비행의 어떤 속도에서 받음각의 증가는 속도의 감소를 나타낸다.

받음각의 감소는 감소된 C_L의에서 흔한 것과 같은 증가된 속도를 나타낸다. 속도 변화의 결과처럼 항공기는 만약 출력 셋팅의 변화가 없으면 상승이나 강하할 수 있지만 받음각의 변화에 의한 속도변화를 갖는다.

항공기 속도 변화의 1차 조종은 받음각에 의한 것으로 중요한 원리이다. 어떤 형태의 항공기가 저속 비행을 하면 낮은 수준의 종방향 스틱 힘 안전성을 가져오고, 낮은 정적 종방향 안정성의 가능성을 가져온다. 이런 경우에 속도감이 적어서 손쉬운 항공기 조종을 위한 사전 기준이 없어진다. 게다가 저속 비행에 흔한 큰 받음각은 속도 지시 계통에 큰 위치 오차(position error)를 제공한다. 그러므로 속도의 적절한 조종은 양호한 비행 자세에 의하거나 시각적인 기준 영역이 불량할 때는 받음각 지시계에 의해서 이루어진다.

2) 상승률과 강하율

항공기가 일정한 고도에서 평형을 얻기 위해서는 양력은 중량과 같아야 하고 추력은 항력과 같아야 한다. 안정된 수평 비행은 수직과 수평 방향 양쪽 모두에서 평형을 필요로 한다.

상승이나 강하 비행 상태를 위해서 중량의 성분은 비행로 방향으로 기울어져서 추력이 항력과 같지 않을 때 평형을 얻는다. 항공기가 안정된 상승이나 강하일 때 상승률은 아래와 같다.

$$RC_{fpm} = 33,000 \left(\frac{P_a - P_r}{W} \right)$$

여기서 RC: 상승률(ft/min)

P_a : 추진이용 출력(hp)

P_r : 수평 비행을 위한 필요 출력(hp)

W : 총중량(lbs)

이 관계에서 안정된 비행에서의 상승률은 이용 출력과 필요 출력 차이의 직접적인 함수 관계라는 것을 알 수 있다. 만약 주어진 항공기 형태가 어떤 특정 속도와 고도에 있을 때 이 상태를 유지하기 위해서는 특정한 필요 출력을 갖는다. 동력 장치로부터 이용 출력이 필요 출력과 똑같이 조절되었다면 상승률은 "0"이다($P_a-P_r=0$).

이용 출력은 속도(A)에서 필요 출력과 같게 설정된다. 만약 항공기가 속도(A)에서 안정된 수평 비행이라면 이용 출력의 증가는 출력의 초과를 만들고, 이것은 상승률을 일으키게 한다. 물론 속도가 받음각의 감소에 의해서 증가되게 허락되면 증가된 출력 세팅은 어떤 더 빠른 속도에서 고도를 유지한다. 그러나 본래의 공기 역학적 상태가 유지되면 속도는 (A)에서 유지되고, 증가된 이용 출력은 상승률을 만든다. 또한 지점 (A)에서 이용 출력의 감소는 출력의 부족을 만들고, 네가티브의 상승률 혹은 강하율을 만든다. 이러한 이유로 인해 분명한 것은 안정된 비행에서의 출력 세팅은 고도의 1차적인 조종수단이다. 잉여 출력(P_a-P_r)과 항공기의 상승률(RC) 사이에는 직접적인 상관관계가 있다.

3) 비행기술

모든 비행의 대부분에서 안정된 비행 상태가 지배적이기 때문에 비행 기술의 기초는 안정된 비행의 원리이다.

ⓐ 받음각은 속도의 1차 조종 수단이다.

ⓑ 출력 세팅은 고도의 1차 조종 수단으로 즉, 상승/강하율이다.

방향 조종 비행과 곡예 비행 중에 발생하는 일시적인 상태를 제외하면 안정된 비행 상태는 순항, 상승, 강하, 이륙, 착륙 접근, 착륙 등과 같은 비행 중에 적용되는 것이다. 이 두 가지 원리의 분명한 이해는 어떤 종류의 항공기든지 양호하고 안전한 비행 기술을 갖게 한다.

안정된 비행 상태 중에 속도의 1차 조종은 받음각이다. 그러나 속도의 변화는 고도를 유지하기 위해서 출력 세팅의 변화를 필수로 하는데, 왜냐하면 속도와 함께 필요 출력의 변화 때문이다.

고도/상승(강하율)의 1차적인 조종 수단은 출력 세팅이다. 만약 항공기가 수평 비행에서 특별한 속도로 비행하면 출력 세팅의 증가와 감소는 이 속도에서 상승률이나 강하율을 갖게 한다. 반면 받음각은 안정된 비행에서 속도를 유지시키도록 되어야 하고 출력 세팅의 변화는 자세의 변화를 필수로 해서 새로운 비행경로의 방향을 돕는다. 이런 기본적인 형태에서 자세 비행 기술을 위한 토대가 되고, 즉 자세에 출력이 더해지면 성능과 같다(자세+출력=성능). 모든 일상적인 비행 상태를 위한 양호한 계기 비행 기술뿐만 아니라 양호한 비행 기술을 위한 백그라운드를 제공한다.

비행에서 가장 중요한 단계의 하나는 착륙 접근이다. 만약 착륙 접근 중에 항공기가 원하는 활공로 이하이면 기수 상향(nose up) 자세의 증가는 항공기가 원하는 활공로로 상승한다고 확신할 수는 없다. 사실 기수 상향 자세의 증가는 더 큰 강하율을 만들고, 항공기가 원하는 활공로보다 더 낮게 가라앉는다. 주어진 속도에서 오로지 출력 세팅의 증가는 상승률을 일으키고, 적절한 출력 변화 없이 항공기를 저속으로 조종해서 기수 상향 자세를 증가시킨다.

6-2. 받음각 지시계

비행의 이·착륙 중에 흔한 실수는 원하는 비행로를 따라서 속도와 고도의 부적절한 조종이다. 조종사가 적절한 시각 기준을 이용할 수 없을 때 비행 기술의 실수는 더욱 많아진다. 받음각 지시계와 반사경 착륙 장치는 이·착륙 중에 조종사를 도와서 더욱 정확하게 항공기를 조종할 수 있게 한다.

1) 받음각 지시계

항공기의 특별한 받음각에서 많은 공기 역학적인 상태가 존재한다. 일반적으로 실속 상태, 착륙 접근, 이륙, 항속 거리, 체공 시간 등은 특정 양력 계수와 특정한 수치의 받음각에 모두 관계되는 것이다. 그러므로 받음각에 관계되거나 지시하는 계기는 조종사를 돕는 유익한 기준이 된다.

항공기가 큰 받음각 상태에 있을 때 정확한 속도의 지시가 힘들어지는데, 왜냐하면 상당히 큰 위치 오차(position error) 때문이다. 사실 큰 받음각에서 낮은 종횡비 항공기의 경우는 속도의 지시보다는 받음각의 지시가 더욱 정확하다. 결과적으로 받음각 지시계는 아주 큰 받음각에서 아주 유용하다.

받음각 지시계의 특별한 장점은 총중량, 뱅크(경사) 각도, 하중 계수, 속도, 밀도 고도에 직접 영향을 받지 않는 것이다. 양력 곡선은 받음각 α에 대한 양력 계수 C_L의 변화를 설명한다.

어떤 특별한 공기 역학적인 형태가 아음속 비행일 때 각 받음각은 특별한 양력 계수를 만든다. 물론 양력 곡선에서 특별한 관심이 쓰이는 곳이 최대 양력 계수(C_{Lmax})이다.

C_{Lmax}를 위한 받음각보다 더 큰 각은 양력 계수의 감소를 만들고 비행의 실속 상태를 갖게 한다. C_{Lmax}가 어떤 받음각에서 발생하기 때문에 어떤 실속 경고 장치를 마련해서 임계 받음각을 예측한다. 이런 상태에서 항공기의 실속은 여러 가지 속도에서 발생하는데 총중량, 하중 계수 등과 관계되지만 항상 같은 받음각이다. 이·착륙 거리를 최소로 하기 위해서는 이·착륙은 최소의 속도에서 이루어져야 한다. 이·착륙 속도는 실속 속도보다 충분한 여유를 가질 수 있어야 하고, 흔히 실속 속도의 어떤 정해진 %로 나타낸다.

이륙, 접근, 착륙 등은 특정한 양력 계수에서 행해지므로 특별한 받음각에서이다. 예를 들어 양력 곡선에서 A 지점은 착륙 접근을 위한 적절한 공기 역학적인 상태로 가정한다. 이 상태에서는 특정의 공기 역학적 형태를 위한 양력 계수와 받음각이 존재한다.

항공기가 위에서 말한 받음각으로 안정된 비행경로를 비행하면 결과적인 속도는 항공기의 총중량에 적합하게 된다. 총중량의 어떤 변화는 충분한 양력 제공에 필요한 속도를 다르게 한다.

받음각 지시계의 사용은 정해진 받음각을 유지해서 항공기가 적절한 접근 속도에서 운용되고, 즉 너무 낮거나 너무 높은 속도가 되지 않게 한다.

접근과 착륙 중에 받음각 지시계의 사용은 추가로 이륙 중에 근본적인 기준처럼 사용된다. 받음각 지시계의 사용은 적절한 이륙 받음각을 갖게 해서 과도한 동체의 움직임과 과도한 이륙 속도를 막을 수 있다. 또한 받음각 지시계는 항속 거리, 체공 시간, 방향 조작 등을 위한 항공기의 조종에 사용할 수 있다.

6-3. 접근과 착륙

접근과 착륙 단계에서 필요한 기술은 항공기의 종류와 여러 가지 운용 상태에 따라서 달라진다. 그렇지만 항공기 형태와 운용에 관계없이 몇 가지 기본적인 원리가 있는데 이것은 접근과 착륙 중에 기본적인 비행 기술이라고 말한다.

각각의 항공기 형식에 추천되는 특정 절차는 반드시 준수해서 안전한 착륙이 되어야 한다.

1) 접근(approach)

접근은 비행로에서 안정되게 이루어져서 원하는 지점에서 접지되게 한다. 항공기에 정해진 접근 속도는 실속 속도나 최소 조종 속도이상에서 충분한 여유가 있어서 만족스런 조종과 적절한 비행 조작이 될 수 있게 한다. 반면, 접근 속도는 지면 접촉 이전에 접지 속도를 크게 초과하거나 속도가 크게 감속되지 않아야 한다.

일반적으로 접근 속도는 실속 속도보다 10~30% 더 빠른데 이것은 항공기 형태나 특별한 운용 상태 등에 좌우된다. 접근 중에 조종사는 완만한 비행로를 유지하면서 접지를 대비해야 한다.

착륙을 위해서 완만하고 안정된 접근은 비행로에서 중간 변화 과정을 최소로 할 수 있게 하고, 원하는 비행로를 따라서 비행할 수 있게 한다. 급선회(steep turn)는 낮은 접근 속도에서는 피해야 하는데, 선회 때문에 항력과 실속 속도를 증가시키기 때문이다.

급선회에 의해서 필요 추력의 변화를 설명한다. 급선회는 항공기가 실속하거나 유도 항력이 크게 증가해서 과도한 강하율을 만들게 한다. 어떤 경우든지 효과적인 회복을 위한 충분한 고도가 되지 못한다. 만약 항공기가 최종 접근로에 적절하게 일치되자 않았다면, 이런 상태로 접근을 위해서 강하하기보다는 다시 시도하기 위해서 복행(go around)하는 것이 현명하다.

접근 중에는 적절한 조화가 있는 조종이 반드시 필요하다. 이런 점에서 볼 때 안정된 접근을 위해서는 항공기 속도의 1차 조종과 강하율은 반드시 준수해야 한다. 그러므로 적절한 받음각은 원하는 접근 속도를 만들고, 너무 낮은 받음각은 과도한 속도를 만드는 반면, 과도한 받음각은 부족한 속도를 만들어서 실속이나 조종 문제점을 일으킨다.

일단 적절한 속도와 받음각을 유지하면 안정된 접근 중에 강하율의 1차 조종은 출력 세팅으로 이루어진다. 예를 들어 만약 항공기가 원하는 활공로보다 위에 있다는 것을 인식한 후에, 출력 세팅의 감소 없이 더 크게 기수 하향 자세를 하면 속도를 얻게 된다. 반면 만약 항공기가 원하는 활공로보다 밑에 있을 때 출력 세팅의 증가 없이 더 크게 기수 상향 자세를 만들면 이것은 단순히 항공기를 더 느리게 비행하도록 하고, 마침내는 더 큰 강하율을 만든다.

안정된 비행을 위해서 받음각은 속도의 1차적인 조종 역할을 하고, 출력 세팅은 상승률과 강하율의 1차적인 조종 역할을 한다. 이것은 특히 착륙을 위한 안정된 접근 중에는 더욱 중요한 사실들이다. 물론 엔진이 빠른 추력 변화 능력은 접근 중의 기술에 영향을 미친다.

만약 엔진이 추력의 즉각적인 변화를 만들 수 없으면 이런 부족한 상태를 보충할 수 있는 특별한 기술이 필요하다. 여기서 가장 바람직한 엔진의 성능은 빠른 추력 변화의 능력이 있어서 접근중인 항공기를 정밀하게 조종할 수 있는 것이다.

접근로의 모양도 중요한 요소 중의 하나인데, 왜냐하면 이것은 플레어(flare)와 접지 강하율 요구 조건에 영향을 미치기 때문이다.

접근로 A는 상당히 가파르고 낮은 출력으로 접근할 수 있다. 이런 비행로는 일반적으로 거의 아이들에 가까운 낮은 출력 세팅을 갖고 있고, 큰 강하율을 갖고 있다.

항공기의 정밀한 조종이 힘들뿐만 아니라 흔히 접근로 상에서 과도한 속도를 갖는다. 재이륙이 상당히 힘든데, 왜냐하면 필요한 엔진 가속과 큰 강하율 때문이다. 게다가 가파른 접근로에서 큰 받음각은 상당한 플레어를 요구해서 접지에서 강하율을 감소시킨다. 상당히 큰 플레어의 요구는 일관되게 행해지기가 힘들고 속도, 강하율, 접지 지점에 상당히 큰 변화를 가져온다.

접근로 C는 상당히 길고, 낮은 접근 상태로 너무 작은 비행로 각도를 갖는다. 이런 비행로는 상당히 큰 출력 세팅을 필요로 하고 나중에는 흔히 속도의 부족이 나타난다. 이런 극한 상태의 접근로는 바람직스럽지 못한데, 왜냐하면 접지 지점의 조종에 어려움이 많고 낮은 속도는 항공기가 의도하는 착륙 접지 지점보다 짧아지게 된다.

A와 C 사이의 어떤 접근로를 선택하면 비행로는 B가 된다. 원하는 접근로는 과도한 속도와 과도한 강하율 혹은 접지 전에 과도한 플레어가 필요하지 않는 것이어야 한다. 또한 적절한 출력 세팅이 요구되어야 하고 비행로의 정확한 조종을 가능하게 하며 적절한 재이륙 특성을 제공해야 한다. 접근 비행로가 너무 낮으면 과도한 출력 세팅이 필요하게 되고 이것은 접지 지점의 판단과 조종을 어렵게 만든다.

2) 착륙 플레어와 접지

착륙 플레어와 접지의 특별한 기술은 항공기의 형태에 따라서 크게 다르다. 사실 어떤 항공기는 접근 과정 중의 플레어는 바람직스럽지 못한데, 왜냐하면 착륙 하중 때문이다. 혹은 공기 역학적으로 플레어 특성이 위험할 때 어떤 표준적인 기술이 필요하기 때문이다.

착륙 속도는 실속이나 최소 속도 이상의 가장 낮은 실제적인 속도에서 착륙 거리와 하중을 감소시켜야 한다. 일반적으로 착륙 속도는 실속 속도보다 5~25% 더 빠른데 항공기 형식과 특별한 운용에 좌우된다.

착륙을 위한 필요한 기술은 항공기의 공기 역학적인 특성에 크게 좌우되어 결정된다. 만약 항공기 특성이 낮은 날개 하중, 큰 양항비, 그리고 상당히 큰 양력 곡선 기울기 등이면 항공기는 양호한 착륙 플레어 특성을 갖는다.

만약 항공기 특성이 큰 날개 하중, 낮은 양항비와 상당히 낮은 양력 곡선 기울기이면, 항공기는 원하는 플레어 특성을 가질 수 없고 접지 중에 최소의 플레어가 필요하게 된다.

착륙을 준비하기 위해서 몇 가지 요소를 고려해야 하는데 착륙 거리, 착륙 하중의 영향때문이다.

ⓐ 착륙 총중량은 꼭 고려해야 하는데, 왜냐하면 이것이 착륙 속도와 착륙 하중에 영향을 미치기 때문이다. 착륙은 특정 받음각이나 실속 속도 이상의 범위에서 수행되기 때문에 총중량은 착륙 속도를 결정하게 된다. 게다가 총중량은 착륙 거리를 결정하는데 중요한 요소이기 때문이고, 제동에 필요한 에너지 분산 결정에 중요한 요소이기 때문이다. 각 항공기마다 최대 설계 착륙 중량이 정해져서 이 한계는 반드시 준수해야 하는데, 왜냐하면 임계 착륙하중(critical landing load), 순간 하중(arresting load) 혹은 제동 요구 때문이다. 물론 어떤 항공기는 제한된 접지 강하율을 갖는데 이때도 최대 착륙 중량을 갖는다. 그리고 기본적인 착륙 하중 제한 요소는 접지에서 총중량과 강하율의 조합에 의해서 결정된다.

ⓑ 표면의 바람도 역시 고려해야 하는데, 착륙 거리에 정풍(headwind)이나 배풍(tailwind)의 영향이 크기 때문이다. 측풍(crosswind)의 경우에 활주로의 바람 성분은 정풍이나 배풍 속도에 영향을 미친다. 또한 활주로에 측풍 성분은 어떤 횡방향 조종 출력의 요구를 결정한다. 큰 양력 계수에서 상당히 큰 상반 효과를 보이는 항공기는 측풍에 상당히 민감하고, 형태에 따라서 제한 측풍 성분이 결정된다.

ⓒ 압력 고도(pressure altitude)와 온도는 착륙 거리에 영향을 미치는데, 왜냐하면 착륙을 위한 진대기 속도에 영향을 미치기 때문이다. 그러므로 압력 고도와 온도는 반드시 고려해서 밀도 고도(density altitude)를 결정한다.

ⓓ 활주로 상태는 착륙 거리에 영향을 미치는 것으로 반드시 고려해야 한다. 흔한 수치의 활주로 경사는 착륙에서 정풍을 받으며 활주하기 위한 선택 요소가 된다. 활주로의 표면 상태는 제동 효과를 결정하고, 활주로상의 얼음이나 물은 최소 착륙 거리의 상당한 증가를 만든다.

그러므로 착륙을 위한 준비는 항공기의 착륙 거리의 결정을 포함하고, 이용하는 활주로의 길이와 비교를 해야 한다.

받음각 지시계와 착륙 장치의 사용은 적절한 속도로 원하는 지점에서 접지하도록 돕는다. 물론 착륙은 항공기가 활주로를 벗어날 때까지가 포함된다. 항공기의 조종은 접지 후에도 유지해야 하고, 항공기 감속에는 적절한 기술을 사용해야 한다.

3) 일반적인 오차

접근과 착륙 중에 기본적인 원리와 특정 절차를 따르지 않으며 몇 가지 바람직스럽지 못한 결과가 나타난다. 일반적인 오차의 종류에는 착륙 사고도 포함된다.

가파른 각도와 낮은 출력으로 접근하면 과도한 강하율을 만들어 하드랜딩(hardlanding)의 가능성을 높이게 된다. 이것은 특히 최신형의 낮은 종횡비의 후퇴 날개 항공기 형태에서 발생하는데, 저속도에서 상당히 큰 유도 항력을 일으키게 해서 일반적인 플레어 특성을 가질 수 없게 한다.

이런 항공기가 가파르고, 낮은 출력으로 출력 세팅의 변화 없는 상태하에서 받음각의 증가는 강하율의 감소를 일으키지 않고, 접지에서 강하율을 증가시킨다. 이런 이유로 상당히 안정된 접근이 필요한데 강하율의 근본적인 변화는 출력 세팅의 변화로 조종해야 하고, 속도의 변화는 받음각의 변화로 조종해야 된다.

접근과 착륙 중에 과도한 받음각은 항공기가 너무 낮은 속도로 운용되고 있음을 암시하는 것이다. 물론 과도한 받음각은 항공기가 실속이나 스핀을 하게 만들고, 낮은 고도에서의 회복을 불가능하게 한다. 또한 과도하게 느린 속도에서 낮은 종횡비 형태는 아주 큰 유도 항력을 일으키게 하고, 이때는 아주 큰 출력 세팅을 필요로 하는데 그렇지 않으면 과도한 강하율을 일으킨다.

추가의 문제점으로는 항공기의 과도한 받음각에 의한 것으로 이것은 큰 양력 계수에서 상당히 큰 상반 효과를 보인다. 이 경우에 항공기는 측풍에 더욱 민감해지고 상당한 측풍에서 안전한 착륙에 영향을 미치는 적절한 횡방향 조종을 이용할 수 없게 된다.

착륙에서 과도한 속도는 속도가 부족한 것과 마찬가지로 바람직스럽지 못하다. 착륙에서 과도한 속도는 원하지 않는 착륙 거리의 증가를 만들고 제동에 의해서 분산되는 에너지를 크게 한다. 게다가 과도한 속도는 당연히 너무 낮은 받음각을 갖고, 항공기 노스휠(nose wheel)이 먼저 지면을 접촉하게 되어 손상을 입히게 된다.

착륙을 위한 플레어 중에 어떤 과도한 속도는 지면 효과(ground effect)에 기인한 항력을 분산시키기가 곤란하다. 양호한 착륙을 위한 근본적인 요구 사항은 충분한 계획과 이를 토대로 한 접근이다.

착륙 과정 중의 실수(오차)의 가능성은 항공기를 적절한 활공로와 적절한 속도로 접지 지점에 갖다 놓을 때 최소화시킬 수 있다. 적절한 접근에서 비행로 받음각의 심한 변화는 필요치 않다.

활주로와 일치된 상태에서 너무 늦은 수정은 마침내 착륙 사고를 일으킨다. 속도와 활공로의 정확한 조종은 절대적으로 필요하고, 받음각 지시계와 보조 착륙 장치는 항공기의 정확한 조종에 큰 도움을 준다.

6-4. 이륙

착륙에서와 마찬가지로 항공기 형태와 여러 가지 운용에서 아주 크게 다른 기술이 필요하지만 근본적인 원리는 모든 항공기에 공통이다. 각 항공기 형식에 추천되는 특정 절차는 정확히 준수해야 한다.

1) 이륙 속도와 거리

어떤 항공기의 이륙 속도는 최소의 실제적인 속도여야 하는데 이것은 실속 속도 이상에서 충분히 여유를 주어서 만족스러운 조종과 초기의 상승률을 좋게 한다. 항공기 특성에 좌우되지만 이륙 속도는 실속이나 최소 속도보다 5~25% 높은 수치이다. 이런 수치로 이륙은 특정 수치의 양력 계수와 받음각에서 이루어진다.

항공기의 성능 데이터, 중량, 풍향, 고도, 온도 등의 고려가 비행에 가장 필요한 부분이다. 높은 총중량, 높은 밀도 고도, 높은 온도, 좋지 않은 풍향 상태는 활주로 길이를 더 크게 요구하게 된다. 이런 상태에서는 비행운용 교범의 데이터를 반드시 준수하고, 추측해서는 절대 안 된다. 한 가지 일반적인 이륙 기술의 실수는 항공기가 지나치게 큰 피치를 유지하는 것이다.

항공기의 피치가 부족하거나 너무 크면 이륙 가속을 심하게 감소시키고 이륙 거리를 크게 증가시킨다. 게다가 항공기가 이륙 중에 과도하게 큰 받음각이면 항공기는 공중에서 너무 느린 속도여서 실속하거나 적절한 조종을 잃거나 혹은 불량한 초기 상승 성능을 갖게 된다.

낮은 종횡비 형태의 항공기는(과도한 받음각) 지면 효과로부터 벗어날 수 없다. 그러므로 이륙 중에 항공기의 지나친 피치 회전은 이륙 가속을 줄이거나 초기 상승을 줄이게 된다. 이것은 항공기가 과도한 받음각에 있을 때 현저하고 공중에서 다시 활주로에 떨어지게 되는 경우도 있다.

적절한 받음각일 때는 항공기는 쉽게 이륙 속도로 가속되어 충분한 초기 상승률로 공중으로 비행하게 된다. 이런 점에서 적절한 피치 회전(자세 움직임), 적절한 이륙 속도, 받음각 지시계 등을 사용해야 한다. 만약 항공기를 이륙 후에 갑작스럽게 위로 잡아채거나 급선회하면 실속, 스핀 혹은 초기의 상승률이 감소되게 한다.

온도 하나만으로의 영향은 터빈 엔진의 경우에 아주 중요한데, 이유는 흡입구 공기 온도는 엔진 추력에 영향을 미치기 때문이다.

일반적인 터보 제트 엔진 항공기의 경우에 밀도 고도에서 왕복엔진보다 2배 정도 민감하고, 온도에서는 5~10배 정도 더 민감하다. 결과적으로 어떤 특정 항공기 형태의 이륙 속도(EAS나 CAS)는 이륙에서의 총중량과의 함수관계이다.

이륙에서 너무 느린 속도는 실속을 일으키고 적절한 조종의 부족, 혹은 불량한 초기의 상승 성능을 일으킨다. 이륙에서 과도한 속도는 양호한 조종을 할 수 있게 해서 초기의 상승을 좋게 하지만 더 빠른 속도는 추가의 거리를 필요로 하게 되어 타이어에 위험한 상태를 만든다.

항공기의 이륙 거리는 많은 요소들에 영향을 받아서 이륙 전에 이륙 거리를 결정하고, 이용하는 활주로의 길이와 비교를 한다. 이륙 거리에 미치는 주요한 요소는 다음과 같다.

ⓐ 항공기의 총중량으로 이륙 거리에 상당한 영향을 미치는데 이것은 이륙을 위한 활주 중에 이륙 속도와 가속에 영향을 미치기 때문이다.

ⓑ 활주로 표면의 바람도 고려해야 하는데, 이유는 이륙 거리에 정풍과 배풍의 영향이 상당히 크기 때문이다. 측풍의 경우에는 정풍과 배풍 속도에 영향을 미친다. 게다가 활주로의 측풍은 횡방향 조종력의 필요 정도를 결정하게 하고, 제한 풍향은 반드시 준수해야 한다(초과해서는 안 된다).

ⓒ 압력 고도와 온도는 이륙 거리에 큰 영향을 미치는데 특히 터빈 엔진에서는 더욱 현저하다. 밀도 고도는 이륙시의 진대기 속도를 결정하게 하고, 엔진의 추력을 다르게 해서 이륙 가속에 영향을 줄 수 있다.

ⓓ 습도는 왕복엔진에서 고려해야 한다. 공기 속에 많은 수증기가 포함되면 결정적으로 이륙 출력과 이륙 가속이 감소된다.

ⓔ 활주로 상태는 이륙 가속이 기본적으로 느릴 때 반드시 고려해야 한다. 활주로 경사는 표면 풍향을 주의 깊게 고려해야 하는데 흔한 활주로 경사는 정풍을 고려해서 상향 경사가 되는 것이 배풍으로 하향 경사가 되는 것보다 훨씬 양호하기 때문이다. 활주로의 표면 상태가 단단하면 이륙 거리에 크게 영향을 주지 않는다. 위의 이런 요소는 반드시 고려되어야 하고, 여러 가지 조건하에서 이륙 거리를 적절하게 계산해야 한다. 장애물과의 거리는 일반적으로 이륙 거리에 영향을 미친다.

2) 일반적인 오차(실수)

항공기의 이륙 거리는 매 이륙시마다 계산되어야 한다. 가장 큰 실수는 불충분한 거리의 활주로에서 이륙을 시도하는 것이다.

증가된 받음각은 임계 받음각을 초과하거나 유도 항력을 상당히 크게 증가시킨다. 이런 이유 때문에 이륙 후 즉시 선회는 완만한 상태를 유지하고, 항공기의 능력 범위 내에서 이루어져야 한다.

이륙에서 속도의 초과 문제는 제거해야 한다. 초과 이륙 속도의 주요한 영향은 더 긴 이륙 거리를 갖는 것이다. 일반적인 효과는 대략 1%의 이륙 속도 증가에 대략 2% 추가의 이륙 거리가 늘어난다. 그러므로 과단한 속도는 추가로 필요한 활주로와 반드시 비교해야 한다. 게다가 항공기 타이어는 항공기가 아주 빠른 이륙 활주에서 위험한 상태의 하중을 받게 되고, 기본적인 이륙 속도를 초과하는 속도는 타이어의 손상이나 결함을 일으킬 수 있다.

착륙 상태에서와 마찬가지로 과도한 속도나 부족한 속도는 이륙에서도 바람직스럽지 못하다. 적절한 이륙 속도와 받음각을 사용해서 만족스런 이륙 성능을 얻는다.

6-5. 가스트와 윈드 웨어(gust & wind shear)

대기에서 풍향 속도와 방향의 변화는 중요한데 왜냐하면 이것이 항공기에 미치는 공기 역학적 힘과 모멘트에 영향을 주기 때문이다.

항공기가 비행 중에 풍향 속도와 방향의 변화를 받으면 공기 흐름의 방향과 속도 변화는 공기 역학적 힘과 모멘트의 변화를 만들고, 항공기는 이 변화에 반응하게 된다. 주어진 방향에 따라서 공기 흐름 속도의 변화에는 흐름 방향과 평행하게 차이가 있게 된다. 그러므로 속도 구배(velocity gradients)는 가끔 "wind shear(풍향이 여러 방향으로 다른 속도로 분산되는 것)"라고 부른다.

수직 돌풍의 영향은 고속에서 항공기에 중요한 영향을 미치는데, 비행 하중의 손상 가능성 때문이다. 수직 돌풍의 구조는 설명하는데 여기서 돌풍 속도는 벡터 형태로 비행 속도에 더해져서 합성 속도를 만들게 된다. 수직 돌풍의 기본적인 영향은 항공기의 받음각을 변화시키는데, 즉(+) 돌풍(위쪽 방향)은 받음각의 증가를 유발시키고 반면 (−) 돌풍(아래 방향)은 받음각의 감소를 유발시킨다. 물론 받음각의 변화는 양력 변화에 영향을 미치고, 만약 큰 돌풍과 빠른 비행 속도의 조합된 위험한 상태를 만나면 양력의 변화는 구조적 손상을 입히기에 충분할 만큼이 된다.

접근, 착륙 이륙 중의 낮은 비행 속도에서 수직 돌풍의 영향은 받음각 변화의 구조에 의한 것이다. 그렇지만 이런 저속 비행에서 문제점은 과도한 응력보다는 침하(sinking)와 실속의 가능성이다.

항공기가 큰 받음각에 있을 때 돌풍에 의한 더 큰 받음각의 증가는 임계 받음각을 초과해서 항공기의 초기 실속을 일으킨다. 또한 돌풍에 의한 받음각의 감소는 양력 손실을 일으켜서 항공기가 침하하게 된다. 이런 이유로 속도의 부족은 어떠한 돌풍 상태에서 운용할 때 상당히 심각한 상태가 된다.

수평 돌풍의 영향은 수직 돌풍의 영향과는 다른데, 받음각의 변화에서보다는 속도 변화에서의 즉각적인 영향이다. 이런 점에서 보아 수평 돌풍은 항공기 공기 하중과 강도 한계에 거의 영향을 받지 않는다. 더 심각한 것은 항공기가 저속에서 운용될 때 수평 돌풍과 윈드 쉐어에 반응하는 것이다. 수평 돌풍과 윈드 쉐어에 마주친 항공기를 설명한다.

항공기가 풍향을 측면으로 자르는 방향으로 비행하면 정풍의 변화가 생긴다. 또한 항공기의 상승과 강하는 풍향 속도를 자르면서 움직여서 즉, 풍향 형태(wind profile)에서 풍향 속도는 고도에 따라서 달라진다.

항공기의 반응은 항공기의 특성에 크게 좌우되지만 기본적인 영향은 모든 항공기에 공통이다. 항공기가 안정된 수평 비행에서 양력과 중력이 같고 추력과 항력이 같다고 가정할 수 있고, 피칭, 요잉, 롤링 모멘트에 어떠한 불균형도 없다고 가정할 수 있다.

만약 항공기가 수평 돌풍과 동일한 예리한 윈드 쉐어 상태에서 비행하면 속도 변화의 결과는 위의 평형 상태를 깨지게 한다. 예를 들어 만약 항공기가 예리한 수평 돌풍을 만나면 이것 때문에 속도가 20% 줄어들고, 새로운 속도(본래 수치의 80%)는 같은 받음각에 맞는 양력과 항력을 만드는데 이것은 본래 속도의 64%에 해당된다.

이런 공기 역학적 힘의 변화는 항공기가 힘의 불균형 방향으로 가속되게 한다. 이것은 즉, 항공기가 새로운 평형을 갖기까지 아래와 전방으로 가속되게 된다. 게다가 피칭 모멘트의 변화가 있어서 피치에 대응해서 움직이게 된다.

항공기가 수직 돌풍에 반응하는 것은 돌풍 구배(gust gradient)와 항공기 특성에 따라 다르다. 일반적으로 만약 항공기가 예리한 윈드 쉐어를 만나면 이것으로 인해서 속도가 감소되고 항공기는 침하하게 되며, 평형 상태를 얻기도 전에 고도의 상실을 갖게 된다. 비슷하게 만약 항공기가 예리한 윈드 쉐어를 만나서 속도가 증가되면 항공기는 뜨게 되고(float) 평형 상태가 되기 전에 고도의 증가를 갖게 된다. 심각한 수직과 수평 돌풍은 지형과 대기 상태에 의한 것이다.

공항 근처에 인접해서 천둥이나 불안정한 상태에 근접하게 되면 저고도에서 심각한 윈드 쉐어와 돌풍을 만나게 된다. 돌풍 상태에서는 모든 노력을 해서 항공기 속도와 비행로의 조종에 최선을 다해야 하고, 돌풍에 의한 어떠한 변화도 적절한 조종으로 수정되어야 한다. 아주 심한 돌풍 상태에서는 적합한 조종을 위한 여유 한계보다 약간 더 큰 속도로 접근, 착륙, 이륙을 시도한다.

6-6. 무동력 활공 성능(power-off glide performance)

항공기의 활공 성능은 단일 엔진 항공기의 엔진 고장이나 결함이 있을 때 특별히 관계되는 것이다. 엔진의 결함이나 고장이 발생될 때는 활공로를 얻는 것이 문제이고, 이것은 최소의 활공각을 가져야한다.

최소 활공각은 활공 거리 대 고도 상실의 가장 큰 비율을 만들어서 최대의 활공 거리를 만들거나 특정 활공 거리에서 최소한도로 고도를 상실하게 한다.

1) 활공각과 양항비

상승 성능의 설명에서 안정된 상승중인 항공기에 작용하는 힘은 다음의 관계를 갖는다.

$$\sin\gamma = \frac{T-D}{W}$$

여기서 $\gamma =$: 상승각

T: 추력 (lbs)

D: 항력 (lbs)

W: 중량 (lbs)

무동력 활공 성능의 경우는 추력 T는 "0"이어서

$$\sin\gamma = -\frac{D}{W}$$

이 관계에서 최소의 활공각 혹은 최소의 (−) 상승각은 최소 전체 항력이 되는 공기 역학적 상태에서 얻는다. 항공기 양력은 근본적으로 중량과 같기 때문에 최소 활공각은 항공기가 최대 양항비$(L/D)_{max}$에서 운용될 때이다. 활공각이 상당히 작을 때 활공 거리와 활공 고도비는 수적으로 항공기의 양항비와 똑같다.

$$활공비 = \frac{활공\ 거리}{활공\ 고도}$$

$$= (L/D)$$

동력이 차단된 상태에서 항공기에 작용하는 힘을 설명한다.

안정된 활공의 균형은 수직과 수평 방향 힘의 합이 "0"일 때 얻어진다. 최대 활공비를 얻기 위해서 항공기는 받음각과 양력 계수가 최대의 양항비를 제공하는 곳에서 운용되어야 한다.

양항비(L/D)와 양력 계수(C_L)가 항공기의 "clean(플랩, 슬롯, 슬랫, 스포일러, 랜딩기어 등이 모두 원 위치에 있어서 항력이 최소가 되는 상태)" 상태와 착륙 상태에서의 변화를 상세히 보여준다.

각각의 형태에서 최대 양항비$(L/D)_{max}$는 양력 계수의 어떤 특정 수치에서 발생하는데 이때 역시 특정 받음각에서이다. 그러므로 주어진 형태에서 최대 활공 성능은 항공기가 $(L/D)_{max}$에서 운용될 때는 총중량과 고도에 영향을 받지 않는다. 물론 예외적으로 아주 높은 고도에서 압축성 효과는 공기 역학적 특성을 변하게 한다.

최고 수치의 양항비(L/D)는 "clean" 형태에서 발생한다. 항공기가 착륙 형태로 전환되면서 유해 항력의 증가는 $(L/D)_{max}$를 감소시키고, $(L/D)_{max}$를 만드는 C_L은 증가된다. 그러므로 착륙 형태를 위한 가장 양호한 활공 속도는 일반적으로 "clean" 형태에서의 가장 양호한 활공 속도보다는 작아진다.

동력 차단 상태의 활공 성능은 강하율과 속도로 설명할 수 있다. 곡선에서 직선의 접점은 속도와 강하율의 최대 비율을 만든다. 분명한 것은 이 상태에서는 최대 활공비를 제공한다. 강하율이 필요 출력과 비례하므로 접점은 공기 역학적으로 $(L/D)_{max}$ 상태를 나타낸다.

2) 활공 성능에 미치는 요소

공기를 지나면서 최소 활공각을 얻기 위해서는 $(L/D)_{max}$에서 운용되어야 한다. 어떤 항공기 형태의 아음속 $(L/D)_{max}$는 특정 수치의 양력 계수와 받음각에서 얻어진다. 그렇지만 곡선에서 알 수 있는 것처럼 최적의 C_L에서 약간 벗어남은 L/D와 활공비에 그렇게 큰 감소는 가져오지 않는다. 사실 가장 양호한 속도로부터의 5% 벗어남은 활공비의 심각한 감소를 일으키지 않는다.

최적의 상태 이상이나 이하인 C_L은 최대치 이하의 양항비를 만든다. 만약 항공기 받음각이 $(L/D)_{max}$가 되는 수치 이상으로 증가하면 강하율의 일시적인 감소는 일어나지만 이 과정은 착륙 과정 중에는 반드시 있어야 한다. 최종적으로 안정된 상태가 얻어지고 증가된 받음각은 더 낮은 속도를 갖게 하고 L/D와 활공비를 감소시킨다. 활공 성능에서 총중량의 영향은 설명하기 어렵다. 주어진 항공기 형태에서 $(L/D)_{max}$는 C_L의 수치에서 발생하기 때문에 항공기의 총중량은 만약 항공기가 최적의 C_L에서 운용될 때 활공비에는 영향을 미치지 않는다. 그러므로 동일한 공기 역학적 형태의 두 가지 항공기(총중량은 다르다)는 같은 고도에서 같은 거리를 활공한다. 물론, 이 사실은 항공기가 $(L/D)_{max}$를 만들어내는 C_L에서 운용될 때는 사실이다. 기본적인 차이는 더 큰 항공기는 더 빠른 속도로 비행해서 최적의 C_L에서 더 큰 중량을 유지한다. 게다가 같은 비행로를 따라서 더 큰 속도로 더 무거운 항공기가 비행할 때 더 큰 강하율을 만든다. 특정 C_L에서의 총중량과 속도와의 관계는 다음과 같다.

$$\frac{V_2}{V_1} = \sqrt{\frac{W_2}{W_1}} \text{ (C_L은 일정)}$$

여기서 V_1: 본래 총중량(W_1)에 해당하는 가장 양호한 활공 속도
V_2: 본래 총중량(W_2)에 해당하는 가장 양호한 활공 속도

이 관계의 결과로 10%의 총중량의 증가는 5% 활공 속도를 증가시켜서 $(L/D)_{max}$를 유지한다(총중량이 증가하기 이전의 활공 속도를 1로 가정하면 총중량이 10% 증가 후는 $V_2 = 1.1^{1/2}$과 같으므로 $V_2 = 1.0488$이 되어 대략 5% 속도가 증가한다.). 반면 총중량의 작은 변화는 가장 양호한 속도의 상당한 변화를 만들어서 항공기는 L/D와 활공비의 심한 변화 없이 최적의 C_L로부터 약간의 벗어남이 있어야 한다. 이런 이유로 표준적인 활공 속도는 총중량이 작은 항공기의 활공 성능에 아주 중요하다. 총중량이 정상보다 상당히 다를 때는 최적의 활공 속도를 수정시켜서 최적 활공비를 유지한다.

활공 성능에 대한 고도의 영향은 만약 $(L/D)_{max}$에 변화가 없으면 중요하지 않다. 일반적으로 대부분 항공기의 활공 성능은 아음속이고, 고도 변화에 따른 현저한 $(L/D)_{max}$의 변화는 보이지 않는다.

어떤 특정 총중량에서 특정 항공기 형태는 $(L/D)_{max}$를 위한 C_L에서 비행을 유지하기 위한 특정 수치의 동압이 필요하다. 그러므로 항공기는 가장 양호한 활공 속도를 갖고, 이것은 상당 속도(EAS)의 특정 수치이며 고도와는 무관하다. 편리하게 사용하기 위해서 가장 양호한 활공 속도는 지시 속도(IAS)의 특정 수치로 나타내고, 압축성 효과와 위치 오차는 무시한다.

고도의 기본적인 영향은 고고도에서 진대기 속도(TAS)와 최적 활공로를 따르는 강하율로 저고도 상태 이상에서는 증가된다. 그렇지만 $(L/D)_{max}$가 유지되면 활공각과 활공비는 저고도 상태에서처럼 동일하다. 형태(configuration)의 영향은 플랩, 랜딩기어, 스피드 브레이크(speed brake) 등에 의한 추가의 유해 항력으로 나타내는데 이것으로 인해서 최대 양항비가 감소되고 활공비의 감소를 일으킨다.

활공 거리가 크게 중요한 경우 항공기는 clean 형태로 유지해서 $(L/D)_{max}$상태로 비행한다. 활공 성능에 풍향의 영향은 순항 거리에 미치는 풍향의 영향과 비슷하다. 즉, 정풍은 항상 활공 거리를 감소시키고 배풍은 활공 거리를 증가시킨다.

항공기의 최대 활공 거리는(정지된 공기 상태에서) $(L/D)_{max}$상태로 비행해서 얻는다. 그렇지만 풍향이 있는 곳에서 최적의 활공 상태는 $(L/D)_{max}$상태에서 이루어지지 않는다. 예를 들어 정풍이 존재하면 최적의 활공 속도는 증가되어 지상 거리와 고도의 최대 비율을 얻게 한다. 이런 면에서 볼 때 증가된 활공 속도는 정풍의 나쁜 영향을 최소화시키는 것을 돕는다.

배풍의 경우에 최적 활공 속도는 배풍의 장점을 극대화시키는 것을 감소시킨다. 일반적인 "0" 풍향 상태에서 활공 속도를 유지하는 것은 충분한데, 활공 거리의 다소의 차이를 인정해야 한다. 그렇지만 풍향 상태가 극히 심하고 풍향 속도가 활공 속도와 비교해서 상당히 클 때 즉, 풍향 속도가 활공 속도보다 25% 더 클 때는 활공 속도의 변화를 만들어서 가능한 최대의 지상 거리를 얻는다.

6-7. 얼음과 서리가 항공기 성능에 미치는 영향

예외 없이 항공기 표면에 얼음이나 서리의 형성은 공기 역학적 성능에 상당한 영향을 미친다. 이는 또한 공기 역학적 형상을 변경시키고, 경계층 성질에 영향을 미친다. 물론 가장 중요한 항공기 표면은 날개이고, 얼음이나 서리의 형성은 공기 역학적 특성에 심각한 영향을 일으킨다.

날개의 리딩에이지에 상당한 얼음의 형성은 부분적인 윤곽에 큰 변화를 만들고 심한 부분적인 압력 구배를 일으킨다.

심한 표면의 거칠기는 얼음 형성시에 흔한 것으로 큰 표면 마찰을 일으키고, 경계층 에너지의 감소를 일으킨다. 이런 영향의 결과로 얼음 형성은 항력을 상당히 크게 일으키게 하고, 최대 양력 계수를 크게 감소시킨다. 그러므로 얼음 형성은 필요 출력과 실속 속도를 증가하게 한다. 게다가 항공기에 얼음 형성은 추가의 중량을 주게 되어 원하지 않는 영향을 나타내게 된다. 얼음 형성의 이롭지 못한 영향 때문에 추천된 방빙 절차는 반드시 준수해서 항공기 성능을 유지해야 한다.

날개의 공기 역학적 특성에서 서리의 영향은 얼음 형성의 영향보다는 미묘하다. 날개 위쪽 표면에 딱딱한 서리의 축적은 표면을 상당히 거칠게 만든다. 반면 기본적인 모양이나 공기 역학적 윤곽은 변하지 않지만 표면 거칠기의 증가는 표면 마찰을 증가시키고 경계층의 운동에너지를 감소시킨다. 결과적으로 항력의 증가를 가져오지만 항력 증가의 크기는 얼음 형성에 따른 증가보다는 비교할 수 없이 적다.

날개에서 경계층 운동에너지의 감소는 초기 실속을 일으키고, 즉, 받음각에서 분리가 생기고, 양력 계수는 "clean" 상태의 미끈한 날개에서보다 더 낮다. 반면, 서리 형성에 기인한 C_{Lmax}의 감소는 얼음 형성만큼 크지 않고 예상치 못한 것인데 왜냐하면 공기 역학적인 모양이 크게 변해야 C_{Lmax}의 변화가 있는 것으로 생각되었기 때문이다. 그러나 경계층의 운동에너지는 공기 흐름의 분리에 중요하게 영향을 미치는 요소로 이 에너지는 표면의 거칠기의 증가로 감소된다. 양력 특성에서 얼음과 서리 형성의 일반적인 영향은 설명된다.

이륙과 착륙 성능에서 얼음과 서리의 영향은 아주 중요하다. 이 영향은 착륙과 이륙에 상당히 해롭고 얼음과 서리의 형성으로부터 항공기를 바르게 유지하려는 노력은 크게 실효성이 없다. 만약 착륙 과정의 접근에서 항공기에 얼음이 있으면 이것으로 인해서 C_{Lmax}를 감소시키게 되고, 실속 속도를 증가시키게 된다. 그러므로 착륙 속도는 더 크게 된다.

착륙 활주 중에 이런 영향이 불량한 제동 작용에 나타나면 위험한 상황이 존재한다. 분명한 것은 더 큰 노력으로 비행 중에 얼음의 형성을 막아야 한다. 어떤 경우든지 이륙 전에 항공기 날개 표면에 얼음이나 서리가 형성된 것이 남아있어서는 안 된다.

얼음의 바람직스럽지 못한 영향은 분명하지만 서리의 효과는 아주 미묘하다. 만약 날개 표면에 아주 두터운 서리가 형성되면 일반적으로 C_{Lmax}가 감소되어 5~10%의 항공기 실속 속도를 증가하게 한다. 이 영향 때문에 이륙 성능에서 서리의 영향은 주의를 기울어야 한다.

항공기의 이륙 속도는 일반적으로 실속 속도보다 5~25% 더 크고 이륙 양력 계수는 C_{Lmax} 의 90~65%의 수치이다. 그러므로 항공기에 서리가 있으면 속도로 이륙할 수 없는데 이는 초기 실속 때문이다.

만약 항공기에 서리가 있을 때 특정 이륙 속도에서 공중으로 이륙하면 항공기는 실속 속도 이상의 속도에 불충분한 한계를 갖게 되어 난류, 돌풍, 선회 비행은 항공기의 초기 혹은 완전한 실속을 일으킨다.

이륙 활주 중에 서리나 얼음 때문에 증가한 항력은 그렇게 크지 않고, 이륙 중에 초기 가속에 어떠한 심각한 영향을 주지는 않는다. 그러므로 서리나 얼음의 영향은 만약 항공기가 공중으로 이륙할 수 없거나 혹은 실속 속도 이상의 불충분한 관계는 성공적인 이륙의 초기 상승을 막는다. 어떤 경우든지 이륙 전에 항공기 날개 표면에 얼음이나 서리가 형성된 대로 남아있어서는 안 된다.

6-8. 다발 엔진에서의 엔진 결함

　다발 엔진 항공기의 경우에 엔진 고장은 오로지 무동력 착륙에 의존할 수밖에 없다. 다발 엔진의 경우에 동력 장치의 결함은 반드시 큰 사고를 만들지는 않는데, 비행은 나머지 엔진의 기능으로 유지되기 때문이다. 그러나 다발 엔진에서 어떤 한 엔진이 고장일 때의 성능은 어떤 비행에서는 위험하지만 정해진 기술과 절차를 반드시 준수해서 적절한 성능을 유지한다. 다발 터보 제트 항공기에서 일부 엔진 결함의 영향이 첫 번째 차트에서 속도와 함께 필요 추력과 이용 추력의 변화로 설명된다.

　만약 항공기 엔진의 1/2이 작동하지 않으면, 즉 쌍발 엔진 항공기에서 하나의 엔진이 작동하지 않으면 각 속도에서 최대 이용 추력은 엔진 고장 이전에 이용하던 것의 1/2로 감소한다. 속도와 함께 필요 추력의 변화는 엔진의 결함에 의한 영향에 의해서 나타나는데 만약 특정 절차를 따르지 않으면 항력의 심각한 증가를 가져온다.

　작동하지 않는 엔진은 추가의 항력으로 작용하고 조종사는 추가의 항력을 최소로 유지해야 한다. 프로펠러 항공기의 경우에 프로펠러를 페더링(feathering)하거나, 카울 플랩을 닫음으로써 증가된 항력을 줄이도록 한다.

　감소된 이용 추력의 주된 영향은 설명으로 알 수 있다. 물론 더 낮은 이용 추력은 최대 수평 비행 속도를 감소시키지만 더 중요한 것은 잉여 추력 감소이다. 감소 성능과 상승 성능은 잉여 추력과 잉여 출력의 함수 관계로 엔진의 고장은 이런 성능의 영역에서 분명히 나타난다.

　최대 이용 출력의 1/2의 손실은 잉여 추력을 본래 수치의 1/2 이하로 감소시킨다. 일부 추력이 비행 유지에 필요하기 때문에 이 이외의 잉여 추력은 항공기 가속과 상승에 사용되므로 잉여 추력의 감소는 이런 성능을 더욱 감소시킨다.

　가장 위험한 상태는 여러 가지 요소가 조합될 때 존재해서 엔진 결함이 발생할 때 최소의 잉여 추력과 잉여 출력을 만든다. 그러므로 위험한 상태는 큰 총중량 상태와 높은 밀도 고도(터빈 엔진의 경우에 높은 온도)에서 흔히 나타나고, 이런 요소들은 어떠한 비행 상태에서든지 잉여 추력을 감소시킨다.

　비대칭적인 출력 상태는 엔진 결함이 있을 때 나타나서 위험한 조종 상태를 만든다. 첫 번째 고려 사항은 비대칭 출력 상태에 의해서 만들어진 요잉 모멘트이다. 적합한 방향 조종은 항공기 속도가 최소 방향 조종 속도보다 더 클 때만 이용할 수 있다. 그러므로 조종사는 비행 속도가 최소 방향 조종 속도 이하로 떨어지지 않도록 해야 하는데, 왜냐하면 동력 장치 기능의 최대 출력의 사용은 만약 적합한 방향 조종을 이용할 수 없을 때 조종할 수 없는 요잉을 만들기 때문이다.

　두 번째 고려 사항은 프로펠러 동력 항공기에 관계되는 것으로 프로펠러 후류 속도에 의해서 생긴 롤링 모멘트이다. 프로펠러 항공기의 비대칭 출력은 날개에 프로펠러 후류 속도의 비대칭을 만들어서 롤링 모멘트를 일으키는데, 이것은 반드시 조종해야 하는 것이다. 이

프로펠러 후류에 의해서 유도된 롤링 모멘트는 높은 출력과 저속도에서 가장 크고, 조종사는 적절한 횡방향 조종을 해야 하고 특히 측풍을 받으면서 착륙할 때는 더욱 그러하다.

비행 중에 엔진 결함의 영향은 항공기의 형식과 형태에 따라서 다르다. 만약 엔진 결함이 터보 제트 엔진 항공기의 최적 순항 상태에서 발생하면 항공기는 강하해야 하고, 항속 거리의 손실을 경험하게 된다.

터보 제트 항공기가 일반적으로 최대 양항비 (L/D)max에서 과도한 출력이기 때문에 엔진의 손실은 최대 체공에 중대한 변화를 일으키지 않는다. 만약 왕복 엔진 항공기의 순항 중에 엔진 결함이 발생하면(만약 최대 항속 거리 상태가 순항 출력 정격 내에서 나머지 엔진 작동으로 유지될 수 없을 때는) 항속 거리의 심각한 손실을 겪는다. 최대 순항 정격보다 더 큰 출력이 순항을 유지하는데 필요하면 SFC는 증가하고, 항속 거리의 감소를 가져온다.

왕복 엔진 항공기의 최대 체공시간에 관해서도 근본적으로 같은 관계가 존재한다. 위험한 상태가 존재하는 것은 엔진의 결함에 의한 것으로 조종사는 감소된 잉여 추력을 알아야 하고 항공기를 정해진 한계 내에서 운용해야 한다.

항공기의 엔진 아웃(engine-out) 성능은 한계가 있고, 조종사는 급선회의 해로운 영향을 잘 알아야 한다. 조화있는 선회에서는 증가된 하중 계수에 기인한 것으로 실속 속도가 증가하고(이것은 엔진 아웃 성능에 크게 중요하다) 유도 항력이 증가된다. 아래 도표는 실속 속도와 유도 항력에 뱅크각의 영향을 설명한다.

뱅크각 ψ	하중 계수	실속 속도 증가(%)	유도 항력 증가(%)
0	1.0000	0	0
5	1.0038	.2	0.8
10	1.0154	0.7	3.1
15	1.0353	1.7	7.2
20	1.0642	.2	13.2
25	1.1034	5.0	21.7
30	1.1547	7.5	33.3
35	1.2208	10.5	49.0
40	1.3054	14.3	70.4
45	1.4142	18.9	100.0
60	2.0000	41.4	300.0

앞의 표에서 보는 것처럼 15°뱅크보다 작은 조화가 맞는 선회의 경우는 실속 속도나 유도 항력에 크게 영향을 미치지 않는다. 그렇지만 30°뱅크는 유도 항력을 33.3%까지 증가시킨다. 유도 항력이 증가되는 위험한 상태에서는 항공기의 강하를 금지해야 한다. 급선회가 필요 추력의 큰 증가를 일으켜서 추력 부족 상태가 존재하게 된다. 언제든지 엔진 결함이 위험한

상태를 만들면 이때는 모든 선회를 가능한 15°뱅크까지 제한하는 것이 현명하다.

선회 비행에서 고려해야 할 또다른 요소가 옆미끄럼(sideslip)의 영향이다. 만약 선회가 조화를 이루지 못하면 옆미끄럼을 최소로 유지하지 못해서 추가의 항력이 옆미끄럼으로 인해서 발생한다. 플랩이나 랜딩기어의 사용은 엔진이 작동하지 않을 때 다발 엔진 항공기의 성능에 크게 영향을 미친다.

랜딩기어와 플랩의 전개는 유해 항력을 증가시키고, 항공기의 최대 성능은 항공기의 형태를 clean으로 한 상태에서 얻는다. 어떤 임계 상태(위험한 상태)에서 랜딩기어의 전개와 플랩을 완전히 펴는 것은 항공기의 어떤 속도에서든지 추력의 부족을 일으켜서 항공기가 강하하게 된다. 이 상태는 설명된다. 그러므로 엔진 결함의 경우에 플랩과 랜딩기어의 사용은 바람직스럽지 못하다.

이륙 후 바로 뒤 엔진 결함의 경우에 최소 방향 조종 속도 이상에서 속도를 유지하는 것이 중요하고, 가장 적합한 상승 속도로 감소시킨다.

엔진 결함 후에 상승은 가장 가능한 상승 속도에 이를 때까지 장애물을 피한다. 물론 항공기가 공중에 뜨자마자 가능한 빨리 랜딩기어를 접어서 유해 항력을 감소시키고, 프로펠러 항공기의 경우는 프로펠러를 페더(feather) 상태로 유지해야 한다.

플랩은 가능한 빠르게 접는다. 만약 이륙에서 완전하게 플랩을 전개시키면 마지막 50%의 플랩 전개는 전체 저항의 1/2 이상을 증가시키지만 C_{Lmax}의 전체 변화의 1/2보다는 적다. 그러므로 어떤 형태의 항공기는 더 크게 항력이 감소되는데, 이것은 랜딩기어를 접어서가 아니라 부분적으로 플랩을 접어서 이루어진다. 또한 중요한 것으로 급선회를 시도해서는 안 되는데, 유도 항력이 아주 크게 증가하기 때문이다.

엔진이 작동하지 않는 상태로 착륙 중에는 이륙 때와 마찬가지의 같은 근본적인 주의를 해야 한다. 즉 최소의 방향 조종 속도를 유지해야 하고(초과해서는 안 된다) 어떤 급선회를 시도해서는 안 되며 플랩과 랜딩기어의 전개는 정확히 계산되어야 한다.

위험한 출력 상태에서 랜딩기어와 완전한 플랩의 전개는 성공적인 착륙이 될 때까지 지연시키는 것이 바람직스럽다. 만약 재이륙이 필요할 때는 최대 성능은 항공기를 "clean" 상태(랜딩기어, 플랩 등은 접한 상태로 유지해서 항공기의 항력을 최소로 하는 형태)로 하고, 고도를 증가시키기 전에 최상의 상승 속도로 가속시킨다.

엔진이 작동하지 않은 상태로 비행중일 때는 속도와 고도의 조종에 적절한 기술을 사용해야 하는데, 안정된 비행 상태를 위해서 받음각은 속도의 1차적인 조종 역할을 하고 잉여 출력은 상승률의 1차 조종 역할을 한다. 예를 들어 만약 착륙을 위한 접근 중에 플랩과 랜딩기어를 완전히 펴면 모든 속도에서 출력의 부족을 만들고, 항공기는 강하하게 된다. 만약 접근이 적절하게 계획되지 않으면 항공기는 원하는 활공로 이하로 침하되고 받음각의 증가는 항공기가 더 천천히 비행하게 하고 더 빠르게 강하하게 한다.

출력 부족 상태가 존재할 때 받음각의 증가에 의해서 고도를 유지하려고 시도하면 이것은 오로지 계속해서 속도의 손실만을 일으킨다. 적절한 절차와 기술은 엔진 결함이 발생할 때 안전 비행을 위해서 절대적으로 필요하다.

6-9. 지면 효과(ground effect)

항공기가 지면에 접근해서 비행하면 3차원 흐름 형태에 변화가 발생한다. 이유는 부분적인 공기 흐름은 지면에 대해서 수직 성분을 가질 수 없기 때문이다. 그러므로 지면은 흐름의 제한을 갖게 되어, 날개의 상승 흐름, 하강 흐름, 팁 볼텍스(를 변경시킨다. 이런 일반적인 효과는 지면 때문에 발생하는 것으로 "지면 효과"라고 한다.

1) 지면 효과의 공기 역학적 영향

테일 부분과 동체의 공기 역학적 특성이 지면 효과에 의해서 달라지는 반면에 지면에 접근하는 것에 기인하는 주요한 영향은 날개의 공기 역학적 특성을 변하게 한다.

날개가 지면 효과에 마주치면서 그리고 일정한 양력 계수를 유지하면서 상승 흐름, 하강 흐름, 팁 볼텍스에 감소가 있게 된다. 이 효과는 설명된다.

감소된 팁 볼텍스의 결과로 지면 효과가 존재하는 날개는 더 큰 종횡비를 갖고 있는 것처럼 작용한다. 다시 말하면 팁 볼텍스에 의해서 기인된 유도 볼텍스는 감소되고, 날개는 더 작은 유도 항력 계수 C_{Di}를 갖게 되고, 유도 받음각(α_i)을 갖게 한다.

지면 효과가 상당한 크기로 되기 위해서는 날개는 지면에 상당히 근접해야 한다. 지면 효과의 직접적인 결과의 하나를 설명하는데 이때는 지면 위의 날개 높이에 따르는 유도 항력 계수의 변화에 의한 것이다. 여기서 나타나는 것으로 날개는 지면에 가까울수록 유도 항력에 큰 감소를 가져온다.

날개가 스팬과 같은 높이에 있을 때(h/b=1.0) 유도 항력의 감소는 오직 1.4%이다. 그렇지만 날개가 스팬의 1/4의 높이에 있을 때(h/b=0.25) 유도 항력의 감소는 23.5%이고, 높이가 스팬의 1/10(h/b=0.1)일 때 유도 항력의 감소는 47.6%이다. 그러므로 유도 항력의 큰 감소는 오로지 날개가 지면에 아주 근접할 때 발생한다. 이런 변화 때문에 지면 효과는 이륙을 위한 상승 중에 착륙을 위한 접지 전에 가장 확실하게 나타난다.

지면 효과에 기인한 팁 볼텍스나 뒤따르는 볼텍스의 감소는 스팬 방향의 양력 분포를 다르게 하고 유도 받음각을 감소시킨다. 이런 경우에 날개는 지면 효과에서 더 낮은 받음각을 가져서 같은 양력 계수를 만든다. 이 효과의 설명은 양력 곡선으로 설명되는데 여기서 지면 효과 상태에 있는 항공기는 양력 곡선의 더 큰 경사를 만든다.

날개가 지면 효과에 있을 때 받음각을 더 낮추어서 같은 양력 계수를 만들도록 하고, 혹은 만약 일정한 받음각이 유지되면 양력 계수의 증가가 나타난다. 지면 효과는 필요 추력 대 속도의 곡선을 다르게 변화시킨다.

유도 항력은 저속도에서 지배적이어서 지면 효과에 기인한 유도 항력의 감소는 오로지 저속도에서 필요 추력(유해 항력＋유도 항력)의 가장 큰 감소를 일으킨다. 유해 항력이 지배적인 고속에서는 유도 항력은 전체 항력의 작은 일부이고 지면 효과는 필요 추력에 심각한 변화를 일으키지 않는다.

지면 효과는 지면에 가깝게 근접할 때 항공기에 유도되는 효과로, 이 효과는 이·착륙 중에 아주 크게 관계된다. 이것은 흔히 지면에 근접하는 항공기의 비행 단계에서 현저하게 나타난다.

2) 특정 비행 상태에서의 지면 효과

전체적인 지면 효과의 영향은 항공기가 지면 효과 속으로 강하하는 반면 일정한 양력 계수를 유지한다고 가정하고, 그러므로 일정한 동압과 상당 속도가 있다고 가정할 때 깨달을 수 있다.

항공기가 지면 효과 지역으로 강하하면서 아래의 영향이 나타난다.

ⓐ 감소된 유도 받음각과 양력 분포의 변화 때문에 더 작아진 날개 받음각은 같은 양력 계수를 만드는 것이 요구된다. 만약 일정한 피치 자세가 지면 효과를 마주치면서 유지되면 양력 계수의 증가가 발생한다.

ⓑ 지면 효과에 기인한 유도 흐름의 감소는 유도 항력에 큰 감소를 일으키지만 유해 항력에는 직접적인 영향을 일으키지 않는다. 유도 항력의 감소 결과로 저속에서 필요 추력은 감소된다.

ⓒ 지면 효과에 기인한 하강 흐름의 감소는 종방향 안정성과 트림의 변화를 만든다. 일반적으로 수평 꼬리 날개에서 하강 흐름의 감소는 정적 종안정성 기여를 증가시킨다. 게다가 꼬리 날개에서 하강 흐름의 감소는 흔히 엘리베이터를 더 크게 올라가게 해서 항공기가 특정 양력 계수에 맞도록 트림한다. 일반적인 항공기 형태에서 지면 효과를 마주치면 피칭 모멘트에서 기수 하향 변화를 만든다. 물론 안정성의 증가와 지면 효과에 동반되는 트림 변화는 착륙과 이륙을 위한 적절한 종적 조종력의 필요를 만족시킨다.

ⓓ 상향 흐름, 하강 흐름, 팁 볼텍스의 변화에 기인한 것으로 속도 계통에 위치 오차의 변화가 있게 되고 이것은 지면 효과에 동반되게 된다. 대부분의 경우에 지면 효과는 정적인 원인에서 부분적인 압력의 증가를 일으켜서 더 낮은 속도와 고도 지시를 만든다.

비행의 착륙 단계 중에 지면에 근접하는 효과는 정확히 이해하고 있어야 한다. 만약 항공기를 일정한 받음각으로 지면 효과를 받게 하면 항공기는 양력 계수의 증가를 겪게 되고 필요 추력의 감소를 갖게 되어 부양되는(floating) 느낌을 받게 된다.

지면 효과에서 감소된 항력과 무동력 감속 때문에 플레어의 어떤 지점에서 초과되는 속도는 상당한 "부양 거리"를 일으킨다.

지면 효과에서 유도 항력감소 때문에 항공기는 추천된 속도 이하에서 이륙할 수 있는 것처럼 보인다. 그러나 항공기가 속도 부족 상태로 지면 효과를 벗어나면 더 큰 유도 항력이 만들어져서 초기 상승 성능의 한계에 이르게 된다.

이륙에서 높은 총중량, 높은 밀도 고도, 높은 온도, 속도 부족과 같은 극한 상태에서는 항공기가 공중으로 뜰 수 있지만 지면 효과로부터 벗어날 수는 없다. 이 경우에 항공기는 초기에 속도 부족 상태로 공중에 뜨지만 곧바로 활주로에 주저앉는다. 이것에서 알 수 있듯이 속도 부족으로 공중으로 뜰 수 있게 강제로 항공기를 이륙시켜서는 안 되고, 추천하는 이륙 속도를 반드시 지켜서 적절한 초기 상승 성능을 제공한다. 사실, 지면 효과는 만약 감소된 항력의 사용으로 어떤 장애도 존재하지 않을 때 초기 가속을 개선시키는 장점이 있다.

항공기가 지면 효과를 떠나는 결과는 승객이나 화물이 가득찬 항공기를 활주로 옆에서 보면 가장 쉽게 느낄 수 있다. 항공기가 전방으로 움직이면서 지면 효과는 곧 통과하게 된다. 그러므로 항공기의 적절한 자세 움직임(rotation)은 같은 양력 계수를 유지하도록 하고, 이때는 유도 항력의 증가가 뒤따르는 것을 볼 수 있다.

헬리콥터의 로우터도 마찬가지로 지면에 근접할 때 유도 흐름의 제한을 경험하게 된다. 유도된 로우터 필요 출력은 저속에서 지배적이므로 지면 효과는 저속도에서 필요 출력에 상당한 영향을 미친다.

하버링(hovering)과 저속 비행 중에 로우터가 지면 위의 어느 고도에 있으면 이 위치는 비행을 위한 필요 출력을 결정하는데 중요한 요소가 된다. 왕복 엔진 항공기의 항속 거리는 지면 효과의 사용으로 증가시킬 수 있다.

항공기가 지면이나 수면에 근접하면 유도 항력을 감소시켜서 최대 양항비를 증가시키고 이에 해당하는 만큼 항속 거리를 증가시킨다. 물론 항공기는 지면에 상당히 근접해서 현저한 $(L/D)_{max}$와 항속 거리의 증가를 얻는다.

지면이나 수면을 접촉하지 않고 정확한 고도에서 항공기를 유지하는 일상적인 비행 중에는 지면 효과의 사용을 금지하는 것이 좋다. 지면 효과의 사용은 항속 거리를 크게 하지만 이것은 비상시에 최종적인 방법으로 사용해야 한다.

터보 제트의 항속 거리에서 낮은 고도의 영향은 아주 해롭기 때문에 지면 효과는 항속 거리를 증가시키기 위한 장점이 될 수 없다. 지면 효과의 가장 유용한 사용은 다발 엔진 항공기에서 일부 엔진의 고장일 때 볼 수 있다.

출력 손실이 아주 심할 때 항공기는 고도를 유지할 수 없고 곧 강하한다. 지면 효과를 마주치면서 감소된 필요 출력은 항공기가 나머지 엔진 기능으로 극히 낮은 고도에서 비행을 유지할 수 있게 한다.

지면 효과에서 왕복엔진 항공기는 더 큰 $(L/D)_{max}$를 마주치게 되고 이것은 더 낮은 속도와 필요 출력에서 발생하므로 항속 거리의 증가는 비상시에 상당히 중요하다.

6-10. 비행중인 항공기에서 발생하는 간섭

비행중이나 비행중 연료 재보급 중에 항공기는 서로 근접하게 되고, 공기 흐름 형식의 상호 간섭을 만들게 되고 이것이 나중에는 각 항공기의 공기 역학적 특성을 달라지게 한다. 이 간섭의 기본적인 영향은 반드시 이해해야 하는데 왜냐하면 상호 간섭에 의한 어떤 요소는 충돌의 가능성을 높이기 때문이다.

비행중인 항공기 사이의 간섭의 한 가지 예는 나란히 비행중인 항공기의 횡방향 분리이다. 대칭면(plane of symmetry)이 두 개의 동일한 항공기 사이의 중간에 존재하므로 흐름의 경계가 있게 되지만 흐름의 횡방향 성분은 없다.

두 항공기 윙 팁이 근접하면서 이에 따라서 팁 볼텍스나 뒤따르는 볼텍스의 강도를 감소시키고 윙 팁(wing tip) 근처에서 유도 속도의 감소를 가져온다. 그러므로 각 항공기는 팁 볼텍스가 감소하면서 양력 분포가 부분적으로 증가하는 것을 경험하고 롤링 모멘트가 발달해서 이것이 롤(roll) 경향을 갖게 하므로 각 항공기가 서로 떨어져야 한다. 이 방해는 만약 다른 항공기가 인접해 있으면 충돌의 가능성이 있게 되고 조종의 수정이나 지나치게 조종이 지연된다. 만약 윙 팁이 전방과 후방으로 움직이면 같은 영향이 존재하지만 일반적으로 아주 작은 크기이다.

윙 팁의 횡적 분리에 기인한 간섭 효과의 크기는 윙 팁의 근접과 유도 흐름의 크기에 좌우된다. 이것의 간섭은 팁이 아주 근접할 때 가장 크다는 것을 암시하고 항공기는 높은 양력 계수에서 운용된다. 이 효과의 흥미로운 한 가지 분야는 여러 대의 항공기가 윙 팁을 나란히 하고 인접해 있으면 유도 항력의 감소를 경험하게 된다.

간섭의 간접적인 형태는 앞선 항공기에 의해서 만들어진 볼텍스를 마주칠 때이다. 볼텍스는 항공기의 뒤에서 위로 말리는 성질을 갖고 뒤따르는 항공기에 상당한 난류를 만든다. 이 웨이크(wake)는 항공기가 적당한 간격으로 떨어져서 이·착륙을 하지 않으면 상당히 성가신 것이다. 위로 말리는 볼텍스는 앞선 항공기가 아주 큰 양력 계수에서 운용될 때 아주 크다.

또 다른 중요한 간접적인 간섭의 형태는 두 항공기가 위·아래에 있을 때이다. 한 대의 항공기가 비행중일 때 날개의 앞쪽에는 상승 흐름이 날개의 뒤쪽에는 하강 흐름이 발달되어 어떤 제한이 가해지면 상승 흐름과 하강 흐름의 분포나 크기를 변경시킨다.

뒤에 근접하게 뒤따르는 항공기(그림에서처럼 리딩에이지 바로 밑)와 앞선 항공기 사이에는 상호 간섭이 발생한다. 앞선 항공기는 지면 효과와 비슷한 영향을 받게 되는데, 즉 유도 항력이 감소되고, 테일에서는 하강 흐름이 감소하여 기수를 하향으로 하는 피칭 모멘트의 변화가 있다. 뒤따르는 항공기는 뒤 항공기와 반대 효과를 겪게 된다. 말을 바꾸면 아래의 항공기는 유도 항력이 증가되고 꼬리 날개에서 하강 흐름이 증가하므로 기수를 위로하는 피칭 모멘트에 변화가 있다. 그러므로 항공기가 가깝게 근접해 있을 때 결정적인 충돌 가능성이 존재하는데, 왜냐하면 각 항공기에 의한 트림 변화를 겪기 때문이다.

트림 변화의 정도는 항공기가 아주 큰 양력 계수에서 운용될 때, 즉 저속도 비행에서 항공기가 아주 근접되었을 때 아주 크다. 편대 비행에서 이런 종류의 간섭을 항상 예상해야 한다. 옆에 있는 항공기의 트림 변화에 의해서 뒤에 항공기가 있다는 것을 깨닫게 된다. 흔한 충돌 문제는 항공기 랜딩기어 고장이 있을 때이다.

만약 항공기 랜딩기어에 문제점이 있는지 검사하라고 옆 항공기에 요청할 경우는 적절한 간격을 유지해야 한다. 대부분의 이런 경우에 충돌을 하는데 뒤따르는 항공기의 조종사가 방향을 잃고, 적절한 간격을 유지하지 못하기 때문이다.

비행중 연료 재보급 중에 근본적으로 같은 문제점이 존재한다. 급유 받는 항공기는 탱커 (급유 항공기)로 접근할 때 뒤의 밑에서 접근하므로 출력과 피치 자세를 약간씩 점차적으로 증가시키는 것이 요구되고 급유 위치로 계속 접근한다. 급유 받는 항공기의 조종사는 탱커 의 조종사를 볼 수 없으므로 탱커의 조종사는 급유 받는 항공기의 조종사가 필요 출력을 약 간 줄이고 기수 하향 피칭 모멘트를 변하게 한 위치라는 것을 짐작할 수 있다. 적절한 간격 과 위치는 급유 받는 조종사에 의해서 유지되어 충돌 가능성을 피한다. 만약 급유 받는 항공 기의 조종사가 과도한 속도를 가지면 그리고 탱커 밑에 아주 근접되어 있으면 위험스런 상 태가 존재한다.

트림 변화는 두 항공기 모두 경험하게 되고, 충돌을 피하기에는 아주 힘들다. 앞에서 설명 한 형태 이외에 초음속 비행 항공기 사이에는 강한 간섭의 가능성이 존재한다. 이 경우에 한 대의 항공기로부터의 충격파는 인접 항공기의 롤링 모멘트, 요잉 모멘트, 피칭 모멘트와 압력 분포에 강한 영향을 미친다. 특히 낮은 고도와 높은 q에서 근접되었을 때 일반적인 효 과의 관계를 표시하는 것은 상당히 힘들다. 일반적으로 뒤따르는 항공기는 더 큰 영향을 받 는다.

6-11. 제동 성능

대부분의 항공기 형태와 활주로 상태에서 항공기 브레이크는 감속의 가장 강력한 수단이다. 또한 특수한 상황에 맞는 제동 기술이 필요하고, 모든 상태에 공통적인 여러 가지 기본이 있다.

마찰은 두 표면 접촉의 상대 운동에 저항하는 것이다. 표면 사이에 상대 운동이 존재하면 상대 운동에 대한 저항은 운동(kinetic) 혹은 미끄럼(sliding) 마찰이라고 하고, 표면 사이에 상대 운동이 존재하지 않을 때 임박한 상대 운동에 저항하는 것을 정적(static) 마찰이라고 한다.

접촉에서 표면의 사소한 불연속은 상대 운동이 존재하는 것보다 임박했을 때 더욱 가깝게 맞닿을 수 있어서 정적 마찰이 일반적으로 운동 마찰을 초과하게 된다. 두 표면 사이의 마찰력의 크기는 접촉면의 형식에 크게 좌우되고 표면에 가해지는 힘의 크기에 좌우된다.

접촉 표면의 마찰 특성은 마찰력과 표면에 정상적으로 가해지는 힘의 비로 나타내고 이를 마찰 계수라 한다.

$$\mu = F/N$$

여기서 μ: 마찰 계수
　　　F: 마찰력
　　　N: 힘

활주로 표면에서 타이어의 마찰 계수는 많은 요소와 함수 관계이다. 활주로 표면 상태, 고무 재질, 트레드(tread) 모양, 타이어 압력, 표면 마찰 전단 응력, 상당 미끄럼 속도 등이다. 이 모든 요소는 마찰 계수에 영향을 미친다.

브레이크에 사용 없이 타이어가 활주로 면을 구를 때, 마찰력은 단순한 구르는(활주) 저항이다. 활주 마찰 계수는 단단한 활주로 표면이 건조할 때 0.015~0.030 정도이다. 브레이크의 사용은 휠에 토오큐로 작용해서 휠 회전을 지연시키려 한다. 브레이크의 초기 사용은 제동 토오큐(braking torque)를 만들지만, 초기의 지연 토오큐(retard torque)는 마찰력의 증가로 균형을 갖게 되어, 이것이 구동(driving) 혹은 활주로 토오큐(rolling torque)를 만든다. 물론 제동 토오큐가 활주 토오큐와 같을 때 휠은 회전 중에 가속이 없고, 일정한 회전에서 균형이 유지된다. 그러므로 브레이크의 사용은 지연 토오큐를 만들어서 타이어와 활주로 표면 사이에 마찰력의 증가를 일으킨다.

제동 기술의 공통된 문제점은 과도한 브레이크 압력의 사용으로 이것은 최개 가능한 활두 토오큐보다 더 큰 제동 토오큐를 만든다. 이 경우에 휠은 회전 속도를 잃고 휠이 고정될(회전 정지) 때까지 감속되어, 타이어 표면이 완전한 끌림 상태로 락크된 휠(locked wheel)이 된다. 마찰력, 정상 힘, 제동 토오큐, 롤링 토오큐의 관계는 설명된다.

마찰 계수에서 끌림 속도(skidding speed)를 설명한다.

끌림이 "0"인 상태는 브레이크 사용 없이 휠이 구르는 상태이고 반면 100% 끌림은 휠이 락크된 상태에서이며, 이때는 타이어와 활주로 사이의 상대 속도가 실제 속도와 똑같을 때이다.

브레이크가 사용 중인 상태에서는 마찰 계수는 증가하지만 사소한 크기이고, 상당한 미끄럼을 갖는다. 마찰 계수가 연속적으로 증가하는 것은 최대치가 될 때까지 증가하는데 미끄럼(slip)이 감소하면서 증가하고 100% 미끄럼 상태에 접근한다. 실제로, 마찰 계수의 최고 수치는 초기 끌림 상태에서 발생하고, 이 지점에서 상대적인 미끄럼은 타이어 구조의 탄성 변형으로 주로 구성된다.

활주로 표면이 건조하고 표면이 콘크리트일 때 대부분 항공기 타이어의 마찰 계수의 최대 수치는 0.6~0.8이다.

건조한 표면 상태에서 이런 마찰 계수의 최고 수치에 작은 변화를 갖게 하는 요소는 여러 가지가 있다. 예를 들어 부드러운 고무는 아주 큰 마찰 계수를 만들지만 낮은 표면 전단 응력을 갖는다.

높은 수치의 표면 전단 응력에서 부드러운 고무는 큰 마찰 계수가 만들어지기 전에 잘라지거나 떨어져 나간다. 더 큰 강도의 고무가 항공기 타이어에 사용되어 더 크게 표면에 저항을 갖게 하지만 단단한 고무는 더 낮은 본질적인 마찰 계수를 갖는다.

성능이 우수한 항공기는 타이어의 무게나 크기에서 그렇게 크게 할 수 없으므로 대부분의 항공기 타이어는 상당히 단단한 고무이고 정해진 정격 하중 용량 근처에서 사용된다. 결과적으로 건조한 단단한 활주로 면의 마찰 계수의 최고치와 대부분 항공기 타이어 사이에는 거의 차이가 없다. 만약 타이어 설계시 건조한 표면에 아주 넓은 면이 접촉하는 것이 문제라면 부드러운 고무를 아주 넓게 사용해서 표면 전단 응력을 감소시키도록 한다. 그러나 이런 타이어는 많은 다른 특성을 갖는데 이것은 바람직스럽지 못한 것으로 큰 활주 마찰, 불량한 측면 힘 특성 때문이다.

활주로 표면에 물이나 얼음이 있으며, 마찰 계수의 최고치는 건조한 상태에서 얻는 수치 이하로 감소한다. 표면에 물이 있을 때 고무와 활주로 사이의 접촉을 유지하기 위해 트레드 설계가 아주 중요하게 되는 데 잘 설계된 것은 표면의 윤활 역할을 하는 수막(flim of water)을 막아준다.

비가 가볍게 내리면 마찰 계수의 최고 수치는 0.5이다. 심하게 비가 내리면 타이어와 활주로 사이에 유막이 형성되기에 충분해서 이 경우에 최고 마찰 계수는 거의 0.3을 넘지 못한다. 이 이상의 어떤 극한 상태에서 타이어는 활주로를 접촉하지 못하고 물을 따라서 진행되어 마찰 계수는 0.3보다 더 낮아진다.

활주로에 미끈하고 투명한 얼음이 있을 때는 마찰 계수가 아주 낮아진다. 이런 경우에 마찰 계수의 최고치는 0.2~0.15 정도 된다.

초기의 끌림 상태를 지난 바로 직후는 마찰 계수가 감소되어 끌림 속도를 증가시키고, 특히 젖어있거나 미끄러운 활주로에서 더욱 현저하다. 그러므로 일단 스키드(끌림)가 시작되면 마찰력이 감소되므로 회전 토오큐는 제동 토오큐의 감소에 맞아야 하는데 그렇지 않으면 휠은 감소되고 락크된다. 이것은 제동 기술에 중요한 요소로 고려되어야 하는데, 왜냐하면 락크된 휠에서 끌리는 타이어 표면은 초기 끌림 상태로 최고의 마찰 계수를 만드는 것보다 더 적게 지연력을 만들기 때문이다.

만약 과도한 제동으로부터 휠 락크가 생기면 미끄러지는 타이어 표면은 최대의 지연력보다 더 작은 힘을 만들고 타이어는 상대적으로 어떤 중요한 측면 힘을 발달시킬 수 없게 된다.

정지 거리는 증가되고, 완전한 상태의 끌림이 발달되면 항공기의 조종이 불가능하거나 아주 힘들어진다. 게다가 건조한 활주로에서 높은 활주 속도에서는 끌리는 타이어(skidding tire)의 순간적인 문제점은 지연력의 손실을 반드시 가져오지는 않지만 타이어 결함을 초래할 수 있으므로 조종사는 브레이크의 사용으로 어떤 과다한 제동 토오큐를 만들지 않도록 해야 하고(제동 토오큐는 최대 회전 토오큐보다 더 크다), 활주로 상태가 낮은 수치의 마찰 계수를 만들 때나 제동 표면에 정상적인 힘이 적을 때는 특히 주의를 기울인다.

끌림(skidding) 상태를 구별하는 것은 상당히 힘든데 앤티스키드의 수치나 혹은 자동 제동 계통을 제대로 이해해야 한다.

1) 제동 기술

최소 정지 거리에 필요한 기술과 타이어와 브레이크의 최소 마모와 떨어져 나가는 것을 최소로 하는 기술은 크게 다르므로 분명히 구별해서 이해해야 한다.

대부분의 항공기 형태에서 브레이크는 감속을 일으키는 가장 중요한 요소이다. 물론 공기 역학적인 항력은 계속 존재하므로 활주로가 아주 길고, 항력을 이용할 수 있을 때는 항공기의 감속에 사용한다.

공기 역학적인 항력은 접지 지점을 기준으로 초기의 20~30% 속도 감속을 위해서 중요하다. 착륙 속도의 60~70%보다 작은 속도에서 공기 역학적인 항력은 점차 적어지고, 브레이크는 활주로 상태와 관계없이 감속의 주요한 원인이다.

최소 착륙 거리 조건을 위해서 공기 역학적인 항력은 아주 불량한 활주로 상태의 아주 큰 항력 상태에서 착륙 활주의 초기 부분의 감속을 위한 주요한 소스이다. 이 경우는 상당히 제한적인 경우로 브레이크가 최대의 효율을 만들도록 브레이크 사용을 중요하게 고려해야 한다.

가능한 최대 지연력을 제공하기 위해서 제동 면에 최대의 힘이 만들어지도록 한다. 조종사는 동압이 크고, 공기 역학적 힘과 모멘트가 계속될 때 착륙 활주의 초기에 제동 면에 힘이 영향을 미치도록 해야 한다.

착륙 활주의 이 부분에서 조종사는 랜딩기어에 가해지는 힘의 분포와 항공기 양력을 조절할 수 있어야 한다. 첫 번째로 고려할 것은 어떤 (+)양력으로 이것은 항공기 중량의 일부를 지지하고 랜딩기어에 가해지는 힘을 감소시킨다. 물론 제동 마찰의 목적으로 (−)양력을 만드는 것도 장점이 있지만, 이것은 "tricycle" 형태의 랜딩기어를 갖고 있는 항공기에서는 흔한 것이 아니다.

항공기 양력은 착륙 바로 후에 상당하므로 접지 후에 즉시 플랩을 접거나 스포일러의 전개는 날개의 양력을 감소시키고 랜딩기어에 주어지는 힘을 증가시킨다.

플랩을 접으면 감소된 항력은 제동 면에서 증가된 정상 힘에 의해서 주어지는 증가된 제동 마찰력에 의해 상쇄되는 것보다 더 크다.

두 번째 가능한 요소로 제동 효율을 조절하는 것이 랜딩기어 표면에 가해지는 힘의 분포이다. "tricycle" 랜딩기어 형태의 노스 휠은 흔히 브레이크가 없고 이 휠에 가해지는 어떤 힘은 단지 항공기를 조종하는 힘으로만 사용된다.

감속 상태에서 기수 하향 피칭 모멘트는 마찰력에 의해서 만들어지고, 관성은 중요한 힘을 노스휠로 가게 해서 이것은 마찰력을 만드는 곳에 사용할 수 없다. 착륙 접지 후에 즉시 조종사는 이 상태를 조종해서 메인휠에 힘을 다시 얻거나 증가시킬 수 있게 한다.

접지 후에 기수(nose)는 노스휠이 활주로를 접촉할 때까지 계속 내리고 접지 후에 브레이크를 가한다. 이렇게 해서 노스휠의 힘을 최소화시키고, 제동면의 힘을 증가시킨다. 반면 기본적인 영향은 힘이 메인휠로 전달되는데, 이때는 순수 양력의 감소로 인해서 힘이 크게 증가해서 테일을 아래로 누르는 하중이 현저해지기 때문이다. 이 순수 항력의 감소는 테일이 없거나 짧은 항공기 형태에서 특별히 크다.

플랩을 접고, 스틱을 뒤로 하면 제동 마찰력이 아주 크게 증가한다. 물론 플랩은 공중에 있을 때는 접어서는 안 되고 스틱을 뒤로 하는 것은 노스휠이 활주로 면에서 뜨지 않게 사용해야 한다. 이 기술은 브레이크 사용으로 최대 마찰 계수를 얻을 수 없을 때 사용한다.

초기 끌림 상태는 최대 마찰 계수를 만들지만 이 최고치는 인식하기가 힘들고 앤티스키드 시스템 없이 유지하기가 무척 힘들다.

브레이크의 적합한 사용은 최고 마찰 계수의 사용에 필요하지만 타이어 결함, 조종 손실 혹은 마찰 계수의 상당한 감소 등을 가져오는 끌림이나 락크된 휠을 만들어서는 안 된다.

브레이크의 용량은 적절한 제동 토오큐를 만들기에 충분해야 하고, 높은 마찰 계수를 만들어야 한다. 게다가 브레이크는 발생되는 열로 인해서 효율을 떨어뜨려서는 안 된다. 브레이크의 가장 중요한 요구사항은 최대 허용 가능한 착륙 중량으로 착륙할 때 발생한다.

2) 제동 기술에서의 일반적인 실수

제동 기술에서 흔한 실수는 흔히 다른 종류의 실수와 동시에 발생한다. 예를 들어 만약 조종사가 과도한 속도로 착륙하면서 불량한 제도 기술이 사용되면 처음의 실수로부터 불안한 상태를 만들게 된다.

제동 기술에서 가장 흔한 한 가지 실수는 최대 가능한 회전 토오큐 결과는 휠이 감속하게 하고, 락크되고 끌림은 마찰 계수를 감소시키고, 측면 힘이 떨어져서 결국은 타이어 결함을 일으키게 된다.

최대의 제동이 필요할 때 주의해야 할 점으로 제동 토오큐를 완화시켜서 휠의 락크를 막고 끌림을 일으키지 않게 하는 것이다. 반면, 최대 마찰 계수는 초기의 스키딩(skidding) 상태에서 얻어져서 충분한 제동 토오큐를 가해서 충분한 마찰력을 만들어야 한다.

간헐적인 제동의 사용은 최대 감속일 때는 효율적인 목적이 되지 못하는데 브레이크 사용 주기 때문에 오로지 약한 상태 혹은 무시할 정도의 냉각마이 제공되기 때문이다. 브레이크는 아주 완만하게 가해져야 하고, 제동 토오큐는 최고 수치에 가깝게 해서 끌림을 만들지 않도록 한다.

착륙 활주 거리에 영향을 미치는 중요한 요소의 하나가 착륙 접지 속도이다. 착륙에서 어떤 과도한 속도는 최소 정지 거리에 큰 증가를 일으키게 하고 이때 조종사는 착륙을 정밀하게 조종해서 정확한 속도에서 착륙하게 한다.

건조하고 단단한 양호한 상태의 활주로에 착륙할 때는 마찰 계수가 좋아 짧은 제동거리를 가지므로 활주 거리를 충분히 활용할 수 있으므로 약간 빠른 속도로 접지할 수 있다. 그러나 조종사는 이런 실수는 해서는 안 되고 모든 착륙에서 정밀한 착륙을 할 수 있게 최선을 다해야 한다.

정지 후 즉시는 항공기 양력은 상당히 크고 제동 표면의 힘은 상당히 낮다. 그러므로 만약 과다한 제동 토오큐가 가해지면 휠은 빠른 속도에서 쉽게 락크(lock)되고 타이어 결함이 갑자기 발생된다.

젖어있거나 미끄러운 활주로에 착륙할 때는 브레이크의 사용에 주의해야 하는데, 왜냐하면 최대 마찰 계수가 감소하기 때문이다. 얻을 수 있는 최대 수치의 마찰 계수가 감소하기 때문에 조종사는 최소 착륙 거리의 증가를 예상할 수 있다.

활주로에 많은 양의 물이나 얼음이 있을 때 착륙 거리의 증가가 생기는데 40~100%까지 예상할 수 있다.

불행하게도 불량한 제동 작용을 만드는 경우에는 터보 제트 엔진의 높은 아이들 추력을 찾게 하고 극한 상황의 경우(미끄러운 얼음판이나 심하게 비가 왔을 때)는 적절한 거리를 위해서 엔진을 정지시킨다.

6-12. 이륙 포기 속도, 활주로상의 속도

이륙 중에 항공기의 성능을 관찰하는 것이 필요하고 가속을 평가해서 항공기가 정해진 거리에서 이륙 속도를 얻을 수 있게 한다. 만약 항공기가 정상적으로 가속하지 못하거나 항공기나 혹은 엔진이 적절하게 기능을 하지 못할 경우에 빠른 결정을 해서 계속 이륙을 강행하거나 혹은 이륙 포기를 해야 한다.

만약 이륙 활주 중에 이륙 포기가 결정되면 전혀 문제가 되지 않는데, 왜냐하면 항공기는 큰 속도를 얻은 상태가 아니고 또한 많은 나머지 부분의 활주로를 사용할 수 있기 때문이다. 그렇지만 이륙 속도에 가까운 속도에 있는 항공기는 이륙 거리의 대부분을 사용했으므로 정지에 필요한 거리는 다소 적은 편이다. 문제점은 이륙 가속 중에는 최고 속도로 거꾸로 나머지 활주로 길이에서 정지할 때까지 감속해야 하는데 이것을 포기 속도(refusal speed)라고 한다. 이 포기 속도는 이륙 성능, 정지 성능, 이용할 수 있는 활주로의 길이와의 함수 관계를 이룬다.

이상적인 상황은 이륙 속도로 가속화하는데 필요한 거리보다 더 긴 활주로 길이가 있어야 하고, 이것은 다시 이륙 속도로부터 감속하는데 이용될 수 있는 것이어야 한다. 이 경우에 포기 속도는 이륙 속도를 초과하게 된다. 어떤 면으로 봐서 활주로 길이는 가속 정지 거리보다 짧고, 포기 속도는 이륙 속도보다 느리다.

이륙 포기 상태를 설명한다. 활주로의 시작 부분에서 항공기는 가속을 시작하고 속도와 거리의 변화는 이륙 가속에 의해서 정해진다. 감속은 속도와 거리의 변화로 설명하는데 여기서 항공기는 활주로의 끝에서 정지하게 된다. 가속과 감속의 교차 부분에서 포기 속도가 결정되고, 포기 거리가 결정된다.

이륙 중에 항공기는 포기 속도까지 가속되어야 하고 이때 나머지 활주로에서 감속해서 정지한다. 일단 포기 속도를 지나면 항공기는 나머지 활주로에서 정지할 수 없고, 만약 정지하면 불안전한 정지가 된다.

만약 이륙을 포기하면 포기 속도보다 항공기 속도가 빠를 때 유일한 희망은 활주로 벽이나 활주로 끝까지 계속 정지할 때까지 활주하는 것이다. 이런 사실에 비추어볼 때, 이륙 계획이 필요하고 이륙 가속을 계속 관찰하는 것이 필요하다. 만약 포기 속도 자료를 이용할 수 없을 때 대략적인 포기 속도와 거리를 계산한다.

$$V_r = V_{to}$$

$$S_r = S_{to}$$

여기서 V_r: 포기 속도(refusal speed)
S_r: 포기 거리(refusal distance)

V_{to}: 이륙 속도(takeoff speed)

S_{to}: 이륙 거리

V_L: 착륙 속도(landing speed)

S_L: 착륙 거리

R_a: 이용 가능한 활주로 길이

이런 대략적인 관계는 포기 지점에서 시간을 고려하지 않은 것으로 정확한 비행 교범 자료로 이용해서는 안 된다.

단발 엔진 항공기의 경우에 조종사는 이륙 성능을 관찰해서 기능 정지나 포기 속도에 이르기 전에 적절한 가속의 부족을 인식해야 한다.

분명히 포기 속도를 초과하기 전에 이륙 포기를 결정하는 것이 현명하다. 조종사는 주의 깊게 항공기와 엔진 성능을 평가해서 활주중의 속도(line speed)로 항공기의 가속을 판단한다.

이륙 활주중에 항공기의 가속 운동은 항공기의 가속이 정상일 때 속도와 거리 사이의 어떤 관계를 결정한다. 활주로를 따라서 여러 지점에서 예측한 속도와 실제 속도의 비교로 조종사는 가속을 평가할 수 있고 이륙 성능을 정한다.

가속 과정에서 속도와 거리의 변화는 일정한 가속 운동의 경우로 일정한 가속이다. 반면 일정한 가속 운동이 모든 항공기의 이륙 성능에 정확히 일치하지 않을 때는 라인 속도(line speed)와 가속 점검의 원리로 충분히 설명할 수 있다.

만약 항공기의 이륙 가속이 일정하면 항공기는 정해진 %의 이륙 거리에서 정해진 %의 이륙 속도를 발달시킨다.

이런 일정한 가속 운동의 예에서처럼 항공기가 이륙 활주의 중간 지점에 이르렀을 때 전체 이륙 시간의 70.7%를 소비하고, 이륙 속도의 70.7%까지 가속된다.

이륙 거리 %	이륙 속도 %	이륙 시간 %
0	0.0	0.0
25	50.0	50.0
50	70.7	70.7
75	86.5	86.5
100	100.0	100.0

만약 항공기가 정해진 거리에서 정해진 속도에 이르지 못하면 이것은 분명히 예상된 수치보다 낮은 가속이 되어 항공기는 정해진 이륙 거리에서 이륙 속도를 얻을 수 없다. 그러므로 활주로를 따라서 여러 지점에서 적절하게 계산된 라인 속도는 조종사가 이륙 성능을 관찰할 수 있게 하고, 가속의 부족을 인식하게 한다. 물론 가속의 부족은 활주로의 어느 지점에 이르

기 이전에 인식되어서 이륙을 포기해야한다.

포기 속도와 라인 속도의 근본적인 원리는 단발 엔진과 다발 엔진 항공기에 똑같이 적용한다. 그렇지만 다발 엔진의 경우에 추가로 고려할 것은 이륙 활주중에 엔진 고장이 발생할 때 계속 이륙할 것인가 혹은 포기할 것인가를 결정하는 것이다.

포기 속도에 이르기 전에 한 엔진의 고장이 생기면 이륙은 포기해야 하고, 항공기는 나머지 활주로를 이용해서 정지시켜야 한다. 만약 포기 속도를 초과한 후에 안 엔진의 고장이 발생하면 항공기는 나머지 엔진으로 계속 이륙을 하거나 혹은 불안전한 이륙 포기를 시도한다.

어떤 경우에 나머지 활주로는 이륙 속도까지 가속하는데 충분하지 못하거나 나머지 활주로에서 항공기를 정지시키는데 부족한 거리가 된다. 이런 문제점 몇 가지를 고려할 수 있다.

a. 이륙과 초기 상승 속도

이 속도는 실속 속도 이상의 정해진 %로 이 속도에서 항공기는 뜨게 되고 이륙 후 장애물을 벗어나게 된다.

이륙 형태에서 어떤 특정 항공기는 이속도(EAS 혹은 CAS)는 총중량과의 함수 관계이지만 어떤 경우든지 위험한 비대칭 출력 상태에서 최소 방향 조종 속도보다 작아서는 안 된다. 일반적으로 이륙 속도와 초기 상승 속도는 V_2속도라고 한다.

b. 임계 엔진 고장 속도

한 엔진의 고장인 상태로 이륙 활주중에 얻는 속도로 작동중인 엔진으로 계속 가속해서 안전한 이륙을 하거나 포기할 때에 브레이크를 사용해서 항공기를 정지시키는 데는 같은 거리가 필요하다.

임계 엔진 고장 속도에서 한 엔진이 고장인 상태로 계속 이륙하는데 필요한 거리는 정지 거리와 똑같다. 임계 엔진 고장 속도는 일반적으로 V_1속도이고, 이것은 이륙 성능을 결정하는데, 즉 밀도 고도, 총중량, 온도, 습도 등과 함수관계를 갖는다.

c. 임계 활주로 길이

모든 엔진이 작동하는 상태로 임계 엔진 고장 속도(V_1)까지 가속에 필요한 활주로 길이이고, 다시 한 엔진이 작동되지 않는 상태로 이륙과 초기 상승 속도(V_2)로 가속되어 안전한 이륙이나 이륙 포기를 할 수 있게 된다.

이런 결정에서 임계 활주로 길이는 다발 엔진의 안전한 작동에 필요한 최소 활주로 길이라고 할 수 있다. 분명히 임계 활주로 길이는 항공기의 이륙 거리에 영향을 미치는 같은 요소와 함수 관계이다.

V_1, V_2와 임계 활주로 길이를 설명하고, 또한 활주로 길이가 임계 활주로 길이와 같은 경우를 상세히 설명한다.

이 경우에 항공기는 모든 엔진 작동 상태로 V_1까지 가속되고, 이후에 한 엔진이 고장인 상태로 계속 안전하게 이륙하거나 이륙 포기를 하게 된다. 이런 상태에서 V_1보다 적은 속도에서 엔진 고장이 발생하면 이륙은 포기해야 하는데, 왜냐하면 나머지 부적절한 거리는 V_2 속도에서 안전한 이륙에 영향을 미친다. 그렇지만 V_1속도에서 혹은 이보다 느린 속도에서 적절하게 남은 거리는 항공기를 정지시킬 수 있다.

만약 V_1속도보다 더 빠른 어떤 속도에서 엔진 고장이 발생하면 이륙은 계속 시도해야 하는데, 왜냐하면 나머지 거리로 V_1속도까지 가속시킬 수 있고 한 엔진의 고장인 상태로 안전하게 이륙할 수 있기 때문이다.

V_1속도 이상에서 엔진 고장이 발생하면, 나머지 거리가 부적절할 때 브레이크를 사용해서 항공기를 정지시킨다.

활주로 길이가 임계 활주로 길이보다 적을 때의 경우이다. 이 경우에 V_1속도의 용어는 적용시킬 수 없는데, 왜냐하면 부적절한 거리와 한 엔진의 고장으로 안전한 이륙을 계속하는 데 필요한 최소 속도보다 적은 포기 속도이기 때문이다.

포기 속도 이하에서 엔진 고장이 발생하면 이륙은 포기해야 하고, 나머지 적절한 거리에서 효과적으로 정지시켜야 한다. 엔진 결함이 포기 속도 이상에서 발생하고 한 엔진 고장인 상태로 계속 이륙에 필요한 최소 속도 이하이면 사고는 피할 수 없다. 이 범위 내의 속도에서 항공기는 한 엔진 고장으로 V_2에서 안전한 이륙을 할 수 없고 나머지 활주로에서 안전한 정지를 할 수 없다. 이런 이유로 조종사는 이륙을 적절하게 계획하고, 이용할 수 있는 활주로와 비상시 활주로 길이와 같거나 더 길어야 한다.

만약 이용하는 활주로가 비상시 활주로 길이보다 짧으면, 특별한 운용을 위한 충분한 조치가 있어야 하는데 왜냐하면 포기 속도와 한 엔진 고장으로 계속 이륙에 필요한 최소 속도 사이에 엔진 고장의 위험성 때문이다.

그렇지 않으면 항공기의 총중량을 감소시켜서 이용하는 활주로에 맞도록 비상시 활주로 길이를 감소시키도록 시도한다.

6-13. 소닉 붐(Sonic Boom)

소닉 붐은 초음속 비행에서 더 흔해서 밀집된 곳에서는 막아야 한다. 항공기가 초음속 비행중일 때 항공기 표면의 부분적인 압력(local pressure)과 속도 변화는 충격파의 형성과 함께 소닉 붐이 나타난다.

항공기 표면에 바로 근처에서 충격파를 통한 압력 점프(jump)는 이 표면에서 부분적인 흐름 변화에 의해서 결정된다. 물론 충격파와 파장을 통한 압력 점프의 강도는 항공기로부터 거리가 멀어지면서 급격히 감소한다. 반면 표면으로부터 거리가 떨어지면서 충격파를 통한 압력 점프는 감소되지만 이것은 완전히 사라지는 것이 아니고 어느 정도 측정할 수 있고 (아주 작다), 압력은 항공기로부터 상당히 떨어진 거리에서도 존재한다.

음(sound)은 아주 약한 파장으로 공기를 통해서 전달된다. 가청 주파수의 흔한 범위에서 가청 정도는 음의 세기 정도로 압력 파장은 압력의 대략적인 R.M.S 수치로 나타내는데 0.0000002 psf와 같은 낮은 수치이다.

느낄 수 있는 연속적인 음의 집중은 듣기에 고통을 준다. 그러므로 초음속 비행중인 항공기에 의해서 발생되는 충격파는 가청음을 만들 수 있고, 극히 심한 경우는 상당한 방해를 일으키는 크기가 된다.

0.02~0.03 psf의 압력 점프가 초음속 비행중인 항공기에서 기록되었다. 결과적으로 소닉 붐은 초음속 비행중인 항공기의 충격파 형성에 의해서 발생되는 압력 파장이다. 소닉 붐의 발생원은 설명된다.

항공기가 초음속으로 수평 비행중일 때 만들어지는 충격파의 형태는 항공기의 형태와 비행 마하수에 좌우된다. 항공기에서부터 상당히 떨어진 거리에서 이 충격파는 원추형 표면 형태로 항공기로부터 멀리 떨어져 나간다.

파장은 항공기로부터 멀어지면서 강도가 감소되지만 상당히 떨어진 거리에서 압력 점프는 상당한 세기로 들을 수 있다. 만약 파장이 지면이나 수면으로 퍼지면 반사되거나 완화되는데 이것은 반사 표면의 특성에 좌우된다. 또한 이것이 인구 밀접 지역으로 전해지면 그 지역에서는 소닉 붐으로서 압력 파장을 경험하게 된다. 붐의 세기는 많은 다른 요소에 좌우된다.

항공기가 발생시키는 충격파의 특성은 상당히 중요한데, 왜냐하면 높은 마하수로 비행하는 항공기가 대형이고, 항력이 크고, 큰 중량이면 더 큰 에너지를 공기로 전달하기 때문이다.

비행 고도는 붐의 세기에 아주 중요한데, 이는 더 높은 고도에서 압력 파장은 훨씬 작기 때문이다. 또한 높은 고도에서 발생되는 압력 방해의 요소와 지면 고도 사이에 더 큰 거리가 존재하므로 파장의 강도는 더 큰 거리를 가져서 마침내는 손실이 생기기 때문이다.

온도와 밀도의 흔한 변화에 대기의 자연적인 난류가 더해져서 고고도에서 발생되는 충격파를 반사시키거나 퍼져나가게 된다. 그렇지만 안정되고 정지된 대기의 높은 고도에서 초음속 비행중인 항공기로부터 압력 파장은 측면 거리(10~30마일)에서도 들을 수 있는 크기이다. 그러므로 인구 밀집 지역에 인접하거나 바로 위에서 초음속 비행은 소닉 붐을 만든다.

실제로 인구 밀집 지역에서 혹은 인접 지역에서 초음속으로 비행하면서 소닉 붐을 만들어서는 안 된다. 이 가능성은 항공기가 초음속에서 아음속으로 느려지면서 항공기는 앞쪽에 휘어진 파장(leading bow)과 테일 파장(tail wave)을 만드는데, 이것은 항공기가 아음속에서 초음속으로 가속할 때 형성되는 것이다.

이 충격파의 방출은 선박이 파장 전파 속도보다 천천히 운항할 때 선수파(bow wave) 형태와 같고, 이 선수파가 선박의 앞쪽에서 퍼지는 것과 같다. 항공기가 아음속으로 느려지면 충격파는 항공기의 앞에서 퍼져나간다. 충격파를 통해서 밀도 변화가 있기 때문에 항공기의 앞에서 움직이는 충격파는 빛 파장(light wave)의 광행차를 일으키고 이것은 항공기의 전방에 투명한 셀룰로스나 플라스틱 판이 있는 것처럼 나타나게 한다. 게다가 밀도 변화와 항공기를 떠나는 파장의 초기 모양은 햇빛의 굴절을 일으켜서 이것은 조종사에게 갑작스런 밝은 빛처럼 보인다. 물론 아음속 속도로 감속에 의해서 방출되는 파장은 항공기 앞으로 퍼져나가고, 인구 밀집 지역으로 퍼져나가면서 소닉 붐을 일으킨다.

방출된 파장의 초기 방향은 일시적으로 항공기의 비행로이고 아음속으로 감소된다. 방출된 파장은 인구 밀접 지역으로 퍼지게 해서는 안 되며, 이것은 상당히 멀리 떨어진 곳에서도 주의해야 한다. 예를 들어 들을 수 있는 크기는 방출된 지점으로부터 30~40마일 앞부분까지 된다.

방출된 압력 파장은 낮은 고도에서 크고, 큰 항력 형태에 의해서 만들어질 때 가장 큰 세기이다. 파장의 세기는 방출된 곳으로부터 멀어지면서 갑작스럽게 감소되기 때문에 붐(boom)은 방출되는 근처에서 가장 강하게 들을 수 있다. 여기서 분명한 것은 소닉 붐은 초음속 비행의 부산물이고, 빈번한 초음속 비행의 문제점은 더 복잡해진다.

소닉 붐의 잠재성은 대부분의 들을 수 있는 성질과 방해로 인한 성가심이다. 흔한 소닉 붐의 잠재성의 손실은 상당히 작고, 근본적인 효과는 구조에 의해 제한되는데, 이 구조는 극히 깨지기 쉽고, 낮은 강도 그리고 큰 잔류 응력 특성을 갖는다. 다시 말하면 비행중인 항공기에 의해서 발생되는 압력 파장은 유리창과 플라스틱에 균열을 일으킬 수 있다.

일부 재료는 예리한 동적 응력에 약하고, 그리고 건물의 잔류 응력과 겹쳐져서 약화되어, 사소한 손상을 가져오게 한다. 실제로 소닉 붐의 객관적인 특징은 날카롭고, 큰 소음으로 폭발에 의해서 만들어지는 것과 같다.

항공기의 바로 인접 부분에서 충격파를 통한 압력 점프는 지면에서 들을 수 있는 소닉 붐에서 공통된 것보다도 훨씬 크다. 그러므로 초음속 속도에서 서로 밀착된 항공기끼리는 항공기 간에 상당한 간섭을 마주치게 된다. 게다가 구조적 손상의 가능성을 제거하기 위해서 고속 항공기는 인접한 대형 항공기에 초음속으로 지나쳐서는 안 되는데 왜냐 하면 대형 항공기는 낮은 제한 하중 계수(limit load factor)를 갖고 있어서 강한 압력 파장에 의해서 쉽게 방해받고, 손상되기 때문이다.

6-14. 헬리콥터 문제점

헬리콥터 항공기 사이의 주요한 차이는 양력의 발생 원인이다. 항공기는 양력이 고정된 에어포일 표면에서 만들어지지만, 헬리콥터는 양력을 로우터라 부르는 회전 에어포일에서 얻는다. 그러므로 항공기는 고정된 날개나 회전 날개 중 어느 것으로 분류한다.

헬리콥터란 말은 그리스 단어 "helical wing"이나 "rotating wing"이라는 뜻이다. 헬리콥터는 회전하는 날개에 의한 양력 발생으로 공기 중에 움직임 없는 하버링, 이륙, 착륙 등이 제한된 지역에서 이루어지고, 자동 활강(autorotating)이 가능해서 엔진 결함시에도 안전한 착륙이 가능하다.

회전하는 날개에 의한 양력 발생은 또한 흔하지 않는 문제점에 마주치게 된다. 헬리콥터 문제점은 로우터 공기 역학의 특별한 성질에서 기인한 것이기 때문에 로우터 내에서 기본적인 흐름 상태는 상세하게 고려해야 한다. 쉽게 설명하기 위해서 처음 설명은 제자리 비행 (hovering)하고 있는 로우터를 고려해본다.

하버링의 또 다른 흔한 뜻은 지면 위의 어느 지점에 머물러 있는 것으로 이것은 "0" 속도 비행이라고 고려할 수 있다. 이것이 필요한데 왜냐하면 로우터의 공기 역학적 특성은 지면이 아닌 공기에 대한 운동이기 때문이다.

20 knot 풍속에서 하버링은 공기 역학적으로 무풍 상태에서 20 knot의 속도로 비행하는 것과 같은 것이고, 특성은 두 가지 경우에서 동일하다.

첫 번째로 알 수 있는 것은 로우터가 공기 역학과 운동의 같은 물리적인 법칙은 고정날개에서도 똑같이 적용되는 것이다. 로우터가 이런 법칙의 영향을 받을 때는 복잡한 흐름 상태 때문에 더 복잡해진다.

로우터 양력은 2가지 방법 중 어느 한 가지로 설명할 수 있다. 첫 번째 방법은 뉴우톤 법칙에 기초한 간단한 모멘텀 이론을 사용해서인데, 양력은 로우터가 공기 흐름을 아래로 가속시켜서 얻는 것으로 제트 엔진이 테일 파이프 밖으로 공기 흐름을 가속시켜서 추력을 얻는 것과 같은 방식이다.

두 번째 방법은 브레이드의 루트(root)에서 팁(tip)까지 여러 가지 부분에 작용하는 압력에 관계된 로우터 양력을 보아서 알 수 있는 것이다.

간단한 모멘텀 이론은 양력 특성을 결정하는데 유용한 반면 브레이드 이론은 항력뿐만아니라 양력 특성을 주고, 로우터에 작용하는 일에서 힘을 설명하는데 유용하게 사용한다.

브레이드 이론에서 브레이드는 "브레이드 요소(blade element)"로 분할한다.

각 브레이드에 작용하는 힘을 분석할 때, 모든 브레이드에서 힘이 합해져서 전체 로우터의 특성을 준다. 각 부분에 작용하는 상대풍(relative wind)은 두 속도 성분의 합성 즉,

ⓐ 허브(hub)에 대한 브레이드의 회전에 기인한 속도

ⓑ 유도 속도, 하강 흐름 속도로 로우터에 의해서 생긴 것이다.

특별한 지점에서 회전에 기인한 속도는 로우터 허브로부터 브레이드의 거리와 로우터 속

도에 비례한다. 그러므로 회전에 기인한 속도는 허브에서 "0"으로부터 팁에서 최대까지 선형으로 변한다. 브레이드 단면에 작용하는 힘을 보여준다.

회전면(tip이 지나는 면)에 수직으로 작용하는 힘의 합은 로우터 추력(혹은 양력) 특성을 결정하게 되고 반면 회전면에서 작용하는 힘으로부터 얻어지는 모멘트의 합은 로우터 토오큐 특성을 결정하게 된다. 이 분석의 결과로 로우터 추력(혹은 양력)은 공기 밀도에 비례하고(무차원의 추력 계수) 팁 속도의 자승이다.

추력 계수는 평균 브레이드 부분에서 양력 계수와 함수 관계를 이루는데 브레이드 면적과 디스크에 비례한다. 양력 계수는 항공기 공기 역학에서 사용하는 것과 동일하고 반면 브레이드의 모양은 항공기 공기 역학의 종횡비와 유사하다.

로우터 토오큐는 무차원 토오큐 계수, 공기 밀도, 디스크 면적, 팁 속도의 자승, 브레이드 반경에 비례한다. 토오큐 계수는 브레이드의 평균 형상 항력 계수, 브레이드 피치각, 브레이드의 평균 양력 계수에 좌우된다.

토오큐는 브레이드에 작용하는 형상 항력(profile drag)과 유도 항력으로 결과된 것으로 생각되고, 고정날개 항공기의 그것과 비슷하다. 항공기에서처럼 하나의 받음각이나 브레이드 피치 상태가 대부분의 효율적인 운용에서 얻어진다. 불행하게도 일반적인 헬리콥터 로우터는 거의 일정한 rpm에서 운용되므로 일정한 진대기 속도를 유지하며, 넓은 범위의 고도에서는 이러한 가장 효율적인 상태로 운용될 수 없고, 고정날개 항공기처럼 큰 총중량에서 운용될 수 없다.

항공기는 여러 가지 고도에서 유효 받음각을 유지할 수 있고, 여러 가지 속도에서 총중량 상태로 비행하지만 헬리콥터는 거의 일정한 로우터 속도에서 운용되고, 브레이드 각을 다르게 해서 고도와 총중량의 변화에 맞도록 한다. 만약 로우터가 넓은 범위의 로우터 속도에서 운용되면 효율과 성능은 개선된다.

하버링 비행에서 로우터에 성립된 앞의 관계에서 전진 비행이나 로우터 변형의 영향은 고려되어야 한다. 전진 비행에서 제3의 속도 성분은 헬리콥터의 전진 속도 성분으로 각 로우터 브레이드에 작용하는 상대풍을 결정한다. 전체 로우터가 헬리콥터의 움직임과 같이 하므로 전진 브레이드(advancing blade)를 지나는 공기의 속도는 헬리콥터의 전진 속도에 의해서 커지고 후진 브레이드(retreaing blade)를 지나는 공기의 속도는 나타난다.

전진 브레이드와 후진 브레이드 모두에서 만약 받음각이 하버링 중에 같으면 전진 브레이드에 더 큰 속도는 양력의 비대칭을 일으키고 헬리콥터는 좌측으로 롤(roll)하려고 한다. 이 영향은 많은 초기의 헬리콥터와 오토자이로에서 상당한 어려움을 만들었다.

Juan De La Cierva는 이 영향을 최초로 깨달은 사람으로 그는 오토자이로 브레이드에 각각의 플레핑 힌지(flapping hinge)를 장착해서 이 영향을 해결했는데 플레핑 작용이 자동적으로 이루어지게 해서 전진 비행 중에 만들어지는 양력의 비대칭을 수정했다. 이 방법은 요즘에도 아티큘레이티드 로우터 시스템(articulated rotor system)에 아직 사용하고 있다.

시-소(see-saw) 혹은 반경식 로우터(semi-rigid rotor)는 양력 비대칭을 전체 허브와 짐발 조인트에 대한 브레이드의 측면 운동을 시켜서 바로 잡는다. 전체 로우터 시스템을 전방으로 운동시켜서 전진 브레이드의 받음각은 감소시키고 후진 브레이드의 받음각은 증가시킨다.

경식 로우터(rigid rotor)는 브레이드가 회전하면서 브레이드 피치 구조로 사이클릭 변화를 만들어 양력 비대칭을 없앤다. 전진 브레이드와 후진 브레이드의 브레이드 루트에서 팁까지 로우터 브레이드 부분에 작용하는 속도 성분을 분석해서 브레이드 부분의 큰 받음각의 변화를 발견한다.

큰 전진 속도에서 전진과 후진 브레이드의 여러 가지 스팬 방향 위치에서 부분적인 브레이드 받음각의 변화를 설명한다. 전체 전진 브레이드에서 (+)양력에서 (+) 받음각 지역이 얻어진다.

후퇴 브레이드의 허브 다음에서는 역류 흐름이 있어서 헬리콥터의 전진 운동에 기인한 속도는 브레이드 회전에 기인한 후방을 향한 속도보다 더 크다. 다음 지역은 (-) 실속 지역으로 여기서는 비록 흐름이 브레이드에 대해서 적절한 방향이지만 (-) 실속에 맞는 받음각을 초과한다.

후진 브레이드의 끝쪽으로 가면서 브레이드 받음각은 덜 (-)로 되고, (-) 양력 지역이 좁아진다. 다시 브레이드는 (+)로 되고, (+)양력 지역을 만든다. 브레이드 각도는 계속 증가되어 후퇴 브레이드의 팁 근처의 (+) 실속 받음각을 초과할 때까지 증가되고, 팁 부분이 실속하게 된다.

브레이드 부분의 받음각의 넓은 변화는 브레이드 부분의 양력과 항력 계수에 큰 변화를 가져온다.

로우터 디스크의 좌·우측의 전체적인 양력은 브레이드 피치의 주기적인 변화에 의해서 똑같아지지만 항력 변화는 제거되지 않는다. 이 항력 변화는 로우터 시스템을 흔드는 힘(shaking force)을 일으켜서 헬리콥터의 진동을 만들게 한다.

1) 후진 브레이드 실속

후진 브레이드 실속은 브레이드의 받음각이 브레이드의 실속 받음각을 초과하면 결과되는 것이다. 이 상태는 후진 브레이드의 팁에서 빠른 비행 속도에서 발생하는데 전진 브레이드와 같은 양력을 발생하기 위해서 후퇴 브레이드는 더 큰 받음각에서 운용되어야 한다.

만약 브레이드 피치가 증가되거나 혹은 전진 속도가 증가되면, 로우터 디스크의 실속 부분은 후진 브레이드의 팁에서부터 허브로 향해서 실속은 계속 진행된다.

대략 로우터 디스크의 15%가 실속하면 헬리콥터의 조종은 불가능해진다. 시험 비행에서 얻어진 것으로 후진 브레이드의 바깥 1/4이 실속하면 실속은 상당히 심한 것으로 조종의 한계로 간주한다.

후진 브레이드의 실속은 로우터가 거칠어지는 것으로 예상치 못한 스틱 힘, 진동, 스틱 흔들림에 의해서 인식할 수 있고, 흔히 브레이드 수와 로우터 속도에 의해서 결정된다. 3개의 로우터 브레이드 각각의 브레이드는 실속 지역을 지나면서 실속하고, 로우터의 매회전마다 3번 치는 진동을 일으킨다.

후진 브레이드 실속의 다른 증거는 조종의 부분적인 혹은 완전한 손실 혹은 피치업 경향으로 이것은 만약 실속이 심하면 조종할 수 없다.

후진 브레이드 실속이 발생할 수 있는 상태는 후진 브레이드의 받음각이 큰 것으로부터 결과되는 것이다. 아래의 조건들은 후진 브레이드에 더 큰 받음각을 가져오는 것으로 후퇴 브레이드의 실속에 영향을 준다.

ⓐ 빠른 속도

ⓑ 느린 로우터 rpm－느린 로우터 rpm에서 운용은 로우터로부터 주어지는 추력을 얻기 위해서 더 큰 브레이드 피치를 사용하게 하므로 더 큰 받음각을 만든다.

ⓒ 큰 총중량

ⓓ 큰 밀도고도

ⓔ 가속 비행, 큰 하중 계수

ⓕ 난류나 돌풍을 지나는 비행－급격히 상승하는 바람은 순간적으로 브레이드 받음각을 증가시킨다.

ⓖ 비행 조작 중에 과도하거나 급작스런 조종

실속된 상태로부터 회복은 실속각 이하로 브레이드 받음각을 감소시켜서 이루어진다. 이 것은 다음 아래 사항의 하나 혹은 조합으로 이루어지는데 실속의 심한 정도에 좌우된다.

ⓐ 콜렉티브 피치 감소

ⓑ 속도 감소

ⓒ 로우터 rpm 증가

ⓓ 가속 비행조작이아 조종 움직임을 감소시킨다.

만약 실속이 피치업(pitch-up)을 일으킬 만큼 심하면, 사이클릭 스틱을 전진시켜서 피치업 상태의 조종 실효성이 없으면, 실속을 더 증가시키는데, 사이클릭의 전진은 후진 브레이드의 브레이드 받음각의 증가를 가져오기 때문이다.

헬리콥터는 자동적으로 심한 실속으로부터 회복되는데, 왜냐하면 속도는 기수가 높은 자세에서 감소되지만 콜렉티브 피치의 점차적인 감소와 rpm 증가의 도움을 받아서 페달과 사이클릭 스틱으로 헬리콥터를 수평 상태로 만든다.

앞의 설명에서 분명한 것은 후진 브레이드 실속은 크지 않은 속도에서도 쉽게 일어난다. 그렇지만 헬리콥터는 충분히 큰 면적이 실속될 때까지 만족스런 성능을 유지한다. 임박한 실속의 적절한 경고는 실속 상태가 천천히 접근할 때 나타난다.

실속의 부적절한 경고는 브레이드 피치나 브레이드 받음각이 갑작스럽게 증가할 때이다.

그러므로 의도하지 않는 심한 실속은 급작스런 조종 운동이나 빠른 가속 비행 조작에서 주로 발생한다.

2) 압축성 효과

가장 빠른 상대 속도는 전진 브레이드의 팁에서 발생하는데 이는 헬리콥터의 속도가 회전에 의해서 팁 부근에서 속도가 더해지기 때문이다.

전진 브레이드의 팁 부분의 마하수가 로우터 브레이드의 임계 마하수를 넘을 때 압축성 효과가 나타난다.

임계 마하수는 두껍고, 상당히 큰 캠버의 에어포일에 의해서 감소되고 임계 마하수는 양력 계수의 증가로 감소된다.

대부분의 헬리콥터 브레이드는 대칭 부분이 있고 그러므로 낮은 양력 계수에서 상당히 큰 임계 마하수를 갖는다.

압축성의 근본적인 효과는 항력을 크게 증가시키고 에어포일 공기 역학적 중심을 후방으로 이동시키기 때문에 헬리콥터에서 압축성 효과는 로우터 rpm을 유지하는데 필요 출력을 증가시키고 로우터가 거칠어지고 진동, 스틱 흔들림, 브레이드의 원하지 않는 구조적 비틀림 등이 생긴다.

압축성 효과는 더 큰 양력 계수와 더 큰 마하수에서 심하므로 아래의 조건은 압축성의 표준적인 면에서 보아서 역효과를 주는 상태를 나타낸다.

    ⓐ 빠른 속도
    ⓑ 빠른 로우터 rpm
    ⓒ 큰 총중량
    ⓓ 큰 밀도 고도
    ⓔ 낮은 온도−음속은 절대 온도의 제곱에 비례한다. 그러므로 음속(sonic velocity)은 낮은 온도에서 더 쉽게 얻어진다.
    ⓕ 난류 공기−예리한 돌풍은 순간적으로 브레이드 받음각을 증기시키고 브레이드에서 압축성 효과를 마주치는 지점까지 임계 마하수를 낮춘다.

압축성 효과는 브레이드 피치 증가에 따라서 점차 감소한다. 후퇴 브레이드 실속과 압축성의 위험한 상태의 유사성을 갖게 되지만 한 가지 기본적인 차이는 압축성 효과는 높은 rpm에서 발생하는 반면 후퇴 브레이드 실속은 낮은 rpm에서 발생한다는 점이다.

3) 오토로테이션 특성

헬리콥터의 한 가지 독특한 특성은 에너지의 일부를 주변 공기 흐름에서 얻어서 로우터 회전을 유지시키고 동력 없이 활공해서 착륙하는 능력이다. 수직 오토로테이션 중인 로우터의 고려는 동력 없이도 로우터의 계속 회전이 가능한가를 이해할 수 있게 해준다.

오토로테이션 중에 공기 흐름은 로우터 디스크를 통해서 위로 향하고 이때 수직 속도 성분은 헬리콥터의 강하율과 똑같다. 게다가 로우터의 회전에 기인한 속도 성분이 있게 된다. 이 두 속도의 벡터 합은 브레이드의 상대풍이다.

각 브레이드에서 상대풍으로부터 결과되는 힘은 어떻게 동력 없이 계속 로우터 회전이 되는가를 알 수 있게 한다. 첫 번째 브레이드 팁 근처에 브레이드를 고려해본다.

이 지점에는 상대풍에 수직인 양력이 작용하고, 항력은 공기 역학적 중심을 지나서 상대풍에 평행하게 작용한다.

로우터의 회전은 오로지 회전면에 작용하는 힘에 의한 영향을 받기 때문에 중요한 힘은 양력 성분과 회전면에서의 항력이다. 이 부분의 낮은 받음각과 높은 팁 속도에서 순수한 회전면 내의 힘은 항력으로 이것은 로우터를 지연시키려 한다.

다음으로 고려하는 곳이 스팬의 중간쯤 되는 브레이드 위치이다. 이 경우에 같은 힘이 존재하지만 회전면 내의 양력 성분은 항력보다 크고, 이것 때문에 순수 추력이나 회전면에 전진하는 힘을 주어서 로우터를 움직이게 한다.

안정된 오토로테이션 중에 브레이드를 따라서 존재하는 힘으로부터 토오큐의 균형이 있게 되어 rpm은 어떤 특정한 수치에서 유지된다.

로우터 디스크 지역에서 브레이드에 순수 항력이 있는데 이것은 "르포펠러 지역"이라 부르고, 로우터 디스크 지역에 있는 순수 회전면 내의 추력은 "오토로테이션 지역"이라고 부른다. 이 지역은 수직 오토로테이션과 전진 오토로테이션에서 볼 수 있다.

전진 비행 오토로테이션에서 로우터 브레이드에 작용하는 힘은 수직 오토로테이션에서처럼 비슷하지만 차이는 주로 오토로테이션 지역이 좌측으로 이용되는 것으로 구성되고 역류 흐름의 추가와 (−)실속 지역의 추가는 동력 비행 상태에서와 비슷하다. 오토로테이션은 근본적으로 안정된 비행 상태이다.

만약 외부 방해가 로우터의 속도를 느리게 하면 디스크의 오토로테이션 지역은 자동적으로 팽창되어 로우터 속도는 본래 평형 상태로 복귀된다. 반면 만역 외부 방해가 로우터의 속도를 증가시키게 되면, 프로펠러 지역은 자동적으로 팽창되어 로우터를 본래 평행 상태로 가속시킨다. 실제로 안정된 오토로테이션 상태는 오토로테이션 속도가 어떤 제한치 내에 있을 때만 존재한다.

로우터 속도가 상당한 크기로 감소되도록 하면 로우터는 불안정해지고 rpm은 더욱 감소되어 조종사가 적절히 조종할 때까지 떨어진다. 엔진 고장시에 고정날개 항공기는 최대 양향비로 활공해서 최대 활공 거리를 얻는다.

무동력 비행(power-off flight)에서 최대 활공 거리보다 최소 강하율이 더욱 바람직할 때 고정날개 항공기는 어떤 더 낮은 속도에서 비행해야 한다. 실제로 최소 강하율은 최소 필요 출력에서 발생한다.

헬리콥터도 비슷한 특성을 보이지만 흔히 가장 양호한 오토로테이션 속도는 최대 활공 거리보다는 최소 강하율을 가져오는 속도로 고려된다. 로우터가 최소 강하율을 만드는 공기 역학적 상태는 아래의 공식이 최대비(ratio)를 가질 때이다.

$$\frac{(평균\ 브레이드\ 양력\ 계수)^{3/2}}{평균\ 브레이드\ 항력\ 계수}$$

이 비(ratio)는 오토로테이션 강하율을 결정한다. 일반적인 헬리콥터에서 상당 속도로 오토로테이션 강하율 변화를 설명한다.

이 곡선에서 Ⓐ 지점은 최소 강하율로 오토로테이션을 할 수 있는 지점이다. 오토로테이션 강하 중에 최대 활공 거리는 속도와 강하율 사이의 최대 비를 만들어내는 비행 상태에서 얻어진다. 그러므로 원점으로부터 곡선에 접선은 최대 오토로테이션 활공 거리를 결정한다. 이 지점이 Ⓑ가 위치한 지점이다.

헬리콥터가 최대 활공 거리를 위한 속도에서 활공할 때 속도 감소는 강하율을 만들지만 활공 거리도 감소한다. 만약 헬리콥터가 최소 강하율을 위한 속도에서 활공하면 강하율은 감소될 수 없지만 활공 거리는 활공 속도 증가에 의해서 증가된다.

중량과 풍향이 헬리콥터의 활공에 영향을 미치는데 일반 항공기에 미치는 것과 똑같은 방법이다. 이상적으로는 더 큰 총중량으로 더 큰 상당 속도에서 헬리콥터 오토로테이션을 하거나 정풍을 받으면서 오토로테이션하는 것이 가장 좋다.

오토로테이션 중에 로우터에 작용하는 공기 역학적 힘 이외에 관성 또한 중요하다. 이 영향은 흔히 조종사의 반응 시간과 함께 동반되는데 왜냐하면 조종사가 엔진 결함에 반응하는 시간이 상당히 중요하기 때문이다.

콜렉티브 피치를 감소시키고 오토로테이션에 들어가는 시간이 필요한데 로우터 관계 특성은 로우터를 서서히 정지시키는 것으로 조종사가 반응하기 전에 위험한 정도까지 되기 때문이다.

동력 상태(power on)에서 브레이드 피치는 상당히 높고, 엔진은 브레이드 항력을 극복하기에 충분한 토오큐를 공급한다.

출력에 문제가 있을 때 브레이드는 큰 항력으로 높은 피치를 갖는다. 만약 rpm을 유지하는 엔진 토오큐가 없으면, 로우터는 감소되는데 이것은 로우터 토오큐와 로우터 관성에 좌우된다.

로우터가 큰 회전 에너지를 가지면 로우터는 급격히 rpm을 잃고 조종사는 심한 로우터 rpm 손실을 막기 위한 신속한 반응을 할 수 없게 된다. 일단 콜렉티브 피치가 낮은 피치 한계에 있으면 로우터 rpm은 고도와 속도를 희생에서만 증가시킬 수 있다.

로우터 속도와 맞교환할 수 있는 충분한 고도를 이용할 수 없을 때는 하드랜딩(hard

landing)은 피할 수 없다. 충분한 로우터 회전 에너지를 이용할 수 있어야 하고, 이것은 콜렉티브 피치를 더해서 최종 지면 접촉을 하기 전에 헬리콥터의 강하율을 감소시킨다.

소형 헬리콥터의 경우에 최소 300 피트 고도가 안정된 오토로테이션에 필요하고 손상 없이 안전하게 헬리콥터를 착륙시킬 수 있다. 이 최소 고도는 대형 헬리콥터의 경우에 500~600 피트가 되고, 증가된 디스크 하중을 갖는 헬리콥터는 더욱 고도가 증가한다. 이 특성은 흔히 "dead man's curve"로 비행 교법에 표시되고, 이것에는 지형 위에서 속도와 고도의 조합을 보여주지만 성공적인 오토로테이션 착륙은 곤란하다.

일반적인 "dead man's curve"를 보여준다. 가장 위험한 상태는 A부근에서 설명되는 낮은 고도와 느린 속도에 기인한 것이다. 덜 위험한 상태는 더 빠른 속도에서 존재하는데, 왜냐하면 더 큰 에너지를 안정된 오토로테이션에 이용할 수 있기 때문이다.

A부근에서 가장 낮은 한계는 정해진 고도인데 왜냐하면 헬리콥터는 만약 콜렉티브 피치가 감소되지 않고 머물러 있으면 성공적이 되기 때문이다. 이 경우에 충분한 에너지가 없어서 안정된 오토로테이션에 이를 수 없다. 이렇게 되는 최대 고도는 대략 10 피트에서이다.

B지역은 "dead man's curve"로 위험한 지역인데 왜냐하면 지면을 접촉하는 비행 속도와 강하율 때문으로 이것은 주로 랜딩기어의 강도에 기초를 둔다.

대부분의 조종사는 빠른 속도의 비행으로 헬리콥터를 플레어(flare)시키기가 무척 힘들어서 결국은 테일 로우터(tail rotor)가 지면을 치거나 과도한 속도로 지면을 접촉하게 된다.

덜 위험스런 지역이 이 곡선에 보이는데 이때는 착륙 표면이 아주 양호할 때 더 큰 지면 접촉 속도를 허용할 수 있다. 게다가 헬리콥터의 여러 가지 안정성과 조종 특성은 이 지역에서 위험한 상태를 만든다. "dead man's curve"의 위험한 지역은 되도록 피해야 한다.

4) 출력 안정

출력 안정이란 용어는 헬리콥터의 다양한 비행 상태를 설명하는데 사용되어 왔다. 실제의 출력 안정은 헬리콥터 로우터가 회전 흐름 상태(rotary flow condition) 즉, "vortex ring state"에서 운용될 때이다.

볼텍스 링 상태에서 로우터가 흐름을 지나면서 디스크 중심 근처의 위 방향으로 그리고 바깥 부분에서 아래 방향으로 로우터에 "0" 순수 추력 상태가 결과된다. 만약 로우터 추력이 "0"이면, 헬리콥터는 효율적으로 "자유 낙하"하고, 극히 심한 높은 상태의 강하율을 얻는다.

로우터 내에 하강 흐름 분포를 보여주고 이때는 정상 하버링 중일 때이다. 맨 위 그림은 하버링 비행의 일반적인 하강 흐름 분포를 설명한다.

만약 충분한 출력을 이 상태에서 하버링에 이용할 수 없으면 헬리콥터는 내려앉게 되는데, 이것은 출력 부족에서 어떤 강하율에 좌우된다. 이 강하율은 로우터를 통하는 하강 흐름을 효율적으로 감소시키는데 아래 두 가지 그림에서 보는 것과 같은 하강 흐름의 재분포를 가져온다.

로우터 디스크의 바깥 부분에서 부분적으로 유도된 하강 흐름 속도는 강하율보다 더 크다. 로우터 디스크의 중심에서 강하율은 부분적으로 유도된 하상 흐름 속도보다 더 크고 합성 흐름을 윗 방향으로 된다. 이 흐름 상태는 회전 볼텍스 링 상태에서 얻어진다.

기본적인 모멘텀 이론에 기준하여 분명한 것은 로우터는 만약 로우터가 순수 공기 흐름량이 "0"이면 이 상태에서는 추력을 만들지 못한다. 여기서 중요한 것은 로우터의 주요한 양력을 일으키는 부분은 실속하지 않는다는 점이다.

로우터가 거칠고 조종의 손실을 "파워가 안정되는 과정(power settling)" 중에 경험하는데 이것은 브레이드에 난류 회전 흐름 때문이고, 브레이드를 따라서 스팬 방향으로 흐름이 안과 밖으로 불안정하게 이동되기 때문이다.

로우터의 바깥 부분에 (+)추력을 갖는 부분이 있는데 공기량이 아래 방향으로 가속되는 것으로부터 얻어진 것이고, 로우터 중심에서의 (−)추력은 공기량이 위쪽으로 흐르는 것으로부터 결과된 것이다. 로우터는 오로지 허브 근처에서만 실속하고 중요한 영향은 없는데 왜냐하면 낮은 부분적인 속도 때문이다.

볼텍스 링 상태에서 운용은 일시적인 상태로 헬리콥터는 강하해서 평형을 찾는다. 헬리콥터가 강하하면서 디스크를 통하는 더 큰 윗 방향 흐름은 로우터를 지나는 전체 윗 방향 흐름이 될 때까지이고 로우터가 오토로테이션에 들어갈 때 더 낮은 강하율을 얻을 수 있다. 불행하게도 상당한 고도는 오토로테이션 형 흐름을 얻기 전에 손실되므로, 적절한 회복 기술을 적용시켜서 고도 손실을 최소화시켜야 한다.

출력 안정(power settling)은 로우터 거칠기 난류 회전 흐름에 기인한 조종 손실로 아주 큰 강하율(클 때는 3,000fpm)로 인식할 수 있다. 충분한 출력을 이용할 수 없을 때 하버링을 시도할 때가 생기는데, 왜냐하면 큰 총중량이나 높은 밀도 고도 때문이다.

출력 안정으로부터의 회복은 볼텍스 링 상태로부터 벗어나면서 이루어진다. 만약 이런 상태를 낮은 속도 상태에서 마주치면 "full power"를 갑작스럽게 사용하면 충분히 하강 흐름을 증가시켜서 이 상태로부터 로우터를 벗어나게 한다. 만약 이런 상태를 최대 출력에서 혹은 더 큰 상태에서 마주치면 혹은 만약 최대 출력이 효과적으로 회복되지 않으면 다이빙(diving)에 의해서 속도가 증가하고 최소의 고도 상실 상태로 회복을 할 수 있다. 이런 형태의 회복은 가장 유효하지만 적절한 사이클릭 조종을 잃으면 회복은 감소된 출력과 콜렉티브 피치에 의해서 영향을 받아서 오토로테이션으로 들어가야 한다.

정상 오토로테이션으로부터 정상 출력 회복이 이루어진다. 반면 이런 회복 기술이 효율적으로 적용될 때도 상당한 고도의 상실이 있게 된다. 그러므로 출력 안정 상태로부터 다이빙해서 벗어나는 것이 가장 양호한 회복 방법이다.

실제로 진짜 출력 안정은 상당히 드물다. 이 상태를 가끔 부정확한 출력 안정이라고 하는 것은 다분히 불충분한 출력의 결과로 접근해서 착륙할 때 아주 큰 침하율(sink rate)을 잘못 설명한 것이다. 이런 상황은 자주 큰 총중량이나 높은 밀도 고도에서 운용할 때 발생한다.

로우터의 흐름 상태는 거의 정상 상태이고, 단순히 충분한 출력이 없어서 강하율을 감소시키고 착륙 접근을 끝내는 것이다. 이런 상황은 급격한 접근일 때는 위험한데, 왜냐하면 더욱 빠른 강하는 접근을 마무리하는데 더 큰 출력이 필요하기 때문이다. 〔헬리콥터에 관한 더 자세한 설명은 기체Ⅰ(도서출판 청연, 발행의 헬리콥터편 참조〕

연습문제(Ⅰ)

1. STOL(steep take off & landing)과 VTOL(vertical take off & landing)이란?

ⓐ 아래 그림에서처럼 항공기 전체가 경사를 갖게 해서 급한 경사나 혹은 수직 위치로 이륙할 수 있어서 충분한 고도를 얻은 후에는 정상 비행 위치로 돌아간다. 이런 방식은 항공기가 움직이는 날개나 엔진을 필요로 하지 않는다. 모든 시스템에서 전방 속도가 없을 때는 상당히 큰 추력을 필요로 하고, 이륙 직후 엔진 결함이 발생하면 안전한 착륙 방법이 없다.

ⓑ 엔진과 날개를 경사시켜서 이·착륙이 되게 하는데 항공기 동체는 수평 상태이다. 이것은 상당히 복잡한 날개를 갖게 하지만 수직 비행에서 수평 비행으로의 전환에 큰 장점이 있다. 그리고 엔진 결함시에 상당한 안전이 뒤따른다.

ⓒ 엔진이나 프로펠러만 경사되는 것으로 엔진 위치가 상당히 복잡하다.

ⓓ 프로펠러 후류나 제트 배기를 반사시키는 것이다. 구조적인 면에서 보아 제트 항공기는 실현 가능성이 크다.

ⓔ 두 개의 서로 다른 엔진이 있다. 하나는 수직 비행을 위한 것이고 다른 하나는 수평 비행을 위한 것이다. 이것의 가장 큰 단점은 수직 비행 중에 수평 엔진을 쓸모가 없는 것이고 수평 비행 중에는 수직 엔진은 쓸모없다는 점이다.

2. 레이놀즈 수의 영향을 설명하면?

레이놀즈 수가 기본 에어포일의 최대 양력에 영향을 미치는 것처럼, 플랩을 펴거나 혹은 펴지 않은 상태에서 전체 C_{Lmax}에 중요한 요소이다. 3가지 항공기에 레이놀즈 수의 영향을 나타낸다.

항공기 C_{Lmax}에 레이놀즈 수의 영향 (a) 록히드 C-141 (b) DC-8 (c) DC9-10

일반적으로 레이놀즈 수가 6~9백만으로 되면서 C_{Lmax}가 크게 증가하고 9백만 이상에서는 거의 변하지 않는다. 그렇지만 실제 크기에서 결과는 높은 레이놀즈 수 윈드 터널 데이터와 다른데, 플랩과 슬랫을 지지하는 하드웨어가 다르기 때문이다. 여러 가지 항공기에서 플랩의 각도 변화와 함수 관계로 변하는 C_{Lmax}의 수치를 보여준다.

플랩과 슬랫의 영향을 곡선의 연구로 볼 수 있다. S_{WF}/S_W의 비는 날개면적의 분수 관계로 플랩에 의해서 영향 받는다. 날개 시위 %와 같은 플랩 시위는 또 다른 중요한 기준치이다. 더 큰 후퇴각은 C_{Lmax}를 감소시키는데 DC-10의 35° 후퇴와 DC-9

의 25° 후퇴의 차이에서 볼 수 있다.

C_{Lmax}는 항공기의 최소 속도 시험 비행에서 측정한 것으로 실속 속도에 접근한다. 항공기는 실제로 V_{Smax}, 즉(L<W)으로 침하해야 한다. 그러므로 이 시험 비행 C_{Lmax}는 실제 C_{Lmax}(L=W)보다 0.2만큼 더 크다. DC-9-30과 DC-10 곡선에서 두 항공기 모두 슬랫을 펼 때와 접었을 때를 나타내는데 실제로 슬랫은 플랩이 이·착륙을 위해서 전개될 때면 항상 펴진다.

3. 추진 양력을 설명하면?

전적으로 다른 형태의 고양력 장치가 추력이나 출력에 사용되어 직접 양력을 만든다. 이것은 전체 엔진 혹은 엔지/프로펠러를 경사시키거나 제트와 터보팬의 배기 제트 노즐을 경사시켜서 터보프롭의 프로펠러를 경사시켜서 날개 플랩의 사용을 통해서 배기 흐름이나 프로펠러 후류를 다른 각도로 변경시키고 날개 트레일링에 이지에서 노즐을 통해서 팬 공기의 일부를 후방 아래로 흐르게 해서 얻는다.

이런 설계를 가진 추진 양력 장치라고 부른다. 프로펠러 후류나 배기흐름은 비행의 이륙이나 착륙 중에만 각도를 바꾼다. 순항시에 추력은 전방으로 향하게 한다. 추진 양력 계통의 일부에는 터보팬 배기흐름과 플랩이 있는 날개 사이의 상호 작용에 토대를 둔 것으로 나타낸다.

모든 추진 양력 개념에서 양력은 추력이 후방 모멘텀을 만들어서 생기는 것과 마찬가지로 배기흐름의 하향 모멘트를 만들어서 양력을 만든다.

경사진 프로펠러와 노즐의 형태에서 유효각 δ을 통해서 추진되는 흐름의 하향 각도는 $T\sin\delta$의 추력에 기인한 양력을 만든다. 동반되는 전방추력은 T에서 $T\cos\delta$로 감소된다. 형태에서 배기흐름이나 프로펠러 후류는 날개와 플랩 위로 보내져서 이때 생긴 양력은 출력에 기인한 양력보다는 훨씬 적다.

3-2에서 보는 것처럼 전체 양력은 엔진 작동 없이 날개로부터의 양력, 배기흐름을 하향으로 변경시킨 것에 기인한 양력 그리고, 날개와 플랩 흐름작용에 의해서 생기는 추가의 순환적인 양력으로 구성된다. 추가의 양력은 순환 양력(powered circulation lift)으로 부른다. 아주 높은 양력 계수가 만들어지지만 자유흐름 동압에 기초하기 때문에 큰 유도 항력을 갖는다.

추진 양력에 사용하는 날개 플랩의 한 가지 흥미 있는 사용은 보는 것과 같이 위쪽 면 플랩(upper surface blown flap) 개념이다. 위쪽 면 설계는 날개의 약간 바로 위 전방에 터보팬을 위치시킨다.

배기는 흔히 위쪽 표면을 흐르게 되고, 특별히 설계된 플랩의 곡면 윤곽을 따라서 흐름 방향이 아래로 굽는다.

터보팬 배기 흐름과 날래 플랩 사이에 상호 작용하도록 사용하는 추진 양력 장치 흐름은 윤곽에 달라붙는데, 이미 알려진 코안다 효과(coanda effect) 때문이다. 경계층의 높은 에너지는 분리를 막는다. 날개를 음향벽으로 사용하는 장점은 지상에서 소음 수준을 줄일 수 있다. 단점은 순항시에 날개에 제트 배기 마찰 항력이 있는 것이다.

이 개념의 가장 적합한 적용이 날개 밑의 파일론 전방에 엔진을 장착하는 방식(bown flap)이다. 그렇지만, 엔진은 날개의 약간 밑에 위치시켜서 배기흐름이 의도적으로 날개 플랩에 부딪히게 해서 이것이 흐름을 부분적으로 아래로 경사시킨다. 엔진 결함 후의 조종 문제가 추진 양력 항공기의 큰 단점이다. 비대칭적으로 손실되는 양력은 롤링 모멘트를 이용할 수 있다.

추진 양력은 STOL(short take off & landing) 항공기에 사용된다. STOL 항공기는 일반적으로 활주로 길이가 2500 피트보다 짧은 거리에서 추진 양력을 사용한다. STOL 기술은 아직 상업화되지 않았는데, 짧은 활주로 길이는 큰 비용과 큰 연료 소모를 가져오기 때문이다.

추진 양력이 있을 때와 없을 때의 활주로 길이를 나타내는 것으로 더 큰 날개 면적과 더 큰 출력이 필요하다. 이것이 항공기 가격, 항력, 중량, 연료 소모, 운용 비용을 크게 한다. 또한 추진 양력 시스템은 자체로 무겁고 복잡하다.

반면, 3000 피트보다 짧은 활주로 길이는 일반적인 방법으로 이륙하는 것보다 더 효율적이다. 그렇지만, 전체적으로 STOL 항공기는 비효율적이다. 그러므로 STOL 항공기는 군용으로만 사용된다.

STOL의 또 다른 형태를 VTOL(vertical take off & landing)이라고 한다. 많은 형태의 VTOL 항공기를 설계하고 제작했지만, 헬리콥터에 성공적인 접근을 했을 뿐인데 아주 큰 직경의 프로펠러나 로우터를 사용해서 수직 양력을 제공하므로 AV-8B헤리어 전투기는 가변 제트 엔진 노즐을 사용한다.

VTOL 항공기는 아주 비효율적인 날으는 기계이다. 성공적인 VTOL 형태로는 경사 로우터 항공기로 Bell/Boeing Vertol V-22이다. 이 항공기는 정상 날개에 두 개의 대형 로우터가 있다.

엔진-로우터 조합은 이륙 위치에서 회전시키고, 이때 엔진축과 추력 방향은 수직이고, 순항 상태에서는 일반적인 수평축을 가져서 전방 추력을 갖는다. 이 항공기는 수직 이륙과 헬리콥터의 착륙 성능, 일반 항공기의 순항 속도 능력을 조합한 것이다. 헬리콥터의 순항 속도는 빠른 전진 속도와 후진 브레이드에서 충분한 양력의 발달 여부에 관계된다.

예) 최대 착륙 중량이 24,000 lbs인 항공기가 있다. 최대 착륙 중량은 자체 중량

(empty weight), 최대 유상 하중, 예비 연료를 포함한다.

제안된 설계 요구 사항은 최대 착륙 중량에서 실속 속도가 해면상 90 knot를 초과해서는 안 되는 것이다.

고압력 시스템은 효율적으로 날개 플랩을 사용하고, 최대 양력 계수는 2.9로 기대된다. 필요한 날개 면적은 얼마인가?

수평 비행에서 중량은 양력과 같으므로,

$$L=W=1/2\rho V^2 SC_L$$

실속에서 $C_L=C_{Lmax}=2.9$이므로 실속 속도 V_S는 90 knot여야 한다.

$$V_S(ft/s)=V_S(knot)\times 1.69=90\times 1.69=152.10 \ ft/s$$

$$S=\frac{W}{C_{Lmax}(\rho/2)V_S{}^2}=\frac{24,000}{(2.9)(0.002377/2)(152.10)^2}=301ft^2$$

4. 측풍 이륙을 설명하면?

이륙 중에 항공기는 활주로 중심과 일치해야 한다. 측풍을 받을 때 항공기는 옆미끄럼각 β를 받게 된다. 측풍 성분에 의한 옆미끄럼각(β)에서 날개를 수평으로 유지할 수 있지만 직선 활주를 유지하기 위해서는 날개를 경사시켜야 한다.

날개를 경사시키면 좌·우측 랜딩기어가 지면에 대한 힘과 마찰이 다르게 되어 요잉과 롤링 모멘트가 생기게 된다. 그러므로 이런 롤링 모멘트에 대처하기 위해서 측풍이 불어오는 쪽의 에일러론을 올리고, 요잉 모멘트에 대항하기 위해서 측풍이 지나가는 쪽으로 방향타가 향하게 한다.

지면에서 부양할 때는 평상시의 경우보다 오랫동안 노스 랜딩기어를 지면에 유지해서 충분한 속도가 되었을 때 노스 랜딩기어가 지면을 뜨게 한다. 완전히 부양한 후에는 날개를 수평으로 유지한다.

5. 측풍 착륙을 설명하면?

크게 두 가지 방법이 있는데 하나는 흐름각(활주로 중심선으로부터 벗어난 각)을 수정하여 활주로 중심선에 일치시키면서 접지하는 방법이다. 이 방법은 강한 측풍에서 수정하는 흐름각이 커지므로 랜딩기어에 큰 손상을 입힐 수 있는 결점이 있다.

또 다른 방법은 항공기 동체를 활주로 중심선과 일치시켜서 측풍이 불어오는 쪽으로 날개를 내리고 옆미끄럼을 하면서 접근하는 방법이다. 이때는 측풍이 불어오는 쪽의 에일러론을 올리고 측풍이 지나는 쪽의 방향타를 차야 된다. 정지 후에는 다시 흐름각을 수정해야 한다.

6. 턱 언더(tuck under)를 설명하면?

날개 뒤의 하강 흐름은 공기 흐름이 분리될 때 감소하게 된다. 이는 수평 안정판 받음각을 효과적으로 증가시키므로 더 많은 양력을 만들게 한다. 이것이 기수 하향(nose down) 피치를 일으키는 요인 중의 하나로 흔히 턱 언더라고 부른다.

만약 비행 마하수가 힘 확산 하마수 이상으로 증가되면, 날개 위의 정상 충격파는 강도가 더 커지고, 뒷 방향으로 움직인다.

두 번째 충격파가 날개 밑쪽에서 발생한다. 턱 언더에 영향을 미치는 또 다른 요소는 충격파가 날개의 후방 쪽으로 움직이는 것이다. 위쪽 충격이 후방으로 이동되면서 분리 지점도 또한 후방으로 이동되어 압력 중심도 이동되어 턱 언더 경향을 더욱 크게 한다.

세 번째 또 다른 요소는 공기 역학적 중심이(항공기가 초음속 비행에 이르면서) 코드의 25%에서 50%로 움직이는 것이다.

그러므로 초음속으로 비행하는 모든 항공기는 기수 하향 피칭 모멘트를 갖게 된다. 공기 역학적 중심의 이동은 완만하게 이루어지지 않는다.

날카로운 리딩에이지는 이 경향을 완만하게 이동되도록 해주지만, 대부분 항공기의 공기 역학적 중심은 궁극적으로 후방으로 이동하기 전에 전방으로 먼저 이동한다. 이 움직임은 천음속 비행의 초기 단계에 기수 상향 모멘트를 만들지만, 마침내는 속도가 증가하면서 턱 언더를 일으킨다.

7. 공기 역학적 중심(AC)과 압력 중심(CP)을 비교하면?

캠버진 에어포일에서 CP는 받음각이 변할 때 코드라인을 따라서 움직인다. 받음각이 증가하면서 CP는 전방으로 움직인다. 또한 캠버진 에어포일에서 받음각의 변화에도 피칭 모멘트가 변하지 않아서 속도가 일정하게 되는 점을 공기 역학적 중심이라고 부른다.

캠버진 에어포일에서의 피칭 모멘트의 발달. (a) 무양력 (b) 양력의 발달

AC는 CP와 달라서 받음각의 변화에 움직이지 않는다. AC 위치의 변화는 약간 존재하지만 에어포일 모양에 좌우된다. 아음속에서 AC는 리딩에이지로부처 코드의 23~27%에 위치하고 초음속에서는 50%로 이동한다. 어떻게 양력이 AC에 작용하는지 살펴보자.

윗면 양력 벡터와 아랫면 양력 벡터를 바꾸면 합성의 순수 양력 벡터가 CP에 위치하는 것을 볼 수 있다. 위쪽 벡터를 AC에서 양력과 똑같이 하면 같은 크기의 하향 벡터가 AC에 있게 된다. AC에서의 하향 벡터와 CP에서의 상향 벡터가 커플(couple)을 만든다.

커플은 순순한 힘을 만들지는 못하고 모멘트를 만든다. 커플에 의해서 만들어지는 모멘트는 기수 하향 피칭 모멘트(M)이다.

이 수치는 양력(L)과 CP와 AC 사이의 거리(X)를 곱한 것과 같다.

$$M=LX$$

이 모멘트는 받음각의 변화에도 변하지 않고, 만약 받음각이 감소되어 양력이 "0"에 접근하면 CP는 X가 무한대로 접근할 때까지 뒤로 움직여야 한다. 물론 이것은 불가능하므로 요즘은 CP를 거의 사용하지 않는다.

8. 웨이크 난류(wake turbulence)란?

비행중인 항공기에 의한 난류로, 대략 2가지 범주로 나눌 수 있다.

a. 추력 흐름 난류(thrust stream turbulence)

이것은 프로펠러 브레이드나 제트 배기로부터 빠른 속도의 공기에 의한 것이다. 이런 형태의 방해는 지상에서 작동 중일 때 지상 요원에게 상당히 위험하고, FOD가 항공기나 엔진에 영향을 미칠 수 있다.

b. 웨이크 난류

이것은 비행 중에 발생하는 것으로 윙팁 볼텍스에 의해서 생긴 것인데 다른 항공기에 큰 위험을 줄 수 있다.

볼텍스는 항공기의 날개에 의해서 만들어지는 것으로 방해받은 높은 에너지 공기의 회전으로 질량을 갖고 있고 또한 양력을 만든다.

회전하는 볼텍를 나타낸다. 양력을 만드는 항공기가 비행중일 때 날개의 위와 아래의 차압을 갖게 되어 윙팁 근처에서 공기가 흘러나가는 상태를 만든다. 공기는 각 윙팁에서 두 개의 볼텍스로 말리게 된다.

회신 과정은 정상적으로 항공기 뒤에서 날개 스팬의 2~4배 정도(200~600 피트)로 좌측 날개에서는 시계 방향으로 우측 날개에는 반시계 방향으로 회전한다. 헬리콥터에서 발생되는 볼텍스는 고정 날개 항공기의 볼텍스와 같은 방법으로 뒤따르게 된다.

이 회전 에너지는 항공기의 윙 스팬, 중량, 양력 등에 직접 관련된다. 이것은 속도와는 반비례하므로, 볼텍스는 큰 총중량에서 이·착륙 중에 최대가 된다.

윙팁의 볼텍스에서 공기 힘은 쉽게 에일러론 조종 능력이나 경항공기의 상승률을 초과한다. 이 힘이 경항공기를 완전히 뒤집어엎거나 지면을 향하도록 한다. 이런 경우를 피하는 방법은 항공기 사이에 적절한 간격을 두는 것이다.

측풍(ross wind)에 의한 팁 볼텍스의 옆으로 이동은 항공기가 2,500 피트 이하로 떨어진 평행한 활주로에서 운용될 때(이·착륙 중에는) 위험을 초래할 수 있다.

무풍 상태에서 볼텍스의 이동은 대략 5 knot의 속도로 항공기의 중심에서부터 벗어난다. 만약 우측으로부터 5 knot의 측풍이 불면 좌측 볼텍스는 좌측으로 10 knot의 속도로 움직이고 좌측의 평행한 활주로에서 운용되는 항공기는 큰 위험을 갖게 된다.

이 볼텍스의 크기를 제한하는 것으로는 스플라인(spline), 윙렛(winglet), 기타 장치가 사용된다. 이들의 역할은 유도 항력을 감소시키는 것이지만, 감소된 웨이크 난류는 스핀 제거의 장점을 제공한다.

9. 힘 확산(force divergence)을 설명하면?

임계 마하수(Mcr)를 대략 5% 초과하는 속도에서는 날개 위의 정상 충격은 날개로부터 경계층을 분리시킨다. 이것이 공기 역학적인 힘의 계수(여기서는 C_L과 C_D를) 변화시킨다. 이렇게 되는 속도를 힘 확산 마하수라고 부른다. C_D 곡선을 보여준다. 힘 확산 마하수에 이르면 C_D의 수치는 갑자기 증가한다. 이 속도를 항력확산(drag divergence) 혹은 항력 상승 마하수라고 부른다.

정상 충격파와 경계층 분리에 의한 에너지 손실에 의해서 생기는 항력의 증가는 조파항력(wave drag)이라고 부른다. 여기서 분명한 것은 마하1 이상에서는 다시 C_D의 수치가 감소하지만 전체 항력은 속도 증가와 함께 계속 증가한다. 그러나 증가 비율은 적다. 정상 충격파 뒤의 항력 증가뿐만 아니라 공기 흐름 분리는 양력의 손실을 가져온다.

힘 확산 마하수에서 양력 계수가 갑자기 낮아지는 것을 볼 수 있다.

충격이 유도한 분리는 저속 실속에서와 비슷한 지역 실속 상황을 만든다. 이것이 압력 중심을 전방으로 이동되게 해서 기수 상향 피칭 모멘트를 만든다. 만약 한쪽 날개가 다른 쪽 날개보다 먼저 정상 충격파를 만들면, 이때 롤링 모멘트를 먼저 만든다.

만약 날개가 아래로 쳐지면 항공기는 쳐진 방향으로 요하게 되어 더치 롤과 비슷한 상황이 된다.

힘 확산 마하수에 이르면서 일부 영향이 나타나는데 요약하면 다음과 같다.

ⓐ 주어진 수치의 C_L에서 C_D 증가

ⓑ 주어진 받음각(AOA)에서 C_L 감소

ⓒ 공기 역학적 중심이 이동하면서 피칭 모멘트의 변화

연습문제(Ⅱ)

1. 대부분의 헬리콥터는 대칭 에어포일을 갖는데 이유를 올바르게 설명한 것은?
    1. 캠버진 에어포일보다 더 큰 양력을 만든다.
    2. 상향과 하향 양력 모드를 만든다.
    3. 피칭 모멘트를 만들지 않는다.
    4. 위 모두 맞다.   (3)

2. 헬리콥터 공기 역학에 사용하는 양력 이론은 다음 중 어떤 것인가?
    1. 자이로스코프의 세차성 이론
    2. 모멘텀 이론
    3. 베르누이 원리
    4. 출력 이론   (2)

3. 헬리콥터는 지면에 가깝게 하버링(hovering)할 때는 지면으로부터 벗어날 때 보다 더 작은 힘으로 하버링하는데 이런 현상을 가장 잘 설명한 것은?
    1. 지면 근처의 공기 밀도가 더 크기 때문에
    2. 고압력 공기 "방울"이 헬리콥터 밑에서 만들어지기 때문이다.
    3. 로우터 브레이드가 더 작은 유도 항력을 갖기 때문에
    4. 위 모두 아니다.   (3)

4. 비행 중에 로우터 브레이드에 가해지는 주요한 응력은?
    1. 인장(tension)
    2. 굽힘(bending)
    3. 비틀림(torsion)
    4. 전단(shear)   (1)

5. 헬리콥터가 하버링에서 대략 15 knot 전진 비행을 시작하면서 필요 출력이 감소되는데, 왜 이런 현상이 나타나는가?
    1. 로우터의 효율이 개선되므로
    2. 로우터가 방해받지 않은 공기 지역으로 움직이므로
    3. 팁 볼텍스가 좌측 뒤에 있으므로
    4. 위 모두 맞다.   (4)

6. 20mph인 바람에 대해 정풍으로 날고 있는 항공기의 속도계 지시가 80mph였다면 그 항공기의 대기속도는 얼마인가?

   1. 60mph

   2. 40mph

   3. 100mph

   4. 120mph   (1)

7. $C_L{}^{-\alpha}$ 곡선에서 직선 날개와 후퇴 날개 사이의 가장 큰 차이점은?

   1. 후퇴 날개는 더 낮은 수치의 C_{Lmax}를 갖는다.

   2. 직선 날개는 C_{Lmax}를 위한 아주 큰 받음각으로 비행할 수 있다.

   3. 후퇴 날개는 C_{Lmax}에서 갑작스런 양력 손실이 없다.

   4. 위 모두 맞다.   (4)

8. 저속 실속은 트레일링에이지의 어떤 상태에서 시작되었는가?

   1. C_l/C_L이 최소

   2. C_l/C_L이 최대

   3. 후퇴 날개의 날개 루트

   4. 직선 사각형 날개의 윙 팁   (2)

9. 제트 항공기의 역전 상태(reversed command) 지역은 또한 다음과 같이 알려져 있다.

   1. 필요 추력 곡선의 뒤쪽

   2. 출력 곡선의 뒤쪽

   3. 항력 곡선의 뒤쪽

   4. 1. 3 모두 맞다.   (4)

10. 헬리콥터가 전진 비행할 때 로우터 브레이드의 피치가 가장 크게 되는 위치는?

   1. 조종사의 우측

   2. 조종사의 좌측

   3. 조종사의 앞

   4. 조종사의 뒤   (2)

11. 조종스틱을 뒤로 잡아당기면 항공기는 어떤 상태에서 상승을 일으키는가?

   1. 저속(low speed)

   2. 고속

   3. 어떤 속도도 가능하다.

   4. 속도에는 무관하다.   (2)

12. 다음 중 항공기의 이·착륙시 마찰 계수가 최소인 활주로 상태는?

   1. 콘크리트

   2. 부드러운 지면

   3. 굳은 잔디밭

   4. 풀이 짧은 들판   (1)

13. 항공기가 착륙을 위해서 최종 접근 중일 때 수평 윈드 쉐어를 마주쳤다. 다음 어떤 형태가 가장 위험스러운가?

   1. 배풍에서 정풍으로 나뉠 때(shear)

   2. 아래로 흩어지는 것(down burst)

   3. 정풍에서 배풍으로 나뉠 때

   4. 측풍으로 흩어질 때   (3)

14. 항공기가 비행 중에 결빙을 갖게 되었다. 다음 중 옳은 것은?

   1. 중량이 증가한다.

   2. 항력이 증가한다.

   3. 양력이 감소한다.

   4. 항력이 감소한다.   (3)

15. 웨이크 난류(wake turbulence)는 항공기를 완전히 뒤집히게 할 수 있다. 이 웨이크 난류를 피하기 위해서 조종사는 다음을 피해야 한다. 옳은 것은?

   1. 대형 항공기의 뒤와 밑에서 비행하는 것을 피한다.

   2. 대형 항공기의 뒤에서 이·착륙한다.

   3. 대형 항공기에 의한 하향 바람과 평형한 활주로에서 이·착륙

   4. 위 모두 맞다.   (4)

16. 스핀 회복(spin recovery)은 다음으로 구성된다. 옳은 것은?

   1. 러더(rudder)로 스핀 회전을 정지시킨다.

2. 스틱을 앞으로 해서 받음각을 작게 한다.

3. 에일러론(aileron)을 스핀 쪽으로 한다(후퇴 날개 항공기).

4. 위 모두 맞다.   (4)

종합 예상 문제

1. 표준 대기의 설명 중 틀린 것은?

1. 공기가 건조한 완전 가스 상태

2. 해면상 온도가 10℃(50°F)인 상태

3. 해면상 기압이 수은주 76㎜(29.92 in)인 상태

4. 해면상 밀도(ρ_0)가 0.12492 kg s²/m⁴(0.002377 lb s²/ft⁴)인 상태　　　(2)

2. IAS와 CAS의 관계를 맞게 설명한 것은?

1. CAS에서 위치 오차와 계기 오차를 수정한 것이 IAS이다.

2. IAS를 해당 비행 고도의 단열 압축 흐름에 대해 수정한 것이 CAS이다.

3. IAS를 그 비행 고도에 대해 수정한 것이 CAS이다.

4. IAS를 위치 오차와 계기 오차로 수정한 것이 CAS이다.　　　(4)

3. 어떤 고도(공기 밀도ρ)를 수평 비행하고 있는 항공기의 상당 대기 속도(EAS)를 Ve로 하고, 표준 대기 해면상의 공기 밀도를 ρ_0라고 할 때 항공기의 진대기 속도(TAS)는?

1. $\mathrm{Ve} \times \left(\dfrac{\rho_0}{\rho} \right)^2$

2. $\mathrm{Ve} \times \sqrt{\dfrac{\rho_0}{\rho}}$

3. $\mathrm{Ve} \times \dfrac{\rho}{\rho_0}$

4. $\mathrm{Ve} \times \sqrt{\dfrac{\rho}{\rho_0}}$　　　(2)

4. 항공기가 일정한 진대기 속도(TAS)로 비행하고 있을 때 다음 중 옳은 것은?

1. 고도가 높아지면 지시 대기 속도(IAS)는 커지게 된다.

2. 고도가 높아지면 IAS는 작아지게 된다.

3. 고도가 높아지면 IAS는 작아지게 된다.

4. TAS가 같아지는 경우 IAS는 고도와 관계없다.　　　(2)

5. 벤츄리 튜브를 흐르는 공기의 속도, 동압, 정압과의 관계를 바르게 설명한 것은?

1. 튜브 직경이 작은 부분의 흐름 속도는 빠르고, 동압은 크며 정압은 작다.
2. 튜브 직경이 큰 부분의 흐름 속도는 느리고, 동압은 크며 정압은 작다.
3. 어느 부분에서나 흐름속도는 같으며 동압, 정압에도 변화가 없다.
4. 튜브의 직경이 작은 부분에서 흐름속도가 빠르고 동압, 정압도 크다.   (1)

6. 레이놀즈 수의 크기를 나타내는 식으로 바른 것은?

1. $\dfrac{\text{면적} \times \text{속도}}{\text{동점성 계수}}$

2. $\dfrac{\text{튜브 직경} \times \text{속도}}{\text{동점성 계수}}$

3. $\dfrac{\text{속도} \times \text{동점성 계수}}{\text{길이}}$

4. $\dfrac{\text{속도} \times \text{동점성 계수}}{\text{시간}}$ (2)

7. 레이놀즈 수에 대한 설명 중 틀린 것은?
1. 레이놀즈 수가 작으면 흐름은 층류로 된다.
2. 층류에서 난류로 변하는 시점의 레이놀즈 수를 임계 레이놀즈 수라 한다.
3. 레이놀즈 수는 흐름의 관성력 대 점성력의 비로 표시한다.
4. 흐름의 속도가 빠르면 레이놀즈 수는 작아지게 된다.   (4)

8. 난류 경계층에 대한 설명 중 틀린 것은?
1. 경계층의 두께가 두껍다.
2. 근접하는 경계층의 마찰력이 크다.
3. 근접하는 2개의 경계층 분자는 혼합된다.
4. 흐름 속도는 시간적으로 변동하지 않는다.   (4)

9. 볼텍스 제네레이터의 목적은?
1. 난류를 층류로 변화시켜 실속을 방지한다.
2. 층류를 난류로 변화시켜 분리를 지연시킨다.
3. 볼텍스를 만들어 양력을 감소시킨다.
4. 충격파를 발생시켜 양력을 증가시킨다.   (2)

10 . 양력을 구하는 다음 식에 대해 잘못 설명한 것은

$$L = C_L 1/2 \rho V^2 S$$

1. L은 양력(kg)
2. C_L은 양력 계수(무차원)
3. ρ는 그 고도에 해당하는 공기 밀도(kg s^2/m^4)
4. V는 대기 속도(m/s)　　　　　　　　　　　　　　　　　　　　　　(4)

11. 날개의 취부각(angle of incidence)이란?
1. 날개 토드(chord)와 풍향과의 각
2. 날개 중심선과 풍향과의 각
3. 풍압 중심선과 수평축과의 각
4. 날개 코드와 항공기 축과의 각　　　　　　　　　　　　　　　　　(4)

　　　문제 12 그림　　　　　　　　　　　　문제 13 그림

12. 그림은 날개의 받음각과 양력 계수 C_L과의 관계 곡선이다. 그림과 관련하여 다음 설명 중 맞는 것은?
1. 날개의 종횡비가 커지면 곡선은 아래로 내려오게 된다.
2. 양력 계수 C_L의 최대치는 통상 0.6 정도에 있다.
3. 곡선이 횡축과 교차하는 점을 0 양력각이라 한다.
4. 받음각이 커지면 반드시 양력 계수 C_L도 증가한다.　　　　　　　(3)

13. 그림에서 실속각은 어느 점이 되는가?
1. A점
2. B점
3. C점
4. D점　　　　　　　　　　　　　　　　　　　　　　　　　　　　(3)

14. 받음각이 0°인 경우 양력 계수도 "0"이 되는 날개 형태는?
1. 대칭형 날개
2. 캠버가 큰 날개
3. 두꺼운 날개
4. 얇은 날개　　　　　　　　　　　　　　　　　　　　　　　　　(1)

15. 일반적으로 날개의 항력 계수(C_D)는 다음과 같다. 맞는 것은?
1. 항상 양(+)의 값이 되며, 받음각과 C_D)의 관계는 대부분 양력 계수 곡선과 같

은 곡선을 나타낸다.

2. 받음각이 음(−)의 값이 되면 C_D도 음(−)의 값이 된다.

3. 받음각이 변화해도 C_D는 음(−)의 값이 되지 않는다.

4. "0" 양력시 받음각, 즉 수직 급강하의 경우에 C_D는 음(−)의 값이 되지만, 그 외의 경우에는 반드시 양(+)의 값이 된다. (3)

16. 풍압 중심 (C. P)에 대해 틀린 것은?

1. 풍압 중심을 공기력의 작용에 대한 합력점을 말한다.

2. 받음각을 크게 하면 일반적인 날개에서 풍압 중심은 후방으로 이동한다.

3. 플랩을 아래로 하면 일반적인 날개에서 풍압 중심은 후방으로 이동한다.

4. 풍압 중심의 이동은 풍압 분포의 변화에 의해 생긴다. (2)

17. 에어포일(airfoil)의 공기 역학적 중심에 대해 맞는 것은?

1. 풍압력의 작용선과 코드(chord)와의 교차점을 말한다.

2. 풍압력이 리딩에이지 주위의 모멘트와 균형을 이루는 위치를 말한다.

3. 공기역학적 코드(MAC)의 중심점을 말한다.

4. 날개의 종요(longitudinal yaw) 모멘트 받음각에 관계없이 대략 일정하게 되는 점을 말한다. (4)

18. 에어포일(airfoil)의 특성에 대해 맞는 것은?

1. 받음각이 커지면 C_L도 커진다.

2. 날개 두께비가 커지면 C_{Lmax}도 커진다.

3. 최대 캠버가 커지면 C_{Lmax}는 작아진다.

4. 캠버가 (+)되면 C_{mac}(−)가 된다. (4)

19. 층류 날개의 특징을 바르게 설명한 것은?

1. 날개 두께가 얇고, 리딩에이지 반경이 작아 C_{Dmin}이 최대이다.

2. 날개 두께비가 최대이다.

3. 최대 날개 두께의 위치가 리딩에이지에서 후방 40% 부근에 있다.

4. 윙팁(wing tip) 실속을 일으키기 쉽다. (3)

20. 에어포일의 리딩에이지(leading edge) 반경을 크게 할 경우 공기 역학적 특성의 변화를 바르게 설명한 것은?

1. 공기 흐름이 리딩에이지를 지나기 쉽고 C_{Lmax}가 커지게 된다.

2. 공기 흐름이 리딩에이지를 지나기 쉽고 C_{Lmax}가 작아지게 된다.

3. 최소 형상 항력 계수가 작아지게 된다.

4. 날개 윗면의 분리 지점은 변하지 않는다.   (1)

21. 에어포일의 두께를 얇게 하면?

1. C_{Dmin}는 커지고, C_{Lmax} 실소각은 작아진다.

2. C_{Dmax}, C_{Lmax} 실소각이 모두 커진다.

3. C_{Dmin}은 작아지고 C_{Lmax} 실속각이 커진다.

4. C_{Dmin}, C_{Lmax} 실소각이 모두 작아진다.   (4)

22. 슬랫윙(slat wing)의 목적으로 맞는 것은?

1. 방향 조종성을 개선한다.

2. 종안정을 돕는다.

3. 저속시 편요을 방지한다.

4. 임계 받음각을 증가시킨다.   (4)

23. 경계층 제어장치(BCL)의 설명으로 틀린 것은?

1. 공기 흐름의 분리를 방지하여 C_{Lmax}를 증가시킨다.

2. 분사방식과 흡입 방식이 있다.

3. 날개 아래면의 공기 흐름을 나란하게 한다.

4. 항력을 감소시키는 효과가 있다.   (3)

24. 다음 중 날개 윗면의 흐름 분리를 지연시켜 큰 받음각을 얻게 하는 고양력 장치는?

1. 슬롯(slot)

2. 스포일러(spoiler)

3. 스플릿 플랩(sprit flap)

4. 볼텍스 제너레이터(vortex generator)   (1)

25. 날개 윗면에 돌출되어 간섭항력을 발생시켜 양력을 감소시키는 것은?

1. 에일러론(aileron)

2. 플랩(flap)

3. 슬롯(slot)

4. 스포일러(spoiler)   (4)

26. 테이퍼 날개(후퇴 날개)와 4각형 날개의 실속 상황을 바르게 설명한 것은?
1. 테이퍼 날개에서는 윙팁(wing tip)에서 실속이 발생하고 4각형 날개는 윙 루트 (wing root)에서 실한다.
2. 테이퍼 날개와 4각형 날개 모두 윙팁에서 실속한다.
3. 테이퍼 날개는 윙루트에서 실속하고 4각형 날개는 윙팁에서 실속한다.
4. 테이퍼 날개, 4각형 날개 모두 날개 중앙 부분에서 실속한다.　　　　　(1)

27. 타원형 날개의 특징으로 맞는 것은?
1. 윙팁 실속의 경향이 있다.
2. 에일러론(aileron) 효과가 작아진다.
3. 같은 종횡비를 갖는 날개에 비해 유도 항력이 최소로 된다.
4. 고속시 항력을 감소시킬 수 있다.　　　　　(3)

28. 날개의 MAC의 설명으로 맞는 것은?
1. 날개의 각 단면에 대한 코드 길이를 평균한 것
2. 날개의 공기 역학적 특성을 대표하는 부분의 코드
3. 공기역학적 중심이 코드 선상과 일치할 때 날개 단면의 코드
4. 윙팁과 윙루트의 중앙부에 대한 날개 단면의 코드　　　　　(2)

29. 윙팁은 볼텍스가 발생하는데 항공기 후방에서 볼 때 이 볼텍스 회전방향을 바르게 설명한 것은?
1. 우측 날개는 우측으로 돌고, 좌측 날개도 우측으로 돈다.
2. 우측 날개도 좌측으로 돌고, 좌측 날개도 좌측으로 돈다.
3. 우측 날개는 우측으로 돌고, 좌측 날개는 좌측으로 돈다.
4. 우측 날개는 좌측으로 돌고, 좌측 날개는 우측으로 돈다.　　　　　(4)

30. 날개의 유도 받음각을 바르게 설명한 것은?
1. 양력 계수가 일정할 경우 유도 항력 계수에 반비례한다.
2. 날개면적이 일정할 경우 유도 항력 계수에 반비례한다.
3. 날개의 평면형이 같아 양력 계수가 일정하면 종횡비가 큰 쪽이 작다.
4. 2차원 날개에 대해 3차원 날개가 동일한 양력 계수를 얻는 데는 유도 받음각만큼 받음각을 작게 하여야 한다.　　　　　(3)

31. 비행중 날개에 발생하는 항력을 바르게 설명한 것은?

1. 유도 항력＋유해 항력＋형상 항력

2. 유도 항력＋마찰 항력＋형상 항력

3. 유도 항력＋유해 항력＋압력 항력

4. 유도 항력＋마찰 항력＋압력 항력 (4)

32. 유도 항력 계수의 설명 중 맞는 것은?

1. 날개 면적에 비례한다.

2. 비행기 속도의 자승에 비례한다.

3. 날개의 종횡비에 비례한다.

4. 양력 계수의 자승에 비례한다. (4)

33. 날개의 유도 항력 계수는 $C_{Di}=C_L^2/AR$로 표시한다(C_L: 양력 계수, AR: 종횡비 =b^2/S, b: 날개 스팬, S: 날개 면적). 이 때 날개 스팬이 두 배, 날개 면적이 같은 항공기의 유도 항력은?

1. 1/2로 된다.

2. 1/4로 된다.

3. 2배로 된다.

4. 날개 면적이 일정하므로 C_{Di}는 변화하지 않는다. (2)

34. 날개 종횡비의 영향을 바르게 설명한 것은?

1. 종횡비가 작아지는 만큼 받음각에 대해 양력은 감소

2. 종횡비가 작아지는 만큼 유도 항력이 작아지고, 날개의 항력은 증가

3. 종횡비가 작아지는 만큼 횡안정성이 좋다.

4. 종횡비가 작아지는 만큼 종적 동안정성이 좋다. (1)

35. 종횡비를 크게 하는 경우 맞는 것은

1. 양항비가 커지게 된다.

2. 유도 항력 계수가 커지게 된다.

3. 활공 거리가 짧아지게 된다.

4. 항력 계수가 커지게 된다. (1)

36. 날개 스팬(b), 날개 면적(S), 종횡비(AR)로 표시할 때 맞게 설명한 것은?

1. $AR=S/b^2$

2. AR가 커지게 되면 활공각은 작아진다.

3. AR가 커지게 되면 활공각은 커진다.

4. AR가 커지게 되면 항속거리가 짧아진다.   (2)

37. C_{Lmax} 받음각으로 비행중 항공기가 우측으로 경사하는 경우 맞는 것은?

1. 우측 날개 받음각은 증대되고 좌측 날개의 받음각은 감소된다.

2. 우측 날개 받음각은 감소되고 좌측 날개의 받음각은 증대된다.

3. 우측 날개 양력은 증대되고 좌측 날개 양력은 감소된다.

4. 우측 날개 양력은 감소되고 좌측 날개의 양력은 증대된다.   (1)

38. 자전(autorotation) 현상에 대해 맞는 것은?

1. 윙팁 실속이 일어나기 힘들 때 자전 현상이 일어나기 쉽다.

2. 받음각이 작을 때 자전 현상이 일어나기 쉽다.

3. 횡요동이 심해지면 자전 현상이 일어난다.

4. 테이퍼가 작은 날개에서 일어나기 쉽다.   (3)

39. 항공기의 날개가 끝으로 갈수록 아래로 비틀린 이유는?

1. 날개 접합부의 실속을 방지하기 위해

2. 자전을 일으키기 쉽게 하여 조종성을 좋게 한다.

3. 윙팁의 실속을 방지하기 위해

4. 윙팁의 실속이 빨리 일어나도록 한다.   (3)

40. 후퇴 날개의 공기 역학적 특성을 잘못 설명한 것은?

1. 윙팁 실속이 일어나기 쉽다.

2. 임계 마하수를 높일 수 있다.

3. 공기 역학적으로 얇은 날개이고 항력이 작다.

4. 횡안정성과 방향 안정이 나쁘게 된다.   (4)

41. 필랫(fillet)의 목적으로 맞는 것은?

1. 큰 받음각의 경우 간섭 항력을 감소시킨다.

2. 날개 면적을 크게 하여 양력 증가를 기대할 수 있다.

3. 천이 상태에서의 비행에 특히 효과가 있다.

4. 천이점을 리딩에이지보다 훨씬 후방으로 이동시켜 공기 저항의 감소를 기대할 수 있다.   (1)

42. 프로펠러 항공기의 실속 속도에 대해 맞는 것은?
1. 고출력시 실속 속도는 커지게 된다.
2. 고출력시 실속 속도는 작아지게 된다.
3. 출력에 관계없이 실속 속도는 일정하다.
4. 자이로 효과에 의해 실속 속도는 변화한다.   (2)

43. 임계 발동기에 대해 맞는 것은?
1. 다발항공기는 우측 안쪽 발동기로 지정하고 있다.
2. 다발항공기는 좌측 안쪽 발동기로 지정하고 있다.
3. 고장이 나는 경우 비행성능에 가장 나쁜 영향을 미칠 수 있는 1개 이상의 발동기를 말한다.
4. 우측으로 회전하는 프로펠러의 쌍발기에는 우측 발동기가 임계 발동기로 된다.
                                                        (3)

44. 필요 마력에 대해서 맞는 것은?
1. 날개 면적이 크면 필요 마력이 크다.
2. 고공 비행일수록 크다.
3. 고공 비행일수록 작다.
4. 항력 계수가 클수록 작다.   (1)

45. 그림은 어느 비행기의 이용 마력과 필요 마력을 나타낸 것이다. 수평 비행 가능 속도 범위는 다음 중 어느 것인가?
1. AB간
2. AC간
3. BC간
4. AD간   (4)

46. 잉여 마력과 관계가 있는 것은?
1. 선회 성능
2. 침하율
3. 수평 최대 속도
4. 상승률   (4)

47. 저고도와 고고도 수평 비행중인 항공기의 실속 속도를 EAS로 표시할 때 실속 속도는(단, 항공기 중량은 일정하다)?
1. 고도가 증가하면 감소한다.
2. 고도가 증가하면 증대된다.
3. 고도에 관계없이 일정하다.
4. 고도가 감소하면 감소한다. (3)

48. 활공비행시 공식으로 맞는 것은?(활공각은 φ로 한다)
1. D=W cosφ
2. L=W cosφ
3. D=W tanφ
4. L=W tanφ (2)

49. 활공비를 표현한 것으로 맞는 것은?
1. 최대 활공각을 최소 활공각으로 나눈 것
2. 고도를 활공 거리로 나눈 것
3. 활공 거리를 고도로 나눈 것
4. 활공 속도를 강하율로 나눈 것 (3)

50. 최대 활공 거리를 얻을 수 있는 방법 중 맞는 것은?
1. 활공각이 최대로 되는 비행 자세로 활공한다.
2. 활공 속도가 최대로 되는 비행 자세로 활공한다.
3. 침하 속도가 최소로 되는 비행 자세로 활공한다.
4. 양항비가 최대로 되는 비행 자세로 활공한다. (4)

51. 실용 상승 한도의 정의로 맞는 것은?
1. 상승률이 30 ft/min(0.15m/s)로 될 때의 고도
2. 상승률이 30 ft/min(0.25m/s)로 될 때의 고도
3. 상승률이 30 ft/min(0.40m/s)로 될 때의 고도
4. 상승률이 30 ft/min(0.50m/s)로 될 때의 고도 (4)

52. 상승 비행에 대하여 맞는 것은?
1. 상승률은 날개 하중이 클수록 크다.
2. 상승률은 프로펠러 효율과 마력 하중이 클수록 크다.

3. 최대 상승 속도는 이용 마력과 필요 마력의 차이가 클수록 크다.

4. 상승률은 항공기의 중량이 작을수록 크다. (4)

53. 급강하했다가 급상승시 항공기에 걸리는 원심력에 대해 맞는 설명은?

1. 중량에 반비례한다.

2. 속도 자승에 비례한다.

3. 중력 가속도에 비례한다.

4. 선회 반경에 비례한다. (2)

54. 선회 반경을 작게 하는 요인으로 맞는 것은?

1. 항력 계수를 크게 한다.

2. 날개 면적을 크게 한다.

3. 항공기의 중량을 크게 한다.

4. 뱅크각을 작게 한다. (2)

55. 실속 속도 Vs의 뱅크각 θ로 정상 선회할 때 실속 속도를 구하는 식은?

1. $Vs\sqrt{\sin\theta}$

2. $Vs\sqrt{\dfrac{1}{\sin\theta}}$

3. $Vs\sqrt{\cos\theta}$

4. $Vs\sqrt{\dfrac{1}{\cos\theta}}$ (4)

56. 항공기 A는 시속 300km로 비행하고, 항공기 B는 시속 450km로 비행하고 있다. 두 항공기가 각각 1분간에 180°선회하고 있는 경우는?

1. 선회각 속도가 같으므로 두 항공기의 뱅크각은 동일하다.

2. 시속 450km인 B 항공기의 선회 반경이 크므로 뱅크각은 작다.

3. 시속 300km인 A 항공기의 선회 반경이 작으므로 뱅크각은 크다.

4. B 항공기의 뱅크각이 크다.

57. 이륙 활주 거리를 짧게 하는 데는?

1. 항력을 크게 한다.

2. 날개 하중을 크게 한다.

3. 최대 양력 계수를 크게 한다.

4. 마력 하중을 크게 한다. (3)

58. 하절기와 동절기에 비행기의 이륙거리 비료를 바르게 한 것은?
1. 이륙거리에는 대기압과 관계가 있으나 온도와는 관계가 없다.
2. 동절기에 온도가 낮아 발동기 출력이 커지게 되지만 공기 밀도도 증가하기 때문에 동절기, 하절기 모두 이륙거리는 같다.
3. 동절기에 공기 밀도가 크기 때문에 긴 거리를 필요로 한다.
4. 동절기에 공기 밀도가 크기 때문에 짧은 이륙 거리에 좋다. (4)

59. 이륙 성능을 좋게 하는데 맞는 것은?
1. 플랩을 완전히 편다.
2. 플랩을 약간 내린다.
3. 날개 하중을 크게 한다.
4. 양력 계수를 작게 한다. (2)

60. 착륙 활주 거리를 짧게 하는 것으로 맞는 것은?
1. 공기 밀도가 작은 비행장이 좋다.
2. 속도의 자승에 반비례하므로 착륙속도가 작은 쪽이 좋다.
3. 날개 하중이 작은 쪽이 좋다.
4. 기체 하중은 무거운 쪽이 좋다. (3)

61. 프로펠러기의 항속 거리를 최대로 하기 위해서는 다음 식의 값 중 어느 것을 최대로 하는 받음각에서 비행하는 것이 좋은가?
1. C_L/C_D
2. C_L^3/C_D
3. $C_L/C_D^{1/2}$
4. $C_L^{1/2}/C_D$ (1)

62. 수평 정상 비행중 연료의 감소에 따라 비행속도와 양력 계수의 변화를 맞게 설명한 것은?(마력은 일정하다)
1. 속도가 증가하고 양력 계수는 변화하지 않는다.
2. 속도가 증가하고 양력 계수도 증가한다.
3. 속도가 증가하고 양력 계수는 감소한다.
4. 속도가 감소하고 양력 계수가 증가한다. (3)

63. 장거리 수평비행의 경우 시간이 경과함에 따라 연료가 소모되어 간다. 비행속도를 일정하게 하면 다음 중 맞는 것은?
1. 받음각은 커지고 발동기의 출력은 약간 증가하게 된다.
2. 받음각은 작아지고 발동기의 출력은 약간 작아진다.
3. 받음각은 변하지 않고 발동기의 출력을 약간 증가하게 된다.
4. 받음각은 그대로이고 발동기의 출력은 작아진다.　　　　　　　(2)

64. 항속 거리를 최대로 하는 방법으로 맞는 것은?
1. 최소 연료 소비량으로 비행한다.
2. 일정한 마력으로 시간의 경과에 따라 받음각을 줄이면서 비행한다.
3. 연료가 감소하는데 따라 마력을 줄이면서 비행한다.
4. 최대 속도로 비행한다.　　　　　　　(3)

65. 최대 양력 계수(C_{Lmax})가 큰 항공기에는?
1. 활공 속도가 크고 착륙 속도가 작다.
2. 선회 반경이 작고 착륙 속도가 작다.
3. 활주 거리가 크고 착륙 속도가 크다.
4. 활공 시간이 크고 착륙 속도가 크다.　　　　　　　(2)

66. 날개 하중만을 생각할 때 날개 하중이 큰 항공기는?
1. 상승 한도가 높다.
2. 착륙 속도가 크다.
3. 선회 반경이 작다.
4. 항속 거리가 크다.　　　　　　　(2)

67. 정적 안정과 동적 안정에 대해 맞는 것은?
1. 정적 안정이 (＋)이면 동적 안정은 반드시(＋)이다.
2. 정적 안정이 (－)이면 동적 안정은 반드시(＋)이다.
3. 동적 안정이 (＋)이면 정적 안정은 반드시(＋)이다.
4. 동적 안정이 (－)이면 정적 안정은 반드시(－)이다.　　　　　　　(3)

68. 종적, 동적 안정이 (－)의 상태로 되면?
1. 요동이 점차 작게 되어 기수가 아래로 된다.

2. 요동이 점차 크게 되어 기수가 위로 된다.

3. 요동이 점차 커지게 된다.

4. 요동이 점차 작아지게 된다. (3)

69. 어떤 받음각으로 비행중 돌풍 등의 원인으로 날개의 받음각이 증가할 때 꼬리 날개의 받음각도 증가하여 꼬리 날개를 밀어 올리려고 하는 방향으로 힘이 작용한다. 이 복원성을 무엇이라 하는가?

1. 동안정

2. 정안정

3. 종안정

4. 횡안정 (2)

70. 수평 꼬리 날개의 작용 중 틀린 것은?

1. 항공기의 종안정을 트림시킨다.

2. 종적 진동의 감쇄 모멘트를 받게 한다.

3. 엘리베이터(승강타)에 의해 받음각을 변화시켜 항공기를 상승 또는 하강시킨다.

4. 양력 일부를 부담한다. (4)

71. 항공기가 플랩을 내리면 종적 진동 모멘트가 변화한다. 이와 맞는 것은?

1. 어떤 종류의 항공기라고 플랩을 내리면 반드시 기수하강 모멘트가 생긴다.

2. 어떤 종류의 항공기라고 플랩을 내리면 반드시 기수상승 모멘트가 생긴다.

3. 플랩을 내릴 때 기수가 상승하는지 하강하는지는 항공기에 따라 다르다.

4. 플랩을 내리더라도 공기 역학적 중심은 이동하지 않아 종적 진동 모멘트는 변하지 않는다.

(3)

72. 항공기의 3축 운동과 조종면의 역할과 직접적으로 관계가 없는 것은?

1. 에일러론(aileron)

2. 엘리베이터(elevator)

3. 러더(rudder)

4. 에일러론과 롤링(dileron과 rolling) (1)

73. 전후축(종축)이 안정한 항공기의 설명으로 맞는 것은?

1. 종안정이 좋다.

2. 횡안정이 좋다.

3. 방향 안정이 좋다.

4. 종적 요동이 안정하다. (2)

74. 상반각에 대해 바르게 설명한 것은?

1. 저항을 작게 한다.

2. 상승 성능을 좋게 한다.

3. 윙팁 실속을 방지

4. 옆미끄럼(side slip)을 바르게 한다. (4)

75. 후퇴 날개를 갖는 항공기가 우측으로 옆미끄럼을 일으키면?

1. 좌측 날개의 양력이 증가하고 우측 날개의 양력이 감소한다.

2. 좌측 날개의 양력이 감소하고 우측 날개의 양력이 증가한다.

3. 좌·우측 날개 모두 양력이 증가한다.

4. 좌·우측 날개 모두 양력이 감소한다. (2)

76. 상반각 및 수직 꼬리 날개 크기에 따른 관계를 바르게 설명한 것은?

1. 상반각이 작고 수직 꼬리 날개가 지나치게 크면 항공기의 횡요각의 복원력이 강하고 더치롤(Dutch roll)이 일어나기 쉽다.

2. 상반각이 크고 수직 꼬리 날개가 지나치게 작으면 항공기의 횡요각의 복원력이 강하고 스파이럴(spiral) 불안정을 나타낸다.

3. 상반각이 크고 수직 꼬리 날개가 지나치게 작으면 항공기의 횡요각의 복원력이 강하고 더치롤이 일어나기 쉽다.

4. 상반각이 크고 수직 꼬리 날개가 지나치게 작으면 항공기의 횡요각이 감소하지 않고 스파이럴 불안정을 나타낸다. (3)

77. 밸런스 탭(balance tab)의 설명으로 맞는 것은?

1. 조종면의 움직임 방향과 반대 방향으로 움직이며 조타력을 경감한다.

2. 조종면 움직임 방향과 같은 방향으로 움직이며 힌지 회전 모멘트를 작게 한다.

3. 조종간을 움직인 방향과 같은 방향으로 움직이며 조타력을 경감한다.

4. 손을 놓고 비행하는 것이 가능하게 한다. (1)

78. 어떤 항공기의 방향타에는 그림과 같은 혼 밸런스(horn balance)라는 것이 설치되어 있다. 그 이유는?

1. 방향타에 부딪히는 공기 흐름을 나란하게 하기 위해
2. 타면의 작동 범위를 넓히기 위해
3. 조타력을 경감하기 위해
4. 방향 안정을 좋게 하기 위해   (3)

79. 조타력 경감을 위한 탭은?
1. 밸런스 탭(balance tab)
2. 스프릿 탭(split tab)
3. 트림 탭(trim tab)
4. 서어보 탭(servo tab)   (3)

80. 에일러론, 엘리베이터의 힌지 모멘트(hinge moment)와 조타력과의 관계에서 맞는 것은?(단, control wheel의 arm은 일정하다)
1. 힌지 모멘트가 크면 조타력이 작아서 좋다.
2. 힌지 모멘트가 크면 조타력은 커지게 된다.
3. 콘트롤 휠(control wheel)의 암(arm)은 일정하므로 힌지 모멘트가 커지더라도 조타력에는 변화가 없다.
4. 조타력은 항상 "0"이어야 하므로 힌지 모멘트도 "0"이다.   (2)

81. 수평 비행중 조종 장치를 자유로 하면, 기수를 왼쪽 방향으로 향하는 경사가 있는 항공기에는 트림 상태를 바르게 하기 위해?
1. 우측 보조익의 탭을 위쪽으로 조정한다.
2. 방향타 탭을 왼쪽 방향으로 조정한다.
3. 방향타 탭을 오른쪽 방향으로 조정한다.
4. 날개의 받음각을 크게 한다.   (2)

82. 차동 에일러론(differtial aileron)에 대해서 바른 것은?
1. 내릴 때 에일러론 부근에서의 공기 흐름이 분리되어 효율이 나쁘기 때문에 작동량을 올릴 때보다 많게 한다.
2. 올릴 때 공기 흐름의 난류가 적어 효율이 좋기 때문에 작동량을 내릴 때보다 적게 한다.
3. 내려가는 쪽이 올라가는 쪽보다 항력 증가가 크므로 이 항력차가 선회를 원래대로 움직이게 해서 내리는 각도를 올리는 각도보다 작게 한다.
4. 올리는 쪽이 내리는 쪽보다도 항력 증가가 크고 이 항력차가 선회를 올리는 각

도를 내리는 각도보다 작게 한다.   (3)

83. 에일러론의 역효과를 방지하는 방법으로 틀린 것은?
1. 날개의 재료 강도를 높인다.
2. 에일러론의 취부위치를 윙팁 가까이에 한다.
3. 에일러론을 2개의 날개로 하고 고속시 안쪽의 에일러론만 사용한다.
4. 종횡비를 작게 한다.   (2)

84. 플라이트 스포일러(flight spoiler)에 대해서 맞는 것은?
1. 에일러론을 올린 쪽 스포일러가 열림
2. 에일러론을 내린 쪽 스포일러가 열림
3. 에일러론을 올린 쪽 스포일러가 닫힘
4. 러더가 작동한 때 스포일러가 열린다.   (1)

85. 항공기가 강한 횡풍을 받더라도 수직 꼬리 날개가 방향 안정성을 잃지 않게
하는 방법으로 틀린 것은?
1. 도살핀(dorsal fin)을 붙여 수직 꼬리 날개의 종횡비를 작게 한다.
2. 수직 꼬리 날개를 무게 중심에서 될 수 있는 데로 후방에 위치한다.
3. 수직 꼬리 날개 리딩에이지 반경을 크게 하고 날개 두께를 증가시킨다.
4. 수직 꼬리 날개의 면적을 될 수 있는 데로 적게 한다.   (4)

86. 돌풍에 의해 생기는 하중과 관계가 없는 것은?
1. 기체의 중량
2. 비행속도
3. 날개면적
4. 뱅크각   (4)

87. 조종면의 매스 발란스(mass balance) 목적으로 맞는 것은?
1. 조타력의 경감
2. 보타력의 경감
3. 조종면의 효과 향상
4. 조종면의 진동방지   (4)

88. 조종면의 플러터(flutter)를 방지하는 방법으로 틀린 것은?

1. 매스 발란스(mass balance)를 붙인다.
2. 조종면의 강성을 높인다.
3. 조종계통의 움직임을 크게 한다.
4. 공기력으로 작동하는 타면에 한다. (4)

89. 승객, 윤활유, 가솔린의 설계단위 중량은?
1. 170 lb/dls, 6 lb/gal, 7.5 lb/gal
2. 170 lb/dls, 7.5 lb/gal, 6 lb/gal
3. 160 lb/dls, 7.0 lb/gal, 6.5 lb/gal
4. 150 lb/dls, 8.5 lb/gal, 7.5 lb/gal (2)

90. 항공기의 자중을 측정하는 경우 기체내의 연료는?
1. 일반적으로 수평자세에서 측정하며 연료는 유량계의 눈금이 "0"이 될 때까지 배출한다.
2. 일반적으로 수평자세에서 측정하여 연료는 발동기 중에 포함된 연료이외에는 완전히 배출한다.
3. 일반적으로 수평자세에서 측정하며 연료계통의 연료는 완전히 배출한다.
4. 특별한 경우를 제외하고 비상시 연료방출을 한 경우 기준서에 정해진 잔류연료로 한다. (1)

91. 항공기의 무게중심 위치를 측정할 때 기준선을 정하는데 그 위치는?
1. 날개의 전연으로 해야 한다.
2. 전류의 중심선으로 해야 한다.
3. 어느 위치를 해도 되므로 임의의 위치로 정한다.
4. 조종석의 중앙부로 결정해야 한다. (3)

92. 기체의 무게중심 위치의 모멘트 계산으로 맞는 것은?
1. 기준선의 전방에 짐을 싣는 경우는 (+)
2. 기준선의 전방에서 짐을 내리는 경우는 (−)
3. 기준선의 후방에서 짐을 싣는 경우 (−)
4. 기준선의 후방에서 짐을 내리는 경우 (−) (4)

93. 착륙시 지면효과에 대한 항공기는?
1. 기수가 내려간다.

2. 기수가 올라간다.

3. 후류식의 경우는 전류식의 경우와 효과가 반대로 된다.

4. 착륙시 효과가 최대가 되나 이륙시에는 작다.   (1)

94. 천음속 영역이란 다음 중 어느 것인가?

1. M=0.5이하

2. M=0.5～0.8

3. M=0.8～1.2

4. M=1.2～5   (3)

95. 임계마하수란?

1. 공기의 압축성 영향에 의해 항공기의 항력이 급격하게 증가하기 시작하는 마하수

2. 고속 부펫(buffet)이 발생할 때의 마하수

3. 항공기가 선회에 들어갈 때 증대된 실속속도를 마하수로 표시한 것

4. 날개 윗면 어느 점에서의 공기 흐름 속도가 정확히 음속에 도달할 때 비행기의 속도를 마하수로 표시한 것   (4)

96. 공기 중 음속에 가장 영향을 미치는 것은?

1. 기압

2. 기온

3. 공기밀도

4. 습도   (2)

97. 최대 운용 한계 속도는 저공에서는 대기 속도, 고공에서는 마하수로 결정하는데 그 이유는?

1. 고공은 저온이므로 대기속도가 부정확하게 되므로 마하수를 정한다.

2. 고공은 기압이 내려가므로 대기속도가 부정확하게 되므로 마하수로 정한다.

3. 고공에서는 조종성, 안정성의 면에서 마하수로 정한다.

4. 고공에서는 기체강도의 면에서 마하수로 정한다.   (3)

98. 해면상 대기 상태에서 마하수를 M이라 할 때 온도가 t℃ 변화했을 때의 마하수 M_t는?

1. $M_t = M\sqrt{\dfrac{273}{273+t}}$

2. $M_t = M\sqrt{\dfrac{273+t}{273}}$

3. $M_t = M\sqrt{\dfrac{273+15}{273+t}}$

4. $M_t = M\sqrt{\dfrac{273+t}{273+15}}$

99. 순항 중 외기속도가 상승한 경우 원래의 마하수를 유지하면서 비행하면?
1. TAS는 외기 온도 상승 전과 변화하지 않는다.
2. TAS는 증가한다.
3. TAS는 감소한다.
4. 그 당시 고도에 의해 다르므로 통틀어 말하지 않는다.   (2)

100. 마하수가 일정한 경우 SAT와 TAT의 관계가 옳은 것은?
1. TAT는 SAT에 비례한다.
2. TAT는 SAT의 1.5승에 비례한다.
3. TAT는 SAT의 2승에 비례한다.
4. TAT는 SAT의 2.5승에 비례한다.   (1)

101. 대기온도에 대해 바른 것은?
OAT: Outside Air Temperature
SAT: Static Air Temperature
TAT: Total Air Temperature
RAT: Ram Air Temperature
1. 비행기가 정지 상태에서는 TAT=SAT=OAT가 된다.
2. RAT와 TAT는 언제나 같다.
3. TAT, RAT, SAT 중에서 OAT와 가장 가까운 것은 TAT이다.
4. 기속의 증가와 함께 상승하는 것은 RAT이고, TAT는 그 당시 비행고도에 의해 일반적으로 말하지 않는다.   (1)

102. 속도의 증가와 함께 압축성의 영향이 나타나는 것과 관계있는 것은?
1. 양력계수가 감소한다.
2. 공기력 모멘트계수가 증가한다.

3. 항력계수가 증가한다.

4. 날개두께비가 증가하는 것과 같은 효과를 얻는다. (1)

103. 날개의 충격파 특성에 대해서 맞는 것은?

1. 날개 윗면에 발생하여 속도의 증가와 함께 앞쪽으로 이동한다.

2. 충격파 후방의 압력은 급격히 떨어진다.

3. 충격파 후방의 경계층은 분리되면서, 볼텍스를 발생시키고 트레일링에이지에서 역류가 나온다.

4. 충격파 발생에 의해 경계층에 에너지자 보급되어 공기흐름의 분리가 지연된다. (3)

104. 조파항력에 대해서 맞는 것은?

1. 충격파 발생에 의해 일어난다.

2. 난기류를 만났을 때 일어난다.

3. 횡풍을 만났을 때 일어난다.

4. 대형기가 후방 난기류에 만났을 때 일어난다. (1)

105. 충격파 실속이 발생한 경우 이를 벗어나는 방법은?

1. 기수를 올린다.

2. 기수를 내린다.

3. 항공기의 속도를 줄인다.

4. 기체의 속도를 증가시킨다. (3)

106. 날개의 조파실속을 지연시킬 수 있는 방법은?

1. 날개를 얇게 하고 가장 두꺼운 부분을 가능한 한 전방에 위치한다.

2. 리딩에이지를 뾰족하게 한다.

3. 후퇴각을 작게 한다.

4. 종횡비를 크게 한다. (2)

107. 턱언더(tuckunder)와 충격파의 영향에 대해 맞는 것은?

1. 날개의 풍압중심이 전방으로 이동하여 기수가 내려가는 현상

2. 날개의 하강흐름각(down wash angle)이 감소하여 기수가 내려가는 현상

3. 날개의 하강흐름각이 증가하여 기수가 내려가는 현상

4. 돌연 한쪽 방향의 날개가 내려가는 현상 (2)

108. 턱언더란?
1. 날개가 비틀어져 에일러런의 효과가 감소하는 현상
2. 수평 꼬리 날개에 충격파가 발생하여 엘리베이터 효과가 없어지는 현상
3. 수평 비행 중에 속도를 증가하면 갑자기 한쪽 방향의 날개가 내려가는 현상
4. 수평 비행 중에 속도를 증가하면 기수가 저절로 내려가는 현상　　　　　　　(4)

109. 턱언더의 원인으로 틀린 것은?
1. 충격파의 증가와 후방이동에 의해 풍압중심이 후방으로 이동하기 때문
2. 충격파의 증가와 전방이동에 의해 풍압중심이 후방으로 이동하기 때문
3. 속도의 증가와 함께 날개 하강흐름각이 감소하여 수평 꼬리 날개 양력이 증가하기 때문
4. 후퇴 날개에는 속도 증가와 함께 날개 중앙부분과 윙팁부분의 양력이 증가하여 풍압 중심이 증가하기 때문　　　　　　　(2)

110. 날개에서 발생한 충격파의 볼텍스가 되어 꼬리 날개에 부딪히어 생기는 진동은?
1. 저속 버펫(buffet)
2. 고속 버펫(buffet)
3. 패널 플러터(panel flutter)
4. 플러터(flutter)　　　　　　　(2)

111. 고속 버펫(buffet) 한계에 대해서 바른 것은?
1. 고도의 증가와 함께 작아지게 된다.
2. 중량이 무거운 항공기일수록 크다.
3. 하중배수가 작을수록 작다.
4. 받음각이 작을수록 크다.　　　　　　　(1)

112. 천음속의 공기역학 특성에 대해 틀린 것은?
1. 턱언더가 피치업을 일으키기 쉽다.
2. 에일러런의 역효과
3. 저속 버펫(buffet)을 일으킨다.
4. 윙 드롭(wing drop)　　　　　　　(3)

113. 윙 드롭(wing drop)이라 하는 것은?
1. 충격파의 발생으로 양력을 잃어 급속하게 항공기가 하강하는 현상
2. 천음속 구간에서 일어나는 에일러런의 효과가 나빠진다.
3. 한쪽 날개에 의해 충격파가 발생하여 그 밑으로 갑자기 기울어지는 현상
4. 후퇴날개 항공기가 횡풍 중에 착륙시 바람 부는 쪽의 날개가 올라가서 기수가 떨리는 현상   (2)

114. 천음속의 피치업(pitch up)의 원인과 관계가 없는 것은?
1. 후퇴날개의 비틀림 현상
2. 풍압 중심의 과도한 전진
3. 엘리베이터(elevator)의 효과 감소
4. 에일러런(aileron)의 역효과   (4)

115. 피치업에 대해서 맞는 것은?
1. 조종간을 앞으로 밀면 반대로 기수가 올라가는 현상
2. 조종간을 뒤로 당기면 기대했던 이상으로 기수가 올라가는 현상
3. 종적인 균형이 흐트러지는 원인으로 횡적인 균형에도 영향을 주어 더치롤에 들어가는 것
4. 저속도 구역에서 발생하지는 않는다.   (2)

116. 고속항공기의 경우에 볼텍스 제네레이터(vortex generator)의 목적은?
1. 후퇴날개에서 윙팁 흐름을 방지한다.
2. 날개면 위의 공기흐름을 나란하게 하여 층류경계층을 형성한다.
3. 턱언더를 보정한다.
4. 충격파의 발생을 지연시켜 확산 마하수(M_{div})를 크게 한다.   (4)

117. 후퇴각을 가지고 있는 항공기는 후퇴각이 없는 항공기에 비해서?
1. 턱언더(tuck under) 현상을 일으킨다.
2. 날개의 윙팁(wing tip)이 비틀리기 쉽다.
3. 리딩에이지 플랩의 효과가 트레일링에이지 플랩보다 크다.
4. 각 조종면의 트림탭의 면적이 작다.   (2)

118. 후퇴각에 관계되는 설명으로 맞는 것은?
1. 후퇴각은 50% 코드라인을 기준으로 측정한다.

2. 경사에 대해서 후퇴각 β의 날개의 두께는 sin β 배로 줄어듦에 따라 공기역학적으로 얇은 날개가 된다.

3. 상반각의 역할을 하여 후퇴각이 증가함에 따라 상반각 효과가 증가한다.

4. 방향안정성이 좋지 않다. (3)

119. 초임계 에어포일(supercritical airfoil)과 층류형 날개를 비교한 경우, 초임계 에어포일의 특징으로 틀린 것은?

1. 리딩에이지가 작다.

2. 날개 윗면이 평면이다.

3. 날개 아랫면이 움푹 파였다.

4. 최대 두께위치가 전방에 있다. (1)

120. 고속비행을 하기 위한 방법으로 부적당한 것은?

1. 층류형 에어포일을 채용하고 날개두께를 얇게 한다.

2. 날개의 리딩에이지 반경을 크게 하고, 이 부분을 통과하는 공기흐름 속도를 크게 하여 기류의 분리를 지연시킨다.

3. 날개에 후퇴각을 주어 임계마하수를 높인다.

4. 날개의 종횡비를 작게 하고, 충격파의 발생에 의한 영향을 감소시킨다. (2)

121. 층류형 에어포일에 대해서 맞는 것은?

1. 리딩에이지 반경이 크다.

2. 최대 두께 위치가 트레일링에이지에서 20% 위치에 있다.

3. 날개 두께비가 크다.

4. C_{Lmax}가 작아 실속속도가 크다. (4)

122. 고속항공기에 발생하는 에일러론 리버서(aileron reverser)란?

1. 날개 트레일링에이지 표면과 에일러론 리딩에이지와의 간격에 의해 에일러론 리딩에이지 역방향의 풍압이 걸리는 현상

2. 에일러론에 의해 조타와 역방향의 공기력이 작용하여 조타력을 돕는 현상

3. 윙팁의 비틀림 모멘트에 의해 에일러론 움직임에 대해 역효과의 현상

4. 좌우 에일러론의 차동각에 의해 발생하는 에일러론 역효과 현상 (3)

123. 에일러론 리버서(보조익 역전)의 방지를 위한 방법으로 틀린 것은?

1. 에일러론 위치를 내측으로 한다.

2. 횡방향 조종에 스폴일러를 사용한다.

3. 종횡비를 작게 한다.

4. 차동 에일러론을 채용한다.　　　　　　　　　　　　　　　　　　　(4)

124. 제트기에서 항속거리를 최대로 하기 위해서는 아래 요소 중 어느 것을 최대로 하는 것이 좋은가?

1. $\dfrac{C_L}{C_D}$

2. $\dfrac{C_L{}^3}{C_D}$

3. $\dfrac{C_L}{C_D{}^{\frac{1}{2}}}$

4. $\dfrac{C_L{}^{\frac{1}{2}}}{C_D}$　　　　　　　　　　　　　　　　　　　　　　(3)

125. 수송기의 V_2로 맞는 설명은?

1. 1.5 Vs의 속도

2. 엔진 고장시 이륙포기를 결정하는 속도

3. 이륙 활주 중 기수를 올리기 시작하는 속도

4. 이륙면에서 10.7mDML의 고도에 달할 때 속도　　　　　　　　　　(4)

126. 제트기의 이용추력과 필요추력에 관해서 맞는 것은?

1. 고도가 높아질수록 최소항력 마하수는 작아지게 된다.

2. 고도가 높아질수록 최소비행 마하수는 작아지게 된다.

3. 고도가 높아질수록 필요추력은 커지게 된다.

4. 고도가 높아질수록 이용추력은 작아지게 된다.　　　　　　　　　　(4)

127. 제트기의 수평 비행시 속도제어에 대해서 맞는 것은?

1. 어떤 속도영역에서도 속도를 증가시키면 추력을 증가시키면 추력을 증가시켜 주어야 한다.

2. 속도를 증가시키고 싶을 때 추력을 증가시킬 것인가 감소시킬 것인가는 그 당시 TAT에 의해 달라진다.

3. 최소 항력속도 이하에서 비행중 속도를 증가하면 추력을 감소할 필요가 있다.

4. 최소 항력속도 이하에서 비행중 추력을 증가시키거나 감소시키더라도 속도는 변화하지 않는다. (3)

128. 장거리 순항비행을 하고 있는 경우 조작에 대해서 바른 것은?
1. 중량변화에도 불구하고 일정한 지시대기 속도 또는 지시마하수를 유지한다.
2. 중량이 경감되면서 순항속도를 감소시킨다.
3. 최대 순항추력 EPR을 유지한다.
4. 최대 양항비 자세를 유지한다. (2)

헬리콥터 공기역학

129. 자체 중량(emoty weight)에 대한 설명으로 맞는 것은?
1. 제조공장에서 제작될 당시의 중량이다.
2. 고정 발라스트(ballast), 사용불능연료, 운용 중 사용되는 각종 윤화유 등을 포함한 중량을 말한다.
3. 윤활유와 작동유를 만재하고 사용불능연료를 포함한 중량이다.
4. 제거 가능한 발라스트, 고정장치의 중량, 빼낼 수 없는 연료, 윤활유, 작동유를 포함한 중량을 말한다. (2)

130. 양력계수 증가에 의한 브레이드의 팁 손실(tip loss)은?
1. 양력계수가 증가하면 감소한다.
2. 양력계수가 증가하면 증가한다.
3. 양력계수가 증가에는 관계가 없다.
4. 양력계수가 증가에도 변함없다. (2)

131. 그림과 같이 기체의 전진속도를 v, 브레이드의 회전속도가 V로 될 때 후진 브레이드에 작용하는 양력은?
1. $(v+V)^2$에 비례한다.
2. $\left(\dfrac{v+V}{v+V}\right)^2$에 비례한다.
3. $(v-V)^2$에 비례한다.
4. $\left(\dfrac{v-V}{v+V}\right)^2$에 비례한다. (3)

132. 전진비행할 때 속도와 유도마력과의 관계로 맞는 것은?
1. 전진속도가 증가하면 유도마력은 감소한다.
2. 전진속도가 증가하면 유도마력은 급증한다.
3. 전진속도가 증가하면 유도마력은 약간 증가한다.
4. 전진속도가 증가하더라도 유도마력은 변화하지 않는다.　　　　　　　(1)

133. 소형 헬리콥터의 테일 로우터(tail rotor)에 필요한 마력은 제자리 비행중 약 몇 %인가?
1. 3~5%
2. 7~10%
3. 15~20%
4. 21~25%　　　　　　　　　　　　　　　　　　　　　　　　　　　　　(2)

134. 브레이드 회전면 부근을 통과하면서 증가된 속도는 통과하기 전의 몇 배인가?
1. aV=2bV
2. aV=bV
3. aV=1/2bV
4. aV=1/4bV　　　　　　　　　　　　　　　　　　　　　　　　　　　　(3)

135. 헬리콥터의 브레이드가 아래에서 보아 우회전할 때 자동 활공(auto rotation)에 대해서 브레이드는 우회전을 한다. 이 회전력은 아래 그림의 ABC 중 어디에 생기는가?
1. A
2. B
3. C
4. A 와 B　　　　　　　　　　　　　　　　　　　　　　　　　　　　　(2)

136. 자동 활공(auto rotation) 중 브레이드 전체를 생각할 때 브레이드는?
1. 가속된다.
2. 감속된다.
3. 등속회전 한다.
4. RPM이 증가한다.　　　　　　　　　　　　　　　　　　　　　　　　(3)

137. 브레이드의 팁 실속은 대략 200m/s 정도가 최대이므로 전진속도도 이것에 의해 자연히 제한되는데 그 이유는?

1. 발동기의 회전속도가 한계에 이르기 때문
2. 팁 실속이 커지게 되면 테일로우터에 토오큐(torque)가 커지게 되기 때문이다.
3. 팁 실속이 커지게 되면 브레이드의 풍압중심 이동이 커지게 되기 때문
4. 전진하는 브레이드 압축성 효과와 후퇴하는 브레이드 실속 때문   (4)

138. 전진 비행중인 헬리콥터의 메인로우터 브레이드에서 다음 각점에 대한 받음각의 관계는?

1. A=C, B>D
2. A>C, B=D
3. A=C, B<D
4. A<C, B=D   (1)

139. 헬리콥터의 메인 로우터 브레이드에 플래핑 힌지(flapping hinge)를 장치하는 이유는?

1. 브레이드 부근에 걸리는 비틀림 모멘트를 작게 하여 전진 비행시 횡 요(lateral yaw) 모멘트 변동을 없게 하여
2. 브레이드를 쉽게 접기 위해서
3. 돌풍을 받았을 때의 하중을 피하기 위해
4. 싸이클릭 페더링(cyclic feathering)을 하기 위해   (1)

140. 메인로우터 브레이드 전진 양력과 후진 양력의 보상은 어떻게 되는가?

1. 싸이클릭 피치(cyclic pitch)와 플래핑(flaping)에 의해
2. 싸이클릭 콘트롤(cyclic control)과 트래킹(tracking)에 의해
3. 패더링 힌지와 Tail rotor피치에 의해
4. 패더링 힌지와 페더링에 의해   (4)

141. 메인로우터 브레이드 코닝각을 결정하는 요소는 다음 중 어느 것인가?

1. 원심력의 크기
2. 양력의 크기
3. 원심력과 양력과의 함성방향
4. 합성의 크기   (3)

142. 메인로우터 브레이드가 팁 실속하기 쉬운 상태는 다음 중 어느 것인가?
1. 메인로우터가 조종석에서 볼 때 시계방향으로 돌고 테일로우터가 동체의 우측에 달려 있을 때 우측으로 급선회 하는 경우
2. 하향 돌풍을 받았을 때
3. 급격한 상승을 했을 때
4. 수직강하 중
(3)

143. 메인로우터 브레이드가 조종석에서 볼 때 시계방향으로 돌고 있고 테일로우터가 기체의 우측에 달려 있을 때 메인로우터 브레이드의 앤티 토오큐(antitorque) 테일로우터의 추력을 T, 메인로우터 브레이드축과 테일로우터 브레이드의 간격을 d라 하면, 우측으로 선회하는 경우의 관계식으로 맞는 것은?
1. $Q < T \times d$
2. $Q = T \times d$
3. $Q > T \times d$
4. $Q >= T \times d$
(3)

144. 메인로우터 브레이드의 리드각이 최대가 되는 경우는?
1. 브레이드가 정지할 때
2. 오토로테이션할 때
3. 고 회전 저 출력시
4. 저 회전 고 출력시
(1)

145. 로우터 브레이드 반경을 R로 할 때 지면효과를 현저히 나타나는 경우는?
1. 다리까지의 높이가 지면에서 1/2R
2. 로우터 브레이드 허브까지의 높이가 지면에서 1/4R
3. 로우터 브레이드 허브까지의 높이가 지면에서 1/2R
4. 로우터 브레이드 허브까지의 높이가 지면에서 R
(4)

146. 대기속도가 몇 노트(kt)로 되면 소형 헬리콥터는 지면효과를 잃는가?
1. 3~5 kt 이상
2. 10 kt 이상
3. 10~15 kt 이상
4. 20~25 kt 이상
(2)

147. 지면효과 내에서 하버링하는 경우의 부력(뜨는 힘)은 동일한 상태에서 지면효과 밖에서 하버링 한 경우의 부력보다 몇 배인가?
1. 1.0~1.15배
2. 1.15~1.25배
3. 1.25~1.4배
4.   1.4~1.5배
(3)

148. 그림과 같은 헬리콥터의 발동기 출력이 PHP일 때 테일로우터의 추력 T는 얼마인가?(단, 효율은 100%로 메인로우터 브레이드 팁속도를 Vt m/s로 함)
1. $T = \dfrac{76 \times P \times R}{V_t \times d}$

2. $T = \dfrac{d \times R}{R \times V_t}$

3. $T = \dfrac{P \times 2R}{R + d}$

4. $T = \dfrac{76 \times P \times R}{\pi d}$ (1)

149. 헬리콥터가 직선 비행을 하기 위해서는?
1. 싸이클릭 스틱(cyclic stick)을 좌(또는 우)로 기울이고, 좌측(또는 우측) 페달을 밟는다.
2. 싸이클릭 스틱(cyclic stick)을 좌(또는 우)로 기울이고, 우측(또는 좌측) 페달을 밟는다.
3. 싸이클릭 스틱(cyclic stick)을 좌(또는 우)로 기울이고, 페달은 중립위치로 한다.
4. 싸이클릭 스틱(cyclic stick)을 중립으로 하고, 좌측(또는 우측) 페달을 밟는다.
(2)

150. 헬리콥터가 수평비행중 동체에 작용하는 항력은?
1. 유도저항 뿐이다.
2. 형상저항 뿐이다.
3. 유도저항＋압력저항
4. 유도항력＋형상항력   (4)

151. 공기역학적 불안정 진동이란 무엇인가?

1. 지상 공진하는 것이다.
2. 공중 공진하는 것이다.
3. 클래시컬 플러터(classical fluter), 실속 플러터 등 플러터에 의해 진동하는 것
4. 메인로우터 브레이드 회전에 1회의 종진동하는 것이다.   (3)

152. 헬리콥터의 초과금지속도는?
1. 최대전진속도의 90%이다.
2. 최대전진속도의 90~100% 사이
3. 최대전진속도의 100~115% 사이
4. 최대전진속도의 115% 이상   (1)

153. 헬리콥터는 통상 데드 맨즈 커브()에 의해 운항을 제한하고 있는데 이 경우
사 용되는 고도는?
1. 지면 고도
2. 밀도 고도
3. 기압 고도
4. 운항 고도   (1)

주관식 풀이 문제

154. M=5.0, 공기 온도 41°F(500°R), 속도 3,740mph로 비행하는 로켓이 있다. 이때
로켓앞(nose)에서 온도는?
풀이) 음속 a= 748mph이다.

$$T(°R)=T\left(1+\frac{\gamma-1}{2}M^2\right)$$

$$=500\left(1+\frac{1.4-1}{2}(5)^2\right)$$

$$=500(6)$$

$$=3,000°R$$

$$°F=\frac{9}{5}(°C+32)$$

$$°F=°R+460$$

$$°C=\frac{5}{9}(°F-32)$$

$$C = °K + 273$$

$$\theta = \frac{T}{T_0} = \frac{T}{519}$$

155. 날개 코드(wing chord)가 3m, 대기 속도가 360km/h, 동점성 계수가 0.15㎠/sec일 때 레이놀즈 수를 구하면?

$$RN = \frac{V\ell}{v}$$

$$= \frac{\left(\frac{360}{3.6}\right) \times 100 \times 300}{0.15} = \frac{3,000,000}{0.15}$$

$$= 2 \times 10^7$$

156. 중량이 25,000kg인 항공기가 30° 상승비행을 하고 있다. 이때 항공기의 양력은 얼마인가?

$$W = L\cos\theta$$

$$L = \frac{W}{\cos\theta}$$

$$= \frac{25,000}{\cos 30} = \frac{25,000}{\sqrt{3}/2} = \frac{25,000}{0.866}$$

$$= 28,868.36 \text{kg}$$

157. 프로펠러 효율이 80%, 날개 면적이 20, 최대 속도 540km/h로 해면상을 수평 등속 비행할 때의 엔진 출력이 1,500hp이다. 이때의 최소 항력 계수는 얼마인가?

$$C_{Dmin} = \frac{75\eta\rho}{1/2\rho V_{max}^3 S}$$

$$= \frac{75 \times 0.8 \times 1,500}{1/2 \times 0.12499 \times \left(\frac{546}{3.6}\right)^3 \times 20} = \frac{90,000}{4,218,412.5} = 0.02133$$

158. 항공기가 100mph로 비행할 때 1,100 lbs의 항력을 받는다. 만약 이 항공기가 150mph로 비행하면 이 때 받는 항력은?

답) $D = C_D \, 1/2\rho \, V^2 S$

위 식에서 보면 항력은 속도자승과 비례관계이다.

속도 100mph일 때 $(100)^2$일 때 1,100 lbs의 항력을 받으므로 $(150)^2$일 때의 항력

을 비례식으로 구한다.

$(100)^2 : 1,100 = (150)^2 : \chi$

$\therefore \chi = 2,475$ lbs이다.

159. 항공기 중량이 7,000kg, 날개 면적 25m²인 항공기가 해면상을 수평비행하고 있다. 이때의 양력계수는?

풀이) $W = L = C_L 1/2 \rho V^2 S$

$$C_L = \frac{2W}{\rho V^2 S}$$

$$= \frac{2 \times 7,000}{\frac{1}{8} \times \left(\frac{900}{3.6}\right)^2 \times 25} = \frac{14,000}{195,312.5} = 0.07168$$

160. 날개면적이 24m², 스팬의 길이가 12m일 때 종횡비는?

$$AR = \frac{b}{c} = \frac{b^2}{S} = \frac{S}{c^2}$$

$$\therefore \frac{(12)^2}{24} = 6$$

161. 날개면적이 25m², 스팬이 10m일 때 종횡비는?

$$AR = \frac{b^2}{S}$$

$$= \frac{(10)^2}{25} = 4$$

162. 면적이 일정한 날개에서 b를 2배로 하고, CL을 1/2로 하면 CD_i는 어떻게 되는가?

$$CD_i = \frac{C_L^2}{\pi A}$$

$$= \frac{C_L^2}{\pi \left(\frac{b}{c} = \frac{S}{c^2} = \frac{b^2}{S}\right)} = \frac{C_L^2}{\pi \frac{b^2}{S}} = \frac{(1/2)^2}{\pi \frac{(2)^2}{S}} = \frac{\frac{1}{4}S}{4\pi} = \frac{S}{16\pi} = \frac{1}{16} \times \frac{S}{\pi}$$

163. 중량이 3,000kg, 날개면적이 215m²인 항공기가 해면상을 수평등속도 비행을 하고 있다. $C_{Lmax} = 1.2$일 때 속도는?

$$Vs = \sqrt{\frac{2W}{\rho C_{Lmax}S}}$$

$$= \sqrt{\frac{2 \times 3,000}{\frac{1}{8} \times 1.2 \times 215}} = \sqrt{\frac{6,000}{32.25}}$$

$$= 49.1 km/s(13.6m/sec)$$

164. 항공기 중량 W=7,700kg, 날개면적이 60m², C_{Lmax}가 1.56, 밀도가 1/8일 때 실속 속도는?

$$Vs = \sqrt{\frac{2W}{\rho C_{Lmax}S}}$$

$$= \sqrt{\frac{2 \times 7,700}{\frac{1}{8} \times 1.56 \times 60}} = \sqrt{\frac{15,400}{11.7}}$$

$$= 130.6 km/s(36.2m/sec)$$

165. 항공기 속도가 로 수평비행을 하고 있을 때 60° 뱅크각으로 정상선회를 할 때 실속 속도는?

$$V_{min} = \frac{V_{min}}{\sqrt{\cos\theta}} = \frac{80}{\sqrt{1/2}} = \frac{80}{0.707} = 113.15 km/hr$$

166. .날개면적 25m², 수평비행속도 100km/h, 양력계수 0.649, 공기밀도가 1/8일 때 이 항공기의 총중량은?

답) $W = C_L 1/2 \rho V^2 S$

$$= 0.649 \times 1/2 \times 1/8 \times (100 \times 3.6)^2 \times 25$$

$$= 782.236 kg$$

167. 날개면적이 100m²인 항공기의 수평비행 속도가 360km/h이고 양력 계수가 0.4, 밀도가 1/8일 때 항공기의 총중량은?

답) $W = C_L 1/2 \rho V^2 S$

$$= 0.4 \times 1/2 \times 1/8 \times (360/3.6)^2 \times 100$$

$$= 25,000 kg$$

168. 엔진 출력이 300hp, 순항 속도가 290km/h, 프로펠러 효율이 0.8일 때 항공기의 출력은?

$$\eta = \frac{출력}{입력} = \frac{T \times V}{75 \times P}$$

그리고 프로펠러 효율을 알고 있으면 이용 마력은

$$HPa = \frac{T \times V}{75} = \eta P$$

$$\therefore \eta P = \frac{T \times V}{75}$$

$$T = \frac{\eta P \times 75}{V}$$

$$= \frac{0.8 \times 300 \times 75}{\left(\frac{290}{3.6}\right)} = \frac{18,000}{80.55} = 223.46$$

169. 중량이 7,000kg인 항공기가 해면상에서 900km/h로 수평비행하고 있다. 날개 면적이 25m², 양항비가 3.8일 때 추력을 구하면?

풀이) 수평비행이므로 중량과 양력, 추력과 항력이 같다.

$T = D = C_D 1/2 \rho V^2 S$ ⋯⋯⋯①

$W = L = C_L 1/2 \rho V^2 S$ ⋯⋯⋯②

공식 ②를 ①로 나누면 $W/T = C_L/C_D$ 얻는다.

문제에서 양항비(C_L/C_D)가 3.8이므로 아래식을 얻는다.

$$\frac{W}{T} = 3.8$$

$$\therefore T = \frac{W}{3.8} = \frac{7,000}{3.8} = 1,842.1$$

170. 뱅크각 60°로 수평선회 비행중일 때 하중계수(n)는?

답) 선회 중의 양력(L)은

$$L = \frac{W}{\cos\theta}$$

$$n = \frac{L}{W}$$

$$n = \frac{1}{\cos\theta}$$

뱅크각이 60°이므로

$$n = \frac{1}{\cos 60} = \frac{1}{1/2} = 2$$

171. 항공기 중량이 3,480kg, 날개 면적 $46.4m^2$, 대기 속도가 300km/h로 비행중일 때 항공기가 12m/sec의 상승 수직 돌풍을 받았다면 이때의 하중 계수는(단 a=4.5)?

$$n = 1 + \frac{KUA\alpha}{57.6(W/S)}$$

여기서 KU: 돌풍속도

V: 대기속도(km/h)

a: 날개 양력 곡선의 기울기

$$\therefore n = 1 + \frac{12 \times 300 \times 4.5}{57.6(3,480/46.4)} = 1 + 3.75 = 4.75$$

172. 실속 속도 80이고, 설계 제한 하중 계수가 4인 항공기가 급선회(혹은 급격한 방향 조작)를 해도 구조적으로 안전한 속도는?

$$V_s\phi = V_s \sqrt{n}$$

여기서 $V_s\phi$: 급선회 중의 실속 속도

V_s: 실속 속도

n: 설계제한 하중계수

$$\therefore V_s\phi = 80 \sqrt{4} = 160mph$$

173. 날개 면적이 $23m^2$, 항공기 중량에 2,300kg일 때 60°급선회와 30°정상선회 비행 중에 날개에 걸리는 하중의 차이는?

$$W = L\cos\theta$$

$$L = \frac{W}{\cos\theta}$$

30°선회를 L30, 60°선회를 L60이라고 하면

$$L60 - L60 = \frac{W}{\cos 60°} - \frac{W}{\cos 30°}$$

$$= W\left(\frac{1}{\cos 60°} - \frac{1}{\cos 30°}\right) = 2300\left(2 - \frac{2}{\sqrt{3}}\right) = 1,944.19kg$$

174. 중량이 5,200인 항공기가 뱅크각 30°정상선회를 할 때 원심력은?

　답) 선행 비행시에

　　$L\cos\theta = W$

　　$L\sin\theta = \dfrac{WV^2}{gR}$

　두 번째 식을 첫 번째 식으로 나누면

　　$\tan\theta = \dfrac{V^2}{gR}$

　위 식 양변에 W를 곱하면

　　$W\tan\theta = \dfrac{WV^2}{gR}$

　　$\therefore C.F = W\tan\theta$와 같다.

　　　$= 5,200 \times \tan30°$

　　　$= 5,200 \times \dfrac{1}{\sqrt{3}}$

　　　$= 3,002\text{kg}$

175. 어떤 항공기의 중량이 3,800kg, 출력이 250HP×4인 다발 엔진 항공기가 고도 2,000m 상승할 때 대기속도 288km/h, 항력은 400kg이 있다. 이때의 상승률은?

　$w = \dfrac{75HP_a - 75HP_r}{W}$

　$HP_a = \eta P$

　$HP_r = \dfrac{C_D 1/2\rho V^3 S}{75}$

　$w = \dfrac{75\eta_P - C_D 1/2\rho V^3 S}{W} = \dfrac{75\eta_P - DV}{W}$

　　$= \dfrac{75 \times 0.8 \times 1,000 - 400 \times \dfrac{288}{3.6}}{3,800}$

　　$= \dfrac{60,000 - 32,000}{3,800} = 7.368$

176. 항공기가 고도 1,200m에서 양항비가 11로 활공비행할 때 도달할 수 있는 수평거리는 얼마인가?

　수평거리=고도×양항비

$$=1,200 \times 11$$
$$=13,200m$$

177. 양항비가 11.6인 자세로 고도 4,800m로부터 활공비행을 하면 도달할 수 있는 최대 수평거리는?

수평거리=고도×양항비
$$=4,800 \times 11.6$$
$$=55,680m$$

178. 어떤 항공기가 고도 5,000m에서 엔진이 정지한 후에 양항비 20인 상태로 활공한다면 도달할 수 있는 수평거리는 얼마인가?

수평거리=고도×양항비
$$=5,000 \times 20$$
$$=100,000m$$

179. 어떤 글라이더가 활공 비행중 속도계는 72km/h, 승강계는 -0.8m/sec를 지시하고 있다면 활공는?

활공비$= \dfrac{V}{w} = \dfrac{72}{\dfrac{3.6}{0.8}} = 25$

180. 항공기가 뱅크각 60°로 등고도 선회하고 있다. 양력은 중량의 몇 배로 작용하는가.

풀이) $W=Lcos\theta$
$cos60=1/2$이므로 $W=1/2L$
그러므로 $L=2W$가 되어 양력은 중량의 2배이다.

항공역학

초판 인쇄일 : 1991년 12월 14일
개정판 발행일 : 2016년 6월 30일

엮은이　편집부
발행처　도서출판 청연
주　소　서울시 금천구 시흥대로 484 (2F)
등　록　제18-75호
전　화　02)851-8643
팩　스　02)851-8644

정가 : 35,000원